软件开发视频大讲堂

Oracle 从入门到精通

（第 4 版）

明日科技　编著

清华大学出版社

北　京

内 容 简 介

《Oracle 从入门到精通（第 4 版）》从初学者角度出发，通过通俗易懂的语言和丰富多彩的实例，详细介绍了使用 Oracle 19c 进行数据管理的各方面技术。全书分为 4 篇，共 19 章，内容包括 Oracle 19c 概述，Oracle 体系结构，SQL*Plus 命令，SQL 语言基础，PL/SQL 编程，过程、函数、触发器和包，管理控制文件和日志文件，管理表空间和数据文件，数据表对象，其他数据对象，表分区与索引分区，用户管理与权限分配，数据库控制，Oracle 系统调优，优化 SQL 语句，Oracle 数据备份与恢复，数据导出和导入，Oracle 的闪回技术以及企业人事管理系统项目实战。所有知识都结合具体实例进行介绍，涉及的程序代码均给出了详细的注释，读者可以轻松领会 Oracle 19c 管理数据库的精髓，快速提高数据库管理技能。

另外，本书除了纸质内容之外，配书资源包中还给出了海量开发资源库，主要内容如下。

☑ 微课视频讲解：总时长 22 小时，共 91 集
☑ 技术资源库：600 页专业参考文档
☑ 实例资源库：436 个经典实例
☑ 项目资源库：3 个企业项目完整开发过程
☑ 测试题库系统：138 道能力测试题目
☑ 面试资源库：369 道面试真题
☑ PPT 电子教案

本书可作为软件开发入门者的自学用书，也可作为高等院校相关专业的教学参考书，还可供开发人员查阅和参考。

图书在版编目（CIP）数据

Oracle 从入门到精通 / 明日科技编著. —4 版. —北京：清华大学出版社，2021.9（2022.7重印）
（软件开发视频大讲堂）
ISBN 978-7-302-58773-6

I. ①O… II. ①明… III. ①关系数据库系统 IV. ①TP311.132.3

中国版本图书馆 CIP 数据核字（2021）第 143955 号

责任编辑：贾小红
封面设计：刘　超
版式设计：文森时代
责任校对：马军令
责任印制：刘海龙

出版发行：清华大学出版社
网　　址：http://www.tup.com.cn，http://www.wqbook.com
地　　址：北京清华大学学研大厦 A 座　　　邮　　编：100084
社 总 机：010-83470000　　　邮　　购：010-62786544
投稿与读者服务：010-62776969，c-service@tup.tsinghua.edu.cn
质量反馈：010-62772015，zhiliang@tup.tsinghua.edu.cn
印 装 者：三河市金元印装有限公司
经　　销：全国新华书店
开　　本：203mm×260mm　　印　　张：27　　字　　数：725 千字
版　　次：2012 年 9 月第 1 版　　2021 年 11 月第 4 版　　印　　次：2022 年 7月第 2 次印刷
定　　价：89.80 元

产品编号：093160-01

如何使用本书开发资源库

在学习《Oracle 从入门到精通（第 4 版）》一书时，随书附配资源包提供了“Java 开发资源库”系统，可以帮助读者快速提升编程水平和解决实际问题的能力。本书和“Java 开发资源库”配合学习的方式如图 1 所示。

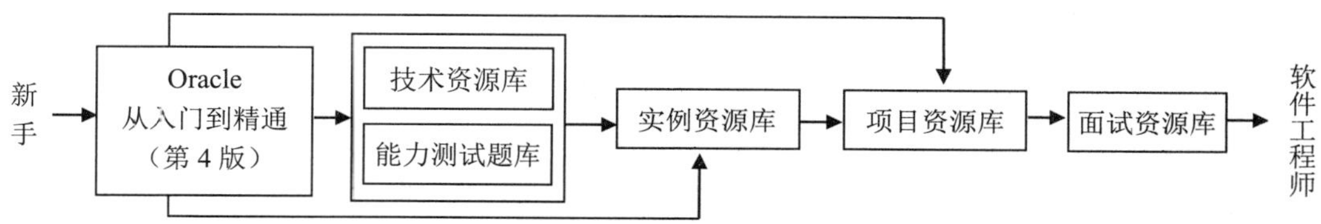

图 1　图书与 Java 开发资源库配合学习流程图

打开资源包里的“Java 开发资源库”文件夹，运行 Java 开发资源库.exe 程序，即可进入“Java 开发资源库”系统，主界面如图 2 所示。

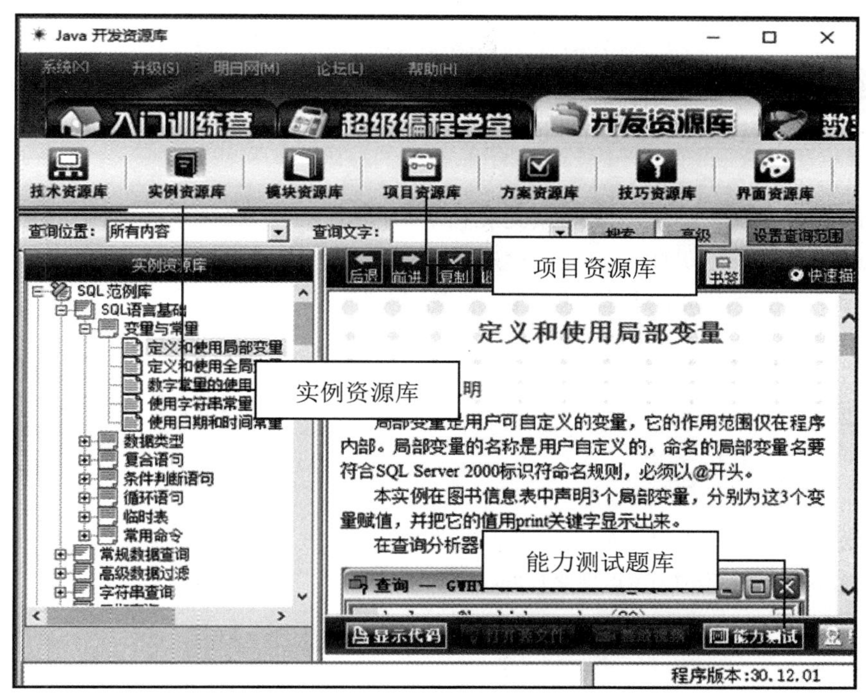

图 2　“Java 开发资源库”主界面

在学习本书的过程中，可以选择技术资源库、实例资源库和项目资源库等相应内容进行学习，全面提升个人综合编程技能和解决实际开发问题的能力，为成为软件开发工程师打下坚实基础。技术资源库、实例资源库和项目资源库的目录如图 3 所示。

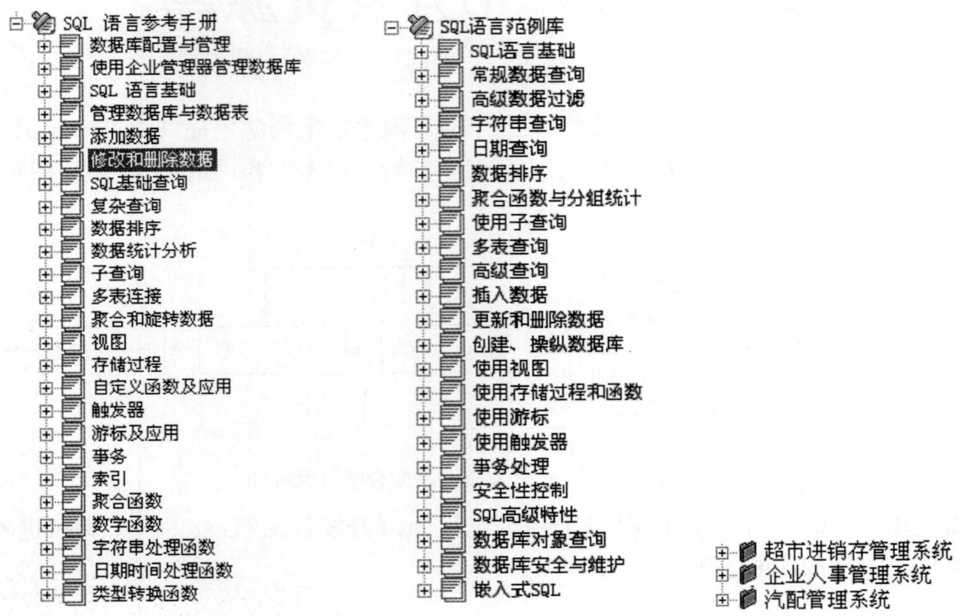

图 3　技术资源库、实例资源库和项目资源库目录

对于数学逻辑能力和英语基础较为薄弱的读者，或者想了解个人数学逻辑思维能力和编程英语基础的用户，“Java 开发资源库”系统提供了数学及逻辑思维能力测试和编程英语能力测试供练习和测试，如图 4 所示。

万事俱备，该到软件开发的主战场上接受洗礼了。面试资源库提供了大量国内外软件企业的常见面试真题，同时还提供了程序员职业规划、程序员面试技巧、虚拟面试系统等精彩内容，是程序员求职面试的绝佳指南。面试资源库的具体内容如图 5 所示。

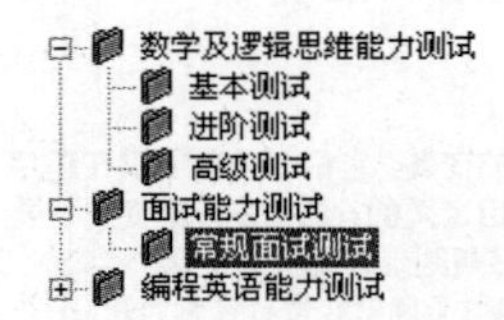

图 4　数学及逻辑思维能力测试、面试能力测试和编程英语能力测试目录

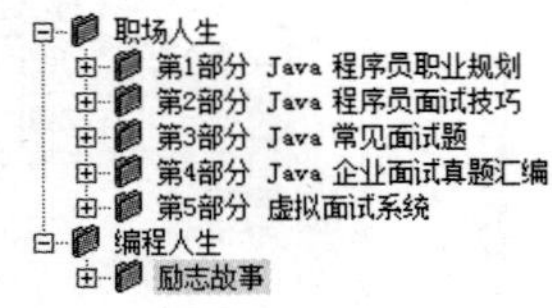

图 5　面试资源库具体内容

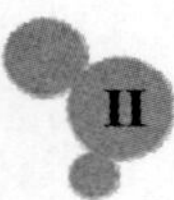

前 言

Preface

丛书说明：“软件开发视频大讲堂”丛书第 1 版于 2008 年 8 月出版，因其编写细腻，易学实用，配备全程视频等，在软件开发类图书市场上产生了很大影响，绝大部分品种在全国软件开发零售图书排行榜中名列前茅，2009 年多个品种被评为“全国优秀畅销书”。

“软件开发视频大讲堂”丛书第 2 版于 2010 年 8 月出版，第 3 版于 2012 年 8 月出版，第 4 版于 2016 年 10 月出版，第 5 版于 2019 年 3 月出版。丛书连续畅销 12 年，迄今累计重印 620 多次，销售 400 多万册，不仅深受广大程序员的喜爱，还被百余所高校选为计算机、软件等相关专业的教学参考用书。

“软件开发视频大讲堂”丛书第 6 版在继承前 5 版所有优点的基础上，进一步修正了疏漏，优化了图书内容，更新了开发环境和工具，并根据读者建议替换了部分学习视频。同时，提供了“入门学习→实例应用→模块开发→项目开发→能力测试→面试”等各个阶段的海量开发资源库，使之更适合读者学习、训练、测试。为了方便教学，还提供了教学课件 PPT。

Oracle 数据库系统是美国 Oracle（甲骨文）公司提供的以分布式数据库为核心的一组软件产品，是目前最流行的客户/服务器（Client/Server）及 B/S 体系结构的数据库之一。Oracle 数据库是目前世界上使用最为广泛的数据库管理系统之一，作为一个通用的数据库系统，它具有完整的数据管理功能；作为一个关系数据库，它是一个完备关系的产品；作为分布式数据库，它实现了分布式处理功能。关于 Oracle 的所有知识，只要在一种机型上学习后，便能在各种类型的机器上使用。

本书内容

本书提供了从数据库入门到数据库管理专家所必需的各类知识，共分为 4 篇，具体如下。

第 1 篇：基础知识。本篇通过 Oracle 19c 概述，Oracle 体系结构，SQL*Plus 命令，SQL 语言基础，PL/SQL 编程，过程、函数、触发器和包来讲解 Oracle 的基础知识，并结合大量的图示、实例、视频等，使读者快速掌握 Oracle 的基础内容。

第 2 篇：核心技术。本篇介绍管理控制文件和日志文件、管理表空间和数据文件、数据表对象、其他数据对象、表分区与索引分区、用户管理与权限分配的内容。学习完本篇，读者将能够对 Oracle 数据库进行基本的日常管理和维护。

第 3 篇：高级应用。本篇介绍数据库控制、Oracle 系统调优、优化 SQL 语句、Oracle 数据备份与恢复、数据导出和导入以及 Oracle 的闪回技术。学习完本篇，读者将能够实现 Oracle 系统和 SQL 语句的优化，能够备份和恢复数据库、从其他数据库向 Oracle 中导入数据以及闪回还原数据等。

第 4 篇：项目实战。本篇使用 Java 技术和 Oracle 数据库开发一个完整的企业人事管理系统，书中按照开发背景→系统分析→系统设计→数据库设计→主窗体设计→公共模块设计→部分主要模块设计→Hibernate 关联关系建立的顺序进行介绍，带领读者一步步亲身体验使用 Java+Oracle 开发项目的全过程。

本书的知识结构和学习方法如图 6 所示。

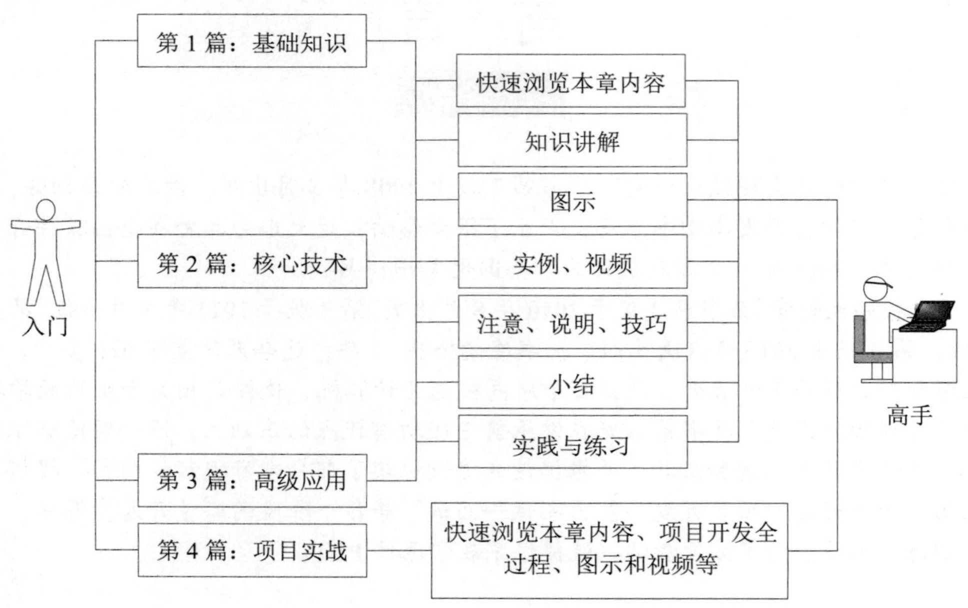

图 6　本书的知识结构和学习方法

本书特点

☑ **由浅入深，循序渐进。**本书以初识 Oracle 的读者为对象，让读者先从 Oracle 基础知识学起，再学习 Oracle 的核心技术，然后学习 Oracle 的高级应用，最后学习通过 Oracle 来开发一个完整项目。讲解过程中步骤详尽，版式新颖，图示形象逼真，让读者在阅读中一目了然，从而快速掌握书中内容。

☑ **微课视频，讲解详尽。**为便于读者直观感受程序开发的全过程，书中重要章节配备了教学微课视频（总时长 22 小时，共 91 集），使用手机扫描正文小节标题一侧的二维码，即可观看学习。便于初学者快速入门，感受编程的快乐和成就感，进一步增强学习的信心。

☑ **基础示例+实践练习+项目案例，实战为王。**通过例子学习是最好的学习方式，本书核心知识讲解通过“一个知识点、一个示例、一个结果、一段评析、一个综合应用”的模式，详尽透彻地讲述了实际开发中所需的各类知识。全书共计有 482 个应用示例，36 个实践练习，1 个项目案例，为初学者打造“学习 1 小时，训练 10 小时”的强化实战学习环境。

☑ **精彩栏目，贴心提醒。**本书根据学习需要在正文中设计了很多“注意”“说明”“技巧”等小栏目，让读者在学习的过程中更轻松地理解相关知识点及概念，更快地掌握个别技术的应用技巧。

☑ **海量资源，可查可练。**本书资源包中提供了“Java 开发资源库”，包含技术资源库（600 页专业参考文档）、实例资源库（436 个经典实例）、项目资源库（3 个真实企业级项目）、测试题库系统（138 道能力测试题）和面试资源库（369 道面试真题）。

读者对象

- ☑ 初学数据库管理的自学者
- ☑ 编程爱好者
- ☑ 大中专院校的老师和学生
- ☑ 相关培训机构的老师和学员
- ☑ 做课程设计或毕业设计的学生
- ☑ 初、中级数据库管理员或程序员
- ☑ 程序测试及维护人员
- ☑ 参加实习的“菜鸟”程序员

读者服务

本书提供了大量的辅助学习资源，读者可扫描图书封底的“文泉云盘”二维码，或登录清华大学出版社网站（www.tup.com.cn），在对应图书页面下查阅各类学习资源的获取方式。

☑ **视频讲解资源**

读者可先扫描图书封底的权限二维码（需要刮开涂层），获取学习权限，然后扫描各章节知识点、案例旁的二维码，观看对应的视频讲解。

☑ **拓展学习资源**

读者可扫码登录清大文森学堂，获取本书的源代码、微课视频、开发资源库等资源，可参加辅导答疑直播课。同时，还可以获得更多的软件开发进阶学习资源、职业成长知识图谱等，技术上释疑解惑，职业上交流成长。

清大文森学堂

致读者

本书由明日科技 Oracle 数据库管理团队组织编写，明日科技是一家专业从事软件开发、教育培训以及软件开发教育资源整合的高科技公司，其编写的教材既注重选取软件开发中的必需、常用内容，又注重内容的易学、方便以及相关知识的拓展，深受读者喜爱。其编写的教材多次荣获“全行业优秀畅销品种”“中国大学出版社优秀畅销书”等奖项，多个品种长期位居同类图书销售排行榜的前列。

在编写本书的过程中，我们始终本着科学、严谨的态度，力求精益求精，但疏漏之处在所难免，敬请广大读者批评指正。

感谢您购买本书，希望本书能成为您编程路上的领航者。

“零门槛”编程，一切皆有可能。祝读书快乐！

编　者

2021 年 9 月

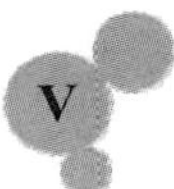

目 录

Contents

第1篇 基础知识

第2篇　核心技术

第3篇　高级应用

第 4 篇 项目实战

第 1 篇

基础知识

本篇通过 Oracle 19c 概述，Oracle 体系结构，SQL*Plus 命令，SQL 语言基础，PL/SQL 编程，过程、函数、触发器和包来讲解 Oracle 的基础知识，并结合大量的图示、实例、视频等让读者快速掌握 Oracle 的基础内容，并为以后管理 Oracle 数据库奠定坚实的基础。

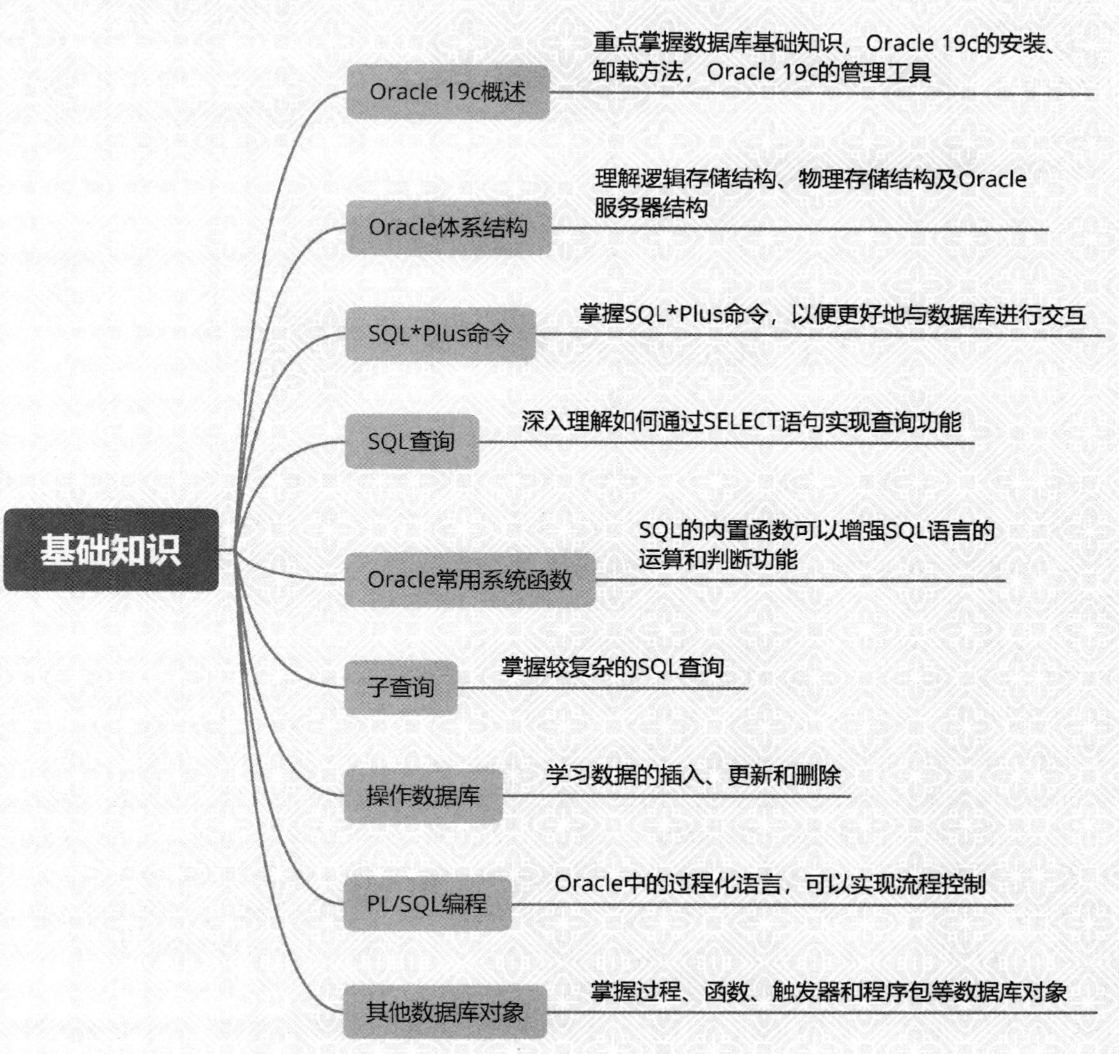

基础知识
Oracle 19c概述
重点掌握数据库基础知识，Oracle 19c的安装、卸载方法，Oracle 19c的管理工具
Oracle体系结构
理解逻辑存储结构、物理存储结构及Oracle服务器结构
SQL*Plus命令
掌握SQL*Plus命令，以便更好地与数据库进行交互
SQL查询
深入理解如何通过SELECT语句实现查询功能
Oracle常用系统函数
SQL的内置函数可以增强SQL语言的运算和判断功能
子查询
掌握较复杂的SQL查询
操作数据库
学习数据的插入、更新和删除
PL/SQL编程
Oracle中的过程化语言，可以实现流程控制
其他数据库对象
掌握过程、函数、触发器和程序包等数据库对象

第 1 章

Oracle 19c 概述

本章将首先介绍与关系型数据库密切相关的基础理论知识，然后讲解如何安装和卸载 Oracle 19c 数据库，接着讲解 Oracle 19c 的 3 种常用管理工具，最后为读者介绍如何启动和关闭数据库实例。

本章知识架构及重难点如下。

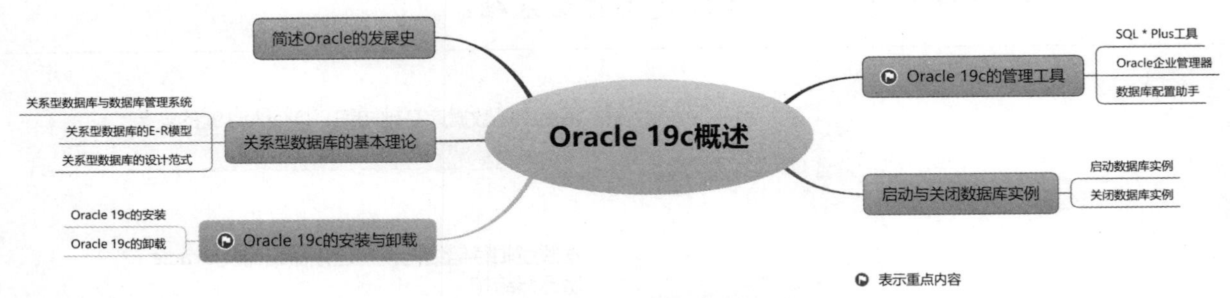

1.1 Oracle 的发展史

Oracle，西方人认为有“神谕、预言”之意，中国人则译作“甲骨文”，是当今世界上最强大的数据库管理软件之一。所有这一切要从 IBM 的一篇论文谈起。1970 年 6 月，IBM 公司的研究员埃德加 •泰德 • 科德（Edgarh Ted Cod）发表了一篇著名的论文——《大型共享数据库数据的关系模型》。这可以称为数据库发展史上的一个转折点，在当时还是层次模型和网状模型的数据库产品占据市场主要地位的情况下，这篇论文拉开了关系型数据库软件革命的序幕。

1977 年 6 月，拉里 • 埃里森（Larry Ellison）与鲍勃 • 迈纳（Bob Miner）和埃德 • 奥茨（Ed Oates）在硅谷共同创办了一家名为“软件开发实验室”的软件公司（英文缩写 SDL，Oracle 公司的前身）。奥茨看到科德的那篇著名的论文连同其他几篇相关的文章之后非常兴奋，他找来埃里森和迈纳共同阅读，埃里森和迈纳也预见到关系型数据库软件的巨大潜力。于是，数据库界的三位巨人开始共同筹划构建可商用的关系型数据库管理系统（RDBMS），并把这种商用数据库产品命名为 Oracle。因为他们相信，Oracle 是一切智慧的源泉。就这样，堪称当今世界最强大、最优秀的 Oracle 数据库诞生了。

1979 年，“软件开发实验室”更名为“关系软件有限公司”（英文缩写 RSI）。同年夏季发布了可用于 DEC 公司的 PDP-11 计算机上的商用 Oracle 产品（Oracle 第 2 版），这个数据库产品整合了比较完整的 SQL 实现，其中包括子查询、连接及其他特性。

1983 年 3 月，RSI 发布了 Oracle 第 3 版，这个版本是用 C 语言重新编写的。由于 C 编译器具有很好的可移植性，从此之后，Oracle 产品有了一个关键的特性——可移植性。

1984 年 10 月，Oracle 发布了第 4 版产品，产品的稳定性总算得到了一定的增强，用迈纳的话说，达到了“工业强度”。

1985 年，Oracle 发布了第 5 版，这个版本算得上是 Oracle 数据库诞生以来比较稳定的版本，也是首批可以在 Client/Server 模式下运行的 RDBMS 产品。在技术方向上，Oracle 数据库始终没有落后。

1988 年，Oracle 发布了第 6 版，该版本引入了行级锁（row-level locking）这个重要的特性以及还算不上完善的 PL/SQL（Procedural Language/SQL）语言。此外，该版本还引入了联机热备份功能，使数据库能够在使用过程中创建联机的备份，这极大地增强了可用性。

1992 年 6 月，Oracle 发布了第 7 版，该版本增加了许多新的特性，即分布式事务处理功能、增强的管理功能、用于应用程序开发的新工具以及安全性方法。这一版本才是真正出色的产品，取得了巨大的成功，Oracle 借助这一版本的成功在数据库市场确立了主导地位。

1997 年 6 月，Oracle 发布了第 8 版，该版本支持面向对象的开发及新的多媒体应用，该版本也为支持 Internet、网络计算等奠定了基础，并开始具有同时处理大量用户和海量数据的特性。

1998 年 9 月，Oracle 公司正式发布 Oracle 8i，其中 i 代表 Internet。这一版本中添加了大量为支持 Internet 而设计的特性。此外，这一版本还为数据库用户提供了全方位的 Java 支持。Oracle 8i 成为第一个完全整合了本地 Java 运行时环境的数据库，用 Java 就可以编写 Oracle 的存储过程。

在 2001 年 6 月的 Oracle OpenWorld 大会中，Oracle 发布了 Oracle 9i。在 Oracle 9i 的诸多新特性中，最重要的就是 Real Application Clusters（RAC）——集群技术。

2003 年 9 月 8 日，在旧金山举办的 Oracle OpenWorld 大会上，埃里森宣布下一代数据库产品为 Oracle 10g。Oracle 应用服务器 10g 也将作为 Oracle 公司下一代应用基础架构软件集成套件，g 代表 grid（网格），这一版最大的特性就是加入了网格计算的功能。

2007 年 11 月，Oracle 11g 正式发布。11g 是 Oracle 公司 30 年来发布的最重要的数据库版本，根据用户的需求实现了信息生命周期管理等多项创新，大幅地提高了系统性能的安全性。全新的高级数据压缩技术降低了数据存储的支出，明显缩短了应用程序测试环境部署及分析测试结果所花费的时间，增加了 RFID Tag、DICOM 医学图像、3D 空间等重要数据类型的支持，加强了对 Binary XML 的支持和性能优化。

2013 年 6 月 26 日，Oracle Database 12c 正式发布。像之前版本 10g、11g 中的 g 代表 grid 那样，12c 中的 c 代表 cloud，也就是云计算的意思。

2018 年 2 月 16 日，Oracle 18c 发布，还是秉承着 Oracle 的 Cloud first 理念。

Oracle Database 19c 在 2019 年发布，作为 Oracle Database 12c 和 18c 系列产品的长期支持版本，它能提供最高级别的版本稳定性和最长时间的支持服务和错误修复帮助。

一直以来，Oracle 都以绝对的优势占据着数据库市场的第一位。例如，2019 年主流数据库市场占有率调研中显示，Oracle 占有 56%的市场份额，地位难以撼动，而 IBM 以 15.9%占据第二位，Microsoft 以 9.5%占据第三，其他数据库厂商占有的市场份额很小，如图 1.1 所示。

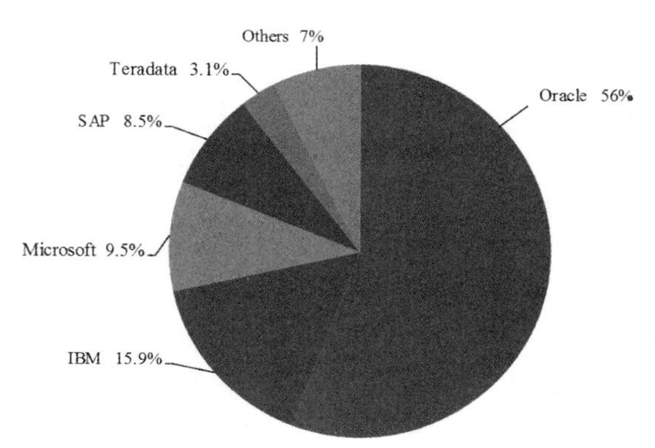

图 1.1　2019 年度主流数据库市场占有率

随着人类社会信息资源的不断增长，需要更加强大而安全的数据库管理系统，这导致 Oracle 数据库的市场占有率在这些年来不断地增加，其独占鳌头的市场地位是不容置疑的。

1.2　关系型数据库的基本理论

数据库技术是应对信息资源（即大量数据）的管理需求而产生的。信息技术的不断发展，尤其是人类迈入网络时代后，社会信息资源呈爆炸式地增长，对数据管理技术也随之提出更高的要求。数据管理技术先后经历了人工管理、文件系统、数据库系统 3 个阶段。在数据库系统中，数据模型主要有层次模型、网状模型和关系模型 3 种（另一种面向对象模型还处于探索研究中），目前使用最普遍的模型就是关系模型，它是关系型数据库的理论基础。

1.2.1　关系型数据库与数据库管理系统

关系型数据库是建立在关系模型基础上的数据库，借助于集合代数等数学概念和方法来处理数据库中的数据，现实世界中的各种实体以及实体之间的各种联系均用关系模型来表示。

关系模型以二维表来描述数据。在关系模型中，每张表有多个字段列和记录行，每个字段列有固定的类型属性（如数字、字符、日期等类型）。关系模型中，数据结构简单、清晰，具有很高的数据独立性，因此是目前主流的数据库数据模型。

在关系数据模型中，关系可以看成由行和列交叉组成的二维表格，表中的行称为元组，可以用来标识实体集中的一个实体。表中的列称为属性，给每一列起个名称即为属性名，表中的属性名不能相同。列的取值范围称为域，同列具有相同的域，不同的列也可以有相同的域。表中任意两行（元组）不能相同。能唯一标识表中不同行的属性或属性组（即多个属性的组合）称为主键或复合主键。

关系与传统的二维表格数据文件具有类似之处，但是它们又有区别。严格地说，关系是一种规范化的二维表格，它具有如下性质。

- ☑ 属性值具有原子性，不可分解。
- ☑ 没有重复的元组，即没有重复的行。
- ☑ 理论上没有行序，但是在使用时有时可以有行序。

在关系型数据库中，关键码（简称键）是关系模型的一个非常重要的概念，它通常是行（元组）的一个或几个列（属性）。如果键是由一个列组成的，则称之为唯一键；如果是由多个列（属性）组成的，则称之为复合键。键的主要类型如下。

- ☑ 超键：在一个关系中，能唯一标识元组的属性或属性集称为关系的超键。
- ☑ 候选键：如果一个属性集能唯一标识元组，且又不含有多余的属性，那么这个属性集称为关系的候选键。
- ☑ 主键：如果一个关系中有多个候选键，则选择其中的一个键为关系的主键。用主键可以实现关系定义中“表中任意两行（元组）不能相同”的约束。
- ☑ 这里以管理学生信息为例，我们在“学生信息表”中设置学号、姓名、性别、年龄、院系、班级等列。在该表中，“学号”能够唯一标识一名学生，因此，把学号作为主键是最佳的选择。

而如果把“姓名”作为主键则会存在问题，因为有可能存在同名的学生。为此，最好创建一个单独的键将其明确地指定为主键，这种唯一标识符在现实生活中很普遍，如身份证号、银行卡号、手机号、发票号等。

☑ 外键：如果一个关系 R 中包含另一个关系 A 的主键所对应的属性组 T，则称此属性组 T 为关系 R 的外键，并称关系 A 为参照关系，关系 R 是依赖关系。为了表示关联，可以将一个关系的主键作为属性放入另一个关系中，第二个关系中的那些属性就称为外键。

这里以商品销售为例，在填写一张商品销售单时，可以将商品销售信息分为两大类：第一类是单据的主体信息（销售主表），如销售单号、销售金额、销售日期、收款人等；第二类是单据的明细信息（销售明细表），如商品序号、商品名称、商品数量等。在数据库的销售主表中通常以“销售单号”作为主键；在销售明细表中，为了标识被销售出去的商品隶属于哪张单据，需要对每一条商品销售记录标明“单据编号”。在这种情况下，销售明细表中的“销售单号”就被称为外键，因为“销售单号”是其所在表以外（主体表）的一个主键。

当出现外键时，主键与外键的列名称可以是不同的，但必须要求它们的值集相同，即销售明细表中出现的“销售单号”一定要和主体表中的值匹配。

对于上面提到的二维表格中存储的数据信息，通常以物理文件的形式存储在磁盘上，这种物理文件称为数据文件。用户通常使用数据库软件与磁盘上的数据文件进行交互，这种数据库软件就称为数据库管理系统（DBMS）。DBMS 是建立在操作系统基础上的，它可以对数据库文件进行统一的管理和控制。用户对数据库提出的访问请求都是由 DBMS 来处理的。另外，DBMS 还提供了多种用于管理数据的实用工具。

1.2.2　关系型数据库的 E-R 模型

在设计关系型数据库时，首先需要为它建立逻辑模型。关系型数据库的逻辑模型可以通过实体和关系组成的图形来表示，这种图形称为 E-R 图，它将现实世界中的实体和实体之间的联系转换为逻辑模型。使用 E-R 图形表示的逻辑模型称为 E-R 模型，一个标准的 E-R 模型由实体、属性和联系 3 部分组成。

1. 实体和属性

实体是一个数据对象，是指客观存在并可以相互区分的事物，如一名教师、一名学生、一名雇员等。每个实体由一组属性来表示，如一名具体的学生拥有学号、姓名、性别和班级等属性，其中学号可以唯一标识该名学生实体。具有相同属性的实体组合在一起就构成实体集——实体的集合，而实体则是实体集中的某一个特例。例如，王同学这个实体就是学生实体集中的一个特例。

在 E-R 模型中，实体用矩形表示，矩形内注明实体的命名。实体名常用以大写字母开头的有具体意义的英文名词来表示，联系名和属性名也采用这种方式。图 1.2 为一个图书档案的 E-R 图。

2. 联系

在实际应用中，实体之间是存在联系的，这种联系必须在逻辑模型中表现出来。在 E-R 模型中，联系用菱形表示，菱形框内写明联系名，并用连接线将有关实体连接起来，同时在连接线的旁边标注上联系的类型。两个实体之间的联系类型可以分为以下 3 类。

☑ 一对一：若对于实体集 A 中的每一个实体，在实体集 B 中最多有一个实体与之相关，反之亦然，则称实体集 *A* 与实体集 *B* 具有一对一的联系，可标记联系为 1∶1。

☑ 一对多：若对于实体集 *A* 中的每一个实体，在实体集 *B* 中有多个实体与之相关；反之，对于实体集 *B* 中的每一个实体，实体集 *A* 中最多有一个实体与之相关，则称实体集 *A* 与实体集 *B* 具有一对多的联系，可标记联系为 1∶*n*。

☑ 多对多：若对于实体集 *A* 中的每一个实体，在实体集 *B* 中有多个实体与之相关；反之，对于实体集 *B* 中的每一个实体，实体集 *A* 中也有多个实体与之相关，则称实体集 *A* 与实体集 *B* 具有多对多的联系，可标记联系为 *m*∶*n*。

例如，一名读者可以有多条图书借还记录，而一条借还记录只能隶属于一名读者，这样“读者档案实体”与“读书借还实体”之间就存在一对多的联系（即 1∶*n*），如图 1.3 所示。

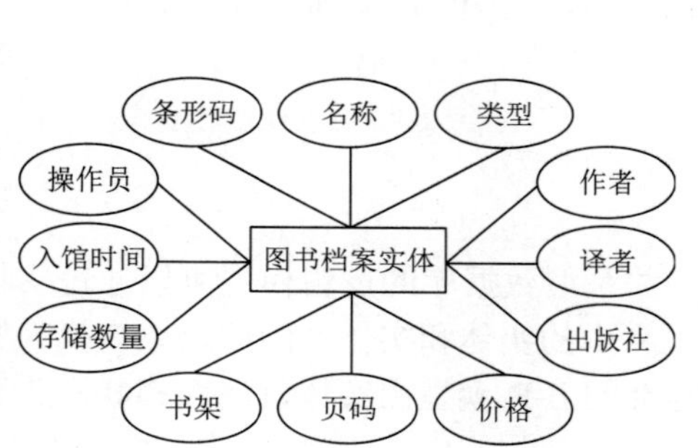

图 1.2　图书档案实体 E-R 图

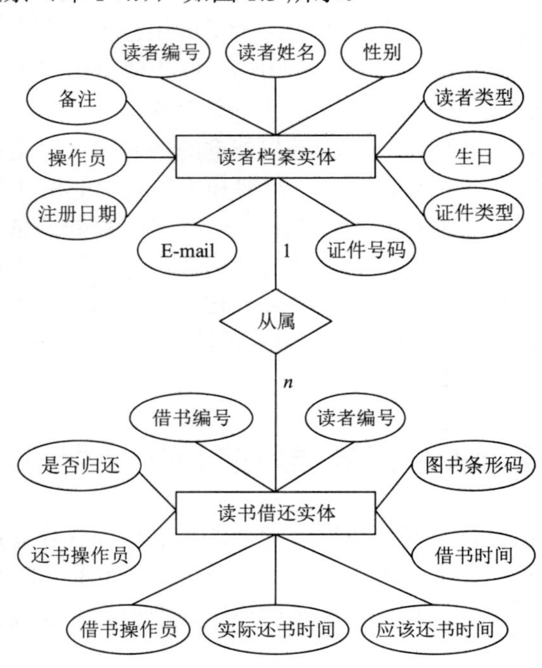

图 1.3　“读者档案实体”与“读者借还实体”之间的联系

1.2.3　关系型数据库的设计范式

在数据库中，数据之间存在着密切的联系。关系型数据库由相互联系的一组关系组成，每个关系包括关系模式和关系值两方面。关系模式是对关系的抽象定义，给出关系的具体结构；关系值是关系的具体内容，反映关系在某一时刻的状态。一个关系包含许多元组（记录行），每个元组都是符合关系模式结构的一个具体值，并且都分属于相应的属性。在关系数据库中的每个关系都需要进行规范化，使之达到一定的规范化程度，从而提高数据的结构化、共享性、一致性和可操作性。

规范化是把数据库组织成在保持存储数据完整性的同时最小化冗余数据的结构的过程。规范化的数据库必须符合关系模型的范式规则。范式可以防止使用数据库时出现不一致的数据，并防止数据丢失。关系模型的范式有第一范式（1NF）、第二范式（2NF）、第三范式（3NF）、第四范式（4NF）、第五范式（5NF）、第六范式（6NF）和 BCNF 范式等多种。通常数据库只要满足前 3 个范式就足够使用，下面举例介绍前 3 个范式。

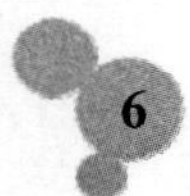

1. 第一范式（1NF）

第一范式是第二范式和第三范式的基础，是最基本的范式。第一范式包括下列指导原则。

☑　数据组的每个属性只可以包含一个值。

☑　关系中的每个数组必须包含相同数量的值。

☑　关系中的每个数组一定不能相同。

在任何一个关系数据库中，第一范式是对关系模式的基本要求，不满足第一范式的数据库不是关系型数据库。

如果数据表中的每一个列都是不可再分割的基本数据项——同一列中不能有多个值，那么就称此数据表符合第一范式，由此可见第一范式具有不可再分解的原子特性。

在第一范式中，数据表的每一行只包含一个实体的信息，并且每一行的每一列只能存放实体的一个属性。例如，对于学生信息，不可以将学生实体的所有属性信息（如学号、姓名、性别、年龄、班级等）都放在一个列中显示，也不可以将学生实体的两个或多个属性信息放在一个列中显示，而是将学生实体的每个属性信息都放在一个列中显示。

如果数据表中的列信息都符合第一范式，那么在数据表中的字段都是单一的、不可再分的。例如，表 1.1 就是不符合第一范式的学生信息表，因为“班级”列中包含了“系别”和“班级”两个属性信息，这样“班级”列中的信息就不是单一的，它是可以再分的；而表 1.2 就是符合第一范式的学生信息表，它将原“班级”列的信息拆分到了“系别”列和“班级”列中。

表 1.1　不符合第一范式的学生信息表

学　　号	姓　　名	性　　别	年　　龄	班　　级
9527	东*方	男	20	计算机系 3 班

表 1.2　符合第一范式的学生信息表

学　　号	姓　　名	性　　别	年　　龄	系　　别	班　　级
9527	东*方	男	20	计算机	3 班

2. 第二范式（2NF）

第二范式是在第一范式的基础上建立起来的，即满足第二范式需要先满足第一范式。第二范式要求数据库表中的每个实体（即各个记录行）可以被唯一地区分。为区分各行记录，通常需要为表设置一个区分列，用以存储各个实体的唯一标识。在学生信息表中，设置了“学号”列，由于每名学生的编号都是唯一的，因此每名学生可以被唯一地区分（即使学生存在重名的情况），那么这个唯一属性列被称为主关键字或主键。

第二范式要求实体的属性完全依赖于主关键字，即不能存在仅依赖主关键字一部分的属性，如果存在，那么这个属性和主关键字的这一部分应该分离出来形成一个新的实体，新实体与原实体之间是一对多的关系。

例如，这里以员工工资信息表为例，若以员工编码、岗位为组合关键字（即复合主键），就会存在如下决定关系。

```
（员工编码、岗位）→（决定）（姓名、年龄、学历、基本工资、绩效工资、奖金）
```

在上述决定关系中，还可以进一步拆分为如下两种决定关系。

```
（员工编码）→（决定）（姓名、年龄、学历）
（岗位）→（决定）（基本工资）
```

其中，员工编码决定了员工的基本信息（包括姓名、年龄和学历），而岗位决定了基本工资，所以这个关系表不满足第二范式。

对于上述这种关系，可以把上述两张关系表更改为如下 3 张表。

☑ 员工信息表：employee（员工编码、员工姓名、年龄、学历）。

☑ 岗位工资表：quarters（岗位、基本工资）。

☑ 员工工资表：pay（员工编码、岗位、绩效工资、奖金）。

3. 第三范式（3NF）

第三范式是在第二范式的基础上建立起来的，即满足第三范式需要先满足第二范式。第三范式要求关系表不存在非关键字列对任意候选关键字列的传递函数依赖，也就是说，第三范式要求一张关系表中不包含已在其他表中包含的非主关键字信息。

所谓传递函数依赖，就是指如果存在关键字段 A 决定非关键字段 B，而非关键字段 B 决定非关键字段 C，则称非关键字段 C 传递函数依赖于关键字段 A。

例如，这里以员工信息表（employee）为例，该表中包含员工编码、员工姓名、年龄、部门编码、部门经理等信息，该关系表的关键字为“员工编码”，因此存在如下决定关系。

```
（员工编码）→（决定）（员工姓名、年龄、部门编码、部门经理）
```

上述这种关系表是符合第二范式的，但它不符合第三范式，因为该关系表内部隐含着如下决定关系。

```
（员工编码）→（决定）（部门编码）→（决定）（部门经理）
```

上述关系表存在非关键字段“部门经理”对关键字段“员工编码”的传递函数依赖。对于上述这种关系，可以把这张关系表（即 employee）更改为如下两个关系表。

员工信息表：employee（员工编码、员工姓名、年龄、部门编码）。

部门信息表：department（部门编码、部门经理）。

对于关系型数据库的设计，理想的设计目标是按照“规范化”原则存储数据的，因为这样做能够消除数据冗余、更新异常、插入异常和删除异常。

1.3 Oracle 19c 的安装与卸载

1.3.1 Oracle 19c 的安装

Oracle Database 19c，是 Oracle Database 12c 和 18c 系列产品的最终版本，因此也是长期支持版本（以前称为终端版本）。“长期支持”意味着 Oracle Database 19c 提供 4 年的高级支持（截至 2023 年 1

月底）和至少 3 年的延长支持（截至 2026 年 1 月底）。

Oracle 19c 数据库服务器由 Oracle 数据库软件和 Oracle 实例组成。安装数据库服务器就是将管理工具、实用工具、网络服务和基本的客户端等组件从安装盘复制到计算机硬盘的文件夹结构中，并创建数据库实例、配置网络和启动服务等。

下面对 Oracle 19c 的安装过程进行详细的说明，具体安装过程如下。

（1）将 Oracle 19c 的安装包文件 WINDOWS.X64_193000_db_home.zip 进行解压缩，在解压后的文件夹中双击 setup.exe 可执行文件，即可安装 Oracle 19c，如图 1.4 和图 1.5 所示。

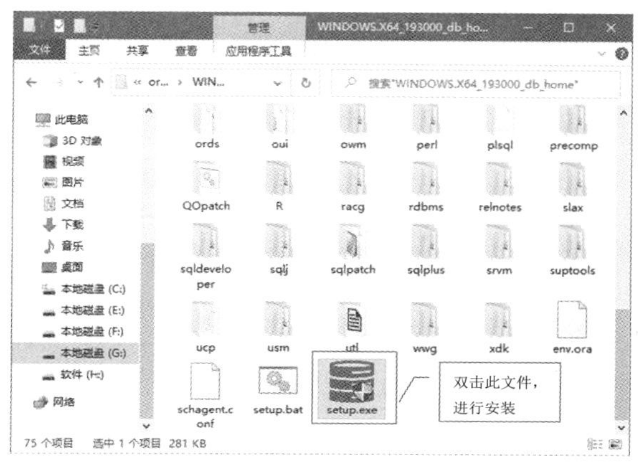

图 1.4　启动 Oracle Universal Installer

图 1.5　启动 Oracle 19c 安装界面

（2）打开安装程序后，进入“选择配置选项”界面，该界面用于选择“安装选项”，这里选中“创建并配置单实例数据库”单选按钮，然后单击“下一步”按钮，如图 1.6 所示。

（3）单击“下一步”按钮后，会打开“选择系统类”界面，如图 1.7 所示。该界面用来选择数据库被安装在哪种操作系统平台（Windows 主要有桌面类和服务器类两种）上，这要根据当前机器所安装的操作系统而定。本演示实例使用的是 Windows 10 操作系统（属于桌面类系统），所以选中“桌面类”单选按钮，然后单击“下一步”按钮。

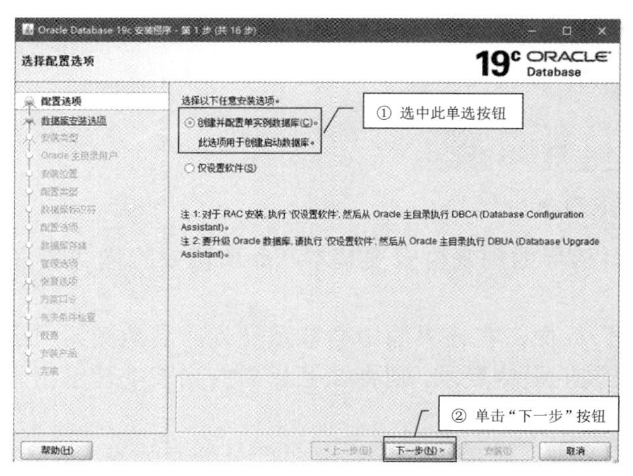

图 1.6　“选择配置选项”界面

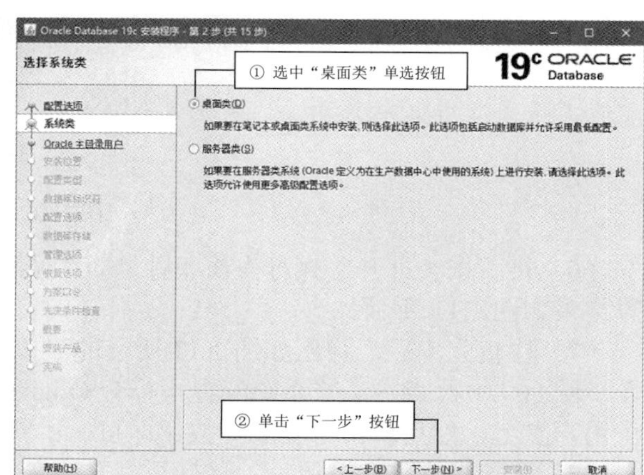

图 1.7　“选择系统类”界面

（4）单击“下一步”按钮后，会打开“指定 Oracle 主目录用户”界面。在该界面中，需要指定 Oracle 主目录用户，这里选中“创建新 Windows 用户”单选按钮创建一个新用户，然后单击“下一步”

按钮，如图 1.8 所示。

（5）单击“下一步”按钮后，会打开“典型安装配置”界面。在该界面中首先设置文件目录，默认情况下，安装系统会自动搜索出剩余磁盘空间最大的磁盘作为默认安装盘，当然也可以自定义安装磁盘；接着选择数据库版本，通常选择“企业版”即可；然后输入“全局数据库名”和登录密码（需要记住，该密码是 system、sys、sysman、dbsnmp 这 4 个管理账户共同使用的初始密码。另外，用户 scott 的初始密码为 tiger），其中“全局数据库名”也就是数据库实例名称，它具有唯一性，不允许出现两个重复的“全局数据库名”；再取消选中“创建为容器数据库”复选框；最后单击“下一步”按钮，如图 1.9 所示。

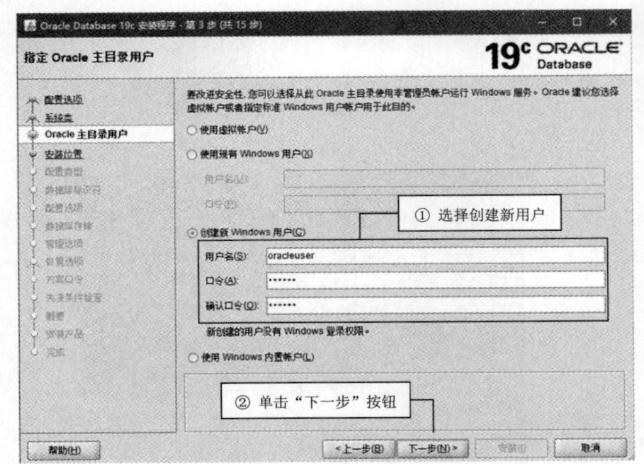

图 1.8 “指定 Oracle 主目录用户”界面

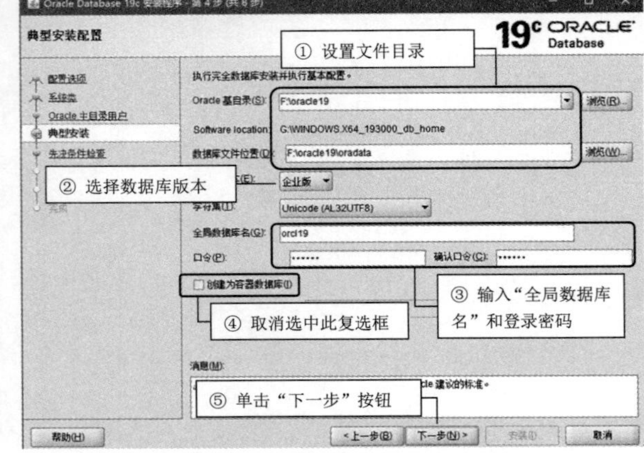

图 1.9 “典型安装配置”界面

一般将全局数据库名设置为 orcl，因为笔者电脑中已有名为 orcl 的全局数据库名，为了避免重名，将 Oracle 19c 的全局数据库名设置为 orcl19。

在“口令”和“确认口令”后输入一样的密码，即为 system 账户的密码。此为本书中设置的密码，读者可自行设置此密码。由于此口令过于简单，单击“下一步”按钮之后，会出现如图 1.10 所示的确认口令界面，在此界面单击“是”按钮。

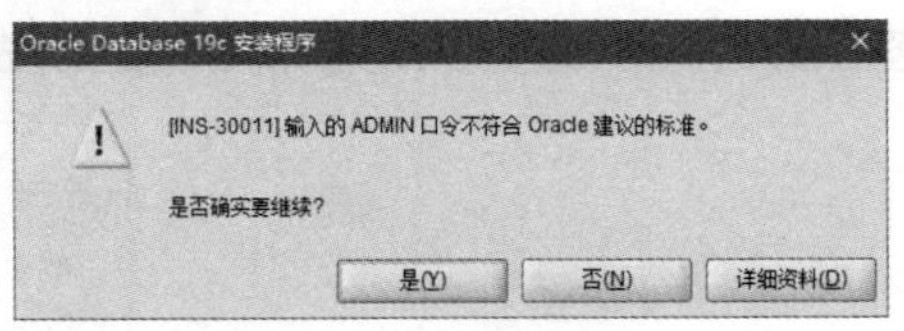

图 1.10 确认口令

（6）接下来会打开“执行先决条件检查”界面，该界面用来检查安装本产品所需要的最低配置，检查结果如图 1.11 所示。

（7）检查完毕后，弹出如图 1.12 所示的“概要”界面，在该界面中会显示安装产品的概要信息，若在步骤（6）中检查出某些系统配置不符合 Oracle 安装的最低要求，则会在该界面的列表中显示出来，以供用户参考，然后单击“安装”按钮即可。

（8）单击“安装”按钮后，会打开“安装产品”界面，在该界面中会显示产品的安装进度，过程比较缓慢，请耐心等待，如图 1.13 所示。

（9）当“安装产品”界面中的进度条到达 100%后，会出现如图 1.14 所示的“完成”界面，表示 Oracle 19c 已经安装成功，单击“关闭”按钮即可退出安装程序。

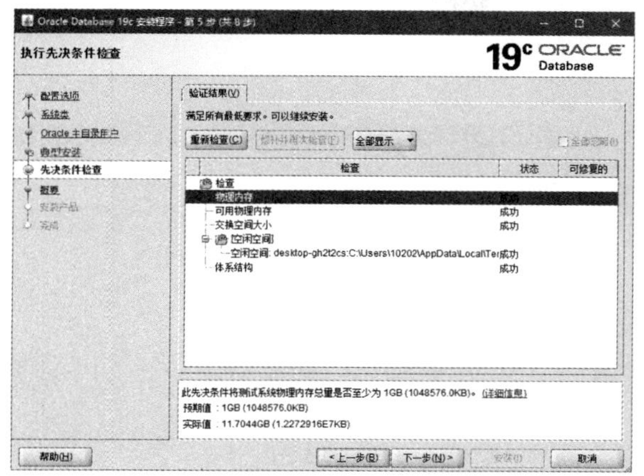

图 1.11　“执行先决条件检查”界面

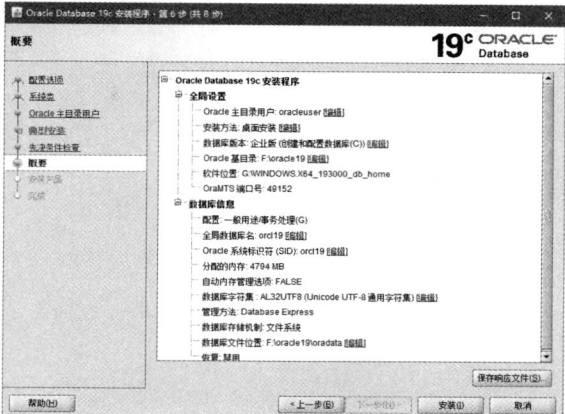

图 1.12　“概要”界面

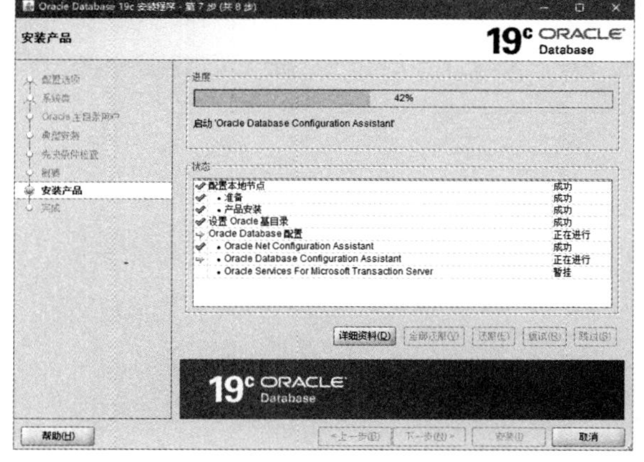

图 1.13　“安装产品”界面

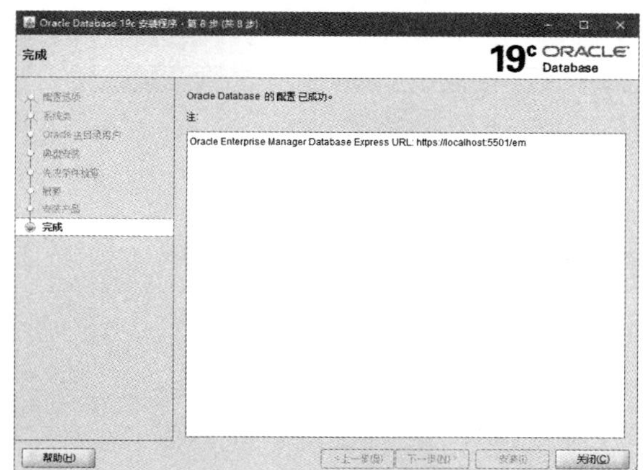

图 1.14　“完成”界面

1.3.2　Oracle 19c 的卸载

想要在 Windows 10 上卸载 Oracle 19c 数据库，必须手动删除所有以 Oracle 开头的注册表现、文件和文件夹，具体操作步骤如下。

（1）右击 Windows 10 系统的“此电脑”，在快捷菜单中选择“管理”命令，打开“计算机管理”界面。在左侧的列表项中，单击“服务和应用程序”前的“>”展开符号，在其下面选择“服务”选项，打开“服务”窗口，如图 1.15 所示。在 Oracle 19c 相关服务上右击，在弹出的快捷菜单中选择“停止”命令。

（2）删除以 Oracle 开头的注册表项。右击开始菜单，选择“运行”选项，然后输入 regedit，单击“确定”按钮，打开“注册表编辑器”窗口。

① 在 HKEY_LOCAL_MACHINE\SOFTWARE\Oracle 上右击，然后在弹出的快捷菜单中选择“删除”命令，如图 1.16 所示。

② 在 HKEY_LOCAL_MACHINE\SOFTWARE\Wow6432Node\Oracle 上右击，然后在弹出的快捷菜单中选择“删除”命令，如图 1.17 所示。

③ 在 HKEY_LOCAL_MACHINE\SYSTEM\CurrentControlSet\Services\Oracle*上右击，然后在弹出的快捷菜单中选择“删除”命令，如图 1.18 所示。

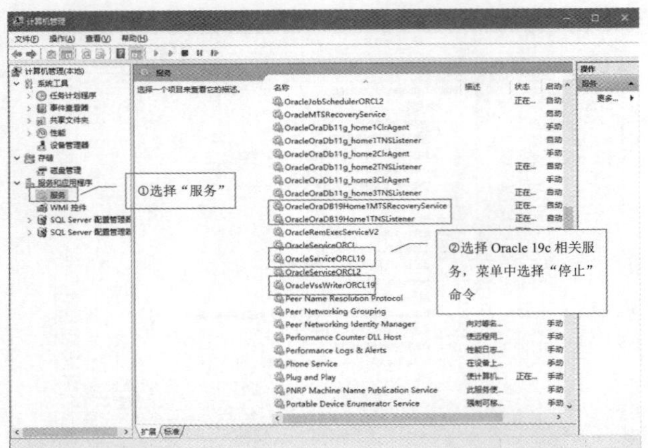

图 1.15　停止 Oracle 19c 相关所有的后台服务

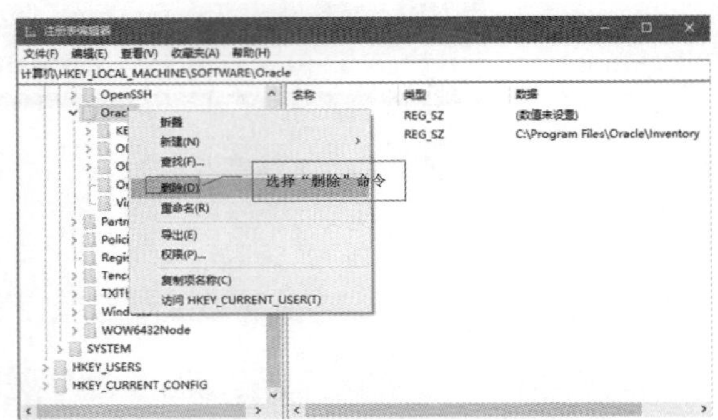

图 1.16　删除 HKEY_LOCAL_MACHINE\SOFTWARE\Oracle 下的注册表

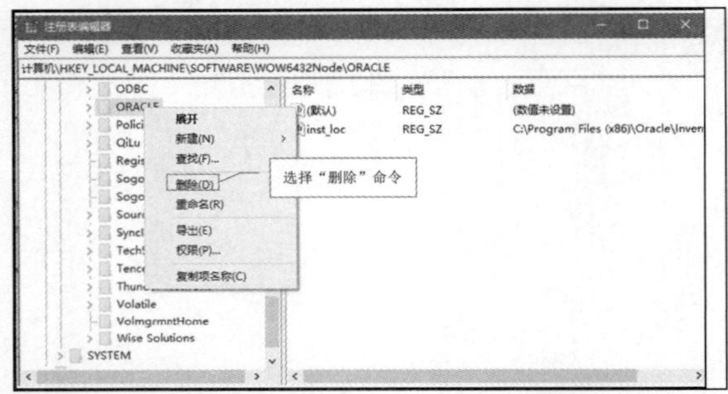

图 1.17　删除 HKEY_LOCAL_MACHINE\SOFTWARE\Wow6432Node\Oracle 下的注册表

图 1.18　删除 Oracle 19c 相关的注册表

删除完注册表之后，重新启动 Windows 系统。

（3）删除以 Oracle 开头的文件夹 F:\oracle19、C:\Users\oracleuser 和 C:\Program Files\Oracle。

完成以上步骤后，Oracle 19c 就从 Windows 系统中卸载了。

1.4　Oracle 19c 的管理工具

Oracle 19c 提供了多种数据库管理工具，这里主要介绍常用的 SQL*Plus、Oracle 企业管理器（Oracle enterprise manager，OEM）和数据库配置助手（database configuration assistant）。

1.4.1　SQL*Plus 工具

在 Oracle 19c 数据库系统中，用户对数据库的操作主要是通过 SQL*Plus 来完成的。SQL*Plus 作为 Oracle 的客户端工具，既可以建立位于数据库服务器上的数据连接，也可以建立位于网络中的数据连接。

1. 启动 SQL*Plus

下面将介绍如何启动 SQL*Plus 和如何使用 SQL*Plus 连接到数据库。

（1）选择“开始”\Oracle-OraDb19c_home1\SQLPlus 命令，打开如图 1.19 所示的 SQL*Plus 启动界面。

（2）在命令提示符的位置输入登录用户名（如 system 或 sys 等系统管理账户）和登录密码（密码是在安装或创建数据库时指定的），若输入的用户名和密码正确，则 SQL*Plus 将可连接到数据库，如图 1.20 所示。

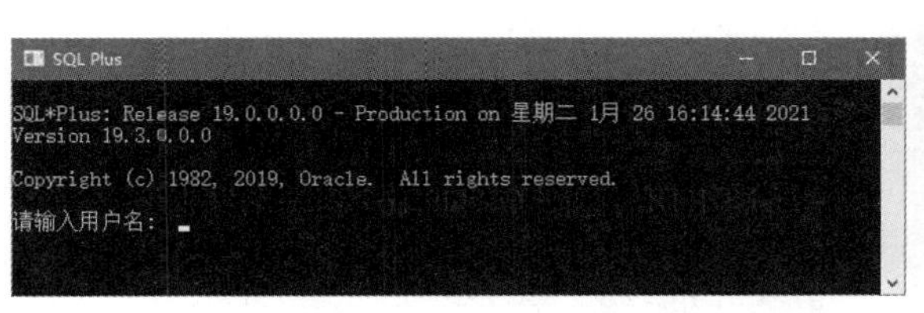

图 1.19　SQL*Plus 启动界面

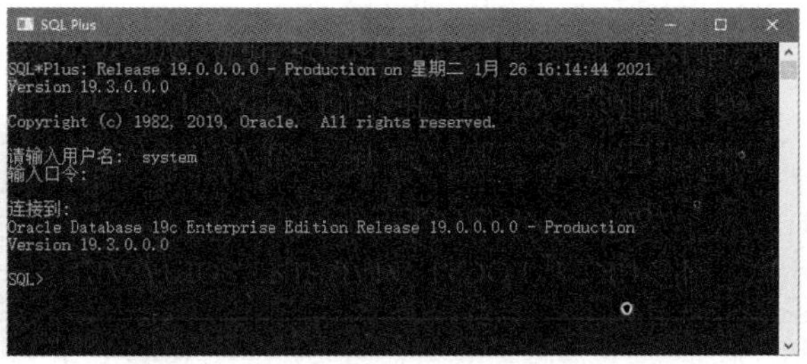

图 1.20　使用 SQL*Plus 连接到数据库

另外，还可以通过在“运行”中输入 cmd 命令来启动命令行窗口，然后在该窗口中输入 SQL*Plus 命令来连接到数据库，如图 1.21 和图 1.22 所示。使用 SQL*Plus 命令连接到数据库实例的语法格式如下。

```
SQLPLUS username[/password][@connect_identifier] [AS SYSOPER|SYSDBA]
```

- ☑ username：表示登录用户名。
- ☑ /password：表示登录密码。
- ☑ @connect_identifier：表示连接的全局数据库名，若连接本机上的默认数据库，则可以省略。

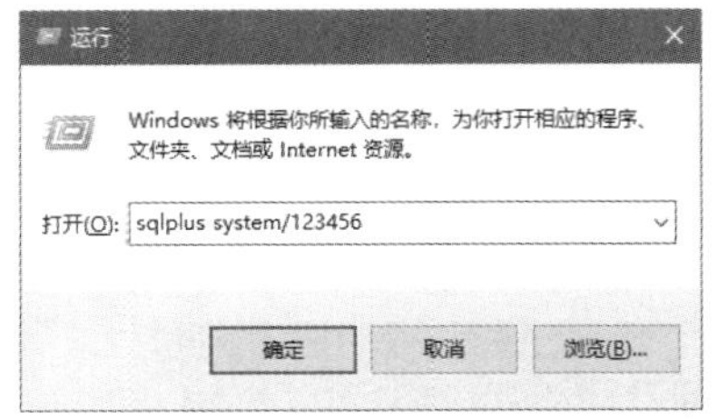

图 1.21　使用 SQL*Plus 命令连接到数据库实例

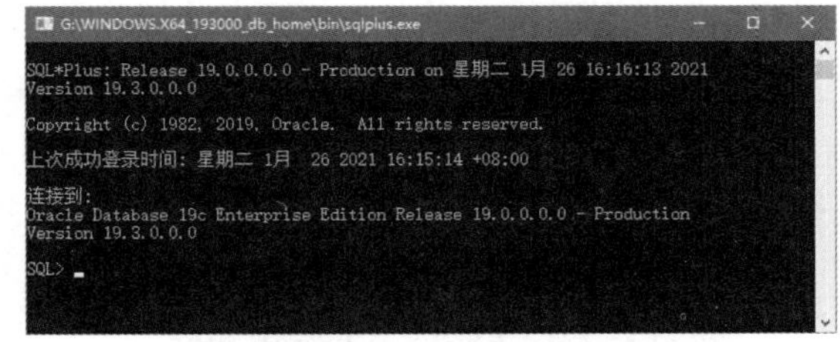

图 1.22　通过命令启动的 SQL*Plus 命令行窗口

说明

在输入 Oracle 数据库命令时，其关键字不区分大小写（例如，输入 sqlplus 或 SQLPLUS 都可以），但参数区分大小写。

2. 使用 SQL*Plus 连接 scott 用户

scott 用户是 Oracle 数据库系统中非常常用的用户，用户名为 scott，密码为 tiger。scott 用户中包含员工信息表 emp、部门信息表 dept、奖金表 bonus 和工资等级表 salgrade，本书中的大多数实例操作的就是这 4 张表。

但是在 Oracle 19c 中并不存在 scott 用户，所以需要自行创建，下面演示如何创建 scott 用户，并创建 scott 用户中的数据表。

（1）打开 SQL*Plus 之后，在“请输入用户名：”后输入 scott，在“输入口令：”后输入 tiger，按 Enter 键之后，结果如图 1.23 所示。。

（2）通过图 1.23 可知，不能连接 scott 用户，所以首先以 sysdba 的身份连接数据库（用户名为“sqlplus /as sysdba”，输入口令后直接按 Enter 键，即可连接 sys 数据库），然后创建 scott 用户，命令如下。

```
sqlplus /as sysdba
create user scott identified by tiger;
```

执行结果如图 1.24 所示。

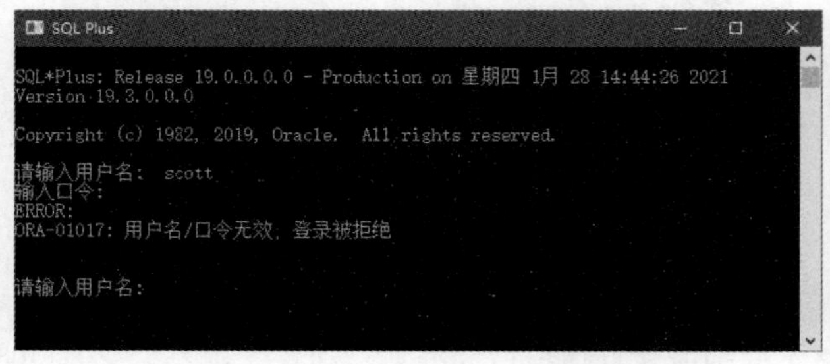

图 1.23　不能连接数据库

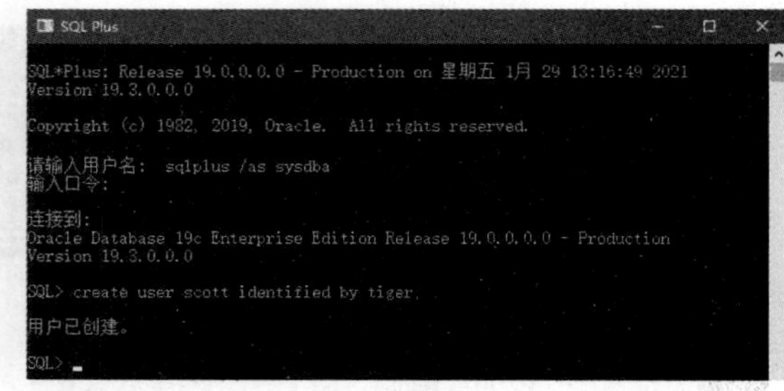

图 1.24　创建 scott 用户

（3）设置用户使用的表空间，命令如下。

```
ALTER USER scott DEFAULT TABLESPACE USERS;
ALTER USER scott TEMPORARY TABLESPACE TEMP;
```

执行结果如图 1.25 所示。

（4）为 scott 用户赋予权限，并使用此用户登录，命令如下。

```
    GRANT dba TO scott;
    CONNECT scott/tiger;
```

执行结果如图 1.26 所示。

图 1.25　设置用户使用的表空间

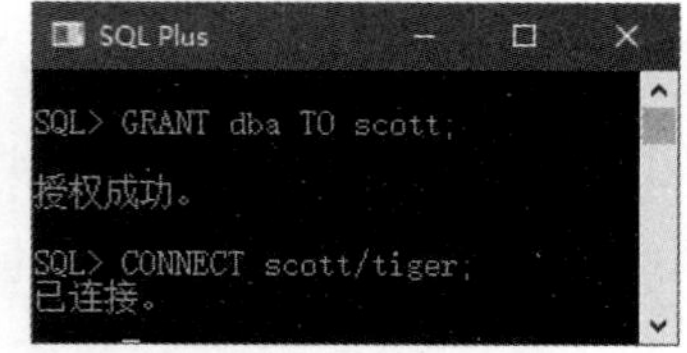

图 1.26　为 scott 用户赋予权限，并使用此用户登录

（5）输入以下代码，创建部门信息表 dept、员工信息表 emp、奖金表 bonus 和工资等级表 salgrade，并插入测试数据。

```
-- 创建数据表
CREATE TABLE dept (
   deptno    NUMBER(2) CONSTRAINT PK_DEPT PRIMARY KEY,
   dname     VARCHAR2(14) ,
   loc       VARCHAR2(13)
```

```
);
CREATE TABLE emp (
   empno    NUMBER(4) CONSTRAINT PK_EMP PRIMARY KEY,
   ename    VARCHAR2(10),
   job      VARCHAR2(9),
   mgr      NUMBER(4),
   hiredate    DATE,
   sal      NUMBER(7,2),
   comm     NUMBER(7,2),
   deptno   NUMBER(2) CONSTRAINT FK_DEPTNO REFERENCES DEPT
);
CREATE TABLE bonus (
   enamE    VARCHAR2(10)    ,
   job      VARCHAR2(9)   ,
   sal      NUMBER,
   comm     NUMBER
);
CREATE TABLE salgrade (
   grade      NUMBER,
   losal      NUMBER,
   hisal      NUMBER
);
-- 插入测试数据 —— dept
INSERT INTO dept VALUES    (10,'ACCOUNTING','NEW YORK');
INSERT INTO dept VALUES (20,'RESEARCH','DALLAS');
INSERT INTO dept VALUES    (30,'SALES','CHICAGO');
INSERT INTO dept VALUES    (40,'OPERATIONS','BOSTON');
-- 插入测试数据 —— emp
INSERT INTO emp VALUES (7369,'SMITH','CLERK',7902,to_date('17-12-1980','dd-mm-yyyy'),800,NULL,20);
INSERT INTO emp VALUES (7499,'ALLEN','SALESMAN',7698,
to_date('20-2-1981','dd-mm-yyyy'),1600,300,30);
INSERT INTO emp VALUES (7521,'WARD','SALESMAN',7698,
to_date('22-2-1981','dd-mm-yyyy'),1250,500,30);
INSERT INTO emp VALUES (7566,'JONES','MANAGER',7839,
to_date('2-4-1981','dd-mm-yyyy'),2975,NULL,20);
INSERT INTO emp VALUES (7654,'MARTIN','SALESMAN',7698,
to_date('28-9-1981','dd-mm-yyyy'),1250,1400,30);
INSERT INTO emp VALUES (7698,'BLAKE','MANAGER',7839,
to_date('1-5-1981','dd-mm-yyyy'),2850,NULL,30);
INSERT INTO emp VALUES (7782,'CLARK','MANAGER',7839,
to_date('9-6-1981','dd-mm-yyyy'),2450,NULL,10);
INSERT INTO emp VALUES (7788,'SCOTT','ANALYST',7566,
to_date('13-07-87','dd-mm-yyyy')-85,3000,NULL,20);
INSERT INTO emp VALUES (7839,'KING','PRESIDENT',NULL,
to_date('17-11-1981','dd-mm-yyyy'),5000,NULL,10);
INSERT INTO emp VALUES (7844,'TURNER','SALESMAN',7698,to_date('8-9-1981','dd-mm-yyyy'),1500,0,30);
INSERT INTO emp VALUES (7876,'ADAMS','CLERK',7788,
to_date('13-07-87','dd-mm-yyyy')-51,1100,NULL,20);
INSERT INTO emp VALUES (7900,'JAMES','CLERK',7698,to_date('3-12-1981','dd-mm-yyyy'),950,NULL,30);
```

```
INSERT INTO emp VALUES (7902,'FORD','ANALYST',7566,
to_date('3-12-1981','dd-mm-yyyy'),3000,NULL,20);
INSERT INTO emp VALUES (7934,'MILLER','CLERK',7782,to_date('23-1-1982','dd-mm-yyyy'),1300,NULL,10);
-- 插入测试数据 —— salgrade
INSERT INTO salgrade VALUES (1,700,1200);
INSERT INTO salgrade VALUES (2,1201,1400);
INSERT INTO salgrade VALUES (3,1401,2000);
INSERT INTO salgrade VALUES (4,2001,3000);
INSERT INTO salgrade VALUES (5,3001,9999);
-- 事务提交
COMMIT;
```

以上代码执行完毕之后，为了验证是否成功连接到系统的 scott 用户，可以通过在 SQL *Plus 中查询部门表的所有信息（dept 表）来进行验证。使用 scott 用户连接 Oracle 后，在提示符“SQL>”后输入如下语句。

```
SELECT * FROM dept;
```

执行结果如图 1.27 所示。

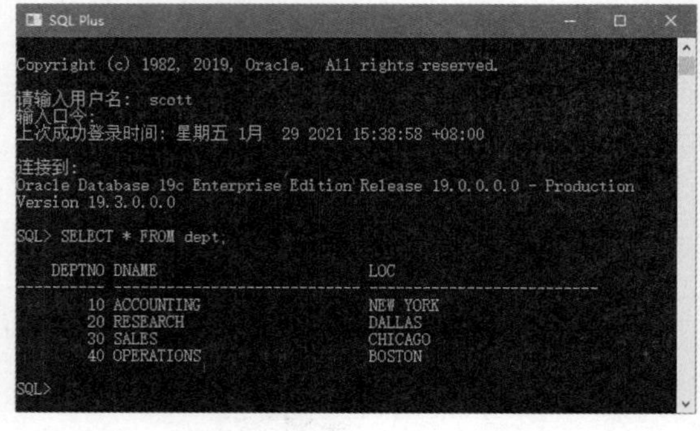

图 1.27　查看 dept 表中数据

1.4.2　Oracle 企业管理器

Oracle 企业管理器（Oracle enterprise manager，OEM）是基于 Web 界面的 Oracle 数据库管理工具。启动 Oracle 19c 的 OEM 只需要在浏览器中输入其 URL 地址——通常为 https://localhost:5501/em（此地址在图 1.14 中可以看到），然后连接主页即可。

如果是第一次使用 OEM，启动 Oracle 19c 的 OEM 后，需要安装“信任证书”或者直接选择“高级”/“继续前往 localhost（不安全）”即可；然后就会出现 OEM 的登录页面，用户需要输入登录用户名（如 system、sys、scott 等）和登录口令，如图 1.28 所示。

在输入用户名和口令后，单击 Log in 按钮，若用户名和口令都正确，就会进入 OEM 的主界面中，如图 1.29 所示。

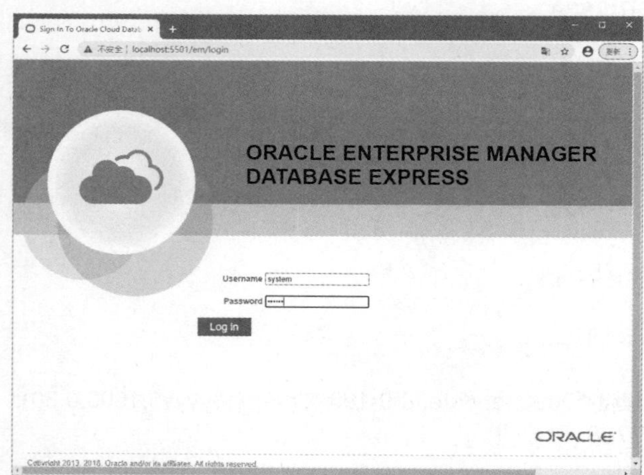

图 1.28　登录 OEM

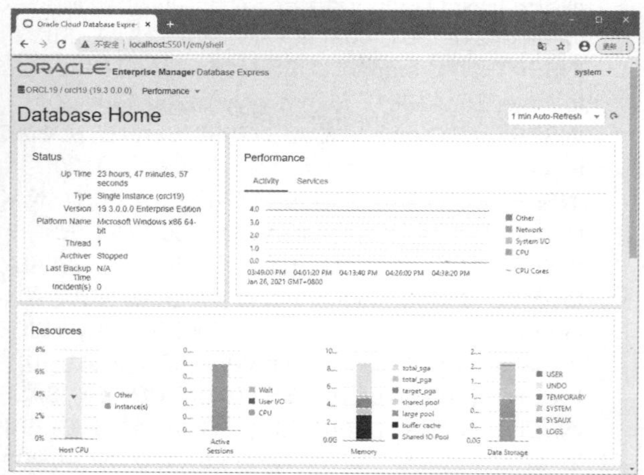

图 1.29　OEM 主界面

OEM 以图形的方式提供用户对数据库的操作，虽然操作起来比较方便简单，不需要使用大量的命令，但这对于初学者来说减少了学习操作 Oracle 数据库命令的机会，而且不利于读者深刻地理解 Oracle 数据库。因此，建议读者强制自己使用 SQL*Plus 工具。另外，本书实例的讲解也主要在 SQL*Plus 中完成，以帮助读者更好地学习 SQL*Plus 命令。

1.4.3　数据库配置助手

在安装 Oracle 19c 数据库管理系统的过程中，若选中“仅设置软件”单选按钮（见图 1.6），则系统安装完毕后，需要手动创建数据库才能够实现对 Oracle 数据库的各种操作。在 Oracle 19c 中，可以通过数据库配置助手（database configuration assistant，DBCA）来实现创建和配置数据库。

选择“开始”\Oracle-OraDb19c_home1\Database Configuration Assistant 命令，将打开如图 1.30 所示的界面。

然后，用户只需要按照数据库配置助手向导的提示逐步进行设置，就可以实现创建和配置数据库。

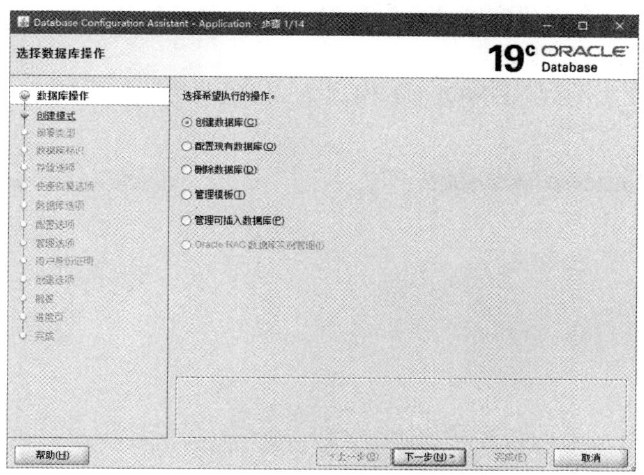

图 1.30　启动数据库配置助手

互动练习： 在 scott 模式下，使用 SELECT 语句查询 dept 表中的所有记录。

1.5　启动与关闭数据库实例

1.5.1　启动数据库实例

Oracle 数据库实例的启动过程分为 3 个步骤，分别是启动实例、加载数据库和打开数据库。用户可以根据实际情况的需要，以不同的模式启动数据库。启动数据库使用 STARTUP 命令，语法格式如下。

```
STARTUP [NOMOUNT | MOUNT | OPEN | FORCE] [RESTRICT] [PFILE=filename]
```

☑ NOMOUNT：表示启动实例但不加载数据库。
☑ MOUNT：表示启动实例，加载数据库，并保持数据库的关闭状态。
☑ OPEN：表示启动实例，加载并打开数据库，这个是默认选项。
☑ FORCE：表示终止实例并重新启动数据库。
☑ RESTRICT：用于指定以受限制的会话方式启动数据库。
☑ PFILE：用于指定启动实例时所使用的文本参数文件，filename 就是文件名。

Oracle 数据库实例在启动时必须读取一个初始化参数文件，以便从中获得有关实例启动的参数配置信息。若在 STARTUP 语句中没有指定 PFILE 参数，则 Oracle 首先读取默认位置的服务器初始化参数文件 spfile，若没有找到默认的服务器初始化参数文件，则将读取默认位置的文本初始化参数文件。下面将分别讲解 STARTUP 语法中列举出的几种启动模式。

1. NOMOUNT 模式

NOMOUNT 启动模式只会创建实例（即创建 Oracle 实例的各种内存结构和服务进程），并不加载数据库，也不会打开任何数据文件。

【例 1.1】启动数据库实例到 NOMOUNT 模式下，代码及运行结果如下。（**实例位置：资源包\TM\sl\1\1**）

```
SQL> connect system/1qaz2wsx as sysdba;
已连接。
SQL> shutdown immediate
数据库已经关闭。
已经卸载数据库。
ORACLE 例程已经关闭。
SQL> startup nomount
ORACLE 例程已经启动。
Total System Global Area          535662592 bytes
Fixed Size                        1375792 bytes
Variable Size                     226492880 bytes
Database Buffers                  301989888 bytes
Redo Buffers                      5804032 bytes
```

在上述示例代码中，首先用户要以 sysdba 的身份登录，然后才具有关闭和启动数据实例的权限。这意味着在使用 SHUTDOWN 命令关闭数据库实例之后，可以使用 STARTUP NOMOUNT 命令启动数据库实例。

**说明**

通常在创建新数据库或重建控制文件时，使用 NOMOUNT 模式启动数据库实例。

2. MOUNT 模式

MOUNT 模式将启动实例，加载数据库并保持数据库的关闭状态。

【例 1.2】启动数据库实例到 MOUNT 模式下，代码及运行结果如下。（**实例位置：资源包\TM\sl\1\2**）

```
SQL> shutdown immediate
```

```
数据库已经关闭。
已经卸载数据库。
ORACLE 例程已经关闭。
SQL> startup mount
ORACLE 例程已经启动。
Total System Global Area          535662592 bytes
Fixed Size                        1375792 bytes
Variable Size                     226492880 bytes
Database Buffers                  301989888 bytes
Redo Buffers                      5804032 bytes
数据库装载完毕。
```

上述代码中，首先使用 SHUTDOWN 命令关闭数据库实例，然后使用 STARTUP MOUNT 命令启动数据库实例。

说明

MOUNT 模式通常在进行数据库维护时使用，如执行数据库完全恢复操作、更改数据库的归档模式等。

3. OPEN 模式

OPEN 模式将启动实例，加载并打开数据库。这是常规的启动模式，用户要对数据库进行多种操作，就必须使用 OPEN 模式启动数据库实例。

【例 1.3】启动数据库实例到 OPEN 模式下，代码及运行结果如下。

```
SQL> startup
ORACLE 例程已经启动。
Total System Global Area          535662592 bytes
Fixed Size                        1375792 bytes
Variable Size                     226492880 bytes
Database Buffers                  301989888 bytes
Redo Buffers                      5804032 bytes
数据库装载完毕。
数据库已经打开。
```

在上述代码中，startup 命令的后面不带有任何参数，就表示以 OPEN 模式启动数据库实例。

4. FORCE 模式

FORCE 模式将终止实例并重新启动数据库，这种启动模式具有一定的强制性。例如，在其他启动模式失效时，可以尝试使用这种启动模式。

【例 1.4】启动数据库实例到 FORCE 模式下，代码及运行结果如下。

```
SQL> startup force
ORACLE 例程已经启动。
Total System Global Area          535662592 bytes
Fixed Size                        1375792 bytes
Variable Size                     226492880 bytes
Database Buffers                  301989888 bytes
```

```
Redo Buffers                          5804032 bytes
数据库装载完毕。
数据库已经打开。
```

1.5.2 关闭数据库实例

与启动数据库实例相同，关闭数据库实例也分为 3 个步骤，分别是关闭数据库、卸载数据库和关闭 Oracle 实例。在 SQL*Plus 中，可以使用 SHUTDOWN 语句关闭数据库，其具体语法格式如下。

```
SHUTDOWN [NORMAL | TRANSACTIONAL | IMMEDIATE | ABORT]
```

☑ NORMAL：表示以正常方式关闭数据库。
☑ TRANSACTIONAL：表示在当前所有的活动事务被提交完毕之后关闭数据库。
☑ IMMEDIATE：表示在尽可能短的时间内立即关闭数据库。
☑ ABORT：表示以终止方式来关闭数据库。

下面将分别讲解在 SHUTDOWN 语法中列举出的 4 种关闭数据库实例的方式。

1. NORMAL 方式

NORMAL 方式称作正常关闭方式，如果对关闭数据库的时间没有限制，通常会使用这种方式来关闭数据库。

【例 1.5】使用 NORMAL 方式关闭数据库，代码及运行结果如下。

```
SQL> shutdown normal
数据库已经关闭。
已经卸载数据库。
ORACLE 例程已经关闭。
```

从上述代码中可以看出，Oracle 在执行 SHUTDOWN 命令后，所返回的响应信息就是关闭数据库实例的过程。当以正常方式关闭数据库时，Oracle 将执行如下操作。

☑ 阻止任何用户建立新的连接。
☑ 等待当前所有正在连接的用户主动断开连接。
☑ 当所有的用户都断开连接后，将立即关闭数据库。

2. TRANSACTIONAL 方式

TRANSACTIONAL 方式称作事务关闭方式，它的首要任务是能够保证当前所有的活动事务都可以被提交，并在尽可能短的时间内关闭数据库。

【例 1.6】使用 TRANSACTIONAL 方式关闭数据库，代码及运行结果如下。

```
SQL> shutdown transactional
数据库已经关闭。
已经卸载数据库。
ORACLE  例程已经关闭。
```

以事务方式关闭数据库时，Oracle 将执行如下操作。

☑ 阻止用户建立新连接和开始新事务。

☑　等待所有活动事务提交后，再断开用户连接。

☑　当所有的活动事务提交完毕、所有的用户都断开连接后，将关闭数据库。

3. IMMEDIATE 方式

与 IMMEDIATE 单词的含义一样，IMMEDIATE 方式称作立即关闭方式，这种方式将在尽可能短的时间内关闭数据库。

【例 1.7】使用 IMMEDIATE 方式关闭数据库，代码及运行结果如下。

```
SQL> shutdown immediate
数据库已经关闭。
已经卸载数据库。
ORACLE 例程已经关闭。
```

在这种关闭方式下，Oracle 不但会立即中断当前用户的连接，而且会强行终止用户的当前活动事务，将未完成的事务回退。以立即关闭方式关闭数据库时，Oracle 将执行如下操作。

☑　阻止用户建立新连接和开始新事务。

☑　将未提交的活动事务回退。

☑　关闭数据库。

4. ABORT 方式

ABORT 方式称作终止关闭方式，具有一定的强制性和破坏性。使用这种方式会强制中断数据库的操作，这样可能会丢失一部分数据信息，影响数据库的完整性。除了由于使用其他 3 种方式无法关闭数据库而使用它之外，应该尽量避免使用这种方式。

【例 1.8】使用 ABORT 方式关闭数据库，代码及运行结果如下。

```
SQL> shutdown abort
ORACLE 例程已经关闭。
```

以立即关闭方式关闭数据库时，Oracle 将执行如下操作。

☑　阻止用户建立新连接和开始新事务。

☑　取消未提交的活动事务，而不是回退。

☑　立即终止正在执行的任何 SQL 语句。

☑　立即关闭数据库。

互动练习：在 scott 模式下，使用 DISTINCT 关键字显示 emp 表中的不重复记录。

1.6　实践与练习

1. 尝试通过数据库配置助手（Database Configuration Assistant）创建一个名称为 mr 的数据库。
2. 尝试启动数据库到 OPEN 模式，然后使用 TRANSACTIONAL 方式关闭数据库。

第 2 章

Oracle 体系结构

Oracle 的体系结构是从某一角度来分析数据库的组成和工作过程，以及如何管理数据库和组织数据。对于初学者而言，在学习本章的过程中，会涉及大量的新概念和术语，希望读者能深入理解这些概念和术语，为后面章节的学习打好基础。

本章知识架构及重难点如下。

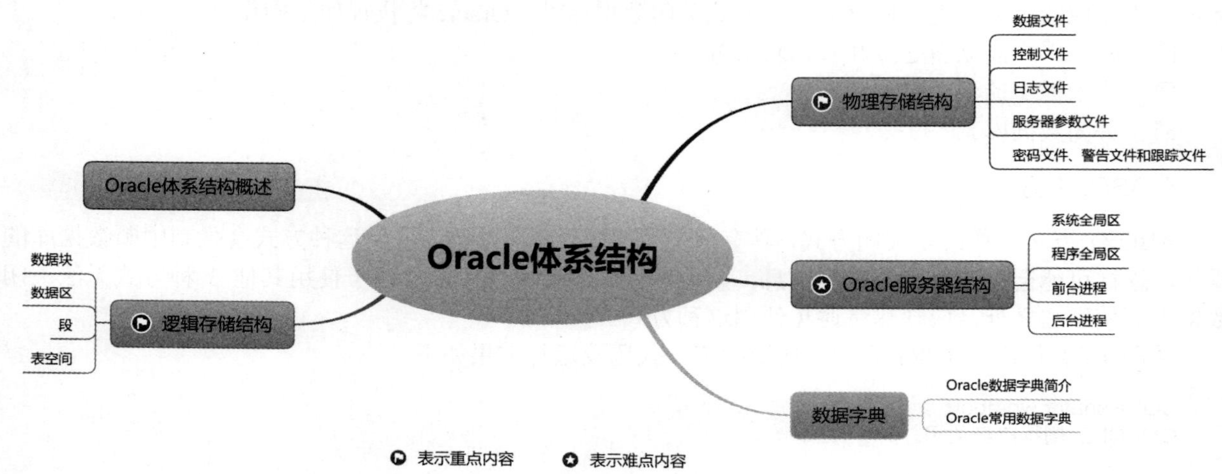

2.1 Oracle 体系结构概述

Oracle 体系结构主要用来分析数据库的组成、工作过程与原理，以及数据在数据库中的组织与管理机制。这里，Oracle 数据库是一个逻辑概念，而不是指安装了 Oracle 数据库管理系统的服务器。

在 Oracle 数据库管理系统中有 3 个重要的概念需要理解，那就是实例（Instance）、数据库（Database）和数据库服务器（Database Server）。其中，实例是指一组 Oracle 后台进程以及在服务器中分配的共享内存区域；数据库是由基于磁盘的数据文件、控制文件、日志文件、参数文件和归档日志文件等组成的物理文件集合；数据库服务器是指管理数据库的各种软件工具（如 SQL*Plus、OEM 等）、实例及数据库。从实例与数据库之间的辩证关系来讲，实例用于管理和控制数据库，而数据库为实例提供数据。一个数据库可以被多个实例装载和打开，而一个实例在其生存期内只能装载和打开一个数据库。

数据库的主要功能就是存储数据，数据库存储数据的方式通常称为存储结构，Oracle 数据库的存储结构分为逻辑存储结构和物理存储结构。逻辑存储结构用于描述Oracle内部组织和管理数据的方式，而物理存储结构用于展示 Oracle 在操作系统中的物理文件组成情况。

启动 Oracle 数据库服务器实际上是在服务器的内存中创建一个 Oracle 实例，然后用这个实例来访问和控制磁盘中的数据文件。当用户连接到数据库时，实际上连接的是数据库的实例，然后由实例负责与数据库进行通信，最后将处理结果返回给用户。图 2.1 展示了 Oracle 数据库的基本体系结构，从该图中可以看出，SQL 命令从客户端发出后，由 Oracle 的服务器进程进行响应，然后在内存区域中进行语法分析、编译和执行，接着将修改后的数据写入数据文件，将数据库的修改信息写入日志文件，最后将 SQL 的执行结果返回给客户端。

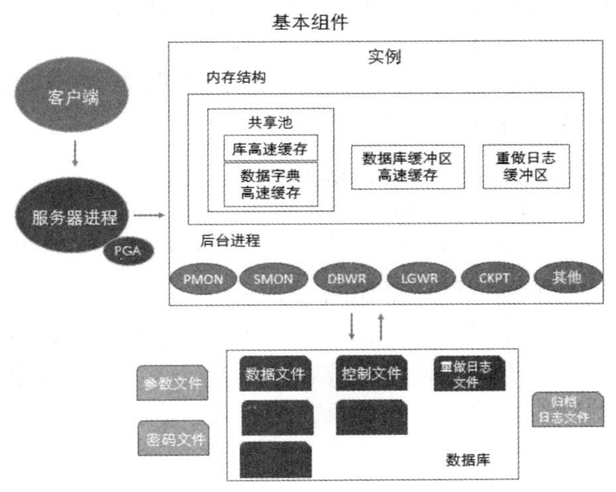

图 2.1　Oracle 体系结构

2.2　逻辑存储结构

逻辑存储结构是 Oracle 数据库存储结构的核心内容，对 Oracle 数据库的所有操作都会涉及其逻辑存储结构。逻辑存储结构是从逻辑的角度分析数据库的构成，是对数据存储结构在逻辑概念上的划分。Oracle 的逻辑存储结构是一种层次结构，主要由表空间、段、数据区和数据块等概念组成。逻辑结构是面向用户的，当用户使用 Oracle 设计数据库时，其使用的就是逻辑存储结构。Oracle 的逻辑存储结构中所包含的多个结构对象从数据块到表空间形成了不同层次的粒度关系，如图 2.2 所示。

从图 2.2 中可以看到，Oracle 数据库是由多个表空间组成（可见数据库自身也属于逻辑概念），而表空间又是由多个段组成，段由多个数据区组成，数据区又是由多个数据块组成。

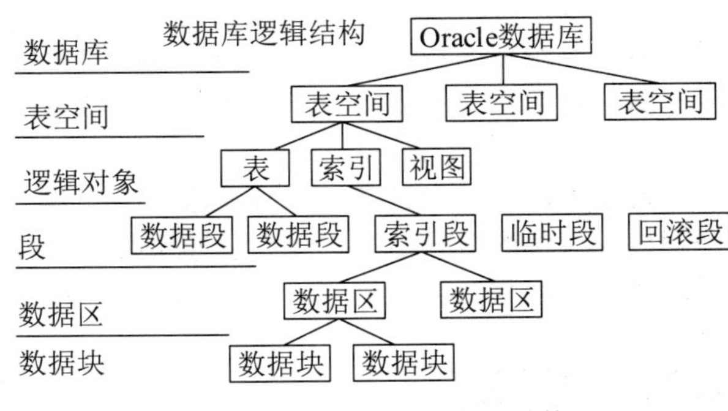

图 2.2　Oracle 的逻辑存储结构

2.2.1　数据块

数据块（Data Block）是 Oracle 逻辑存储结构中最小的逻辑单位，也是执行数据库输入/输出操作的最小存储单位。Oracle 数据存放在 Oracle 数据块中，而不是操作系统块中。Oracle 数据块通常是操作系统块的整数倍，如果操作系统块的大小为 2048 B，并且 Oracle 数据块的大小为 8192 B，则表示 Oracle 数据块由 4 个操作系统块构成。Oracle 数据块有一定的标准大小，其大小被写入初始化参数

DB_BLOCK_SIZE 中。另外，Oracle 支持在同一个数据库中使用多种大小的块，与标准块大小不同的块就是非标准块。

【例 2.1】通过 v$parameter 数据字典查询 Oracle 标准数据块的大小，具体代码如下。**（实例位置：资源包\TM\sl\2\1）**

```
SQL> col name format a30
SQL> col value format a20
SQL> select name,value from v$parameter where name = 'db_block_size' ;
```

本例运行结果如图 2.3 所示。首先格式化 name 列和 value 列的大小，以方便在同一行显示，然后使用 SELECT 语句获得参数 DB_BLOCK_SIZE 的值（即 value 列的值），该值也就是标准数据块的大小。

数据块中可以存放表数据、索引数据和簇数据等，无论存放哪种类型的数据，其结构都是相同的。数据块由块头、表目录、行目录、空余空间和行数据这 5 部分组成，如图 2.4 所示。

图 2.3　Oracle 标准数据块的大小

图 2.4　数据块的结构

- ☑ 块头：存放数据块的基本信息，如块的物理地址、块所属的段的类型。
- ☑ 表目录：存放表的相关信息。如果数据块中存储的数据是表数据，则表目录中存储有关这些表的相关信息。
- ☑ 行目录：如果块中有行数据存在，则这些行的信息将被记录在行目录中。这些信息包括行地址等。
- ☑ 空余空间：块中未使用的区域，用于新行的插入和已经存在的行的更新。
- ☑ 行数据：用于存放表数据和索引数据的地方，这部分空间已被数据行所占用（如表中的若干行数据记录）。

通常把块头、表目录、行目录这 3 部分组合起来称为头部信息区。头部信息区中不存放数据，而是存放整个块的引导信息，起到引导系统读取数据的作用。头部信息区若遭到破坏，则 Oracle 系统将无法读取这部分数据。另外，空余空间和行数据公共构成块的存储区，用于存放真正的数据记录。

2.2.2　数据区

数据区（Extent 也可称作数据扩展区）是由一组连续的 Oracle 数据块构成的 Oracle 存储结构，一个或多个数据块组成一个数据区，一个或多个数据区再组成一个段（Segment）。当一个段中的所有空间被使用完后，Oracle 系统将自动为该段分配一个新的数据区，这也正符合 Extent 这个单词所具有的“扩展”的含义，可见数据区是 Oracle 存储分配的最小单位，Oracle 就以数据区为单位进行存储控件的扩展。

使用数据区的目的是用来保存特定数据类型的数据，也是表中数据增长的基本单位。在 Oracle 数据库中，分配存储空间就是以数据区为单位的。一个 Oracle 对象至少包含一个数据区。设置一张表或索引的存储参数包含设置它的数据区大小。

2.2.3　段

段（Segment）是由一个或多个数据区构成的，它不是存储空间的分配单位，而是一个独立的逻辑存储结构，用于存储表、索引或簇等占用空间的数据对象，Oracle 也把这种占用空间的数据对象统一称为段。一个段只属于一个特定的数据对象，每当创建一个具有独立段的数据对象时，Oracle 将为它创建一个段。

段是为特定的数据对象（如表、索引、回滚等）分配的一系列数据区。段内包含的数据区可以不连续，并且可以跨越多个文件，使用段的目的是用来保存特定对象的。一个 Oracle 数据库中通常包含以下 4 种类型的段。

（1）数据段。数据段中保存的是表中的数据记录。在创建数据表时，Oracle 系统将为表创建数据段。当表中的数据量增大时，数据段的大小自然也随着变大，数据段的增大过程是通过向其添加新的数据区来实现的。当创建一张表时，系统自动创建一个以该表的名字命名的数据段。

（2）索引段。索引段中包含了用于提高系统性能的索引。一旦建立了索引，系统就会自动创建一个以该索引的名字命名的索引段。

（3）回滚段。回滚段（也可称作撤销段）中保存了回滚条目，Oracle 将修改前的旧值保存在回滚条目中。利用这些信息，可以撤销未提交的操作，以便为数据库提供读入一致性和回滚未提交的事务，即用来回滚事务的数据空间。当一个事务开始处理时，系统为之分配回滚段，回滚段可以动态创建和撤销。Oracle 系统有个默认的回滚段，其管理方式既可以是自动的，也可以是手动的。

（4）临时段。当执行创建索引、查询等操作时，Oracle 可能会使用一些临时存储空间，用于暂时性地保存解析过的查询语句以及在排序过程中产生的临时数据。Oracle 系统将在专门用于存储临时数据的表空间中为操作分配临时段。

在执行 CREATE INDEX、SELECT ORDER BY、SELECT DISTINCT 和 SELECT GROUP BY 等几种类型的 SQL 语句时，Oracle 系统就会在临时表空间中为这些语句的操作分配一个临时段。

在数据库管理过程中，若经常需要执行上述这类 SQL 语句，最好调整 SORT_AREA_SIZE 初始化参数来增大排序区，从而使排序操作尽量能够在内存中完成，以获得更好的执行效率，但同时这对数据库服务器的内存空间提出了更大的要求。

2.2.4　表空间

Oracle 使用表空间（Tablespace）将相关的逻辑结构（如段、数据区等）组合在一起，表空间是数据库的最大逻辑划分区域，通常用来存放数据表、索引、回滚段等数据对象（即 Segment），任何数据对象在创建时都必须被指定存储在某个表空间中。表空间（属逻辑存储结构）与数据文件（属物理存储结构）相对应，一个表空间由一个或多个数据文件组成，一个数据文件只属于一个表空间；Oracle 数据的存储空间在逻辑上表现为表空间，而在物理上表现为数据文件。举个例子来说，表空间相当于操作系统中的文件夹，而数据文件就相当于文件夹中的文件。每个数据库至少有一个表空间（即 SYSTEM 表空间），表空间的大小等于所有从属于它的数据文件大小的总和。

由于表空间在物理上（即磁盘上）包含操作系统中的一个或多个数据文件，因此在表空间中创建的数据对象存在以下两种情况。

（1）若表空间只包含一个数据文件，则该表空间中的所有对象都存储在这个数据文件中。

（2）若表空间包含多个数据文件，则 Oracle 即可将数据对象存储在该表空间的任意一个数据文件中，也可以将同一个数据对象中的数据分布在表空间的多个数据文件中。

在创建数据库时，Oracle 系统会自动创建多个默认的表空间，这些表空间除了用于管理用户数据的表空间之外，还包括用于管理 Oracle 系统内部数据（如数据字典）的表空间。下面列举一些 Oracle 默认创建的主要表空间。

（1）SYSTEM 表空间——系统表空间。它用于存放 Oracle 系统内部表和数据字典的数据，如表名、列名、用户名等。Oracle 本身不赞成将用户创建的表、索引等存放在系统表空间中。表空间中的数据文件个数不是固定不变的，可以根据需要向表空间中追加新的数据文件。

【例 2.2】通过 dict 查看数据库中数据字典的信息，具体代码如下。

```
SQL> col table_name for a30
SQL> col comments for a30
SQL> select * from dict;
```

【例 2.3】通过 v$fixed_view_definition 查看数据库中内部系统表的信息，具体代码如下。

```
SQL> col view_name format a30
SQL> col view_definition format a30
SQL> select * from v$fixed_view_definition;
```

（2）SYSAUX 表空间。它是 Oracle 新增加的表空间，是随着数据库的创建而创建的，它充当 SYSTEM 的辅助表空间，降低了 SYSTEM 表空间的负荷，主要存储除数据字典以外的其他数据对象。SYSAUX 表空间一般不存储用户的数据，由 Oracle 系统内部自动维护。

（3）UODO 表空间——撤销表空间。它用于存储撤销信息的表空间。当用户对数据表进行修改操作（包括插入、更新、删除等操作）时，Oracle 系统自动使用撤销表空间来临时存储修改前的旧数据。在所做的修改操作完成并执行提交命令后，Oracle 根据系统设置的保留时间长度来决定何时释放掉撤销表空间的部分空间。一般在创建 Oracle 实例后，Oracle 系统自动创建一个名字为 UNDOTBS1 的撤销表空间，该撤销表空间对应的数据文件是 UNDOTBS01.DBF。

（4）USERS 表空间——用户表空间。它是 Oracle 建议用户使用的表空间，可以在这个表空间上创建各种数据对象。例如，创建表、索引、用户等数据对象。Oracle 系统的样例用户 scott 对象就存储在 USERS 表空间中。

除了 Oracle 系统默认创建的表空间外，用户可根据应用系统的实际情况及其所要存储的对象类型创建多个自定义的表空间，以区分用户数据与系统数据。此外，不同应用系统的数据应存储在不同的表空间上，而不同表空间的文件应存储在不同的盘上，以减少 I/O 冲突，进而提高应用系统的操作性能。

2.3 物理存储结构

逻辑存储结构是为了管理 Oracle 数据而定义的具有逻辑层次关系的抽象概念，不容易理解；但物理存储结构比较具体和直观，它用来描述 Oracle 数据在磁盘上的物理组成情况。从大的角度来讲，Oracle 的数据在逻辑上存储在表空间中，而在物理上存储在表空间包含的物理文件（即数据文件）中。

Oracle 数据库的物理存储结构由多种物理文件组成，主要有数据文件、控制文件、重做日志文件、归档日志文件、参数文件、密码文件和警告日志文件等，如图 2.5 所示。下面将对这些物理文件进行讲解。

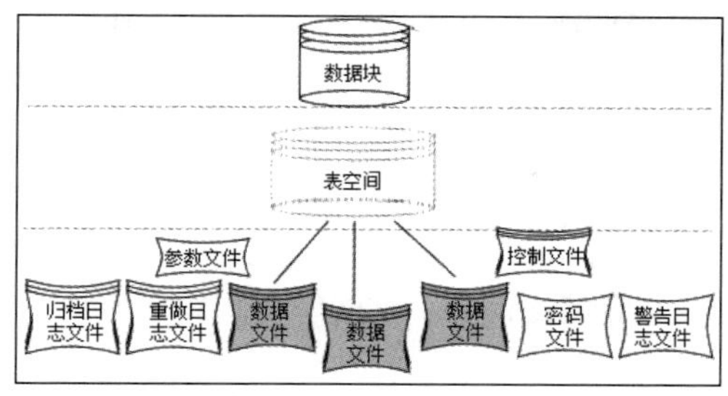

图 2.5　Oracle 的物理存储结构

2.3.1　数据文件

数据文件是用于保存用户应用程序数据和 Oracle 系统内部数据的文件，它们在操作系统中就是普通的文件，Oracle 在创建表空间的同时会创建数据文件。Oracle 数据库在逻辑上由表空间组成，每个表空间可以包含一个或多个数据文件，一个数据文件只能隶属于一个表空间，如图 2.5 所示。

在创建表空间的同时，Oracle 会创建该表空间的数据文件。在表空间中创建数据对象（如表、索引、簇等）时，用户是无法指定使用哪一个数据文件来进行存储的，只能由 Oracle 系统负责为数据对象选择具体的数据文件，并在其中分配物理存储空间。一个数据对象的数据可以全部存储在一个数据文件中，也可以分布存储在同一个表空间的多个数据文件中。

在读取数据时，Oracle 系统首先从数据文件中读取数据，并将数据存储在内存的高速数据缓冲区中。如果用户要读取数据库中的某些数据，而请求的数据又不在内存的高速数据缓冲区中，则需要从相应的数据文件中读取数据并存储在缓冲区中。当修改和插入数据时，Oracle 不会立即将数据写入数据文件中，而是把这些数据保存在数据缓冲区中，然后由 Oracle 的后台进程 DBWR 决定如何将其写入相应的数据文件中。这样的存储方式减少了磁盘的 I/O 操作，提高了系统的相应性能。

【例 2.4】查询 dba_data_files 或 v$datafile 数据字典，了解 Oracle 系统的数据文件信息，具体代码如下。**（实例位置：资源包\TM\sl\2\2）**

```
SQL> col file_name for a50;
SQL> set linesize 100;
SQL> select file_name,tablespace_name from dba_data_files;
```

本例运行结果如图 2.6 所示。

在上述代码中，可以看到 3 种类型的数据文件，即系统数据文件（SYSTEM01.DBF 和 SYSAUX01.DBF）、撤销数据文件（UNDOTBS01.DBF）和用户数据文件（USERS01.DBF、EXAMPLE01.DBF），下面对这 3 种类型的数据文件进行介绍。

（1）系统数据文件用于存储“特殊”的用户数据和 Oracle 系统本身的数据。用户建立的表名、列名及字段类型等，这些属于用户数据范畴，存储在系统表空间所包含的数据文件中。Oracle 系统内部的数据字典、系统表（如 dba_data_files、dba_temp_files 等）中所存储的数据属于 Oracle 系统的内部数据，也存储在系统表空间所包含的数据文件中。

（2）撤销数据文件隶属于撤销表空间。如果修改 Oracle 数据库中的数据，那么就必须使用撤销段，撤销段用来临时存储修改前的旧数据，通常存储在一个单独的撤销表空间中，这个撤销表空间所包含的数据文件就是撤销数据文件。

（3）用户数据文件用于存储用户应用系统的数据，这些数据包括与应用系统有关的所有相关信息。例如，上述 USERS01.DBF 和 EXAMPLE01.DBF 文件就是一个具体应用系统的两个数据文件。

在上述代码中并没有看到临时表空间所包含的数据文件，这是由于临时数据文件本身的特殊性。从 Oracle 9i 以后，Oracle 将临时表空间所对应的临时数据文件与一般数据文件分开了。要了解 Oracle 系统的临时数据文件信息，可以从 dba_temp_files 或 v$tempfile 数据字典中查询。

【例 2.5】查询 dba_temp_files 或 v$tempfile 数据字典，查看临时文件的信息，具体代码如下。**（实例位置：资源包\TM\sl\2\3）**

```
SQL> col file_name format a50;
SQL> col tablespace_name format a20;
SQL> select file_name,tablespace_name from dba_temp_files;
```

本例运行结果如图 2.7 所示。

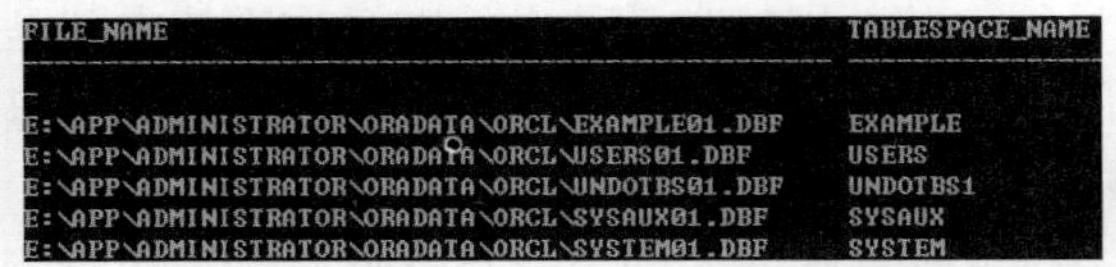

图 2.6　Oracle 系统的数据文件信息

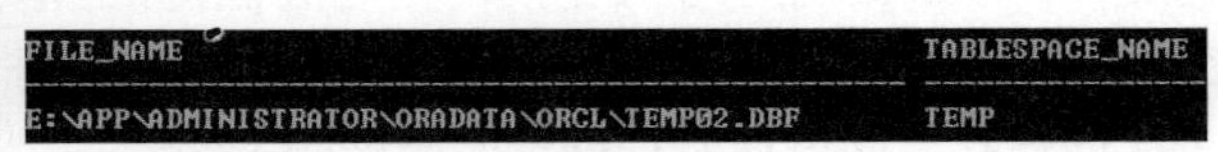

图 2.7　查看临时文件的信息

2.3.2　控制文件

控制文件是一个二进制文件，它记录了数据库的物理结构，其中主要包含数据库名、数据文件与日志文件的名字和位置、数据库建立日期等信息。控制文件一般在安装 Oracle 系统时或创建数据库时自动创建，控制文件所存储的路径由服务器参数文件 SPFILEORCL.ORA 的 CONTROL_ FILES 参数值来指定。

由于控制文件存储了数据文件、日志文件等相关信息，因此，Oracle 实例在启动时必须访问控制文件。如果控制文件正常，实例才能加载并打开数据库；但如果控制文件中记录了错误的信息，或者实例无法找到一个可用的控制文件，则实例无法正常启动。

当 Oracle 实例在正常启动时，系统首先要访问的是初始化参数文件 SPFILE；然后 Oracle 为系统全局区（SGA）分配内存，这时 Oracle 实例处于安装状态，并且控制文件处于打开状态；接下来 Oracle 会自动读出控制文件中的所有数据文件和日志文件的信息，并打开当前数据库中所有的数据文件和所有的日志文件以供用户访问。

每个数据库至少拥有一个控制文件，一个数据库可以同时拥有多个控制文件，但是一个控制文件只能属于一个数据库。控制文件内部除了存储数据库名及其创建日期、数据文件、日志文件等相关信息之外，在系统运行过程中，还存储了系统更改号、检查点信息及归档的当前状态等信息。

Oracle 数据库系统出于安全考虑，在安装 Oracle 数据库或创建数据库时，系统会自动创建两个或三个控制文件，每个控制文件记录相同的信息。这样可确保在数据库运行时，如果某个控制文件损坏，则 Oracle 将会自动使用另一个控制文件；如果所有控制文件都损坏，则系统将无法工作。

【例 2.6】查询 v$controlfile 数据字典，查看 Oracle 系统的控制文件信息，具体代码如下。**（实例位置：资源包\TM\sl\2\4）**

```
SQL> col name format a60;
SQL> select name from v$controlfile;
```

本例运行结果如图 2.8 所示。

```
NAME
--------------------------------------------------------------------------
E:\APP\ADMINISTRATOR\ORADATA\ORCL\CONTROL01.CTL
E:\APP\ADMINISTRATOR\FLASH_RECOVERY_AREA\ORCL\CONTROL02.CTL
```

图 2.8　Oracle 系统的控制文件信息

说明

当数据库的物理组成更改时，Oracle 将自动更改该数据库的控制文件；当数据库中的数据需要恢复时，Oracle 也要使用控制文件。

2.3.3　日志文件

日志文件的主要功能是记录对数据所做的修改，对数据库所做的修改几乎都记录在日志文件中。在出现问题时，可以通过日志文件得到原始数据，从而保证不丢失已有操作成果。Oracle 的日志文件包括重做日志文件（Redo Log File）和归档日志文件（Archive Log File），它们是 Oracle 系统的主要文件，尤其是重做日志文件，它是 Oracle 数据库系统正常运行所不可或缺的。下面将介绍这两种日志文件。

1. 重做日志文件

重做日志文件用来记录数据库所有发生过的更改信息（修改、添加、删除等）以及由 Oracle 内部行为（创建数据表、索引等）而引起的数据库变化信息。在数据库恢复时，可以从该日志文件中读取原始记录。在数据库运行期间，当用户执行 COMMIT 命令（数据库提交命令）时，数据库首先将每笔操作的原始记录写入日志文件中，只有在写入日志文件成功时才把新的记录传递给应用程序，所以在日志文件上可以随时读取原始记录以恢复某些数据。

技巧

对表或者整个表空间设定 NOLOGGING 属性，可使基于表或表空间中的 DML 操作（如创建表、删除视图、修改索引等）不生成日志信息，从而减少日志信息。

为了保障数据库系统的安全性，每个 Oracle 实例都启用一个日志线程来记录数据库的变化。日志线程由若干“日志组”构成，而每个日志组又由一个或者多个日志文件构成。

【例 2.7】查询 v$logfile 视图了解 Oracle 系统的日志文件信息，代码如下。**（实例位置：资源包\TM\sl\2\5）**

```
SQL> col member for a50
SQL> select member from v$logfile;
```

本例运行结果如图 2.9 所示。

Oracle 系统在运行过程中产生的日志信息，首先被临时存储在系统全局区（SGA）的重做日志缓冲区中，当发出 COMMIT 命令（或日志缓冲区信息满 1/3）时，日志写入（LGWR）进程将日志信息从重做日志缓冲区中读出，然后将其写入日志文件组中序列号较小的文件里，在一个日志组被写满后接着写入另一个日志组中。在 LGWR 进程将所有能用的日志文件都使用过一遍之后，它将再次转向第一个日志组重新覆写。

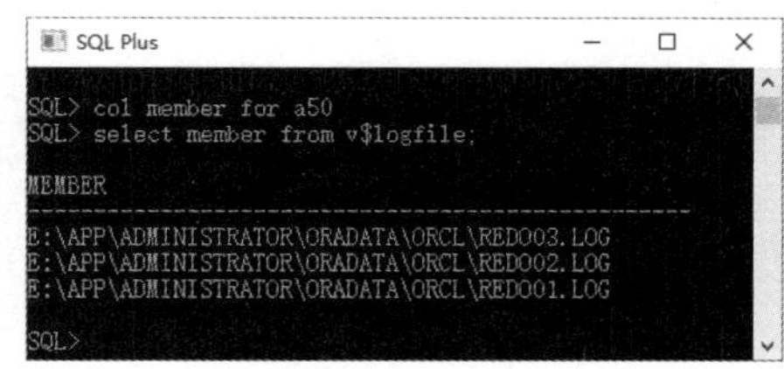

图 2.9　Oracle 系统的日志文件信息

2. 归档日志文件

在所有的日志文件被写入一遍之后，LGWR 进程将再次转向第一个日志组进行重新覆写，这样势必会导致一部分较早的日志信息被覆盖，但 Oracle 通过归档日志文件解决了这个问题。

Oracle 数据库可以运行在两种模式下，即归档模式和非归档模式。非归档模式是指在系统运行期间，所产生的日志信息不断地记录到日志文件组中，当所有重做日志组被写满后，又重新从第一个日志组开始覆写；归档模式就是在各个日志文件都被写满而即将被覆盖之前，先由归档（ARCH）进程将即将被覆盖的日志文件中的日志信息读出，然后将其写入归档日志文件中，而这个过程又被称为归档操作。

在归档操作进行的过程中，LGWR 进程需要等待 ARCH 进程的结束才能开始覆写日志文件，这样就延迟了系统的响应时间，而且归档日志文件本身又会占用大量的磁盘空间，这些都会影响系统的整体性能。所以在默认情况下，Oracle 系统不采用归档模式运行。

【例 2.8】 通过 v$database 视图查看当前 Oracle 系统是否采用归档模式，代码如下。**（实例位置：资源包\TM\sl\2\6）**

```
SQL> col name format a30;
SQL> select dbid,name,log_mode from v$database;
```

本例运行结果如图 2.10 所示。

如果将 Oracle 数据库系统设置成在归档模式下运行，则可以通过服务器参数文件 SPFILE 的 log_archive_dest 参数来确定归档日志文件的所在路径。

【例 2.9】 查询归档日志文件的所在路径，代码如下。**（实例位置：资源包\TM\sl\2\7）**

```
SQL> set pagesize 30;
SQL> show parameter log_archive_dest;
```

本例运行结果如图 2.11 所示。

DBID	NAME	LOG_MODE
1288073881	ORCL	ARCHIVELOG

图 2.10　查看当前 Oracle 系统是否采用归档模式

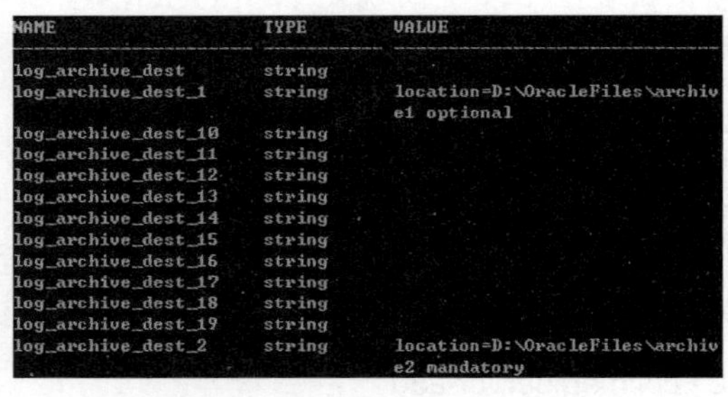

NAME	TYPE	VALUE
log_archive_dest	string	
log_archive_dest_1	string	location=D:\OracleFiles\archive1 optional
log_archive_dest_10	string	
log_archive_dest_11	string	
log_archive_dest_12	string	
log_archive_dest_13	string	
log_archive_dest_14	string	
log_archive_dest_15	string	
log_archive_dest_16	string	
log_archive_dest_17	string	
log_archive_dest_18	string	
log_archive_dest_19	string	
log_archive_dest_2	string	location=D:\OracleFiles\archive2 mandatory

图 2.11　归档日志文件的所在路径

技巧

若要显示 SPFILE 的指定参数信息，只需要使用 show parameter+参数名即可。

2.3.4　服务器参数文件

服务器参数文件（server parameter file，SPFILE，即参数文件）是二进制文件，用来记录 Oracle

数据库的基本参数信息（如数据库名、控制文件所在路径、日志缓冲大小等）。数据库实例在启动之前，Oracle 系统首先会读取 SPFILE 中设置的这些参数，并根据这些初始化参数来配置和启动实例。例如，设置标准数据块的大小（即参数 db_block_size 的值）、设置日志缓冲区的大小（即参数 log_buffer 的值）等，所以 SPFILE 非常重要。SPFILE 在安装 Oracle 数据库系统时由系统自动创建，文件的名称为 SPFILEsid.ora，其中 sid 为所创建的数据库实例名。

与早期版本的初始化参数文件 INITsid.ora 不同的是，SPFILE 中的参数由 Oracle 系统自动维护。如果要对某些参数进行修改，尽可能不直接对 SPFILE 进行编辑，最好通过 Oracle 企业管理器（OEM）或 alter system 命令来修改，所修改过的参数会自动写到 SPFILE 中。

1. 查看服务器参数

用户可以通过如下两种方式查看数据库的服务器参数。

（1）可通过查询视图 v$parameter 确定参数的默认值是否被修改过，以及是否可以用 alter system 和 alter session 命令修改。

【例 2.10】查询视图 v$parameter 中 name、value、ismodified 列的值，代码如下。**（实例位置：资源包\TM\sl\2\8）**

```
SQL> col name for a30;
SQL> col value for a30;
SQL> select name,value,ismodified from v$parameter;
```

本例运行结果如图 2.12 所示。

（2）可以使用 SQL*Plus 的 show parameter 命令显示服务器的参数。

【例 2.11】通过 show parameter 命令显示服务器参数，代码如下。

```
SQL> show parameter
```

本例运行结果如图 2.13 所示。

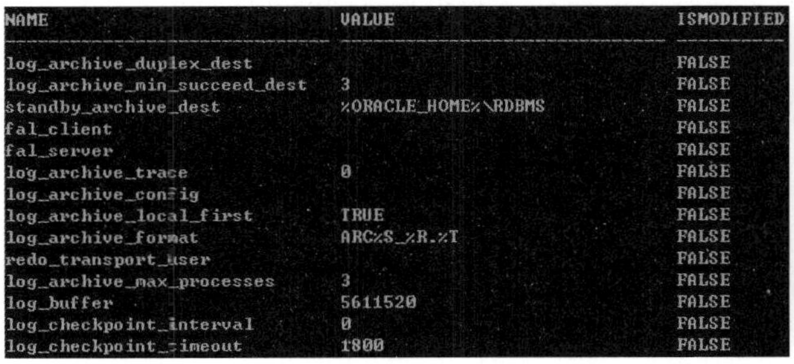

```
NAME                                VALUE                      ISMODIFIED
----------------------------------- -------------------------- ----------
log_archive_duplex_dest                                        FALSE
log_archive_min_succeed_dest        3                          FALSE
standby_archive_dest                %ORACLE_HOME%\RDBMS        FALSE
fal_client                                                     FALSE
fal_server                                                     FALSE
log_archive_trace                   0                          FALSE
log_archive_config                                             FALSE
log_archive_local_first             TRUE                       FALSE
log_archive_format                  ARC%S_%R.%T                FALSE
redo_transport_user                                            FALSE
log_archive_max_processes           3                          FALSE
log_buffer                          5611520                    FALSE
log_checkpoint_interval             0                          FALSE
log_checkpoint_timeout              1800                       FALSE
```

图 2.12　查询视图 v$parameter

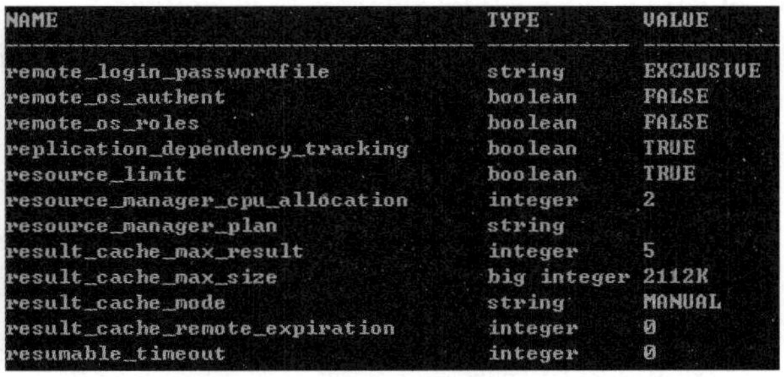

```
NAME                                 TYPE        VALUE
------------------------------------ ----------- ----------
remote_login_passwordfile            string      EXCLUSIVE
remote_os_authent                    boolean     FALSE
remote_os_roles                      boolean     FALSE
replication_dependency_tracking      boolean     TRUE
resource_limit                       boolean     TRUE
resource_manager_cpu_allocation      integer     2
resource_manager_plan                string
result_cache_max_result              integer     5
result_cache_max_size                big integer 2112K
result_cache_mode                    string      MANUAL
result_cache_remote_expiration       integer     0
resumable_timeout                    integer     0
```

图 2.13　显示服务器参数

2. 修改服务器参数

修改数据库的服务器参数，主要通过 OEM 或 ALTER SYSTEM 命令来实现。

（1）通过 OEM 修改。首先需要使用 system 用户登录 OEM；然后选择“服务器”页面中的“初始化参数”项，将打开如图 2.14 所示的“初始化参数”页面，在该页面的“值”列中就可以修改参数值，最后保存它。

（2）使用 ALTER SYSTEM 命令修改服务器参数。

【例 2.12】通过 ALTER SYSTEM 命令修改标准数据块的大小为 4096B，代码及运行结果如下。

```
alter system set db_block_size=4096;
系统已更改。
```

名称	帮助	修订	值
max_dump_file_size	ⓘ		unlimited
background_core_dump	ⓘ		partial
db_name	ⓘ		orcl
db_unique_name	ⓘ		orcl
instance_name	ⓘ		orcl
service_names	ⓘ		orcl
recyclebin			on
shadow_core_dump	ⓘ		none
ldap_directory_sysauth			no
query_rewrite_integrity	ⓘ		enforced
log_archive_dest_state_1	ⓘ		enable
log_archive_dest_state_11	ⓘ		enable
log_archive_dest_state_12	ⓘ		enable

图 2.14　OEM 中的初始化参数

2.3.5　密码文件、警告文件和跟踪文件

Oracle 系统运行时，除了必要的数据文件、控制文件、日志文件及服务器参数文件外，还需要一些辅助文件，如密码文件、警告文件和跟踪文件，下面对这些辅助文件进行简单的介绍。

1. 密码文件

密码文件是 Oracle 系统用于验证 sysdba 权限的二进制文件，当远程用户以 sysdba 或 sysoper 连接到数据库时，一般要用密码文件验证。

Oracle（这里以发行版 2 为例）密码文件的默认存储位置在%dbhome_1%\database 目录下，命名格式为 PWD<sid>，其中 sid 表示数据库实例名。密码文件既可以在创建数据库实例时自动创建，也可以使用 ORAPWD.mp4 工具手动创建。创建密码文件的命令格式如下。

```
C:\>ORAPWD FILE=<filename> PASSWORD=<password> ENTRIES=<max_users>
```

- ☑ filename：表示密码文件名称。
- ☑ password：表示设置 internal/sys 账户口令。
- ☑ max_users：表示密码文件中可以存储的最大用户数，对应允许以 sysdba/sysoper 权限登录数据库的最大用户数。

创建了密码文件后，需要设置初始化参数 remote_login_passwordfile 来控制密码文件的使用状态，通常有以下 3 种状态值：NONE 表示只要通过操作系统验证，就不用通过 Oracle 密码文件验证；SHARED 表示多个数据库实例都可以采用此密码文件验证；EXCLUSIVE 表示只有一个数据库实例可以使用此密码文件验证。

【例 2.13】创建一个密码文件，其 sys 口令为 012345，代码如下。

```
C:\>ORAPWD FILE=E:\app\Admin\product\11.2.0\dbhome_1\database\PWDorcl.ora password=012345 entries =40
```

2. 警告文件

警告文件（即警告日志文件）是一个存储在 Oracle 系统目录下的文本文件（名称通常为 alert_orcl.log），

它用来记录 Oracle 系统的运行信息和错误信息。运行信息一般包括 Oracle 实例的启动与关闭、建立表空间、增加数据文件等；错误信息包括空间扩展失败、启动实例失败等。

当 Oracle 系统安装完毕后，其实例日常运行的基本信息都会记录在警告文件中。警告文件的路径可通过 Oracle 系统的 BACKGROUND_DUMP_DEST 参数值来查看，并且该参数值由服务器进程和后台进程写入。

【例 2.14】在 v$parameter 视图中查看当前实例的警告文件的路径，代码及运行结果如下。

```
SQL> col name for a20;
SQL> col value for a50;
SQL> select name, value from v$parameter where name = 'background_dump_dest';
NAME                    VALUE
--------------------    --------------------------------------------------
background_dump_dest    e:\app\administrator\diag\rdbms\orcl\orcl\trace
```

注意

随着时间的推移，警告文件会越来越大，数据库管理员应该定期删除警告文件。

3. 跟踪文件

跟踪文件包括后台进程跟踪文件和用户进程跟踪文件。后台进程跟踪文件用于记录后台进程的警告或错误消息。后台进程跟踪文件的磁盘位置由初始化参数 BACKGROUND_DUMP_DEST 确定，后台进程跟踪文件的命名格式为<sid>_<processname>_<spid>.trc，如 orcl_cjq0_5172.trc。用户进程跟踪文件用于记载与用户进程相关的信息，它主要用于跟踪 SQL 语句。通过用户进程跟踪文件，可以判断 SQL 语句的执行性能。用户进程跟踪文件的位置由初始化参数 USER_DUMP_DEST 确定，用户进程跟踪文件的命名格式为<sid>_ora_<spid>.trc，如 orcl_ora_4888.trc。

除了.trc 文件之外，还有.trm 文件。.trm 文件为跟踪元数据文件，伴随着.trc 文件产生，一个.trm 对应一个.trc 文件，.trm 文件包含.trc 文件的结构化信息。

【例 2.15】在 v$parameter 视图中查看当前实例用户跟踪文件的路径，代码及运行结果如下。

```
SQL> select value from v$parameter where name = 'user_dump_dest';
VALUE
--------------------------------------------------
e:\app\administrator\diag\rdbms\orcl\orcl\trace
```

说明

每个后台进程都有对应的后台进程跟踪文件。

2.4　Oracle 服务器结构

Oracle 服务器主要由实例、数据库、程序全局区（PGA）和前台进程组成，如图 2.15 所示。

实例可以进一步划分为系统全局区（SGA）和后台进程（PMON、SMON 等）两部分。其中，SGA 使用操作系统的共享内存资源，而后台进程需要使用 CPU 与共享内存资源。数据库（database）中包含数据文件（data file）、控制文件（control file）和重做日志文件（redo log file），这些数据库文件存储在硬盘中。PGA 是一个非共享的内存区域，用于管理用户进程的私有资源。前台进程可以再划分为用户进程和服务器进程，它们需要使用 CPU 与内存资源。

2.3 节已经对数据库的 3 种物理文件进行过详细讲解，本节主要对实例、程序全局区和前台进程进行详细的讲解。

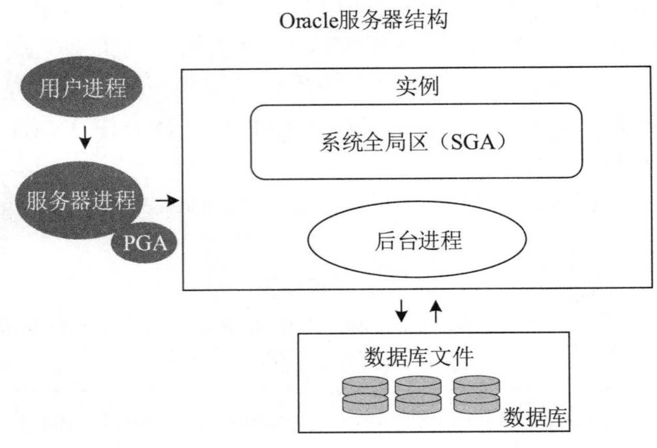

图 2.15 Oracle 服务器结构模型

2.4.1 系统全局区

系统全局区（system global area，SGA）是所有用户进程共享的一块内存区域，也就是说，SGA 中的数据资源可以被多个用户进程共同使用。SGA 主要由高速数据缓冲区、重做日志缓冲区、共享池、大型池和 Java 池等内存结构组成。SGA 随着数据库实例的启动被加载到内存中，当数据库实例关闭时，SGA 区域将会随之消失。

1. 高速数据缓冲区

高速数据缓冲区中存储着 Oracle 系统最近访问过的数据块（数据块在高速缓冲区中也可称为缓存块）。当用户向数据库发出请求时（如检索某一条数据），如果在高速数据缓冲区中存在请求的数据，则 Oracle 系统会直接从高速数据缓冲区中读取数据并返回给用户；否则，Oracle 系统会打开数据文件读取请求的数据。

若无法在高速数据缓冲区中找到所需要的数据，则 Oracle 首先从数据文件中读取指定的数据块到高速数据缓冲区中，然后再从高速数据缓冲区中将请求的数据返回给用户。由于高速数据缓冲区被所有的用户所共享，只要数据文件中的某些数据块被当前用户或其他用户请求过，因此这些数据块就会被装载到高速数据缓冲区中。这样当任何用户再次访问相同的数据时，Oracle 就不必再从数据文件中读取数据，而是可以直接将高速数据缓冲区中的数据返回给用户。经常或最近被访问的数据块会被放置到高速数据缓冲区的前端，不常被访问的数据块会被放置到高速数据缓冲区的后端，当高速数据缓冲区被填满时，会自动挤掉一些不常被访问的数据块。

以存取速度来看，内存的读取速度远快于物理硬盘，所以高速数据缓冲区的存在可大大降低对物理磁盘的读取频率，从而达到提高数据库服务器性能的目的。为了便于管理 SGA 的内存数据，Oracle 把高速数据缓冲区分为以下 3 个部分。

- ☑ 脏数据区。脏数据区中存储着已被修改过的数据，这些数据等待被写入数据文件中。当一条更新或删除语句对某些数据块中的数据修改后，那么这些数据块就被标记为“脏”，然后等待提交命令并通过后台进程 DBWR 将其写入数据文件中。
- ☑ 空闲区。空闲区中的数据块不包含任何数据，这些数据块可以被写入数据，Oracle 可以从数

据文件中读取数据块，并将其存储到该区中。

☑ 保留区。保留区包含那些正在被用户访问的数据块和明确保留以作为将来使用的数据块（即缓存块），这些数据块将被保留在缓冲区中。

2. 重做日志缓冲区

重做日志缓冲区用于存储对数据库进行修改操作时所产生的日志信息，这些日志信息在写入重做日志文件中之前，首先存储到重做日志缓冲区中，然后当检查点发生或重做日志缓冲区中的信息量到达一定峰值时，由日志写入（LGWR）进程将此缓冲区的内容写入重做日志文件中。

重做日志缓冲区的大小由 log_buffer 参数指定，该参数也可以在实例启动后动态修改。相对于高速数据缓冲区而言，重做日志缓冲区的大小对数据库性能的影响较小，通常较大的重做日志缓冲区能减少重做日志文件对 I/O 的读写次数，对数据库的整体性能有一定的提高。

3. 共享池

共享池是 SGA 保留的内存区域，用于缓存 SQL 语句、PL/SQL 语句、数据字典、资源锁、字符集以及其他控制结构等。共享池包含库高速缓冲区（library cache）和字典高速缓冲区（dictionary cache）。

1）库高逗缓冲区

库高速缓冲区是共享池的一部分，主要包括共享 SQL 区和私有 SQL 区两个组成部分。库高速缓冲区中存储最近用过的 SQL 语句、PL/SQL 语句的文本和执行计划。当下一次执行相同的 SQL 语句或 PL/SQL 语句时，可以直接在库高速缓冲区中找到之前已生成的执行计划，而不需要再次解析相同的 SQL 语句或 PL/SQL 语句，从而提高系统执行效率。

每条被缓存的 SQL 或 PL/SQL 语句都被分成两部分，分别被存储在共享 SQL 区和私有 SQL 区中。共享 SQL 区存储 SQL 或 PL/SQL 语句的语法分析结果和执行计划，如果以后要再次执行类似的语句，可以利用共享 SQL 区中已缓存的语法分析结果和执行计划；私有 SQL 区存储 SQL 语句中的绑定变量、环境和会话等信息，这些信息属于执行该语句的用户的私有信息，其他用户则无法共享这些信息。

2）字典高速缓冲区

字典高速缓冲区用于存储 Oracle 系统内部管理所需要的数据字典信息，如用户名、数据对象和权限等。

共享池的内存空间大小是可以被动态改变的，一般通过修改参数 SHARED_POOL_SIZE 的值来实现。

【例 2.16】修改 Oracle 共享池的内存空间大小为 30 MB，代码及运行结果如下。

```
SQL> alter system set shared_pool_size=30m;
系统已更改。
```

注意

Oracle 共享池的空间并非越大越好，因为系统的内存资源是有限的，而且操作系统本身也要消耗一定的内存空间。

互动练习：改变数据库高速缓冲区的大小。

4. 大型池

大型池在 SGA 区中不是必需的内存结构，只有在某些特殊情况下，实例才需要使用大型池来减轻共享池的访问压力，常用的情况有以下几种。

☑ 当使用恢复管理器进行备份和恢复操作时，大型池将作为 I/O 缓冲区使用。

☑ 使用 I/O Slave 仿真异步 I/O 功能时，大型池将被当作 I/O 缓冲区使用。

☑ 执行具有大量排序操作的 SQL 语句。

☑ 当使用并行查询时，大型池作为并行查询进程彼此交换信息的地方。

大型池的缓存区大小是通过 LARGE_POOL_SIZE 参数定义的，在 Oracle 中，用户可以使用 ALTER SYSTEM 命令动态地修改其缓存区的大小。

【例 2.17】 修改 Oracle 大型池的缓存区大小为 16MB，代码及运行结果如下。

```
SQL> alter system set large_pool_size = 16m;
系统已更改。
SQL> show parameter large_pool_size;
NAME                                   TYPE          VALUE
-----------------------------------    -----------   -----------------------------
large_pool_size                        big integer   16M
```

注意

如果在 SGA 区中没有设置大型池，则在实例需要时，Oracle 系统会在共享池或 PGA 中分配一定的缓存空间，这样势必会影响到共享池或 PGA 的工作效率。

5. Java 池

Java 池用来提供内存空间给 Java 虚拟机使用，目的是支持在数据库中运行 Java 程序包，其大小由 java_pool_size 参数决定。

6. Oracle 流池

Oracle 流池用于在数据库与数据库之间进行信息共享。如果没有用到 Oracle 流，就不需要设置该池。Oracle 流池的大小由参数 streams_pool_size 决定。

2.4.2 程序全局区

程序全局区（program global area，PGA）又称作用户进程全局区，它的内存区在进程私有区中，而不是在共享区中。PGA 是一个全局区，可以把代码、全局变量和数据结构都存储在其中，但区域内的资源并不像 SGA 一样可被所有的用户进程所共享，而是每个 Oracle 服务器进程都只拥有属于自己的那部分 PGA 资源。

在程序全局区中，一个服务进程只能访问属于它自己的那部分 PGA 资源区，各个服务进程的 PGA 的总和即为实例的 PGA 的大小。通常 PGA 由私有 SQL 区和会话区组成。

1. 私有 SQL 区

私有 SQL 区用于存储变量以及 SQL 语句运行时的内存结构信息，每个用户连接到实例时，都会在实例中创建一个会话。这些会话可能会在 SGA 区中创建一个共享 SQL 区，但在 PGA 区中可能会创建多个私有 SQL 区。把一个私有 SQL 区与对应的共享 SQL 区合并在一起，就可以获得一条 SQL 语句的完整缓存数据。

另外，每个会话的私有 SQL 区都可以再分为静态区和动态区两部分。静态区的信息在会话过程中保持不变，只有当会话结束时，静态区才会被释放掉；而动态区的信息在整个会话过程中是不断变化的，一旦 SQL 语句指定完毕，即使会话还没有结束，动态区也会被释放掉。

2. 会话区

会话区用于存储用户的会话信息（如登录用户名）。如果数据库处于共享服务器连接模式下，则会话区将位于 SGA 中，而不是 PGA 中，用户特别需要注意这一点。

查看程序全局区的信息可以通过显示 PGA 参数的内容来实现。

【例 2.18】显示当前用户进程的 PGA 信息，代码及运行结果如下。

```
SQL> show parameter pga;
NAME                                  TYPE         VALUE
------------------------------------  -----------  ------------------------------
pga_aggregate_target                  big integer  18M
```

2.4.3 前台进程

前台进程包括用户进程和服务器进程，它不属于实例的一部分，但是用户在不知不觉中经常会用到它。使用前台进程能够实现用户与实例的沟通，下面对这两种前台进程进行讲解。

1. 用户进程

用户进程是指那些能够产生或执行 SQL 语句的应用程序，无论是 SQL*Plus，还是其他应用程序，只要是能生成或执行 SQL 语句，都被称作用户进程。

在用户进程中有两个非常重要的概念，即连接和会话。连接是一个用户进程与实例之间建立的通信渠道，这个渠道可以通过操作系统上的相关通信机制或网络连接来实现；会话是指在用户进程与实例之间建立连接后形成的用户与实例之间的交互方式，一般是用户发出请求，数据库实例为用户返回响应消息的方式。例如，用户在 SQL*Plus 中发出 connect system/1qaz2wsx 的请求命令，若用户名和密码都正确，则数据库实例返回“已连接”的响应消息。

2. 服务器进程

服务器进程是用于处理用户会话过程中向数据库实例发出的 SQL 语句或 SQL*Plus 命令，它可以分为专用服务器模式和共享服务器模式。在专用服务器模式下，每个用户进程都有一个专用的服务器进程，这个服务器进程代表用户进程执行 SQL 语句，必要时还可以回传执行结果给用户进程；在共享服务器模式下，每个用户进程不直接与服务器进程连接，而是连接到分派程序，每个分派程序可以同时连接多个用户进程。

2.4.4 后台进程

Oracle 后台进程是一组运行于 Oracle 服务器端的后台程序，是 Oracle 实例的重要组成部分。这组后台进程有若干个，如图 2.16 所示。其中 SMON、PMON、DBWR、LGWR 和 CKPT 这 5 个后台进程必须正常启动，否则将导致数据库实例崩溃。此外，还有很多辅助进程，用于实现相关的辅助功能，如果这些辅助进程发生问题，仅使某些功能受到影响，一般不会导致数据库实例崩溃。下面对其中的主要进程进行讲解。

1. 数据写入进程

数据写入（DBWR）进程的主要任务是负责将内存中的“脏”数据块回写到数据文件中。所谓的“脏”数据块是指高速数据缓冲区中被修改过的数据块，这些数据块的内容与数据文件的数据块内容不一致。但 DBWR 并不是随时将所有的“脏”数据块都写入数据文件中，只有满足一定的条件时，DBWR 进程才开始成批量地将“脏”数据块写入数据文件中，Oracle 这样做的目的是尽量减少 I/O 操作，提高 Oracle 服务器性能。通常当发生以下几种情况时，DBWR 进程会将“脏”数据块写入数据文件中。

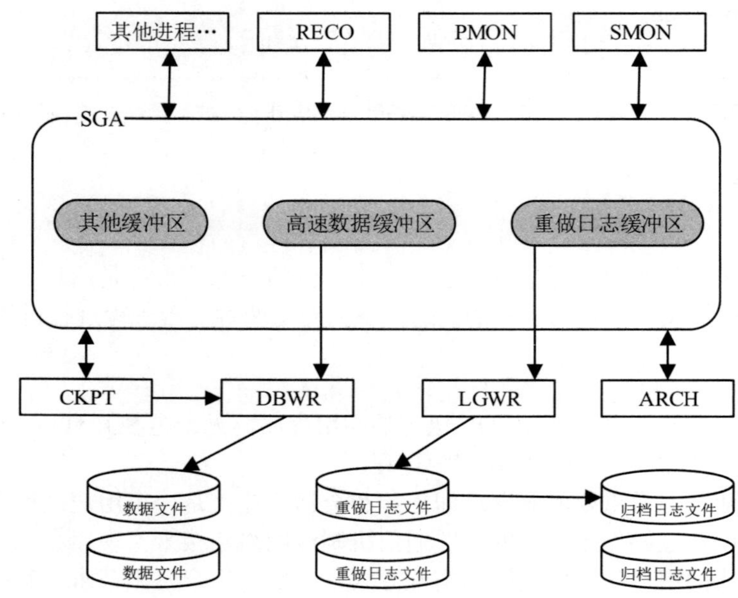

图 2.16　主要后台进程

- ☑ 当用户进程执行插入或修改等操作时，需要将“新数据”写入高速数据缓冲区中，如果在高速数据缓冲区中没有找到足够用的空闲数据块来存储这些“新数据”，这时，Oracle 系统将启动 DBWR 进程并将“脏”数据块写入数据文件中，以获得空闲数据块来存储这些“新数据”。
- ☑ 检查点进程启动后，它会强制要求 DBWR 将某些“脏”数据块写入数据文件中。
- ☑ 当“脏”数据块在高速数据缓冲区中存储超过 3 s 时，DBWR 进程将会自行启动并将某些“脏”数据块写入数据文件中。

在某些比较繁忙的应用系统中，可以修改服务器参数文件 SPFILE 的 DB_WRITER_PROCESSES 参数，以允许使用多个 DBWR 进程。但是 DBWR 进程的数量不应当超过系统处理器的数量，否则多余的 DBWR 不但无法发挥作用，反而会耗费系统资源。

2. 检查点进程

检查点（CKPT）进程可以被看作是一个事件，当检查点事件发生时，CKPT 会要求 DBWR 将某些“脏”数据块回写到数据文件中。当用户进程发出数据请求时，Oracle 系统从数据文件中读取需要

的数据并存储到高速数据缓冲区中，用户对数据的操作是在缓冲区中进行的。当用户操作数据时，就会产生大量的日志信息并存储在重做日志缓冲区，当 Oracle 系统满足一定条件时，日志写入（LGWR）进程会将日志信息写入重做日志文件组中，当发生日志切换时（写入操作正要从一个日志文件组切换到另一组时），就会启动检查点进程。

另外，数据库管理员（DBA）还可以通过修改初始化参数文件 SPFILE 中的 CHECKPOINT_PROCESS 参数为 TRUE 来启动检查点进程。

3. 日志写入进程

日志写入（LGWR）进程用于将重做日志缓冲区中的数据写入日志文件中。Oracle 系统首先将用户所做的修改日志信息写入日志文件中，然后再将修改结果写入数据文件中。

Oracle 实例在运行中会产生大量日志信息，这些日志信息首先被记录在 SGA 的重做日志缓冲区中，当发生提交命令，或者重做日志缓冲区的信息满 1/3，或者日志信息存储超过 3 s 时，LGWR 进程就将日志信息从重做日志缓冲区中读出并将其写入日志文件组中序号较小的文件中，在一个日志文件组中被写满后接着写入另外一组中。当 LGWR 进程将所有的日志文件都写过一遍之后，它将再次转向第一个日志文件组重新覆盖，如图 2.17 所示。当 LGWR 进程写满一个日志文件组而转向写另外一组时，称之为日志切换。

4. 归档进程

归档（ARCH）进程是一个可选择的进程，只有当 Oracle 数据库处于归档模式时，该进程才可能起到作用。若 Oracle 数据库处于归档模式，当各个日志文件组都被写满，在即将被覆盖之前，先由 ARCH 把即将被覆盖的日志文件中的日志信息读出，然后再把这些“读出的日志信息”写入归档日志文件中，如图 2.18 所示。

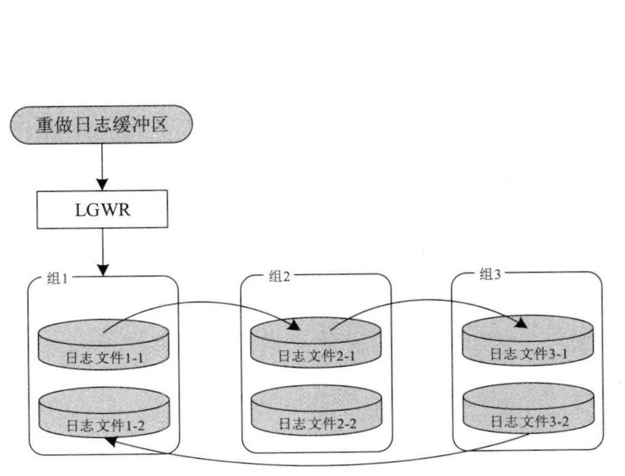

图 2.17　通过 LGWR 写日志文件

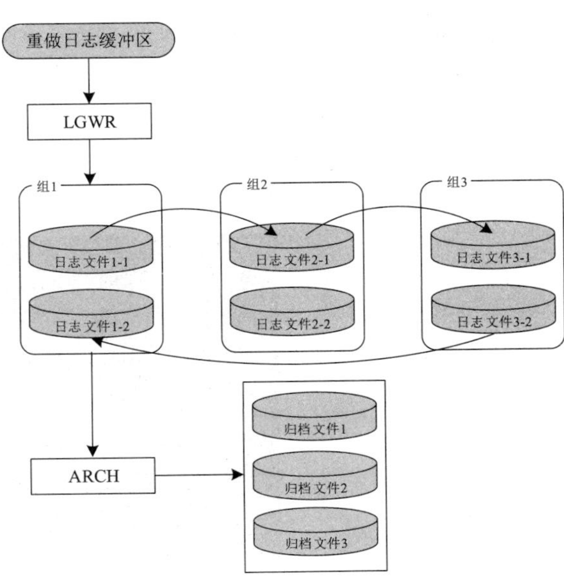

图 2.18　通过 ARCH 写归档文件

当系统比较繁忙而导致 LGWR 进程处于等待 ARCH 进程时，可通过修改 LOG_ARCHIVE_MAX_PROCESSES 参数启动多个归档进程，进而提高归档写磁盘的速度。

5. 系统监控进程

系统监控（SMON）进程是在数据库系统启动时执行回复工作的强制性进程。例如，在并行服务器模式下，SMON 可以回复另一条处于失败的数据库，使系统切换到另一台正常的服务器上。

6. 进程监控进程

进程监控（PMON）进程用于监控其他进程的状态，当有进程启动失败时，PMON 会清除失败的用户进程，释放用户进程所用的资源。

7. 锁进程

锁（LCKN）进程是一个可选进程，并行服务器模式下可以出现多个锁定进程以利于数据库通信。

8. 恢复进程

恢复（RECO）进程是在分布式数据库模式下使用的一个可选进程，用于数据不一致时的恢复工作。

9. 调度进程

调度（DNNN）进程是一个可选进程，在共享服务器模式下使用，可以启动多个调度进程。

10. 快照进程

快照（SNPN）进程用于处理数据库快照的自动刷新，并通过 DBMS_JOB 包运行预定的数据库存储过程。

以上讲解了 Oracle 中的若干个典型进程。Oracle 的版本不同，其后台进程也不同，默认情况下 Oracle 会启动 200 多个后台进程。

【例 2.19】从 v$bgprocess 数据字典中查询当前实例的进程信息，代码如下。**（实例位置：资源包\TM\sl\2\9）**

```
SQL> set pagesize 50;
SQL> select name,description from v$bgprocess;
```

本例运行结果如图 2.19 所示。

```
NAME                          DESCRIPTION
----------------------------- ------------------------------
--------------
VBG4                          Volume BG 4
VBG5                          Volume BG 5
VBG6                          Volume BG 6
VBG7                          Volume BG 7
VBG8                          Volume BG 8
VBG9                          Volume BG 9
VDBG                          Volume Driver BG
VMB0                          Volume Membership 0
ACFS                          ACFS CSS
MMON                          Manageability Monitor Process
MMNL                          Manageability Monitor Process 2
XDMG                          cell automation manager
XDWK                          cell automation worker actions
```

图 2.19　当前实例进程信息

互动练习：回顾 Oracle 执行 SQL 查询语句的步骤。

2.5 数据字典

数据字典是 Oracle 存储数据库内部信息的地方，描述了数据库内部的运行和管理情况。例如，一个数据表的所有者、创建时间、所属表空间、用户访问权限等信息可以在数据字典中查找到。当用户操作数据库遇到困难时，就可以通过查询数据字典来提供帮助信息。

2.5.1 Oracle 数据字典简介

Oracle 数据字典的名称由前缀和后缀组成，使用下画线“_”连接，其代表的含义如下。

- ☑ dba_：包含数据库实例的所有对象信息。
- ☑ v$_：当前实例的动态视图，包含系统管理和系统优化等所使用的视图。
- ☑ user_：记录用户的对象信息。
- ☑ gv_：分布式环境下所有实例的动态视图，包含系统管理和系统优化使用的视图。
- ☑ all_：记录用户的对象信息及被授权访问的对象信息。

2.5.2 Oracle 常用数据字典

虽然通过 Oracle 企业管理器（OEM）操作数据库比较方便，但它不利于读者了解 Oracle 系统的内部结构和应用系统对象之间的关系，所以建议读者尽量使用 SQL*Plus 来操作数据库。为了方便读者了解 Oracle 系统内部的对象结构和进行高层次的数据管理，下面给出最常用的数据字典及其说明。

1. 基本数据字典

基本数据字典主要包括描述逻辑存储结构和物理存储结构的数据表，另外，还包括一些描述其他数据对象信息的表，如 dba_views、dba_triggers、dba_users 等。基本数据字典及其说明如表 2.1 所示。

表 2.1 基本数据字典及其说明

数据字典名称	说　明	数据字典名称	说　明
dba_tablespaces	关于表空间的信息	dba_constraints	所有用户表的约束信息
dba_ts_quotas	所有用户表空间限额	dba_indexs	关于数据库中所有索引的描述
dba_free_space	所有表空间中的自由分区	dba_ind_columns	在所有表及簇上压缩索引的列
dba_segments	描述数据库中所有段的存储空间	dba_triggers	所有用户的触发器信息
dba_extents	数据库中所有分区的信息	dba_source	所有用户的存储过程信息
dba_tables	数据库中所有数据表的描述	dba_data_files	查询关于数据库文件的信息
dba_tab_columns	所有表、视图以及簇的列	dba_tab_grants/privs	查询关于对象授权的信息
dba_views	数据库中所有视图的信息	dba_objects	数据库中所有的对象
dba_synonyms	关于同义词的信息查询	dba_users	关于数据库中所有用户的信息
dba_sequences	所有用户序列信息		

2. 常用动态性能视图

Oracle 系统内部提供了大量的动态性能视图，之所以说是“动态”，是因为这些视图的信息在数据库运行期间会不断地被更新。动态性能视图以 v$作为名称前缀，这些视图提供了关于内存和磁盘的运行情况，用户只能进行只读访问而不能修改它们。常用的动态性能视图及其说明如表 2.2 所示。

表 2.2　常用动态性能视图及其说明

动态性能视图名称	说　明	动态性能视图名称	说　明
v$database	描述关于数据库的相关信息	v$sga	显示实例的 SGA 的大小
v$datafile	数据库使用的数据文件信息	v$sgastat	统计 SGA 使用情况的信息
v$log	从控制文件中提取有关重做日志组的信息	v$parameter	记录初始化参数文件中所有项的值
v$logfile	有关实例重置日志组文件名及其位置的信息	v$lock	通过访问数据库会话，设置对象锁的所有信息
v$archived_log	记录归档日志文件的基本信息	v$session	有关会话的信息
v$archived_dest	记录归档日志文件的路径信息	v$sql	记录 SQL 语句的详细信息
v$controlfile	描述控制文件的相关信息	v$sqltext	记录 SQL 语句的语句信息
v$instance	记录实例的基本信息	v$bgprocess	显示后台进程信息
v$system_parameter	显示实例当前有效的参数信息	v$process	当前进程的信息

上述介绍了 Oracle 数据字典的基本内容，实际上 Oracle 数据字典的内容非常丰富，这里因篇幅有限，不能一一列举，需要读者在学习和工作中逐渐积累。运用好数据字典技术，可以使用户能够更好地了解数据库的全貌，这样对于数据库优化、管理等有极大的帮助。

注意

Oracle 数据字典是一个不断发展和变化的内部表，读者在参考某些资料时，要注意所使用的数据库版本是否与资料内容一致。

2.6　实践与练习

1. 尝试通过 dba_segments 数据字典查询数据库中所有段的存储空间信息。
2. 尝试通过 v$datafile 动态性能视图查询数据库所使用的数据文件信息。

第 3 章

SQL*Plus 命令

SQL*Plus 是一个数据库管理员（DBA）和开发人员广泛使用的 Oracle 工具，它功能强大，可以通用在各种平台上，且操作几乎完全一致。SQL*Plus 可以执行输入的 SQL 语句、包含 SQL 语句的文件和 PL/SQL 语句，通过 SQL*Plus 可以与数据库进行对话。

本章知识架构及重难点如下。

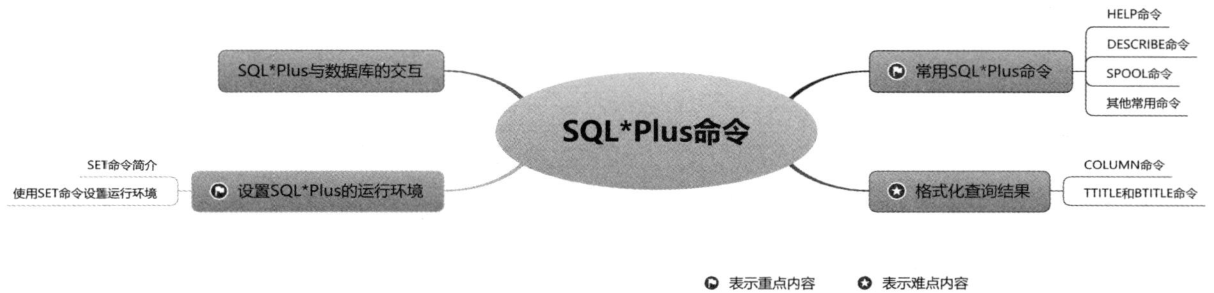

3.1　SQL*Plus 与数据库的交互

SQL*Plus 是与 Oracle 进行交互的客户端工具，其中可以运行 SQL*Plus 命令与 SQL*Plus 语句，本章主要介绍 SQL*Plus 命令。

SQL*Plus 是一个基于 C/S 两层结构的客户端操作工具，包括客户层（即命令行窗口）和服务器层（即数据库实例），这两层既可以在一台主机上，也可以在不同主机上。SQL*Plus 是一个非常重要的操作 Oracle 数据库的实用工具，本书中大多数关于 SQL 和 PL/SQL 的示例都是在 SQL*Plus 环境下进行演示的。

除了 Oracle 自身提供的 SQL*Plus 工具以外，还有许多第三方的 Oracle 开发工具，如 TOAD 和 PL/SQL Developer 等，它们均具有与 SQL*Plus 同样的功能，甚至还具备 SQL*Plus 不具备的许多新功能。

SQL*Plus 工具主要用来进行数据查询和数据处理。利用 SQL*Plus 可将 SQL 和 Oracle 专有的 PL/SQL 结合起来进行数据查询和处理。SQL*Plus 工具具备以下功能。

☑ 定义变量，编写 SQL 语句。
☑ 插入、修改、删除、查询，以及执行命令和 PL/SQL 语句。例如，执行 show parameter 命令。
☑ 格式化查询结构、运算处理、保存、打印机输出等。

☑ 显示任何一张表的字段定义，并实现与用户的交互。
☑ 完成数据库的几乎所有管理工作。例如维护表空间和数据表。
☑ 运行存储在数据库中的子程序或包。
☑ 以 sysdba 身份登录数据库实例，可以实现启动/停止数据库实例。

3.2 设置 SQL*Plus 的运行环境

SQL*Plus 的运行环境是输入、执行 SQL*Plus 命令和显示返回结果的场所，设置合适的 SQL*Plus 运行环境，可以使 SQL*Plus 按照用户的要求运行和执行各种操作。SET 命令也称为 SET 变量或维护系统变量，利用它可为 SQL*Plus 交互建立一个特殊的环境。例如，设置屏幕上每一行最多能够显示的字符数、设置每页打印的行数、设置某个列的宽度等。下面将对 SET 命令进行详细讲解。

3.2.1 SET 命令简介

在 Oracle 数据库中，用户可以使用 SET 命令来设置 SQL*Plus 的运行环境。SET 命令的语法格式如下。

```
SET system_variable value
```

☑ system_variable：变量名。
☑ value：变量值。

SET 命令的常用变量名、可选值及其说明如表 3.1 所示。

表 3.1 SET 命令的常用变量名、可选值及其说明

变 量 名	变量可选值	说 明
ARRAY[SIZE]	20（默认值）|n	设置 SQL*Plus 一次从数据库获取的行数，有效值为 1～5000。大数值可提高查询和子查询的有效性，获取更多行，但需要更多的内存。当超过 1000 时，其效果不大
AUTO[COMMIT]	OFF（默认值）|ON|IMM[EDIATE]	控制 Oracle 对数据库的修改的提交，设置为 ON 时，在 Oracle 执行每个 SQL 命令或 PL/SQL 块后对数据库自动提交修改；设置为 OFF 时，则制止自动提交，需要手动提交修改（即需要执行 COMMIT 命令）；IMMEDIATE 功能同 ON
BLO[CKTERMINATOR]	.（默认值）|C	设置非字母数字字符，用于结束 PL/SQL 块。要执行块时，必须发出 RUN 命令或/命令
CMDS[EP]	;|C|OFF（默认值）|ON	设置非字母数字字符，用于分隔在一行中输入的多个 SQL*Plus 命令，ON 或 OFF 控制在一行中是否能输入多个命令。当设置为 ON 时，表示自动将命令分隔符设为分号（;）。其中，C 表示所置字符
ECHO	OFF|ON	控制 START 命令是否列出命令文件中的每个命令，若设置为 ON，则列出命令；若设置为 OFF，则制止列清单

续表

变　量　名	变量可选值	说　　明
FLU[SH]	OFF|ON（默认值）	控制输出送至用户的显示设备。设置为 OFF 时，运行操作系统做缓冲区输出；设置为 ON 时，不允许缓冲。仅当非交互方式运行命令文件时使用 OFF，这样可减少程序 I/O 总数，从而改进性能
HEA[DING]	OFF|ON（默认值）	控制报表中列标题的打印。当设置为 ON 时，在报表中打印列标题；当设置为 OFF 时，禁止打印列标题
LIN[ESIZE]	80（默认值）|n	设置 SQL*Plus 在一行中显示的最多字符总数，它还控制在 TTITLE 和 BTITLE 中对准中心的文本和右对齐文本。可定义 LINESIZE 为 1 至最大值，其最大值依赖于操作系统
NEWP[AGE]	1（默认值）|n	设置一页中空行的数量，默认值为 1
NULL	text	设置表示空值（NULL）的文本，如果 NULL 没有文本，则显示空格（默认时）。使用 COLUMN 命令中的 NULL 子句可控制 NULL 变量对该列的设置
NUMF[ORMAT]	格式	设置显示数值的默认格式，该格式是数值格式
PAGES[IZE]	14（默认值）|n	设置从顶部标题至页结束之间的行数
PAU[SE]	OFF（默认值）|ON|text	设置 SQL*Plus 输出结果是否滚动显示。当设置为 ON 时，表示输出结果的每一页都暂停，用户按 Enter 键后继续显示。在设置 PAUSE 的值为 ON 之后，若再设置字符串，即设置 text 的值，则每次暂停都将显示该字符串
RECSEP	WR[APPED]（默认值）|EA[CH]|OFF	指定显示或打印记录分行符的条件。一个记录分行符是由 RECSEPCHAR 指定的字符组成的单行，空格为 RECSEPCHAR 的默认字符
SERVEROUT[PUT]	OFF|ON [SIZE n]	控制在 SQL*Plus 中的存储过程是否显示输出。若设置为 OFF，则禁止显示输出；若设置为 ON，则显示输出。SIZE 设置缓冲输出的字节数，默认值为 2000，n 不能小于 2000 或大于 100 万
SHOW[MODE]	OFF（默认值）|ON	控制 SQL*Plus 在执行 SET 命令时是否列出其新老值 new 或 old 的设置。其中，ON 值表示列出新老值
SPA[CE]	1（默认值）|n	设置输出列之间空格的数目，其最大值为 10
SQLCO[NTINUE]	>;（默认值）|文本	在一附加行上继续执行某个 SQL*Plus 命令时，SQL*Plus 以该设置的字符序列进行提示
SQLN[UMBER]	OFF|ON（默认值）	为 SQL 命令和 PL/SQL 块的第二行和后继行设置提示。若为 ON，则提示行号；若为 OFF，则提示设置为 SQLPROMPT 的值
TI[ME]	OFF（默认值）|ON	控制当前日期的显示。若为 ON，则在每条命令提示前显示当前时间；若为 OFF，则禁止显示时间
TIMI[NG]	OFF（默认值）|ON	控制时间统计的显示。若为 ON，则显示每一个运行的 SQL 命令或 PL/SQL 块的时间统计；若为 OFF，则禁止每一个命令的时间统计
UND[ERLINE]	-（默认值）|C|OFF|ON（默认值）	设置用在 SQL*Plus 报表中下画线列标题的字符。ON 或 OFF 将下画线置成开或关状态
VER[IFY]	OFF|ON(默认值)	控制 SQL*Plus 用值替换前后是否列出命令的文本。若为 ON，则显示文本；若为 OFF，则禁止列清单
WRA[P]	OFF|ON（默认值）	控制 SQL*Plus 是否截断数据项的显示。若为 OFF，则截断数据项；若为 ON，则允许数据项缠绕到下一行

例如，用户可以设置在 SQL*Plus 命令提示符“SQL>”前面显示当前的系统时间。但需要注意的是，通过 SET 命令设置的环境变量是临时的，不是永久的。当用户退出 SQL*Plus 环境后，用户设置的环境参数会全部丢失。

【例 3.1】使用 SET TIME ON 命令设置在 SQL*Plus 命令提示符“SQL>”前面显示当前的系统时间，具体代码如下。

```
SQL> set time on
10:27:06 SQL>
```

3.2.2 使用 SET 命令设置运行环境

在对 SET 命令的功能及其若干常用变量选项了解之后，本节针对在 Oracle 操作过程中经常用到的几个变量选项及其实例应用进行详细讲解。

1. PAGESIZE 变量

PAGESIZE 变量用来设置从顶部标题至页结束之间的行数，其语法格式如下。

```
SET PAGESIZE value
```

value 的默认值为 14，根据实际情况的需要，用户可以修改 value 的值，该值是一个整数。

当 SQL*Plus 返回查询结果时，它首先会显示用户所选择数据的列标题，然后在相应列标题下显示数据行，上下两个列标题所在行之间的空间就是 SQL*Plus 的一页。一页中所显示的数据行的数量就是 PAGESIZE 变量的值。若要查看当前 SQL*Plus 环境中的一页有多少行，可以使用 SHOW PAGESIZE 命令。

【例 3.2】使用 SHOW PAGESIZE 命令显示当前 SQL*Plus 环境中的一页有多少行，具体代码如下。

```
SQL> show pagesize
pagesize 14
```

误区警示

不要把当前窗口区域内能够显示的行数看作 SQL*Plus 环境中一页的行数，一页的行数由 PAGESIZE 变量的值来决定。

static void //错误的注释 Main(string[] args)

如果默认的 14 行不符合实际情况的需要，可以修改 PAGESIZE 变量的值。

【例 3.3】使用 SET PAGESIZE 命令修改一页的行数为 18，然后再使用新的 PAGESIZE 值显示数据行，具体代码如下。**（实例位置：资源包\TM\sl\3\1）**

```
SQL> set pagesize 18
SQL> select user_id,username,account_status from dba_users;
```

本例运行结果如图 3.1 所示。

说明

一页内的数据行包括两个列标题之间的数据行、上面的一个列标题、分隔线和空行。

2. NEWPAGE 变量

NEWPAGE 变量用来设置一页中空行的数量，其语法格式如下。

```
SET NEWPAGE value
```

value 的默认值为 1，根据实际情况的需要，用户可以修改 value 的值，该值是一个整数。

【例 3.4】首先显示当前 SQL*Plus 环境中的一页有多少空行，然后使用 SET NEWPAGE 命令修改空行的数量，并通过检索数据记录来观察空行的改变，具体代码如下。**（实例位置：资源包\TM\sl\3\2）**

```
SQL> show newpage
newpage 5
SQL> set newpage 1
SQL> select user_id,username,account_status from dba_users;
```

本例运行结果如图 3.2 所示。

```
USER_ID USERNAME                       ACCOUNT_STATUS
------- ------------------------------ ----------------
    121 RMAN_USER                      OPEN
    115 DONGFANG                       OPEN
    116 XIFANG                         OPEN
    113 EAST                           OPEN
    122 SYSTEM;                        OPEN
    111 MR                             OPEN
    123 PERSONNEL_MANAGE               OPEN
     84 SCOTT                          OPEN
     88 SH                             EXPIRED
     67 SPATIAL_WFS_ADMIN_USR          EXPIRED & LOCKED
     70 SPATIAL_CSW_ADMIN_USR          EXPIRED & LOCKED
     76 APEX_PUBLIC_USER               EXPIRED & LOCKED
     86 OE                             EXPIRED & LOCKED
     14 DIP                            EXPIRED & LOCKED
     87 IX                             EXPIRED & LOCKED
```

图 3.1　使用 SET PAGESIZE 命令修改行数

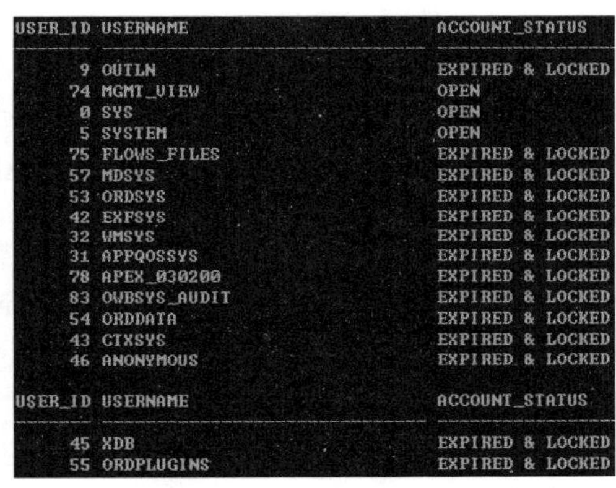

```
USER_ID USERNAME                       ACCOUNT_STATUS
------- ------------------------------ ----------------
      9 OUTLN                          EXPIRED & LOCKED
     74 MGMT_VIEW                      OPEN
      0 SYS                            OPEN
      5 SYSTEM                         OPEN
     75 FLOWS_FILES                    EXPIRED & LOCKED
     57 MDSYS                          EXPIRED & LOCKED
     53 ORDSYS                         EXPIRED & LOCKED
     42 EXFSYS                         EXPIRED & LOCKED
     32 WMSYS                          EXPIRED & LOCKED
     31 APPQOSSYS                      EXPIRED & LOCKED
     78 APEX_030200                    EXPIRED & LOCKED
     83 OWBSYS_AUDIT                   EXPIRED & LOCKED
     54 ORDDATA                        EXPIRED & LOCKED
     43 CTXSYS                         EXPIRED & LOCKED
     46 ANONYMOUS                      EXPIRED & LOCKED

USER_ID USERNAME                       ACCOUNT_STATUS
------- ------------------------------ ----------------
     45 XDB                            EXPIRED & LOCKED
     55 ORDPLUGINS                     EXPIRED & LOCKED
```

图 3.2　使用 SET NEWPAGE 命令修改空行

3. LINESIZE 变量

LINESIZE 变量用来设置在 SQL*Plus 环境中一行所显示的最多字符总数，其语法格式如下。

```
SET LINESIZE value
```

value 的默认值为 80，根据实际情况的需要，用户可以修改 value 的值，该值是一个整数。

如果数据行的宽度大于 LINESIZE 变量的值，当在 SQL*Plus 环境中按照 LINESIZE 指定的数量输出字符时，数据就会发生折行显示的情况。如果适当调整 LINESIZE 的值，使其值等于或稍大于数据行的宽度，则输出的数据就不会折行。所以在实际操作 Oracle 数据库的过程中，要根据具体情况来适当调整 LINESIZE 的值。

【例 3.5】使用 SHOW LINE 命令显示当前 SQL*Plus 环境中一行可以显示的最多字符数量 40，然后使用 SET LINESIZE 命令修改该值为 100，具体代码如下。

```
SQL> show line
linesize 40
SQL> set linesize 100
```

4. PAUSE 变量

PAUSE 变量用来设置 SQL*Plus 输出结果是否滚动显示，其语法格式如下。

```
SET PAUSE value
```

Value 的值有以下 3 种情况。

- ☑ OFF：默认值，表示返回结果一次性输出完毕，中间不会暂停。
- ☑ ON：表示输出结果中每一页都暂停，用户按 Enter 键后继续显示。
- ☑ text：在设置 PAUSE 的值为 ON 之后，若再设置 text 的值，则每次暂停都将显示该字符串。当 PAUSE 的值为 OFF 时，设置 text 值没有任何意义。

当在 SQL*Plus 环境中显示多行数据，并且一页无法容纳下这么多数据行时，如果 PAUSE 变量值为 OFF，则 SQL*Plus 窗口输出的数据行会快速滚动，非常不利于用户查看。这就需要数据行在滚动时能够按页暂停，以便于用户逐页地查看输出结果。当把 PAUSE 变量的值设置为 ON 时，就可以控制 SQL*Plus 在显示完一页后暂停滚动，直到按 Enter 键后才继续显示下一页。另外，在设置 PAUSE 变量值为 ON 之后，还可以通过 PAUSE 变量设置暂停后显示的字符串，以便于提示用户操作。

【例 3.6】使用 SET PAUSE 命令设置显示结果按页暂停，并在暂停后显示“按<Enter>键继续”字符串，具体代码如下。**（实例位置：资源包\TM\sl\3\3）**

```
SQL> set pause on
SQL> set pause '按<Enter>键继续'
SQL> select user_id,username,account_status from dba_users;
```

本例运行结果如图 3.3 所示。

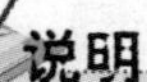

说明

当不再需要按页暂停时，可以使用 SET PAUSE OFF 命令取消显示结果的暂停功能，同时屏幕上不再有“提示字符串”输出。

5. NUMFORMAT 变量

NUMFORMAT 变量用来设置显示数值的默认格式，该格式是数值格式，其语法格式如下。

```
SET NUMFORMAT format
```

format 为数值的掩码，数值的常用掩码及其说明如表 3.2 所示。

表 3.2 数值的常用掩码及其说明

掩 码	说 明	举 例
9	查询结果中数字替换格式中的掩码	999
0	格式中的掩码屏蔽掉查询结果中的数字	999.00
$	在查询结果中的数字前添加美元前缀	$999
S	为数字显示符号类型，通常用于显示查询结果中的正负数字	S999
,	放置逗号，便于位数统计	99,999

当用户查询数据库中的数值时，SQL*Plus 环境将使用默认的格式显示数值，即以 10 个字符的宽度和常规格式来显示数字。

【例 3.7】在 SQL*Plus 环境中，使用默认的格式显示 scott.emp 表中的员工工资（即 sal 字段的值），具体代码如下。

```
SQL> select ename,job,sal from scott.emp;
```

本例运行结果如图 3.4 所示。

在上述代码中，sal 字段列出了员工的工资，工资的格式为默认格式，但在显示和打印工资时，通常习惯性把金额显示成带有两位小数的数值，并且为了便于阅读大金额，还需要给金额加上逗号分隔符和货币种类符号。

【例 3.8】在 SQL*Plus 环境中，使用$999,999,999.00 格式显示 scott.emp 表中的员工工资，具体代码如下。**（实例位置：资源包\TM\sl\3\4）**

```
SQL> set numformat $999,999,999.00
SQL> select ename,job,sal from scott.emp;
```

本例运行结果如图 3.5 所示。

```
按<Enter>键继续

   USER_ID USERNAME                       ACCOUNT_STATUS
---------- ------------------------------ ----------------
       121 RMAN_USER                      OPEN
       115 DONGFANG                       OPEN
       116 XIFANG                         OPEN
       113 EAST                           OPEN
       122 SYSTEM                         OPEN
       111 MR                             OPEN
       123 PERSONNEL_MANAGE               OPEN
        84 SCOTT                          OPEN
        88 SH                             EXPIRED
        67 SPATIAL_WFS_ADMIN_USR          EXPIRED & LOCKED
        70 SPATIAL_CSW_ADMIN_USR          EXPIRED & LOCKED
        76 APEX_PUBLIC_USER               EXPIRED & LOCKED
        86 OE                             EXPIRED & LOCKED
        14 DIP                            EXPIRED & LOCKED
        87 IX                             EXPIRED & LOCKED
按<Enter>键继续

   USER_ID USERNAME                       ACCOUNT_STATUS
---------- ------------------------------ ----------------
        65 MDDATA                         EXPIRED & LOCKED
        89 PM                             EXPIRED & LOCKED
```

图 3.3　使用 SET PAUSE 命令设置显示结果按页暂停

```
ENAME      JOB              SAL
---------- --------- ----------
SMITH      CLERK            800
ALLEN      SALESMAN        1600
WARD       SALESMAN        1250
JONES      MANAGER         2975
MARTIN     SALESMAN        1250
BLAKE      MANAGER         2850
CLARK      MANAGER         2450
SCOTT      ANALYST         3000
KING       PRESIDENT       5000
TURNER     SALESMAN        1500
ADAMS      CLERK           1100

ENAME      JOB              SAL
---------- --------- ----------
JAMES      CLERK            950
FORD       ANALYST         3000
MILLER     CLERK           1300

已选择14行。
```

图 3.4　显示 scott.emp 表中的员工工资

```
ENAME      JOB                    SAL
---------- --------- ----------------
SMITH      CLERK              $800.00
ALLEN      SALESMAN         $1,600.00
WARD       SALESMAN         $1,250.00
JONES      MANAGER          $2,975.00
MARTIN     SALESMAN         $1,250.00
BLAKE      MANAGER          $2,850.00
CLARK      MANAGER          $2,450.00
SCOTT      ANALYST          $3,000.00
KING       PRESIDENT        $5,000.00
TURNER     SALESMAN         $1,500.00
ADAMS      CLERK            $1,100.00

ENAME      JOB                    SAL
---------- --------- ----------------
JAMES      CLERK              $950.00
FORD       ANALYST          $3,000.00
MILLER     CLERK            $1,300.00

已选择14行。
```

图 3.5　格式化工资

3.3　常用 SQL*Plus 命令

在 SQL*Plus 环境中操作 Oracle 数据库，除了使用 SQL 语句外，用户接触比较多的就是 SQL*Plus 命令，它执行完成后，不会保存在 SQL 缓冲区中。下面将介绍一些常用的 SQL*Plus 命令。

3.3.1　HELP 命令

SQL*Plus 工具提供了许多操作 Oracle 数据库的命令，并且每个命令都有很多选项，把所有命令的选项都记住，这对于用户来说非常困难。为了解决这个难题，SQL*Plus 提供了 HELP 命令来帮助用户查询指定命令的选项。HELP 可以向用户提供被查询命令的标题、功能描述、缩写形式和参数选项（包括必选参数和可选参数）等信息。HELP 命令的语法形式如下。

```
HELP|? [topic]
```

“?”表示一个命令的部分字符，这样就可以通过提供命令的部分字符以模糊查询的方式来查询命令格式；topic 参数表示将要查询的命令的完整名称。若省略“?”和 topic 参数，直接执行 HELP 命令，则会输出 HELP 命令本身的语法格式及其功能描述信息。

【例 3.9】STARTUP 命令用来启动数据库实例，下面使用 HELP 命令查看 STARTUP 命令的语法格式及功能描述，具体代码如下。

```
SQL> help startup
```

本例运行结果如图 3.6 所示。

如果用户无法记清所要使用的 SQL*Plus 命令，则可以使用 HELP INDEX 命令来查看 SQL*Plus 命令清单。

【例 3.10】使用 HELP INDEX 命令来查看 SQL*Plus 命令清单，具体代码如下。

```
SQL> help index
```

本例运行结果如图 3.7 所示。

```
STARTUP
-------

Starts an Oracle instance with several options, including mounting,
and opening a database.

STARTUP options | upgrade_options

where options has the following syntax:
   [FORCE] [RESTRICT] [PFILE=filename] [QUIET] [ MOUNT [dbname] |
   [ OPEN [open_options] [dbname] ] |
   NOMOUNT ]

where open_options has the following syntax:
   READ {ONLY | WRITE [RECOVER]} | RECOVER

and where upgrade_options has the following syntax:
   [PFILE=filename] {UPGRADE | DOWNGRADE} [QUIET]
```

图 3.6　STARTUP 命令的语法格式及功能描述

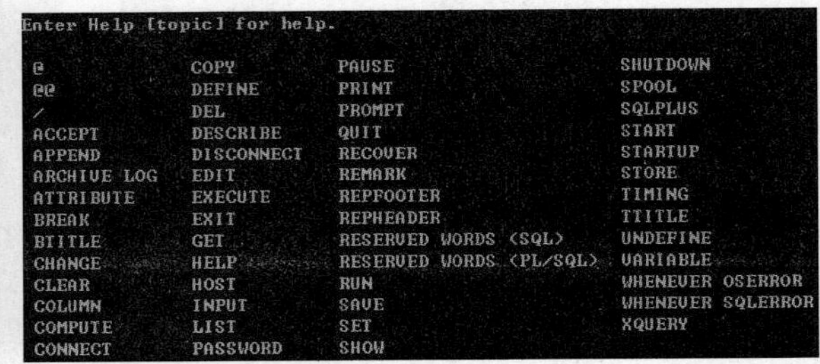

```
Enter Help [topic] for help.

@             COPY          PAUSE                   SHUTDOWN
@@            DEFINE        PRINT                   SPOOL
/             DEL           PROMPT                  SQLPLUS
ACCEPT        DESCRIBE      QUIT                    START
APPEND        DISCONNECT    RECOVER                 STARTUP
ARCHIVE LOG   EDIT          REMARK                  STORE
ATTRIBUTE     EXECUTE       REPFOOTER               TIMING
BREAK         EXIT          REPHEADER               TTITLE
BTITLE        GET           RESERVED WORDS (SQL)    UNDEFINE
CHANGE        HELP          RESERVED WORDS (PL/SQL) VARIABLE
CLEAR         HOST          RUN                     WHENEVER OSERROR
COLUMN        INPUT         SAVE                    WHENEVER SQLERROR
COMPUTE       LIST          SET                     XQUERY
CONNECT       PASSWORD      SHOW
```

图 3.7　SQL*Plus 命令清单

3.3.2　DESCRIBE 命令

在 SQL*Plus 的众多命令中，DESCRIBE 命令可能是被使用得最频繁的一个，它用来查询指定数据对象的组成结构。例如，通过 DESCRIBE 命令查询表和视图的结构，查询结果就可以列出相应对象各个列的名称、是否为空及类型等属性。DESCRIBE 命令的语法格式如下。

```
DESC[RIBE] object_name;
```

DESCRIBE 可以缩写为 DESC，object_name 表示将要查询的对象名称。

【例 3.11】下面通过 DESCRIBE 命令查看 dba_tablespaces 数据字典表（用来存储表空间信息的内部表）的结构，代码如下。

```
SQL> desc dba_tablespaces;
```

本例运行结果如图 3.8 所示。

相信很多用户都遇到过这种情况，在 SQL*Plus 中输入了很长的命令后，突然发现想不起来某列的

名字了，如果取消当前的命令，待查询后再重输入，将会非常麻烦。这时可以使用#DESC object_name 的命令格式查看数据对象的结构。

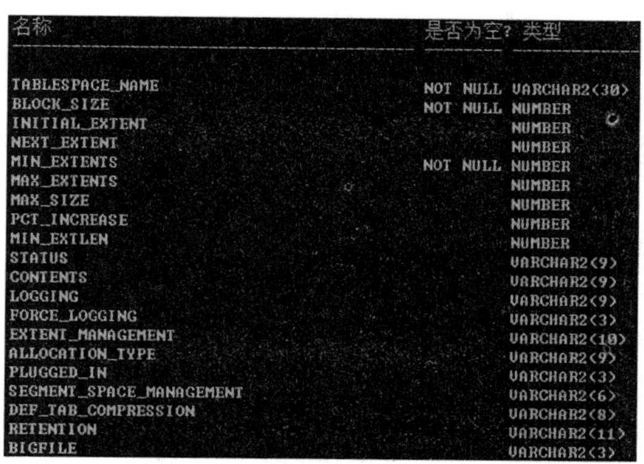

图 3.8　查看 dba_tablespaces 数据字典表结构

【例 3.12】在 scott.emp 表中，查询 SALESMAN（销售员）的编号、姓名和工资，在编写 SQL 语句的过程中，使用#desc scott.emp 命令查询 scott.emp 表中工资字段的名称（sal），代码及运行结果如下。

```
SQL> select empno,ename,
  2  #desc scott.emp
 名称                是否为空?       类型
 ------------------  -----------  -----------------------
 EMPNO               NOT NULL     NUMBER(4)
 ENAME                            VARCHAR2(10)
 JOB                              VARCHAR2(9)
 MGR                              NUMBER(4)
 HIREDATE                         DATE
 SAL                              NUMBER(7,2)
 COMM                             NUMBER(7,2)
 DEPTNO                           NUMBER(2)
  2  sal from scott.emp where job='SALESMAN';
EMPNO              ENAME              SAL
----------         ----------         ----------
     7499          ALLEN              1600
     7521          WARD               1250
     7654          MARTIN             1250
     7844          TURNER             1500
SQL>
```

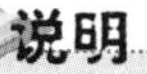

说明

DESCRIBE 命令不仅可以查询表、视图的结构，而且还可以查询过程、函数和程序包等 PL/SQL 对象的规范。

3.3.3　SPOOL 命令

SPOOL 命令可以把查询结果输出到指定文件中，这样可以保存查询结果并方便打印。SPOOL 命令的语法格式如下。

```
SPO[OL] [file_name[.ext] [CRE[ATE] | REP[LACE] | APP[END]] | OFF | OUT]
```

参数 file_name 用于指定脱机文件的名称，默认的文件扩展名为 LST。在该参数后面可以跟一个关键字，该关键字有以下几种情况。

☑ CRE[ATE]：表示创建一个新的脱机文件，这也是 SPOOL 命令的默认状态。

☑ REP[LACE]：表示替代已经存在的脱机文件。

☑ APP[END]：表示把脱机内容附加到一个已经存在的脱机文件中。

☑ OFF | OUT：表示关闭 SPOOL 输出。

【例 3.13】使用 SPOOL 命令将 scott.emp 表中 SALESMAN（销售员）的记录保存到 emp.txt 文件中，代码如下。**（实例位置：资源包\TM\sl\3\5）**

```
SQL> spool c:\emp.txt
SQL> select empno,ename,job,sal from scott.emp where job='SALESMAN';
EMPNO            ENAME            JOB              SAL
----------       ----------       ---------        ----------
  7499           ALLEN            SALESMAN         1600
  7521           WARD             SALESMAN         1250
  7654           MARTIN           SALESMAN         1250
  7844           TURNER           SALESMAN         1500
SQL> spool off
```

上述程序的执行结果是：从 SPOOL 命令开始（但不包括该命令行），到 SPOOL OFF 命令行（包括该命令行）之间的所有内容都被写入 emp.txt 文件中。

误区警示

只有使用 SPOOL OFF 或 SPOOL OUT 命令关闭输出，才会在输出文件中看到输出的内容，否则输出文件中无内容或无更新内容。

static void //错误的注释 Main(string[] args)

3.3.4 其他常用命令

除了上面介绍的几个最常用的 SQL*Plus 命令之外，还有一些比较常用也非常简单的 SQL*Plus 命令，下面进行简单的介绍。

1. DEFINE 命令

DEFINE 命令用来定义一个用户变量并且可以分配给它一个 CHAR 值，其语法格式如下。

```
DEF[INE] [variable] | [variable = text]
```

☑ variable：表示定义的变量名。

☑ text：变量的 CHAR 值。

【例 3.14】使用 DEFINE 命令定义 vjob 变量，并给它分配一个 CHAR 值 SALESMAN，代码如下。

```
SQL> define vjob='SALESMAN'
```

```
SQL> define vjob
DEFINE VJOB              = "SALESMAN" (CHAR)
```

2. SHOW 命令

SHOW 命令用来显示 SQL*Plus 系统变量的值或 SQL*Plus 环境变量的值，其语法格式如下。

```
SHO[W] option
```

option 表示要显示的系统选项，常用的选项有 ALL、PARAMETERS [parameter_name]、SGA、SPOOL、USER 等。

【例 3.15】使用 SHOW 命令显示当前数据库实例的数据块大小，代码及运行结果如下。

```
SQL> show parameters db_block_size;
NAME                                 TYPE        VALUE
------------------------------------ ----------- ------------------------------
db_block_size                        integer     8192
```

3. EDIT 命令

SQL 语句或 PL/SQL 块在执行完毕之后，可以将其存储在一个被称为 SQL 缓冲区的内存区域中，用户可以从 SQL 缓冲区中重新调用、编辑或运行最近输入的 SQL 语句。若要编辑 SQL 缓冲区中的最近一条 SQL 语句或 PL/SQL 块，既可以在 SQL*Plus 环境中直接编辑，也可以使用 EDIT 命令实现在记事本中编辑。EDIT 命令用来编辑 SQL 缓冲区或指定磁盘文件中的 SQL 语句或 PL/SQL 块，其语法格式如下。

```
EDIT [file_name[.ext]]
```

参数 file_name 表示要编辑的磁盘文件名。若在 SQL*Plus 中只输入 EDIT 或者它的简写形式 ED，而不指定 file_name 参数的值，则表示编辑 SQL 缓冲区中的最近一条 SQL 语句或 PL/SQL 块。

执行 EDIT 命令后，SQL*Plus 工具将打开一个包含 SQL 语句或 PL/SQL 块的记事本，用户就可以在记事本环境下编辑 SQL 语句或 PL/SQL 块。

技巧

如果要执行 SQL 缓冲区中最近一条 SQL 语句，可以使用运行命令“/”来执行，这样可以简化操作。

4. SAVE 命令

SAVE 命令实现将 SQL 缓冲区中的最近一条 SQL 语句或 PL/SQL 块保存到一个文件中，其语法格式如下。

```
SAVE file_name
```

参数 file_name 表示要保存的文件名，如果不为保存的文件指定路径，则该文件将会保存在 Oracle 系统安装的主目录中（但不建议这样做）。如果不为保存的文件指定扩展名，则默认扩展名为 SQL，即保存的文件为一个 SQL 脚本文件。

【例 3.16】使用 SAVE 命令将 SQL 缓冲区中的 SQL 语句保存到 c:\dept.sql 文件中，代码及运行结

果如下。**（实例位置：资源包\TM\sl\3\6）**

```
SQL> select * from scott.dept;
    DEPTNO                    DNAME              LOC
------------------            --------------     -------------
             10               ACCOUNTING         NEW YORK
             20               RESEARCH           DALLAS
             30               SALES              CHICAGO
             40               OPERATIONS         BOSTON
SQL> save c:\dept.sql
已创建  file c:\dept.sql
```

技巧

如果要清空 SQL 缓冲区中的内容，可以使用 CLEAR BUFFER 命令。

5. GET 命令

GET 命令实现将一个 SQL 脚本文件的内容放进 SQL 缓冲区中，其语法格式如下。

```
GET [FILE] file_name[.ext] [LIST | NOLIST]
```

☑ file_name：要检索的文件名。如果省略了文件的扩展名，则默认为 SQL。

☑ LIST：指定文件的内容加载到缓冲区中时显示文件的内容。

☑ NOLIST：指定文件的内容加载到缓冲区中时不显示文件的内容。

执行 GET 命令时，如果 file_name 参数不包括被检索文件的路径，则 SQL*Plus 工具会在 Oracle 系统安装的主目录下检索指定文件。在 SQL*Plus 找到指定文件后，会把文件中的内容加载到 SQL*Plus 缓冲区，并显示该文件的内容。

【例 3.17】首先在 c:\dept.sql 文件中写入 SQL 脚本，然后通过 GET 命令将 c:\dept.sql 文件的内容加载到 SQL*Plus 缓冲区中，最后使用运行命令“/”执行 SQL*Plus 缓冲区中的语句，代码如下。

```
SQL> get c:\dept.sql
  1*   select * from scott.dept
SQL> /
```

本例运行结果如图 3.9 所示。

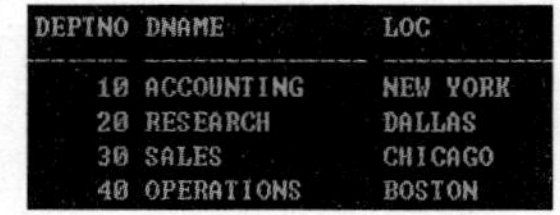

DEPTNO	DNAME	LOC
10	ACCOUNTING	NEW YORK
20	RESEARCH	DALLAS
30	SALES	CHICAGO
40	OPERATIONS	BOSTON

图 3.9　加载并执行 SQL 脚本文件

6. START 和@命令

START 和@命令都可以用来执行一个 SQL 脚本文件，它们的语法格式如下。

```
STA[RT] {url|file_name[.ext]} [arg ...]
@ {url|file_name[.ext]} [arg ...]
```

☑ url：表示要执行的 SQL 脚本文件的路径。

☑ file_name：表示包含 SQL 脚本的文件名。

☑ arg：其他参数。

【例 3.18】使用 START 命令执行包含有“select count(*) from scott.emp;”SQL 脚本的 emp.txt 文件，代码及运行结果如下。

```
SQL> start c:\emp.txt;
  COUNT(*)
----------------
         14
```

注意

上述代码若使用“@ c:\emp.txt”命令可以得到同样的结果。

3.4　格式化查询结果

为了在 SQL*Plus 环境中生成符合用户需要规范的报表，SQL*Plus 工具提供了多个用于格式化查询结果的命令，使用这些命令可以实现设置列的标题、定义输出值的显示格式和显示宽度、为报表增加头标题和底标题、在报表中显示当前日期和页码等功能。下面就对常用的格式化命令进行讲解。

3.4.1　COLUMN 命令

COLUMN 命令可以实现格式化查询结果、设置列宽度、重新设置列标题等功能。其语法格式如下。

```
COL[UMN] [column_name | alias | option]
```

- ☑ column_name：用于指定要设置的列的名称。
- ☑ alias：用于指定列的别名，通过它可以把英文列标题设置为汉字。
- ☑ option：用于指定某个列的显示格式，option 选项的值及其说明如表 3.3 所示。

表 3.3　option 选项的值及其说明

option 选项的值	说　　明
CLEAR	清除指定列所设置的显示属性，从而恢复列使用默认的显示属性
FORMAT	格式化指定的列
HEADING	定义列标题
JUSTIFY	调整列标题的对齐方式。默认情况下，数值类型的列为右对齐，其他类型的列为左对齐
NULL	指定一个字符串，如果列的值为 NULL，则由该字符串代替空值
PRINT/NOPRINT	显示列标题或隐藏列标题，默认为 PRINT
ON|OFF	控制定义的显示属性的状态，OFF 表示定义的所有显示属性都不起作用，默认为 ON
WRAPPED	当字符串的长度超过显示宽度时，将字符串的超出部分折叠到下一行显示
WORD_WRAPPED	表示从一个完整的字符处折叠
TRUNCATED	表示截断字符串尾部

如果在关键字 COLUMN 后面未指定任何参数，则 COLUMN 命令将显示 SQL*Plus 环境中所有列的当前定义属性；如果在 COLUMN 后面指定某个列名，则显示指定列的当前定义属性。接下来将对表 3.3 中的常用 option 选项值进行举例说明。

1. FORMAT 值

FORMAT 值用于格式化指定的列，需要在 FORMAT 关键字的后面跟一个掩码格式。

【例 3.19】使用 FORMAT 值格式化 scott.emp 表中的员工工资为$999,999.00 格式，代码如下。**（实例位置：资源包\TM\sl\3\7）**

```
SQL> col sal format $999,999.00
SQL> select empno,ename,sal from scott.emp;
```

本例运行结果如图 3.10 所示。

2. HEADING 值

HEADING 值用于定义列标题，例如，许多数据表或视图的列名都为英文形式，可以使用此值将英文形式的列标题显示为中文形式。

【例 3.20】使用 HEADING 值把 scott.emp 表中的 empno、ename、sal 这 3 个列名转换为中文形式，代码如下。**（实例位置：资源包\TM\sl\3\8）**

```
SQL> col empno heading 员工编号
SQL> col ename heading 员工姓名
SQL> col sal heading 员工工资
SQL> select empno,ename,sal from scott.emp;
```

本例运行结果如图 3.11 所示。

3. NULL 值

在 NULL 值的后面指定一个字符串，如果列的值为 NULL，则用该字符串代替空值。

【例 3.21】使用 NULL 值将 scott.emp 表中的 comm 列值 NULL 显示成“空值”字符串，代码如下。**（实例位置：资源包\TM\sl\3\9）**

```
SQL> col comm null '空值'
SQL> select empno,ename,comm from scott.emp where comm is null;
```

本例运行结果如图 3.12 所示。

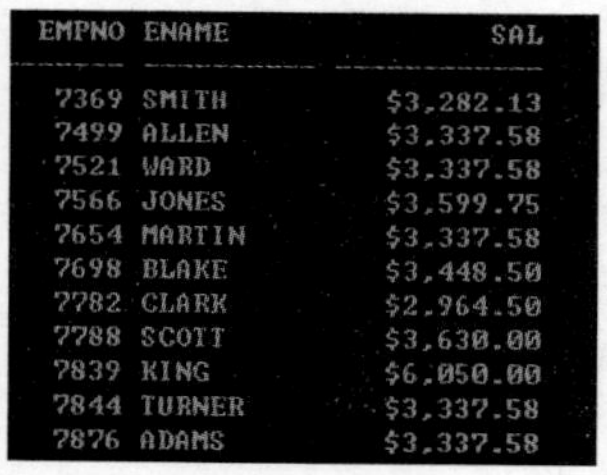

EMPNO	ENAME	SAL
7369	SMITH	$3,282.13
7499	ALLEN	$3,337.58
7521	WARD	$3,337.58
7566	JONES	$3,599.75
7654	MARTIN	$3,337.58
7698	BLAKE	$3,448.50
7782	CLARK	$2,964.50
7788	SCOTT	$3,630.00
7839	KING	$6,050.00
7844	TURNER	$3,337.58
7876	ADAMS	$3,337.58

图 3.10　格式化员工工资

员工编号	员工姓名	员工工资
7369	SMITH	$3,282.13
7499	ALLEN	$3,337.58
7521	WARD	$3,337.58
7566	JONES	$3,599.75
7654	MARTIN	$3,337.58
7698	BLAKE	$3,448.50
7782	CLARK	$2,964.50
7788	SCOTT	$3,630.00
7839	KING	$6,050.00
7844	TURNER	$3,337.58
7876	ADAMS	$3,337.58

图 3.11　把列名转换为中文形式

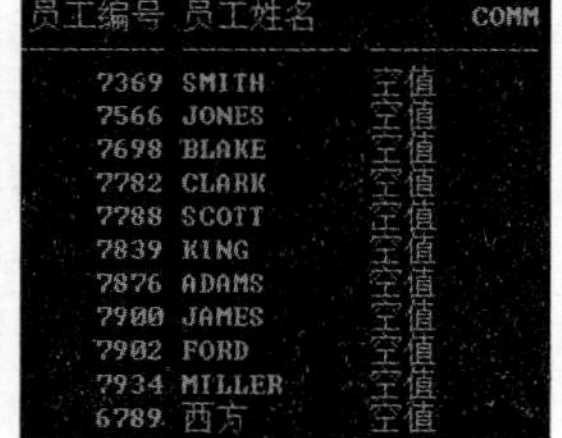

员工编号	员工姓名	COMM
7369	SMITH	空值
7566	JONES	空值
7698	BLAKE	空值
7782	CLARK	空值
7788	SCOTT	空值
7839	KING	空值
7876	ADAMS	空值
7900	JAMES	空值
7902	FORD	空值
7934	MILLER	空值
6789	西方	空值

图 3.12　把 NULL 显示成“空值”

4. ON|OFF 值

ON|OFF 值用于控制定义的显示属性的状态，OFF 表示定义的所有显示属性都不起作用，默认为 ON。

【例 3.22】设置 scott.emp 表中 sal 列（工资列）的格式为$999,999.00，同时使用 OFF 值取消定义的列属性状态，输出结果显示 sal 列没有被格式化。**（实例位置：资源包\TM\sl\3\10）**

```
SQL> col sal format $999,999.00
```

```
SQL> col sal off
SQL> select empno,ename,sal from scott.emp;
```

本例运行结果如图 3.13 所示。

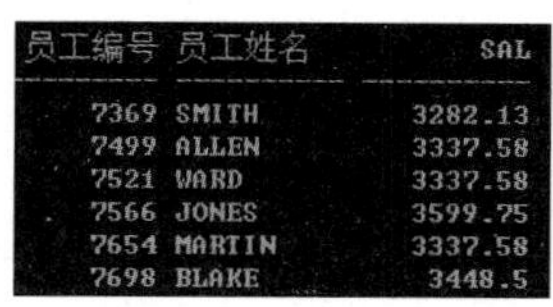

图 3.13 使用 OFF 值取消定义的列属性状态

5. WRAPPED/WORD_WRAPPED 值

WRAPPED/WORD_WRAPPED 这两个值都用于实现折行的功能，WRAPPED 值按照指定长度折行，WORD_WRAPPED 值按照完整字符串折行。

【例 3.23】使用 WRAPPED 值实现按照指定长度折行，代码及运行结果如下。

```
SQL> select col1 from test;
COL1
--------------------
HOW ARE YOU?
已选择 1 行
SQL> column col1 format a5
SQL> column col1 wrapped
SQL> select col1 from test;
COL1
-------------------
HOW A
RE YO
U?
```

【例 3.24】使用 WORD_WRAPPED 值按照完整字符串折行，代码及运行结果如下。

```
SQL> col col1 word_wrapped
COL1
-------------------
HOW
ARE
YOU?
```

3.4.2 TTITLE 和 BTITLE 命令

在 SQL*Plus 环境中，执行 SQL 语句后的显示结果在默认情况下包括列标题、页分割线、查询结果和行数合计等内容，用这些默认的输出信息打印报表，并不十分美观。如果能为整个输出结果设置报表头（即头标题）、为每页都设置页标题和页码、为整个输出结果设置报表尾（如打印时间或打印人员），那么使用这样的输出结果打印报表一定非常美观。为了实现这些功能，SQL*Plus 工具提供了 TTITLE 和 BTITLE 命令，这两个命令分别用来设置打印每页的顶部和底部标题。其中，TTITLE 命令的语法格式如下。

```
TTI[TLE] [printspec [text|variable] ...] | [OFF|ON]
```

☑ printspec：用来作为头标题的修饰性选项。printspec 选项的值及其说明如表 3.4 所示。

- ☑ text：用于设置输出结果的头标题（即报表头文字）。
- ☑ variable：用于在头标题中输出相应的变量值。
- ☑ OFF：表示禁止打印头标题。
- ☑ ON：表示允许打印头标题。

表 3.4　printspec 选项的值及其说明

选 项 值	说　明	选 项 值	说　明
COL	指定在当前行的第几列打印头部标题	CENTER	在当前行中间打印数据
SKIP	跳到从下一行开始的第几行，默认为 1	RIGHT	在当前行中右对齐打印数据
LEFT	在当前行中左对齐打印数据	BOLD	以黑体打印数据

注意

BTITLE 的语法格式与 TTITLE 的语法格式相同。如果在 TTITLE 或 BTITLE 命令后没有任何参数，则显示当前的 TTITLE 或 BTITLE 的定义。

【例 3.25】打印输出 scott.salgrade 数据表中的所有记录，并要求为每页设置头标题（报表名称）和底标题（打印时间和打印人），代码如下。**（实例位置：资源包\TM\sl\3\11）**

```
SQL> set pagesize 8
SQL> ttitle left '                                        销售情况排行表'
SQL> btitle left '打印日期：2021 年 9 月 20 日     打印人：明日科技'
SQL> select * from scott.salgrade;
```

本例运行结果如图 3.14 所示。

在上述例子中，头标题“销售情况排行表”是一个固定的字符串。另外，头标题也可以使用变量来输出。

【例 3.26】打印输出 scott.emp 数据表中的所有记录，并要求头标题和底标题都使用 DEFINE 命令定义的变量输出，代码如下。**（实例位置：资源包\TM\sl\3\12）**

```
SQL> set pagesize 8
SQL> define varT='                    员工信息表'
SQL> define varB='操作员：明日科技'
SQL> ttitle left varT
SQL> btitle left varB
SQL> select empno,ename,job from scott.emp;
```

本例运行结果如图 3.15 所示。

```
          销售情况排行表
     GRADE      LOSAL      HISAL
---------- ---------- ----------
         1        700       1200
         2       1201       1400
         3       1401       2000
打印日期：2021年9月20日     打印人：明日科技
          销售情况排行表
     GRADE      LOSAL      HISAL
---------- ---------- ----------
         4       2001       3000
         5       3001       9999

打印日期：2021年9月20日     打印人：明日科技
```

图 3.14　打印每页的顶部和底部标题

图 3.15　输出头标题和底标题

上述代码中所设置的头标题和底标题的有效期直到本次会话结束后才终止。若要手动清除这些设置，可以分别使用 TTITLE OFF 命令和 BTITLE OFF 命令取消头标题和底标题的设置信息。

3.5　实践与练习

1. 尝试写一段 SQL*Plus 命令，使用 SET NEWPAGE 命令修改空行的数量为 4，并通过检索数据记录来观察空行的改变。

2. 尝试写一段 SQL*Plus 命令，在显示列值时，如果列值为 NULL 值，则用 text 值代替 NULL 值。

第 4 章

SQL 语言基础

SQL 是 structured query language（结构化查询语言）的简称，是用户与数据库交流所需要的标准语言，因此要操作数据库一定要掌握好 SQL 语言。本章将着重介绍 SQL 语言的语法规范，该规范是所有关系数据库的共同语言规范。

本章知识架构及重难点如下。

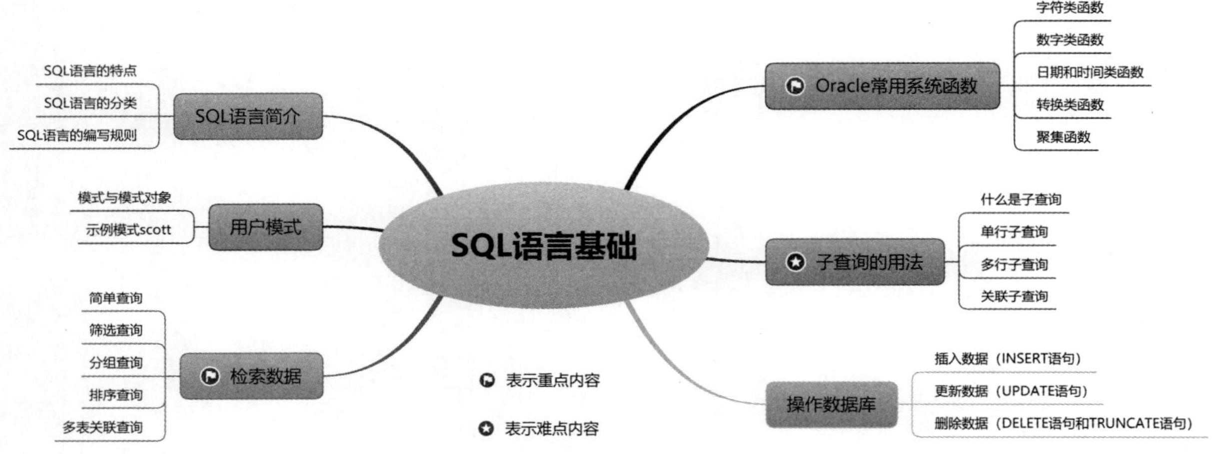

4.1 SQL 语言简介

SQL 是一种在关系型数据库中定义和操纵数据的标准语言，最早是 IBM 的圣约瑟研究实验室为其关系数据库管理系统 SYSTEM R 开发的查询语言，当时被称为 SEQUEL2。

1979 年，Oracle 公司首先提供了商用的 SQL 语言。同年，IBM 公司在 DB2 和 SQL/DS 数据库系统中也采用了 SQL 语言。1986 年 10 月，美国国家标准化组织（ANSI）采用 SQL 作为关系数据库管理系统的标准语言（ANSI X3. 135-1986），后来 SQL 语言被国际标准化组织（ISO）采纳为国际标准。

随着数据库技术的发展，SQL 标准也在不断地进行扩展和修正，数据库标准委员会先后推出了 SQL-89、SQL-92 及 SQL-99 标准。Oracle 在后期的版本中将 SQL-99 标准集成到了 Oracle 9i 以后的数据库中。当前，所有主要关系型数据库管理系统都支持某个标准的 SQL 语言，其中大部分数据库都遵守 ANSI SQL-89 标准。

4.1.1 SQL 语言的特点

SQL 是一种非过程化语言，用户不用考虑数据的存储格式、存储路径等复杂问题，就能在高层数据结构上操作。SQL 语句通常用于完成一些数据库的操作任务，如增加、删除、修改数据，以及数据的定义与控制等。在数据库应用程序开发过程中，巧妙地使用 SQL 语句，可以简化编程，起到事半功倍的效果。

通过 SQL 语句，程序员或数据库管理员可以进行如下工作：

☑ 建立数据库的表格，包括设置表格可以使用的空间。
☑ 改变数据库系统环境设置。
☑ 针对某个数据库或表格，授予用户存取权限。
☑ 对数据库表格建立索引值。
☑ 修改数据库表格结构（新建、删除或修改表格字段）。
☑ 在数据库中进行数据的新建。
☑ 在数据库中进行数据的删除。
☑ 在数据库中进行数据的修改。
☑ 在数据库中进行数据的查询。

SQL 语言结构简洁，功能强大，简单易学。被 ISO 采纳为国际标准以后，更是得到了广泛的应用。SQL 语言主要有以下特点。

（1）综合统一。数据库的主要功能是通过数据库支持的数据语言来实现的。

（2）集合性。SQL 运行在高层的数据结构上，可操作记录集，而不对单个记录进行操作。SQL 语句接收集合，作为输入；返回集合，作为输出。SQL 的集合特性允许将一条 SQL 语句的结果作为另一条 SQL 语句的输入。SQL 不要求用户指定数据的存储方法，查找、插入、删除、更新都是针对集合的。

（3）统一性。SQL 为许多任务提供了统一的命令，以方便用户学习和使用，基本的 SQL 命令只需很少时间就能学会，高级命令也可以在几天内掌握。数据库的操作任务通常包括以下几方面：

☑ 查询数据。
☑ 在表中插入、修改和删除记录。
☑ 建立、修改和删除数据对象。
☑ 控制对数据和数据对象的读写。
☑ 保证数据库的一致性和完整性。

（4）高度非过程化。SQL 是一个非过程化的语言，与其他语言（如 C、Pascal 等）不同的是，SQL 没有循环结构（如 if…then…else、do…while）以及函数定义等功能。SQL 只提“做什么”，不必指明“怎么做”，用户无须了解存储路径及物理地址，因此能减轻用户负担，提高效率。SQL 一次处理一个记录，对数据提供自动导航，而且 SQL 只有一个数据类型的固定设置，换句话说，用户不能在使用编程语言的同时创建自己的数据类型。

存储路径的选择由 DBMS 的优化机制来完成，用户不必使用循环结构就可以完成数据操作。

（5）语言简单，易学易用。SQL 只用 9 个命令动词即可以实现对数据库及数据的查询和管理。SQL 的功能及其命令动词如表 4.1 所示。

表 4.1　SQL 的功能及其命令动词

SQL 的功能	命 令 动 词
数据定义	CREATE，DROP，ALTER
数据操纵	SELECT，INSERT，UPDATE，DELETE
数据控制	GRANT，REVOKE

（6）以同一种语法结构提供两种使用方式。第一种方式是交互式应答使用，即用户在终端命令提示符下输入 SQL 命令时，数据库服务器可以立即执行；第二种方式是通过预编译 SQL 进行执行，即把 SQL 命令嵌入应用程序中执行。

（7）SQL 是所有关系型数据库的公共语言。由于所有主要的关系数据库管理系统都支持 SQL，因此用户可将使用 SQL 的部分从一个 RDBMS 转到另一个 RDBMS，所有用 SQL 编写的程序都是可移植的。

4.1.2　SQL 语言的分类

SQL 是关系型数据库的基本操作语言，是数据库管理系统与数据库进行交互的接口。它将数据查询、数据操纵、事务控制、数据定义和数据控制功能集于一身，而这些功能又分别对应着各自的 SQL 语言，具体如下。

- ☑ 数据查询语言（DQL）：DQL 用于检索数据库中的数据，主要是 SELECT 语句，它在操作数据库的过程中使用最为频繁。
- ☑ 数据操纵语言（DML）：DML 用于改变数据库中的数据，包括 INSERT、UPDATE 和 DELETE。其中，INSERT 语句用于将数据插入数据库中，UPDATE 语句用于更新数据库中已经存在的数据，DELETE 语句用于删除数据库中已经存在的数据。
- ☑ 事务控制语言（TCL）：TCL 用于维护数据的一致性，包括 COMMIT、ROLLBACK 和 SAVEPOINT。其中，COMMIT 语句用于提交对数据库的更改，ROLLBACK 语句用于取消对数据库的更改，SAVEPOINT 语句用于设置保存点。
- ☑ 数据定义语言（DDL）：DDL 用于建立、修改和删除数据库对象。例如，可以使用 CREATE TABLE 语句创建表，使用 ALTER TABLE 语句修改表结构，使用 DROP TABLE 语句删除表。
- ☑ 数据控制语言（DCL）：DCL 用于执行权限授予和权限收回操作，包括 GRANT 和 REVOKE。其中，GRANT 语句用于给用户或角色授予权限，REVOKE 语句用于收回用户或角色所具有的权限。

4.1.3　SQL 语言的编写规则

SQL 关键字不区分大小写，既可以使用小写格式，也可以使用大写格式，或者大小写格式混用。

【例 4.1】编写 3 条语句，对关键字（SELECT 和 FROM）分别使用小写格式、大写格式或大小写混用格式，代码如下。**（实例位置：资源包\TM\sl\4\1）**

```
SQL> select empno,ename,sal from scott.emp;
SQL> SELECT empno,ename,sal FROM scott.emp;
SQL> selECT empno,ename,sal frOM scott.emp;
```

分别执行这 3 条 SELECT 语句，会发现结果完全相同。

对象名和列名不区分大小写，它们既可以使用大写格式，也可以使用小写格式，或者大小写格式混用。

【例 4.2】编写 3 条语句，对表名和列名分别使用小写格式、大写格式或大小写混用格式，代码如下。**（实例位置：资源包\TM\sl\4\2）**

```
SQL> select empno,ename,sal from scott.emp;
SQL> select EMPNO,ENAME,SAL from SCOTT.EMP;
SQL> select emPNO,ename,sAL from scott.EmP;
```

分别执行这 3 条 SELECT 语句，会发现结果完全相同。

字符值区分大小写。当在 SQL 语句中引用字符值时，必须给出正确的大小写数据，否则不能得到正确的查询结果。

【例 4.3】编写两条语句，查询 scott.emp 表中职位是“销售员”的记录，要求两条语句的查询条件分别为 SALESMAN 和 salesman，代码如下。

```
SQL> select * from scott.emp where job='SALESMAN';
SQL> select * from scott.emp where job=salesman;
```

执行上述两条 SELECT 语句，会发现结果不相同，因为查询条件是不相同的。

在 SQL*Plus 环境中编写 SQL 语句时，如果 SQL 语句较短，则可以将语句放在一行上显示；如果 SQL 语句很长，为了便于用户阅读，则可以将语句分行显示（Oracle 会在除第一行之外的每一行前面自动加上行号）。当 SQL 语句输入完毕，要以分号作为结束符。

【例 4.4】检索 scott.emp 表中职位是 SALESMAN（销售员）的记录，并且分行编写 SQL 语句，代码如下。**（实例位置：资源包\TM\sl\4\3）**

```
SQL> select empno,ename,job
  2  from scott.emp
  3  where job='SALESMAN'
  4  order by empno;
```

说明

在 SQL*Plus 环境中编写较长的 SQL 语句时，按 Enter 键即可实现换行。但要注意，在按 Enter 键之前不要输入分号，因为分号表示 SQL 语句的结束。

4.2　用户模式

在 Oracle 数据库中，为了便于管理用户创建的数据库对象（如数据表、索引、视图等），引入了模式的概念，某个用户创建的数据库对象都属于该用户模式。下面将对用户模式的概念及其实例应用进行讲解。

4.2.1　模式与模式对象

模式是数据库对象的集合，为一个数据库用户所有，并且具有与该用户相同的名称，如 system 模

式、scott 模式等。在一个模式内部不可以直接访问其他模式的数据库对象，即使在具有访问权限的情况下，也需要指定模式名称才可以访问其他模式的数据库对象。

模式对象是由用户创建的逻辑结构，用以存储或引用数据。例如，前面章节中所讲过的段（如表、索引等），以及用户所拥有的其他非段的数据库对象。这些非段的数据库对象通常包括约束、视图、同义词、过程以及程序包等。

简而言之，模式与模式对象之间的关系就是拥有与被拥有的关系，即模式拥有模式对象，而模式对象被模式所拥有。

注意

一个不为用户拥有的数据库对象不能称之为模式对象，如角色、表空间及目录等数据库对象。

4.2.2 示例模式 scott

为了便于后面章节的讲解，这里介绍一个典型的示例模式——scott 模式。因为在 Oracle 19c 中并没有 scott 用户，所以需要自行创建，scott 用户在第 1 章中已经创建。scott 模式拥有的模式对象（都是数据表）如图 4.1 所示。

scott 模式演示了一个很简单的公司人力资源管理的数据结构，该用户模式的连接密码为 tiger。通过连接到 scott 用户模式，查询数据字典视图 user_tables 可以获得该模式所包含的数据表，共计 4 张。

【例 4.5】在 scott 模式下，通过检索 user_tables 表显示 4 张数据表。（**实例位置：资源包\TM\sl\4\4**）

```
SQL> connect scott/tiger
已连接。
SQL> select table_name from user_tables;
```

本例运行结果如图 4.2 所示。

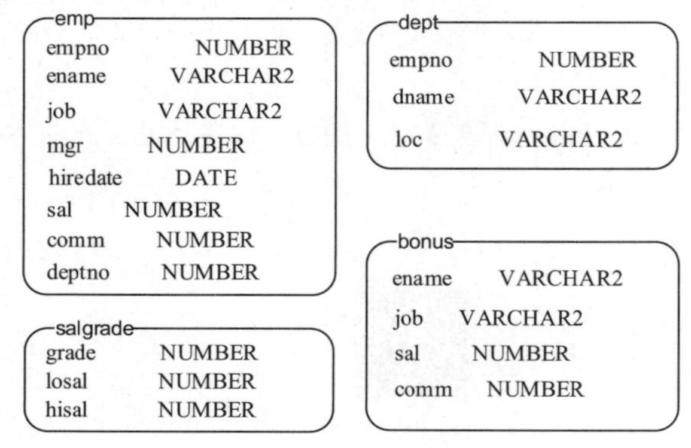

图 4.1　scott 模式拥有的模式对象

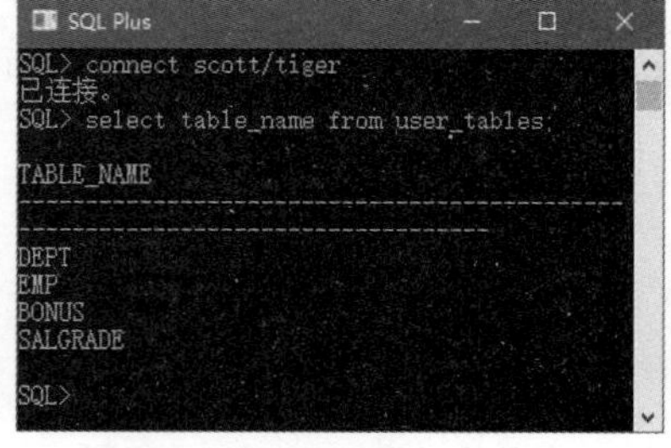

图 4.2　显示 scott 模式中的表

另外，用户也可以在 system 模式下查询 scott 模式所拥有的数据表，但要求使用 dba_tables 数据表。

【例 4.6】在 system 模式下，通过检索 dba_tables 表来显示 scott 模式所拥有的 4 张数据表，代码如下。

```
SQL> connect system/123456
已连接。
```

```
SQL> select table_name from dba_tables where owner ='SCOTT';
```

会得到与图 4.2 一样的结果。

4.3 检索数据

用户对表或视图最常进行的操作就是检索数据。检索数据可以通过 SELECT 语句来实现，该语句由多个子句组成，通过这些子句可以完成筛选、投影和连接等各种数据操作，最终得到用户想要的查询结果。SELECT 语句的基本语法格式如下。

```
SELECT {[ DISTINCT | ALL ] columns | *}
[INTO table_name]
FROM {tables | views | other select}
[WHERE conditions]
[GROUP BY columns]
[HAVING conditions]
[ORDER BY columns]
```

在上述语法中，共有 7 个子句，它们的功能分别如下。

- ☑ SELECT 子句：用于选择数据表、视图中的列。
- ☑ INTO 子句：用于将原表的结构和数据插入新表中。
- ☑ FROM 子句：用于指定数据来源，包括表、视图和其他 SELECT 语句。
- ☑ WHERE 子句：用于对检索的数据进行筛选。
- ☑ GROUP BY 子句：用于对检索结果进行分组显示。
- ☑ HAVING 子句：用于从使用 GROUP BY 子句分组后的查询结果中筛选数据行。
- ☑ ORDER BY 子句：用于对结果集进行排序（包括升序和降序）。

接下来将对上面的各种子句和查询方式进行详细介绍。

4.3.1 简单查询

只包含 SELECT 子句和 FROM 子句的查询就是简单查询。SELECT 子句和 FROM 子句是 SELECT 语句的必选项，即每个 SELECT 语句都必须包含这两个子句。其中，SELECT 子句用于选择要在查询结果中显示的列，对于这些要显示的列，既可以使用列名来表示，也可以使用星号（*）来表示。在检索数据时，数据将按照 SELECT 子句后面指定的列名的顺序来显示数据；如果使用星号（*），则表示检索所有的列，这时数据将按照表结构的自然顺序来显示。

1. 检索所有的列

如果要检索指定数据表的所有列，可以在 SELECT 子句后面使用星号（*）来实现。

在检索一个数据表时，要注意该表所属的模式。如果在指定表所属的模式内部检索数据，则可以直接使用表名；如果不在指定表所属的模式内部检索数据，则不但要查看当前模式是否具有查询的权限，而且还要在表名前面加上其所属的模式名称。

【例 4.7】在 scott 模式下，在 SELECT 语句中使用星号（*）来检索 dept 表中所有的数据，代码如下。

```
SQL> connect scott/tiger
已连接。
SQL> select * from dept;
```

本例运行结果如图 4.3 所示。

```
DEPTNO DNAME          LOC
------ -------------- -------------
    10 ACCOUNTING     NEW YORK
    20 RESEARCH       DALLAS
    30 SALES          CHICAGO
    40 OPERATIONS     BOSTON
```

图 4.3　检索 dept 表中所有的数据

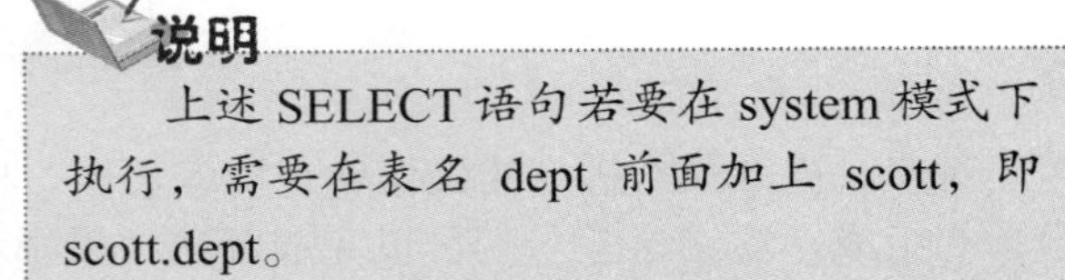

说明

上述 SELECT 语句若要在 system 模式下执行，需要在表名 dept 前面加上 scott，即 scott.dept。

在例 4.7 中，FROM 子句的后面只有一张数据表，实际上可以在 FROM 子句的后面指定多张数据表，每张数据表名之间使用逗号（,）分隔。其语法格式如下。

```
FROM table_name1, table_name2, table_name3,…,table_namen
```

【例 4.8】在 scott 模式下，在 FROM 子句中指定两张数据表，即 dept 和 salgrade，代码如下。

```
SQL> select * from dept,salgrade;
```

2. 检索指定的列

用户可以指定查询表中的某些列（也称为投影操作），而不是全部列，并且被指定列的顺序不受限制。这些列名紧跟在 SELECT 关键字的后面，每个列名之间用逗号分隔。其语法格式如下。

```
SELECT column_name1,column_name2,column_name3,…,column_namen
```

说明

利用 SELECT 指定列的好处是可以改变列在查询结果中的默认显示顺序。

【例 4.9】在 scott 模式下，检索 emp 表中指定的 job、ename、empno 列，代码如下。

```
SQL> select job,ename,empno from emp;
```

本例运行结果如图 4.4 所示。

注意

上述查询结果中列的显示顺序与 emp 表结构的自然顺序不同。

在 Oracle 数据库中，有一个标识行中唯一特性的行标识符 ROWID。ROWID 是 Oracle 数据库内部使用的隐藏列，由于该列实际上并不是定义在表中，因此也被称为伪列。伪列 ROWID 长度为 18 位字符，包含该行数据在 Oracle 数据库中的物理地址。用户使用 DESCRIBE 命令是无法查到 ROWID 列的，但是可以在 SELECT 语句中检索到该列。

【例 4.10】在 scott 模式下，检索 emp 表中指定的 job 和 ename 列。另外，还包括 ROWID 伪列，代码如下。

```
SQL> select rowid,job,ename from emp;
```

本例运行结果如图 4.5 所示。

3. 查询日期列

日期列是指数据类型为 DATE 的列。查询日期列与查询其他列没有任何区别，但日期列的默认显示格式为 DD-MON-RR。

下面通过实例来说明查询日期列和以特定语言或者格式显示日期列数据的方法。

1）以简体中文格式显示日期结果

【例 4.11】 在 scott 模式下，检索 emp 表中员工的 hiredate（入职时间），并且以简体中文格式显示日期结果。此时需要将会话的 nls_date_language 参数设置为 SIMPLIFIED CHINESE，代码如下。

```
SQL> alter session set nls_date_language = 'SIMPLIFIED CHINESE';
SQL> select ename,hiredate from emp;
```

本例运行结果如图 4.6 所示。

```
JOB       ENAME          EMPNO
--------- ---------- ---------
CLERK     SMITH           7369
SALESMAN  ALLEN           7499
SALESMAN  WARD            7521
MANAGER   JONES           7566
SALESMAN  MARTIN          7654
MANAGER   BLAKE           7698
MANAGER   CLARK           7782
ANALYST   SCOTT           7788
PRESIDENT KING            7839
SALESMAN  TURNER          7844
CLERK     ADAMS           7876
```

图 4.4　检索 emp 表中指定的列

```
SQL> select rowid,job,ename from emp;

ROWID              JOB       ENAME
------------------ --------- ----------
AAASYhAAKAAAAGUAAA CLERK     SMITH
AAASYhAAKAAAAGUAAB SALESMAN  ALLEN
AAASYhAAKAAAAGUAAC SALESMAN  WARD
AAASYhAAKAAAAGUAAD MANAGER   JONES
AAASYhAAKAAAAGUAAE SALESMAN  MARTIN
AAASYhAAKAAAAGUAAF MANAGER   BLAKE
AAASYhAAKAAAAGUAAG MANAGER   CLARK
AAASYhAAKAAAAGUAAH ANALYST   SCOTT
AAASYhAAKAAAAGUAAI PRESIDENT KING
AAASYhAAKAAAAGUAAJ SALESMAN  TURNER
AAASYhAAKAAAAGUAAK CLERK     ADAMS
AAASYhAAKAAAAGUAAL CLERK     JAMES
AAASYhAAKAAAAGUAAM ANALYST   FORD

已选择13行。
```

图 4.5　显示 emp 表的 ROWID 伪列

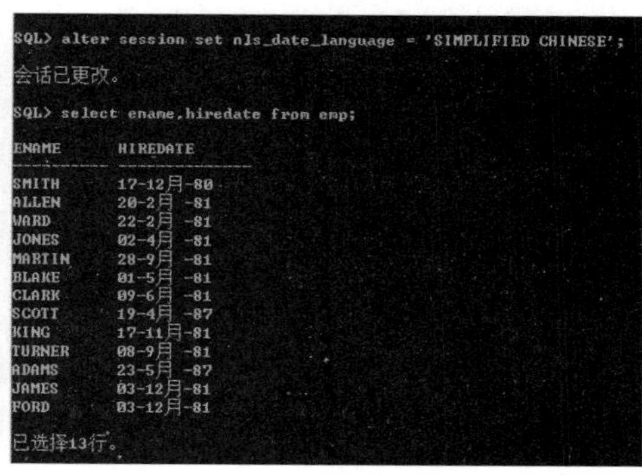

```
SQL> alter session set nls_date_language = 'SIMPLIFIED CHINESE';

会话已更改。

SQL> select ename,hiredate from emp;

ENAME      HIREDATE
---------- --------------
SMITH      17-12月-80
ALLEN      20-2月 -81
WARD       22-2月 -81
JONES      02-4月 -81
MARTIN     28-9月 -81
BLAKE      01-5月 -81
CLARK      09-6月 -81
SCOTT      19-4月 -87
KING       17-11月-81
TURNER     08-9月 -81
ADAMS      23-5月 -87
JAMES      03-12月-81
FORD       03-12月-81

已选择13行。
```

图 4.6　以简体中文显示日期结果

2）以美式英语格式显示日期结果

【例 4.12】 在 scott 模式下，检索 emp 表中员工的 hiredate（入职时间），并且以美式英语格式显示日期结果。此时需要将会话的 nls_date_language 参数设置为 AMERICAN，代码如下。

```
SQL> alter session set nls_date_language = 'AMERICAN';
SQL> select ename,hiredate from emp;
```

本例运行结果如图 4.7 所示。

3）以特定格式显示日期结果

不同的国家地区、民族有着不同的日期使用习惯，如果希望定制日期显示格式，并按照特定方式显示日期格式，那么可以设置会话的 nls_date_format 参数。

【例 4.13】 在 scott 模式下，检索 emp 表中员工的 hiredate（入职时间），并且以“××××年××月××日”格式显示日期结果，代码如下。

```
SQL> alter session set nls_date_format = 'YYYY"年"MM"月"DD"日"';
SQL> select ename,hiredate from emp;
```

本例运行结果如图 4.8 所示。

（4）使用 TO_CHAR 函数定制日期显示函数。

除了可以使用参数 nls_date_format 设置日期显示格式外，也可以使用 TO_CHAR 函数将日期值转变为特定格式的字符串。

TO_CHAR 函数将在 4.4.4 节中详细讲解。

4. 带有表达式的 SELECT 子句

在使用 SELECT 语句时，数字和日期数据都可以使用算术表达式。在 SELECT 语句中可以使用算术运算符，包括（+）、减（-）、乘（*）、除（/）和括号。另外，在 SELECT 语句中不仅可以执行单独的数学运算，还可以执行单独的日期运算以及与列名关联的运算。

【例 4.14】 检索 emp 表中的 sal 列，把其值调整为原来的 1.1 倍，代码如下。

```
SQL> select sal*(1+0.1),sal from emp;
```

本例运行结果如图 4.9 所示。

```
SQL> alter session set nls_date_language = 'AMERICAN';

会话已更改。

SQL> select ename,hiredate from emp;

ENAME      HIREDATE
---------- ---------
SMITH      17-DEC-80
ALLEN      20-FEB-81
WARD       22-FEB-81
JONES      02-APR-81
MARTIN     28-SEP-81
BLAKE      01-MAY-81
CLARK      09-JUN-81
SCOTT      19-APR-87
KING       17-NOV-81
TURNER     08-SEP-81
ADAMS      23-MAY-87
JAMES      03-DEC-81
FORD       03-DEC-81

已选择13行。
```

图 4.7　以美式英语显示日期结果

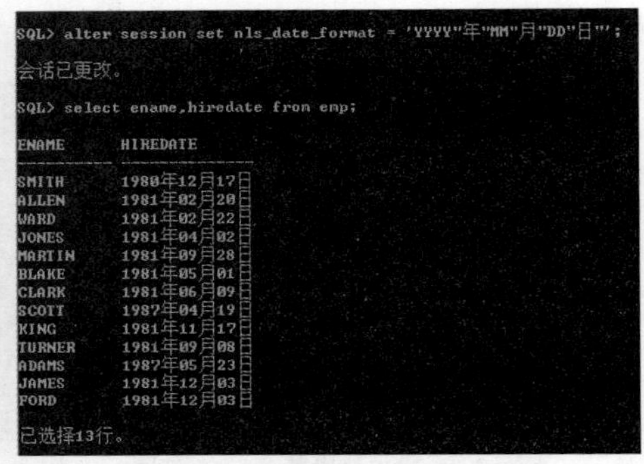

```
SQL> alter session set nls_date_format = 'YYYY"年"MM"月"DD"日"';

会话已更改。

SQL> select ename,hiredate from emp;

ENAME      HIREDATE
---------- ------------
SMITH      1980年12月17日
ALLEN      1981年02月20日
WARD       1981年02月22日
JONES      1981年04月02日
MARTIN     1981年09月28日
BLAKE      1981年05月01日
CLARK      1981年06月09日
SCOTT      1987年04月19日
KING       1981年11月17日
TURNER     1981年09月08日
ADAMS      1987年05月23日
JAMES      1981年12月03日
FORD       1981年12月03日

已选择13行。
```

图 4.8　以特定格式显示日期结果

```
SAL*(1+0.1)        SAL
----------- ----------
        880        800
       1760       1600
       1375       1250
     3272.5       2975
       1375       1250
       3135       2850
       2695       2450
       3300       3000
       5500       5000
       1650       1500
       1210       1100
```

图 4.9　显示 sal 列调整后的值

注意

在上述查询结果中，左侧显示的是 sal 列调整为原来 1.1 倍后的值，右侧显示的是 sal 列的原值。

5. 为列指定别名

许多数据表的列名都是一些英文缩写，为了方便查看检索结果，用户常常需要为这些列指定别名。在 Oracle 系统中，为列指定别名既可以使用 AS 关键字，也可以不使用任何关键字而直接指定。

【例 4.15】 在 scott 模式下，检索 emp 表中的指定列 empno、ename、job，并使用 AS 关键字为这些列指定中文的别名，代码如下。**（实例位置：资源包\TM\sl\4\5）**

```
SQL> connect scott/tiger
已连接。
SQL> select empno as "员工编号",ename as "员工名称",job as "职务"   from emp;
```

本例运行结果如图 4.10 所示。

在为列指定别名时，关键字 AS 是可选项，用户也可以在列名后面直接指定列的别名。

【例 4.16】 在 scott 模式下，检索 emp 表中的指定列 empno、ename、job，不使用任何关键字而直接为这些列指定中文的别名，代码如下。

```
SQL> select empno "员工编号",ename "员工名称",job "职务"   from emp;
```

本例运行结果如图 4.11 所示。

6. 显示不重复记录

默认情况下，结果集中包含所有符合查询条件的数据行，这样结果集中就有可能出现重复数据。而在实际的应用中，这些重复的数据除了占据较大的显示空间外，可能不会给用户带来太多有价值的东西，这样就需要去除重复记录。在 SELECT 语句中，可以使用 DISTINCT 关键字来限制显示重复的数据，该关键字用在 SELECT 子句的列表前面。

【例 4.17】 在 scott 模式下，执行以下操作。

（1）显示 emp 表中的 job（职务）列，代码如下。

```
SQL> select job from emp;
```

本例运行结果如图 4.12 所示。

（2）显示 emp 表中的 job（职务）列，要求显示的“职务”记录不重复，代码如下。

```
SQL> select distinct job from emp;
```

本例运行结果如图 4.13 所示。

员工编号	员工名称	职务
7369	SMITH	CLERK
7499	ALLEN	SALESMAN
7521	WARD	SALESMAN
7566	JONES	MANAGER
7654	MARTIN	SALESMAN
7698	BLAKE	MANAGER
7782	CLARK	MANAGER

图 4.10　指定中文的别名 1

员工编号	员工名称	职务
7369	SMITH	CLERK
7499	ALLEN	SALESMAN
7521	WARD	SALESMAN

图 4.11　指定中文的别名 2

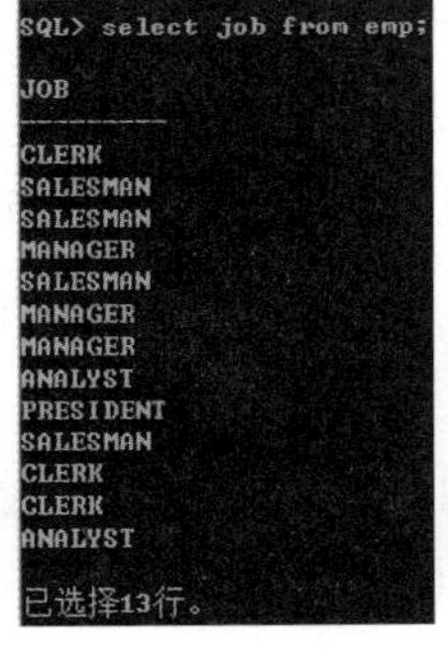

```
SQL> select job from emp;

JOB
---------
CLERK
SALESMAN
SALESMAN
MANAGER
SALESMAN
MANAGER
MANAGER
ANALYST
PRESIDENT
SALESMAN
CLERK
CLERK
ANALYST

已选择13行。
```

图 4.12　显示不重复记录 1

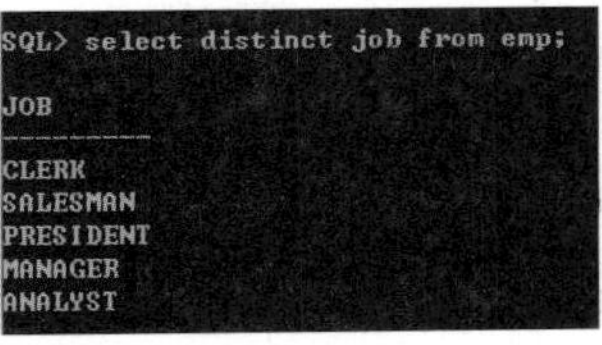

```
SQL> select distinct job from emp;

JOB
---------
CLERK
SALESMAN
PRESIDENT
MANAGER
ANALYST
```

图 4.13　显示不重复记录 2

7. 处理 NULL 值

NULL 表示未知值，它既不是空格，也不是 0。插入数据时，如果没有为特定列提供数据，并且该列没有默认值，那么其结果为 NULL。

在实际应用中，NULL 显示结果往往不能符合应用需求，在这种情况下需要使用函数 NVL 处理 NULL，并将其转换为合理的显示结果。

1）不处理 NULL

当算术表达式中包含 NULL 时，如果不处理 NULL，显示结果将为空。

【例 4.18】 显示 emp 表中的员工名称、工资、奖金以及实发工资（sal+comm），代码如下。

```
SQL> select ename,sal,comm,sal+comm from emp;
```

本例运行结果如图 4.14 所示。

通过显示结果可以看出，comm 值为 NULL 的列，计算 sal+comm 的值也为 NULL。

2）使用 NVL 函数处理 NULL

如果员工的实发工资显示为空，显然是不符合实际情况的。为了避免出现这种情况，就应该处理 NULL。

【例 4.19】显示 emp 表中的员工名称、工资、奖金以及实发工资（sal+comm）并处理 NULL 值，代码如下。

```
SQL> select ename,sal,comm,sal+nvl(comm,0) from emp;
```

本例运行结果如图 4.15 所示。

```
SQL> select ename,sal,comm,sal+comm from emp;

ENAME              SAL       COMM   SAL+COMM
---------- ---------- ---------- ----------
SMITH              800
ALLEN             1600        300       1900
WARD              1250        500       1750
JONES             2975
MARTIN            1250       1400       2650
BLAKE             2850
CLARK             2450
SCOTT             3000
KING              5000
TURNER            1500          0       1500
ADAMS             1100
JAMES              950
FORD              3000

已选择13行。
```

图 4.14　不处理 NULL 值的显示结果

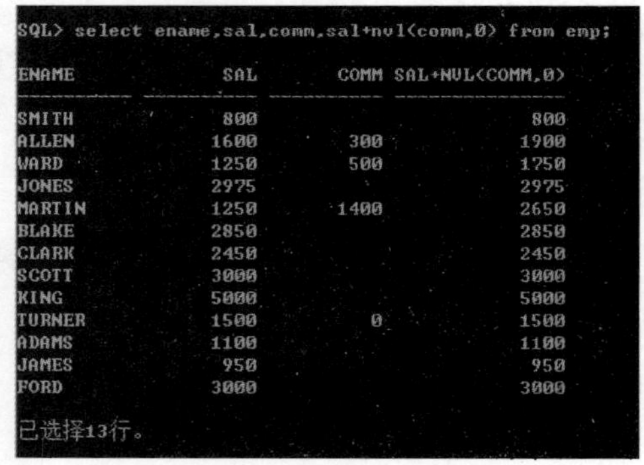

```
SQL> select ename,sal,comm,sal+nvl(comm,0) from emp;

ENAME              SAL       COMM SAL+NVL(COMM,0)
---------- ---------- ---------- ---------------
SMITH              800                       800
ALLEN             1600        300           1900
WARD              1250        500           1750
JONES             2975                      2975
MARTIN            1250       1400           2650
BLAKE             2850                      2850
CLARK             2450                      2450
SCOTT             3000                      3000
KING              5000                      5000
TURNER            1500          0           1500
ADAMS             1100                      1100
JAMES              950                       950
FORD              3000                      3000

已选择13行。
```

图 4.15　使用 NVL 函数处理 NULL 值的显示结果

当使用函数 NVL(COMM,0)时，如果 comm 存在数值，则函数返回其原有数值；如果 comm 列为 NULL，则函数返回 0。

8. 连接字符串

执行查询操作时，为了显示更有意义的结果值，有时需要将多个字符串连接起来。连接字符串可以使用“||”操作符或者 CONCAT 函数。

注意

当连接字符串时，如果是在字符串中加入数字值，可以直接指定数字值；而如果是在字符串中加入字符值或者日期值，那么必须用单引号引住。

【例 4.20】显示 emp 表中所有员工的名称及其岗位信息，使用“||”操作符连接员工名称和岗位信息，代码如下。

```
SQL> select ename,|| ''''||'s job is '||job from emp;
```

本例运行结果如图 4.16 所示。

【例 4.21】显示 emp 表中所有员工的名称及其工资信息，使用 CONCAT 函数连接员工名称和工资信息，代码如下。

```
SQL> select concat(concat(ename, '''s salary is '),sal) from emp;
```

本例运行结果如图 4.17 所示。

具体的 CONCAT 函数用法将在本章中 4.4.1 节做详细介绍。

```
SQL> select ename ||''''||'s job  is '||job from emp;

ENAME||''''||'SJOBIS'||JOB
--------------------------------
SMITH's job  is CLERK
ALLEN's job  is SALESMAN
WARD's job  is SALESMAN
JONES's job  is MANAGER
MARTIN's job  is SALESMAN
BLAKE's job  is MANAGER
CLARK's job  is MANAGER
SCOTT's job  is ANALYST
KING's job  is PRESIDENT
TURNER's job  is SALESMAN
ADAMS's job  is CLERK
JAMES's job  is CLERK
FORD's job  is ANALYST

已选择13行。
```

图 4.16　使用“||”操作符连接字符串

```
SQL>  select concat(concat(ename, '''s salary is '),sal) from emp;

CONCAT(CONCAT(ENAME,'''SSALARYIS'),SAL)
--------------------------------------------------------------------------------
SMITH's salary is 800
ALLEN's salary is 1600
WARD's salary is 1250
JONES's salary is 2975
MARTIN's salary is 1250
BLAKE's salary is 2850
CLARK's salary is 2450
SCOTT's salary is 3000
KING's salary is 5000
TURNER's salary is 1500
ADAMS's salary is 1100

CONCAT(CONCAT(ENAME,'''SSALARYIS'),SAL)
--------------------------------------------------------------------------------
JAMES's salary is 950
FORD's salary is 3000
MILLER's salary is 1300

已选择14行。
```

图 4.17　使用函数 CONCAT 连接字符串

4.3.2　筛选查询

在 SELECT 语句中使用 WHERE 子句可以实现对数据行的筛选操作，只有满足 WHERE 子句判断条件的行才会显示在结果集中，而那些不满足 WHERE 子句判断条件的行则不包括在结果集中。这种筛选操作是非常有意义的，通过筛选数据，可以从大量的数据中得到用户所需要的数据。在 SELECT 语句中，WHERE 子句位于 FROM 子句之后，其语法格式如下。

```
SELECT columns_list
FROM table_name
WHERE conditional_expression
```

- ☑ columns_list：字段列表。
- ☑ table_name：表名。
- ☑ conditional_expression：筛选条件表达式。

接下来对几种常用的筛选情况进行详细讲解。

1. 比较筛选

可以在 WHERE 子句中使用比较运算符来筛选数据，这样只有满足筛选条件的数据行才会被检索到，不满足比较条件的数据行则不会被检索到。基本的“比较筛选”操作主要有以下 6 种情况。

- ☑ A=B：比较 A 与 B 是否相等。
- ☑ A!B 或 A< >B：比较 A 与 B 是否不相等。
- ☑ A>B：比较 A 是否大于 B。
- ☑ A<B：比较 A 是否小于 B。
- ☑ A>=B：比较 A 是否大于或等于 B。
- ☑ A<=B：比较 A 是否小于或等于 B。

【例 4.22】 在 scott 模式下，查询 emp 表中工资（sal）大于 1500 的数据记录，代码如下。

```
SQL> select empno,ename,sal from emp where sal > 1500;
```

本例运行结果如图 4.18 所示。

另外，除了基本的“比较筛选”操作外，还有以下两个特殊的“比较筛选”操作。

☑ A{operator}ANY(B)：表示 A 与 B 中的任何一个元素进行 operator 运算符的比较，只要有一个比较值为 TRUE，就返回数据行。

☑ A{operator}ALL(B)：表示 A 与 B 中的所有元素进行 operator 运算符的比较，只有与所有元素比较值都为 TRUE，才返回数据行。

【例 4.23】在 scott 模式下，使用 ALL 关键字过滤工资（sal）同时不等于 3000、950 和 800 的员工记录，代码如下。

```
SQL> select empno,ename,sal from emp where sal <> all(3000,950,800);
```

本例运行结果如图 4.19 所示。

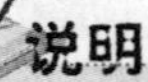

说明

在进行比较筛选的过程中，字符串和日期的值必须使用单引号标识，否则 Oracle 会提示标识符无效。

2. 使用特殊关键字筛选

SQL 语言提供了 LIKE、IN、BETWEEN 和 IS NULL 等关键字来筛选数据，这些关键字的功能分别为匹配字符串、查询目标值、限定值的范围和判断值是否为空等，下面将对这些关键字进行详细讲解。

1）LIKE 关键字

在 WHERE 子句中使用 LIKE 关键字查询数据的方式也称为字符串模式匹配或字符串模糊查询，LIKE 关键字需要使用通配符在字符串内查找指定的模式，所以需要了解常用的通配符。

通配符的英文原文为 wildcard，该词的原意为扑克牌中的 2 或王，因为它们可以代替其他的牌，所以称为 wildcard。

LIKE 关键字可以使用以下两个通配符。

☑ %：代表 0 个或多个字符。

☑ _：代表一个且只能是一个字符。

例如，“K%”表示以字母 K 开头的任意长度的字符串；“%M%”表示包含字母 M 的任意长度的字符串；“_MRKJ”表示 5 个字符长度且后面 4 个字符是 MRKJ 的字符串。

【例 4.24】在 emp 表中，使用 LIKE 关键字匹配以字母 S 开头的任意长度的员工名称，代码如下。

```
SQL> select empno,ename,job from emp where ename like 'S%';
```

本例运行结果如图 4.20 所示。

EMPNO	ENAME	SAL
7499	ALLEN	1600
7566	JONES	2975
7698	BLAKE	2850

图 4.18　查询工资大于 1500 的数据记录

EMPNO	ENAME	SAL
7499	ALLEN	1600
7521	WARD	1250
7566	JONES	2975
7654	MARTIN	1250

图 4.19　过滤指定记录

EMPNO	ENAME	JOB
7369	SMITH	CLERK
7788	SCOTT	ANALYST

图 4.20　使用 LIKE 关键字

说明

可以在 LIKE 关键字前面加上 NOT，表示否定的判断，如果 LIKE 为真，则 NOT LIKE 为假。另外，也可以在 IN、BETWEEN、IS NULL 和 IS NAN 等关键字前面加上 NOT 来表示否定的判断。

【例 4.25】 在 emp 表中，查询工作是 SALESMAN 的员工姓名，但是不记得 SALESMAN 的准确拼写，仅记得它的第一个字符是 S，第三个字符是 L，第五个字符为 S，代码如下。

```
SQL> select empno,ename,job from emp where job like 'S_L_S%';
```

本例运行结果如图 4.21 所示。

从例 4.24 和例 4.25 的查询语句中可以看出，通过在 LIKE 表达式中使用不同的通配符“%”和“_”的组合，可以构造出相当复杂的限制条件。另外，LIKE 关键字还可以帮助简化某些 WHERE 子句。

【例 4.26】 在 emp 表中，显示 1981 年雇用的所有员工的信息，代码如下。

```
SQL> select empno,ename,sal,hiredate
  2  from emp
  3  where hiredate like '%81';
```

本例运行结果如图 4.22 所示。

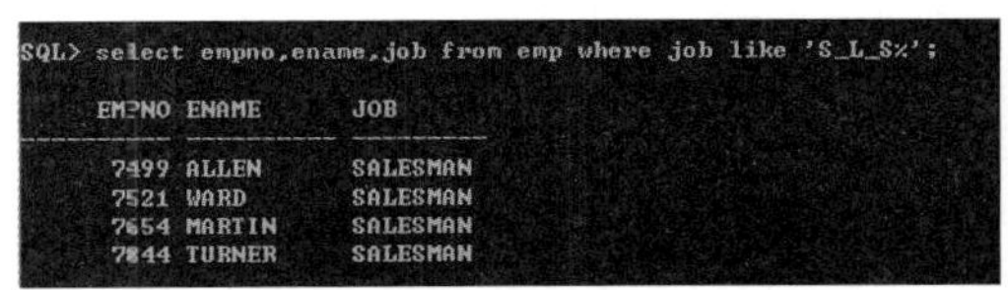

图 4.21　查找工作是 SALESMAN 的员工姓名

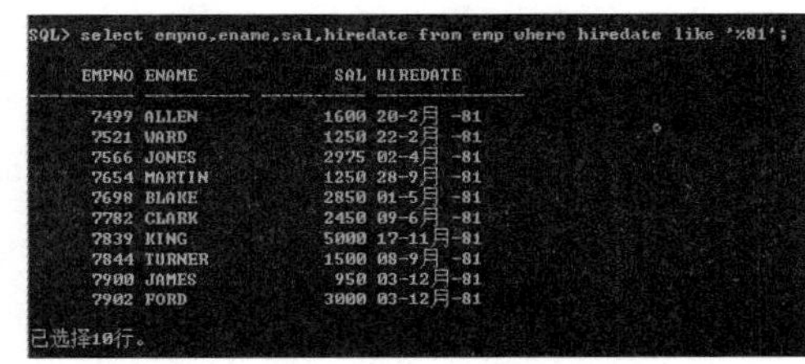

图 4.22　显示 1981 年雇用的所有员工的信息

但是，如果要查询的字符串中含有“%”或“_”，又该如何处理呢？可以使用转义 escape 关键字实现查询。

为了进行练习，必须先创建一张临时表，之后再向该表中插入一行记录，该记录中包含通配符。

【例 4.27】 创建 dept_temp 表，并向该表中添加数据，具体操作如下。

（1）创建一张与 dept 表的结构和数据都相同的表，即 dept_temp，代码如下。

```
SQL> create table dept_temp
  2  as
  3  select * from dept;
```

本例运行结果如图 4.23 所示。

（2）插入一条记录，代码如下。

```
SQL> insert into dept_temp
  2  values(60,'IT_RESEARCH','BEIJING');
```

本例运行结果如图 4.24 所示。

说明

例 4.27 的步骤（1）中的语句将在以后的章节学习，②中的语句将在本章 4.6.1 节中学习。现在只需要按照本例的语句来输入即可。

（3）显示临时表 dept_temp 中所有部门名称以 IT_开头的数据行，代码如下。

```
SQL> select *
```

```
  2  from dept_temp
  3  where dname like 'IT\_%' escape '\';
```

本例运行结果如图 4.25 所示。

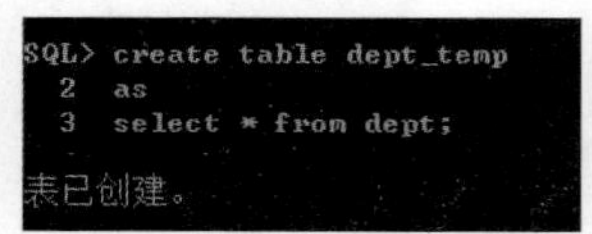

图 4.23　创建临时表 dept_temp

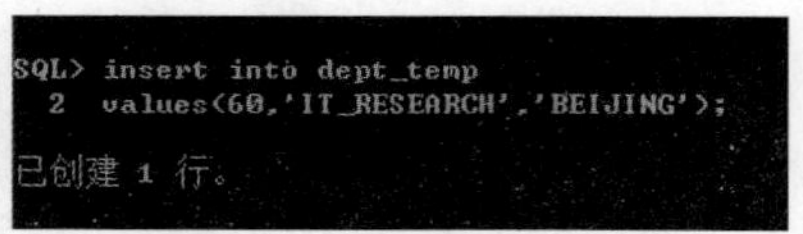

图 4.24　插入一条含有通配符的数据

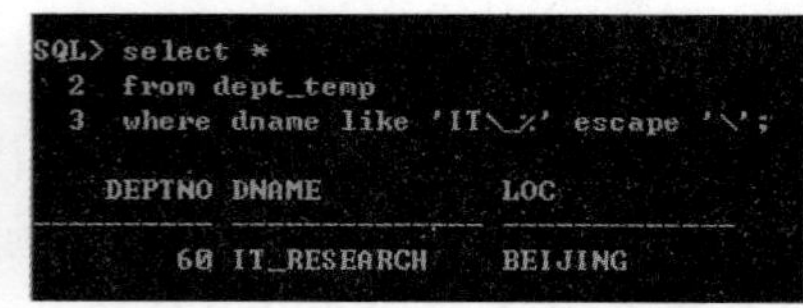

图 4.25　显示以 IT_开头的所有数据行

在上述查询语句中使用了“\”。“\”为转义字符，即在“\”之后的“_”字符已不是通配符，而是它本来的含义，即下画线。因此，该查询的结果为：前两个字符为 IT，第三个字符为“_”，后跟任意字符的字符串。

没有必要一定使用“\”字符作为转义符，完全可以使用任何字符来作为转义符。当然，许多 Oracle 的专业人士之所以经常使用“\”字符作为转义符，是因为该字符在 UNIX 操作系统和 C 语言中就是转义符。

为了验证以上的论述，输入如下的语句。

```
SQL> select *
  2  from dept_temp
  3  where dname like 'ITa_%' escape 'a';
```

本例运行结果如图 4.26 所示。

在上述查询中，将'a'定义为转义符，但是显示结果与图 4.25 中显示的结果完全相同。

建议

最好不要将 SQL 和 SQL *Plus 中有特殊含义的字符定义为转义符，否则该 SQL 语句将变得很难理解。

2）IN 关键字

当测试一个数据值是否匹配一组目标值中的一个时，通常使用 IN 关键字来指定列表搜索条件。IN 关键字的格式是 IN（目标值 1,目标值 2,目标值 3,…），目标值的项目之间必须使用逗号分隔，并且放置括号中。

【例 4.28】在 emp 表中，使用 IN 关键字查询职务为 PRESIDENT、MANAGER 或 ANALYST 的员工信息，代码如下。

```
SQL> select empno,ename,job from emp where job in('PRESIDENT','MANAGER','ANALYST');
```

本例运行结果如图 4.27 所示。

另外，NOT IN 表示查询指定的值不在某一组目标值中，这种方式在实际应用中也很常见。

【例 4.29】在 emp 表中，使用 NOT IN 关键字查询职务不在指定目标列表（PRESIDENT、MANAGER、ANALYST）范围内的员工信息，代码如下。

```
SQL> select empno,ename,job from emp where job not in('PRESIDENT','MANAGER','ANALYST');
```

本例运行结果如图 4.28 所示。

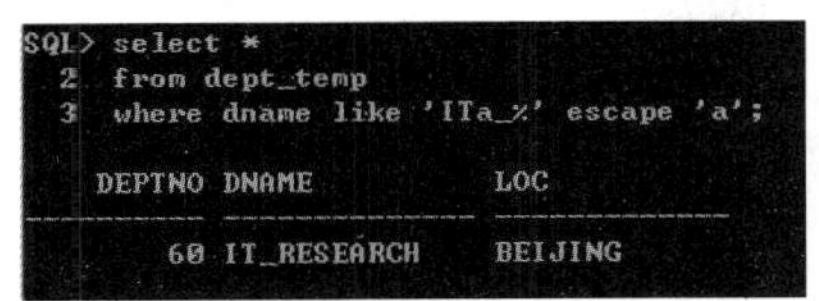

```
SQL> select *
  2  from dept_temp
  3  where dname like 'ITa_%' escape 'a';

   DEPTNO DNAME            LOC
---------- ---------------- ----------
       60 IT_RESEARCH      BEIJING
```

图 4.26　验证转义符可以是任何字符

```
EMPNO ENAME      JOB
----- ---------- ---------
 7566 JONES      MANAGER
 7698 BLAKE      MANAGER
 7782 CLARK      MANAGER
```

图 4.27　使用 IN 关键字

```
EMPNO ENAME      JOB
----- ---------- ---------
 7369 SMITH      CLERK
 7499 ALLEN      SALESMAN
 7521 WARD       SALESMAN
 7654 MARTIN     SALESMAN
```

图 4.28　使用 NOT IN 关键字

3）BETWEEN 关键字

需要返回某一个数据值是否位于两个给定的值之间，可以使用范围条件进行检索。通常使用 BETWEEN…AND 和 NOT…BETWEEN…AND 来指定范围条件。

使用 BETWEEN…AND 查询条件时，指定的第一个值必须小于第二个值。因为 BETWEEN…AND 实质是查询条件“大于或等于第一个值，并且小于或等于第二个值”的简写形式，即 BETWEEN…AND 要包括两端的值，等价于比较运算符（>=…<=）。

【例 4.30】在 emp 表中，使用 BETWEEN…AND 关键字查询工资（sal）为 2000～3000 的员工信息，代码如下。

```
SQL> select empno,ename,sal from emp where sal between 2000 and 3000;
```

本例运行结果如图 4.29 所示。

NOT…BETWEEN…AND 语句用于返回在两个指定值范围以外的某个数据值，且并不包括两个指定的值。

【例 4.31】在 emp 表中，使用 NOT…BETWEEN…AND 关键字查询工资（sal）非 1000～3000 的员工信息，代码如下。

```
SQL> select empno,ename,sal from emp where sal not between 1000 and 3000;
```

本例运行结果如图 4.30 所示。

```
EMPNO ENAME             SAL
----- ---------- ----------
 7566 JONES            2975
 7698 BLAKE            2850
 7782 CLARK            2450
```

图 4.29　使用 BETWEEN…AND 关键字

```
EMPNO ENAME             SAL
----- ---------- ----------
 7369 SMITH             800
 7839 KING             5000
 7900 JAMES             950
```

图 4.30　使用 NOT…BETWEEN…AND 关键字

4）IS NULL 关键字

空值（NULL）从技术上来说就是未知的、不确定的值，但空值与空字符串不同，因为空值是不存在的值，而空字符串是长度为 0 的字符串。

因为空值代表的是未知的值，所以并不是所有的空值都相等。例如，student 表中有两名学生的年龄未知，但无法证明这两名学生的年龄相等，因此不能用“=”运算符来检测空值。SQL 引入了 IS NULL 关键字来检测特殊值之间的等价性，IS NULL 关键字通常在 WHERE 子句中使用。

【例 4.32】使用 IS NULL 关键字查询 emp 表中没有奖金的员工信息，代码及运行结果如下。**（实例位置：资源包\TM\sl\4\6）**

```
SQL> select empno,ename,sal,comm from emp where comm is null;
EMPNO ENAME              SAL          COMM
      7369 SMITH          800
      7566 JONES         2975
      7698 BLAKE         2850
```

```
        7782 CLARK                          2450
        7788 SCOTT                          3000
        7839 KING                           5000
        7876 ADAMS                          1100
        7900 JAMES                           950
        7902 FORD                           3000
        7934 MILLER                         1300
已选择 10 行。
```

注意

当与 NULL 进行比较时，不要使用等于（=）、不等于（< >）操作符。尽管使用它们不会有任何语法错误，但条件总是 FALSE。下面以显示公司总裁为例，说明 NULL 语句前面使用 IS 和等于或不等于操作符的区别。

使用 IS NULL 关键字时，代码如下，运行结果如图 4.31 所示。

SQL> select ename,mgr from emp where mgr is null;

在 NULL 前面使用等号（=），代码如下，运行结果如图 4.32 所示。

SQL> select ename,mgr from emp where mgr = null;

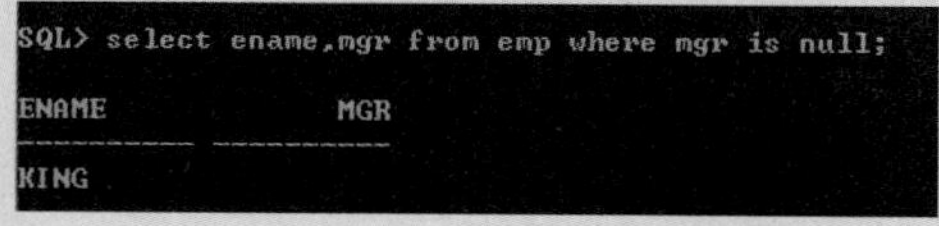

图 4.31　使用 IS NULL 关键字

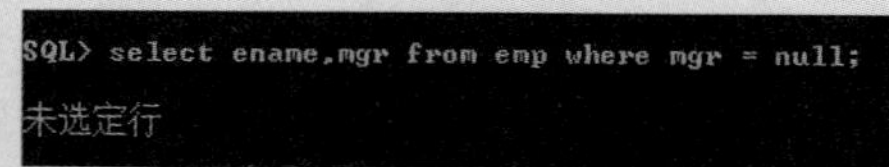

图 4.32　在 NULL 前面使用等号（=）

3. 逻辑筛选

逻辑筛选是指在 WHERE 子句中使用逻辑运算符 AND、OR 和 NOT 进行数据筛选操作，这些逻辑运算符可以把多个筛选条件组合起来，便于用户获取更加准确的数据记录。

AND 逻辑运算符表示两个逻辑表达式之间是“逻辑与”的关系，用户完全可以使用 AND 运算符加比较运算符来代替 BETWEEN…AND 关键字。

【例 4.33】在 emp 表中，使用 AND 运算符查询工资（sal）为 2000～3000 的员工信息，代码如下。

```
SQL> select empno,ename,sal from emp where sal >= 2000 and sal <= 3000;
```

本例运行结果如图 4.33 所示。

OR 逻辑运算符表示两个逻辑表达式之间是“逻辑或”的关系，两个表达式的结果中有一个为 TRUE，则这个逻辑或表达式的值就为 TRUE。

【例 4.34】在 emp 表中，使用 OR 逻辑运算符查询工资低于 2000 或工资高于 3000 的员工信息，代码如下。**（实例位置：资源包\TM\sl\4\7）**

```
SQL> connect scott/tiger
已连接。
SQL> select empno,ename,sal from emp where sal < 2000 or sal > 3000;
```

本例运行结果如图 4.34 所示。

NOT 逻辑运算符用于对表达式执行逻辑非运算，在前面示例中已经多次用到，这里不再给出示例。

```
EMPNO ENAME            SAL
----- ---------- ---------
 7566 JONES           2975
 7698 BLAKE           2850
 7782 CLARK           2450
 7788 SCOTT           3000
 7902 FORD            3000
```

图 4.33　使用 AND 运算符

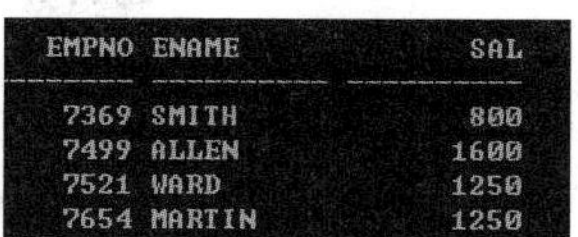

```
EMPNO ENAME            SAL
----- ---------- ---------
 7369 SMITH            800
 7499 ALLEN           1600
 7521 WARD            1250
 7654 MARTIN          1250
```

图 4.34　使用 OR 运算符

4.3.3　分组查询

数据分组的目的是用来汇总数据或为整个分组显示单行的汇总信息，通常在查询结果集中使用 GROUP BY 子句对记录进行分组。在 SELECT 语句中，GROUP BY 子句位于 FROM 子句之后，其语法格式如下。

```
SELECT columns_list
FROM table_name
[WHERE conditional_expression]
GROUP BY columns_list
```

☑　columns_list：字段列表，在 GROUP BY 子句中也可以指定多个列分组。
☑　table_name：表名。
☑　conditional_expression：筛选条件表达式。

GROUP BY 子句可以基于指定某一列的值将数据集合划分为多个分组，同一组内所有记录在分组属性上具有相同值，也可以基于指定多列的值将数据集合划分为多个分组。

1. 使用 GROUP BY 子句进行单列分组

单列分组是指基于列生成分组统计结果。进行单列分组时，会基于分组列的每个不同值生成一个统计结果。

【例 4.35】在 emp 表中，按照部门编号（deptno）列进行分组，具体代码如下。

```
SQL> select deptno,job from emp group by deptno, order by deptno;
```

本例运行结果如图 4.35 所示。

GROUP BY 子句经常与聚集函数一起使用。使用 GROUP BY 子句和聚集函数，可以实现对查询结果中每一组数据进行分类统计。所以，在结果中每组数据都有一个与之对应的统计值。在 Oracle 系统中，经常使用的统计函数及说明如表 4.2 所示。

表 4.2　常用的统计函数及说明

统 计 函 数	说　　明
AVG	返回一个数字列或是计算列的平均值
COUNT	返回查询结果中的记录数
MAX	返回一个数字列或是计算列的最大值
MIN	返回一个数字列或是计算列的最小值
SUM	返回一个数字列或是计算列的总和

【例 4.36】在 emp 表中，使用 GROUP BY 子句对工资记录进行分组，并计算平均工资（AVG）、所有工资的总和（SUM）、最高工资（MAX）和各组的行数（COUNT），具体代码如下。

```
SQL> select job,avg(sal),sum(sal),max(sal),count(job)
```

```
  2   from emp
  3   group by job ;
```

本例运行结果如图 4.36 所示。

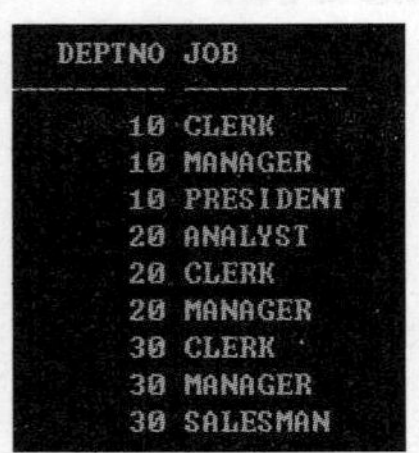

DEPTNO	JOB
10	CLERK
10	MANAGER
10	PRESIDENT
20	ANALYST
20	CLERK
20	MANAGER
30	CLERK
30	MANAGER
30	SALESMAN

图 4.35　分组显示

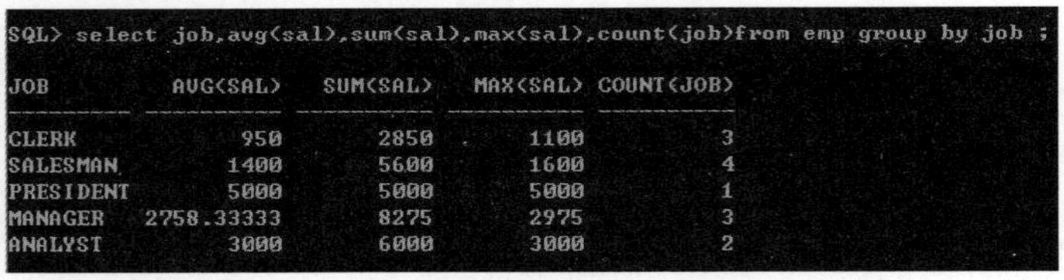

```
SQL> select job,avg(sal),sum(sal),max(sal),count(job)from emp group by job ;
```

JOB	AVG(SAL)	SUM(SAL)	MAX(SAL)	COUNT(JOB)
CLERK	950	2850	1100	3
SALESMAN	1400	5600	1600	4
PRESIDENT	5000	5000	5000	1
MANAGER	2758.33333	8275	2975	3
ANALYST	3000	6000	3000	2

图 4.36　分组统计

在使用 GROUP BY 子句时，要注意以下 3 个方面。

☑　在 SELECT 子句的后面只可以有两类表达式，即统计函数和进行分组的列名。

☑　在 SELECT 子句中的列名必须是进行分组的列，除此之外，添加其他的列名都是错误的，但是 GROUP BY 子句后面的列名可以不出现在 SELECT 子句中。

☑　在默认情况下，将按照 GROUP BY 子句指定的分组列升序排列，如果需要重新排序，可以使用 ORDER BY 子句指定新的排列顺序。

GROUP BY 子句中的列可以不在 SELECT 列表中。这里，以下面的示例进行说明。

【例 4.37】查询 emp 表，显示按职位（job）分类（job 并没有包含在 SELECT 子句中）的每类员工的平均工资，并且显示的结果是按职位由小到大排列的，具体代码如下。

```
SQL> select avg(sal)
  2   from emp
  3   group by job ;
```

本例运行结果如图 4.37 所示。从运行结果中很难看出这一结果是按什么排序的。为了提高程序的可读性，应尽可能不使用这样的查询方法。

下面的实例是错误的，Oracle 会返回错误信息，代码如下。

```
SQL> select job,avg(sal)
  2   from emp;
```

运行结果如图 4.38 所示。

注意

如果在一个查询中使用了分组函数，则任何不在分组函数中的列或表达式必须在 GROUP BY 子句中。

为什么在 Oracle 中会有这样的规定呢？在 SELECT 子句中的列名称 job 告诉 Oracle 系统显示每行数据的职位（job），在 emp 表中有多条数据。而在 SELECT 子句中的 AVG(sal)告诉 Oracle 系统显示 emp 表中所有数据行的平均工资，在这个查询语句中只能产生一个平均工资。查询语句的这两个要求显然是矛盾的，因此 Oracle 系统会报错。

为了改正这一错误，可以在查询语句中增加 GROUP BY 子句，并把 job 列放在该子句中，修改后的查询语句代码如下。

```
SQL> select job,avg(sal)
```

```
  2  from emp
  3  group by job;
```

运行结果如图 4.39 所示。

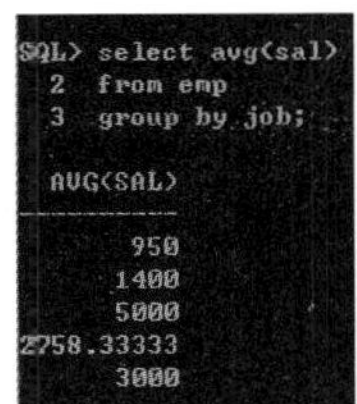

图 4.37　演示 GROUP BY 子句中的列可以不在 SELECT 列表中

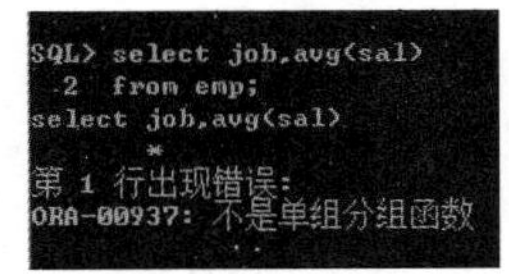

图 4.38　分组函数与 GROUP BY 子句的非法操作

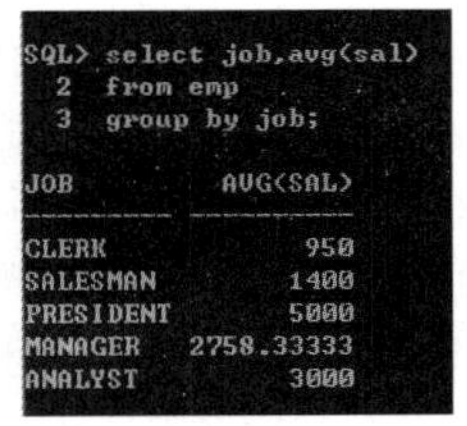

图 4.39　增加 GROUP BY 子句使语句正确

显示的结果给出了 emp 表中每种职位（job）的平均工资（AVG(sal)）。

2. 使用 GROUP BY 子句进行多列分组

多列分组是指基于两个或两个以上的列生成分组统计结果。当进行多列分组时，会基于多个列的不同值生成统计结果。

【例 4.38】使用 GROUP BY 进行多列分组。查询 emp 表，显示每个部门每种岗位的平均工资和最高工资，具体代码如下。

```
SQL> select deptno,job,avg(sal),max(sal)
  2  from emp
  3  group by deptno,job;
```

本例运行结果如图 4.40 所示。

3. 使用 ORDER BY 子句改变分组排序结果

当使用 GROUP BY 子句执行分组统计时，会自动基于分组列进行升序排列。为了改变分组数据的排序结果，需要使用 ORDER BY 子句。

【例 4.39】查询 emp 表，显示每个部门的部门编号及工资总额，且工资总额降序排列，代码如下。

```
SQL> select deptno,sum(sal)
  2  from emp
  3  group by deptno
  4  order by sum(sal) desc;
```

本例运行结果如图 4.41 所示。

```
SQL> select deptno,job,avg(sal),max(sal)
  2  from emp
  3  group by deptno,job;

    DEPTNO JOB         AVG(SAL)   MAX(SAL)
---------- --------- ---------- ----------
        20 CLERK            950       1100
        30 SALESMAN        1400       1600
        20 MANAGER         2975       2975
        30 CLERK            950        950
        10 PRESIDENT       5000       5000
        30 MANAGER         2850       2850
        10 MANAGER         2450       2450
        20 ANALYST         3000       3000

已选择8行。
```

图 4.40　使用 GROUP BY 子句进行多列分组

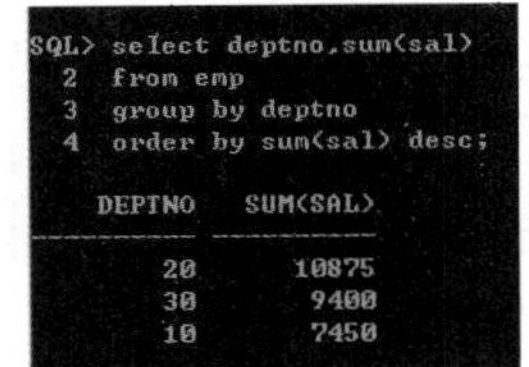

图 4.41　使用 ORDER BY 子句改变分组排序结果

4. 使用 HAVING 子句限制分组结果

HAVING 子句通常与 GROUP BY 子句一起使用，在完成对分组结果统计后，可以使用 HAVING 子句对分组的结果做进一步的筛选。如果不使用 GROUP BY 子句，HAVING 子句的功能与 WHERE 子句一样。HAVING 子句和 WHERE 子句的相似之处都是定义搜索条件。唯一不同的是，HAVING 子句中可以包含聚集函数，如常用的 COUNT、AVG、SUM 等；在 WHERE 子句中则不可以使用聚集函数。

如果在 SELECT 语句中使用了 GROUP BY 子句，那么 HAVING 子句将被应用于 GROUP BY 子句创建的那些组中；如果在 SELECT 语句中指定了 WHERE 子句，而没有指定 GROUP BY 子句，那么 HAVING 子句将被应用于 WHERE 子句的输出，并且整个输出被看作一个组；如果在 SELECT 语句中既没有指定 WHERE 子句，也没有指定 GROUP BY 子句，那么 HAVING 子句将被应用于 FROM 子句的输出，并且将其看作一个组。

提示

针对理解 HAVING 子句的作用，最好的办法就是记住 SELECT 语句中的子句处理顺序。在 SELECT 语句中，首先由 FROM 子句找到数据表，WHERE 子句则接收 FROM 子句输出的数据，而 HAVING 子句则接收来自 GROUP BY、WHERE 或 FROM 子句的输出。

【例 4.40】在 emp 表中，首先通过分组的方式计算出每个部门的平均工资，然后通过 HAVING 子句过滤出平均工资高于 2000 的记录信息，具体代码如下。

```
SQL> select deptno as 部门编号,avg(sal) as 平均工资
  2  from emp
  3  group by deptno
  4  having avg(sal) > 2000 ;
```

本例运行结果如图 4.42 所示。可以看出，SELECT 语句使用 GROUP BY 子句对 emp 表进行分组统计，然后由 HAVING 子句根据统计值做进一步筛选。

图 4.42　平均工资高于 2000 的记录信息

示例 4.40 无法使用 WHERE 子句直接过滤出平均工资高于 2000 的部门信息，因为在 WHERE 子句中不可以使用聚集函数（这里是 AVG）。

通常情况下，HAVING 子句与 GROUP BY 子句一起使用，这样可以汇总相关数据后再进一步筛选汇总的数据。

5. 在 GROUP BY 子句中使用 ROLLUP 和 CUBE 操作符

默认情况下，当使用 GROUP BY 子句生成数据统计结果时，只会生成相关列的数据统计信息，而不会生成小计和总计统计。例如，当使用 GROUP BY 子句统计不同部门、不同岗位的平均工资时，会生成如表 4.3 所示的统计结果。

表 4.3　使用 GROUP BY 子句统计不同部门、不同岗位的平均工资

岗位 / 部门编号	CLERK	ANALYST	MANAGER	PRESIDENT	SALESMAN
10	1300	—	2450	5000	—
20	950	3000	2975	—	—
30	950	—	2850	—	1400

在实际应用程序中，有时不仅需要获得以上统计结果，还需要取得横向、纵向的小计统计以及总计统计，如部门的平均工资、岗位的平均工资、所有员工的平均工资等。为了取得更全面的数据统计，可以使用 ROLLUP 和 CUBE 操作符。当使用 ROLLUP 操作符时，在保留原有统计结果的基础上，还会生成横向小计（部门的平均工资）和总计（所有员工的平均工资），如表 4.4 所示。

表 4.4　使用 ROLLUP 操作符生成横向小计和总计

岗位 部门编号	CLERK	ANALYST	MANAGER	PRESIDENT	SALESMAN	小　计
10	1300	—	2450	5000	—	2916
20	950	3000	2975	—	—	2175
30	950	—	2850	—	1400	1566
总计	—	—	—	—	—	2073

当使用 CUBE 操作符时，在保留原有统计结果的基础上，还会生成横向小计（部门平均工资）、纵向小计（岗位平均工资）和总计（所有员工的平均工资），如表 4.5 所示。

表 4.5　使用 CUBE 操作符生成横向小计、纵向小计和总计

岗位 部门编号	CLERK	ANALYST	MANAGER	PRESIDENT	SALESMAN	小　计
10	1300	—	2450	5000	—	2916
20	950	3000	2975	—	—	2175
30	950	—	2850	—	1400	1566
—	1037	3000	2758	5000	1400	—
总计	—	—	—	—	—	2073

1）使用 ROLLUP 操作符执行数据统计

当直接使用 GROUP BY 子句进行多列分组时，只能生成简单的数据统计结果。为了生成数据统计、横向小计和总计统计，可以在 GROUP BY 子句中使用 ROLLUP 操作符。

【例 4.41】在 emp 表中，使用 ROLLUP 操作符，显示每个部门各岗位的平均工资、每个部门的平均工资、所有员工的平均工资，具体代码如下。

```
SQL> select deptno as 部门编号, job as 岗位, avg(sal) as 平均工资
  2  from emp
  3  group by rollup(deptno,job) ;
```

本例运行结果如图 4.43 所示。

2）使用 CUBE 操作符执行数据统计

为了生成数据统计、横向小计、纵向小计以及总计统计，可以使用 CUBE 操作符。

【例 4.42】在 emp 表中，使用 CUBE 操作符，显示每个部门各岗位的平均工资、每个部门的平均工资、所有员工的平均工资，具体代码如下。

```
SQL> select deptno as 部门编号, job as 岗位, avg(sal) as 平均工资
  2  from emp
  3  group by cube(deptno,job) ;
```

本例运行结果如图 4.44 所示。

```
SQL> select deptno as 部门编号,job as 岗位,avg(sal) as 平均工资
  2  from emp
  3  group by rollup(deptno,job);

 部门编号 岗位            平均工资
--------- --------- ----------
       10 CLERK           1300
       10 MANAGER         2450
       10 PRESIDENT       5000
       10           2916.66667
       20 CLERK            950
       20 ANALYST         3000
       20 MANAGER         2975
       20                 2175
       30 CLERK            950
       30 MANAGER         2850
       30 SALESMAN        1400
       30           1566.66667
                    2073.21429

已选择13行。
```

图 4.43　使用 ROLLUP 操作符

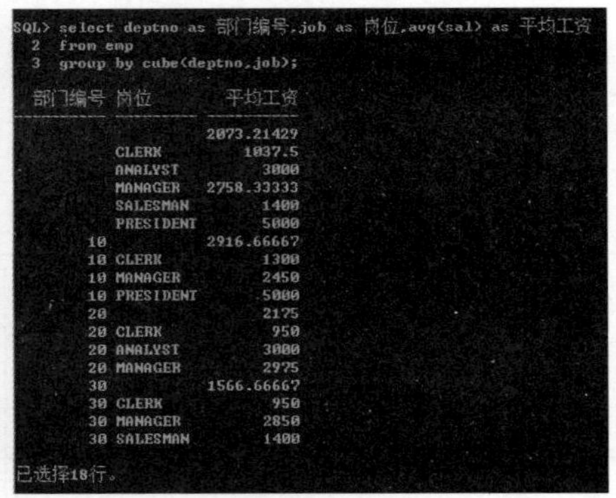

```
SQL> select deptno as 部门编号,job as 岗位,avg(sal) as 平均工资
  2  from emp
  3  group by cube(deptno,job);

 部门编号 岗位            平均工资
--------- --------- ----------
                    2073.21429
          CLERK         1037.5
          ANALYST         3000
          MANAGER   2758.33333
          SALESMAN        1400
          PRESIDENT       5000
       10           2916.66667
       10 CLERK           1300
       10 MANAGER         2450
       10 PRESIDENT       5000
       20                 2175
       20 CLERK            950
       20 ANALYST         3000
       20 MANAGER         2975
       30           1566.66667
       30 CLERK            950
       30 MANAGER         2850
       30 SALESMAN        1400

已选择18行。
```

图 4.44　使用 CUBE 操作符

3）使用 GROUPING 函数

当使用 ROLLUP 或者 CUBE 操作符生成统计结果时，某个统计结果行可能用到一列或者多列，也可能没有使用任何列。为了确定统计结果是否使用了特定列，可以使用 GROUPING 函数。如果该函数返回 0，则表示统计结果使用了该列；如果函数返回 1，则表示统计结果没有使用该列。

【例 4.43】 在 emp 表中，使用 GROUPING 函数确定统计结果所使用的列，具体代码如下。

```
SQL> select deptno,job, sum (sal),grouping(deptno),grouping(job)
  2   from emp
  3   group by rollup(deptno,job) ;
```

本例运行结果如图 4.45 所示。

4）在 ROLLUP 操作符中使用复合列

复合列被看作一个逻辑单元的列组合，当引用复合列时，需要用括号括住相关列。通过在 ROLLUP 操作符中使用复合列，可以略过 ROLLUP 操作符的某些统计结果。例如，子句 GROUP BY ROLLUP(a,b,c) 的统计结果等同于 GROUP BY(a,b,c)、GROUP BY(a,b)、GROUP BY a 以及 GROUP BY ( )的并集；而如果将(b,c)作为复合列，那么子句 GROUP BY ROLLUP(a,(b,c))的结果等同于 GROUP BY(a,b,c)、GROUP BY a 以及 GROUP BY ()的并集。

【例 4.44】 在 ROLLUP 操作符中使用复合列，在 emp 表中显示特定部门特定岗位的工资总额以及所有员工的工资总额，具体代码如下。

```
SQL> select deptno,job, sum (sal)
  2   from emp
  3   group by rollup((deptno,job)) ;
```

本例运行结果如图 4.46 所示。

5）在 CUBE 操作符中使用复合列

通过在 CUBE 操作符中使用复合列，可以略过 CUBE 操作符的某些统计结果。例如，子句 GROUP BY CUBE(a,b,c)的统计结果等同于 GROUP BY(a,b,c)、GROUP BY(a,b)、GROUP BY(a,c)、GROUP BY(b,c)、GROUP BY a、GROUP BY b、GROUP BY c 以及 GROUP BY()的并集；而如果将(a,b)作为复合列，那么子句 GROUP BY CUBE((a,b),c)的结果等同于 GROUP BY(a,b,c)、GROUP BY(a,b)、GROUP BY c 以及 GROUP BY()的并集。

【例 4.45】在 CUBE 操作符中使用复合列，在 emp 表中显示特定部门特定岗位的工资总额以及所有员工的工资总额，具体代码如下。

```
SQL> select deptno,job, sum (sal)
  2  from emp
  3  group by cube ((deptno,job)) ;
```

本例运行结果如图 4.47 所示。

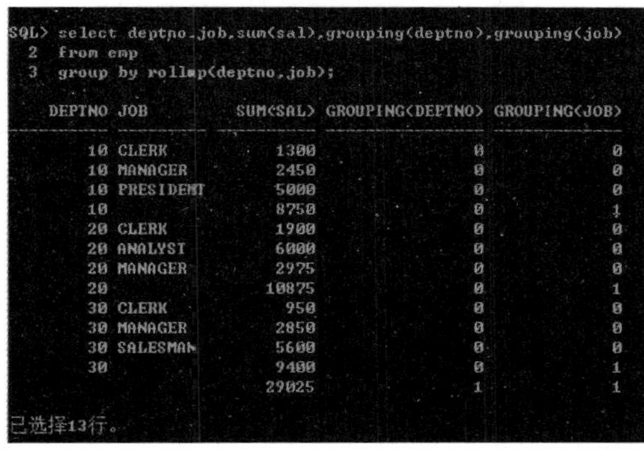

```
SQL> select deptno,job,sum(sal),grouping(deptno),grouping(job)
  2  from emp
  3  group by rollup(deptno,job);

    DEPTNO JOB         SUM(SAL) GROUPING(DEPTNO) GROUPING(JOB)
---------- --------- ---------- ---------------- -------------
        10 CLERK           1300                0             0
        10 MANAGER         2450                0             0
        10 PRESIDENT       5000                0             0
        10                 8750                0             1
        20 CLERK           1900                0             0
        20 ANALYST         6000                0             0
        20 MANAGER         2975                0             0
        20                10875                0             1
        30 CLERK            950                0             0
        30 MANAGER         2850                0             0
        30 SALESMAN        5600                0             0
        30                 9400                0             1
                          29025                1             1

已选择13行。
```

图 4.45　使用 GROUPING 函数

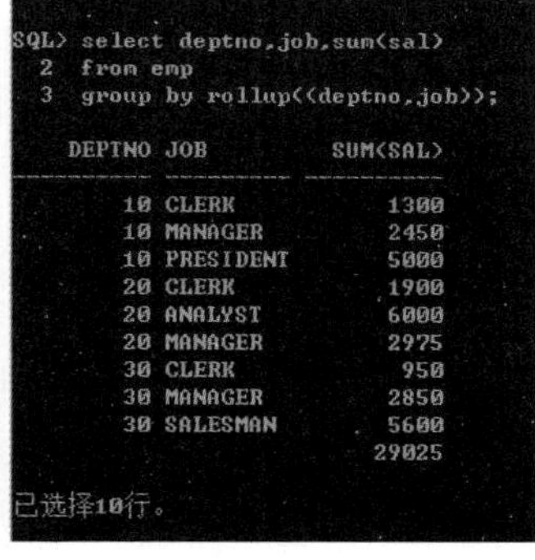

```
SQL> select deptno,job,sum(sal)
  2  from emp
  3  group by rollup((deptno,job));

    DEPTNO JOB         SUM(SAL)
---------- --------- ----------
        10 CLERK           1300
        10 MANAGER         2450
        10 PRESIDENT       5000
        20 CLERK           1900
        20 ANALYST         6000
        20 MANAGER         2975
        30 CLERK            950
        30 MANAGER         2850
        30 SALESMAN        5600
                          29025

已选择10行。
```

图 4.46　在 ROLLUP 中使用复合列

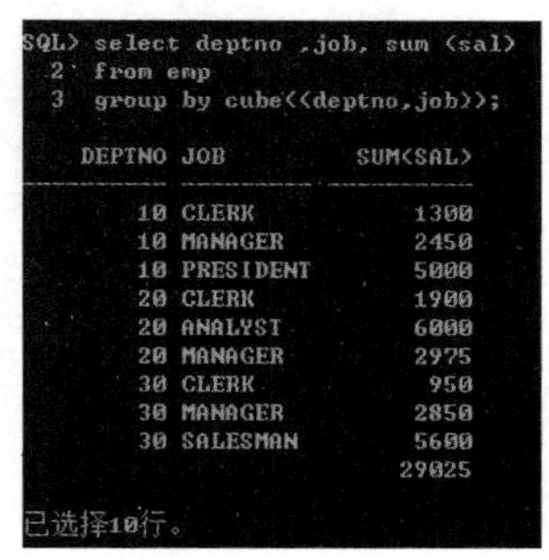

```
SQL> select deptno ,job, sum (sal)
  2  from emp
  3  group by cube((deptno,job));

    DEPTNO JOB         SUM(SAL)
---------- --------- ----------
        10 CLERK           1300
        10 MANAGER         2450
        10 PRESIDENT       5000
        20 CLERK           1900
        20 ANALYST         6000
        20 MANAGER         2975
        30 CLERK            950
        30 MANAGER         2850
        30 SALESMAN        5600
                          29025

已选择10行。
```

图 4.47　在 CUBE 中使用复合列

互动练习：使用带 ROLLUP 操作符的 GROUP BY 子句。

6. 使用 GROUPING SETS 操作符

GROUPING SETS 操作符是 GROUP BY 子句的进一步扩展。在 Oracle Database 9i 之前，使用 GROUP BY 子句一次只能显示单种分组结果，如果要生成多种分组统计结果，那么需要编写多条 SELECT 分组语句。从 Oracle Database 9i 开始，通过使用 GROUPING SETS 操作符，可以合并多个分组的统计结果，从而简化了多个分组操作。下面用例子来说明 GROUPING SETS 操作符的作用及其使用方法。

【例 4.46】在 emp 表中，执行以下操作。

（1）显示每个部门的平均工资，使用部门编号（deptno）执行分组统计操作，具体代码如下。

```
SQL> select deptno,avg (sal)
  2  from emp
  3  group by deptno;
```

运行结果如图 4.48 所示。

（2）显示每个岗位的平均工资，使用岗位（job）执行分组统计，具体代码如下。

```
SQL> select job,avg (sal)
  2  from emp
  3  group by job ;
```

运行结果如图 4.49 所示。

（3）显示部门的平均工资和岗位的平均工资，具体代码如下。

```
SQL> select deptno,job,avg (sal)
  2  from emp
  3  group by grouping sets(deptno,job);
```

为了显示多个分组的统计结果，可以使用 GROUPING SETS 操作符合并分组统计结果。例如，既要显示部门的平均工资，也要显示岗位的平均工资，可以使用 GROUPING SETS 操作符合并分组结果。运行结果如图 4.50 所示。

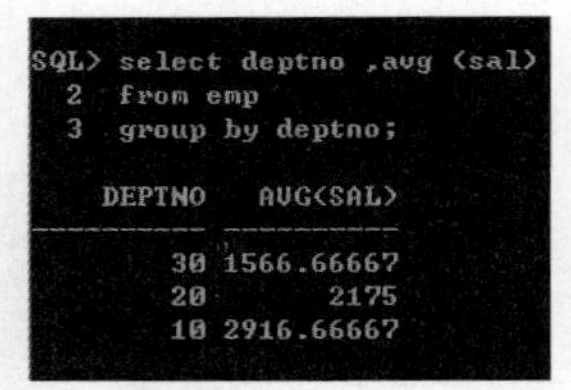

图 4.48　显示部门的平均工资

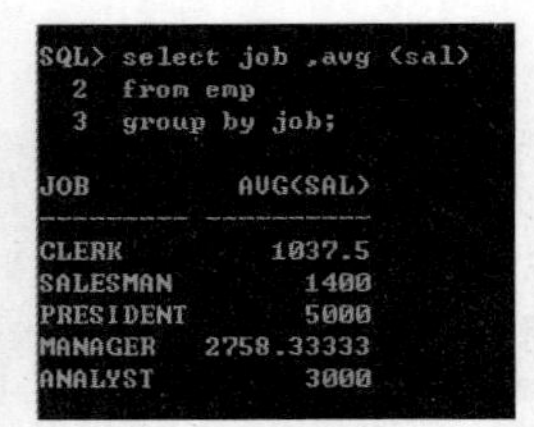

图 4.49　显示岗位的平均工资

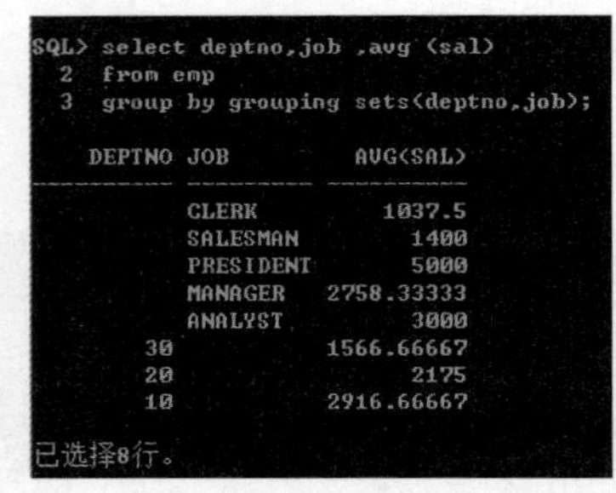

图 4.50　显示部门和岗位的平均工资

4.3.4　排序查询

在检索数据时，数据从数据库中直接读取出来时，查询结果将按照默认顺序排列，但往往这种默认排列顺序并不是用户需要的。尤其返回数据量较大时，用户查看自己想要的信息非常不方便，因此需要对检索的结果集进行排序。在 SELECT 语句中，可以使用 ORDER BY 子句对检索的结果集进行排序，该子句位于 FROM 子句之后，其语法格式如下。

```
SELECT columns_list
FROM table_name
[WHERE conditional_expression]
[GROUP BY columns_list]
ORDER BY { order_by_expression [ ASC | DESC ] }  [ ,...n ]
```

- ☑ columns_list：字段列表，在 GROUP BY 子句中也可以指定多个列分组。
- ☑ table_name：表名。
- ☑ conditional_expression：筛选条件表达式。
- ☑ order_by_expression：表示要排序的列名或表达式。关键字 ASC 表示按升序排列，这也是默认的排序方式；关键字 DESC 表示按降序排列。

ORDER BY 子句可以根据查询结果中的一个列或多个列对查询结果进行排序，并且第一个排序项是主要的排序依据，其他的是次要的排序依据。

1. 单列排序

【例 4.47】在 scott 模式下，检索 emp 表中的所有数据，并按照部门编号（deptno）、员工编号（empno）排序，具体代码如下。

```
SQL> select deptno,empno,ename from emp order by deptno,empno;
```

本例运行结果如图 4.51 所示。

还可以在 ORDER BY 子句中使用列号。当执行排序操作时，不仅可以按照列名、列别名进行排序，也可以按照列或表达式在选择列表中的位置进行排序。如果列名或表达式名称很长，那么使用列位号排序可以缩减排序语句长度。另外，当使用 UNION、UNION ALL、INTERSECT、MINUS 等集合操作

符合并查询结果时，如果选择列表的列名不同，并且希望进行排序，则必须使用列位置进行排序。

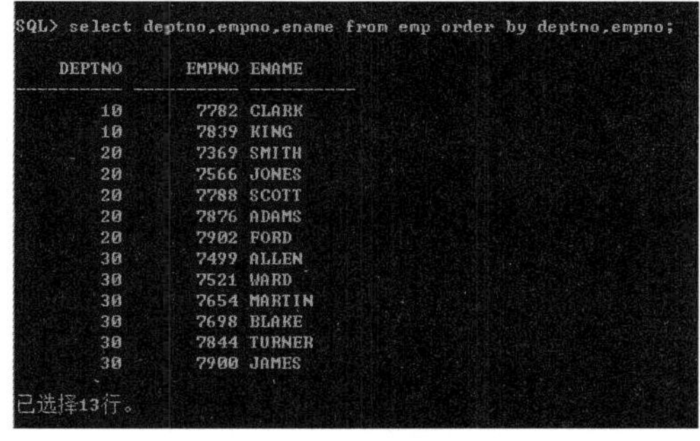

图 4.51　使用 ORDER BY 子句进行排序

如果使用了 ORDER BY 子句，则该子句一定是 SQL 语句的最后一个子句。例如，当在 SELECT 语句中同时包含多个子句（WHERE、GROUP BY、HAVING、ORDER BY）时，ORDER BY 必须是最后一个子句。

【例 4.48】查询 emp 表中员工的年工资，并按照年工资降序排列，代码如下。

```
SQL> select empno,ename,sal*12 Annual Salary
  2  from emp
  3  order by 3 desc;
```

这里的 3 表示第三列，所以 ORDER BY 3 就是按第三列排序。

本例运行结果如图 4.52 所示。

但是，在 SQL 语句中尽可能地不使用 ORDER BY 子句的上述用法，因为这种用法的可读性很差。在不少有关 Oracle SQL 的书中均不会介绍 ORDER BY 子句的这种用法。尽管如此，当使用 UNION、UNION ALL、INTERSECT、MINUS 等集合操作符合并查询结果时，或者为了减少输入，特别是当位于 ORDER BY 子句之后的列名或表达式很长时，还是可以使用此种用法。本书介绍这一用法的目的是，当看到 SQL 语句中包含这一用法时，读者可以理解它，但并不鼓励使用它。

可以使用非选择列表列排序。当执行排序操作时，多数情况都会选择列表中的列执行排序操作，以便更直观地显示数据。但是，在执行排序操作时，排序列也可以不是选择列表中的列。

【例 4.49】使用非选择列表列进行排序的方法，按工资降序显示员工名称，代码如下。

```
SQL> select ename from emp order by sal desc;
```

本例运行结果如图 4.53 所示。

互动练习：使用列的别名排序。

2. 多列排序

当执行排序操作时，不仅可以基于单列进行排序，也可以基于多列进行排序。当以多列进行排序时，首先按照第一列进行排序，当第一列存在相同数据时，再以第二列进行排序，以此类推。

【例 4.50】查询 emp 表，按照部门编号升序、工资降序显示员工名称、部门编号和工资，代码如下。

```
SQL> select ename,deptno,sal
  2  from emp
  3  order by deptno,sal desc;
```

在此查询语句，首先按照部门编号排序，在同一个部门中，按照工资从高到低的顺序进行排序。本例运行结果如图 4.54 所示。

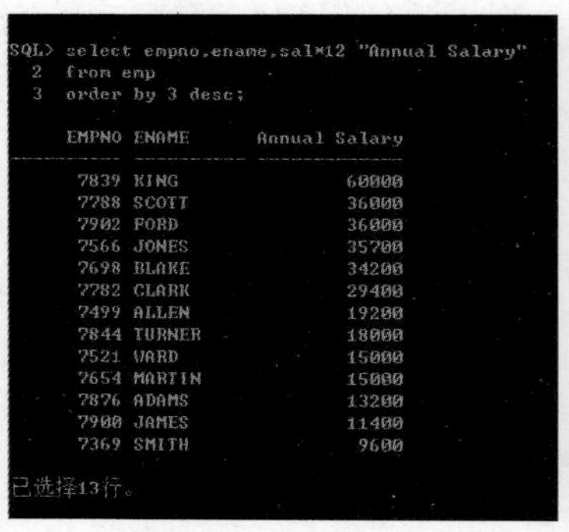

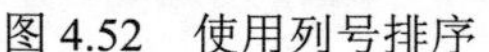

图 4.52　使用列号排序

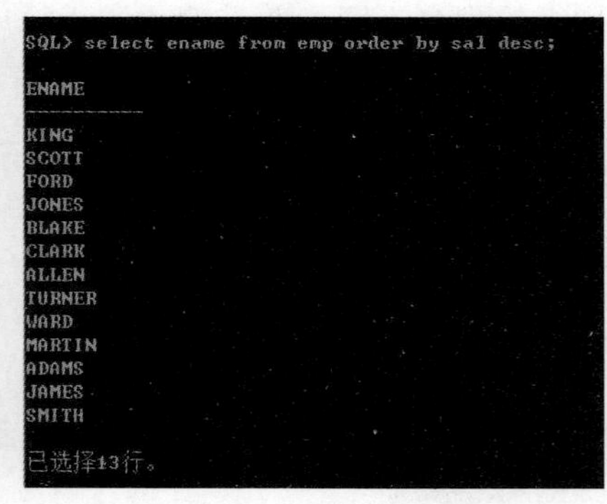

图 4.53　使用非选择列表列排序

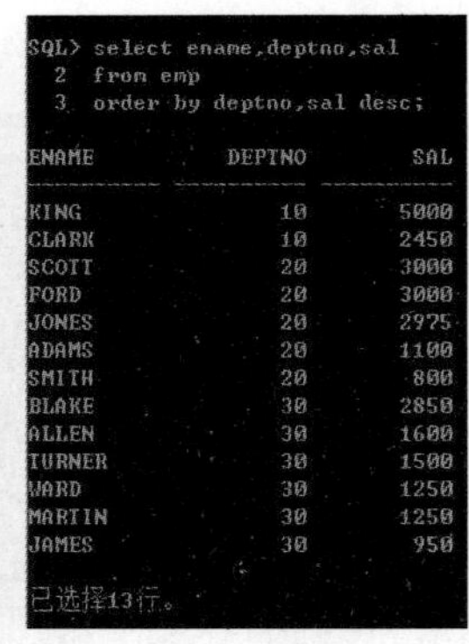

图 4.54　多列排序

4.3.5　多表关联查询

在实际的应用系统开发中会设计多张数据表，各表上的信息不是独立存在的，而是有着一定的关系。当用户查询某一张表的信息时，很可能需要查询关联数据表的信息，这就是多表关联查询。SELECT 语句是支持多表关联查询的，虽然多表关联查询复杂得多。在进行多表关联查询时，可能会涉及表的别名、内连接、外连接、自然连接、自连接和交叉连接等概念，下面将对这些内容进行讲解。

1. 表的别名

在多表关联查询时，如果多张表之间存在同名的列，则必须使用表名来限定列的引用。例如，在 scott 模式中，dept 表和 emp 表都有 deptno 列，那么当用户使用该列关联查询两张表时，就需要通过指定表名来区分这两个列的归属。但是，随着查询变得越来越复杂，语句就会因为每次限定列必须输入表名而变得冗长。对于这种情况，SQL 语言提供了设定表别名的机制，使用简短的表别名就可以替代原有较长的表名称，这样就可以大大缩减语句的长度。

【例 4.51】 在 scott 模式下，通过 deptno（部门编号）列来关联 emp 表和 dept 表，并检索这两张表中相关字段的信息，代码及运行结果如下。**（实例位置：资源包\TM\sl\4\8）**

```
SQL> select e.empno as 员工编号, e.ename as 员工名称, d.dname as 部门名称
  2  from emp e,dept d
  3  where e.deptno=d.deptno
  4  and e.job='MANAGER';
  员工编号           员工名称          部门名称
---------------    ----------        --------------
       7782        CLARK             ACCOUNTING
       7566        JONES             RESEARCH
       7698        BLAKE             SALES
```

在上述 SELECT 语句中，FROM 子句最先执行，然后才是 WHERE 子句和 SELECT 子句，这样在 FROM 子句中指定表的别名后，当需要限定引用列时，其他所有子句都可以使用表的别名。

另外，还需要注意一点，一旦在 FROM 子句中为表指定了别名，就必须在剩余的子句中都使用表的别名，而不允许再使用原来的表名称，否则将出现如图 4.55 所示的错误提示。

综上所述，使用表的别名的注意事项如下。

☑　表的别名在 FROM 子句中定义，别名放在表名之后，它们之间用空格隔开。

☑ 别名一经定义，在整个查询语句中就只能使用表的别名而不能再使用表名。

☑ 表的别名只在所定义的查询语句中有效。

☑ 应该选择有意义的别名，表的别名最长为 30 个字符，但越短越好。

互动练习：理解笛卡儿积的概念。

2. 内连接

内连接是一种常用的多表关联查询方式，一般使用关键字 INNER JOIN 来实现。其中，INNER 关键字可以省略，当只使用 JOIN 关键字时，语句只表示内连接操作。在使用内连接查询多张表时，必须在 FROM 子句之后定义一个 ON 子句，ON 子句指定内连接操作列出与连接条件匹配的数据行，使用比较运算符比较被连接列的值。简单地说，内连接就是使用 JOIN 指定用于连接的两张表，使用 ON 指定连接表的连接条件。若进一步限制查询范围，则可以直接在后面添加 WHERE 子句。内连接的语法格式如下。

```
SELECT columns_list
FROM table_name1[INNER] JOIN table_name2
ON join_condition;
```

☑ columns_list：字段列表。

☑ table_name1 和 table_name2：两张要实现内连接的表。

☑ join_condition：实现内连接的条件表达式。

【例 4.52】 在 scott 模式下，通过 deptno 字段来内连接 emp 表和 dept 表，并检索这两张表中相关字段的信息，代码及运行结果如下。

```
SQL> select e.empno as 员工编号, e.ename as 员工名称, d.dname as 部门
  2  from emp e inner join dept d
  3  on e.deptno=d.deptno;
```

本例运行结果如图 4.56 所示。

```
SQL> select e.empno as 员工编号, e.ename as 员工名称, d.dname as 部门名称
  2  from emp e,dept d
  3  where e.deptno=d.deptno
  4  and emp.job='MANAGER';
and emp.job='MANAGER'
    *
第 4 行出现错误:
ORA-00904: "EMP"."JOB": 标识符无效
```

图 4.55　关于标识符无效的错误提示

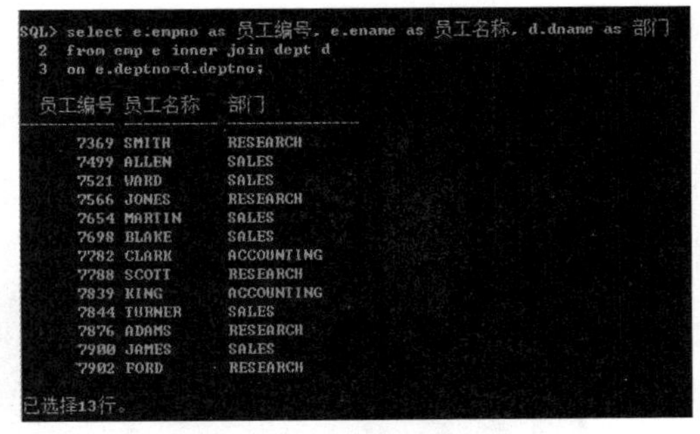

图 4.56　内连接操作

由于上述代码表示内连接操作，所以在 FROM 子句中完全可以省略 INNER 关键字。

3. 外连接

使用内连接进行多表查询时，返回的查询结果中只包含符合查询条件和连接条件的行。内连接消除了与另一张表中的任何行不匹配的行，而外连接扩展了内连接的结果集，除了返回所有匹配的行外，还会返回一部分或全部不匹配的行，这主要取决于外连接的种类。外连接通常有以下 3 种。

☑ 左外连接：关键字为 LEFT OUTER JOIN 或 LEFT JOIN。

☑　右外连接：关键字为 RIGHT OUTER JOIN 或 RIGHT JOIN。

☑　完全外连接：关键字为 FULL OUTER JOIN 或 FULL JOIN。

与内连接不同的是，外连接不只列出与连接条件匹配的行，还能够列出左表（左外连接时）、右表（右外连接时）或两张表（全部外连接时）中所有符合搜索条件的数据行。

1）左外连接

左外连接的查询结果中不仅包含了满足连接条件的数据行，而且还包含左表中不满足连接条件的数据行。

【例 4.53】首先使用 INSERT 语句在 emp 表中插入新记录（注意没有为 deptno 和 dname 列插入值，即它们的值为 NULL），然后实现 emp 表和 dept 表之间通过 deptno 列进行左外连接，具体代码如下。**（实例位置：资源包\TM\sl\4\9）**

```
SQL> insert into emp(empno,ename,job) values(9527,'EAST','SALESMAN');
已创建 1 行。
SQL> select e.empno,e.ename,e.job,d.deptno,d.dname
  2  from emp e left join dept d
  3  on e.deptno=d.deptno;
```

本例运行结果如图 4.57 所示。可以看到，虽然新插入数据行的 deptno 列值为 NULL，但该行记录仍然出现在查询结果中，这说明左外连接的查询结果会包含左表中不满足“连接条件”的数据行。

2）右外连接

同样道理，右外连接的查询结果中不仅包含了满足连接条件的数据行，而且还包含右表中不满足连接条件的数据行。

【例 4.54】在 scott 模式下，实现 emp 表和 dept 表之间通过 deptno 列进行右外连接，具体代码如下。

```
SQL> select e.empno,e.ename,e.job,d.deptno,d.dname
  2  from emp e right join dept d
  3  on e.deptno=d.deptno;
```

本例运行结果如图 4.58 所示。可以看到，虽然部门编号为 40 的部门现在在 emp 表中还没有员工记录，但它却出现在查询结果中，这说明右外连接的查询结果会包含右表中不满足“连接条件”的数据行。

在外连接中也可以使用外连接的连接运算符，外连接的连接运算符为“(+)”，该连接运算符可以放在等号的左边，也可以放在等号的右边，但一定要放在缺少相应信息的那一边，如放在 e.deptno 所在的一方。

```
SQL> select e.empno,e.ename,e.job,d.deptno,d.dname
  2  from emp e left join dept d
  3  on e.deptno=d.deptno;

     EMPNO ENAME      JOB           DEPTNO DNAME
---------- ---------- --------- ---------- --------------
      7839 KING       PRESIDENT         10 ACCOUNTING
      7782 CLARK      MANAGER           10 ACCOUNTING
      7902 FORD       ANALYST           20 RESEARCH
      7876 ADAMS      CLERK             20 RESEARCH
      7788 SCOTT      ANALYST           20 RESEARCH
      7566 JONES      MANAGER           20 RESEARCH
      7369 SMITH      CLERK             20 RESEARCH
      7900 JAMES      CLERK             30 SALES
      7844 TURNER     SALESMAN          30 SALES
      7698 BLAKE      MANAGER           30 SALES
      7654 MARTIN     SALESMAN          30 SALES
      7521 WARD       SALESMAN          30 SALES
      7499 ALLEN      SALESMAN          30 SALES
      9527 EAST       SALESMAN

已选择14行。
```

图 4.57　左外连接

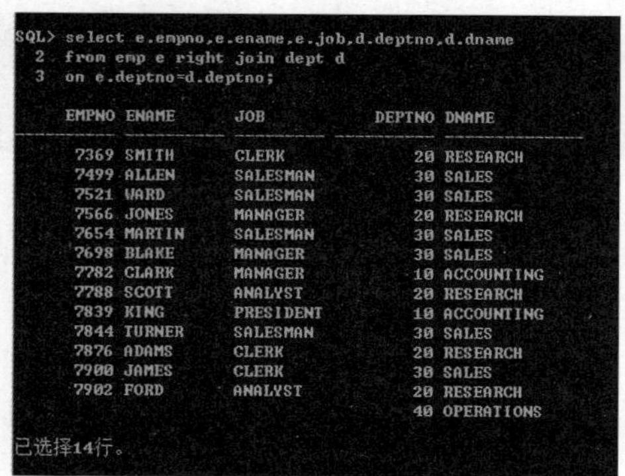

图 4.58　右外连接

注意

当使用“(+)”操作符执行外连接时，应该将该操作符放在显示较少行（完全满足连接条件行）的一端。

上述查询语句还可以这么写，代码如下。

```
SQL> select e.empno,e.ename,e.job,d.deptno,d.dname
  2  from emp e , dept d
  3  where e.deptno(+)=d.deptno;
```

本例运行结果如图 4.59 所示。

使用“(+)”操作符时应注意以下 3 点。

- ☑ 当使用“(+)”操作符执行外连接时，如果在 WHERE 子句中包含多个条件，则必须在所有条件中都包含“(+)”操作符。
- ☑ “(+)”操作符只适用于列，而不能用在表达式上。
- ☑ “(+)”操作符不能与 ON 和 IN 操作符一起使用。

3）完全外连接

在执行完全外连接时，Oracle 会执行一个完整的左外连接和右外连接查询，然后将查询结果合并，并消除重复的记录行。

【例 4.55】 在 scott 模式下，实现 emp 表和 dept 表之间通过 deptno 列进行完全外连接，具体代码如下。**（实例位置：资源包\TM\sl\4\10）**

```
SQL>select e.empno,e.ename,e.job,d.deptno,d.dname
  2  from emp e full join dept d
  3  on e.deptno=d.deptno;
```

本例运行结果如图 4.60 所示。

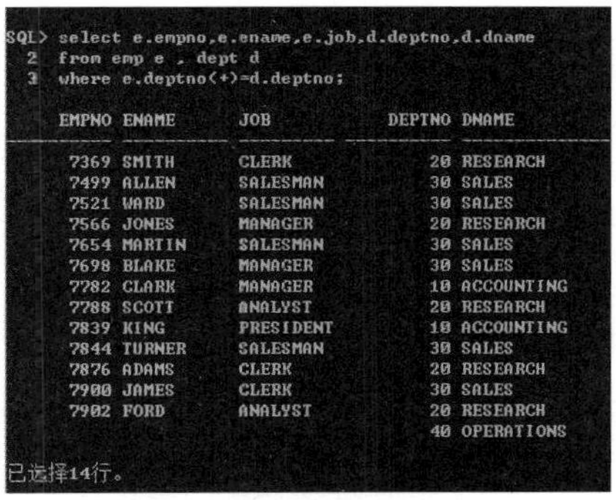

```
SQL> select e.empno,e.ename,e.job,d.deptno,d.dname
  2  from emp e , dept d
  3  where e.deptno(+)=d.deptno;

     EMPNO ENAME      JOB           DEPTNO DNAME
---------- ---------- --------- ---------- --------------
      7369 SMITH      CLERK             20 RESEARCH
      7499 ALLEN      SALESMAN          30 SALES
      7521 WARD       SALESMAN          30 SALES
      7566 JONES      MANAGER           20 RESEARCH
      7654 MARTIN     SALESMAN          30 SALES
      7698 BLAKE      MANAGER           30 SALES
      7782 CLARK      MANAGER           10 ACCOUNTING
      7788 SCOTT      ANALYST           20 RESEARCH
      7839 KING       PRESIDENT         10 ACCOUNTING
      7844 TURNER     SALESMAN          30 SALES
      7876 ADAMS      CLERK             20 RESEARCH
      7900 JAMES      CLERK             30 SALES
      7902 FORD       ANALYST           20 RESEARCH
                                        40 OPERATIONS

已选择14行。
```

图 4.59　使用外连接的连接运算符“(+)”

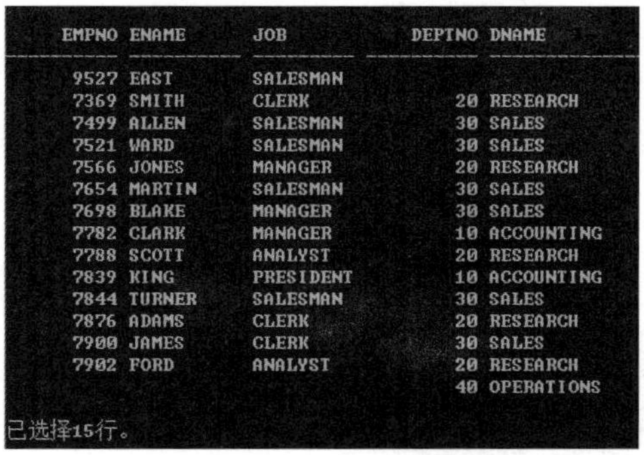

```
     EMPNO ENAME      JOB           DEPTNO DNAME
---------- ---------- --------- ---------- --------------
      9527 EAST       SALESMAN
      7369 SMITH      CLERK             20 RESEARCH
      7499 ALLEN      SALESMAN          30 SALES
      7521 WARD       SALESMAN          30 SALES
      7566 JONES      MANAGER           20 RESEARCH
      7654 MARTIN     SALESMAN          30 SALES
      7698 BLAKE      MANAGER           30 SALES
      7782 CLARK      MANAGER           10 ACCOUNTING
      7788 SCOTT      ANALYST           20 RESEARCH
      7839 KING       PRESIDENT         10 ACCOUNTING
      7844 TURNER     SALESMAN          30 SALES
      7876 ADAMS      CLERK             20 RESEARCH
      7900 JAMES      CLERK             30 SALES
      7902 FORD       ANALYST           20 RESEARCH
                                        40 OPERATIONS

已选择15行。
```

图 4.60　完全外连接

4. 自然连接

自然连接是指在检索多张表时，Oracle 会将第一张表中的列与第二张表中具有相同名称的列进行自动连接。在自然连接中，用户不需要明确指定进行连接的列，这个任务由 Oracle 系统自动完成，自然连接使用 NATURAL JOIN 关键字。

【例 4.56】 在 emp 表中，检索工资（sal 字段）高于 2000 的记录，并实现 emp 表与 dept 表的自然连接，具体代码如下。

```
SQL> select empno,ename,job,dname
  2   from emp natural join dept
  3   where sal > 2000;
```

本例运行结果如图 4.61 所示。

自然连接强制要求表之间具有相同的列名称，容易在设计表时出现不可预知的错误，所以在实际应用系统开发中很少用到自然连接。但这毕竟是一种多表关联查询数据的方式，在某些特定情况下还是有一定的使用价值。另外，需要注意的是，在使用自然连接时，不能为列指定限定词（即表名或表的别名），否则 Oracle 系统会弹出“ORA-25155: NATURAL 连接中使用的列不能有限定词”的错误提示。

5. 自连接

在应用系统开发中，用户可能会拥有“自引用式”的外键。“自引用式”外键是指表中的一个列可以是该表主键的一个外键。

自连接主要用在自参照表上，显示上下级关系或者层次关系。自参照表是指在同一张表的不同列之间具有参照关系或主从关系的表。例如，emp 表包含 empno（员工编号）和 mgr（管理员编号）列，二者之间就具有参照关系。这样，用户就可以通过 mgr 列与 empno 列的关系来实现查询某个管理者所管理的下属员工信息，如图 4.62 所示。

根据 empno 列和 mgr 列的对应关系，可以确定员工 JONES、BLAKE 和 CLARK 的管理者为 KING。为了显示员工及其管理者之间的对应关系，可以使用自连接。因为自连接是在同一张表之间的连接查询，所以必须定义表别名。通过下面的实例，说明使用自连接的方法。

【例 4.57】在 scott 模式下，查询所有管理者所管理的下属员工信息，具体代码如下。

```
SQL> select em2.ename 上层管理者,em1.ename as 下属员工
  2   from emp em1 left join emp em2
  3   on em1.mgr=em2.empno
  4   order by em1.mgr;
```

本例运行结果如图 4.63 所示。

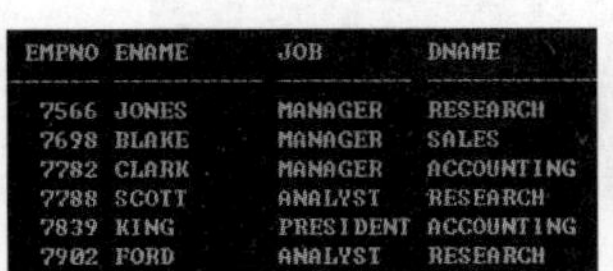

EMPNO	ENAME	JOB	DNAME
7566	JONES	MANAGER	RESEARCH
7698	BLAKE	MANAGER	SALES
7782	CLARK	MANAGER	ACCOUNTING
7788	SCOTT	ANALYST	RESEARCH
7839	KING	PRESIDENT	ACCOUNTING
7902	FORD	ANALYST	RESEARCH

图 4.61　自然连接

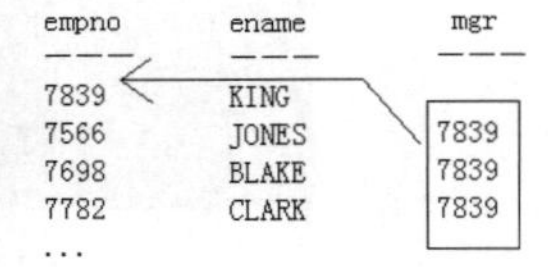

图 4.62　empno 列和 mgr 列的关系

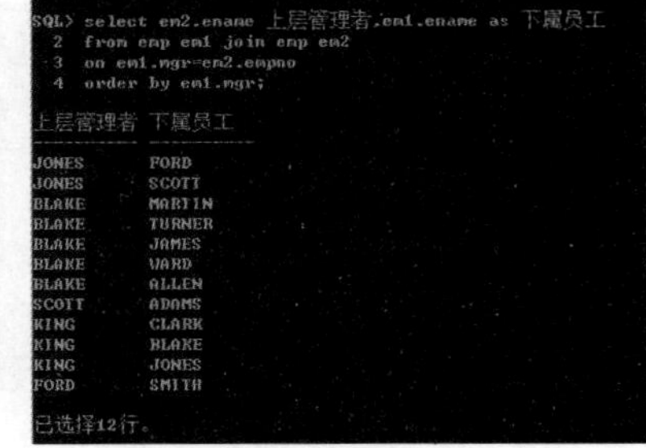

```
SQL> select em2.ename 上层管理者,em1.ename as 下属员工
  2  from emp em1 join emp em2
  3  on em1.mgr=em2.empno
  4  order by em1.mgr;

上层管理者 下属员工
---------- ----------
JONES      FORD
JONES      SCOTT
BLAKE      MARTIN
BLAKE      TURNER
BLAKE      JAMES
BLAKE      WARD
BLAKE      ALLEN
SCOTT      ADAMS
KING       CLARK
KING       BLAKE
KING       JONES
FORD       SMITH

已选择12行。
```

图 4.63　自连接

6. 交叉连接

交叉连接实际上就是不需要任何连接条件的连接，它使用 CROSS JOIN 关键字来实现，其语法格式如下。

```
SELECT colums_list
```

```
FROM table_name1 CROSS JOIN table_name2
```

☑ colums_list：字段列表。

☑ table_name1 和 table_name2：两张实现交叉连接的表。

交叉连接的执行结果是一个笛卡儿积，这种查询结果是非常冗余的，但可以通过 WHERE 子句来过滤出有用的记录信息。

【例 4.58】在 scott 模式下，通过交叉连接 dept 表和 emp 表，计算出查询结果的行数，具体代码如下。

```
SQL> select count(*)
  2  from dept cross join emp;
```

本例运行结果如图 4.64 所示。

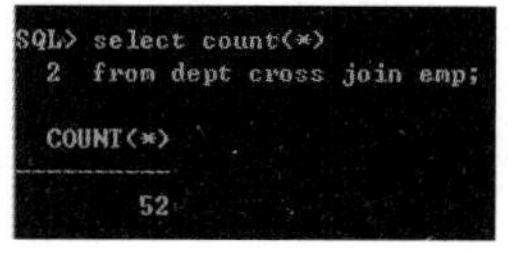
```
SQL> select count(*)
  2  from dept cross join emp;

 COUNT(*)
---------
       52
```

图 4.64　交叉连接

4.4　Oracle 常用系统函数

SQL 语言是一种脚本语言，它提供了大量内置函数，使用这些内置函数可以大大增强 SQL 语言的运算和判断功能。本节将对 Oracle 中的一些常用函数进行介绍，如字符类函数、数字类函数、日期和时间类函数、转换类函数、聚集类函数等。

4.4.1　字符类函数

字符类函数是专门用于字符处理的函数，处理的对象可以是字符或字符串常量，也可以是字符类型的列，常用的字符类函数有如下几种。

1. ASCII(c)函数和 CHR(i)函数

ASCII(c)函数用于返回一个字符的 ASCII 码，其中参数 c 表示一个字符；CHR(i)函数用于返回给出 ASCII 码值所对应的字符，i 表示一个 ASCII 码值。从这两个函数的功能中可以看出，它们二者之间具有互逆的关系。

【例 4.59】分别求得字符“Z、H、D 和空格”的 ASCII 值，具体代码如下。

```
SQL> select ascii('Z') Z,ascii('H') H,ascii('D') D ,ascii(' ') space
  2  from dual;
```

本例运行结果如图 4.65 所示。

说明

dual 是 Oracle 系统内部提供的一个用于实现临时数据计算的特殊表，它只有一个列 dummy，类型为 VARCHAR2(1)，后续相关内容若用到，将不再重复。

【例 4.60】对于例 4.59 中求得的 ASCII 值，使用 CHR()函数再返回其对应的字符，如图 4.66 所示。具体代码如下。

```
SQL> select   chr(90),chr(72),chr(68),(32) S from dual;
```

本例运行结果如图 4.66 所示。

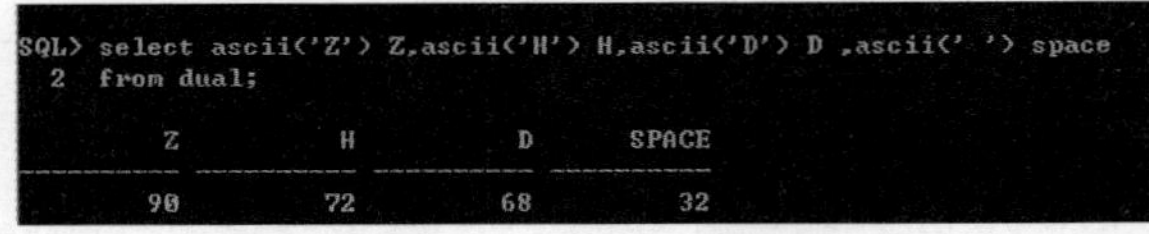

图 4.65　ASCII(c)函数

```
SQL> select   chr(90),chr(72),chr(68),(32) S from dual;

C C C          S
- - - ----------
Z H D         32
```

图 4.66　CHR(i)函数

2. CONCAT(s1,s2)函数

CONCAT(s1,s2)函数将字符串 s2 连接到字符串 s1 的后面，如果 s1 为 NULL，则返回 s2；如果 s2 为 NULL，则返回 s1；如果 s1 和 s2 都为空，则返回 NULL。

【例 4.61】 使用 CONCAT()函数连接 Hello 和 World 两个字符串，具体代码及运行结果如下。

```
SQL> select concat('Hello ','World!') information   from dual;
INFORMATION
-------------------
Hello World!
```

3. INITCAP(s)函数

INITCAP(s)函数将字符串 s 的每个单词的第一个字母大写，其他字母小写。单词之间用空格、控制字符、标点符号来区分。

【例 4.62】 使用 INITCAP()函数转换字符串 oh my god！的输出，具体代码及运行结果如下。

```
SQL> select initcap('oh my god！ ') information from dual;
INFORMATION
------------------
oh my god！
```

4. INSTR(s1,s2[,i][,j])函数

INSTR(s1,s2[,i][,j])函数用于返回字符 s2 在字符串 s1 中第 j 次出现时的位置，搜索从字符串 s1 的第 i 个字符开始。当没有发现要查找的字符时，该函数返回值为 0；如果 i 为负数，那么搜索将从右到左进行，但函数的返回位置还是按从左到右来计算。其中，s1 和 s2 均为字符串；i 和 j 均为整数，默认值为 1。

【例 4.63】 在字符串 oracle 19c 中，从第三个字符开始查询字符串“c”第二次出现的位置，具体代码及运行结果如下。

```
SQL> select instr('oracle 19c ','c',3,2) abc from dual;
       ABC
---------------
          10
```

5. LENGTH(s)函数

LENGTH(s)函数用于返回字符串 s 的长度，如果 s 为 NULL，则返回值为 NULL。

【例 4.64】在 scott 模式下，通过使用 LENGTH()函数返回员工名称长度大于 5 的员工信息及所在部门信息，具体代码如下。

```
SQL> select e.empno,e.ename,d.dname
  from emp e inner join dept d
  on e.deptno = d.deptno
  where length(e.ename) > 5;
```

本例运行结果如图 4.67 所示。

6. LOWER(s)函数和 UPPER(s)函数

LOWER(s)函数和 UPPER(s)函数分别用于返回字符串 s 的小写形式和大写形式，这两个函数经常出现在 WHERE 子句中。

【例 4.65】在 emp 表中检索员工名称以字母 A 开头的员工信息，并将 ename 字段的值转换为小写，具体代码如下。**（实例位置：资源包\TM\sl\4\11）**

```
SQL> select empno,lower(ename) from emp where ename like 'A%';
```

本例运行结果如图 4.68 所示。

图 4.67　员工名称长度大于 5 的员工信息

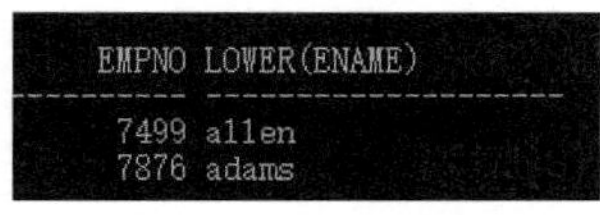

图 4.68　大小写转换

7. LTRIM(s1,s2)函数、RTRIM(s1,s2)函数和 TRIM(s1,s2)函数

LTRIM(s1,s2)函数、RTRIM(s1,s2)函数和 TRIM(s1,s2)函数分别用来删除字符串 s1 左边的字符串 s2、删除字符串 s1 右边的字符串 s2、删除字符串 s1 左右两端的字符串 s2。如果在这 3 个函数中不指定字符串 s2，则表示去除相应方位的空格。

【例 4.66】使用 ltrim()、rtrim()和 trim()函数分别去掉字符串“####East####”“East”和“####East###”中左侧的“#”、右侧的空格和左右两侧的“#”，具体代码及运行结果如下。

```
SQL> select ltrim('####East####','#'),rtrim('East       '),trim('#' from '####East###') from dual;
LTRIM('#        RTRI      TRIM
-------------   -------   ----
East####        East      East
```

8. REPLACE(s1,s2[,s3])函数

REPLACE(s1,s2[,s3])函数使用 s3 字符串替换出现在 s1 字符串中的所有 s2 字符串，并返回替换后的新字符串，其中，s3 的默认值为空字符串。

【例 4.67】使用 REPLACE()函数把字符串 Bad Luck Bad Gril 中的 Bad 字符串替换为 Good，具体代码及运行结果如下。

```
SQL> select replace('Bad Luck Bad Gril','Bad','Good') from dual;
REPLACE('BADLUCKBAD
---------------------------------
Good Luck Good Gril
```

9. SUBSTR(s,i,[j])函数

SUBSTR(s,i,[j])函数表示从字符串 s 的第 i 个位置开始截取长度为 j 的子字符串。如果省略参数 j，则直接截取到尾部。其中，i 和 j 为整数。

【例 4.68】使用 SUBSTR()函数在字符串 MessageBox 中从第 8 个位置截取长度为 3 的子字符串，具体代码及运行结果如下。

```
SQL> select substr('MessageBox',8,3) from dual;
SUB
------
Box
```

4.4.2 数字类函数

数字类函数主要用于执行各种数据计算，所有的数字类函数都有数字参数并返回数字值。Oracle 系统提供了大量的数字类函数，这些函数大大增强了 Oracle 系统的科学计算能力。下面就列出 Oracle 系统中常见的数字类函数，如表 4.6 所示。

表 4.6　数字类函数及其说明

数字类函数	说　明
ABS(n)	返回 n 的绝对值
CEIL(n)	返回大于或等于数值 n 的最小整数
COS(n)	返回 n 的余弦值，n 为弧度
EXP(n)	返回 e 的 n 次幂，e=2.71828183
FLOOR(n)	返回小于或等于 n 的最大整数
LOG(n1,n2)	返回以 n1 为底 n2 的对数
MOD(n1,n2)	返回 n1 除以 n2 的余数
POWER(n1,n2)	返回 n1 的 n2 次方
ROUND(n1,n2)	返回舍入小数点右边 n2 位的 n1 的值，n2 的默认值为 0，会返回小数最接近的整数。如果 n2 为负数，就舍入到小数点左边相应的位上，n2 必须是整数
sign(n)	若 n 为负数，则返回-1；若 n 为正数，则返回 1；若 n=0，则返回 0
sin(n)	返回 n 的正弦值，n 为弧度
sqrt(n)	返回 n 的平方根
trunc(n1,n2)	返回截尾到 n2 位小数的 n1 的值，n2 默认设置为 0。当 n2 为默认设置时，会将 n1 截尾为整数；如果 n2 为负值，就截尾在小数点左边相应的位上

在表 4.6 中列举了若干三角函数，这些三角函数的操作数和返回值都是弧度，而不是角度，这一点需要读者注意。接下来，对表 4.6 中常用的几个函数进行举例说明。

1. CEIL(n)函数

CEIL(n)函数用于返回大于或等于数值 n 的最小整数，适合于一些比较运算。

【例 4.69】使用 CEIL()函数返回 3 个指定小数的整数值，具体代码及运行结果如下。

```
SQL> select ceil(7.3),ceil(7),ceil(-7.3) from dual;
 CEIL(7.3)          CEIL(7)            CEIL(-7.3)
---------------     ---------          ----------
          8              7                  -7
```

2. ROUND(n1,n2)函数

ROUND(n1,n2)函数用于返回舍入小数点右边 n2 位的 n1 的值，n2 的默认值为 0，会返回小数点最接近的整数。如果 n2 为负数，就舍入到小数点左边相应的位上，n2 必须是整数。

【例 4.70】使用 ROUND()函数返回 π（3.1415926）为两位小数时的值，具体代码及运行结果如下。

```
SQL> select round(3.1415926,2) from dual;
ROUND(3.1415926,2)
------------------------
                 3.14
```

3. POWER(n1,n2)函数

POWER(n1,n2)函数用于返回 n1 的 n2 次方。其中 n1 和 n2 都为整数。

【例 4.71】使用 POWER()函数计算 2 的 3 次方的值，具体代码及运行结果如下。

```
SQL> select power(2,3) from dual;
POWER(2,3)
---------------
          8
```

4.4.3　日期和时间类函数

在 Oracle 中，系统提供了许多用于处理日期和时间的函数，通过这些函数可以实现计算需要的特定日期和时间。常用的日期和时间类函数及其说明如表 4.7 所示。

表 4.7　日期和时间类函数

日期和时间类函数	说　明
ADD_MONTHS(d,i)	返回日期 d 加上 i 个月之后的结果。其中，i 为任意整数
LAST_DAY(d)	返回包含日期 d 月份的最后一天
MONTHS_BETWEEN(d1,d2)	返回 d1 和 d2 之间的数目。若 d1 和 d2 的日期都相同，或者都是该月的最后一天，则返回一个整数，否则返回的结果将包含一个小数
NEW_TIME(d1,t1,t2)	其中，d1 是一个日期数据类型，当时区 t1 中的日期和时间是 d1 时，返回时区 t2 中的日期和时间。t1 和 t2 是字符串
SYSDATE()	返回系统当前的日期

日期类型的默认格式是“DD-MON-YY”，其中 DD 表示两位数字的“日”，MON 表示 3 位数字的“月份”，YY 表示两位数字的“年份”，例如“01-10 月-11”表示 2011 年 10 月 1 日。下面看几个常用函数的具体应用。

1. SYSDATE()函数

SYSDATE()函数用于返回系统当前的日期。

【例 4.72】使用 SYSDATE()函数返回系统当前的日期，具体代码及运行结果如下。

```
SQL> select sysdate as 系统日期 from dual;
系统日期
--------------
20-4 月 -19
```

2. ADD_MONTHS(d,i)函数

ADD_MONTHS(d,i)函数用于返回日期 d 加上 i 个月之后的结果。其中，i 为任意整数。

【例 4.73】使用 ADD_MONTHS()函数在当前日期下加上 6 个月，并显示其值，具体代码及运行结果如下。

```
SQL> select ADD_MONTHS(sysdate,6) from dual;
ADD_MONTHS(SYS
---------------------------
20-10 月 -19
```

4.4.4 转换类函数

在操作表中的数据时，经常需要将某个数据从一种类型转换为另一种数据类型，这时就需要使用转换类函数。例如，将特定格式的字符串转换为日期、将数字转换成字符等。常用的转换类函数及其说明如表 4.8 所示。

表 4.8 转换类函数及其说明

转换类函数	说　明
CHARTORWIDA(s)	该函数将字符串 s 转换为 RWID 数据类型
CONVERT(s,aset[,bset])	该函数将字符串 s 由 bset 字符集转换为 aset 字符集
ROWIDTOCHAR()	该函数将 ROWID 数据类型转换为 CHAR 类型
TO_CHAR(x[,format])	该函数实现将表达式转换为字符串，format 表示字符串格式
TO_DATE(s[,format[lan]])	该函数将字符串 s 转换成 DATE 类型，format 表示字符串格式，lan 表示所使用的语言
TO_NUMBER(s[,format[lan]])	该函数将返回字符串 s 代表的数字，返回值按照 format 格式进行显示，format 表示字符串格式，lan 表示所使用的语言

下面来看几个常用转换函数的具体应用。

1. TO_CHAR()函数

TO_CHAR()函数用于将表达式转换为字符串，format 表示字符串格式。

【例 4.74】使用 TO_CHAR()函数转换系统日期为“YYYY-MM-DD”格式，具体代码及运行结果如下。**（实例位置：资源包\TM\sl\4\12）**

```
SQL> select sysdate as 默认格式日期, to_char(sysdate,'YYYY-MM-DD') as 转换后日期
 from dual;
```

```
默认格式日期        转换后日期
-----------------   ----------
20-4 月 -19         2019-04-20
```

2. TO_NUMBER(s[,format[lan]])函数

TO_NUMBER(s[,format[lan]])函数用于返回字符串 s 代表的数字，返回值按照 format 格式进行显示，format 表示字符串格式，lan 表示所使用的语言。

【例 4.75】使用 TO_NUMBER()函数把十六进制数 18f 转换为十进制数，具体代码及运行结果如下。

```
SQL> select to_number('18f','xxx') as 十进制数 from dual;
  十进制数
--------------
         399
```

4.4.5 聚集函数

使用聚集函数可以针对一组数据进行计算，并得到相应的结果。例如，常用的操作有计算平均值、统计记录数、计算最大值等。Oracle 提供的主要聚集函数及其说明如表 4.9 所示。

表 4.9　聚集函数及其说明

聚 集 函 数	说　　明
AVG(x[DISTINCT|ALL])	计算选择列表项的平均值，列表项目可以是一个列或多个列的表达式
COUNT(x[DISTINCT|ALL])	返回查询结果中的记录数
MAX(x[DISTINCT|ALL])	返回选择列表项目中的最大数，列表项目可以是一个列或多个列的表达式
MIN(x[DISTINCT|ALL])	返回选择列表项目中的最小数，列表项目可以是一个列或多个列的表达式
SUM(x[DISTINCT|ALL])	返回选择列表项目的数值总和，列表项目可以是一个列或多个列的表达式
VARIANCE(x[DISTINCT|ALL])	返回选择列表项目的统计方差，列表项目可以是一个列或多个列的表达式
STDDEV(x[DISTINCT|ALL])	返回选择列表项目的标准偏差，列表项目可以是一个列或多个列的表达式

在实际的应用系统开发中，聚集函数应用比较广泛，如统计平均值、记录总数等。

【例 4.76】在 scott 模式下，使用 COUNT()函数计算员工总数，使用 AVG()函数计算平均工资，具体代码及运行结果如下。

```
SQL> select count(empno) as 员工总数,round(avg(sal),2) as 平均工资 from emp;
  员工总数          平均工资
---------------     ----------
           14       2073.21
```

4.5　子查询的用法

在执行数据操作（包括查询、添加、修改和删除等）的过程中，如果某个操作需要依赖于另一个

SELECT 语句的查询结果，那么可以把 SELECT 语句嵌入该操作语句中，从而形成一个子查询。实际上，在关系型数据库中，各表之间的数据关系非常密切，它们相互关联，相互依存，根据数据之间的关系使用相应的子查询，就可以实现复杂的查询操作。

4.5.1　什么是子查询

子查询是在SQL语句内的另一条SELECT语句，也被称为内查询或是内SELECT语句。在SELECT、INSERT、UPDATE 或 DELETE 命令中允许是一个表达式的地方都可以包含子查询，子查询甚至可以包含在另一个子查询中。

【例 4.77】在 scott 模式下，在 emp 表中查询部门名称（dname）为 RESEARCH 的员工信息，具体代码如下。**（实例位置：资源包\TM\sl\4\13）**

```
SQL> select empno,ename,job from emp
where deptno=(select deptno from dept
where dname='RESEARCH');
```

本例运行结果如图 4.69 所示。对上述代码进行分析，原本在 emp 表中是不存在 dname 字段（部门名称）的，但 emp 表中存在 deptno 字段（部门代码）；dname 字段原本存在于 dept 表中，并且 deptno 字段也存在于 dept 表中，所以 deptno 为两张表之间的关联字段。例 4.77 也可以通过多表关联查询来实现，即使用如下代码来替换上述代码。

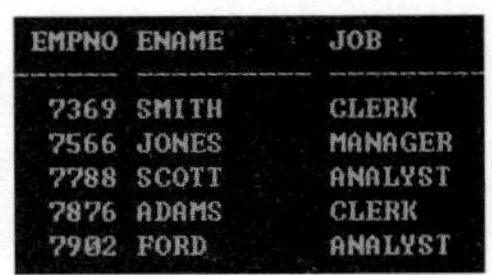

EMPNO	ENAME	JOB
7369	SMITH	CLERK
7566	JONES	MANAGER
7788	SCOTT	ANALYST
7876	ADAMS	CLERK
7902	FORD	ANALYST

图 4.69　子查询

```
SQL> select empno,ename,job
from emp join dept on emp.deptno=dept.deptno
where dept.dname = 'RESEARCH';
```

从上述两段代码中可以看出，相比多表关联查询，子查询的使用更加灵活、功能更强大，而且更容易理解，但是多表关联查询也有它自身的优点。例如，它的查询效率要高于子查询。

在执行子查询操作的语句中，子查询也被称为内查询，包含子查询的查询语句也被称为外查询或主查询。在例 4.77 的代码中，下面的语句就是子查询。

```
select deptno from dept
where dname='RESEARCH'
```

那么，外查询语句就是如下形式。

```
select empno,ename,job from emp
where deptno=
```

在一般情况下，外查询语句检索一行，子查询语句需要检索一遍数据，然后判断外查询语句的条件是否满足。如果条件满足，则外查询语句将检索到的数据行添加到结果集中；如果条件不满足，则外查询语句继续检索下一行数据。所以子查询相对多表关联查询要慢一些。

另外，在使用子查询时，还应注意以下规则。

☑　子查询必须用括号“()”括起来。

☑　子查询中不能包括 ORDER BY 子句。

☑　子查询允许嵌套多层，但不能超过 255 层。

在 Oracle 中，通常把子查询再细化为单行子查询、多行子查询和关联子查询 3 种，下面对这些子查询进行详细讲解。

4.5.2　单行子查询

单行子查询是指返回一行数据的子查询语句。当在 WHERE 子句中引用单行子查询时，可以使用单行比较运算符（=、>、<、>=、<=和< >）。

【例 4.78】在 emp 表中，查询出既不是最高工资，也不是最低工资的员工信息，具体代码如下。

```
SQL> select empno,ename,sal from emp
where sal > (select min(sal) from emp)
and sal < (select max(sal) from emp);
```

本例运行结果如图 4.70 所示。在上述语句中，如果内层子查询语句的执行结果为空值，那么外层的 WHERE 子句就始终不会满足条件，这样该查询的结果就必然为空值，因为空值无法参与比较运算。

在执行单行子查询时，要注意子查询的返回结果必须是一行数据，否则 Oracle 系统会提示无法执行。另外，子查询中也不能包含 ORDER BY 子句，如果非要对数据进行排序的话，那么只能在外查询语句中使用 ORDER BY 子句。

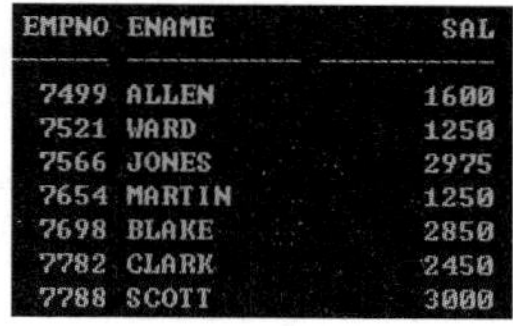

EMPNO	ENAME	SAL
7499	ALLEN	1600
7521	WARD	1250
7566	JONES	2975
7654	MARTIN	1250
7698	BLAKE	2850
7782	CLARK	2450
7788	SCOTT	3000

图 4.70　单行子查询

4.5.3　多行子查询

多行子查询是指返回多行数据的子查询语句。当在 WHERE 子句中使用多行子查询时，必须使用多行比较符（IN、ANY、ALL）。

1. 使用 IN 运算符

当在多行子查询中使用 IN 运算符时，外查询会尝试与子查询结果中的任何一个结果进行匹配，只要有一个匹配成功，则外查询返回当前检索的记录。

【例 4.79】在 emp 表中，查询不是销售部门（SALES）的员工信息，具体代码如下。

```
SQL> select empno,ename,job
from emp where deptno in
(select deptno from dept where dname<>'SALES');
```

本例运行结果如图 4.71 所示。

2. 使用 ANY 运算符

ANY 运算符必须与单行操作符结合使用，并且返回行只要匹配子查询的任何一个结果即可。

【例 4.80】在 emp 表中，查询工资高于 10 号部门的任意一个员工工资的其他部门的员工信息，具体代码如下。

```
SQL> select deptno,ename,sal from emp where sal > any
(select sal from emp where deptno = 10) and deptno <> 10;
```

本例运行结果如图 4.72 所示。

3. 使用 ALL 运算符

ALL 运算符必须与单行运算符结合使用，并且返回行必须匹配所有子查询结果。

【例 4.81】在 emp 表中，查询工资高于部门编号为 30 的所有员工工资的员工信息，具体代码如下。

```
SQL> select deptno,ename,sal from emp where sal > all
  2  (select sal from emp where deptno = 30);
```

本例运行结果如图 4.73 所示。

EMPNO	ENAME	JOB
7369	SMITH	CLERK
7566	JONES	MANAGER
7782	CLARK	MANAGER
7788	SCOTT	ANALYST

图 4.71　IN 运算符

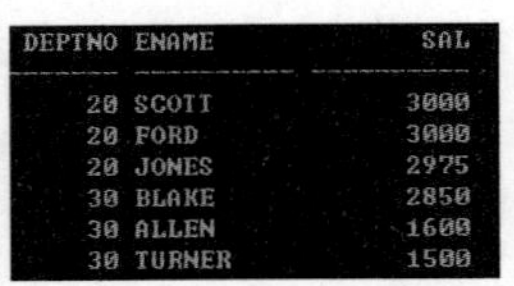

DEPTNO	ENAME	SAL
20	SCOTT	3000
20	FORD	3000
20	JONES	2975
30	BLAKE	2850
30	ALLEN	1600
30	TURNER	1500

图 4.72　ANY 运算符

DEPTNO	ENAME	SAL
20	JONES	2975
20	FORD	3000
20	SCOTT	3000
10	KING	5000

图 4.73　ALL 运算符

4.5.4　关联子查询

在单行子查询和多行子查询中，内查询和外查询是分开执行的，也就是说，内查询的执行与外查询的执行是没有关系的，外查询仅仅是使用内查询的最终结果。在一些特殊需求的子查询中，内查询的执行需要借助于外查询，而外查询的执行又离不开内查询的执行，这时，内查询和外查询是相互关联的，这种子查询就被称为关联子查询。

【例 4.82】在 emp 表中，使用“关联子查询”检索工资高于同职位的平均工资的员工信息，具体代码如下。**（实例位置：资源包\TM\sl\4\14）**

```
SQL> select empno,ename,sal
  2  from emp f
  3  where sal > (select avg(sal) from emp where job = f.job)
  4  order by job;
```

本例运行结果如图 4.74 所示。

在上述查询语句中，内层查询使用关联子查询计算每个职位的平均工资，而关联子查询必须知道职位的名称。为此，外层查询就使用 f.job 字段值为内层查询提供职位名称，以便于计算出某个职位的平均工资。如果外层查询正在检索的数据行的工资高于平均工资，则会对该行的员工信息进行显示；否则不显示。

EMPNO	ENAME	SAL
7934	MILLER	1300
7876	ADAMS	1100
7566	JONES	2975
7698	BLAKE	2850
7499	ALLEN	1600
7844	TURNER	1500

图 4.74　关联子查询

注意

在执行关联子查询的过程中，必须遍历数据表中的每条记录，因此如果被遍历的数据表中有大量数据记录，则关联子查询的执行速度会比较缓慢。

需要补充一点的是，关联子查询不但可以作为 SELECT 语句的子查询，也可以作为 INSERT、UPDATE 或 DELETE 语句的关联子查询，关于在这 3 种语句中实现关联子查询的操作，将会在 4.6 节的“操作数据库”中详细讲解。

互动练习：EXISTS 子查询实现两表交集。

4.6　操作数据库

使用 SQL 语句操作数据库，除了查询操作之外，还包括完成插入、删除和更新等数据操作。后 3 种数据操作使用的 SQL 语言，也称为数据操纵语言（Data Manipulation Language，DML），它们分别对应 INSERT、DELETE 和 UPDATE 这 3 种语句。在 Oracle 中，DML 除了包括上述提到的 3 种语句之外，还包括 TRUNCATE、CALL、LOCKTABLE 和 MERGE 等语句。本节主要对 INSERT、UPDATE、DELETE、TRUNCATE 常用的 DML 语句进行介绍。

4.6.1　插入数据（INSERT 语句）

插入数据就是将数据记录添加到已经存在的数据表中，Oracle 数据库通过 INSERT 语句来实现插入数据记录。该语句既可以实现向数据表中一次插入一条记录，也可以使用 SELECT 子句将查询结果集批量插入数据表中。

使用 INSERT 语句有以下注意事项。

☑　当为数字列增加数据时，可以直接提供数字值，或者用单引号引住。

☑　当为字符列或日期列增加数据时，必须用单引号引住。

☑　当增加数据时，数据必须要满足约束规则，并且必须为主键列和 NOT NULL 列提供数据。

☑　当增加数据时，数据必须与列的个数和顺序保持一致。

1. 单条插入数据

单条插入数据是 INSERT 语句最基本的用法，其语法格式如下。

```
INSERT INTO table_name [(column_name1[,column_name2]…)]
VALUES(express1[,express2]…)
```

☑　table_name：表示要插入的表名。

☑　column_name1 和 column_name2：指定表的完全或部分列名称。如果指定多个列，那么列之间用逗号分开。

☑　express1 和 express2：表示要插入的值列表。

当使用 INSERT 语句插入数据时，既可以指定列，也可以不指定列。如果不指定列，那么在 VALUES 子句中必须为每一列提供数据，并且数据顺序必须与列表顺序完全一致；如果指定列，则只需要为相应列提供数据。下面同时以实例来说明增加单行数据的方法。

1）指定列增加数据

在 INSERT 语句的几种使用方式中，最常用的形式是在 INSERT INTO 子句中指定添加数据的列，并在 VALUES 子句中为每列提供一个值。

【例 4.83】在 dept 表中，使用 INSERT 语句添加一条记录，具体代码及运行结果如下。

```
SQL> insert into dept(deptno,dname,loc)
  2  values(88,'design','beijing');
已创建 1 行。
```

在上述示例中，INSERT INTO 子句中指定添加数据的列，既可以是数据表的全部列，也可以是部分列。在指定部分列时，需要注意不许为空（NOT NULL）的列必须被指定出来，并且在 VALUES 子句中的对应赋值也不许为 NULL，否则系统显示“无法将 NULL 插入”的错误信息提示。例如，修改上述例子，在 INSERT INTO 子句中不指定 deptno 列（通过 desc dept 命令可以看到该列是 NOT NULL 的），将出现如图 4.75 所示的错误提示。

说明

在使用 INSERT INTO 子句指定为表的部分列添加数据时，可以使用 DESC 命令查看数据表中的哪些列不许为空。对于可以为空的列，用户可以不指定其值。

2）不指定列增加数据

在向表的所有列中添加数据时，也可以省略 INSERT INTO 子句后面的列表清单，使用这种方法时，必须根据表中定义的列的顺序，为所有的列提供数据。用户可以使用 DESC 命令来查看表中定义列的顺序。

【例 4.84】在 Oracle 19c 中，还有一个比较常用的用户模式，就是 hr 模式。首次连接 hr 用户，需要解锁，然后修改 hr 用户的密码，这样就可以连接 hr 用户模式，命令及运行结果如下。

```
SQL> alter user hr account unlock;
用户已更改。
SQL> alter user hr identified by hr;
用户已更改。
```

在 hr 模式下，使用 DESC 命令查看 jobs 表的结构和列的定义顺序，然后使用 INSERT 语句插入一条记录，具体代码及运行结果如下。

```
SQL> connect hr/hr
已连接。
SQL> desc jobs;
 名称                                       是否为空?     类型
 ----------------------------------------- --------     -------------
 JOB_ID                                     NOT NULL     VARCHAR2(10)
 JOB_TITLE                                  NOT NULL     VARCHAR2(35)
 MIN_SALARY                                              NUMBER(6)
 MAX_SALARY                                              NUMBER(6)
SQL> insert into jobs values('PRO','程序员',5000,10000);
已创建 1 行。
```

数据库工程师在设计数据表时，为了保证数据的完整性和唯一性，除了需要设置某些列不许为空的约束条件外，还会设置其他一些约束条件。例如，在 jobs 表中，为了保证表中每条记录的唯一性，为 job_id 列定义了主键约束条件，这就要求该列的值不允许重复，对于上述示例代码，再次尝试运行，将出现如图 4.76 所示的错误提示。

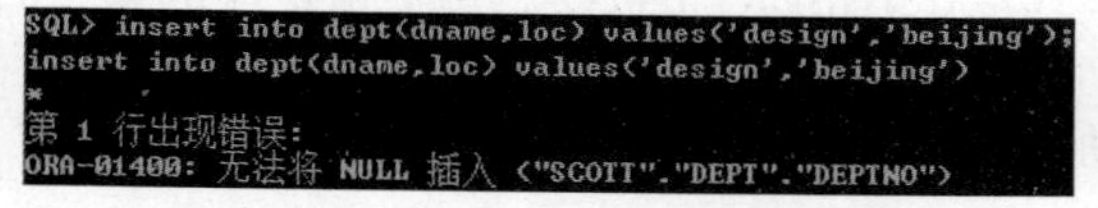

图 4.75 “无法将 NULL 插入”的错误提示

图 4.76 主键重复的错误提示

上述这种情况的解决办法就是必须重新换一个与现有 job_id 的值不重复的值。

3）使用特定格式插入日期值

当增加日期数据时，默认情况下日期值必须匹配于日期格式和日期语言，否则在插入数据时会增加错误信息。如果希望使用习惯方式插入日期数据，那么必须使用 TO_DATE 函数进行转换。

【例 4.85】使用特定格式插入日期值，具体代码及运行结果如下。

```
SQL> insert into emp (empno,ename,job,hiredate)
  2  values(1356, 'MARY','CLERK',
  3  tc_date('1983-10-20', 'YYYY-MM-DD'));
已创建 1 行。
```

4）使用 DEFAULT 提供数据

从 Oracle Database 9i 开始，当增加数据时，可以使用 DEFAULT 提供数值。当指定 DEFAULT 时，如果列存在默认值，则会使用其默认值；如果列不存在默认值，则自动使用 NULL。

【例 4.86】使用 DEFAULT 提供数据，具体代码如下。

```
SQL> insert into dept values(60, 'MARKET',DEFAULT);
SQL> select * from dept where deptno = 60;
```

运行结果如图 4.77 所示。

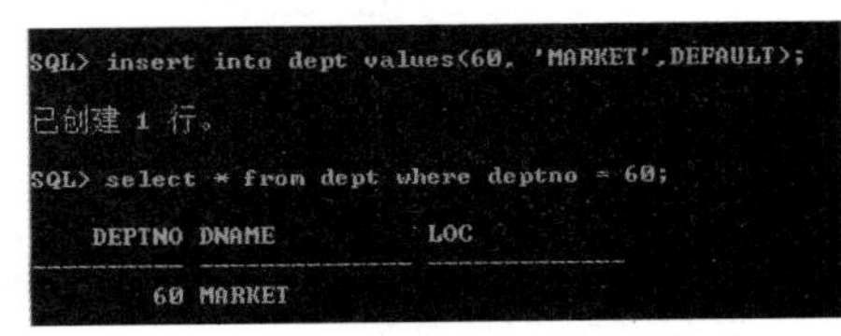

图 4.77　使用 DEFAULT 提供数据

5）使用替代变量插入数据

如果经常需要给某表插入数据，那么为了避免输入错误，可以将 INSERT 语句放到 SQL 脚本中，并使用替代变量为表插入数据。如果经常需要为 emp 表插入数据，那么为了避免输入错误，可以使用 SQL 脚本插入数据。脚本 loademp.sql 及运行实例如下。

【例 4.87】编写脚本文件 loademp.sql，使用此脚本插入数据，具体代码如下。

（1）首先编写脚本文件 loademp.sql，代码如下。

```
accept no prompt '请输入员工编号：'
accept name prompt '请输入员工名称：'
accept title prompt '请输入员工岗位：'
accept d_no prompt '请输入部门编号：'
INSERT INTO emp (empno,ename,job,hiredate,deptno)
values(&no,'&name','&title',SYSDATE,&d_no);
```

脚本文件如图 4.78 所示。

（2）然后利用此脚本文件进行数据插入，代码如下。

```
SQL> @c:\loademp
```

运行结果如图 4.79 所示。

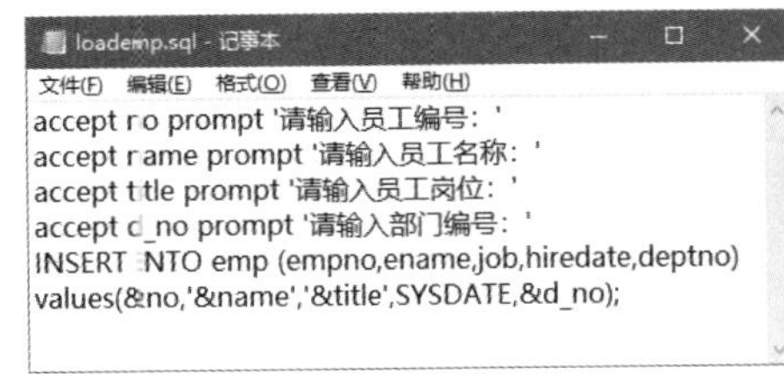

图 4.78　编写脚本文件 loademp.sql

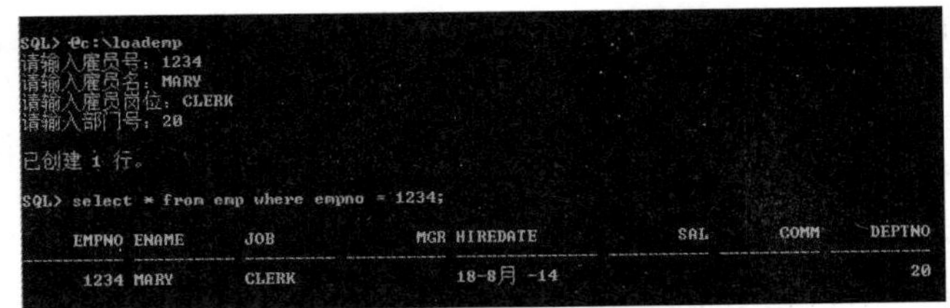

图 4.79　利用脚本文件插入数据

2. 批量插入数据

INSERT 语句还可以一次性向表中添加一组数据，也就是批量插入数据。用户可以使用 SELECT 语句替换掉原来的 VALUES 子句，这样由 SELECT 语句提供添加的数值。其语法格式如下。

```
INSERT INTO table_name [(column_name1[,column_name2]...)] selectSubquery
```

- ☑ table_name：表示要插入的表名称。
- ☑ column_name1 和 column_name2：表示指定的列名。
- ☑ selectSubquery：任何合法的 SELECT 语句，其所选列的个数和类型要与语句中的 column 对应。

【例 4.88】 在 hr 模式下，创建一个与 jobs 表结构类似的表 jobs_temp，然后将 jobs 表中最高工资额（max_salary）大于 10000 的记录插入新表 jobs_temp 中，具体代码及运行结果如下。**（实例位置：资源包\TM\sl\4\15）**

```
SQL>   create table jobs_temp(
  2  job_id varchar2(10) primary key,
  3  job_title varchar2(35) not null,
  4  min_salary number(6),
  5  max_salary number(6));
表已创建。
SQL>   insert into jobs_temp
  2    select * from jobs
  3    where jobs.max_salary > 10000;
已创建 9 行。
```

从上述运行结果中可以看出，使用 INSERT 语句和 SELECT 语句的组合可以一次性向指定的数据表中插入多条记录（这里是 9 条记录）。需要注意的是，在使用这种组合语句实现批量插入数据时，INSERT INTO 子句指定的列名可以与 SELECT 子句指定的列名不同，但它们之间的数据类型必须是兼容的，即 SELECT 语句返回的数据必须满足 INSERT INTO 表中列的约束。

互动练习：把一张表的所有列插入另一张表中。

4.6.2 更新数据（UPDATE 语句）

如果表中的数据不正确或不符合需求，就需要对其进行修改。Oracle 数据库通过 UPDATE 语句修改现有的数据记录。

在更新数据时，更新的列数可以由用户自己指定，列与列之间用逗号（,）分隔；更新的条数可以通过 WHERE 子句来加以限制，使用 WHERE 子句时，系统只更新符合 WHERE 条件的记录信息。UPDATE 语句的语法格式如下。

```
UPDATE table_name
SET {column_name1=express1[,column_name2=express2...]
| (column_name1[,column_name2...])=(selectSubquery)}
[WHERE condition]
```

- ☑ table_name：表示要修改的表名。
- ☑ column_name1 和 column_name2：表示指定要更新的列名。
- ☑ selectSubquery：任何合法的 SELECT 语句，其所选列的个数和类型要与语句中的 column 对应。

☑ condition：筛选条件表达式，只有符合筛选条件的记录才被更新。

使用 UPDATE 语句有以下注意事项。

☑ 当更新数字列时，可以直接提供数字值，或者用单引号引住。

☑ 当更新字符列或日期列时，必须用单引号引住。

☑ 当更新数据时，数据必须要满足约束规则。

☑ 当更新数据时，数据必须与列的数据类型匹配。

1. 更新单列数据

当更新单列数据时，SET 子句后只需要提供一个列。

【例 4.89】在 scott 模式下，把 emp 表中员工名称为 SCOTT 的记录的工资调整为 2460，具体代码如下。

```
SQL> update emp
  2  set sal = 2460
  3  where ename='SCOTT';
```

运行结果如图 4.80 所示。

2. 更新多列数据

当使用 UPDATE 语句修改表行数据时，既可以修改一列，也可以修改多列。当修改多列时，列之间用逗号分开。

【例 4.90】在 scott 模式下，把 emp 表中职务是销售员（SALESMAN）的记录的工资上调 20%，具体代码及运行结果如下。

```
SQL> update emp
  2  set sal = sal*1.2
  3  where job='SALESMAN';
已更新 4 行。
```

在上述代码中，UPDATE 语句更新记录的数量是通过 WHERE 子句实现控制的，这里限制只更新销售员的工资，若取消 WHERE 子句的限制，则系统会将 emp 表中所有人员的工资都上调 20%。

3. 更新日期列数据

当更新日期列数据时，数据格式要与日期格式和日期语言匹配，否则会显示错误信息。如果希望使用习惯方式指定日期值，那么可以使用 TO_DATE 函数进行转换。

【例 4.91】在 scott 模式下，把 emp 表中员工编号为 7788 的入职时间进行调整，入职时间变为 1984 年 1 月 1 日，具体代码如下。

```
SQL> update emp
  2  set hiredate = TO_DATE('1984/01/01', 'YYYY/MM/DD')
  3  where empno=7788;
```

运行结果如图 4.81 所示。

4. 使用 DEFAULT 选项更新数据

当更新数据时，可以使用 DEFAULT 选项提供数据。使用此方式时，如果列存在默认值，则会使

用默认值更新数据；如果列不存在默认值，则使用 NULL。

【例 4.92】在 scott 模式下，使用 DEFAULT 选项更新 emp 表中员工名称为 SCOTT 的岗位信息，具体代码如下。

```
SQL> select job from emp where ename = 'SCOTT';
SQL> update emp
  2   set job = DEFAULT
  3   where ename = 'SCOTT';
SQL> select job from emp where ename = 'SCOTT';
```

以上 3 条 SQL 语句的运行结果如图 4.82 所示。

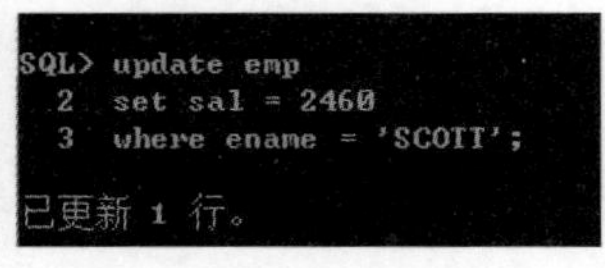

图 4.80　更新单列数据

图 4.81　更新日期列数据

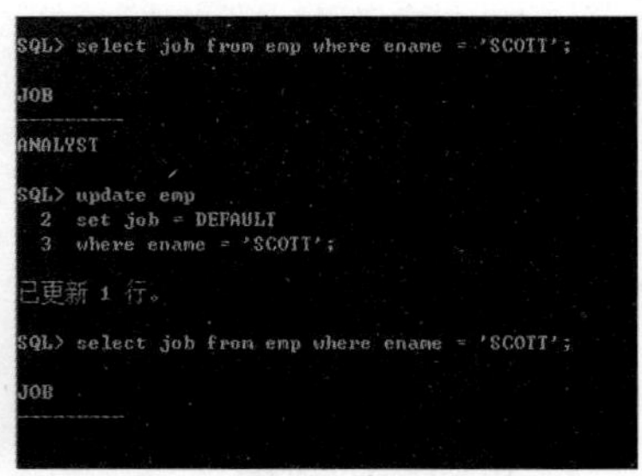

图 4.82　使用 DEFAULT 选项更新数据

5. 使用子查询更新数据

另外，同 INSERT 语句一样，UPDATE 语句也可以与 SELECT 语句组合使用来达到更新数据的目的。

【例 4.93】在 scott 模式下，把 emp 表中工资低于 2000 的员工工资调整为管理者的平均工资水平，具体代码及运行结果如下。

```
SQL> update emp
  2   set sal = (select avg(sal)
  3   from emp where job = 'MANAGER')
  4   where sal < 2000;
已更新 6 行。
```

需要注意的是，在将 UPDATE 语句与 SELECT 语句组合使用时，必须保证 SELECT 语句返回单一的值，否则会出现错误提示，导致更新数据失败。

4.6.3　删除数据（DELETE 语句和 TRUNCATE 语句）

Oracle 系统提供了向数据库中添加记录的功能，同时也提供了从数据库中删除记录的功能。从数据库中删除记录可以使用 DELETE 语句和 TRUNCATE 语句，但这两种语句还是有很大区别的，下面分别进行讲解。

1. DELETE 语句

DELETE 语句用来删除数据库中的所有记录和指定范围的记录。若要删除指定范围的记录，同 UPDATE 语句一样，要通过 WHERE 子句进行限制。DELETE 语句的语法格式如下。

```
DELETE FROM table_name
[WHERE condition]
```

☑ table_name：表示要删除记录的表名。

☑ condition：筛选条件表达式，是个可选项。当该筛选条件存在时，只有符合筛选条件的记录才会被删除。

【例 4.94】 在 hr 模式下，删除 jobs 表中职务编号（job_id）是 PRO 的记录，具体代码及运行结果如下。

```
SQL> delete from jobs where job_id='PRO';
已删除 1 行。
```

上述代码中，DELETE 语句删除记录的数量是通过 WHERE 子句控制的，这里限制只删除职务编号（job_id）是 PRO 的记录。若取消 WHERE 子句的限制，则系统会将 jobs 表中所有人员的记录都删除。

【例 4.95】 删除 emp 表中所有数据，具体代码及运行结果如下。

```
SQL> delete from emp;
已删除 5 行。
```

说明

使用 DELETE 语句删除数据时，Oracle 系统会产生回滚记录，所以这种操作可以使用 ROLLBACK 语句来撤销。

2. TRUNCATE 语句

如果用户确定要删除表中的所有记录，那么除了可以使用 DELETE 语句之外，还可以使用 TRUNCATE 语句，而且 Oracle 本身也建议使用 TRUNCATE 语句。

使用 TRUNCATE 语句删除表中的所有记录要比 DELETE 语句快得多。这是因为使用 TRUNCATE 语句删除数据时，它不会产生回滚记录。当然，执行了 TRUNCATE 语句的操作也就无法使用 ROLLBACK 语句撤销。

【例 4.96】 在 hr 模式下，使用 TRUNCATE 语句清除自定义表 jobs_temp 中的所有记录，具体代码及运行结果如下。

```
SQL> truncate table jobs_temp;
表被截断。
SQL> select * from jobs_temp;
未选定行
```

另外，需要补充说明的是，在 TRUNCATE 语句中还可以使用 REUSE STORAGE 关键字或 DROP STORAGE 关键字，前者表示删除记录后仍然保存记录所占用的空间，后者表示删除记录后立即回收记录占用的空间。默认情况下 TRUNCATE 语句使用 DROP STORAGE 关键字。

说明

在 DML 操作之前，将原始数据复制到回滚段中的设计，本身在某些情况下也会产生效率方面的问题。例如，在一个大型的商业数据库中，数据库操作员在维护时使用 DELETE 语句删除了一张一百万条记录的表。这样一个 DML 操作将要在回滚段上产生一百万条相同的记录项，这有可能会将回滚段所在的磁盘空间耗尽，造成 Oracle 数据库系统的挂起。因此，如果要删除一张大表，为了数据库运行的效率，可以使用 TRUNCATE 语句而不用 DELETE 语句，因为 TRUNCATE 是 DDL 语句，不需要使用回滚段。

4.7 实践与练习

1. 写一段 SQL 语句，在 hr 模式下，统计某个部门员工的最高工资和最低工资。
2. 写一段 SQL 语句，在 hr 模式下，创建 employees 表的一个副本。

第 5 章

PL/SQL 编程

PL/SQL（Procedural Language/SQL）是 Oracle 在数据库中引入的一种过程化编程语言。PL/SQL 构建于 SQL 之上，可以用来编写包含 SQL 语句的程序。PL/SQL 是第三、四代语言，其中包含这类语言的标准编程结构。

本章知识架构及重难点如下。

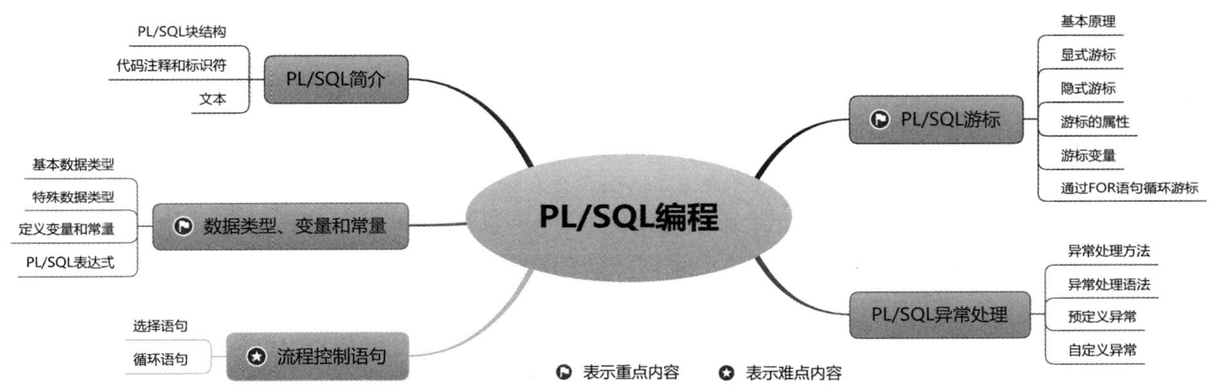

5.1　PL/SQL 简介

PL/SQL（Procedural Language/SQL）是一种过程化语言，在 PL/SQL 中可以通过 IF 语句或 LOOP 语句控制程序的执行流程，甚至可以定义变量，在语句之间传递数据信息，从而操控程序处理的细节过程。PL/SQL 不像普通的 SQL 语句（如 DML 语句、DQL 语句）那样没有流程控制，也不存在变量，因此使用它可以实现比较复杂的业务逻辑。PL/SQL 是 Oracle 的专用语言，是对标准 SQL 语言的扩展，它允许在其内部嵌套普通的 SQL 语句，因此能将 SQL 语句的数据操纵能力、数据查询能力和 PL/SQL 的过程处理能力结合在一起，达到取长补短的目的。

5.1.1　PL/SQL 块结构

PL/SQL 程序以块（block）为基本单位，整个 PL/SQL 块分为 3 部分，即声明部分（用 DECLARE 开头）、执行部分（以 BEGIN 开头）和异常处理部分（以 EXCEPTION 开头）。其中，执行部分是必需的，其他两个部分可选。无论 PL/SQL 块的代码量有多大，其基本结构都是由这 3 部分组成的。标准 PL/SQL 块的语法格式如下。

```
[DECLARE]
--声明部分，可选
BEGIN
--执行部分，必需
[EXCEPTION]
--异常处理部分，可选
END
```

接下来对 PL/SQL 块的 3 个组成部分进行详细说明。

（1）声明部分由关键字 DECLARE 开始，到 BEGIN 关键字结束。在这里可以声明 PL/SQL 程序块中用到的变量、常量和游标等。需要注意的是，在某个 PL/SQL 块中声明的内容只能在当前块中使用，而在其他 PL/SQL 块中是无法被引用的。

（2）执行部分以关键字 BEGIN 开始，它的结束方式通常有两种：如果 PL/SQL 块中的代码在运行时出现异常，则执行完异常处理部分的代码就结束；如果没有使用异常处理或 PL/SQL 块未出现异常，则以关键字 END 结束。执行部分是整个 PL/SQL 块的主体，主要的逻辑控制和运算都在这部分被完成，所以在执行部分可以包含多个 PL/SQL 语句和 SQL 语句。

（3）异常处理部分以关键字 EXCEPTION 开始，在该关键字所包含的代码被执行完毕时，整个 PL/SQL 块也将结束。在执行 PL/SQL 代码（主要是执行部分）的过程中，可能会产生一些意想不到的错误，例如除数为零、空值参与运算等，这些错误都会导致程序被中断运行。这样程序设计人员就可以在异常处理部分通过编写一定量的代码来纠正错误或者给用户提供一些错误信息提示，甚至是将各种数据操作回退到异常产生之前的状态，以备重新运行代码块。另外，对于可能出现的多种异常情况，用户可以使用 WHEN THEN 语句来实现多分支判断，然后在每个分支下通过编写代码来处理相应的异常。

对于 PL/SQL 块中的语句，需要指出的是，每一条 PL/SQL 语句都必须以分号结束，而每条 PL/SQL 语句均可以被写成多行的形式，同样必须使用分号来结束；另外，一行中也可以有多条 PL/SQL 语句，但是它们之间必须以分号分隔。接下来通过一个简单的例子来看 PL/SQL 块的完整应用。

【例 5.1】 定义一个 PL/SQL 块，计算两个整数的和与这两个整数的差的商，代码如下。**（实例位置：资源包\TM\sl\5\1）**

本例运行结果如图 5.1 所示。

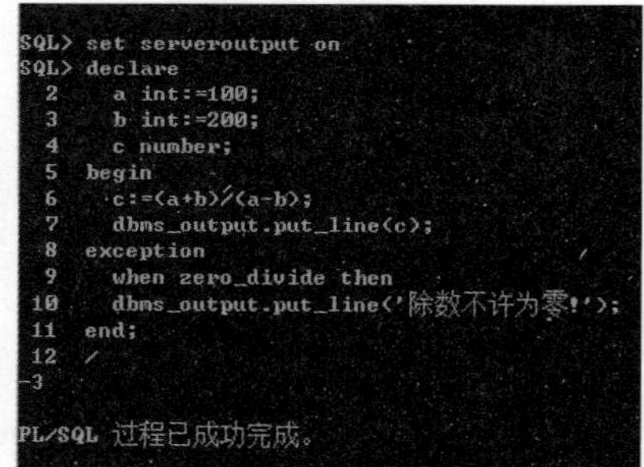

图 5.1　计算两个整数的和与差的商

```
SQL> set serveroutput on
SQL> declare
  2     a int:=100;
  3     b int:=200;
  4     c number;
  5   begin
  6     c:=(a+b)/(a-b);
  7     dbms_output.put_line(c);
  8   exception
  9     when zero_divide then
```

```
    dbms_output.put_line('除数不许为零!');
end;
/
```

在上述 PL/SQL 块中，首先使用 set serveroutput on 命令来实现在服务端显示执行结果；然后使用 declare 关键字声明 3 个变量，其中前两个整型（int）变量 a 和 b 的初始值分别为 100 和 200；最后在 PL/SQL 块的执行部分计算出这两个整数的和与它们之间差的商，并调用“dbms_output.put_line(c); ”语句输出计算结果。另外，为了防止除数为零的情况发生，代码块中还设置了异常处理部分，一旦发生除数为零的情况，代码块就会通过调用“dbms_output.put_line('除数不许为零!');”语句向用户输出提示信息。

5.1.2　代码注释和标识符

注释用于对程序代码进行解释说明，它能够增强程序的可读性，使程序更易于理解。注释编译时会被 PL/SQL 编译器忽略掉，注释有单行注释和多行注释两种情况。另外，在 PL/SQL 块中声明的变量、常量、游标和存储过程等标识符的名称都是由一系列字符集组成的，Oracle 对这些组成标识符的字符集有一定的规范和要求。本小节将对这两项内容进行讲解。

1. 单行注释

单行注释由两个连接字符“--”开始，后面紧跟着注释内容。

【例 5.2】 编写一个 PL/SQL 块，并为主要代码添加单行注释，代码如下。

```
SQL> set serveroutpu on                                    --在服务器端输出结果
SQL> declare
    Num_sal number;                                        --声明一个数值变量
    Var_ename varchar2(20);                                --声明一个字符串变量
  begin
    select ename,sal into Var_ename,Num_sal from emp       --检索指定的值并存储到变量中
    where empno=7369;
    dbms_output.put_line(Var_ename||'的工资是'||Num_sal);  --输出变量中值
  end;
```

注意

如果注释超过一行，就必须在每一行的开头使用连接字符（--）。

2. 多行注释

多行注释由“/*”开头，以“*/”结尾，这种多行注释的方法在大多数的编程语言中是相同的。

【例 5.3】 编写一个 PL/SQL 块，并为主要代码添加多行注释，代码如下。

```
SQL> set serveroutpu on                                    /*在服务器端输出结果*/
SQL> declare
    Num_sal number;                                        /*声明一个数值变量*/
    Var_ename varchar2(20);                                /*声明一个字符串变量*/
  begin
    /*检索指定的值并存储到变量中*/
```

```
select ename,sal into Var_ename,Num_sal from emp
where empno=7369;.
/*输出变量中值*/
dbms_output.put_line(Var_ename||'的工资是'||Num_sal);
end;
```

3. 标识符

标识符（identifier）用于定义 PL/SQL 块和程序单元的名称。通过使用标识符，可以定义常量、变量、异常、显式游标、游标变量、参数、子程序以及包的名称。当使用标识符定义 PL/SQL 块或程序单元时，需要满足以下规则。

☑ 当定义变量、常量时，每行只能定义一个变量或者常量（行终止符为“;”）。

☑ 当定义变量、常量时，名称必须以英文字符（A～Z、a～z）开始，并且最大长度为 30 个字符。如果以其他字符开始，那么必须使用双引号引住。

☑ 当定义变量、常量时，名称只能使用字符 A～Z、a～z、0～9 以及符号_、$和#。如果使用其他字符，那么必须用双引号引住。

☑ 当定义变量、常量时，名称不能使用 Oracle 关键字。例如，不能使用 SELECT、UPDATE 等作为变量名。如果要使用 Oracle 关键字定义变量、常量，那么必须使用双引号引住。

所有的 PL/SQL 程序元素（如关键字、变量名、常量名等）都是由一些字符序列组合而成的，而这些字符序列中的字符都必须取自 PL/SQL 所允许使用的字符集，那么这些合法的字符集主要包括以下内容。

☑ 大写和小写字母：A～Z 或 a～z。

☑ 数字：0～9。

☑ 非显示的字符：制表符、空格和按 Enter 键。

☑ 数学符号：+、-、*、/、>、<、=等。

☑ 间隔符：()、{}、[]、?、!、;、:、@、#、%、$、&等。

只有上述列出的这些符合要求的字符才可以在 PL/SQL 程序标识符中使用，其他的字符都是非法的，不可以使用。类似于 SQL，除了由引号引起来的字符串以外，PL/SQL 不区分字母的大小写。标准 PL/SQL 字符集是 ASCII 字符集的一部分。ASCII 是一个单字节字符集，这就是说每个字符可以表示为一个字节的数据，该性质将字符总数限制在最多为 256 个。

例如：

```
v_ename      VARCHAR2(10);
v$sal        NUMBER(6,2);          v#sal    NUMBER(6,2);
v#error      EXCEPTION;
“1234”       VARCHAR2(20);         --以数字开始，带有双引号
“变量 A”     NUMBER(10,2);         --包含数字，带有双引号
```

以下代语列出的是非法的标识符。

```
v%ename      VARCHAR2(10);         --非法符号（%）
2sal         NUMBER(6,2);          --以数字开始非法
#vl          EXCEPTION;            --以#开始非法
v1,v2        VARCHAR2(20);         --每行只能定义一个变量
```

```
变量A          NUMBER(10,2);          --不能以汉字开始
select         NUMBER(10,2)           --不能使用关键字作为变量名
```

4. 分界符

分界符（delimiter）是对 PL/SQL 有特殊意义的符号（单字符或者字符序列），它们用来将标识符相互分割开。表 5.1 列出了在 PL/SQL 中可以使用的分界符及其意义。

表 5.1　PL/SQL 分界符及其意义

符　　号	意　　义	符　　号	意　　义
+	加法操作符	<	小于操作符
-	减法操作符	(	起始表达式操作符
*	乘法操作符	)	终结表达式操作符
/	除法操作符	;	语句终结符
=	等于操作符	%	属性指示符
>	大于操作符	,	项目分隔符
<>	不等于操作符	:=	赋值操作符
!=	不等于操作符	=>	链接操作符
~=	不等于操作符	..	范围操作符
^=	不等于操作符	||	范围操作符
<=	小于或等于操作符	<<	起始标签操作符
>=	大于或等于操作符	>>	终结标签分界符
@	数据库链接指示符	--	单行注释指示符
/	字符串分界符	/*	多行注释起始符
		*/	多行注释终止符
:	绑定变量指示符	<space>	空格
**	指数操作符	<tab>	制表符

5.1.3　文本

文本是指实际数值的文字，包括数字文本、字符文本、布尔文本、日期时间文本、字符串文本等。

☑ 数字文本：整数或者浮点数。编写 PL/SQL 代码时，可以使用科学记数法和幂操作符（**）表示。例如 100、2.45、3e3、5E6、6*10**3 等。

误区警示

科学记数法和幂操作符只适用于 PL/SQL 语句，而不适用于 SQL 语句。

☑ 字符文本：用单引号引住的单个字符。这些字符可以是 PL/SQL 支持的所有可打印字符，包括英文字符（A～Z、a～z）、数字字符（0～9）及其他字符（<、>等）。例如'A'、'9'、'<'、' '、'%'等。

☑ 布尔文本：通常指 BOLLEAN 值（TRUE、FALSE 和 NULL），主要用在条件表达式中。

☑ 日期时间文本：指日期时间值。日期文本必须用单引号引住，并且日期值必须与日期格式和

日期语言匹配。例如'10-NOV-91'、'1997-10-22 13:01:01'、'09-10-月-03'等。

☑ 字符串文本：由两个或两个以上字符组成的多个字符值。字符串文本必须用单引号引住，例如'Hello World'、'$9600'、'10-NOV-91'等。

在 Oracle Database 10g 之前，如果字符串文本包含单引号，必须使用两个单引号表示。例如，要为某个变量赋值“I’m a string,you’re a string.”，字符串文本必须要采用以下格式。

```
string_var:= 'I''m a string,you''re a string.';
```

在 Oracle Database 10g 之后，如果字符串文本中包含单引号，既可以使用原有格式赋值，也可以使用其他分隔符（[]、{}、<>等）赋值。

注意

使用分隔符[]、{}、<>为字符串赋值时，不仅需要在分隔符前后加单引号，而且需要带有前缀q。例如：

```
string_var:= q'[I'm a string,you're a string.]';
```

5.2 数据类型、变量和常量

数据类型本质上是一种描述数据存储的内存结构，用它来决定变量中所存储数据的类型。而变量本质上是一种用名称进行识别的标识符号，可以存储不同类型的数据。根据不同的数据类型，定义不同名称的变量，这样就可以存储不同类型的数据。变量在程序运行的过程中，其值可以发生变化。与变量对应的就是常量，常量就是指在程序运行的过程中，其值不会发生变化的量。

5.2.1 基本数据类型

与其他编程语言一样，PL/SQL 也有多种数据类型，这些数据类型能够满足在编写 PL/SQL 程序过程中定义变量和常量之用，本节主要介绍在编写 PL/SQL 程序时经常用到的基本数据类型。

1. 数值类型

数值类型包括 NUMBER、BINARY_INTEGER 和 PLS_INTEGER 3 种基本类型。其中，NUMBER 类型的变量可以存储整数或浮点数，BINARY_INTEGER 或 PLS_INTEGER 类型的变量只能存储整数。

NUMBER 类型还可以通过 NUMBER(p,s)的形式来格式化数字，其中，参数 p 表示精度，参数 s 表示刻度范围。精度是指数值中所有有效数字的个数，而刻度范围是指小数点右边小数位的个数，在这里精度和刻度范围都是可选的。下面通过一个示例来具体讲解。

【例 5.4】声明一个精度为 9，且刻度范围为 2 的表示金额的变量 Num_Money，代码如下。

```
Num_Money NUMBER(9,2);
```

PL/SQL 出于代码可读性或与来自其他编程语言的数据类型相兼容的考虑，提出了“子类型”的概

念。所谓子类型就是与 NUMBER 类型等价的类型别名，甚至可以说是 NUMBER 类型的多种重命名形式。这些等价的子类型主要包括 DEC、DECIMAL、DOUBLE、INTEGER、INT、NUMERIC、SMALLINT、BINARY_INTEGER、PLS_INTEGER 等。

2. 字符类型

字符类型主要包括 VARCHAR2、CHAR、LONG、NCHAR 和 NVARCHAR2，用来存储字符串或字符数据。下面对这几种字符类型进行讲解。

☑ VARCHAR2 类型：PL/SQL 中的 VARCHAR2 类型和数据库类型中的 VARCHAR2 比较类似，用于存储可变长度的字符串，其声明语法格式如下。

```
VARCHAR2(maxlength)
```

参数 maxlength 表示可存储字符串的最大长度，定义变量时必须给出（因为 VARCHAR2 类型没有默认的最大长度），最大值是 32767 字节。

注意

数据库类型中的 VARCHAR2 的最大长度是 4000 字节，所以一个长度大于 4000 字节的 PL/SQL 中的类型 VARCHAR2 变量不可以赋值给数据库中的一个 VARCHAR2 变量，而只能赋值给 LONG 类型的数据库变量。

☑ CHAR 类型：表示指定长度的字符串，其语法格式如下。

```
CHAR(maxlength)
```

CHAR 类型的默认最大长度为 1。与 VARCHAR2 不同，maxlength 可以不指定，默认为 1。如果赋给 CHAR 类型的值不足 maxlength，则会在其后面用空格补全，这也是不同于 VARCHAR2 的地方。

注意

数据库类型中的 CHAR 只有 2000 字节，所以如果 PL/SQL 中的 CHAR 类型变量的长度大于 2000 字节，则不能赋给数据库中的 CHAR。

☑ LONG 类型：表示可变的字符串，最大长度是 32767 字节。数据库类型中的 LONG 最大长度可达 2GB，所以几乎任何字符串变量都可以赋值给它。

☑ NCHAR 和 NVARCHAR2 类型：PL/SQL 8.0 以后加入的类型，它们的长度要根据各国字符集来确定，只能具体情况具体分析。

3. 日期类型

日期类型只有一种，即 DATE 类型，用来存储日期和时间信息。DATE 类型的存储空间是 7 字节，分别使用 1 字节存储世纪、年、月、天、小时、分钟和秒。

4. 布尔类型

布尔类型也只有一种，即 BOOLEAN 类型，主要用于程序的流程控制和业务逻辑判断，其变量值可以是 TRUE、FALSE 或 NULL 中的一种。

5.2.2 特殊数据类型

为了提高用户的编程效率和解决复杂的业务逻辑需求，PL/SQL 语言除了可以使用 Oracle 规定的基本数据类型外，还提供了 3 种特殊的数据类型，但这 3 种类型仍然是建立在基本数据类型基础之上的。

1. %TYPE 类型

使用%TYPE 关键字可以声明一个与指定列相同的数据类型，它通常紧跟在指定列名的后面。

【例 5.5】 声明一个与 emp 表中 job 列的数据类型完全相同的变量 var_job，代码如下。

```
declare
var_job emp.job%type;
```

在上述代码中，若 emp.job 列的数据类型为 VARCHAR2(10)，那么变量 var_job 的数据类型也是 VARCHAR2(10)，甚至可以把 emp.job%type 看作是一种能够存储指定列类型的特殊数据类型。

使用%TYPE 定义变量有两个好处：第一，用户不必查看表中各个列的数据类型，就可以确保所定义的变量能够存储检索的数据；第二，如果对表中已有列的数据类型进行修改，则用户不必考虑对已定义的变量所使用的数据类型进行更改，因为%TYPE 类型的变量会根据列的实际类型自动调整自身的数据类型。

【例 5.6】 在 scott 模式下，使用%TYPE 类型的变量输出 emp 表中编号为 7369 的员工名称和职务信息，代码如下。**（实例位置：资源包\TM\sl\5\2）**

```
SQL> set serveroutput on
SQL> declare
       var_ename emp.ename%type;                                --声明与 ename 列类型相同的变量
       var_job emp.job%type;                                    --声明与 job 列类型相同的变量
     begin
       select ename,job
       into var_ename,var_job
       from emp
       where empno=7369;                                        --检索数据，并保存在变量中
       dbms_output.put_line(var_ename||'的职务是'||var_job);    --输出变量的值
     end;
     /
```

本例运行结果如图 5.2 所示。

```
SQL> set serveroutput on
SQL> declare
  2    var_ename emp.ename%type;
  3    var_job emp.job%type;
  4  begin
  5    select ename,job
  6    into var_ename,var_job
  7    from emp
  8    where empno=7369;
  9    dbms_output.put_line(var_ename||'的职务是'||var_job);
 10  end;
 11  /
SMITH的职务是CLERK

PL/SQL 过程已成功完成。
```

图 5.2　使用%TYPE 类型定义变量并输出

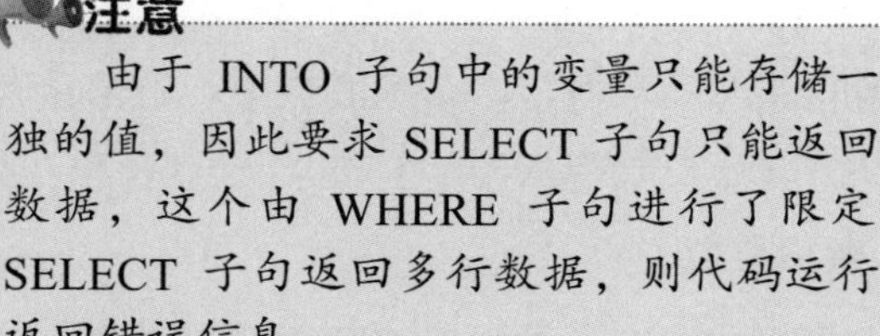

注意

由于 INTO 子句中的变量只能存储一个单独的值，因此要求 SELECT 子句只能返回一行数据，这个由 WHERE 子句进行了限定。若 SELECT 子句返回多行数据，则代码运行后会返回错误信息。

另外，在上述代码中使用了 INTO 子句，它位于 SELECT 子句的后面，用于设置将从数据库中检索的数据存储到哪个变量中。

2. RECORD 类型

单词 RECORD 有“记录”之意，因此 RECORD 类型也被称作“记录类型”，使用该类型的变量可以存储由多个列值组成的一行数据。在声明记录类型变量之前，首先需要定义记录类型，然后才可以声明记录类型的变量。记录类型是一种结构化的数据类型，它使用 TYPE 语句进行定义，在记录类型的定义结构中包含成员变量及其数据类型，其语法格式如下。

```
TYPE record_type IS RECORD
(
var_member1 data_type [not null] [:=default_value],
…
var_membern data_type [not null] [:=default_value])
```

- ☑ record_type：表示要定义的记录类型名称。
- ☑ var_member1：表示该记录类型的成员变量名称。
- ☑ data_type：表示成员变量的数据类型。

从上述语法结构中可以看出，记录类型的声明类似于 C 或 C++中的结构类型，并且成员变量的声明与普通 PL/SQL 变量的声明相同。下面通过一个例子来了解如何声明和使用 RECORD 类型。

【例 5.7】声明一个记录类型 emp_type，然后使用该类型的变量存储 emp 表中的一条记录信息，并输出这条记录信息，代码如下。**（实例位置：资源包\TM\sl\5\3）**

```
SQL> set serveroutput on
SQL> declare
    type emp_type is record                          --声明 RECORD 类型 emp_type
    (
       var_ename varchar2(20),                       --定义字段/成员变量
       var_job varchar2(20),
       var_sal number
    );
    empinfo    emp_type;                             --定义变量
  begin
    select ename,job,sal
    into empinfo
    from emp
    where empno=7369;                                --检索数据
    /*输出员工信息*/
    dbms_output.put_line('员工'||empinfo.var_ename||'的职务是'||empinfo.var_job||'、工资是'||empinfo.var_sal);
  end;
  /
```

本例运行结果如图 5.3 所示。

```
SQL> set serveroutput on
SQL> declare
    type emp_type is record
    (
     var_ename varchar2(20),
     var_job varchar2(20),
     var_sal number
    );
    empinfo  emp_type;
  begin
    select ename,job,sal
    into empinfo
    from emp
    where empno=7369;
    dbms_output.put_line('员工'||empinfo.var_ename||'的职务是'||empinfo.var_job||'、工资是'||empinfo.var_sal);
  end;
  /
员工SMITH的职务是CLERK、工资是800

PL/SQL 过程已成功完成。
```

图 5.3　声明和使用记录类型 emp_type

3. %ROWTYPE 类型

%ROWTYPE 类型的变量结合了“%TYPE 类型”和“记录类型”变量的优点，它可以根据数据表中行的结构定义一种特殊的数据类型，用来存储从数据表中检索到的一行数据。它的语法形式很简单，如下所示。

```
rowVar_name table_name%ROWTYPE;
```

☑ rowVar_name：表示可以存储一行数据的变量名。

☑ table_name：指定的表名。

在上述语法结构中，可以不恰当地把 table_name%ROWTYPE 看作是一种能够存储表中一行数据的特殊类型。下面通过一个例子来了解如何定义和使用%ROWTYPE 类型。

【例 5.8】 声明一个%ROWTYPE 类型的变量 rowVar_emp，然后使用该变量存储 emp 表中的一行数据，代码如下。**（实例位置：资源包\TM\sl\5\4）**

```
SQL> set serveroutput on
SQL> declare
    rowVar_emp emp%rowtype;                 --定义能够存储 emp 表中一行数据的变量 rowVar_emp
  begin
    select *
    into rowVar_emp
    from emp
    where empno=7369;                       --检索数据
    /*输出员工信息*/
      dbms_output.put_line(' 员 工 '||rowVar_emp.ename||' 的 编 号 是 '||rowVar_emp.empno||', 职 务 是 '||rowVar_emp. job);
  end;
  /
```

本例运行结果如图 5.4 所示。

从上述运行结果中可以看出，变量 rowVar_emp 的存储结构与 emp 表中的数据结构完全相同，这时用户完全可以使用 rowVar_emp 变量来代替 emp 表中的某一行数据进行编程操作。

```
SQL> declare
  rowVar_emp emp%rowtype;
begin
  select *
  into rowVar_emp
  from emp
  where empno=7369;
  dbms_output.put_line('员工'||rowVar_emp.ename||'的编号是'||rowVar_emp.empno||',职务是'||rowVar_emp.job);
end;
/

PL/SQL 过程已成功完成。

SQL>
```

图 5.4　声明和使用%ROWTYPE 类型

5.2.3　定义变量和常量

在前述内容中，已经逐步介绍了变量的定义和使用方法，相信读者对变量并不陌生。本节将主要是对定义变量的规范进行总结。另外，常量在 PL/SQL 编程中也经常用到，本节也将对其做相应的介绍。

1. 定义变量

变量是指其值在运行程序过程中可以改变的数据存储结构，定义变量必需的元素就是变量名和数据类型，另外还有可选择的初始值，其标准语法格式如下。

```
<变量名> <数据类型> [(长度):=<初始值>];
```

可见，与很多面向对象的编程语言不同，PL/SQL 中的变量定义要求变量名在数据类型的前面，而不是后面；语法中的长度和初始值是可选项，需要根据实际情况而定。

【例 5.9】定义一个用于存储国家名称的可变字符串变量 var_countryname，该变量的最大长度是 50，并且该变量的初始值为“中国”，代码如下。

```
var_countryname varchar2(50):='中国';
```

2. 定义常量

常量是指其值在程序运行过程中不可被改变的数据存储结构，定义常量必需的元素包括常量名、数据类型、常量值和 CONSTANT 关键字，其标准语法格式如下。

```
<常量名> CONSTANT <数据类型>:=<常量值>;
```

对于一些固定的数值，如圆周率、光速等，为了防止其不慎被改变，最好定义成常量。

【例 5.10】定义一个常量 con_day，用来存储一年的天数，代码如下。

```
con_day constant integer:=365;
```

3. 变量的初始化

许多语言没有规定未经过初始化的变量中应该存储什么内容，因此在运行时，未被初始化的变量就可能包含随机的或者未知的取值。在一种语言中，运行使用未被初始化的变量并不是一种很好的编程风格。一般而言，如果变量的取值可以被确定，那么最好为其初始化一个数值。

但是，PL/SQL 定义了一个未初始化变量应该存储的内容，其被赋值为 NULL。NULL 意味着“未

定义或未知的取值”。换句话讲，NULL 可以被默认地赋值给任何未经过初始化的变量。这是 PL/SQL 的一个独到之处，许多其他程序设计语言没有定义未初始化变量的取值。

5.2.4 PL/SQL 表达式

表达式不能独立构成语句，表达式的结果是一个值，如果不给这个值安排一个存储的位置，则表达式本身毫无意义。通常，表达式作为赋值语句的一部分出现在赋值运算符的右边，或者作为函数的参数等。例如，123*23-24+33 就是一个表达式，它是由运算符串连起来的一组数，按照运算符的意义运算会得到一个运算结果，这就是表达式的值。

“操作数”是运算符的参数。根据所拥有的参数个数，PL/SQL 运算符可分为一元运算符（一个参数）和二元运算符（两个参数）。表达式按照操作对象的不同，也可以分为字符表达式和布尔表达式两种。

1. 字符表达式

唯一的字符运算符就是并置运算符“||”，它的作用是把几个字符串连在一起，如表达式 'Hello'||'World'||'!' 的值等于 'Hello World!'。

2. 布尔表达式

PL/SQL 控制结构都涉及布尔表达式。布尔表达式是一个判断结果为真还是为假的条件，它的值只有 TRUE、FALSE 或 NULL，如以下表达式所示。

```
(x>y);
NULL;
(4>5)OR(-1<0);
```

布尔表达式有 3 个布尔运算符，即 AND、OR 和 NOT，与高级语言中的逻辑运算符一样，它们的操作对象是布尔变量或者表达式。如以下表达式所示。

```
A AND B OR 1 NOT C
```

其中，A、B、C 都是布尔变量或者表达式。表达式 TRUE AND NULL 的值为 NULL，因为不知道第二个操作数是否为 TRUE。

布尔表达式中的算术运算符及其意义如表 5.2 所示。

表 5.2 布尔表达式中的算术运算符及其意义

算术运算符	意 义	算术运算符	意 义
=	等于	!=	不等于
<	小于	>	大于
<=	小于或等于	>=	大于或等于

此外，BETWEEN 操作符可以划定一个范围，在范围内则为真，否则为假，例如 1 BETWEEN 0 AND 100 表达式的值为真。

IN 操作符判断某一元素是否属于某个集合，例如'Scott' IN('Mike','Jone','Mary')为假。

5.3　流程控制语句

流程控制语句是所有过程性程序设计语言的关键，因为只有能够进行流程控制才能灵活地实现各种操作和功能，PL/SQL 也不例外，其主要控制语句及其说明如表 5.3 所示。

表 5.3　PL/SQL 的主要控制语句及其说明

序　　号	控　制　语　句	说　　明
01	if…then	判断 IF 正确，则执行 THEN
02	if…then…else	判断 IF 正确，则执行 THEN，否则执行 ELSE
03	if…then…elsif	嵌套式判断
04	case	有逻辑地从数值中做出选择
05	loop…exit…END	循环控制，用判断语句执行 EXIT
06	loop…exit when…END	同上，当 WHEN 为真时执行 EXIT
07	while…loop…END	当 WHILE 为真时循环
08	for…in…loop…END	已知循环次数的循环
09	goto	无条件转向控制

若要在 PL/SQL 中实现复杂的业务逻辑计算，就必须使用流程控制语句。PL/SQL 中的流程控制语句主要包括选择语句、循环语句两大类，下面将对这两种控制语句进行详细讲解。

5.3.1　选择语句

选择语句也被称为条件语句，它的主要作用是根据条件的变化选择执行不同的代码，主要分为以下 4 种语句。

1. IF…THEN 语句

IF…THEN 语句是选择语句中最简单的一种形式，它只做一种情况或条件的判断，其语法格式如下。

```
IF < condition_expression> THEN
   plsql_sentence
END IF;
```

condition_expression 为条件表达式，其值为 true 时，程序将会执行 IF 下面的 PL/SQL 语句（即 plsql_sentence 语句）；其值为 false 时，程序将会跳过 IF 下面的语句而直接执行 END IF 后面的语句。

【例 5.11】定义两个字符串变量，然后赋值，接着使用 IF…THEN 语句比较两个字符串变量的长度，并输出比较结果，代码如下。**（实例位置：资源包\TM\sl\5\5）**

```
SQL> set serveroutput on
SQL> declare
          var_name1 varchar2(50);                          --定义两个字符串变量
          var_name2 varchar2(50);
     begin
```

```
        var_name1:='East';                                  --给两个字符串变量赋值
        var_name2:='xiaoke';
        if length(var_name1) < length(var_name2) then--比较两个字符串的长度大小
        /*输出比较后的结果*/
        dbms_output.put_line('字符串“'||var_name1||'”的长度比字符串“'||var_name2||'”的长度小');
        end if;
    end;
    /                                                       --执行代码
```

本例运行结果如图 5.5 所示。

```
SQL> set serveroutput on
SQL> declare
  2    var_name1 varchar2(50);
  3    var_name2 varchar2(50);
  4  begin
  5    var_name1:='East';
  6    var_name2:='xiaoke';
  7    if length(var_name1) < length(var_name2) then
  8      dbms_output.put_line('字符串“'||var_name1||'”的长度比字符串“'||var_name2||'”的长度小');
  9    end if;
 10  end;
 11  /
字符串“East”的长度比字符串“xiaoke”的长度小

PL/SQL 过程已成功完成。
```

图 5.5　使用 IF…THEN 语句比较两个字符串长度

在上述例子中，字符串 East 的长度（4）肯定小于字符串 xiaoke 的长度（6），所以 IF 后面的条件表达式的值为 true，这样程序就会执行 IF 下面的 PL/SQL 语句。

如果 IF 后面的条件表达式存在“并且”“或者”“非”等逻辑运算，则可以使用 AND、OR、NOT 等逻辑运算符。另外，如果要判断 IF 后面的条件表达式的值是否为空值，则需要在条件表达式中使用 is 和 null 关键字，例如下面的代码。

```
if last_name is null then
…;
end if;
```

2. IF…THEN…ELSE 语句

在编写程序的过程中，IF…THEN…ELSE 语句是最常用到的一种选择语句，它可以实现判断两种情况，只要 IF 后面的条件表达式为 FALSE，程序就会执行 ELSE 语句下面的 PL/SQL 语句。其语法格式如下。

```
IF < condition_expression> THEN
plsql_sentence1;
ELSE
plsql_sentence2;
END IF;
```

condition_expression 为条件表达式，若该条件表达式的值为 TRUE，执行 IF 下面的 PL/SQL 语句，即 plsql_sentence1 语句；否则，程序将执行 ELSE 下面的 PL/SQL 语句，即 plsql_sentence2 语句。

【例 5.12】 通过 IF…ELSE 语句实现只有年龄大于或等于 56 岁，才可以申请退休的功能，否则程序会提示不可以申请退休，代码如下。**（实例位置：资源包\TM\sl\5\6）**

```
SQL> set serveroutput on
SQL> declare
```

```
  2        age int:=55;                                                  --定义整形变量并赋值
  3        begin
  4        if age >= 56 then                                             --比较年龄是否大于或等于 56 岁
  5        dbms_output.put_line('您可以申请退休了！');                        --输出可以退休信息
  6     else
  7        dbms_output.put_line('您小于 56 岁，不可以申请退休了！');            --输出不可退休信息
  8     end if;
  9   end;
 10   /
```

本例运行结果如图 5.6 所示。

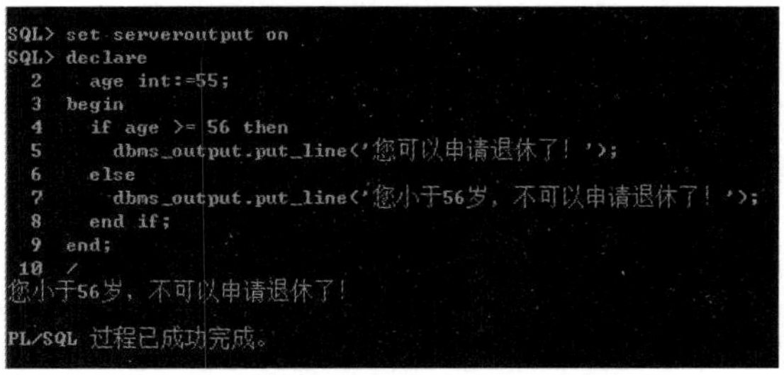

```
SQL> set serveroutput on
SQL> declare
  2    age int:=55;
  3  begin
  4    if age >= 56 then
  5      dbms_output.put_line('您可以申请退休了！');
  6    else
  7      dbms_output.put_line('您小于56岁，不可以申请退休了！');
  8    end if;
  9  end;
 10  /
您小于56岁，不可以申请退休了！

PL/SQL 过程已成功完成。
```

图 5.6　使用 IF…THEN…ELSE 语句判断是否可以申请退休

3. IF…THEN…ELSIF 语句

IF…THEN…ELSIF 语句实现了多分支判断选择，它使程序的判断选择条件更加丰富，更加多样化。如果该语句中的哪个判断分支的表达式为 TRUE，那么程序就会执行其下面对应的 PL/SQL 语句，其语法格式如下。

```
IF < condition_expression1 > THEN
  plsql_sentence_1;
ELSIF < condition_expression2 > THEN
  plsql_sentence_2;
…
ELSE
  plsql_sentence_n;
END IF;
```

☑ condition_expression1：第一个条件表达式，若其值为 FALSE，则程序继续判断 condition_expression2 表达式。

☑ condition_expression2：第二个条件表达式，若其值为 FALSE，则程序继续判断下面的 ELSIF 语句后面的表达式；若再没有 ELSIF 语句，则程序将执行 ELSE 语句下面的 PL/SQL 语句。

☑ plsql_sentence_1：第一个条件表达式的值为 TRUE 时，将要执行的 PL/SQL 语句。

☑ plsql_sentence_2：第二个条件表达式的值为 TRUE 时，将要执行的 PL/SQL 语句。

☑ plsql_sentence_n：当其上面所有的条件表达式的值都为 FALSE 时，将要执行的 PL/SQL 语句。

【例 5.13】指定一个月份数值，然后使用 IF…THEN…ELSIF 语句判断它所属的季节，并输出季节信息，代码如下。**（实例位置：资源包\TM\sl\5\7）**

```
SQL> set serveroutput on
SQL> declare
  2     month int:=10;                                  --定义整形变量并赋值
```

```
begin
  if month >= 0 and month <= 3  then                  --判断春季
    dbms_output.put_line('这是春季');
  elsif  month >= 4 and month <= 6 then               --判断夏季
    dbms_output.put_line('这是夏季');
  elsif  month >= 7 and month <= 9  then              --判断秋季
    dbms_output.put_line('这是秋季');
  elsif  month >= 10 and month <= 12 then             --判断冬季
    dbms_output.put_line('这是冬季');
  else
    dbms_output.put_line('对不起，月份不合法！');
  end if;
end;
/
```

本例运行结果如图 5.7 所示。

误区警示

在 IF…THEN…ELSIF 语句中，多个条件表达式之间不能存在逻辑上的冲突，否则程序将判断出错！

4. CASE 语句

从 Oracle 9i 以后，PL/SQL 也可以像其他编程语言一样使用 CASE 语句，CASE 语句的执行方式与 IF...THEN...ELSIF 语句十分相似。在 CASE 关键字的后面有一个选择器，它通常是一个变量，程序就从这个选择器开始执行，接下来是 WHEN 子句，并且在 WHEN 关键字的后面是一个表达式，程序将根据选择器的值去匹配每个 WHEN 子句中的表达式的值，以实现执行不同的 PL/SQL 语句的功能，其语法格式如下。

```
CASE < selector>
WHEN <expression_1> THEN plsql_sentence_1;
WHEN <expression_2> THEN plsql_sentence_2;
...
WHEN <expression_n> THEN plsql_sentence_n;
[ELSE plsql_sentence;]
END CASE;
```

- ☑ selector：一个变量，用来存储要检测的值，通常被称为选择器。该选择器的值需要与 WHEN 子句中的表达式的值进行匹配。
- ☑ expression_1：第一个 WHEN 子句中的表达式，这种表达式通常是一个常量，当选择器的值等于该表达式的值时，程序将执行 plsql_sentence_1 语句。
- ☑ expression_2：第二个 WHEN 子句中的表达式，它通常也是一个常量，当选择器的值等于该表达式的值时，程序将执行 plsql_sentence_2 语句。
- ☑ expression_n：第 n 个 WHEN 子句中的表达式，它通常也是一个常量，当选择器的值等于该表达式的值时，程序将执行 plsql_sentence_n 语句。
- ☑ plsql_sentence：一个 PL/SQL 语句，当没有与选择器匹配的 WHEN 常量时，程序将执行该 PL/SQL 语句，其所在的 ELSE 语句是一个可选项。

【例 5.14】指定一个季度数值，然后使用 CASE 语句判断它所包含的月份信息并输出，代码如下。

（实例位置：资源包\TM\sl\5\8）

```
SQL> set serveroutput on
SQL> declare
    season int:=3;                                          --定义整形变量并赋值
    aboutInfo varchar2(50);                                 --存储月份信息
  begin
    case season                                             --判断季度
      when 1 then                                           --若是 1 季度
        aboutInfo := season||'季度包括 1，2，3 月份';
      when 2 then                                           --若是 2 季度
        aboutInfo := season||'季度包括 4，5，6 月份';
      when 3 then                                           --若是 3 季度
        aboutInfo := season||'季度包括 7，8，9 月份';
      when 4 then                                           --若是 4 季度
        aboutInfo := season||'季度包括 10，11，12 月份';
      else                                                  --若季度不合法
        aboutInfo := season||'季节不合法';
    end case;
    dbms_output.put_line(aboutinfo);                        --输出该季度所包含的月份信息
  end;
  /
```

本例运行结果如图 5.8 所示。

```
SQL> set serveroutput on
SQL> declare
    month int:=10;
  begin
    if month >= 0 and month <= 3  then
      dbms_output.put_line('这是春季');
    elsif  month >= 4 and month <= 6 then
      dbms_output.put_line('这是夏季');
    elsif  month >= 7 and month <= 9  then
      dbms_output.put_line('这是秋季');
    elsif  month >= 10 and month <= 12 then
      dbms_output.put_line('这是冬季');
    else
      dbms_output.put_line('对不起，月份不合法！');
    end if;
  end;
  /
这是冬季

PL/SQL 过程已成功完成。
```

图 5.7　使用 IF…THEN…ELSIF 语句判断季节

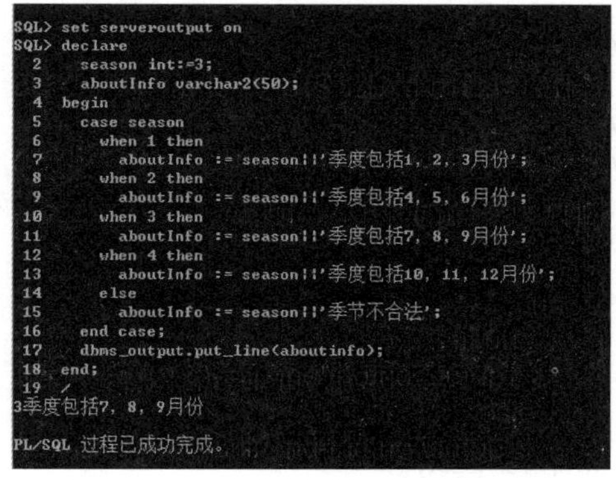

图 5.8　使用 CASE 语句判断季度所包含的月份

技巧

在进行多种情况判断时，建议使用 CASE 语句替换 IF…THEN…ELSIF 语句，因为 CASE 语句的语法更加简洁明了，易于阅读。

5.3.2　循环语句

当程序需要反复执行某一操作时，就必须使用循环结构。PL/SQL 中的循环语句主要包括 LOOP 语句、WHILE 语句和 FOR 语句 3 种，下面分别进行介绍。

1. LOOP 语句

LOOP 语句会先执行一次循环体，然后判断 EXIT WHEN 关键字后面的条件表达式的值是 TRUE 还是 FALSE。如果是 TRUE，程序会退出循环体；否则，程序将再次执行循环体。这样就使得程序至少能够执行一次循环体，其语法格式如下。

```
LOOP
  plsql_sentence;
EXIT WHEN end_condition_ exp
END LOOP;
```

☑ plsql_sentence：循环体中的 PL/SQL 语句，可能是一条语句，也可能是多条，这是循环体的核心部分，这些 PL/SQL 语句至少会被执行一遍。

☑ end_condition_ exp：循环结束表达式，当该表达式的值为 TRUE 时，程序会退出循环体，否则程序将再次执行循环体。

【例 5.15】使用 LOOP 语句计算前 100 个自然数的和，并输出到屏幕上，代码如下。**（实例位置：资源包\TM\sl\5\9）**

```
SQL> set serveroutput on
SQL> declare
    sum_i int:= 0;                                          --定义整数变量，存储整数和
    i int:= 0;                                              --定义整数变量，存储自然数
  begin
    loop                                                    --循环累加自然数
      i:=i+1;                                               --得出自然数
      sum_i:= sum_i+i;                                      --计算前 n 个自然数的和
      exit when i = 100;                                    --当循环 100 次时，程序退出循环体
    end loop;
    dbms_output.put_line('前 100 个自然数的和是：'||sum_i);   --计算前 100 个自然数的和
  end;
  /
```

本例运行结果如图 5.9 所示。在上述代码中，每一次循环 i 的值都会自增 1，变成一个新的自然数，然后使用 sum_i 这个变量存储前 *n* 个自然数的和，当 i 的值为 100 时，结束循环。

2. WHILE 语句

WHILE 语句根据它的条件表达式的值执行零次或多次循环体，在每次执行循环体之前，首先要判断条件表达式的值是否为 TRUE，若为 TRUE，则程序执行循环体；否则退出 WHILE 循环，然后继续执行 WHILE 语句后面的其他代码，其语法格式如下。

```
WHILE condition_expression LOOP
  plsql_sentence;
END LOOP;
```

condition_expression 为条件表达式，当其值为 TRUE 时，程序执行循环体，否则程序退出循环体。程序每次在执行循环体之前，都要首先判断该表达式的值是否为 TRUE。

【例 5.16】使用 WHILE 语句计算前 100 个自然数的和，并输出到屏幕上，代码如下。**（实例位置：资源包\TM\sl\5\10）**

```
SQL> set serveroutput on
SQL> declare
     sum_i int:= 0;                                    --定义整数变量，存储整数和
     i int:= 0;                                        --定义整数变量，存储自然数
   begin
     while i<=99 loop                                  --当 i 的值等于 100 时，程序退出 WHILE 循环
       i:=i+1;                                         --得出自然数
       sum_i:= sum_i+i;                                --计算前 n 个自然数的和
     end loop;
     dbms_output.put_line('前 100 个自然数的和是：'||sum_i);   --计算前 100 个自然数的和
   end;
   /
```

本例运行效果如图 5.10 所示。

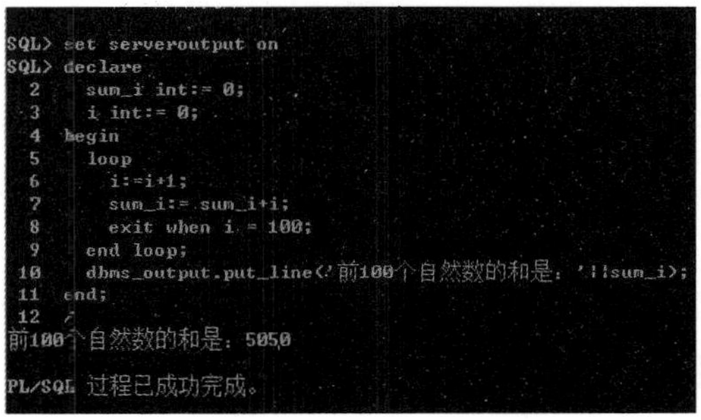

图 5.9　计算前 100 个自然数的和（1）

图 5.10　计算前 100 个自然数的和（2）

在上述代码中，只要 i 的值小于 100，程序就会反复地执行循环体，这样 i 的值就会自增 1，进而得到一个新的自然数；然后使用 sum_i 变量存储前 *n* 个自然数的和，当 i 的值增长到 100 时，条件表达式的值就为 FALSE，导致 WHILE 循环结束。

3. FOR 语句

FOR 语句是一个可预置循环次数的循环控制语句，它有一个循环计数器，通常是一个整型变量，通过这个循环计数器来控制循环执行的次数。该计数器可以从小到大进行记录，也可以相反，从大到小进行记录。另外，该计数器值的合法性由上限值和下限值控制，若计数器值在上限值和下限值的范围内，则程序执行循环；否则，终止循环。其语法格式如下。

```
FOR variable_ counter_name in [REVERSE] lower_limit..upper_limit LOOP
  plsql_sentence;
END LOOP;
```

☑ variable_counter_name：表示一个变量，通常为整数类型，用来作为计数器。默认情况下，计数器的值会循环递增，当在循环中使用 REVERSE 关键字时，计数器的值会随循环递减。
☑ lower_limit：计数器的下限值，当计数器的值小于下限值时，程序终止 FOR 循环。
☑ upper_limit：计数器的上限值，当计数器的值大于上限值时，程序终止 FOR 循环。
☑ plsql_sentence：表示 PL/SQL 语句，作为 FOR 语句的循环体。

【例 5.17】使用 FOR 语句计算前 100 个自然数中偶数之和，并输出到屏幕上，代码如下。**（实例位置：资源包\TM\sl\5\11）**

```
SQL> set serveroutput on
SQL> declare
    sum_i int:= 0;                                          --定义整数变量，存储整数和
  begin
    for i in reverse 1..100 loop                            --遍历前 100 个自然数
      if mod(i,2)=0 then                                    --判断是否为偶数
        sum_i:=sum_i+i;                                     --计算偶数和
      end if;
    end loop;
    dbms_output.put_line('前 100 个自然数中偶数之和是：'||sum_i);
  end;
  /
```

本例运行结果如图 5.11 所示。在上述 FOR 语句中，由于使用了关键字 REVERSE，表示计数器 i 的值为递减状态，即 i 的初始值为 100，随着每次递减 1，最后一次 FOR 循环时，i 的值变为 1。如果在 FOR 语句中不使用关键字 REVERSE，则表示计数器 i 的值为递增状态，即 i 的初始值为 1。

```
SQL> set serveroutput on
SQL> declare
    sum_i int:= 0;
  begin
    for i in reverse 1..100 loop
      if mod(i,2)=0 then
        sum_i:=sum_i+i;
      end if;
    end loop;
    dbms_output.put_line('前100个自然数中偶数之和是：'||sum_i);
  end;
  /
前100个自然数中偶数之和是：2550

PL/SQL 过程已成功完成。
```

图 5.11　计算前 100 个自然数中偶数之和

4. GOTO 语句

GOTO 语句的语法格式如下。

```
GOTO label;
```

这是个无条件转向语句。当执行 GOTO 语句时，控制程序会立即转到由标签标识的语句中。其中，label 是在 PL/SQL 中定义的符号。标签使用双箭头括号（<< >>）括起来。

【例 5.18】 使用 GOTO 语句的例子，代码如下。

```
… --程序其他部分
<<goto_mark>>                          --定义了一个转向标签 goto_mark
… --程序其他部分
IF no>98050 THEN
    GOTO goto_mark;                    --如果条件成立，则转向 goto_mark 继续执行
… --程序其他部分
```

在使用 GOTO 语句时需要十分谨慎。不必要的 GOTO 语句会使程序代码复杂化，容易出错，而且难以理解和维护。事实上，几乎所有使用 GOTO 的语句都可以使用其他 PL/SQL 控制结构（如循环或条件结构）重新编写。

5.4　PL/SQL 游标

游标提供了一种从表中检索数据并进行操作的灵活手段，游标主要用在服务器上，处理由客户端发送给服务器端的 SQL 语句，或是批处理、存储过程、触发器中的数据处理请求。游标的作用就相当

于指针，通过游标 PL/SQL 程序可以一次处理查询结果集中的一行，并可以对该行数据执行特定操作，从而为用户在处理数据的过程中提供了很大方便。

在 Oracle 中，通过游标操作数据主要使用显式游标和隐式游标。另外，还包括具有引用类型特性的 REF 游标。因篇幅限制，本书主要介绍前两种经常使用的游标（显式游标和隐式游标）。

5.4.1　基本原理

在 PL/SQL 块中执行 SELECT、INSERT、UPDATE 和 DELETE 语句时，Oracle 会在内存中为其分配上下文区（context area），即一个缓冲区。游标是指向该区的一个指针，或是命名一个工作区（work area），或是一种结构化数据类型。游标为应用程序提供了一种具有对多行数据查询结果集中的每一行数据分别进行单独处理的方法，是设计嵌入式 SQL 语句的应用程序的常用编程方法。

游标分为显式游标和隐式游标两种。显式游标是由用户声明和操作的一种游标；隐式游标是 Oracle 为所有数据操纵语句（包括只返回单行数据的查询语句）自动声明和操作的一种游标。在每个用户会话中，可以同时打开多个游标，其数量由数据库初始化参数文件中的 open cursors 参数定义。

说明

游标在 PL/SQL 中作为对数据库操作的必备元素应该熟练掌握，灵活地使用游标才能深刻地领会程序控制数据库操作的内涵。

5.4.2　显式游标

显式游标是由用户声明和操作的一种游标，通常用于操作查询结果集（即由 SELECT 语句返回的查询结果），使用它处理数据的步骤包括声明游标、打开游标、读取游标和关闭游标 4 个步骤。其中，读取游标可能需要反复操作，因为游标每次只能读取一行数据，所以对于多条记录，需要反复读取，直到游标读取不到数据为止。其操作过程如图 5.12 所示。

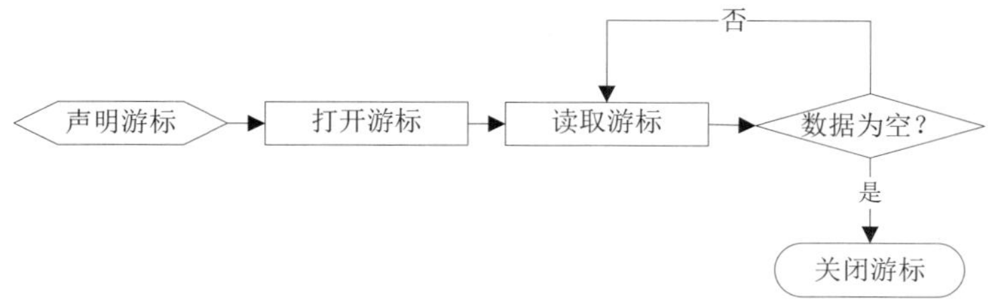

图 5.12　显示游标操作数据的过程

声明游标需要在块的声明部分进行，其他 3 个步骤都在执行部分或异常处理中进行。

1. 声明游标

声明游标主要包括指定游标名称和为游标提供结果集的 SELECT 语句，语法格式如下。

```
CURSOR cur_name[(input_parameter1[,input_parameter2]…)]
[RETURN    ret_type]
```

```
IS select_ sentence;
```

- ☑ cur_name：表示所声明的游标名称。
- ☑ ret_type：表示执行游标操作后的返回值类型，这是一个可选项。
- ☑ select_ sentence：游标所使用的 SELECT 语句，它为游标的反复读取提供了结果集。
- ☑ input_parameter1：作为游标的“输入参数”，可以有多个，这是一个可选项。它指定用户在打开游标后向游标中传递的值，该参数的定义和初始化格式如下。

```
para_name [IN] DATATYPE [{:= | DEFAULT} para_value]
```

其中，para_name 表示参数名称，其后面的关键字 IN 表示输入方向，可以省略；DATATYPE 表示参数的数据类型，但数据类型不可以指定长度；para_value 表示该参数的初始值或默认值，它也可以是一个表达式；para_name 参数的初始值既可以以常规的方式赋值（:=），也可以使用关键字 DEFAULT 初始化默认值。

与声明变量一样，声明游标也应该放在 PL/SQL 块的 declare 部分，下面来看一个具体的例子。

【例 5.19】 声明游标，用来读取 emp 表中职务为销售员（SALESMAN）的员工信息，代码如下。

```
SQL> declare
  2     cursor cur_emp(var_job in varchar2:='SALESMAN')
  3     is select empno,ename,sal
  4         from emp
  5         where job=var_job;
```

在上述代码中，声明了一个名称为 cur_emp 的游标，并定义了一个输入参数 var_job（类型为 varchar2，但不可以指定长度，如 varchar2(10)，否则程序报错），该参数用来存储员工的职务（初始值为 SALESMAN），然后使用 SELECT 语句检索得到职务是销售员的结果集，以等待游标逐行读取它。

2. 打开游标

在游标声明完毕之后，必须打开游标才能使用。打开游标的语法格式如下。

```
OPEN cur_name[(para_value1[,para_value2]…)];
```

- ☑ cur_name：要打开的游标名称。
- ☑ para_value1：指定“输入参数”的值，根据声明游标时的实际情况，可以是多个或一个，这是一个可选项。如果在声明游标时定义了“输入参数”，并初始化其值，而在此处省略“输入参数”的值，则表示游标将使用“输入参数”的初始值；若在此处指定“输入参数”的值，则表示游标将使用这个指定的“参数值”。

打开游标就是执行定义的 SELECT 语句。执行完毕，将查询结果装入内存，游标停在查询结果的首部（注意，并不是第一行）。打开一个游标时，会完成以下几件事。

- ☑ 检查联编变量的取值。
- ☑ 根据联编变量的取值，确定活动集。
- ☑ 活动集的指针指向第一行。

紧接上一个例子中的代码，打开游标的代码如下。

```
OPEN cur_emp('MANAGER');
```

上述语句表示打开游标 cur_emp，然后给游标的“输入参数”赋值为“MANAGER”。当然这里可

以省略“('MANAGER')”，这样表示“输入参数”的值仍然使用其初始值（即 SALESMAN）。

3. 读取游标

当打开一个游标之后，就可以读取游标中的数据了，读取游标就是逐行将结果集中的数据保存到变量中。读取游标使用 FETCH…INTO 语句，其语法格式如下。

```
FETCH cur_name INTO {variable};
```

☑ cur_name：要读取的游标名称。

☑ variable：一个变量列表或“记录”变量（RECORD 类型），Oracle 使用“记录”变量来存储游标中的数据，要比使用变量列表方便得多。

在游标中包含一个数据行指针，它用来指向当前数据行。刚刚打开游标时，指针指向结果集中的第一行，当使用 FETCH…INTO 语句读取数据完毕之后，游标中的指针将自动指向下一行数据。这样，就可以在循环结构中使用 FETCH…INTO 语句来读取数据，这样每一次循环都会从结果集中读取一行数据，直到指针指向结果集中最后一条记录之后为止（实际上，最后一条记录之后是不存在的，是空的，这里只是表示遍历完所有的数据行），这时游标的%FOUND 属性值为 FALSE。

下面通过一个具体的例子来演示如何使用游标读取数据。

【例 5.20】声明一个检索 emp 表中员工信息的游标，然后打开游标，并指定检索职务是 MANAGER 的员工信息，接着使用 FETCH…INTO 语句和 WHILE 循环语句读取游标中的所有员工信息，最后输出读取的员工信息，代码如下。**（实例位置：资源包\TM\sl\5\12）**

```
SQL> set serveroutput on
SQL> declare
    /*声明游标，检索员工信息*/
    cursor cur_emp (var_job in varchar2:='SALESMAN')
    is select empno,ename,sal
      from emp
      where job=var_job;
    type record_emp is record                    --声明一个记录类型（RECORD 类型）
    (
      /*定义当前记录的成员变量*/
      var_empno emp.empno%type,
      var_ename emp.ename%type,
      var_sal emp.sal%type
    );
    emp_row record_emp;                          --声明一个 record_emp 类型的变量
  begin
    open cur_emp('MANAGER');                     --打开游标
    fetch cur_emp into emp_row;                  --先让指针指向结果集中的第一行，并将值保存到 emp_row 中
    while cur_emp%found loop
      dbms_output.put_line(emp_row.var_ename||'的编号是'||emp_row.var_empno||',工资是
'||emp_row.var_sal);
      fetch cur_emp into emp_row;                --让指针指向结果集中的下一行，并将值保存到 emp_row 中
    end loop;
    close cur_emp;                               --关闭游标
  end;
  /
```

运行本例代码，结果如图 5.13 所示。

```
SQL> set serveroutput on
SQL> declare
    cursor cur_emp (var_job in varchar2:='SALESMAN')
    is select empno,ename,sal
      from emp
      where job=var_job;
    type record_emp is record
    (
     var_empno emp.empno%type,
     var_ename emp.ename%type,
     var_sal emp.sal%type
  );
     emp_row record_emp;
  begin
    open cur_emp('MANAGER');
    fetch cur_emp into emp_row;
    while cur_emp%found loop
      dbms_output.put_line(emp_row.var_ename||'的编号是'||emp_row.var_empno||',工资是'||emp_row.var_sal);
      fetch cur_emp into emp_row;
    end loop;
    close cur_emp;
  end;
  /
JONES的编号是7566,工资是2975
BLAKE的编号是7698,工资是2850
CLARK的编号是7782,工资是2450

PL/SQL 过程已成功完成。
```

图 5.13　使用游标读取员工信息

上述代码中，在 WHILE 语句之前，首先使用 FETCH…INTO 语句将游标中的指针移动到结果集中的第一行，这样属性%FOUND 的值就为 TRUE，从而保证 WHILE 语句的循环判断条件成立。

4. 关闭游标

当所有的活动集都被检索以后，游标就应该被关闭。PL/SQL 程序将被告知对于游标的处理已经结束，与游标相关联的资源可以被释放了。这些资源包括用来存储活动集的存储空间，以及用来存储活动集的临时空间。关闭游标的语法格式如下。

```
CLOSE cur_name;
```

参数 cur_name 表示要关闭的游标名称。一旦关闭了游标，SELECT 操作就会被关闭，并释放占用的内存区。如果再从游标提取数据就是非法的，这样做会产生以下两种 Oracle 错误。

```
ORA-1001：Invalid CUSOR                    --非法游标
ORA-1002：FETCH out of sequence            --超出界限
```

类似地，关闭一个已经被关闭的游标也是非法的，这也会触发 ORA-1001 错误。

例 5.20 中，在读取完结果集之后，应使用下列 CLOSE 语句关闭游标。

```
SQL> close cur_emp;                        --关闭游标
```

5.4.3　隐式游标

在执行一个 SQL 语句时，Oracle 会自动创建一个隐式游标。这个游标是内存中处理该语句的工作区域。隐式游标主要是处理数据操作语句（如 UPDATE、DELETE 语句）的执行结果，当然在特殊情况下，也可以处理 SELECT 语句的查询结果。由于隐式游标也有属性，因此当使用隐式游标的属性时，需要在属性前面加上隐式游标的默认名称——SQL。

在实际的 PL/SQL 编程中，经常使用隐式游标来判断更新数据行或删除数据行的情况。

【例 5.21】在 scott 模式下，把 emp 表中销售员（即 SALESMAN）的工资上调 20%，然后使用隐式游标 SQL 的%ROWCOUNT 属性输出上调工资的员工数量，代码如下。**（实例位置：资源包\TM\sl\5\13）**

```
SQL> set serveroutput on
SQL> begin
    update emp
    set sal=sal*(1+0.2)
    where job='SALESMAN';                      --把销售员的工资上调 20%
    if sql%notfound then                       --若 UPDATE 语句没有影响到任何一行数据
       dbms_output.put_line('没有员工需要上调工资');
    else                                       --若 UPDATE 语句至少影响到一行数据
       dbms_output.put_line('有'||sql%rowcount||'个员工工资上调 20%');
    end if;
  end;
  /
```

运行本例代码，结果如图 5.14 所示。

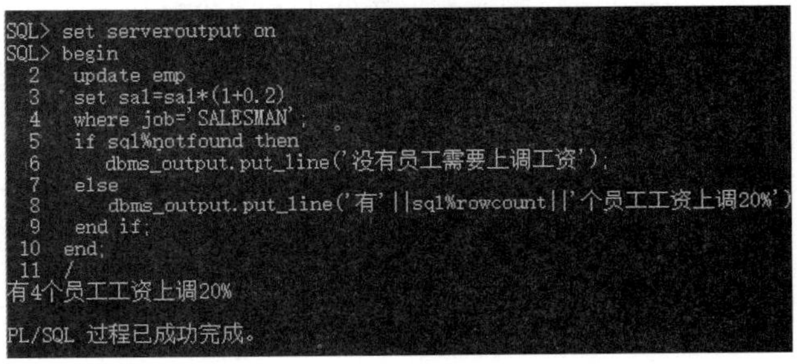

图 5.14　使用隐式游标输出上调工资的员工数量

在上述代码中，标识符 SQL 就是 UPDATE 语句在更新数据过程中所使用的隐式游标，它通常处于隐藏状态，是由 Oracle 系统自动创建的。当需要使用隐式游标的属性时，标识符 SQL 就必须显式地添加到属性名称之前。另外，无论是隐式游标还是显式游标，它们的属性总是反映最近的一条 SQL 语句的处理结果。因此，在一个 PL/SQL 块中出现多个 SQL 语句时，游标的属性值只能反映出紧挨着它的上一条 SQL 语句的处理结果。

5.4.4　游标的属性

无论是显式游标还是隐式游标，都具有%FOUND、%NOTFOUND、%ROWCOUNT 和%ISOPEN 4 个属性，通过这 4 个属性可以获知 SQL 语句的执行结果以及该游标的状态信息。它们描述与游标操作相关的 DML 语句的执行情况。游标属性只能用在 PL/SQL 的流程控制语句内，而不能用在 SQL 语句内。下面对这 4 个属性的功能进行讲解。

- ☑ %FOUND：布尔型属性，如果 SQL 语句至少影响到一行数据，则该属性为 TRUE，否则为 FALSE。
- ☑ %NOTFOUND：布尔型属性，与%FOUND 属性的功能相反。
- ☑ %ROWCOUNT：数字型属性，返回受 SQL 语句影响的行数。
- ☑ %ISOPEN：布尔型属性，当游标已经打开时返回 TRUE，当游标关闭时返回 FALSE。

下面对游标的属性进行具体介绍。

1. 是否找到游标（%FOUND）

%FOUND 属性表示当前游标是否指向有效一行，若是则值为 TRUE，否则值为 FALSE。检查此属性可以判断是否结束游标使用。

【例 5.22】使用%FOUND，代码如下。

```
SQL> open cur_emp;                                    --打开游标
    fetch cur_emp into var_ename,var_job;             --将第一行数据放入变量中，游标后移
    loop
      exit when not cur_em%found;                     --使用了%FOUND 属性
    end loop;
```

【例 5.23】在隐式游标中%FOUND 属性的引用方法是 SQL %FOUND。使用 SQL %FOUND，代码如下。

```
SQL> delete from emp where empno = emp_id;           -- emp_id 为一个有值变量
    if sql %found then                                --如果删除成功，则将该行员工编号写入 success 表中
      insert into success values(empno);
    else                                              --如果不成功，则将该行员工编号写入 fail 表中
      insert into fail values(empno);
  end if;
```

2. 是否没找到游标（%NOTFOUND）

%NOTFOUND 属性与%FOUND 属性相类似，但其值恰好相反。

【例 5.24】使用%NOTFOUND，代码如下。

```
SQL> open cur_emp;                                    --打开游标
    fetch cur_emp into var_ename,var_job;             --将第一行数据放入变量中，游标后移
    loop
      exit when cur_em%notfound;                      --使用了%NOTFOUND 属性
    end loop;
```

在隐式游标中%NOTFOUND 属性的引用方法是 SQL %NOTFOUND。

【例 5.25】 使用 SQL %NOTFOUND，代码如下。

```
SQL> delete from emp where empno = emp_id;           -- emp_id 为一个有值变量
    if sql %notfound then                             --如果删除不成功，则将该行员工编号写入 fail 表中
      insert into fail values(empno);
    else                                              --如果删除成功，则将该行员工编号写入 success 表中
      insert into success values(empno);
  end if;
```

3. 游标行数（%ROWCOUNT）

%ROWCOUNT 属性记录了游标抽取过的记录行数，也可以理解为当前游标所在的行号。这个属性在循环判断中也很有用，使得不必抽取所有记录行就可以中断游标操作。

【例 5.26】使用%ROWCOUNT，代码如下。

```
SQL> loop
      fetch cur_emp into var_empno,var_ename,var_job;
      exit when cur_emp%rowcount = 10;                --只抽取 10 条记录
      …
    end loop;
```

还可以用 FOR 语句控制游标的循环，系统隐含地定义了一个数据类型为 ROWCOUNT 的记录，作为循环计数器，将隐式地打开和关闭游标。

4. 游标是否打开（%ISOPEN）

%ISOPEN 属性表示游标是否处于打开状态。在实际应用中，使用一个游标前，第一步往往是检查它的%ISOPEN 属性，看其是否已打开，若没有，要打开游标再向下操作。这是防止运行过程中出错的关键一步。

【例 5.27】使用%ISOPEN，代码如下。

```
SQL> if cur_emp%isopen tneh
       fetch cur_emp into var_empno,var_ename,var_job;
     else
       open cur_emp;
     end if;
```

在隐式游标中此属性的引用方法是 SQL %ISOPEN。隐式游标中 SQL %ISOPEN 属性总为 TRUE，因此在隐式游标使用中不用打开和关闭游标，也不用检查其打开状态。

5. 参数化游标

在定义游标时，可以带上参数，使得在使用游标时，根据参数不同所选中的数据行也不同，达到动态使用的目的。下面通过一个具体的例子来查看如何使用游标的属性。以%FOUND 为例，判断检索结果集中是否有数据行。

【例 5.28】声明一个游标，用于检索指定员工编号的员工信息，然后使用游标的%FOUND 属性来判断是否检索到指定员工编号的员工信息，代码如下。**（实例位置：资源包\TM\sl\5\14）**

```
SQL> set serveroutput on
SQL> declare
       var_ename varchar2(50);                   --声明变量，用来存储员工名称
       var_job varchar2(50);                     --声明变量，用来存储员工的职务
       /*声明游标，检索指定员工编号的员工信息*/
       cursor cur_emp                            --定义游标，检索指定编号的记录信息
       is select ename,job
         from emp
         where empno=7499;
     begin
       open cur_emp;                             --打开游标
       fetch cur_emp into var_ename,var_job;     --读取游标，并存储员工名称和职务
       if cur_emp%found then                     --若检索到数据记录，则输出员工信息
         dbms_output.put_line('编号是 7499 的员工名称为：'||var_ename||'，职务是：'||var_job);
       else
         dbms_output.put_line('无数据记录');       --提示无记录信息
       end if;
     end;
     /
```

本例运行结果如图 5.15 所示。

在上述例子中，若检索到编号为 7499 的员工信息，则 SELECT 语句会返回一行数据，这时游标 cur_emp 的%FOUND 属性值为 TRUE；若检索不到编号为 7499 的员工信息，则 SELECT 语句无数据行返回，这时游标 cur_emp 的%FOUND 属性值为 FALSE。

```
SQL> set serveroutput on
SQL> declare
  var_ename varchar2(50);
  var_job varchar2(50);
  cursor cur_emp
  is select ename,job
    from emp
    where empno=7499;
begin
  open cur_emp;
  fetch cur_emp into var_ename,var_job;
  if cur_emp%found then
    dbms_output.put_line('编号是7499的员工名称为：'||var_ename||'，职务是：'||var_job);
  else
    dbms_output.put_line('无数据记录');
  end if;
end;
/
编号是7499的员工名称为：ALLEN，职务是：SALESMAN

PL/SQL 过程已成功完成。
```

图 5.15　使用游标的%FOUND 属性判断是否存在检索记录

使用显式游标时，需要注意以下事项。

☑ 使用前必须用%ISOPEN 检查其打开状态，只有此值为 TRUE 的游标才可使用，否则要先将游标打开。
☑ 在使用游标过程中，每次都要用%FOUND 或%NOTFOUND 属性检查是否成功返回，即是否还有要操作的行。
☑ 将游标中行取至变量组中时，对应变量个数和数据类型必须完全一致。
☑ 使用完游标必须将其关闭，以释放相应内存资源。

5.4.5　游标变量

如同常量和变量的区别一样，前面所讲的游标都是与 SQL 语句相关联的，它是静态的，并且在编译该块时此语句已经是可知的。而游标变量可以在运行时与不同的语句相关联，它是动态的。游标变量被用于处理多行的查询结果集。在同一个 PL/SQL 块中，游标变量不同于特定的查询绑定，而是在打开游标时才能确定所对应的查询。因此，游标变量可以一次对应多个查询。

使用游标变量之前，必须先声明它，然后在运行时必须为其分配存储空间。游标变量是 REF 类型的变量，类似于高级语句中的指针。

1. 声明游标变量

游标变量是一种引用类型。当程序运行时，它们可以指向不同的存储单元。如果要使用引用类型，首先要声明该变量，然后相应的存储单元必须被分配。PL/SQL 中的引用类型通过下述语法进行声明。

```
REF type
```

其中，type 是已经被定义的类型。REF 关键字指明新的类型必须是一个指向经过定义的类型的指针。因此，游标可以使用的类型就是 REF CURSOR。

定义一个游标变量类型的完整语法如下。

```
TYPE <类型名> IS REF CURSOR
RETURN <返回类型>
```

其中，<类型名>是新的引用类型的名字，而<返回类型>是一个记录类型，它指明了最终由游标变量返回的选择列表的类型。

游标变量的返回类型必须是一个记录类型。它可以被显式声明为一个用户定义的记录，或者隐式使用%ROWTYPE 进行声明。在定义了引用类型以后，就可以声明该变量了。

【例 5.29】在声明部分，给出用于游标变量的不同游标，代码如下。

```
SQL> set serveroutput on
SQL> DECLARE
    TYPE t_StudentRef IS REF CURSOR                    --定义使用%ROWTYPE
    RETURN STUDENTS%ROWTYPE;
    TYPE t_AbstractstudentsRecord IS RECORD(           --定义新的记录类型
      sname STUDENTS.sname%TYPE,
      sex STUDENTS.sex%type);
    v_AbstractStudentsRecord t_AbstractStudentsRecord;
    TYPE t_AbstractStudentsRef IS REF CURSOR           --使用记录类型的游标变量
    RETURN t_AbstractStudentsRecord;
    TYPE t_NameRef2 IS REF CURSOR                      --另一类型定义
    RETURN v_AbstractStudentsRecord%TYPE;
    v_StudentCV t_StudentsRef;                         --声明上述类型的游标变量
    v_AbstractStudentCV t_AbstractStudentsRef;
```

上例中极少的游标变量是受限的，它的返回类型只能是特定类型。而在 PL/SQL 语句中，还有一种非受限游标变量，它在声明时没有 RETURN 子句。一个非受限游标变量可以为任何查询打开。

【例 5.30】定义游标变量，代码如下。

```
SQL> DECLARE
                  --定义非受限游标变量
    TYPE t_FlexibleRefIS REF CURSOR;
                  --游标变量
    V_CURSORVar t_FlexibleRef;
```

2. 打开游标变量

如果要将一个游标变量与一个特定的 SELECT 语句相关联，需要使用 OPEN FOR 语句，其语法格式如下。

```
OPEN<游标变量>FOR<SELECT 语句>;
```

如果游标变量是受限的，则 SELECT 语句的返回类型必须与游标变量所受限的记录类型匹配，如果不匹配，则 Oracle 会返回错误 ORA_6504。

【例 5.31】打开游标变量 v_StudentSCV，代码如下。

```
SQL> DECLARE
    TYPE t_StudentRef IS REF CURSOR                    --定义使用%ROWTYPE
    RETURN STUDENTS%ROWTYPE;
    v_StudentSCV t_StudentRef;                         --定义新的记录类型
  BEGIN
    OPEN v_StudentSCV FOR
      SELECT * FROM STUDENTS;
  END;
```

3. 关闭游标变量

游标变量的关闭和静态游标的关闭类似，均使用 CLOSE 语句，这会释放查询所使用的空间。关闭已经关闭的游标变量是非法的。

5.4.6 通过 FOR 语句循环游标

在使用隐式游标或显式游标处理具有多行数据的结果集时，用户可以配合使用 FOR 语句来完成。在使用 FOR 语句遍历游标中的数据时，可以把它的计时器看作是一个自动的 RECORD 类型的变量。

（1）在 FOR 语句中遍历隐式游标中的数据时，通常在关键字 IN 的后面提供由 SELECT 语句检索的结果集，在检索结果集的过程中，Oracle 系统会自动提供一个隐式的游标 SQL。

【例 5.32】使用隐式游标和 FOR 语句检索出职务是销售员（SALESMAN）的员工信息并输出，代码如下。**（实例位置：资源包\TM\sl\5\15）**

```
SQL> set serveroutput on
SQL> begin
     for emp_record in (select empno,ename,sal from emp where job='SALESMAN')   --遍历隐式游标中的记录
     loop
       dbms_output.put('员工编号：'||emp_record.empno);                          --输出员工编号
       dbms_output.put('；员工名称：'||emp_record.ename);                        --输出员工名称
       dbms_output.put_line('；员工工资：'||emp_record.sal);                     --输出员工工资
     end loop;
   end;
   /
```

运行本例代码，结果如图 5.16 所示。

（2）在 FOR 语句中遍历显式游标中的数据时，通常在关键字 IN 的后面提供游标的名称，其语法格式如下。

```
FOR var_auto_record IN cur_name LOOP
  plsqlsentence;
END LOOP;
```

- ☑ var_auto_record：自动的 RECORD 类型的变量，可以是任意合法的变量名称。
- ☑ cur_name：指定的游标名称。
- ☑ plsqlsentence：PL/SQL 语句。

【例 5.33】使用显式游标和 FOR 语句检索出部门编号是 30 的员工信息并输出，代码如下。**（实例位置：资源包\TM\sl\5\16）**

```
SQL> set serveroutput on
SQL> declare
    cursor cur_emp is
    select * from emp
    where deptno = 30;                              --检索部门编号为 30 的员工信息
  begin
     for emp_record in cur_emp                      --遍历员工信息
     loop
```

```
        dbms_output.put('员工编号：'||emp_record.empno);          --输出员工编号
        dbms_output.put('；员工名称：'||emp_record.ename);       --输出员工名称
        dbms_output.put_line('；员工职务：'||emp_record.job);    --输出员工职务
    end loop;
end;
/
```

运行本例代码，结果如图 5.17 所示。

```
SQL> set serveroutput on
SQL> begin
  2   for emp_record in (select empno,ename,sal from emp where job='SALESMAN')
  3   loop
  4     dbms_output.put('员工编号：'||emp_record.empno);
  5     dbms_output.put('；员工名称：'||emp_record.ename);
  6     dbms_output.put_line('；员工工资：'||emp_record.sal);
  7   end loop;
  8  end;
  9  /
员工编号：7499；员工名称：ALLEN；员工工资：2400
员工编号：7521；员工名称：WARD；员工工资：1875
员工编号：7654；员工名称：MARTIN；员工工资：1875
员工编号：7844；员工名称：TURNER；员工工资：2250

PL/SQL 过程已成功完成。
```

图 5.16　使用隐式游标处理多行记录

```
SQL> set serveroutput on
SQL> declare
  2    cursor cur_emp is
  3    select * from emp
  4    where deptno = 30;
  5  begin
  6    for emp_record in cur_emp
  7    loop
  8      dbms_output.put('员工编号：'||emp_record.empno);
  9      dbms_output.put('；员工名称：'||emp_record.ename);
 10      dbms_output.put_line('；员工职务：'||emp_record.job);
 11    end loop;
 12  end;
 13  /
员工编号：7499；员工名称：ALLEN；员工职务：SALESMAN
员工编号：7521；员工名称：WARD；员工职务：SALESMAN
员工编号：7654；员工名称：MARTIN；员工职务：SALESMAN
员工编号：7698；员工名称：BLAKE；员工职务：MANAGER
员工编号：7844；员工名称：TURNER；员工职务：SALESMAN
员工编号：7900；员工名称：JAMES；员工职务：CLERK

PL/SQL 过程已成功完成。
```

图 5.17　使用显式游标处理多行记录

说明

在使用游标（包括显式和隐式）的 FOR 循环中，可以声明游标，但不用进行打开游标、读取游标和关闭游标等操作，这些由 Oracle 系统自动完成。

5.5　PL/SQL 异常处理

5.5.1　异常处理方法

在编写 PL/SQL 程序时，不可避免地会发生一些错误，可能是程序设计人员自己造成的，也可能是操作系统或硬件环境出错，如出现除数为零、磁盘 I/O 错误等情况。对于出现的这些错误，Oracle 采用异常机制来处理，异常处理代码通常放在 PL/SQL 的 EXCEPTION 代码块中。根据异常产生的机制和原理，可将 Oracle 系统异常分为以下两大类。

- ☑ 预定义异常：Oracle 系统自身为用户提供了大量的、可在 PL/SQL 中使用的预定义异常，以便检查用户代码失败的一般原因。它们都定义在 Oracle 的核心 PL/SQL 库中，用户可以在自己的 PL/SQL 异常处理部分使用名称对其进行标识。对这种异常情况的处理，用户无须在程序中定义，它们由 Oracle 自动引发。
- ☑ 自定义异常：有时候可能会出现操作系统错误或机器硬件故障，这些错误 Oracle 系统自身无法知晓，也不能控制。例如，操作系统因病毒破坏而产生故障、磁盘损坏、网络突然中断等。

另外，因业务的实际需求，程序设计人员需要自定义一些错误的业务逻辑，而 PL/SQL 程序在运行过程中就可能会触发到这些错误的业务逻辑。那么，对于以上这些异常情况的处理，就需要用户在程序中自定义异常，然后由 Oracle 自动引发。

异常的处理方法有两种：预定义异常处理方法和用户自定义异常处理方法。

1. 预定义异常处理方法

每当 PL/SQL 程序违反了 Oracle 的规则或超出系统的限制时，系统就自动地产生内部异常。每个 Oracle 异常都有一个号码，但异常必须按名处理。因此，PL/SQL 对那些常见的异常预定义了异常名。

2. 用户自定义异常处理方法

异常声明：用户定义异常包括预定义异常和用户自定义异常。用户定义的异常只能在 PL/SQL 块的声明部分进行声明，声明方式与变量声明类似。

抛出异常：用户定义的异常使用 RAISE 语句显式地提出。

为内部异常命名：在 PL/SQL 中，必须使用 OTHERS 处理程序或用伪命令 EXCEPTION_INIT 来处理未命名的内部异常。

注意

异常是一种状态而不是一个对象，因此，异常名不能出现在赋值语句或 SQL 语句中。PRAGMA EXCEPTION_INIT 的作用是将一个异常名与一个 Oracle 错误号码联系起来。因此，用户就可以按名称引用任何内部异常，并为它编写一个特定的处理程序。

5.5.2 异常处理语法

1. 声明异常

声明异常的代码如下。

```
exception_name EXCEPTION;
```

其中，exception_name 为用户定义的异常名。

2. 为内部异常命名

为内部异常命名的代码如下。

```
PRAGE EXCEPTION_INIT(exception_name,ORA_errornumber);
```

其中，ORA_errornumber 为用户定义的 Oracle 错误号。

3. 异常定义

异常定义的代码如下。

```
DECLARE
    exceprion_name EXCEPTION;
BEGIN
    IF condition THEN
```

```
        RAISE exception_name;
    END IF;
    EXCEPTION
        WHEN exception_name THEN
        statement;
END;
```

4. 异常处理

异常处理的代码如下。

```
SET SERVEROUTPUT ON   --将输出流开关打开
EXCEPTION
    WHEN exception1 THEN
        statement1
    WHEN exception2 THEN
        statement2
    ...
    WHEN OTHERS THEN
        statement3
```

5. 使用 SQLCODE 和 SQLERRM 函数定义提示信息

使用 SQLCODE 和 SQLERRM 函数定义提示信息的代码如下。

```
DBMS_OUTPUT.PUT_LINE('错误号：'||SQLCODE);
DBMS_OUTPUT.PUT_LINE('错误号：'||SQLERRM);
```

5.5.3　预定义异常

当 PL/SQL 程序违反 Oracle 系统内部规定的设计规范时，将会自动引发一个预定义的异常。例如，当除数为零时，将会引发 ZERO_DIVIED 异常。Oracle 系统常见的预定义异常标识符如下。

☑　ACCESS_INTO_NULL：该异常对应于 ORA-06530 错误。为了引用对象属性，必须首先初始化对象。当直接引用未初始化的对象属性时，将会触发该异常。

☑　CASE_NOT_FOUND：该异常对应于 ORA-06592 错误。当 CASE 语句的 WHEN 子句没有包含必须条件分支或者 ELSE 子句时，将会触发该异常。

☑　COLLECTION_IS_NULL：该异常对应于 ORA-06531 错误。在给嵌套表变量或者 VARRAY 变量赋值之前，必须首先初始化集合变量。如果没有初始化集合变量，则将会触发该异常。

☑　CURSOR_ALREADY_OPEN：该异常对应于 ORA-06511 错误。当在已打开游标上执行 OPEN 操作时，将会触发该异常。

☑　INVALID_CURSOR：该异常对应于 ORA-01001 错误。当视图从未打开游标提取数据，或者关闭未打开游标时，将会触发该异常。

☑　INVALID_NUMBER：该异常对应于 ORA-01722 错误。当内嵌 SQL 语句不能将字符转变成数字时，将会触发该异常。

☑　LOGIN_DENIED：该异常对应于 ORA-01017 错误。当连接到 Oracle 数据库时，如果提供不正确的用户名或者口令，则将会触发该异常。

- ☑ NO_DATA_FOUND：该异常对应于 ORA-01403 错误。当执行 SELECT INTO 未返回行，或者引用未初始化的 PL/SQL 表元素时，将会触发该异常。
- ☑ NOT_LOGGED_ON：该异常对应于 ORA-01012 错误。当没有连接到 Oracle 数据库时，如果执行内嵌 SQL 语句，则将会触发该异常。
- ☑ PROGRAM_ERROR：该异常对应于 ORA-06501 错误。如果出现该错误，则表示存在 PL/SQL 内部问题，在这种情况下需要重新安装数据字典视图和 PL/SQL 包。
- ☑ ROWTYPE_MISMATCH：该异常对应于 ORA-016504 错误。当执行赋值操作时，如果宿主变量和游标变量具有不兼容的返回类型，则将会触发该异常。
- ☑ SELF_IS_NULL：该异常对应于 ORA-30625 错误。当使用对象类型时，如果在 NULL 实例上调用成员方法，则将会触发该异常。
- ☑ STORAGE_ERROR：该异常对应于 ORA-06500 错误。当执行 PL/SQL 块时，如果超出内存空间或者内存被破坏，则将会触发该异常。
- ☑ SUBSCRIPT_BEYOND_COUNT：该异常对应于 ORA-06533 错误。当使用嵌套表或者 VARRAY 元素时，如果下标超出嵌套表或者 VARRAY 元素的范围，则将会触发该异常。
- ☑ SUBSCRIPT_OUTSIDE_LIMIT：该异常对应于 ORA-06532 错误。当使用嵌套表或者 VARRAY 元素时，如果元素下标为负值，则将会触发该异常。
- ☑ SYS_INVALID_ROWID：该异常对应于 ORA-01410 错误。当字符串被转变为 ROWID 时，如果使用无效字符串，则将会触发该异常。
- ☑ TIMEOUT_ON_RESOURCE：该异常对应于 ORA-00051 错误。当等待资源时，如果出现超时错误，则将会触发该异常。
- ☑ TOO_MANY_ROWS：该异常对应于 ORA-01422 错误。当执行 SELECT INTO 语句时，如果返回超过一行，则将会触发该异常。
- ☑ VALUE_ERROR：该异常对应于 ORA-06502 错误。当执行赋值操作时，如果变量长度不足以容纳实际数据，则将会触发该异常。
- ☑ ZERO_DIVIDE：该异常对应于 ORA-01476 错误。当使用数字值除以 0 时，将会触发该异常。

下面通过一个实例来说明如何使用系统预定义异常。

【例 5.34】 使用 SELECT INTO 语句检索 emp 表中部门编号为 10 的员工记录信息，然后使用 TOO_MANY_ROWS 预定义异常捕获错误信息并输出，代码如下。**（实例位置：资源包\TM\sl\5\17）**

```
SQL> set serveroutput on
SQL> declare
    var_empno number;                          --定义变量，存储员工编号
    var_ename varchar2(50);                    --定义变量，存储员工名称
  begin
    select empno,ename into var_empno,var_ename
    from emp
    where deptno=10;                           --检索部门编号为 10 的员工信息
    if sql%found then                          --若检索成功，则输出员工信息
      dbms_output.put_line('员工编号：'||var_empno||'；员工名称'||var_ename);
    end if;
  exception                                    --捕获异常
    when too_many_rows then                    --若 SELECT INTO 语句的返回记录超过一行
      dbms_output.put_line('返回记录超过一行');
```

```
    when no_data_found then                          --若 SELECT INTO 语句的返回记录为 0 行
      dbms_output.put_line('无数据记录');
  end;
  /
```

运行本例代码，结果如图 5.18 所示。

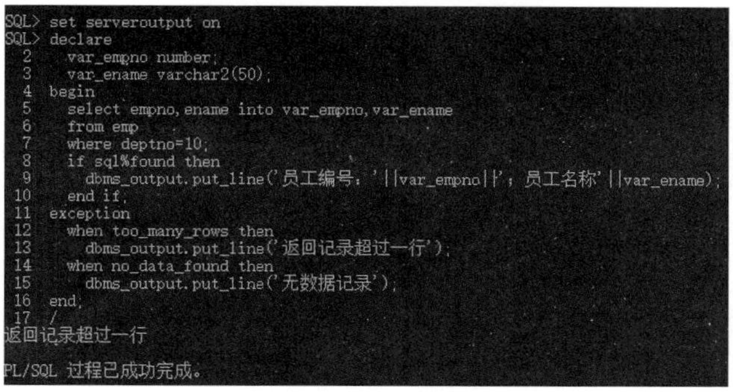

```
SQL> set serveroutput on
SQL> declare
  2    var_empno number;
  3    var_ename varchar2(50);
  4  begin
  5    select empno,ename into var_empno,var_ename
  6    from emp
  7    where deptno=10;
  8    if sql%found then
  9      dbms_output.put_line('员工编号：'||var_empno||'；员工名称'||var_ename);
 10    end if;
 11  exception
 12    when too_many_rows then
 13      dbms_output.put_line('返回记录超过一行');
 14    when no_data_found then
 15      dbms_output.put_line('无数据记录');
 16  end;
 17  /
返回记录超过一行

PL/SQL 过程已成功完成。
```

图 5.18　使用 TOO_MANY_ROWS 预定义异常捕获的错误信息

在例 5.34 中，由于部门编号为 10 的员工记录数大于 1，因此 SELECT INTO 语句的返回行数就要超过一行。由于 Oracle 系统内部规定不允许该语句的返回行数超过一行，因此必然会引发异常，即引发 TOO_MANY_ROWS 系统预定义异常。

5.5.4　自定义异常

Oracle 系统内部的预定义异常只有 20 个左右，而实际程序运行过程中可能会产生几千种异常情况。因此，Oracle 经常使用错误编号和相关描述输出异常信息。另外，程序设计人员可以根据实际的业务需求定义一些特殊异常，这样 Oracle 的自定义异常就可以分为错误编号异常和业务逻辑异常两种。

1. 错误编号异常

错误编号异常是指在 Oracle 系统发生错误时，系统会显示错误号和相关描述信息的异常。虽然直接使用错误编号也可以完成异常处理，但错误编号较为抽象，不易于用户理解和记忆。对于这种异常，首先在 PL/SQL 块的声明部分（DECLARE 部分）使用 EXCEPTION 类型定义一个异常变量名，然后使用语句 PRAGMA EXCEPTION_INIT 为“错误编号”关联“这个异常变量名”，接下来就可以像对待系统预定义异常一样处理了。

下面通过一个具体的例子来演示如何为 Oracle 系统的“错误编号”做自定义异常处理。首先我们向 dept 表中插入一条部门编号为 10 的记录（事先查询过，部门编号 10 已经存在于 dept 表中，并且部门编号为 dept 表的唯一主键），然后执行 INSERT 语句，将会得到如图 5.19 所示的运行结果。可以看到，程序执行中断而崩溃，并显示错误信息为“ORA-00001”——即错误编号为“00001”，那么对于 Oracle 捕获到的这个异常可以通过例 5.35 来解决。

```
SQL> insert into dept values(10,'软件研发部','BEIJING');
insert into dept values(10,'软件研发部','BEIJING')
*
第 1 行出现错误:
ORA-00001: 违反唯一约束条件 (SCOTT.PK_DEPT)
```

图 5.19　因主键值重复而显示的错误编号

【例 5.35】 定义错误编号为“00001”的异常变量，然后向 dept 表中插入一条能够“违反唯一约束条件”的记录，最后在 EXCEPTION 代码体中输出异常提示信息，代码如下。**（实例位置：资源包**

TM\sl\5\18）

```
SQL> set serveroutput on
SQL> declare
    primary_iterant exception;                          --定义一个异常变量
    pragma exception_init(primary_iterant,-00001);      --关联错误号和异常变量名
  begin
    /*向 dept 表中插入一条与已有主键值重复的记录，以便引发异常*/
    insert into dept values(10,'软件开发部','深圳');
  exception
    when primary_iterant then                           --若 Oracle 捕获到的异常为-00001 异常
      dbms_output.put_line('主键不允许重复！');          --输出异常描述信息
  end;
  /
```

运行本例代码，结果如图 5.20 所示。使用异常处理机制，可以防止 Oracle 系统因引发异常而导致程序崩溃，使程序有机会自动纠正错误，而且自定义异常容易理解和记忆，方便用户的使用。

2. 业务逻辑异常

在实际的应用中，程序开发人员可以根据具体的业务逻辑规则自定义一个异常。这样，当用户操作违反业务逻辑规则时，就引发一个自定义异常，从而中断程序的正常执行，并转到自定义的异常处理部分。

无论是预定义异常，还是错误编号异常，都是由 Oracle 系统判断的错误，但业务逻辑异常是 Oracle 系统本身无法知道的，这样就需要有一个引发异常的机制，引发业务逻辑异常通常使用 RAISE 语句来实现。当引发一个异常时，控制就会转到 EXCEPTION 异常处理部分执行异常处理语句。业务逻辑异常首先要在 DECLARE 部分使用 EXCEPTION 类型声明一个异常变量，然后在 BEGIN 部分根据一定的业务逻辑规则执行 RAISE 语句（在 RAISE 关键字后面跟着异常变量名），最后在 EXCEPTION 部分编写异常处理语句。下面通过一个例子来演示如何定义和引发“业务逻辑异常”。

【例 5.36】自定义一个异常变量，在向 dept 表中插入数据时，若判断 loc 字段的值为 NULL，则使用 RAISE 语句引发异常，并将程序的执行流程转入 EXCEPTION 部分中进行处理，代码如下。**（实例位置：资源包\TM\sl\5\19）**

```
SQL> set serveroutput on
SQL> declare
    null_exception exception;                           --声明一个 EXCEPTION 类型的异常变量
    dept_row dept%rowtype;                              --声明 ROWTYPE 类型的变量 dept_row
  begin
    dept_row.deptno := 66;                              --给部门编号变量赋值
    dept_row.dname := '公关部';                          --给部门名称变量赋值
    insert into dept
    values(dept_row.deptno,dept_row.dname,dept_row.loc);--向 dept 表中插入一条记录
    if dept_row.loc is null then                        --如果判断 loc 变量的值为 NULL
      raise null_exception;                             --引发 NULL 异常，程序转入 EXCEPTION 部分
    end if;
  exception
    when null_exception then                            --当 RAISE 引发的异常是 NULL_EXCEPTION 时
    dbms_output.put_line('loc 字段的值不许为 null');     --输出异常提示信息
```

```
    rollback;                                          --回滚插入的数据记录
end;
/
```

运行本例代码，结果如图 5.21 所示。

```
SQL> set serveroutput on
SQL> declare
  2    primary_iterant exception;
  3    pragma exception_init(primary_iterant,-00001);
  4  begin
  5    insert into dept values(10,'软件开发部','深圳');
  6  exception
  7    when primary_iterant then
  8      dbms_output.put_line('主键不允许重复！');
  9  end;
 10  /
主键不允许重复!

PL/SQL 过程已成功完成。
```

图 5.20　定义主键值重复的异常

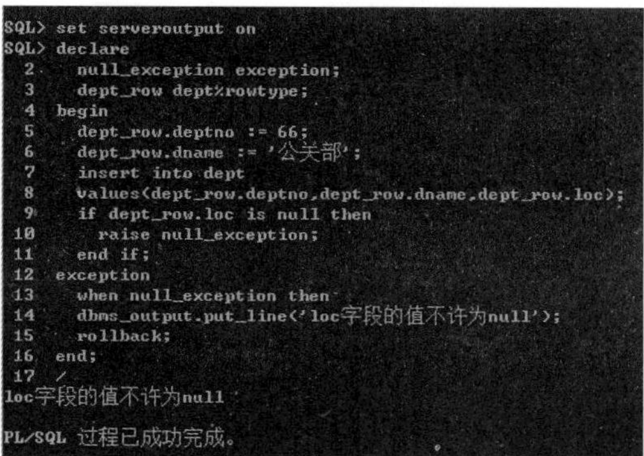

SQL> set serveroutput on
SQL> declare
2 null_exception exception;
3 dept_row dept%rowtype;
4 begin
5 dept_row.deptno := 66;
6 dept_row.dname := '公关部';
7 insert into dept
8 values(dept_row.deptno,dept_row.dname,dept_row.loc);
9 if dept_row.loc is null then
10 raise null_exception;
11 end if;
12 exception
13 when null_exception then
14 dbms_output.put_line('loc字段的值不许为null');
15 rollback;
16 end;
17 /
loc字段的值不许为null
PL/SQL 过程已成功完成。

图 5.21　业务逻辑异常

说明

使用 DESC 命令查看 dept 表的设计情况，可以看到 loc 字段允许为 NULL，但实际应用中 loc 字段的值（部门位置）可能会被要求必须填写，这样程序设计人员就可以通过自定义业务逻辑异常来限制 loc 字段的值不许为空。

5.6　实践与练习

1. 写一段 PL/SQL 语句，使用 LOOP 语句求得前 10 个自然数的积，并输出到屏幕上。

2. 写一段 PL/SQL 语句，要求在 scott 模式下，把 emp 表中管理人员（即 MANAGER）的工资下调 5%，然后使用隐式游标 SQL 的%ROWCOUNT 属性输出下调工资的员工数量。

第 6 章

过程、函数、触发器和包

第 5 章讲解的 PL/SQL 块都是匿名的，其中包含的代码无法保存到 Oracle 数据库中。但很多时候需要保存 PL/SQL 块，以便随后可以重复使用。这意味着，PL/SQL 块需要一个名称，这样才能调用或者引用它。命名的 PL/SQL 块可以被独立编译并存储在数据库中，Oracle 提供了 4 种可以存储的 PL/SQL 块，即过程、函数、触发器和包。

本章知识架构及重难点如下。

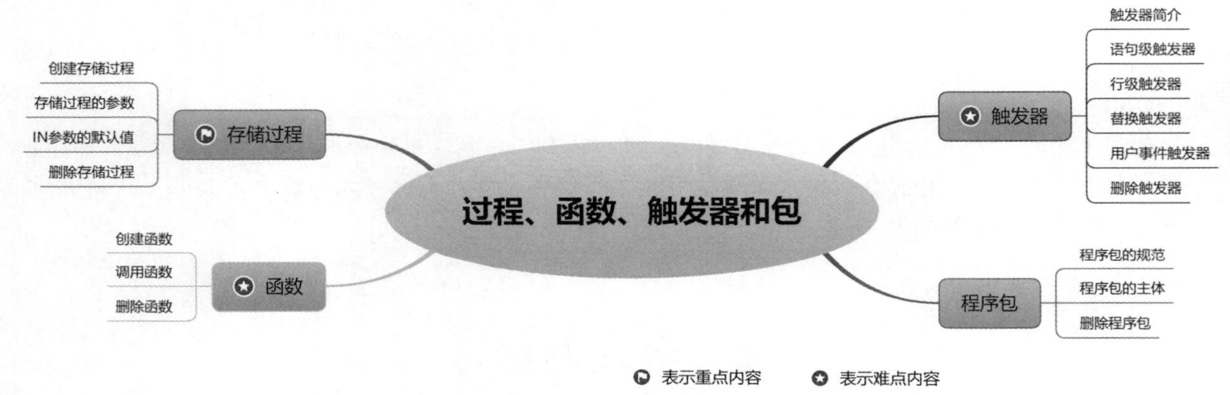

6.1 存 储 过 程

存储过程是一种命名的 PL/SQL 块，它既可以没有参数，也可以有若干个输入、输出参数，甚至可以有多个既作为输入又作为输出的参数，但它通常没有返回值。存储过程被保存在数据库中，它不可以被 SQL 语句直接执行或调用，只能通过 EXECUT 命令执行或在 PL/SQL 块内部被调用。由于存储过程是已经编译好的代码，因此在被调用或引用时，其执行效率非常高。

6.1.1 创建存储过程

创建一个存储过程与编写一个普通的 PL/SQL 块有很多相似之处。例如，两者都包括声明部分、执行部分和异常处理 3 部分。但这两者之间的实现细节尚有很多差别，例如，创建存储过程需要使用

PROCEDURE 关键字，在关键字后面就是过程名和参数列表；创建存储过程不需要使用 DECLARE 关键字，而是使用 CREATE 或 REPLACE 关键字。其基本语法格式如下。

```
CREATE [OR REPLACE] PROCEDURE pro_name [(parameter1[,parameter2]…)] IS|AS
BEGIN
  plsql_sentences;
[EXCEPTION]
  [dowith _ sentences;]
END [pro_name];
```

☑ pro_name：存储过程的名称。如果数据库中已经存在此名称，则可以指定 OR REPLACE 关键字，这样新的存储过程将覆盖掉原来的存储过程。

☑ parameter1：存储过程的参数。若是输入参数，则需要在其后指定 IN 关键字；若是输出参数，则需要在其后面指定 OUT 关键字。在 IN 或 OUT 关键字的后面是参数的数据类型，但不能指定该类型的长度。

☑ plsql_sentences：PL/SQL 语句，它是存储过程功能实现的主体。

☑ dowith _ sentences：异常处理语句，也是 PL/SQL 语句，这是一个可选项。

注意

上述语法中的 parameter1 是存储过程被调用/执行时用到的参数，而不是存储过程内定义的内部变量，内部变量要在 IS|AS 关键字后面定义，并使用分号（;）结束。

下面通过一些例子来讲解如何创建存储过程、显示创建错误信息和执行存储过程，首先来看一个创建存储过程的例子。

【例 6.1】创建一个存储过程，该存储过程实现向 dept 表中插入一条记录，代码如下。**（实例位置：资源包\TM\sl\6\1）**

```
SQL> create procedure pro_insertDept is
  begin
    insert into dept values(77,'市场拓展部','JILIN');          --插入数据记录
    commit;                                                    --提交数据
    dbms_output.put_line('插入新记录成功！');                  --提示插入记录成功
  end pro_insertDept;
  /
```

运行本例代码，结果如图 6.1 所示。

从图 6.1 中可以看出，上述代码成功创建了一个存储过程 pro_insertDept。如果在当前模式下，数据库中已经存在 pro_insertDept 这个存储过程，而要运行上述代码，那么该如何处理呢？方法有两种：第一种是修改现有的存储过程名称，重新创建，这个不必过多解释；第二种是使用 OR REPLACE 关键字覆盖掉原有的存储过程。下面通过一个例子来了解如何使用 OR REPLACE 关键字覆盖已存在的存储过程以创建一个新的存储过程。

【例 6.2】在当前模式下，如果数据库中存在同名的存储过程，则要求新创建的存储过程覆盖掉已存在的存储过程；如果不存在同名的存储过程，则可直接创建。**（实例位置：资源包\TM\sl\6\2）**

```
SQL> create or replace procedure pro_insertDept is
  begin
```

```
    insert into dept values(99,'市场拓展部','BEIJING');        --插入数据记录
    commit;                                                    --提交数据
    dbms_output.put_line('插入新记录成功！');                  --提示插入记录成功
  end pro_insertDept;
  /
```

运行本例代码，结果如图 6.2 所示。

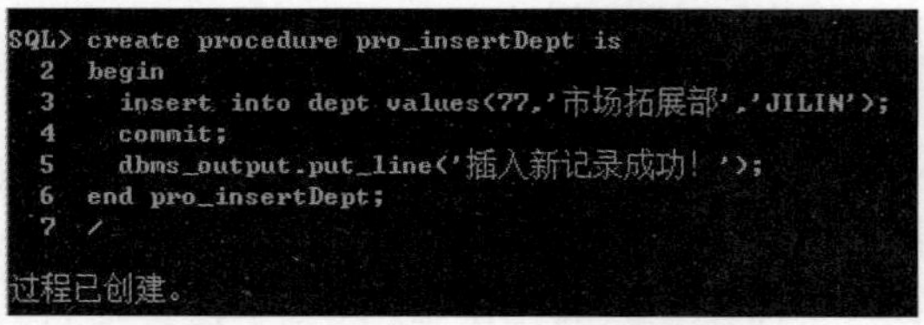

```
SQL> create procedure pro_insertDept is
  2  begin
  3    insert into dept values(77,'市场拓展部','JILIN');
  4    commit;
  5    dbms_output.put_line('插入新记录成功！');
  6  end pro_insertDept;
  7  /

过程已创建。
```

图 6.1　创建存储过程 pro_insertDept

```
SQL> create or replace procedure pro_insertDept is
  2  begin
  3    insert into dept values(99,'市场拓展部','BEIJING');
  4    commit;
  5    dbms_output.put_line('插入新记录成功！');
  6  end pro_insertDept;
  7  /

过程已创建。
```

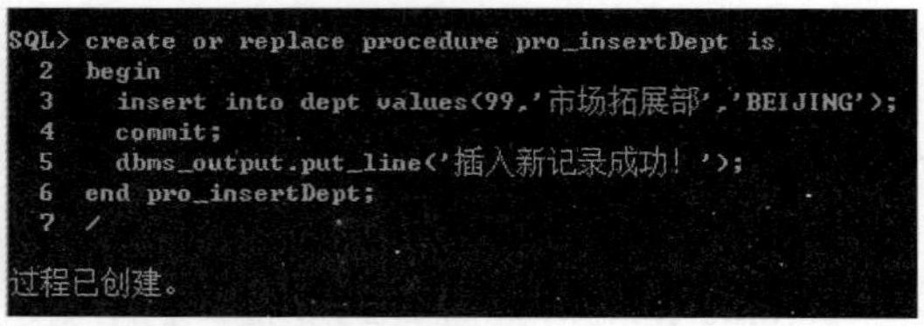

图 6.2　覆盖存储过程 pro_insertDept

从图 6.2 中可以看出，无论在数据库中是否存在名称为 pro_insertDept 的存储过程，上述代码都可以成功地创建一个存储过程。如果在创建存储过程中发生了错误，则用户还可以使用 SHOW ERROR 命令来查看错误信息。

上述两个存储过程中的主体代码都可以实现向数据表 dept 中插入一行记录，但主体代码 INSERT 语句仅仅是被编译了，并没有被执行。若要执行该 INSERT 语句，则需要在 SQL*Plus 环境中使用 EXECUTE 命令来执行该存储过程，或者在 PL/SQL 块中调用该存储过程。

使用 EXECUTE 命令的执行方式比较简单，只需要在该命令后面输入存储过程名即可，下面来看一个例子。

【例 6.3】在 SQL*Plus 环境中，使用 EXECUTE 命令执行 pro_insertDept 存储过程，代码如下。

```
SQL> execute pro_insertDept;
```

运行上述代码，结果如图 6.3 所示。可以看出，执行存储过程是成功的。

另外，代码中的 EXECUTE 命令也可简写为 EXEC。但有时候需要在一个 PL/SQL 块中调用某个存储过程，下面来看一个例子。

【例 6.4】在 PL/SQL 块中调用存储过程 pro_insertDept，然后执行 PL/SQL 块，具体代码如下。

```
SQL> set serverout on
SQL> begin
    pro_insertDept;
  end;
  /
```

运行本例代码，结果如图 6.4 所示。

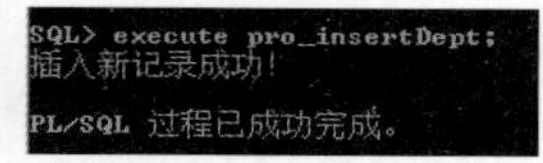

图 6.3　使用 EXECUTE 命令执行存储过程

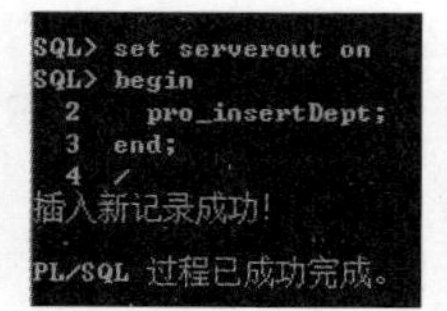

图 6.4　在 PL/SQL 块中调用存储过程

说明

在创建存储过程的语法中，对于 IS 关键字，也可以使用 AS 关键字来替代，效果是相同的。

6.1.2　存储过程的参数

前面所创建的存储过程都是简单的存储过程，它们都没有涉及参数。Oracle 为了增强存储过程的灵活性，提供向存储过程传入参数的功能。参数是一种向程序单元输入和输出数据的机制，存储过程可以接受多个参数，参数模式包括 IN、OUT 和 IN OUT 共 3 种，下面分别进行讲解。

1. IN 模式参数

IN 模式参数是一种输入类型的参数，参数值由调用方传入，并且只能被存储过程读取。这种参数模式是最常用的，也是默认的参数模式，关键字 IN 位于参数名称之后。例如，下面将声明一个带有 IN 模式的存储过程。

【例 6.5】创建一个存储过程，并定义 3 个 IN 模式的变量，然后将这 3 个变量的值插入 dept 表中，代码如下。（**实例位置：资源包\TM\sl\6\3**）

```
SQL> create or replace procedure insert_dept(
      num_deptno in number,                          --定义 IN 模式的变量，它存储部门编号
      var_ename in varchar2,                         --定义 IN 模式的变量，它存储部门名称
      var_loc in varchar2) is
    begin
      insert into dept
      values(num_deptno,var_ename,var_loc);          --向 dept 表中插入记录
      commit;                                        --提交数据库
    end insert_dept;
    /
```

运行本例代码，结果如图 6.5 所示。

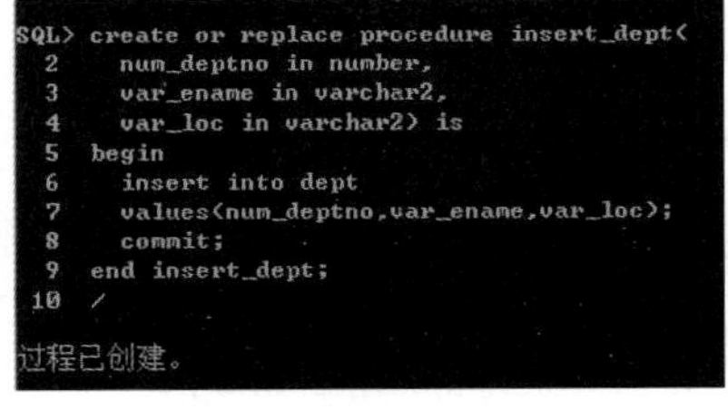

图 6.5　创建含 IN 模式参数的存储过程

上述代码成功创建了一个存储过程，需要注意的是，参数的类型不能指定长度。在调用或执行这种 IN 模式的存储过程时，用户需要向存储过程中传递若干参数值，以保证执行部分（即 BEGIN 部分）有具体的数值参与数据操作。向存储过程传入参数可以有如下 3 种方式。

1）指定名称传递

指定名称传递是指在向存储过程传递参数时，需要指定参数名称，即参数名称在左侧，中间是赋值符号“=>”，右侧是参数值，其语法格式如下。

```
pro_name(parameter1=>value1[,parameter2=>value2]…)
```

☑ parameter1：参数名称。在传递参数值时，这个参数名称与存储过程中定义的参数顺序无关。

☑ value1：参数值。在它的左侧不是常规的赋值符号“=”，而是一种新的赋值符号“=>”，需要注意参数值的类型要与参数的定义类型兼容。

接下来，以上述 insert_dept 存储过程为例，使用“指定名称传递”的方式向其中传递参数。

【例 6.6】在 PL/SQL 块中调用存储过程 insert_dept，然后使用“指定名称”的方式传入参数值，最后执行当前的 PL/SQL 块，代码及运行结果如下。

```
SQL> begin
      insert_dept(var_ename=>'采购部',var_loc=>'成都',num_deptno=>15);
```

```
end;
/

PL/SQL  过程已成功完成。
```

在创建存储过程时，其参数的定义顺序是 num_deptno、var_ename、var_loc；而在执行存储过程时，参数的传递顺序是 var_ename、var_loc、num_deptno。通过对比可以看到，使用“指定名称”的方式传递参数值与参数的定义顺序无关，但与参数个数有关。

2）按位置传递

指定名称传递参数虽然直观易读，但也有缺点，就是参数过多时，会显得代码冗长，反而变得不容易阅读。这样用户就可以采取按位置传递参数，采用这种方式时，用户提供的参数值顺序必须与存储过程中定义的参数顺序相同。接下来，仍然以 insert_dept 存储过程为例，使用“按位置传递”的方式向其中传递参数值。

【例 6.7】在 PL/SQL 块中调用存储过程 insert_dept，然后使用“按位置传递”的方式向其传入参数值，最后执行当前的 PL/SQL 块，代码及运行结果如下。

```
SQL> begin
    insert_dept(28,'工程部','洛阳');
  end;
  /
PL/SQL  过程已成功完成。
```

说明

有时候参数过多，用户不容易记住参数的顺序和类型，用户可以通过 DESC 命令来查看存储过程中参数的定义信息，这些信息包括参数名、参数定义顺序、参数类型和参数模式等。

3）混合方式传递

混合方式就是将前两种方式结合到一起，这样就可以兼顾二者的优点。

【例 6.8】在 PL/SQL 块中调用存储过程 insert_dept，然后使用按位置传递方式传入第一个参数值，使用指定名称传递方式传入剩余的两个参数值，最后执行当前的 PL/SQL 块，代码及运行结果如下。

```
SQL> exec insert_dept(38,var_loc=>'济南',var_ename=>'测试部');
PL/SQL  过程已成功完成。
```

在上述代码中，使用混合方式传入参数值。需要注意的是，在某个位置使用指定名称传递方式传入参数值后，其后面的参数值也要使用指定名称传递，因为指定名称传递方式有可能已经破坏了参数原始的定义顺序。

2. OUT 模式参数

OUT 模式参数是一种输出类型的参数，表示这个参数在存储过程中已经被赋值，并且这个参数值可以被传递到当前存储过程以外的环境中，关键字 OUT 位于参数名称之后。下面来看一个例子。

【例 6.9】创建一个存储过程，要求定义两个 OUT 模式的字符类型的参数，然后将在 dept 表中检索到的一行部门信息存储到这两个参数中，代码如下。**（实例位置：资源包\TM\sl\6\4）**

```
SQL> create or replace procedure select_dept(
    num_deptno in number,                          --定义 IN 模式变量，要求输入部门编号
```

```
   var_dname out dept.dname%type,                    --定义 OUT 模式变量，可以存储部门名称并输出
   var_loc out dept.loc%type) is
begin
   select dname,loc
   into var_dname,var_loc
   from dept
   where deptno = num_deptno;                        --检索某个部门编号的部门信息
exception
   when no_data_found then                           --若 SELECT 语句无返回记录
      dbms_output.put_line('该部门编号的不存在');      --输出信息
end select_dept;
/
```

运行本例代码，结果如图 6.6 所示。

```
SQL> create or replace procedure select_dept(
  num_deptno in number,
  var_dname out dept.dname%type,
  var_loc out dept.loc%type) is
begin
  select dname,loc
  into var_dname,var_loc
  from dept
  where deptno = num_deptno;
exception
  when no_data_found then
    dbms_output.put_line('该部门编号的不存在');
end select_dept;
/

过程已创建。
```

图6.6　创建含有OUT模式参数的存储过程

在上述存储过程（即 select_dept）中，定义了两个 OUT 参数，由于存储过程要通过 OUT 参数返回值，因此当调用或执行这个存储过程时，需要定义变量来保存这两个 OUT 参数值，下面分别进行讲解。

1）在 PL/SQL 块中调用 OUT 模式的存储过程

这种方式需要在 PL/SQL 块的 DECLARE 部分定义与存储过程中 OUT 参数兼容的若干变量。

【例 6.10】首先在 PL/SQL 块中声明若干变量，然后调用 select_dept 存储过程，并将定义的变量传入该存储过程中，以便接收 OUT 参数的返回值，代码如下。**（实例位置：资源包\TM\sl\6\5）**

```
SQL> set serverout on
SQL> declare
    var_dname dept.dname%type;                       --声明变量，对应过程中的 OUT 模式的 var_dname
    var_loc dept.loc%type;                           --声明变量，对应过程中的 OUT 模式的 var_loc
  begin
    select_dept(99,var_dname,var_loc);               --传入部门编号，然后输出部门名称和位置信息
    dbms_output.put_line(var_dname||'位于：'||var_loc);    --输出部门信息
  end;
  /
```

运行本例代码，结果如图 6.7 所示。在上述代码中，把声明的两个变量传入存储过程中，当存储过程执行时，其中的 OUT 参数会被赋值；当存储过程执行完毕，OUT 参数的值会在调用处返回，这样定义的两个变量就可以得到 OUT 参数被赋予的值，最后这两个值就可以在存储过程外任意使用了。

2）使用 EXEC 命令执行 OUT 模式的存储过程

当使用 EXEC 命令时，需要在 SQL*Plus 环境中使用 VARIABLE 关键字声明两个变量，用以存储 OUT 参数的返回值。

【例 6.11】使用 VARIABLE 关键字声明两个变量，分别用来存储部门名称和位置信息，然后使用 EXEC 命令执行存储过程，并传入声明的两个变量来接收 OUT 参数的返回值，代码如下。

```
SQL> variable var_dname varchar2(50);
SQL> variable var_loc varchar2(50);
SQL> exec select_dept(15,:var_dname,:var_loc);
```

运行本例代码，结果如图 6.8 所示。

```
SQL> set serverout on
SQL> declare
  2    var_dname dept.dname%type;
  3    var_loc dept.loc%type;
  4  begin
  5    select_dept(99,var_dname,var_loc);
  6    dbms_output.put_line(var_dname||'位于: '||var_loc);
  7  end;
  8  /
市场拓展部位于: BEIJING

PL/SQL 过程已成功完成。
```

图 6.7　使用 PL/SQL 块执行带有 OUT 参数的过程

```
SQL> variable var_dname varchar2(50);
SQL> variable var_loc varchar2(50);
SQL> exec select_dept(15,:var_dname,:var_loc);

PL/SQL 过程已成功完成。
```

图 6.8　用 VARIABLE 关键字声明两个变量

在上述代码的执行结果中，用户看不到变量 var_dname 和 var_loc 的值，可以通过 PRINT 命令或 SELECT 语句来输出变量的值。

【例 6.12】使用 PRINT 命令打印输出变量 var_dname 和 var_loc 的值，代码如下。

```
SQL> print var_dname var_loc;
```

运行本例代码，结果如图 6.9 所示。

【例 6.13】使用 SELECT 语句检索并输出变量 var_dname 和 var_loc 的值，代码如下。

```
SQL> select :var_dname,:var_loc
  2   from dual;
```

运行本例代码，结果如图 6.10 所示。

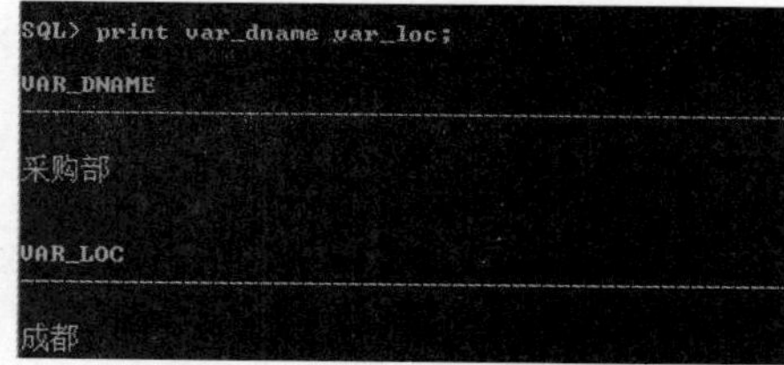

图 6.9　使用 PRINT 命令打印输出绑定的变量值

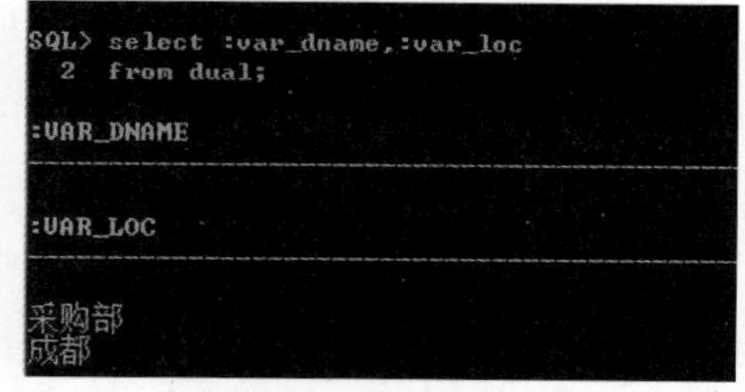

图 6.10　使用 SELECT 语句检索绑定的变量值

误区警示

如果在存储过程中声明了 OUT 模式的参数，则在执行存储过程时，必须为 OUT 参数提供变量，以便接收 OUT 参数的返回值；否则，程序执行后将出现错误。

3. IN OUT 模式参数

在执行存储过程时，IN 参数不能被修改，它只能根据被传入的指定值（或是默认值）为存储过程提供数据；而 OUT 类型的参数只能等待被赋值，它不能像 IN 参数那样为存储过程本身提供数据。但 IN OUT 参数可以兼顾其他两种参数的特点，在调用存储过程时，可以从外界向该类型的参数传入值；在执行完存储过程之后，可以将该参数的返回值传给外界。下面来看一个例子。

【例 6.14】创建一个存储过程，其中定义一个 IN OUT 参数，该存储过程用来计算这个参数的平方或平方根，代码如下。**（实例位置：资源包\TM\sl\6\6）**

```
SQL> create or replace procedure pro_square(
  2    num in out number,                    --计算它的平方或平方根，这是一个 IN OUT 参数
```

```
    flag in boolean) is                                 --计算平方或平方根的标识，这是一个 IN 参数
    i int := 2;                                         --表示计算平方，这是一个内部变量
begin
    if flag then                                        --若为 TRUE
        num := power(num,i);                            --计算平方
    else
        num := sqrt(num);                               --计算平方根
    end if;
end;
/
```

运行本例代码，结果如图 6.11 所示。

在上述存储过程中，定义一个 IN OUT 参数，该参数在存储过程被调用时会传入一个数值，然后与另一个 IN 参数相结合来判断所进行的运算方式（平方或平方根），最后将计算后的平方或平方根保存到此 IN OUT 参数中。下面来看 pro_square 存储过程的执行情况。

【例 6.15】调用存储过程 pro_square，计算某个数的平方或平方根，代码如下。**（实例位置：资源包\TM\sl\6\7）**

```
SQL> set serverout on
SQL> declare
    var_number number;                                  --存储要进行运算的值和运算后的结果
    var_temp number;                                    --存储要进行运算的值
    boo_flag boolean;                                   --平方或平方根的逻辑标记
begin
    var_temp :=3;                                       --变量赋值
    var_number :=var_temp;
    boo_flag := false;                                  --FALSE 表示计算平方根；TRUE 表示计算平方
    pro_square(var_number,boo_flag);                    --调用存储过程
    if boo_flag then
        dbms_output.put_line(var_temp ||'的平方是：'||var_number);    --输出计算结果
    else
        dbms_output.put_line(var_temp ||'平方根是：'||var_number);
    end if;
end;
/
```

运行本例代码，结果如图 6.12 所示。

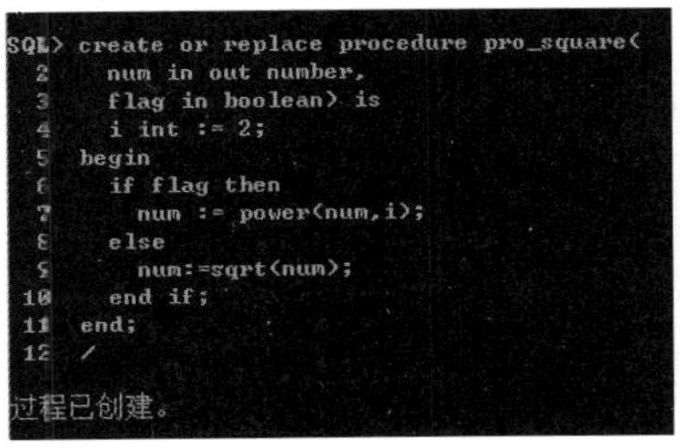

```
SQL> create or replace procedure pro_square(
  2    num in out number,
  3    flag in boolean) is
  4    i int := 2;
  5  begin
  6    if flag then
  7      num := power(num,i);
  8    else
  9      num:=sqrt(num);
 10    end if;
 11  end;
 12  /

过程已创建。
```

图 6.11　创建存储过程 pro_square

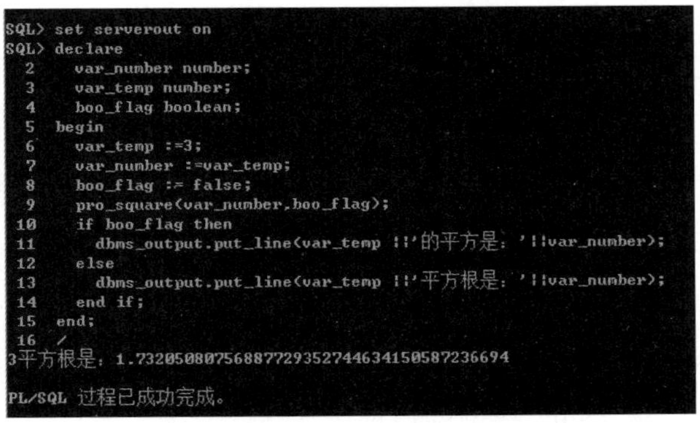

```
SQL> set serverout on
SQL> declare
  2    var_number number;
  3    var_temp number;
  4    boo_flag boolean;
  5  begin
  6    var_temp :=3;
  7    var_number :=var_temp;
  8    boo_flag := false;
  9    pro_square(var_number,boo_flag);
 10    if boo_flag then
 11      dbms_output.put_line(var_temp ||'的平方是：'||var_number);
 12    else
 13      dbms_output.put_line(var_temp ||'平方根是：'||var_number);
 14    end if;
 15  end;
 16  /
3平方根是：1.73205080756887729352744634150587236694

PL/SQL 过程已成功完成。
```

图 6.12　通过存储过程计算某个数的平方或平方根

从例 6.15 中可以看出，变量 var_number 在调用存储过程之前是 3，而在存储过程被执行完毕之后，该变量的值变为其平方根，这是因为该变量作为存储过程的 IN OUT 参数被传入和返回。

6.1.3　IN 参数的默认值

前面讲到 IN 参数的值是在调用存储过程中被传入的，实际上，Oracle 支持在声明 IN 参数的同时给其初始化默认值，这样在存储过程调用时，如果没有向 IN 参数传入值，则存储过程可以使用默认值进行操作。下面来看一个例子。

【例 6.16】创建一个存储过程，定义 3 个 IN 参数，并将其中的两个参数各设置一个初始默认值，然后将这 3 个 IN 参数的值插入 dept 表中，代码如下。**（实例位置：资源包\TM\sl\6\8）**

```
SQL> create or replace procedure insert_dept(
    num_deptno in number,                              --定义存储部门编号的 IN 参数
    var_dname in varchar2 default '综合部',             --定义存储部门名称的 IN 参数，并初始化默认值
    var_loc in varchar2 default '北京') is
  begin
    insert into dept values(num_deptno,var_dname,var_loc);--插入一条记录
  end;
  /
过程已创建。
```

运行本例代码，结果如图 6.13 所示。

在上述存储过程中，IN 参数 var_dname 和 var_loc 都有默认值，所以在调用 insert_dept 存储过程时，可以不向这两个参数传入值，而是使用其默认值（当然也可以传入值）。那么用户可能会产生这样一种困惑，当给一些带有默认值的参数传入值，而对另一些带默认值的参数不传值，并且传值的顺序不固定时，该怎么办呢？对于这种情况，由于顺序不固定，建议使用“指定名称传递”的方式传值，这样程序就不会出现混乱。下面来看一个例子。

【例 6.17】在 PL/SQL 块中调用 insert_dept 存储过程，并且只向该存储过程中传入两个参数值，代码如下。

```
SQL> set serverout on
SQL> declare
    row_dept dept%rowtype;                                 --定义行变量，与 dept 表的一行类型相同
  begin
    insert_dept(57,var_loc=>'太原');                        --调用 insert_dept 存储过程，传入参数
    commit;                                                --提交数据库
    select *  into row_dept from dept where deptno=57;     --查询插入的记录
    dbms_output.put_line('部门名称是：《'||row_dept.dname||'》,位置是：《'||row_dept.loc||'》');
  end;
  /
```

运行本例代码，结果如图 6.14 所示。

在上述代码中，存储过程 insert_dept 有 3 个 IN 参数，这里只传入两个参数（num_deptno 和 var_loc）的值，而 var_dname 参数的值使用默认值“综合部”。

```
SQL> create or replace procedure insert_dept(
  2    num_deptno in number,
  3    var_dname in varchar2 default '综合部',
  4    var_loc in varchar2 default '北京') is
  5  begin
  6    insert into dept values(num_deptno,var_dname,var_loc);
  7  end;
  8  /

过程已创建。
```

图 6.13　创建存储过程 insert_dept

```
SQL> set serverout on
SQL> declare
  2    row_dept dept%rowtype;
  3  begin
  4    insert_dept(57,var_loc=>'太原');
  5    commit;
  6    select *  into row_dept from dept where deptno=57;
  7    dbms_output.put_line('部门名称是：《'||row_dept.dname||'》,位置是：《'||row_dept.loc||'》');
  8  end;
  9  /
部门名称是：《综合部》,位置是：《太原》

PL/SQL 过程已成功完成。
```

图 6.14　调用带有默认值的存储过程

6.1.4　删除存储过程

当一个过程不再被需要时，要将此过程从内存中删除，以释放相应的内存空间，代码如下。

```
DROP PROCEDURE count_num;
```

【例 6.18】删除存储过程 insert_dept，代码如下。

```
SQL> DROP PROCEDURE insert_dept;
```

运行本例代码，结果如图 6.15 所示。

```
SQL> DROP PROCEDURE insert_dept;

过程已删除。
```

图 6.15　删除存储过程 insert_dept

当一个存储过程已经过时，想重新定义时，不必先删除再创建，只需在 CREATE 语句后面加上 OR REPLACE 关键字即可，代码如下。

```
CREATE OR REPLACE PROCEDURE count_num
```

6.2　函　　数

函数一般用于计算和返回一个值，可以将经常需要使用的计算或功能写成一个函数。函数的调用是表达式的一部分，而过程的调用是一条 PL/SQL 语句。

函数与过程在创建的形式上有些相似，也是编译后放在内存中供用户使用，只不过调用函数时要用表达式，而不像过程只需要调用过程名。另外，函数必须要有一个返回值，过程则没有。

6.2.1　创建函数

函数的创建语法与存储过程比较类似，也是一种存储在数据库中的命名程序块。函数可以接收零或多个输入参数，并且必须有返回值（这一点存储过程是没有的）。定义函数的语法格式如下。

```
CREATE [OR REPLACE] FUNCTION fun_name[(parameter1[,parameter2]…) RETURN data_type IS
   [inner_variable]
BEGIN
   plsql_ sentence;
[EXCEPTION]
   [dowith _ sentences;]
```

```
END [fun_name];
```

- ☑ fun_name：函数名称，如果数据库中已经存在了此名称，则可以指定 OR REPLACE 关键字，这样新的函数将覆盖掉原来的函数。
- ☑ parameter1：函数的参数，这是个可选项，因为函数可以没有参数。
- ☑ data_type：函数的返回值类型，这是个必选项。前面要使用 RETURN 关键字来标明。
- ☑ inner_variable：函数的内部变量，它有别于函数的参数，这是个可选项。
- ☑ plsql_ sentence：PL/SQL 语句，它是函数主要功能的实现部分，也就是函数的主体。
- ☑ dowith _ sentences：异常处理代码，也是 PL/SQL 语句，这是一个可选项。

由于函数有返回值，因此在函数主体部分（即 BEGIN 部分）必须使用 RETURN 语句返回函数值，并且要求返回值的类型要与函数声明时的返回值类型（即 data_type）相同。

【例 6.19】定义一个函数，用于计算 emp 表中指定部门的平均工资，代码如下。**（实例位置：资源包\TM\sl\6\9）**

```
SQL> create or replace function get_avg_pay(num_deptno number) return number is
    num_avg_pay number;                                              --保存平均工资的内部变量
  begin
    select avg(sal) into num_avg_pay from emp where deptno=num_deptno;  --某个部门的平均工资
    return(round(num_avg_pay,2));                                    --返回平均工资
  exception
    when no_data_found then                                          --若此部门编号不存在
      dbms_output.put_line('该部门编号不存在');
      return(0);                                                     --返回平均工资为 0
  end;
  /
```

运行本例代码，结果如图 6.16 所示。

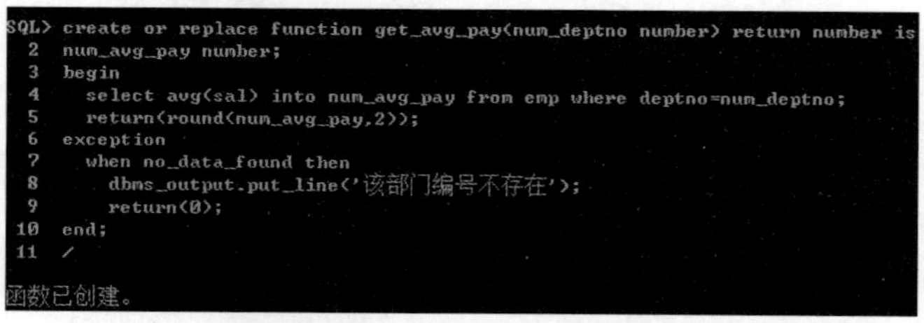

图 6.16　创建函数 get_avg_pay

6.2.2　调用函数

由于函数有返回值，因此在调用函数时，必须使用一个变量来保存函数的返回值，这样函数和这个变量就组成了一个赋值表达式。以例 6.19 中的 get_avg_pay 函数为例，讲解如何调用函数。

【例 6.20】调用函数 get_avg_pay，计算部门编号为 10 的员工的平均工资并输出，代码如下。

```
SQL> set serveroutput on
SQL> declare
    avg_pay number;                          --定义变量，存储函数返回值
  begin
```

```
  avg_pay:=get_avg_pay(10);                     --调用函数，并获取返回值
  dbms_output.put_line('平均工资是：'||avg_pay);  --输出返回值，即员工平均工资
end;
/
```

运行本例代码，结果如图 6.17 所示。

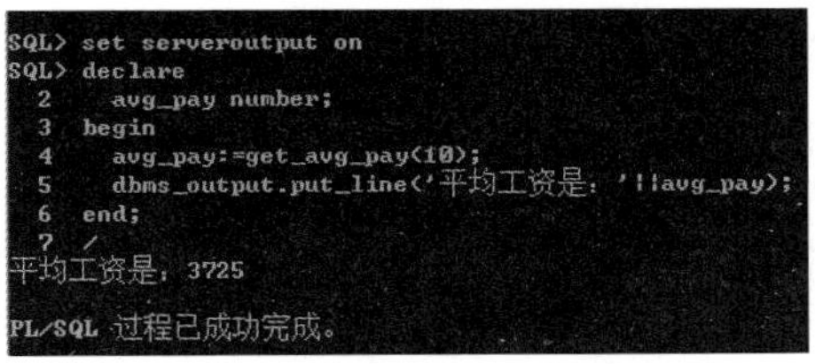

```
SQL> set serveroutput on
SQL> declare
  2    avg_pay number;
  3  begin
  4    avg_pay:=get_avg_pay(10);
  5    dbms_output.put_line('平均工资是：'||avg_pay);
  6  end;
  7  /
平均工资是：3725

PL/SQL 过程已成功完成。
```

图 6.17　使用函数计算平均工资

6.2.3　删除函数

删除函数的操作比较简单，使用 DROP FUNCTION 命令，其后面跟着要删除的函数名称，其语法格式如下。

```
DROP FUNCTION fun_name;
```

参数 fun_name 表示要删除的函数名称。

【例 6.21】 使用 DROP FUNCTION 命令删除函数 get_avg_pay，代码如下。

```
SQL> drop function get_avg_pay;
```

运行本例代码，结果如图 6.18 所示。

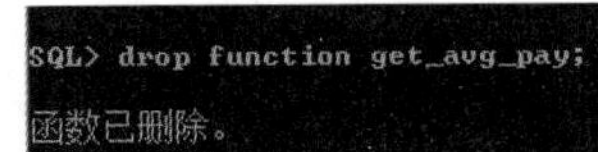

图 6.18　删除函数 get_avg_pay

当一个函数已经过时，想重新定义时，也不必先删除再创建，同样只需要在 CREATE 语句后面加上 OR REPLACE 关键字即可，代码如下。

```
CREATE OR REPLACE FUNCTION fun_name;
```

6.3　触　发　器

触发器可以看作是一种“特殊”的存储过程，它定义了一些在数据库相关事件（如 INSERT、UPDATE、CREATE 等事件）发生时应执行的“功能代码块”，通常用于管理复杂的完整性约束，或监控对表的修改，或通知其他程序，甚至可以实现对数据的审计功能。

6.3.1　触发器简介

在触发器中有一个不得不提的概念，即触发事件。触发器正是通过触发事件来执行的（存储过程

的调用或执行是由用户或应用程序进行的）。能够引起触发器运行的操作就被称为触发事件，如执行 DML 语句（使用 INSERT、UPDATE、DELETE 语句对表或视图执行数据处理操作）、执行 DDL 语句（使用 CREATE、ALTER、DROP 语句在数据库中创建、修改、删除模式对象）、引发数据库系统事件（如系统启动或退出、产生异常错误等）、引发用户事件（如登录或退出数据库操作）等，以上这些操作都可以引起触发器的运行。

接下来认识触发器的语法格式，然后通过这个语法格式再对其中涉及的相关概念进行详细讲解。

```
CREATE [OR REPLACE] TRIGGER tri_name
  [BEFORE | AFTER | INSTEAD OF] tri_event
  ON table_name | view_name | user_name | db_name
   [FOR EACH ROW [WHEN tri_condition]
BEGIN
plsql_sentences;
END tri_name;
```

在上述语法中出现了很多与存储过程不一样的关键字，首先来了解这些陌生的关键字。

- ☑ TRIGGER：表示创建触发器的关键字，就如同创建存储过程的关键字 PROCEDURE 一样。
- ☑ BEFORE | AFTER | INSTEAD OF：表示触发时机的关键字。BEFORE 表示在执行 DML 等操作之前触发，这种方式能够防止某些错误操作发生而便于回滚或实现某些业务规则；AFTER 表示在 DML 等操作之后发生，这种方式便于记录该操作或某些事后处理信息；INSTEAD OF 表示触发器为替代触发器。
- ☑ ON：表示操作的数据表、视图、用户模式和数据库等，当对它们执行某种数据操作（如对表执行 INSERT、ALTER、DROP 等操作）时，将引起触发器的运行。
- ☑ FOR EACH ROW：指定触发器为行级触发器，当 DML 语句对每一行数据进行操作时都会引起该触发器的运行。如果未指定该条件，则表示创建语句级触发器，这时无论数据操作影响多少行，触发器都只会执行一次。

在了解了语法中的这些关键字之后，接下来了解语法中的参数及其说明。

- ☑ tri_name：触发器的名称，如果数据库中已经存在此名称，则可以指定“or replace”关键字，这样新的触发器将覆盖掉原来的触发器。
- ☑ tri_event：触发事件，如常用的有 INSERT、UPDATE、DELETE、CREATE、ALTER、DROP 等。
- ☑ table_name | view_name | user_name | db_name：分别表示操作的数据表、视图、用户模式和数据库，当对它们执行某些操作时，将引起触发器的运行。
- ☑ WHEN tri_condition：这是一个触发条件子句，其中 WHEN 是关键字，tri_condition 表示触发条件表达式。只有当该表达式的值为 TRUE 时，遇到触发事件才会自动执行触发器，使其执行触发操作，否则即便是遇到触发事件也不会执行触发器。
- ☑ plsql_sentences：PL/SQL 语句，它是触发器功能实现的主体。

Oracle 的触发事件相对于其他数据库而言比较复杂，如上面提到过的 DML 操作、DDL 操作，甚至是一些数据库系统的自身事件等都会引起触发器的运行。为此，这里根据触发器的触发事件和触发器的执行情况，将 Oracle 支持的触发器分为以下 5 种类型。

- ☑ 行级触发器：当 DML 语句对每一行数据进行操作时都会引起该触发器的运行。
- ☑ 语句级触发器：无论 DML 语句影响多少行数据，其所引起的触发器仅执行一次。
- ☑ 替换触发器：该触发器是定义在视图上的，而不是定义在表上，它是用来替换所使用实际语

句的触发器。

- ☑ 用户事件触发器：是指与 DDL 操作或用户登录、退出数据库等事件相关的触发器，如用户登录到数据库或使用 ALTER 语句修改表结构等事件的触发器。
- ☑ 系统事件触发器：是指在 Oracle 数据库系统的事件中进行触发的触发器，如 Oracle 实例的启动与关闭。

6.3.2　语句级触发器

语句级触发器，顾名思义就是针对一条 DML 语句引起的触发器执行。在语句级触发器中，不使用 FOR EACH ROW 子句，也就是说无论数据操作影响多少行，触发器都只会执行一次。下面就通过一系列连续的例子了解下创建和引发一个语句级触发器的实现过程。

由于要实现的功能是使用触发器在 scott 模式下针对 dept 表的各种操作进行监控，为此首先需要创建一个日志表 dept_log，它用于存储对 dept 表的各种数据操作信息，如操作种类（如插入、修改、删除操作）、操作时间等，下面就来创建这个日志信息表。

【例 6.22】在 scott 模式下创建 dept_log 数据表，并在其中定义两个字段，分别用来存储操作种类信息和操作日期，代码如下。**（实例位置：资源包\TM\sl\6\10）**

```
create table dept_log
(
  operate_tag varchar2(10),                --定义字段，存储操作种类信息
  operate_time date                        --定义字段，存储操作日期
);
```

接下来需要创建一个关于 dept 表的语句级触发器，将用户对 dept 表的操作信息保存到 dept_log 表中。

【例 6.23】创建一个触发器 tri_dept，该触发器在 INSERT、UPDATE 和 DELETE 事件下都可以被触发，操作的数据对象是 dept 表，并且在触发器执行时输出对 dept 表所做的具体操作，代码如下。**（实例位置：资源包\TM\sl\6\11）**

```
SQL> create or replace trigger tri_dept
    before insert or update or delete
    on dept                        --创建触发器，当 dept 表发生插入、修改、删除操作时，将引起该触发器执行
  declare
    var_tag varchar2(10);          --声明一个变量，存储对 dept 表执行的操作类型
  begin
    if inserting then              --当触发事件是 INSERT 时
      var_tag := '插入';            --标识插入操作
    elsif updating then            --当触发事件是 UPDATE 时
      var_tag := '修改';            --标识修改操作
    elsif deleting then            --当触发事件是 DELETE 时
      var_tag := '删除';            --标识删除操作
    end if;
    insert into dept_log
    values(var_tag,sysdate);       --向日志表中插入对 dept 表的操作信息
  end tri_dept;
  /
```

运行本例代码，结果如图 6.19 所示。

在上述代码中，使用 BEFORE 关键字来指定触发器的“触发时机”，它指定当前的触发器在 DML 语句执行之前被触发，这使得它非常适合于强化安全性、启用业务逻辑和进行日志信息记录。当然也可以使用 AFTER 关键字，它通常被用于记录该操作或者做某些事后处理工作。具体使用哪一种关键字，要根据实际需要而定。

另外，为了具体判断对 dept 表执行了何种操作，即具体引发了哪种触发事件，代码中还使用了条件谓词，它由条件关键字（IF 或 ELSIF）和谓词（inserting、updating、deleting）组成。如果条件谓词的值为 TRUE，那么就是相应类型的 DML 语句（INSERT、UPDATE、DELETE）引起了触发器的运行。条件谓词通用的语法格式如下。

```
IF inserting THEN                  --如果执行插入操作，即触发 INSERT 事件
  do somting about INSERT
ELSIF updating THEN                --如果执行修改操作，即触发 UPDATE 事件
  do somting about UPDATE
ELSIF deleting THEN                --如果执行删除操作，即触发 DELETE 事件
  do somting about DELETE
END IF;
```

另外，对于条件谓词，用户还可以在其中判断特定列是否被更新。例如，要判断用户是否对 dept 表中 dname 列进行了修改，可以使用下列语句。

```
IF updating(dname) THEN            --若修改 dept 表中的 dname 列
  do something about UPDATE danme
END IF;
```

在上述条件谓词中，即使用户修改了 dept 表中的数据，但却没有对 dname 列的值进行修改，那么该条件谓词的值仍然为 FALSE，这样相关的 do something 语句就不会得到执行。

在创建完毕触发器之后，接下来需要执行触发器，但它的触发执行与存储过程截然不同，存储过程的执行是由用户或应用程序进行的，而它必须由一定的触发事件来诱发执行。例如，对 dept 表执行插入（INSERT 事件）、修改（UPDATE 事件）、删除（DELETE 事件）等操作，都会引起 tri_dept 触发器的运行，下面的例子就实现对数据表 dept 进行这 3 种操作。

【例 6.24】在数据表 dept 中实现插入、修改、删除 3 种操作，以便引起触发器 tri_dept 的执行，代码如下。

```
SQL> insert into dept values(66,'业务咨询部','长春');
SQL> update dept set loc='沈阳' where deptno=66;
SQL> delete from dept where deptno=66;
```

运行本例代码，结果如图 6.20 所示。上述代码对 dept 表执行了 3 次 DML 操作，这样根据 tri_dept 触发器自身的设计情况，其会被触发 3 次，并且会向 dept_log 表中插入 3 条操作记录。

例 6.24 中的 3 条 DML 语句，触发器执行了 3 次，接下来就可以到 dept_log 表中查看日志信息了。

【例 6.25】使用 SELECT 语句查看 dept_log 日志信息表，代码如下。

```
SQL> select * from dept_log;
```

运行本例代码，结果如图 6.21 所示。可以看到，有 3 条不同“操作种类”的日志记录，这说明不但触发器成功地执行了 3 次，而且条件谓词的判断也是非常成功的。

```
SQL> create or replace trigger tri_dept
  before insert or update or delete
  on dept
declare
  var_tag varchar2(10);
begin
  if inserting then
    var_tag := '插入';
  elsif updating then
    var_tag := '修改';
  elsif deleting then
    var_tag := '删除';
  end if;
  insert into dept_log
  values(var_tag,sysdate);
end tri_dept;
/

触发器已创建
```

图 6.19　创建触发器 tri_dept

```
SQL> insert into dept values(66,'业务咨询部','长春');

已创建 1 行。

SQL> update dept set loc='沈阳' where deptno=66;

已更新 1 行。

SQL> delete from dept where deptno=66;

已删除 1 行。
```

图 6.20　实现插入、修改、删除操作

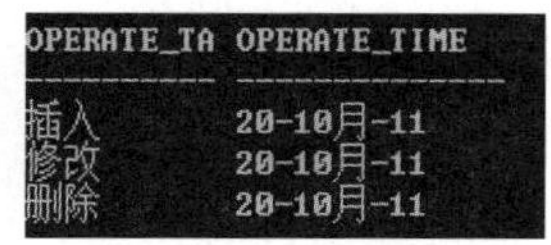

图 6.21　查看 dept_log 日志信息表

6.3.3　行级触发器

不言而喻，行级触发器会针对 DML 操作所影响的每一行数据都执行一次触发器。创建这种触发器时，必须在语法中使用 FOR EACH ROW 这个选项。使用行级触发器的一个典型应用就是给数据表生成主键值，下面就来讲解这个典型应用的实现过程。

为了使用行级触发器生成数据表中的主键值，首先需要创建一个带有主键列的数据表。

【例 6.26】在 scott 模式下，创建一个用于存储商品种类的数据表，其中包括商品序号列和商品名称列，代码如下。**（实例位置：资源包\TM\sl\6\12）**

```
SQL> create table goods
  (
     id int primary key,
     good_name varchar2(50)
  );
```

运行本例代码，结果如图 6.22 所示。在上述代码中，id 列就是 goods 表的主键，因为在创建该列时指定了 primary key 关键字，主键列的值要求不能重复，这一点很重要。

为了给 goods 表的 id 列生成不能重复的有序值，这里需要创建一个序列（一种数据库对象，在后面的章节中会讲到），来看下面的例子。

【例 6.27】使用 CREATE SEQUENCE 语句创建一个序列，命名为 seq_id，代码如下。**（实例位置：资源包\TM\sl\6\13）**

```
SQL> create sequence seq_id;
序列已创建。
```

运行本例代码，结果如图 6.23 所示。上述代码创建了序列 seq_id，用户可以在 PL/SQL 程序中调用它的 NEXTVAL 属性来获取一系列有序的数值，这些数值就可以被作为 goods 表的主键值。

在创建了数据表 goods 和序列 seq_id 之后，至此准备工作已经完成。下面来创建一个触发器，用于为 goods 表的 id 列赋值。

【例 6.28】创建一个行级触发器，该触发器在向数据表 goods 中插入数据时被触发，并且在该触发器的主体中实现设置 goods 表中的 id 列的值，代码如下。**（实例位置：资源包\TM\sl\6\14）**

```
SQL> create or replace trigger tri_insert_good
```

```
    before insert
    on goods                    --关于 goods 数据表，在向其插入新纪录之前，引起该触发器的运行
    for each row                --创建行级触发器
begin
    select seq_id.nextval
    into :new.id
    from dual;                  --从序列中生成一个新的数值，赋值给当前插入行的 id 列
end;
/
```

运行本例代码，结果如图 6.24 所示。

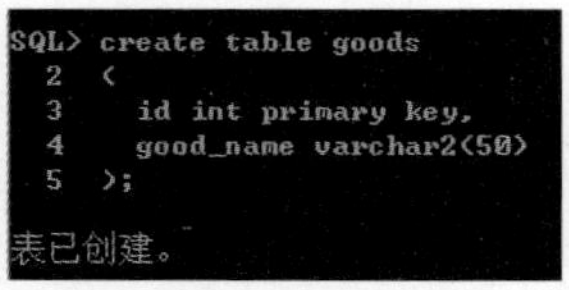

图 6.22　创建商品种类表

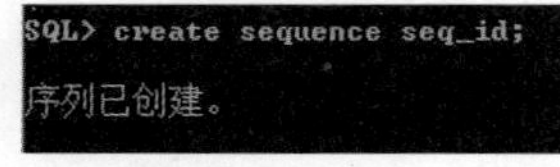

图 6.23　创建序列 seq_id

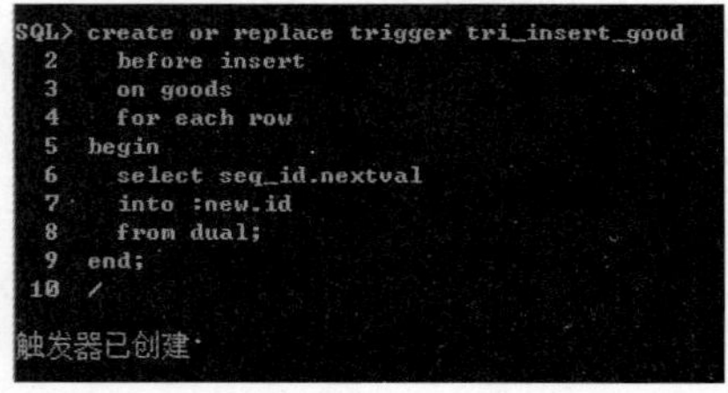

图 6.24　创建行级触发器 tri_insert_good

在上述代码中，为了创建行级的触发器，使用了 FOR EACH ROW 选项；为了给 goods 表中的当前插入行的 id 列赋值，这里使用了:new.id 关键字——也被称为“列标识符”，这个列标识符用来指向新行的 id 列，给它赋值，就相当于给当前行的 id 列赋值。下面对这个“列标识符”相关的知识进行讲解。

在行级触发器中，可以访问当前正在受到影响（添加、删除、修改等操作）的数据行，这就可以通过“列标识符”来实现。列标识符可以分为“原值标识符”和“新值标识符”。原值标识符用于标识当前行的某个列的原始值，记作:old.column_name（如:old.id），通常在 UPDATE 语句和 DELETE 语句中被使用，因为在 INSERT 语句中新插入的行没有原始值；新值标识符用于标识当前行的某个列的新值，记作:new.column_name（如:new.id），通常在 INSERT 语句和 UPDATE 语句中被使用，因为在 DELETE 语句中被删除的行无法产生新值。

在触发器创建完毕之后，用户可以通过向 goods 表中插入数据来验证触发器是否被执行，同时也能够验证该行级触发器是否能够使用序列为表的主键赋值。

【例 6.29】 向 goods 表中插入两条记录，其中一条记录不指定 id 列的值，由序列 seq_id 来产生；另一条记录指定 id 的值，代码如下。

```
SQL> insert into goods(good_name) values('苹果');
SQL> insert into goods(id,good_name) values(9,'葡萄');
```

运行本例代码，结果如图 6.25 所示。

从图 6.25 中可以看到，无论是否指定 id 列的值，数据的插入都是成功的。

最后使用 SELECT 语句检索 goods 表中的数据行，从而验证设计本实例的初衷。

【例 6.30】 使用 SELECT 语句检索 goods 表，代码如下。

```
SQL> select * from goods;
```

运行本例代码，结果如图 6.26 所示。

```
SQL> insert into goods(good_name) values('苹果');
已创建 1 行。
SQL> insert into goods(id,good_name) values(9,'葡萄');
已创建 1 行。
```

图 6.25　向 goods 表中插入两条记录

```
SQL> select * from goods;

        ID GOOD_NAME
---------- ----------
         1 苹果
         2 葡萄
```

图 6.26　检索 goods 表

从图 6.26 中可以看到两条完整的数据记录，而且还可以看到主键 id 的值是连续的自然数。虽然在第二次插入数据行时指定了 id 的值（即 9），但这并没有起任何作用，这是因为在触发器中将序列 seq_id 的 NEXTVAL 属性值赋给了:new.id 列标识符，这个列标识符的值就是当前插入行的 id 列的值，并且 NEXTVAL 属性值是连续不间断的。

6.3.4　替换触发器

替换触发器——INSTEAD OF 触发器，它的“触发时机”关键字是 INSTEAD OF，而不是 BEFORE 或 AFTER。与其他类型触发器不同的是，替换触发器是定义在视图（一种数据库对象，在后面的章节中将会讲到）上的，而不是定义在表上。由于视图是由多张基表连接组成的逻辑结构，因此一般不允许用户进行 DML 操作（如 INSERT、UPDATE、DELETE 等操作）。这样当用户为视图编写替换触发器后，用户对视图的 DML 操作实际上就变成了执行触发器中的 PL/SQL 块，这样就可以通过在替换触发器中编写适当的代码对构成视图的各张基表进行操作。下面就通过一系列连续的例子来看创建和引发一个替换触发器的实现过程。

为了创建并使用替换触发器，首先需要创建一个视图，来看下面的例子。

【例 6.31】在 system 模式下，给 scott 用户授予 create view（创建视图）权限，然后在 scott 模式下创建一个检索员工信息的视图，该视图的基表包括 dept 表（部门表）和 emp 表（员工表），代码如下。**（实例位置：资源包\TM\sl\6\15）**

```
SQL> connect system/1qaz2wsx
已连接。
SQL> grant create view to scott;
授权成功。
SQL> connect scott/tiger
已连接。
SQL> create view view_emp_dept
  2      as select empno,ename,dept.deptno,dname,job,hiredate
  3          from emp,dept
  4          where emp.deptno = dept.deptno;
```

运行本例代码，结果如图 6.27 所示。

对于上述创建的 view_emp_dept 视图，在没有创建关于它的替换触发器之前，如果尝试向该视图中插入数据，则 Oracle 会显示如图 6.28 所示的错误提示信息，读者可以自己尝试一下。

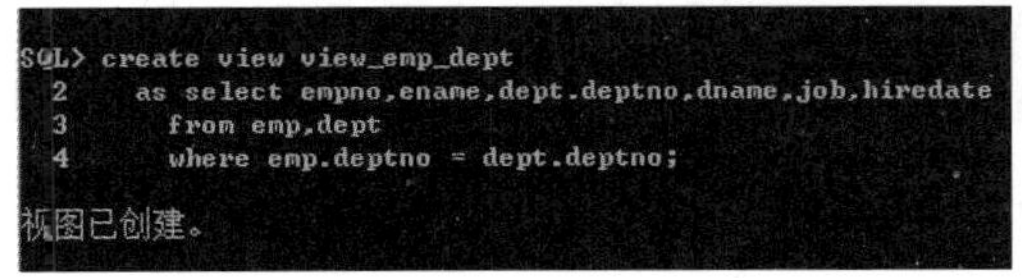

图 6.27　创建视图 view_emp_dept

图 6.28　错误信息提示

编写一个关于 view_emp_dept 视图在 INSERT 事件中的触发器，来看下面的例子。

【例 6.32】创建一个关于 view_emp_dept 视图的替换触发器，在该触发器的主体中实现向 emp 表和 dept 表中插入两行相互关联的数据，代码如下。**（实例位置：资源包\TM\sl\6\16）**

```
SQL> create or replace trigger tri_insert_view
    instead of insert
    on view_emp_dept                                  --创建一个关于 view_emp_dept 视图的替换触发器
    for each row                                      --是行级视图
  declare
    row_dept dept%rowtype;
  begin
    select * into row_dept from dept where deptno = :new.deptno;--检索指定部门编号的记录行
    if sql%notfound then                              --未检索到该部门编号的记录
        insert into dept(deptno,dname)
        values(:new.deptno,:new.dname);               --向 dept 表中插入数据
    end if;
    insert into emp(empno,ename,deptno,job,hiredate)
    values(:new.empno,:new.ename,:new.deptno,:new.job,:new.hiredate);--向 emp 表中插入数据
  end tri_insert_view;
  /
```

运行本例代码，结果如图 6.29 所示。

在上述触发器的主体代码中，如果新插入行的部门编号（deptno）不在 dept 表中，则首先向 dept 表中插入关于新部门编号的数据行，然后再向 emp 表中插入记录行，这是因为 emp 表的外键值（emp.deptno）是 dept 表的主键值（dept.deptno）。

成功创建触发器 tri_insert_view 之后，在向 view_emp_dept 视图中插入数据时，Oracle 就不会产生错误信息，而是引起触发器 tri_insert_view 的运行，从而实现向 emp 表和 dept 表中插入两行数据。

【例 6.33】向视图 view_emp_dept 中插入一条记录，然后检索插入的记录行，代码如下。

```
SQL> insert into view_emp_dept(empno,ename,deptno,dname,job,hiredate)
  values(8888,'东方',10,'ACCOUNTING','CASHIER',sysdate);
SQL> select * from view_emp_dept where empno = 8888;
```

上述 INSERT 和 SELECT 语句的运行结果如图 6.30 所示。

```
SQL> create or replace trigger tri_insert_view
  2    instead of insert
  3    on view_emp_dept
  4    for each row
  5  declare
  6    row_dept dept%rowtype;
  7  begin
  8    select * into row_dept from dept where deptno = :new.deptno;
  9    if sql%notfound then
 10       insert into dept(deptno,dname)
 11       values(:new.deptno,:new.dname);
 12    end if;
 13    insert into emp(empno,ename,deptno,job,hiredate)
 14    values(:new.empno,:new.ename,:new.deptno,:new.job,:new.hiredate);
 15  end tri_insert_view;
 16  /

触发器已创建
```

图 6.29　创建触发器 tri_insert_view

```
SQL> insert into view_emp_dept(empno,ename,deptno,dname,job,hiredate)
  2  values(8888,'东方',10,'ACCOUNTING','CASHIER',sysdate);

已创建 1 行。

SQL> select * from view_emp_dept where empno = 8888;

     EMPNO ENAME          DEPTNO DNAME          JOB        HIREDATE
---------- ---------- ---------- -------------- ---------- ------------
      8888 东方               10 ACCOUNTING     CASHIER    03-9月 -14
```

图 6.30　在视图 view_emp_dept 中查询指定记录

在上述代码的 INSERT 语句中，由于在 dept 表中已经存在部门编码（deptno）为 10 的记录，因此

触发器中的程序只向 emp 表中插入一条记录；若指定的部门编码不存在，则首先要向 dept 表中插入一条记录，然后再向 emp 表中插入一条记录。

6.3.5　用户事件触发器

用户事件触发器是因进行 DDL 操作或用户登录、退出等操作而引起运行的一种触发器，引起该类型触发器运行的常见用户事件包括 CREATE、ALTER、DROP、ANALYZE、COMMENT、GRANT、REVOKE、RENAME、TRUNCATE、SUSPEND、LOGON 和 LOGOFF 等。下面仍然通过一系列连续的例子来讲解如何创建和执行用户事件触发器。

首先创建一个日志信息表，用于保存 DDL 操作的信息。

【例 6.34】使用 CREATE TABLE 语句创建一个日志信息表，该表保存的日志信息包括数据对象、数据对象类型、操作行为、操作用户和操作日期等，代码如下。**（实例位置：资源包\TM\sl\6\17）**

```
SQL> create table ddl_oper_log
  2  (
  3     db_obj_name varchar2(20),  --数据对象名称
  4     db_obj_type varchar2(20),  --对象类型
  5     oper_action varchar2(20),  --具体 ddl 行为
  6     oper_user varchar2(20),    --操作用户
  7     oper_date date             --操作日期
  8  );
```

运行结果如图 6.31 所示。

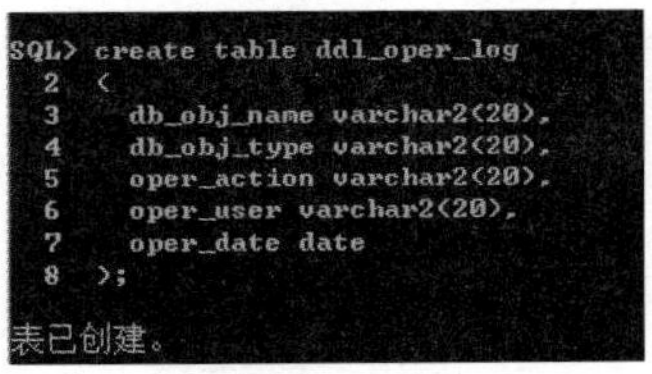

```
SQL> create table ddl_oper_log
  2  (
  3     db_obj_name varchar2(20),
  4     db_obj_type varchar2(20),
  5     oper_action varchar2(20),
  6     oper_user varchar2(20),
  7     oper_date date
  8  );

表已创建。
```

图 6.31　创建日志信息表 ddl_oper_log

创建一个用户触发器，用于将当前模式下的 DDL 操作信息保存到上述创建的 ddl_oper_log 日志信息表中。

【例 6.35】创建一个关于 scott 用户的 DDL 操作（这里包括 CREATE、ALTER 和 DROP）的触发器，然后将 DDL 操作的相关信息插入 ddl_oper_log 日志表中，代码如下。**（实例位置：资源包\TM\sl\6\18）**

```
SQL> create or replace trigger tri_ddl_oper
  2     before create or alter or drop
  3     on scott.schema             --在 scott 模式下，在创建、修改、删除数据对象之前将引发该触发器运行
  4  begin
  5     insert into ddl_oper_log values(
  6        ora_dict_obj_name,       --操作的数据对象名称
  7        ora_dict_obj_type,       --对象类型
  8        ora_sysevent,            --系统事件名称
  9        ora_login_user,          --登录用户
 10        sysdate);
 11  end;
 12  /
触发器已创建
```

运行结果如图 6.32 所示。

当向日志表 ddl_oper_log 中插入数据时，使用了若干个事件属性，它们各自的含义如下。

☑ ora_dict_obj_name：获取 DDL 操作所对应的数据库对象。

☑ ora_dict_obj_type：获取 DDL 操作所对应的数据库对象的类型。

☑ ora_sysevent：获取触发器的系统事件名。

☑ ora_login_user：获取登录用户名。

通过上述 4 个事件属性值和 sysdate 系统属性就可以将 scott 用户的 DDL 操作信息获取出来，最后再把这些信息保存到 ddl_oper_log 日志表中，以便随时查看。

在创建完触发器之后，为了引起触发器的执行，就要在 scott 模式下进行 DDL 操作。

【例 6.36】在 scott 模式下，创建一张数据表和一个视图，然后删除视图和修改数据表，最后使用 SELECT 语句查看 ddl_oper_log 日志表中的 DDL 操作信息，代码如下。

```
SQL> create table tb_test(id number);
SQL> create view view_test as select empno,ename from emp;
SQL> alter table tb_test add(name varchar2(10));
SQL> drop view view_test;
SQL> select * from ddl_oper_log;
```

上述 DDL 语句和 SELECT 语句的运行结果如图 6.33 所示。

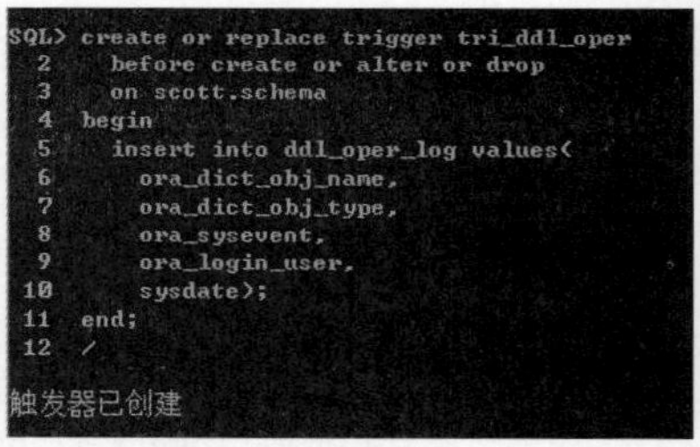

```
SQL> create or replace trigger tri_ddl_oper
  before create or alter or drop
  on scott.schema
begin
  insert into ddl_oper_log values(
    ora_dict_obj_name,
    ora_dict_obj_type,
    ora_sysevent,
    ora_login_user,
    sysdate);
end;
/

触发器已创建
```

图 6.32　创建触发器 tri_ddl_oper

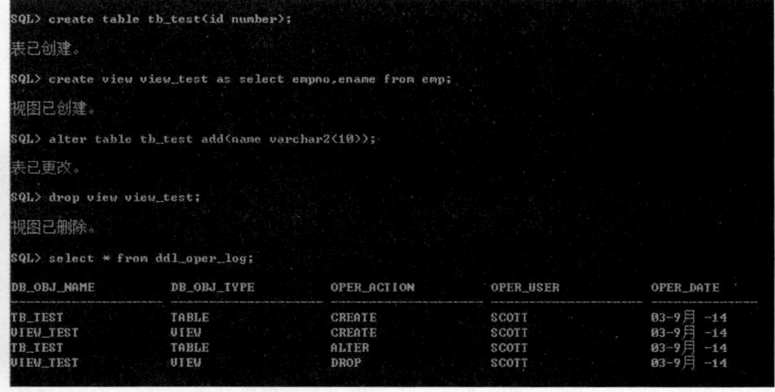

图 6.33　查看 ddl_oper_log 日志表

从图 6.33 中可以看出，用户 scott 的 DDL 操作信息都被存储到 ddl_oper_log 日志表中，这些信息就是由 DDL 操作引起触发器运行而保存到日志表中的。

6.3.6　删除触发器

当一个触发器不再使用时，要从内存中删除它，例如：

```
DROP TRIGGER my_trigger;
```

【例 6.37】删除触发器 tri_dept，代码如下。

```
SQL>drop trigger tri_dept;
```

运行结果如图 6.34 所示。

```
SQL> drop trigger tri_dept;
触发器已删除。
```

图 6.34　删除触发器 tri_dept

当一个触发器已经过时，想重新定义时，不必先删除再创建，同样只需在 CREATE 语句后面加上 OR REPLACE 关键字即可，代码如下。

```
CREATE OR REPLACE TRIGGER my_trigger;
```

6.4　程　序　包

程序包由 PL/SQL 程序元素（如变量、类型）和匿名 PL/SQL 块（如游标）、命名 PL/SQL 块（如存储过程和函数）组成。程序包可以被整体加载到内存中，从而大大加快其组成部分的访问速度。实际上程序包对于用户来说并不陌生，在 PL/SQL 程序中使用 DBMS_OUTPUT. PUT_LINE 语句就是程序包的一个具体应用。其中，DBMS_OUTPUT 是程序包，而 PUT_LINE 就是其中的一个存储过程。程序包通常由规范和包主体组成，下面分别对其进行讲解。

6.4.1　程序包规范

程序包规范规定了在程序包中可以使用哪些变量、类型、游标和子程序（指各种命名的 PL/SQL 块），需要注意的是，程序包一定要在包主体之前被创建。其语法格式如下。

```
CREATE [OR REPLACE ] PACKAGE pack_name IS
[declare_variable];
[declare_type];
[declare_cursor];
[declare_function];
[declare_ procedure];
END [pack_name];
```

- ☑ pack_name：程序包的名称，如果数据库中已经存在了此名称，则可以指定 OR REPLACE 关键字，这样新的程序包将覆盖掉原来的程序包。
- ☑ declare _variable：规范内声明的变量。
- ☑ declare _type：规范内声明的类型。
- ☑ declare _cursor：规范内定义的游标。
- ☑ declare _function：规范内声明的函数，但仅定义参数和返回值类型，不包括函数体。
- ☑ declare _procedure：规范内声明的存储过程，但仅定义参数，不包括存储过程主体。

【例 6.38】创建一个程序包规范，首先在该程序包中声明一个可以获取指定部门的平均工资的函数，然后声明一个可以实现按照指定比例上调指定职务的工资的存储过程，代码如下。**（实例位置：资源包\TM\sl\6\19）**

```
SQL> create or replace package pack_emp is
  2     function fun_avg_sal(num_deptno number) return number;                         --获取指定部门的平均工资
  3     procedure pro_regulate_sal(var_job varchar2,num_proportion number);        --按照指定比例上调指定职务的工资
  4   end pack_emp;
  5   /
```

运行本例代码，结果如图 6.35 所示。

```
SQL> create or replace package pack_emp is
  2    function fun_avg_sal(num_deptno number) return number;
  3    procedure pro_regulate_sal(var_job varchar2,num_proportion number);
  4  end pack_emp;
  5  /

程序包已创建。
```

图 6.35　创建一个程序包的“规范”

从上述代码中可以看到，在规范中声明的函数和存储过程只有头部的声明，而没有函数体和存储过程主体，这正是规范的特点。

注意

只定义了规范的程序包还不可以被使用，此时如果在 PL/SQL 块中通过程序包的名称来调用其中的函数或存储过程，则 Oracle 将会产生错误提示。

6.4.2　程序包主体

程序包主体包含了在规范中声明的游标、过程和函数的实现代码，另外，也可以在程序包的主体中声明一些内部变量。程序包主体的名称必须与规范的名称相同，这样通过这个相同的名称，Oracle 就可以将规范和主体结合在一起组成程序包，并实现一起编译代码。在实现函数或存储过程主体时，可以将每一个函数或存储过程作为一个独立的 PL/SQL 块来处理。

与创建规范不同的是，创建程序包主体使用 CREATE PACKAGE BODY 语句，而不是 CREATE PACKAGE 语句，这一点需要读者注意。创建程序包主体的代码如下。

```
CREATE [OR REPLACE] PACKAGE BODY pack_name IS
  [inner_variable]
  [cursor_body]
  [function_title]
  {BEGIN
    fun_plsql;
  [EXCEPTION]
    [dowith _ sentences;]
  END [fun_name]}
  [procedure_title]
  {BEGIN
    pro_plsql;
  [EXCEPTION]
    [dowith _ sentences;]
```

```
  END [pro_name]}
…
END [pack_name];
```

☑　pack_name：程序包的名称，要求与规范对应的程序包名称相同。
☑　inner_variable：程序包主体的内部变量。
☑　cursor_body：游标主体。
☑　function_title：从规范中引入的函数头部声明。
☑　fun_plsql：PL/SQL 语句，这里是函数主要功能的实现部分。从 BEGIN 到 END 部分就是函数的 BODY。
☑　dowith _ sentences：异常处理语句。
☑　fun_name：函数的名称。
☑　procedure_title：从规范中引入的存储过程头部声明。
☑　pro_plsql：PL/SQL 语句，这里是存储过程主要功能的实现部分。从 BEGIN 到 END 部分就是存储过程的 BODY。
☑　pro_name：存储过程的名称。

下面通过一个例子来看如何创建一个程序包主体以及如何调用一个完整的程序包。

【例 6.39】创建程序包 pack_emp 的主体，在该主体中实现与规范中声明的函数和存储过程对应，代码如下。（**实例位置：资源包\TM\sl\6\20**）

```
SQL> create or replace package body pack_emp is
    function fun_avg_sal(num_deptno number) return number is      --引入“规范”中的函数
      num_avg_sal number;                                           --定义内部变量
    begin
      select avg(sal)
      into num_avg_sal
      from emp
      where deptno = num_deptno;                                    --计算某个部门的平均工资
      return(num_avg_sal);                                          --返回平均工资
    exception
      when no_data_found then                                       --若未发现记录
        dbms_output.put_line('该部门编号不存在员工记录');
      return 0;                                                     --返回 0
    end fun_avg_sal;
    procedure pro_regulate_sal(var_job varchar2,num_proportion number) is--引入“规范”中的存储过程
    begin
      update emp
      set sal = sal*(1+num_proportion)
      where job = var_job;                                          --为指定的职务调整工资
    end pro_regulate_sal;
  end pack_emp;
  /
```

运行本例代码，结果如图 6.36 所示。

在创建了程序包的规范和主体之后，就可以像普通的存储过程和函数一样实施调用了。

【例 6.40】创建一个匿名的 PL/SQL 块，然后通过程序包 pack_emp 调用其中的函数 fun_avg_sal

和存储过程 pro_regulate_sal，并输出函数的返回结果，代码如下。**（实例位置：资源包\TM\sl\6\21）**

```
SQL> set serveroutput on
SQL> declare
     num_deptno emp.deptno%type;                                  --定义部门编号变量
     var_job emp.job%type;                                        --定义职务变量
     num_avg_sal emp.sal%type;                                    --定义工资变量
     num_proportion number;                                       --定义工资调整比例变量
   begin
     num_deptno:=10;                                              --设置部门编号为 10
     num_avg_sal:=pack_emp.fun_avg_sal(num_deptno);               --计算部门编号为 10 的平均工资
     dbms_output.put_line(num_deptno||'号部门的平均工资是：'||num_avg_sal);--输出平均工资
     var_job:='SALESMAN';                                         --设置职务名称
     num_proportion:=0.1;                                         --设置调整比例
     pack_emp.pro_regulate_sal(var_job,num_proportion);           --调整指定部门的工资
   end;
   /
```

运行本例代码，结果如图 6.37 所示。

```
SQL> create or replace package body pack_emp is
    function fun_avg_sal(num_deptno number) return number is
      num_avg_sal number;
    begin
      select avg(sal)
      into num_avg_sal
      from emp
      where deptno = num_deptno;
      return(num_avg_sal);
    exception
      when no_data_found then
        dbms_output.put_line('该部门编号不存在员工记录');
      return 0;
    end fun_avg_sal;
    procedure pro_regulate_sal(var_job varchar2,num_proportion number) is
    begin
      update emp
      set sal = sal*(1+num_proportion)
      where job = var_job;
     end pro_regulate_sal;
   end pack_emp;
   /

程序包体已创建。
```

图 6.36　创建程序包 pack_emp 的主体

```
SQL> set serveroutput on
SQL> declare
     num_deptno emp.deptno%type;
     var_job emp.job%type;
     num_avg_sal emp.sal%type;
     num_proportion number;
   begin
     num_deptno:=10;
     num_avg_sal:=pack_emp.fun_avg_sal(num_deptno);
     dbms_output.put_line(num_deptno||'号部门的平均工资是：'||num_avg_sal);
     var_job:='SALESMAN';
     num_proportion:=0.1;
     pack_emp.pro_regulate_sal(var_job,num_proportion);
   end;
   /
10号部门的平均工资是：3725

PL/SQL 过程已成功完成。
```

图 6.37　执行程序包 pack_emp 的结果

至此，执行完毕程序包 pack_emp 的定义和调用。总结使用一个程序包的过程就是，首先创建程序包规范，然后再创建程序包主体，最后在 PL/SQL 块或 SQL*Plus 中调用程序包中的子程序——函数或存储过程。

6.4.3 删除程序包

与函数和过程一样，当一个程序包不再被使用时，要从内存中删除它，例如：

```
DROP PACKAGE my_package
```

【例 6.41】 删除程序包 pack_emp，代码如下。

```
SQL>drop package pack_emp;
```

运行本例代码，结果如图 6.38 所示。

```
SQL> drop package pack_emp;
程序包已删除。
```

图 6.38　删除程序包 pack_emp

当一个程序包已经过时，想重新定义时，不必先删除再创建，同样只需在 CREATE 语句后面加上 OR REPLACE 关键字即可，例如：

```
CREATE OR REPLACE PACKAGE my_package
```

6.5　实践与练习

1. 写一个函数，用于计算 emp 表中某个职位的平均工资。
2. 写一个触发器，要求在 scott 模式下，无论用户插入新记录，还是修改 emp 表中的 job 列，触发器都会将若干个用户指定的 job 列的值转换成大写。

第 2 篇

核心技术

本篇介绍管理控制文件和日志文件、管理表空间和数据文件、数据表对象、其他数据对象、表分区与索引分区、用户管理与权限分配的内容。学习完本篇内容，读者将能够对 Oracle 数据库进行基本的日常管理和维护。

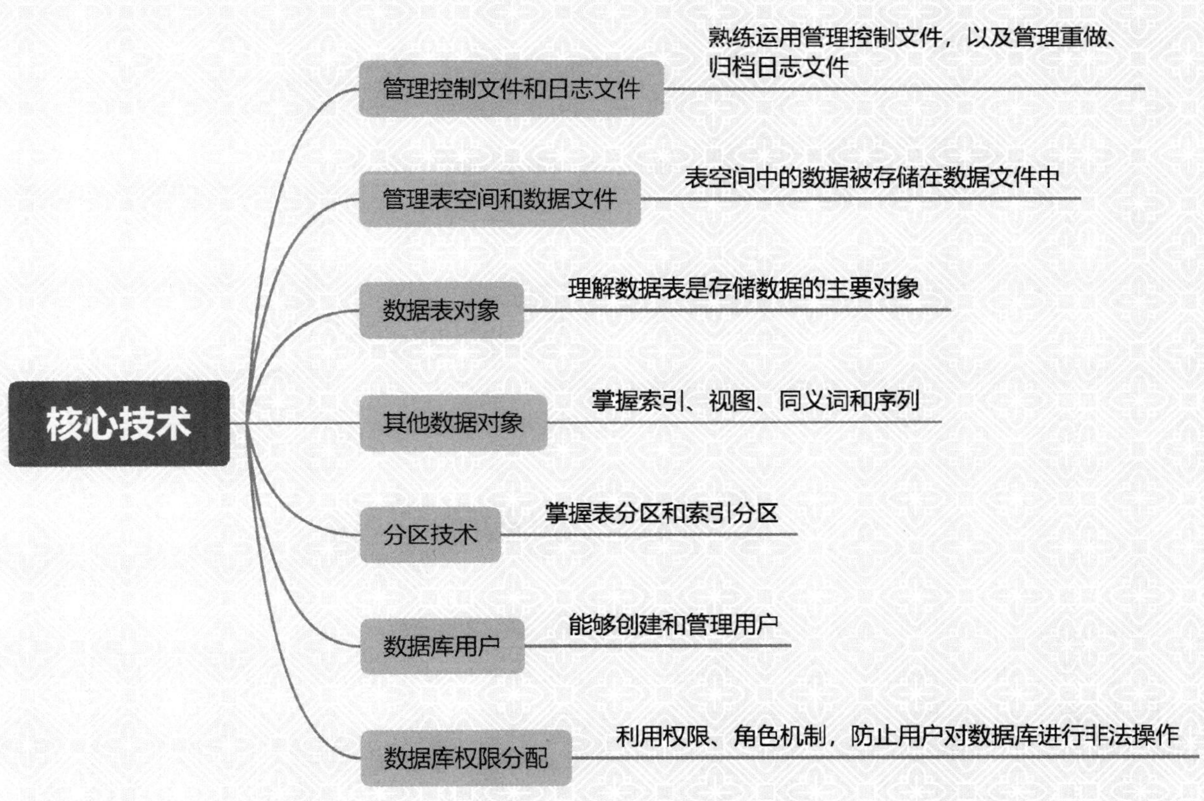

核心技术
管理控制文件和日志文件
熟练运用管理控制文件，以及管理重做、归档日志文件
管理表空间和数据文件
表空间中的数据被存储在数据文件中
数据表对象
理解数据表是存储数据的主要对象
其他数据对象
掌握索引、视图、同义词和序列
分区技术
掌握表分区和索引分区
数据库用户
能够创建和管理用户
数据库权限分配
利用权限、角色机制，防止用户对数据库进行非法操作

第 7 章

管理控制文件和日志文件

Oracle 数据库包含数据文件、控制文件和日志文件 3 种类型的物理文件，其中数据文件是用来存储数据的，而控制文件和日志文件则用于维护 Oracle 数据库的正常运行。本章将主要讲解管理控制文件和日志文件的方法。

本章知识架构及重难点如下。

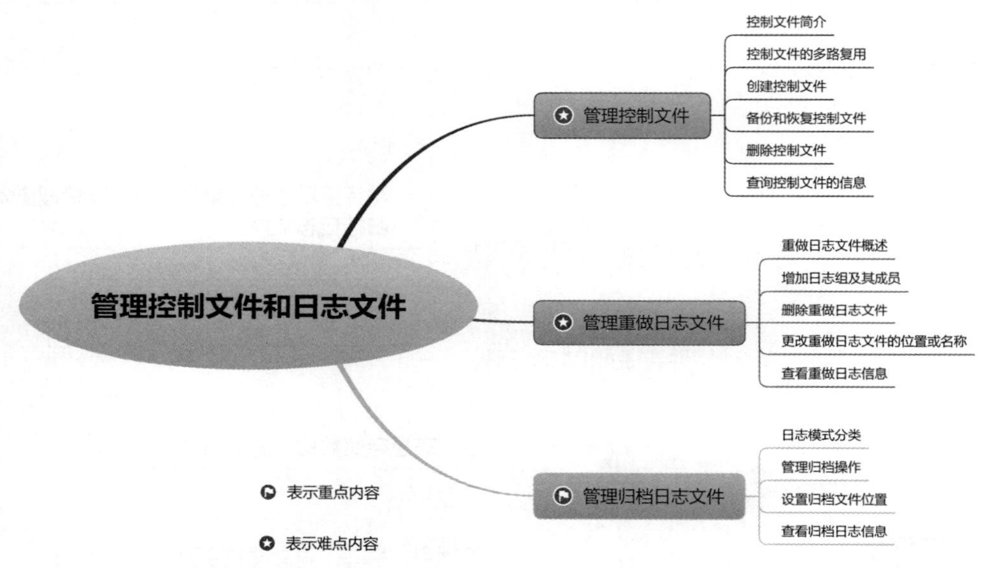

7.1 管理控制文件

控制文件是 Oracle 数据库中最重要的物理文件之一，每个 Oracle 数据库中都必须至少有一个控制文件。在启动数据库实例时，Oracle 会根据初始化参数查找到控制文件，并读取控制文件中的内容，然后根据控制文件中的信息（如数据库名称、数据文件和日志文件的名称及位置等）在实例和数据库之间建立起关联。如果无法找到控制文件或控制文件被损坏，则数据库实例将无法被启动，并且很难修复。

7.1.1　控制文件简介

在 Oracle 数据库中，控制文件是一个很小的二进制文件（一般在 10 MB 范围内），含有数据库的结构信息，包括数据文件和日志文件的信息。可以将控制文件理解为物理数据库中的一个元数据存储库。控制文件在数据库创建时被自动创建，并在数据库发生物理变化时被更新。控制文件被不断更新，并且在任何时候都要保证控制文件是可用的。只有 Oracle 进程才能够安全地更新控制文件的内容，所以任何时候都不要试图手动编辑控制文件。

由于控制文件在数据库中占有重要地位，因此保护控制文件的安全非常重要，为此 Oracle 系统提供了备份文件和多路复用的机制。当控制文件被损坏时，用户可以通过先前的备份来恢复控制文件。系统还提供了手动创建控制文件，以及将控制文件备份成文本文件的方式，从而使用户能够更加灵活地管理和保护控制文件。

控制文件中记录了对应数据库的结构信息（如数据文件和日志文件的名称、位置等信息）和数据库当前的参数设置，其中主要包含如下内容。

- ☑ 数据库名称和 SID 标识。
- ☑ 数据文件和日志文件列表（包括文件名称和对应路径信息）。
- ☑ 数据库创建的时间戳。
- ☑ 表空间信息。
- ☑ 当前重做日志文件序列号。
- ☑ 归档日志信息。
- ☑ 检查点信息。
- ☑ 回滚段（UNDO SEGMENT）的起始和结束。
- ☑ 备份数据文件信息。

在了解了控制文件的主要内容之后，我们来看如何对控制文件进行日常管理。

1. 及时备份控制文件

Oracle 数据库中的控制文件是在创建数据库时自动创建的，一般情况下，控制文件至少有一个副本。当 Oracle 数据库中的实例被启动时，控制文件用于在数据库（包括数据文件、控制文件、日志文件）和实例（指 Oracle 内存管理结构）之间建立起关联，它在进行数据库操作时必须被打开。当数据库的物理组成发生变化（如增加一个重做日志文件）时，Oracle 将自动把这个变化信息记录到控制文件中。如果数据库的物理组成发生了变化，则建议用户及时备份控制文件。

2. 保护控制文件

一旦控制文件被损坏，数据库就无法被顺利启动，而且修复控制文件也变得非常困难。也因为如此，控制文件的管理与维护工作显得格外重要。由于控制文件对整个数据库起着非常重要的作用，因此数据库管理员在管理控制文件时，需要采用多种策略或准则来保护控制文件，目前采用的方法主要包括多路复用控制文件和备份控制文件。

7.1.2 控制文件的多路复用

为了提高数据库的安全性，至少要为数据库建立两个控制文件，并且最好将这两个控制文件分别保存在不同的磁盘中，这样就可以避免由于某个磁盘故障而发生无法启动数据库的危险，该管理策略被称为多路复用控制文件。通俗地说，多路复用控制文件是指在系统的不同位置上同时存储多个控制文件的副本，在这种情况下，如果多路复用控制文件所在的某个磁盘发生物理损坏导致其所包含的控制文件被损坏，数据库将被关闭（在数据库实例启动的情况下），此时就可以利用另一个磁盘中所保存的控制文件来恢复被损坏的控制文件，然后重新启动数据库，以达到保护控制文件和数据的目的。

在初始化参数 CONTROL_FILES 中列出了当前数据库的所有控制文件名。Oracle 将根据 CONTROL_FILES 参数中的信息同时修改所有的控制文件，但只读取其中第一个控制文件中的信息。另外，需要注意的是，在整个数据库运行期间，如果任何一个控制文件被损坏，那么实例就不能再继续被运行。实现控制文件的多路复用主要包括更改 CONTROL_FILES 参数和复制控制文件两个步骤，具体流程如下。

1. 更改 CONTROL_FILES 参数

在 SPFILE 文件中，CONTROL_FILES 参数被用于设置数据库的控制文件路径（包括文件名），Oracle 通过该参数来定位并打开控制文件，如果需要对控制文件进行多路复用，就必须先更改 CONTROL_FILES 参数的设置，更改这个参数可以使用 ALTER SYSTEM 语句，具体方法如下列示例代码。

```
SQL> alter system set control_files=
  2     'E:\APP\ADMINISTRATOR\ORADATA\ORCL\CONTROL01.CTL',
  3     'E:\APP\ADMINISTRATOR\FLASH_RECOVERY_AREA\ORCL\CONTROL02.CTL',
  4     'D:\OracleFiles\ControlFiles\CONTROL03.CTL'
  5  scope=spfile;
系统已更改。
```

在上述代码中，前两个控制文件是在创建数据库时自动创建的，第三个控制文件是用户将要手动添加的（用于实现多路复用的功能），并且它们位于不同的磁盘上（为了降低故障率），但当前还没有创建该文件，用户需要关闭数据库，然后通过手动复制来创建它。

2. 复制控制文件

在对 CONTROL_FILES 参数进行设置后，需要创建第三个控制文件，以达到复用控制文件的目的，具体步骤如下。

（1）退出 SQL*Plus 环境。

（2）选择“开始”→“控制面板”→“管理工具”→“组件服务”命令，打开 Windows 的“组件服务”窗口，在该窗口的中间部分找到 OracleServiceORCL 和 OracleDBConsoleorcl 服务，并手动将这些服务停止，如图 7.1 所示。

（3）找到 CONTROL_FILES 参数中所指定的第一个控制文件，然后将这个控制文件复制到 CONTROL_FILES 参数中新增加的目录下，并按照参数的设置重新命名（这里重命名为 CONTROL03.CTL，注意：它就是 CONTROL01.CTL 的多路复用控制文件），如图 7.2 所示。

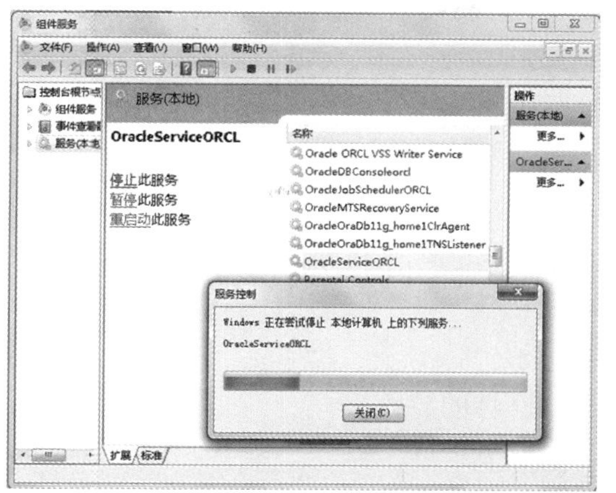

图 7.1　停止 OracleServiceORCL 和 OracleDBConsoleorcl 服务

图 7.2　复制第一个控制文件

（4）启动“组件服务”窗口中的 OracleServiceORCL 和 OracleDBConsoleorcl 服务，打开 SQL*Plus 环境，通过查询数据字典 v$controlfile 来确认添加的控制文件是否已经起作用，代码如下。

```
SQL> select name as 控制文件 from v$controlfile;
```

运行上述代码，结果如图 7.3 所示。

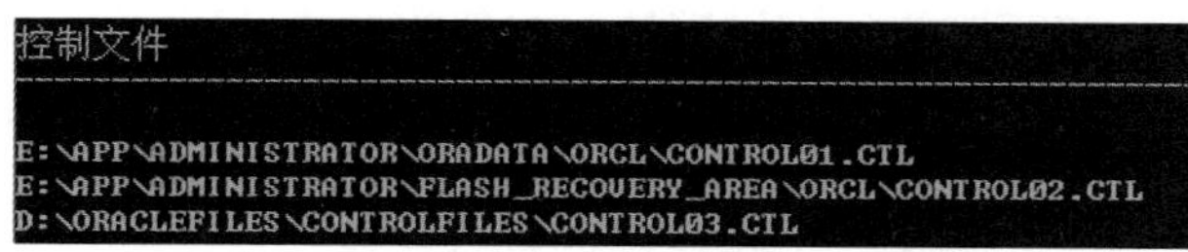

```
控制文件
--------------------------------------------------------------------------------
E:\APP\ADMINISTRATOR\ORADATA\ORCL\CONTROL01.CTL
E:\APP\ADMINISTRATOR\FLASH_RECOVERY_AREA\ORCL\CONTROL02.CTL
D:\ORACLEFILES\CONTROLFILES\CONTROL03.CTL
```

图 7.3　查看控制文件

7.1.3　创建控制文件

在一般情况下，若使用多路复用控制文件，并将各个控制文件分别保存在不同的磁盘中，则全部控制文件丢失或损坏的可能性将非常小。如果突发意外，导致数据库的所有控制文件均被丢失或损坏，那么唯一的补救方法就是手动创建一个新的控制文件。

手动创建控制文件使用 CREATE CONTROLFILE 语句，其语法格式如下。

```
CREATE CONTROLFILE
REUSE DATABASE db_name
LOGFILE
GROUP 1 redofiles_list1
GROUP 2 redofiles_list2
GROUP 3 redofiles_list3
...
DATAFILE
datafile1
datafile2
datafile3
…
MAXLOGFILES max_value1
```

```
MAXLOGMEMBERS max_value2
MAXINSTANCES max_value3
MAXDATAFILES max_value4
NORESETLOGS|RESETLOGS
ARCHIVELOG|NOARCHIVELOG;
```

- ☑ db_name：数据库名称，通常是 orcl。
- ☑ redofiles_list1：重做日志组中的重做日志文件列表 1，列表中的重做日志文件可以有多个，其下面两个列表与此相同。
- ☑ datafile1：数据文件路径，其下面两个列表与此相同。
- ☑ max_value1：最大的重做日志文件数，这是一个永久性的参数。
- ☑ max_value2：最大的重做日志组成员数，这是一个永久性的参数。
- ☑ max_value3：最大实例数，这是一个永久性的参数。
- ☑ max_value4：最大数据文件数，这是一个永久性的参数。

在上述语法中，提到了永久性参数这个概念，它是在创建数据库时所设置的参数，主要包括数据库名称、MAXLOGFILES、MAXLOGMEMBERS、MAXINSTANCES 等。

注意

若数据库管理员需要改变数据库的某个永久性参数，那么必须重新创建控制文件。

根据对上述语法的分析，接下来将详细讲解控制文件的创建过程。

1. 查看数据文件和重做日志文件

在创建新控制文件时，首先需要了解数据库中的数据文件和日志文件。如果数据库中所有的控制文件和日志文件都已经丢失，数据库已经无法被打开，因此也就无法通过查询数据字典来获得数据文件和日志文件的信息，唯一的方法就是查看警告日志文件中的内容。如果数据库可以被打开，那么可以通过执行下列查询语句来生成相关的文件列表。

（1）在数据字典视图 v$logfile 中查看日志文件，其代码如下。

```
SQL> select member from v$logfile;
```

运行结果如图 7.4 所示。

（2）在数据字典视图 v$datafile 中查看数据文件，其代码如下。

```
SQL> select name from v$datafile;
```

运行结果如图 7.5 所示。

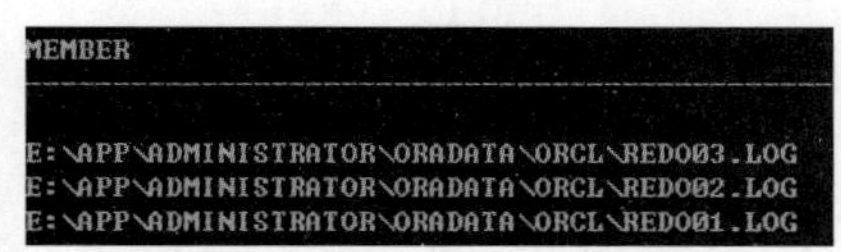

图 7.4　查看日志文件

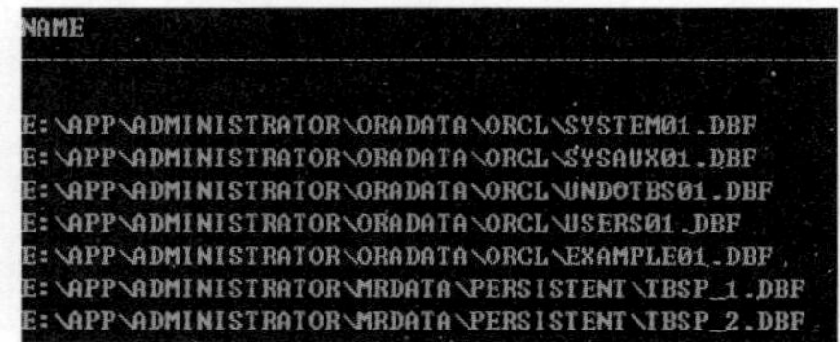

图 7.5　查看数据文件

（3）在数据字典视图 v$controlfile 中查看控制文件，其代码如下。

```
SQL> select name from v$controlfile;
```

运行结果如图 7.6 所示。

2. 关闭数据库

如果数据库处于打开状态，则在 system 模式中使用 SHUTDOWN IMMEDIATE 命令关闭数据库，其运行结果如图 7.7 所示。

3. 备份文件

用户需要在操作系统下备份所有的数据文件和重做日志文件，因为在使用 CREATE CONTROLFILE 语句创建新的控制文件时，如果操作不当，则可能会损坏数据文件和日志文件，因此必须先对其进行备份。

4. 启动数据库实例

启动但不加载数据库，是因为在加载数据库时，实例将会打开控制文件，无法达到新创建控制文件的效果，其代码如下。

```
SQL> startup nomount
```

运行结果如图 7.8 所示。

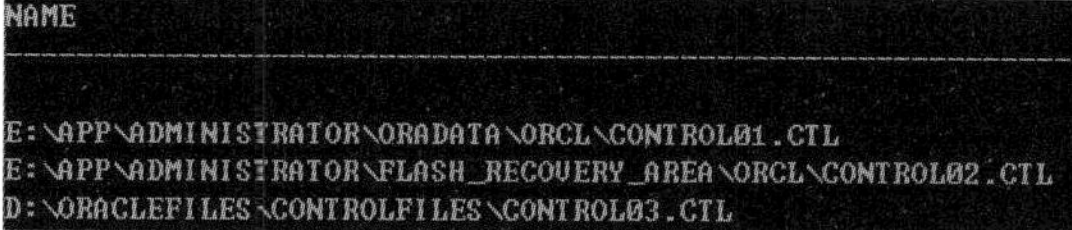

图 7.6　查看控制文件

```
SQL> connect system/1qaz2wsx as sysdba;
已连接。
SQL> shutdown immediate;
数据库已经关闭。
已经卸载数据库。
ORACLE 例程已经关闭。
SQL>
```

图 7.7　关闭数据库

```
ORACLE 例程已经启动。

Total System Global Area  535662592 bytes
Fixed Size                  1375792 bytes
Variable Size             310378960 bytes
Database Buffers          218103808 bytes
Redo Buffers                5804032 bytes
```

图 7.8　启动数据库实例

5. 创建新的控制文件

通过执行 CREATE CONTROLFILE 命令可以创建一个新的控制文件，代码及其运行结果如下。

```
SQL> create controlfile
  2  reuse database "orcl"
  3  logfile
  4  group 1 'E:\APP\ADMINISTRATOR\ORADATA\ORCL\REDO01.LOG',
  5  group 2 'E:\APP\ADMINISTRATOR\ORADATA\ORCL\REDO02.LOG',
  6  group 3 'E:\APP\ADMINISTRATOR\ORADATA\ORCL\REDO03.LOG'
  7  datafile
  8  'E:\APP\ADMINISTRATOR\ORADATA\ORCL\SYSTEM01.DBF',
  9  'E:\APP\ADMINISTRATOR\ORADATA\ORCL\SYSAUX01.DBF',
 10  'E:\APP\ADMINISTRATOR\ORADATA\ORCL\UNDOTBS01.DBF',
 11  'E:\APP\ADMINISTRATOR\ORADATA\ORCL\USERS01.DBF',
 12  'E:\APP\ADMINISTRATOR\ORADATA\ORCL\EXAMPLE01.DBF',
 13  'E:\APP\ADMINISTRATOR\MRDATA\PERSISTENT\TBSP_1.DBF',
 14  'E:\APP\ADMINISTRATOR\MRDATA\PERSISTENT\TBSP_2.DBF'
 15  maxlogfiles 50
 16  maxlogmembers 3
 17  maxinstances 6
 18  maxdatafiles 200
```

```
 19  noresetlogs
 20  noarchivelog;
控制文件已创建。
```

在上述代码中，DATABASE 关键字后面的数据库名要求与 SPFILE 文件中的 DB_NAME 参数值完全相同；NORESETLOGS 选项表示仍然使用原有重做日志文件，如果不希望使用原有重做日志文件或者原有重做日志文件与控制文件一起丢失，则可以指定 RESETLOGS 选项；LOGFILE 选项用于指定数据库原有重做日志的组号、大小以及对应的日志成员；DATAFILE 选项用于指定数据库原有的数据文件。

6. 编辑参数

通过编辑 SPFILE 文件中的初始化参数 CONTROL_FILES，使其指向新建的控制文件，代码及其运行结果如下。

```
SQL>  alter system set control_files=
  2   'E:\APP\ADMINISTRATOR\ORADATA\ORCL\CONTROL01.CTL',
  3   'E:\APP\ADMINISTRATOR\FLASH_RECOVERY_AREA\ORCL\CONTROL02.CTL'
  4  scope=spfile;
系统已更改。
```

注意

如果在控制文件中修改了数据库的名称，还需要修改 DB_NAME 参数来指定新的数据库名称。

7. 打开数据库

如果丢失了某个重做日志文件或数据文件，则需要恢复数据库（关于恢复数据库将在后面的章节中介绍）；否则通过下列方式正常打开数据库即可，代码及其运行结果如下。

```
SQL> alter database open;
数据库已更改。
```

如果在创建控制文件时使用 RESETLOGS 语句，则需要以“恢复方式”打开数据库，可参考下列代码。

```
alter database open resetlogs
```

至此，新的控制文件已经被创建成功，并且数据库已经被新创建的控制文件打开，然后就可以正常操作数据库了。

7.1.4 备份和恢复控制文件

为了提高数据库的可靠性，降低由于丢失控制文件而造成灾难性后果的可能性，DBA 需要经常对控制文件进行备份。特别是当修改了数据库结构之后，需要立即对控制文件进行备份。

1. 备份控制文件

备份控制文件需要使用 ALTER DATABASE BACKUP CONTROLFILE 语句。可以备份为两种文件形式：一种是备份为二进制文件；另一种是备份为脚本文件。

（1）如果备份为二进制文件，则需要使用 ALTER DATABASE BACKUP CONTROLFILE 语句。

【例 7.1】将数据库的控制文件备份为一个二进制文件，即复制当前的控制文件，代码及其运行结果如下。

```
SQL> alter database backup controlfile
  2  to 'D:\OracleFiles\ControlFiles\control_file1.bkp';
数据库已更改。
```

（2）如果备份为脚本文件（实际上就是备份为可读的文本文件），则同样需要使用 ALTER DATABASE BACKUP CONTROLFILE 语句。

【例 7.2】将数据库的控制文件备份为一个可读的文本文件，代码及其运行结果如下。

```
SQL> alter database backup controlfile to trace;
数据库已更改。
```

将控制文件以文本形式备份时，所创建的文件也称为跟踪文件，该文件实际上是一个 SQL 脚本，可以利用它来“重新创建”新的控制文件。跟踪文件的存储位置由 SPFILE 文件中的 USER_DUMP_DEST 参数来决定。

【例 7.3】使用 SHOW 命令显示跟踪文件（即那个备份的可读的文本文件）的存储位置，代码如下。

```
SQL> show parameter user_dump_dest;
```

运行本例代码，结果如图 7.9 所示。

根据运行结果中所显示的路径打开这个 SQL 脚本文件，如图 7.10 所示。

```
SQL> show parameter user_dump_dest;

NAME                                 TYPE        VALUE
------------------------------------ ----------- ------------------------------
user_dump_dest                       string      e:\app\administrator\diag\rdbm
                                                 s\orcl\orcl\trace
```

图 7.9　查看跟踪文件的存储位置

图 7.10　跟踪文件所在的位置及脚本

2. 恢复控制文件

当对控制文件进行备份后，即使发生磁盘物理损坏，也只需要在初始化文件中重新设置 CONTROL_FILES 参数的值，使它指向备份的控制文件，即可重新启动数据库。

1）控制文件本身损坏

现在假设参数 CONTROL_FILES 所指定的某个控制文件被损坏，但该控制文件的目录仍然可以被访问（因为所在盘区并没有损坏），并且这个控制文件具有一个多路复用文件，那么可以直接将其复制到对应的目录下，无须修改初始化参数，其操作步骤如下。

（1）关闭数据库，代码如下。

```
SQL> connect system/1qaz2wsx as sysdba;
已连接。
```

```
SQL> shutdown immediate;
```

（2）复制这个损坏的控制文件对应的一个多路复用文件，覆盖掉原始目录下的损坏文件。

（3）重新启动数据库，代码如下。

```
SQL> startup;
```

2）磁盘介质永久性损坏

如果某个磁盘分区发生了物理性的永久损坏，而导致 Oracle 系统不能访问 CONTROL_FILES 参数指定的某个控制文件，并且在这个控制文件具有一个多路复用文件的情况下，用户可以修改初始化参数以将控制文件指定到新的可以被访问的位置上，其操作步骤如下。

（1）关闭数据库实例（SHUTDOWN），将当前控制文件的一个多路复用文件复制到一个新的可用位置上。

（2）编辑初始化参数 CONTROL_FILES，用新的控制文件的位置替换掉原始损坏的位置，或者删除原始损坏的位置，添加一个新的控制文件的位置。

（3）重新启动数据库（STARTUP）。

7.1.5 删除控制文件

如果控制文件的位置不再适合时，可以从数据库中删除该控制文件，其操作过程如下。

（1）关闭数据库（SHUTDOWN）。

（2）编辑初始化参数 CONTROL_FILES，清除打算要删除的控制文件的名称。

（3）重新启动数据库（STARTUP）。

上述第（2）步操作，仅仅是在初始化参数 CONTROL_FILES 中删除了指定的控制文件，但物理磁盘上的控制文件仍然存在，用户也可以在这个操作之后，手动清除磁盘上的物理文件。

注意

不能将控制文件全部删除，应至少保留两个或两个以上文件，否则数据库将无法被启动。

7.1.6 查询控制文件的信息

控制文件是一个二进制文件，其中被分隔成许多部分，分别记录各种类型的信息。每一类信息成为一个记录文档段。控制文件的大小在创建时即被确定，其中各个记录文档段的大小也是固定的。例如，在创建数据库时通过 MAXLOGFILES 子句设定数据库中最多的重做日志文件数量，那么在控制文件中就会为 LOGFILE 记录文档分配相应的存储空间。

查询 Oracle 数据库的控制文件信息，可以使用若干个数据字典视图，与控制文件信息相关的常用数据字典视图及其说明如表 7.1 所示。

表 7.1 与控制文件信息相关的常用数据字典视图及其说明

字 典 视 图	说 明
v$controlfile	包含所有控制文件的名称和状态信息
v$controlfile_record_section	包含控制文件中各个记录文档段的信息
v$parameter	包含系统的所有初始化参数，从中可以查询参数 CONTROL_FILES 的值

下面来看一个关于查看控制文件中各个记录文档段的信息的例子。

【例 7.4】使用 v$controlfile_record_section 视图查看控制文件中记录文档段的类型、文档段中每条记录的大小、记录文档中最多能够存储的条目数、已经创建的数目等信息，代码如下。

```
SQL> select type,record_size,records_total,records_used from v$controlfile_record_section;
```

运行本例代码，结果如图 7.11 所示。

```
TYPE                         RECORD_SIZE RECORDS_TOTAL RECORDS_USED
---------------------------- ----------- ------------- ------------
DATABASE                             316             1            1
CKPT PROGRESS                       8180             9            0
REDO THREAD                          256             6            1
REDO LOG                              72            50            3
DATAFILE                             520           200            7
FILENAME                             524          2600           10
TABLESPACE                            68           200            9
TEMPORARY FILENAME                    56           200            0
RMAN CONFIGURATION                  1108            50            0
LOG HISTORY                           56           876            1
OFFLINE RANGE                        200           245            0

TYPE                         RECORD_SIZE RECORDS_TOTAL RECORDS_USED
---------------------------- ----------- ------------- ------------
ARCHIVED LOG                         584           616            0
BACKUP SET                            40           409            0
BACKUP PIECE                         736           400            0
BACKUP DATAFILE                      200           409            0
BACKUP REDOLOG                        76           215            0
```

图 7.11　查询控制文件中各个记录文档段的信息

TYPE 列表示记录文档段的类型，这里以 TABLESPACE 为例，该数据库最多可以拥有 200 个表空间（RECORDS_TOTAL 列），而现在系统中已经创建了 9 个（RECORDS_USED 列）。

7.2　管理重做日志文件

重做日志文件（Redo Log File）通常也被称为日志文件，它是保证数据库安全和数据库备份/恢复的基本保障。管理员可以根据日志文件和数据库备份文件，将崩溃的数据库恢复到最近一次记录日志时的状态。在日常工作中，数据库管理员维护重做日志文件也是十分必要的。

7.2.1　重做日志文件概述

重做日志文件用于记载事务操作所引起的数据变化，当执行 DDL 或 DML 操作时，由 LGWR 进程将缓冲区中与该事务相关的重做记录全部写入重做日志文件。当丢失或损坏数据库中的数据时，Oracle 会根据重做日志文件中的记录恢复丢失的数据。

1. 日志文件的内容及数据的恢复

重做日志文件由重做记录组成，重做记录又被称为重做条目，它由一组变更向量组成。每个变更向量都记录了数据库中某个数据块所做的修改。例如，用户执行了一条 UPDATE 语句对某张表的一条记录进行修改，同时生成一条重做记录。这条重做记录可能由多个变更向量组成，在这些变更向量中记录了所有被这条语句修改过的数据块中的信息，被修改的数据块包括表中存储这条记录的数据块，以及回滚段中存储的相应回滚条目的数据块。如果由于某种原因导致这条 UPDATE 语句执行失败，这时事务就可以通过与这条 UPDATE 语句对应的重做记录找到被修改之前的结果，然后将其复制到各个数据块中，从而完成对数据的恢复。

利用重做记录不仅能够恢复对数据文件所做的修改操作，还能够恢复对回退段所做的修改操作。因此，重做日志文件不仅可以保护数据，还能够保护回退段数据。在进行数据库的恢复时，Oracle 会读取每个变更向量，然后将其中记录的修改信息重新应用到相应的数据块上。

重做记录将以循环方式在 SGA 区的重做日志高速缓冲区中进行缓存，并且由后台进程 LGWR 写入重做日志文件中。当一个事务被提交时，LGWR 进程将与该事务相关的所有重做记录全部写入重做日志文件组中，同时生成一个“系统变更码”（SCN）。系统变更码会随着重做记录一起保存到重做日志文件组中，以标识与重做记录相关的事务。只有当某个事务所产生的重做记录全部被写入重做日志文件后，Oracle 才会认为该事务提交成功。

2. 写入重做日志文件

在 Oracle 中，用户对数据库所做的修改首先被保存在内存中，这样可以提高数据库的性能，因为对内存中的数据进行操作要比对磁盘中的数据进行操作快得多。Oracle 每隔一段时间（日志信息存储超过 3 s）或满足特定条件（当发生提交命令或者重做日志缓冲区的信息满 1/3）时，就会启动 LGWR 进程将内存中的重做日志记录保存到重做日志文件中。因此，即使发生故障导致数据库崩溃，Oracle 也可以利用重做日志文件来恢复丢失的数据。

在创建 Oracle 数据库的过程中，默认创建 3 个重做日志文件组，每个日志文件组中包含两个日志文件成员，并且每个日志文件组都有内部序号，Oracle 按照序号从小到大的顺序向日志文件组中写入日志信息。当一个重做日志文件组被写满后，后台进程 LGWR 将开始向下一个重做日志文件组中写入日志信息；当 LGWR 进程将所有的重做日志文件都写满后，它将再次转向第一个日志文件组进行重新覆盖。当前正在被 LGWR 进程写入日志记录的某组重做日志文件被称为“联机重做日志文件”（online redo log file），图 7.12 显示了重做日志的循环写入方式。

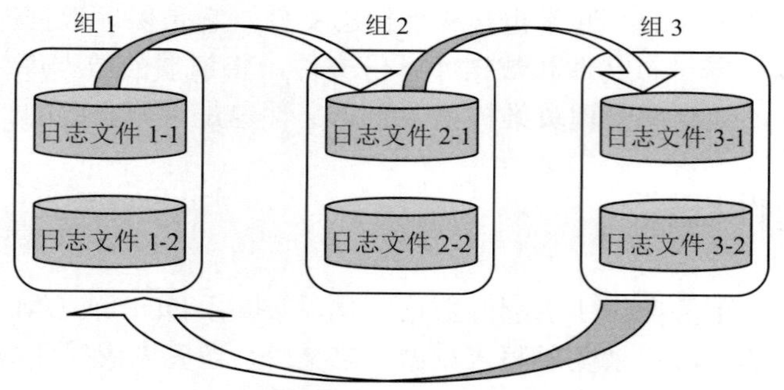

图 7.12　日志信息的循环写入

在如图 7.12 所示的所有日志文件组中，正在被 LGWR 进程写入的重做日志文件处于“当前状态”（CURRENT），正在被实例用于数据库恢复的重做日志文件处于“活动状态”（ACTIVE），其他的重做日志文件处于“未活动状态”（INACTIVE），用户通过查询数据字典视图 v$logfile 可以获取重做日志文件的状态。

7.2.2　增加日志组及其成员

在一个 Oracle 数据库中，至少需要两个重做日志文件组，每个组可以包含一个或多个重做日志成员。通常情况下，数据库管理员会在创建数据库时按照事先计划创建所需要的重做日志文件组和各个组中的日志文件。在一些特殊情况下（例如发现 LGWR 进程经常处于等待状态），Oracle 就需要通过手动方式向数据库中添加新的重做日志组或成员，或者改变重做日志文件的名称与位置，以及删除重作日志组或成员。另外，需要注意的是，对于重做日志文件的日常维护工作，用户需要具有 ALTER DATABASE 系统权限。接下来将讲解如何对重做日志文件进行这些日常维护操作。

1. 添加新的重做日志文件组

在 Oracle 数据库的日常管理中，为了防止后台进程 LGWR 等待向重做日志文件组中写入日志信息，数据库管理员必须选择合适的日志组个数。增加重做日志文件组可以使用 ALTER DATABASE ADD LOGFILE 语句。下面来看一个例子。

【例 7.5】在 system 模式下，向数据库中添加一个新的重做日志文件组，代码及其运行结果如下。**（实例位置：资源包\TM\sl\7\1）**

```
SQL> alter database add logfile
  2  ('D:\OracleFiles\LogFiles\REDO4_A.LOG',
  3  'E:\OracleFiles\LogFiles\REDO4_B.LOG')
  4  size 20M;
数据库已更改。
```

在上述新增的重做日志组中有两个日志成员，它们分别位于不同的磁盘分区，大小均为 20 MB。通常情况下，重做日志文件的大小最好为 10～50 MB，Oracle 默认的日志文件大小是 50 MB。另外，例 7.5 中并没有为新创建的重做日志组指定组编号，这种情况下，Oracle 会自动为新建的重做日志组设置编号，一般是在当前最大组号之后递增。

如果需要为新创建的重做日志组指定编号，则需要在 ALTER DATABASE ADD LOGFILE 语句后添加 GROUP 关键字。下面来看一个例子。

【例 7.6】向数据库中添加一个新的重做日志文件组，并指定组编号为 5，代码及其运行结果如下。**（实例位置：资源包\TM\sl\7\2）**

```
SQL> alter database add logfile group 5
  2  ('D:\OracleFiles\LogFiles\REDO5_A.LOG',
  3  'E:\OracleFiles\LogFiles\REDO5_B.LOG')
  4  size 20M;
数据库已更改。
```

使用日志组编号可以更加方便地管理重做日志组，但是日志组编号必须是连续的，不能跳跃。例如，1、3、5、7 这样不连续的编号是不可以的，否则将会耗费数据库控制文件的存储空间。

如果要创建一个非复用的重做日志文件（即单一日志文件），可以看下面这个例子。

【例 7.7】向数据库中添加一个单一的重做日志文件，并覆盖已存在的同名日志文件，代码及其运行结果如下。

```
SQL> alter database add logfile 'D:\OracleFiles\LogFiles\REDO6.LOG'reuse;
```

```
数据库已更改。
```

如果要创建的日志文件已经存在，则必须在 ALTER DATABASE ADD LOGFILE 语句后面使用 REUSE 关键字，这样就可以覆盖已有的操作系统文件。在使用 REUSE 的情况下，不能再使用 SIZE 子句设置重做日志文件的大小，重做日志文件的大小将由已存在日志文件的大小决定。

2. 创建日志成员文件

如果某个日志组中的所有日志成员都被损坏了，那么当后台进程 LGWR 切换到该日志组时，Oracle 会停止工作，并对该数据库执行不完全恢复，为此数据库管理员需要向该日志组中添加一个或多个日志成员。

为重做日志组添加新的成员，需要使用 ALTER DATABASE ADD LOG MEMBER 语句。下面来看一个例子。

【例 7.8】为第 4 个重做日志文件组添加一个新的日志文件成员，代码及其运行结果如下。**（实例位置：资源包\TM\sl\7\3）**

```
SQL> alter database add logfile member
  2  'E:\OracleFiles\LogFiles\REDO4_C.LOG' to group 4;
数据库已更改。
```

另外，还可以通过指定重做日志组中其他成员的名称，来确定要添加的新日志成员所属的重做日志组。下面来看一个例子。

【例 7.9】通过指定第 5 个重做日志组中的一个成员，来向该组中添加一个新的重做日志文件，代码及其运行结果如下。**（实例位置：资源包\TM\sl\7\4）**

```
SQL> alter database add logfile member
  2  'D:\OracleFiles\LogFiles\REDO1_new.LOG' to ('E:\app\Administrator\oradata\orcl\REDO01.LOG') ;
数据库已更改。
```

在上述代码中，需要注意的是，在关键字 TO 的左侧是新增加的日志成员的名称，而在其右侧则是要参照的日志成员名称，并且该日志成员的路径需要使用括号括起来。

7.2.3 删除重做日志文件

在某些情况下，数据库管理员可能需要删除重做日志的某个完整的组，或减少某个日志组中的成员。例如，存储某个日志文件的磁盘被损坏，就需要删除该损坏磁盘的日志文件，以防止 Oracle 将重做记录写入不可访问的文件中。删除重做日志需要使用 ALTER DATABASE 语句，执行该语句要求用户具有 ALTER DATABASE 系统权限。

1. 删除日志成员

要删除一个日志成员文件，可以使用 ALTER DATABASE DROP LOGFILE MEMBER 语句。

【例 7.10】在 system 模式下，删除“E:\OracleFiles\LogFiles\REDO4_C.LOG”重做日志文件，代码及其运行结果如下。**（实例位置：资源包\TM\sl\7\5）**

```
SQL> alter database drop logfile member
  2  'E:\OracleFiles\LogFiles\REDO4_C.LOG';
```

```
数据库已更改。
```

说明

> 上述语句只是在数据字典和控制文件中将重做日志文件成员删除，而对应的物理文件并没有删除，若要删除，可以采取手动删除的方式。

2. 删除日志文件组

如果某个日志文件组不再使用，可以将整个日志组删除；或者当日志组大小不合适时，由于已经存在的日志组的大小不能被改变，就需要重新建立日志组，在重新建立日志组之前，就需要删除大小不合适的原日志组。当删除一个日志组时，其中的成员文件也将被删除。在删除日志组时，必须要注意以下几点。

- ☑ 无论日志组中有多少个成员，一个数据库至少需要两个日志组，删除时不能超过此限制。
- ☑ 只能删除处于 INACTIVE 状态的日志组。如果要删除处于 CURRENT 状态的重做日志组，必须执行一个手动切换日志，将它切换到 INACTIVE 状态。
- ☑ 如果数据库处于归档模式，则在删除重做日志组之前必须确定它已经被归档。

说明

> 用户可以通过查询 v$log 数据字典视图来查看重做日志文件组的状态以及它们是否已经被归档。

若要删除一个重做日志组，需要使用 ALTER DATABASE DROP LOGFILE 语句。下面来看一个例子。

【例 7.11】删除数据库中编号为 5 的日志组，代码及运行结果如下。（**实例位置：资源包\TM\sl\7\6**）

```
SQL> alter database drop logfile group 5;
数据库已更改。
```

与删除指定的日志文件相同，删除日志文件组也只是在数据字典和控制文件中将日志文件组的信息删除，而对应的物理文件并没有被删除，若要删除，可以采取手动删除的方式。

3. 清空重做日志文件

清空重做日志文件实际上就是将日志文件中的内容清空，这相当于删除原有的日志文件，重新创建新的日志文件。即使数据库只有两个重做日志文件组，甚至要清空的重做日志组处于 CURRENT 状态，也都可以成功执行清空操作。

清空日志文件，需要使用 ALTER DATABASE CLEAR LOGFILE 语句。下面来看一个例子。

【例 7.12】清空数据库中编号为 4 的日志组中所有日志文件的内容，代码及运行结果如下。

```
SQL> alter database clear logfile group 4;
数据库已更改。
```

说明

> 如果要清空的重做日志文件组尚未被归档，则必须再使用 ALTER DATABASE CLEAR UNARCHIVED LOGFILE 语句。

7.2.4 更改重做日志文件的位置或名称

在重做日志文件被创建后，有时候可能需要改变它们的名称或位置。例如，某一个日志文件最初被存储在 D 盘上，由于 D 盘的空间并不足够大，随着应用系统业务量的不断增加，D 盘经常发生剩余空间不足的情况，这时候数据库管理员就需要把 D 盘上的日志文件移动到其他大容量的磁盘分区中。针对这种情况，我们来看它的具体实现步骤。

（1）关闭数据库，代码及其运行结果如下。

```
SQL> shutdown
数据库已经关闭。
已经卸载数据库。
ORACLE 例程已经关闭。
```

（2）手动复制源文件到目标位置，甚至可以对复制后的文件进行重命名。

（3）再次启动数据库实例，加载数据库，但不打开数据库，代码及其运行结果如下。

```
SQL> startup mount;
ORACLE 例程已经启动。
```

（4）使用 ALTER DATABASE RENAME FILE 语句重新设置重做日志文件的路径及其名称，代码及其运行结果如下。

```
SQL> alter database rename file
  2  'D:\OracleFiles\LogFiles\REDO1_NEW.LOG',
  3  'D:\OracleFiles\LogFiles\REDO4_A.LOG'
  4  to
  5  'E:\OracleFiles\LogFiles\REDO1_NEWa.LOG',
  6  'E:\OracleFiles\LogFiles\REDO4a.LOG';
数据库已更改。
```

在上述代码中，关键字 to 上面的两行代码描述源日志文件的路径及其名称，下面的两行代码描述目标日志文件的路径及其名称。

（5）打开数据库，代码及其运行结果如下。

```
SQL> alter database open;
数据库已更改。
```

（6）打开数据库后，新的重做日志文件的位置和名称将生效，通过查询 v$logfile 字典视图就可以获知数据库现在所使用的重做日志文件。

7.2.5 查看重做日志信息

对于数据库管理员而言，经常查看日志文件是其一项重要的工作，以便及时了解数据库的运行情况。要了解 Oracle 数据库的日志文件信息，可以查看如表 7.2 所示的 3 个常用数据字典视图及其说明。

表 7.2　查看日志信息常用的数据字典视图及其说明

字 典 视 图	说　　明
v$log	显示控制文件中的日志文件信息
v$logfile	日志组合日志成员信息
v$log_history	日志历史信息

在 SQL*Plus 环境中，使用 DESC 命令显示 v$log 数据字典视图的结构，运行结果如图 7.13 所示。在图 7.13 中，用户需要对以下内容进行了解。

☑ GROUP#：日志文件组编号。

☑ SEQUENCE#：日志序列号。

☑ STATUS：日志组的状态，有 3 种，分别是 CURRENT、INACTIVE 和 ACTIVE。

☑ FIRST_CHANGE#：重做日志组上一次被写入时的系统变更码（SCN），也被称作检查点号。在使用日志文件对数据库进行恢复时，将会用到 SCN。

图 7.13　v$log 数据字典视图的结构

7.3　管理归档日志文件

Oracle 利用重做日志文件来记录用户对数据库所做的修改，但是重做日志文件是以循环方式使用的，在将所修改的数据重新写入重做日志文件中时，原来保存的重做记录会被覆盖。为了完整地记录数据库的全部修改过程，Oracle 使用“归档日志文件”来提前一步保存这些即将被覆盖掉的重做日志记录。

7.3.1　日志模式分类

虽然归档日志文件可以保存重做日志文件中即将被覆盖的记录，但它并不是总起作用，这样就要看 Oracle 数据库所设置的日志模式。通常 Oracle 有两种日志模式：第一种是归档日志模式（ARCHIVELOG）；第二种是非归档日志模式（NOARCHIVELOG）。在归档日志模式下，Oracle 会首先对源日志文件进行归档存储，且在归档未完成之前不允许覆盖原有日志；在非归档日志模式下，源日志文件的内容会被新的日志内容所覆盖。

1. 归档模式（ARCHIVELOG）

在重做日志文件被覆盖之前，Oracle 能够将已经写满的重做日志文件通过复制方式保存到指定的位置，保存下来的所有重做日志文件被称为“归档重做日志”，这个过程就是“归档过程”。只有数据库处于归档模式时，才会对重做日志文件执行归档操作。另外，归档日志文件中不仅包含了被覆盖的日志文件，还包含重做日志文件使用的顺序号。

当数据库的运行处于归档模式时，具有如下优势。

☑ 如果发生磁盘介质损坏，则可以使用数据库备份与归档重做日志恢复已经提交的事务，保证不会发生任何数据丢失。

☑ 如果为当前数据库建立一个备份数据库，通过持续地为备份数据库应用归档重做日志，可以保证源数据库与备份数据库的一致性。

☑ 利用归档日志文件，可以实现使用数据库在打开状态下创建的备份文件来进行数据库恢复。

在归档模式下，系统后台进程 LGWR 在将数据写入下一个重做日志文件中之前，必须等待该重做日志文件完成归档，否则，LGWR 进程将被暂停执行，直到完成对重做日志文件的归档。归档操作可以由后台进程 ARCN 自动完成，也可以由数据库管理员手动完成，为了简化操作，通常情况下选择由后台进程 ARCN 自动完成。另外，为了提高归档的速度，可以考虑使用多个 ARCN 进程加速归档的速度。图 7.14 显示了在归档模式下重做日志文件的自动归档过程。

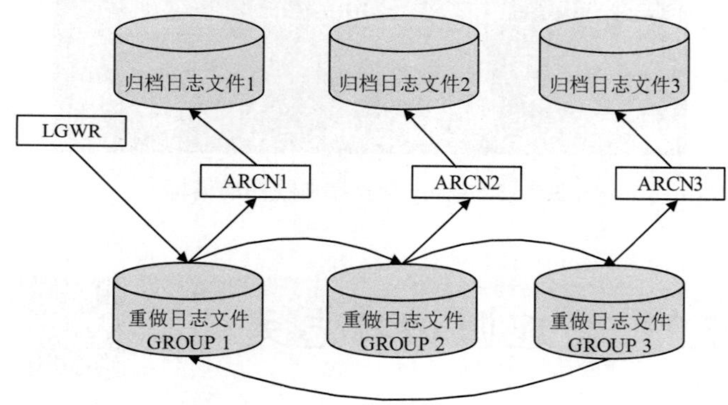

图 7.14　归档模式下重做日志文件的自动归档过程

2. 非归档模式（NOARCHIVELOG）

非归档模式只能用于保护实例故障，而不能保护介质故障，当数据库处于 NOARCHIVELOG 模式时，如果进行日志切换，生成的新内容将直接覆盖掉原来的日志记录。

使用非归档模式具有如下特点。

☑ 当完成检查点之后，后台进程 LGWR 可以覆盖原来的重做日志文件。

☑ 如果数据库备份后的重做日志内容已经被覆盖掉，那么当出现数据库文件被损坏时，只能恢复到最近一次的某个完整备份点，而且这个备份点的时间是人工无法控制的，甚至可能会有数据丢失。

Oracle 数据库具体应用归档模式还是非归档模式，是由数据库对应的应用系统来决定。如果任何由于磁盘物理被损坏而造成的数据丢失都是不允许的，那么就只能使用归档模式；如果只是强调应用

系统的运行效率，而将数据的丢失放在次一级考虑，那么可以采取非归档模式，但数据库管理员必须经常定时地对数据库进行完整的备份。

7.3.2　管理归档操作

默认情况下，Oracle 数据库处于非归档日志模式，这样重做日志文件中被覆盖掉的日志记录就不会被写入归档日志文件中。根据 Oracle 数据库对应的应用系统的要求，用户可以把数据库的日志模式切换到归档模式，反之亦可操作。要实现数据库在归档模式与非归档模式之间切换，可以使用 ALTER DATABASE ARCHIVELOG 或 NOARCHIVELOG 语句。

1. 日志模式切换

在 Oracle 中，归档日志文件默认情况下存储到快速恢复区所对应的目录（由初始化参数 DB_RECOVERY_FILE_DEST 设定）中，并且会按照特定的格式生成归档日志文件名。如果只想将归档日志文件放在默认的路径下，那么只需执行 ALTER DATABASE ARCHIVELOG 语句即可。

改变日志操作模式时，用户必须以 sysdba 的身份执行相应操作。接下来将讲解数据库由非归档模式切换为归档模式的具体操作步骤。

（1）查看当前日志模式。在改变日志模式之前，用户首先应该检查当前日志模式，这可以通过查询动态性能视图 v$database 实现，代码及其运行结果如下。

```
SQL> select log_mode from v$database;
LOG_MODE
------------
NOARCHIVELOG
```

通过查询结果可以看到，数据库当前处于非归档日志模式（NOARCHIVELOG）。

（2）关闭并重新启动数据库。改变日志操作模式必须在 MOUNT 状态下进行，因此必须先关闭数据库，然后重新装载数据库。代码及其运行结果如下。

```
SQL> shutdown immediate;
数据库已经关闭。
已经卸载数据库。
ORACLE 例程已经关闭。
SQL> startup mount;
ORACLE 例程已经启动。
```

注意

改变日志模式时，关闭数据库不能使用 SHUTDOWN ABORT 命令。

（3）改变日志模式。使用 ALTER DATABASE ARCHIVELOG 语句将数据库切换到归档模式，代码及其运行结果如下。

```
SQL> alter database archivelog;
数据库已更改。
```

说明

若是要把归档日志模式改变成非归档日志模式，只需要将 ALTER DATABASE ARCHIVELOG 语句中的 ARCHIVELOG 关键字换成 NOARCHIVELOG 即可，其他步骤基本相同。

（4）打开数据库。使用 ALTER DATABASE OPEN 语句打开数据库，这时数据库的日志模式被彻底改变，代码及其运行结果如下。

```
SQL> alter database open;
数据库已更改。
```

数据库打开后，用户可以使用 ARCHIVE LOG LIST 命令查看数据库是否处于归档模式。

2. 配置归档进程

如果 Oracle 系统的后台进程 LGWR 经常出现等待的状态，就可以考虑启动多个 ARCN 进程，通过修改系统初始化参数 LOG_ARCHIVE_MAX_PROCESSES 就可以调整启动 ARCN 进程数量。来看下面的例子。

【例 7.13】 设置启动 3 个 ARCN 后台系统进程，代码及其运行结果如下。

```
SQL> alter system set log_archive_max_processes=3;
系统已更改。
```

说明

当数据库处于 ARCHIVELOG 模式时，默认情况下 Oracle 会自动启动两个归档日志进程。通过改变初始化参数 LOG_ARCHIVE_MAX_PROCESSES 的值，用户可以动态地增加或减少归档进程的个数。

7.3.3 设置归档文件位置

归档日志文件保存的位置被称为归档目标。用户可以为数据库设置多个归档目标，与设置控制文件和重做日志文件一样，不同的归档目标最好位于不同的磁盘中，以缓解归档操作时磁盘的 I/O 瓶颈。

归档目标在初始化参数 LOG_ARCHIVE_DEST_n 中进行设置，其中 n 为 1～10 的整数，即可以为数据库指定 1～10 个归档目标。在进行归档时，Oracle 会将重做日志文件组以相同的方式归档到每一个归档目标中。在设置归档目标时，可以指定本地机器作为归档目标，也可以选择远程服务器作为归档目标，下面分别来看这两种情况。

1. 本地归档目标（LOCATION）

若设置 LOG_ARCHIVE_DEST_n 参数时使用 LOCATION 关键字，则表示指定的归档目标在本地机器上。

【例 7.14】 在本地机器上建立 4 个归档目标，代码及其运行结果如下。

```
SQL> alter system set log_archive_dest_1 = 'location=D:\OracleFiles\archive1';
系统已更改。
```

```
SQL> alter system set log_archive_dest_2 = 'location=D:\OracleFiles\archive2';
系统已更改。
SQL> alter system set log_archive_dest_3 = 'location=D:\OracleFiles\archive3';
系统已更改。
SQL> alter system set log_archive_dest_4 = 'location=D:\OracleFiles\archive4';
系统已更改。
```

使用初始化参数 LOG_ARCHIVE_DEST_n 设置归档位置时，还可以指定 OPTIONAL、MANDATORY 或 REOPEN 选项，下面分别进行介绍。

- ☑ OPTIONAL：该选项是默认选项。使用该选项时，无论“归档操作”是否执行成功，都可以覆盖重做日志文件。
- ☑ MANDATORY：该选项用于强制进行“归档操作”。使用该选项时，只有在归档成功后，重做日志文件才能被覆盖。
- ☑ REOPEN：这是一个属性选项，它用于设定重新归档的时间间隔，默认值为 300 s。但需要注意的是，REOPEN 属性必须跟在 MANDATORY 选项后。

接下来通过一个例子来看一看这 3 种选项的用法。

【例 7.15】在本地机器上，分别使用 OPTIONAL、MANDATORY、REOPEN 和默认选项建立 4 个归档目标，代码及其运行结果如下。

```
SQL> alter system set log_archive_dest_1 = 'location=D:\OracleFiles\archive1 optional';
系统已更改。
SQL> alter system set log_archive_dest_2 = 'location=D:\OracleFiles\archive2 mandatory';
系统已更改。
SQL> alter system set log_archive_dest_3 = 'location=D:\OracleFiles\archive3 mandatory reopen=400';
系统已更改。
SQL> alter system set log_archive_dest_4 = 'location=D:\OracleFiles\archive4';
系统已更改。
```

在使用初始化参数 LOG_ARCHIVE_DEST_n 设置归档位置时，用户还可以使用初始化参数 LOG_ARCHIVE_MIN_SUCCEED_DEST 控制本地成功归档的“最小个数”。如果成功生成的归档日志文件少于“最小个数”，那么重做日志将不能被覆盖。下面来看一个例子。

【例 7.16】在本地机器上，设置最小归档数为 3 个，代码及其运行结果如下。

```
SQL> alter system set log_archive_min_succeed_dest=3;
系统已更改。
```

执行上述代码后，如果成功生成的归档日志文件少于 3 个，那么重做日志将不能被覆盖。

另外，用户还可以使用初始化参数 LOG_ARCHIVE_DEST_STATE_n 设置归档位置是否可用。如果设置该参数为 ENABLE，则表示激活相应的归档位置；如果设置该参数为 DEFER，则表示禁用相应的归档位置。下面来看一个例子。

【例 7.17】禁用 LOG_ARCHIVE_DEST_STATE_4 对应的归档位置，代码及其运行结果如下。

```
SQL> alter system set log_archive_dest_state_4 = defer;
系统已更改。
```

一般当归档日志所在的磁盘损坏或填满时，数据库管理员应该暂时禁用该归档位置。

在设置禁用归档位置时，要求参数 LOG_ARCHIVE_DEST_STATE_n 的序号 n 的值要大于 LOG_ARCHIVE_MIN_SUCCEED_DEST 的参数值，否则将会显示如图 7.15 所示的错误提示信息。

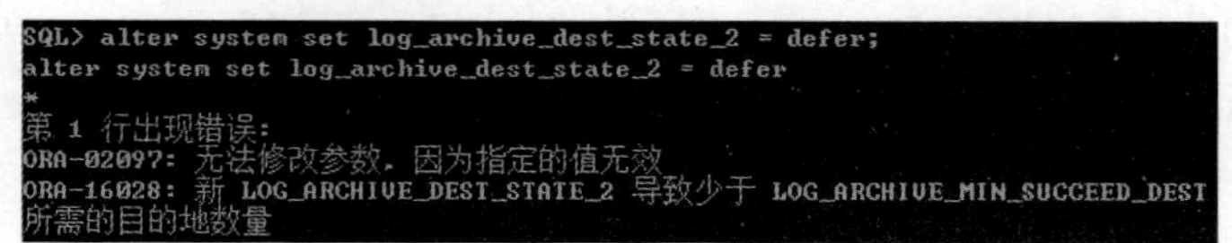

SQL> alter system set log_archive_dest_state_2 = defer;
alter system set log_archive_dest_state_2 = defer
*
第 1 行出现错误:
ORA-02097: 无法修改参数, 因为指定的值无效
ORA-16028: 新 LOG_ARCHIVE_DEST_STATE_2 导致少于 LOG_ARCHIVE_MIN_SUCCEED_DEST
所需的目的地数量

图 7.15　禁用归档位置时产生的错误信息

之所以产生错误提示信息，是因为我们在前面设置了 LOG_ARCHIVE_MIN_SUCCEED_DEST 的参数值为 3，而这里设置参数 LOG_ARCHIVE_DEST_STATE_n 的序号 n 的值为 2。

要激活 LOG_ARCHIVE_DEST_STATE_4 对应的归档位置，只需要设置其值为 ENABLE 即可。

2. 远程归档目标（SERVER）

如果在设置 LOG_ARCHIVE_DEST_n 参数时使用了 SERVICE 关键字，则表示归档目标是一个远程服务器。下面看一个例子。

【例 7.18】 建立一个远程归档目标，其目录位置在名称为 MRKJ 的服务器上，代码及其运行结果如下。

```
SQL> alter system set log_archive_dest_1='service=MRKJ';
```

在上述代码中，MRKJ 是一个远程的服务器名。

7.3.4　查看归档日志信息

查看归档日志信息主要有两种方法：一种是使用数据字典和动态性能视图；另一种是使用 ARCHIVE LOG LIST 命令。下面分别进行讲解。

1. 使用数据字典和动态性能视图

常用的各种包含归档信息的数据字典视图及其说明如表 7.3 所示。

表 7.3　包含归档信息的数据字典视图及其说明

字 典 视 图	说　明	字 典 视 图	说　明
v$database	用于查询数据库是否处于归档模式	v$archive_processes	包含已启动的 ARCN 进程状态信息
v$archived_log	包含控制文件中所有已经归档的日志信息	v$backup_redolog	包含所有已经备份的归档日志信息
v$archive_dest	包含所有归档目标信息		

下面通过查询 v$archive_dest 动态性能视图来显示归档目标信息。

【例 7.19】显示所有的归档目标参数名称，代码如下。

```
SQL> select dest_name from v$archive_dest;
```

运行本例代码，结果如图 7.16 所示。

2. 使用 ARCHIVE LOG LIST 命令

在 SQL*Plus 环境中，使用 ARCHIVE LOG LIST 命令可以显示当前数据库的归档信息，如图 7.17 所示。

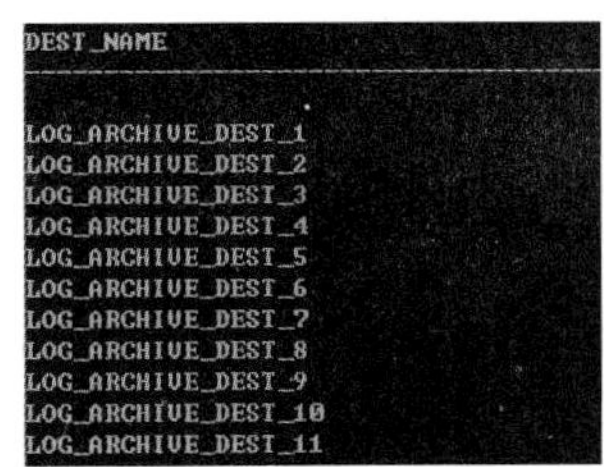

图 7.16　显示所有的归档目标参数名称

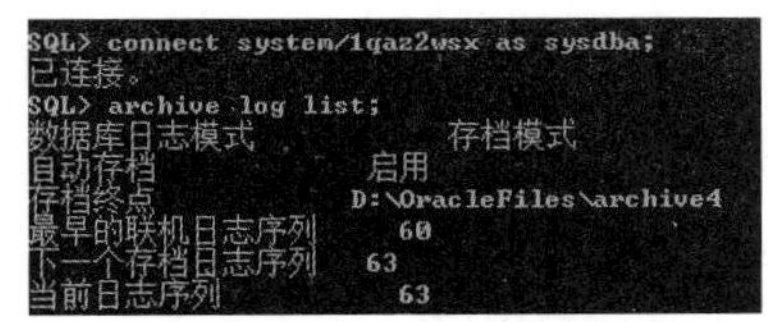

图 7.17　显示当前数据库的归档信息

说明

若要在 SQL*Plus 环境中显示归档信息，则用户必须以 sysdba 的身份进行操作。

7.4　实践与练习

1. 向当前数据库实例中添加一个新的重做日志文件组，该组包括 3 个文件，每个文件大小为 100MB。
2. 查看现有数据库实例的归档模式，然后尝试将其修改成相反的模式。

第 8 章

管理表空间和数据文件

在 Oracle 中，表空间中的数据存储在磁盘的数据文件中，所以对表空间的管理操作与对数据文件的管理操作密切相关。通过使用表空间，可以有效地部署不同类型的数据，加强数据管理，从而提高数据库的运行性能。

本章知识架构及重难点如下。

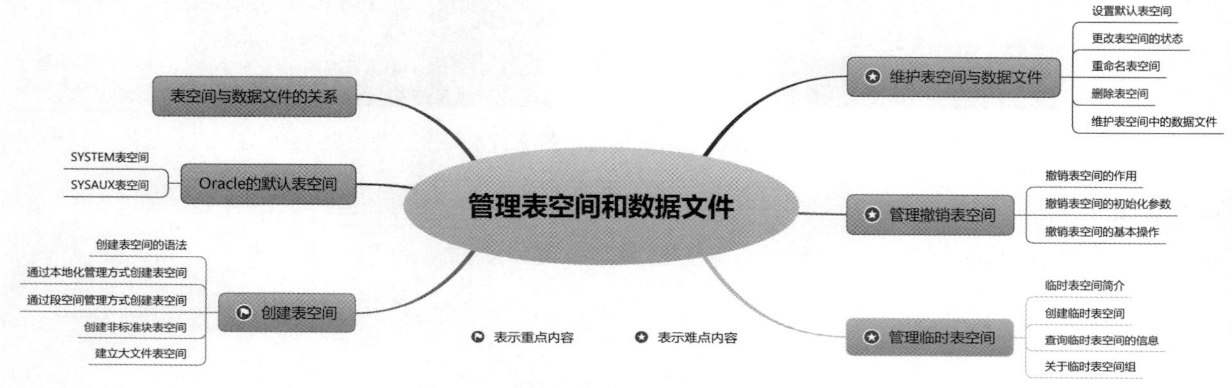

8.1 表空间与数据文件的关系

在 Oracle 数据库中，表空间与数据文件之间的关系非常密切，两者之间相互依存。也就是说，创建表空间时必须创建数据文件，增加数据文件时也必须指定表空间。

Oracle 磁盘空间管理中的最高逻辑层是表空间，它的下一层是段，并且一个段只能驻留在一个表空间内。段的下一层就是盘区，一个或多个盘区可以组成一个段，并且每个盘区只能驻留在一个数据文件中。如果一个段跨越多个数据文件，它就只能由多个驻留在不同数据文件中的盘区构成。盘区的下一层就是数据块，它也是磁盘空间管理中逻辑划分的最底层，一组连续的数据块可以组成一个盘区。图 8.1 展示了数据库、表空间、数据文件、段、盘区、数据块及操作系统块之间的相互

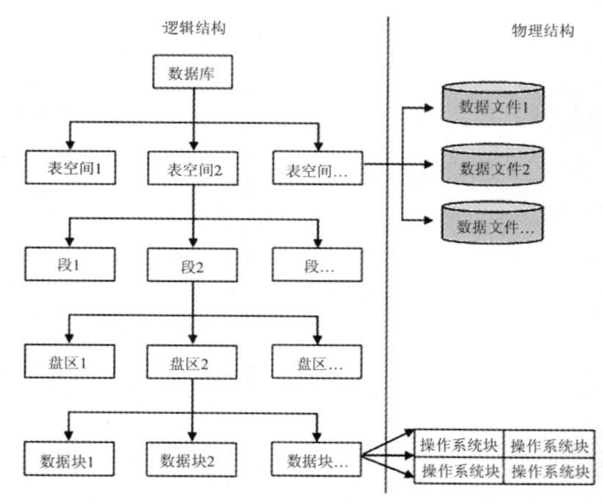

图 8.1　Oracle 磁盘空间管理的逻辑结构图

关系。

如果要查询表空间与对应的数据文件的相关信息，可以从 dba_data_files 数据字典中获得，如下面的例子所示。

【例 8.1】在 system 模式下，从 dba_data_files 数据字典中查询表空间及其包含的数据文件，代码如下。（**实例位置：资源包\TM\sl\8\1**）

```
SQL> col tablespace_name for a10
SQL> col file_name for a50
SQL> col bytes for 999,999,999
SQL> select tablespace_name,file_name,bytes from dba_data_files order by tablesp
ace_name;
```

运行本例代码，结果如图 8.2 所示。

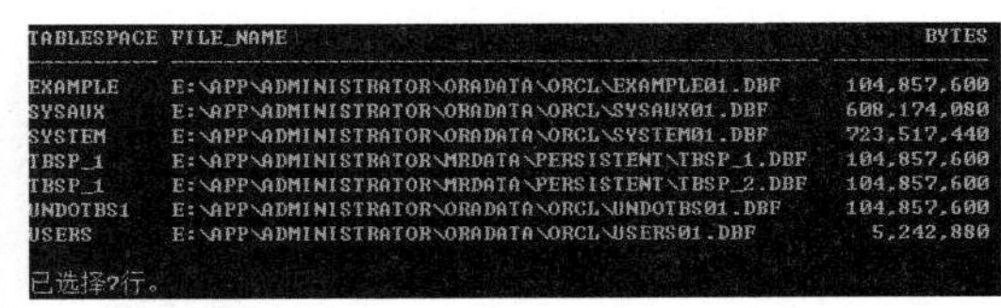

图 8.2　查询表空间及其包含的数据文件

从查询所列的结果来看，一个数据库包括多个表空间，如 SYSTEM 表空间、USERS 表空间、tbsp_1 表空间等。每一个表空间又包含一个或多个数据文件，如 USERS 表空间包括一个数据文件 USERS01.DBF，而 TBSP_1 表空间包括 TBSP_1.DBF 和 TBSP_2.DBF 两个数据文件。表空间可以看成是 Oracle 数据库的逻辑结构，而数据文件可以看成是 Oracle 数据库的物理结构。

8.2　Oracle 的默认表空间

默认表空间是指在创建 Oracle 数据库时，系统自动创建的表空间。这些表空间通常用于存储 Oracle 系统内部数据和提供样例所需要的逻辑空间，Oracle 默认的表空间及其说明如表 8.1 所示。

表 8.1　Oracle 默认的表空间及其说明

表　空　间	说　　明
EXAMPLE	如果安装时选择“实例方案”，则此表空间存储各样例的数据
SYSAUX	SYSTEM 表空间的辅助空间。一些选件的对象都存储在此表空间内，这样可以减少 SYSTEM 表空间的负荷
SYSTEM	存储数据字典，包括表、视图、存储过程的定义等
TEMP	存储 SQL 语句处理的表和索引的信息，如数据排序就占用此空间
UNDOTBS1	存储撤销数据的表空间
USERS	通常用于存储“应用系统”所使用的数据库对象

8.2.1　SYSTEM 表空间

Oracle 数据库的每个版本都使用 SYSTEM 表空间存储内部数据和数据字典，SYSTEM 表空间主要存储 sys 用户的各个对象和其他用户的少量对象。用户可以从 dba_segments 数据字典中查询到某个表空间所存储的数据对象及其类型（如索引、表、簇等）和拥有者。

【例 8.2】查询 USERS 表空间内存储的数据对象及其类型和拥有者，代码如下。**（实例位置：资源包\TM\sl\8\2）**

```
SQL> col owner for a10;
SQL> col segment_name for a30;
SQL> col segment_type for a20;
SQL> select segment_type,segment_name,owner from dba_segments where tablespace_name='USERS';
```

运行本例代码，结果如图 8.3 所示。可以看出，USERS 表空间存储了 scott 用户的表和索引，以及 oe 用户的大对象索引、索引等数据对象。

SEGMENT_TYPE	SEGMENT_NAME	OWNER
TABLE	GOODS	SCOTT
TABLE	DDL_OPER_LOG	SCOTT
INDEX	PK_DEPT	SCOTT
INDEX	PK_EMP	SCOTT
LOBINDEX	SYS_IL0000074461C00004$$	OE
INDEX	SYS_C0011033	OE
LOBINDEX	SYS_IL0000074465C00005$$	OE
LOBINDEX	SYS_IL0000074465C00010$$	OE
INDEX	SYS_C0011034	OE
LOBINDEX	SYS_IL0000074460C00004$$	OE
LOBINDEX	SYS_IL0000074460C00005$$	OE

图 8.3　USERS 表空间内存储的数据对象

8.2.2　SYSAUX 表空间

SYSTEM 表空间主要用于存储 Oracle 系统内部的数据字典，而 SYSAUX 表空间则充当 SYSTEM 的辅助表空间，主要用于存储除数据字典以外的其他数据对象，它在一定程度上降低了 SYSTEM 表空间的负荷。

下面通过 dba_segments 数据字典来查询 SYSAUX 表空间的相关信息。

【例 8.3】查询 SYSAUX 表空间所存储的用户及其所拥有的对象数量，代码如下。

```
SQL> select owner as 用户,count(segment_name) as 对象数量 from dba_segments where tablespace_name
='SYSAUX' group by owner;
```

运行本例代码，结果如图 8.4 所示。

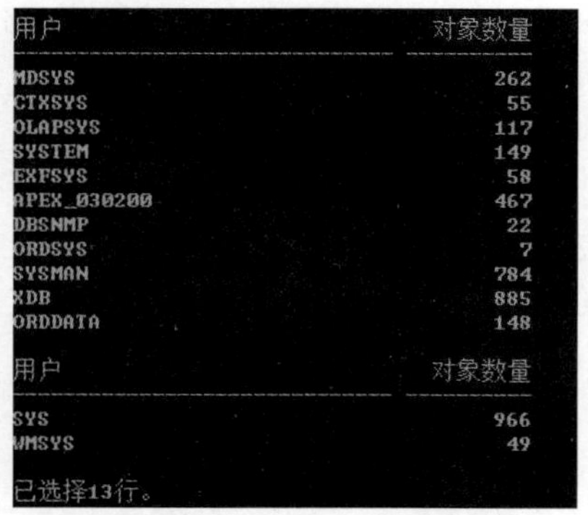

用户	对象数量
MDSYS	262
CTXSYS	55
OLAPSYS	117
SYSTEM	149
EXFSYS	58
APEX_030200	467
DBSNMP	22
ORDSYS	7
SYSMAN	784
XDB	885
ORDDATA	148

用户	对象数量
SYS	966
WMSYS	49

已选择13行。

图 8.4　查询 SYSAUX 表空间的信息

注意

用户可以对 SYSAUX 表空间进行增加数据文件和监视等操作，但不能对其执行删除、重命名或设置只读（READ ONLY）等操作。

8.3　创建表空间

为了简化表空间的管理并提高系统性能，Oracle 建议将不同类型的数据对象存储到不同的表空间中。因此，在创建数据库后，数据库管理员还应该根据具体应用的情况，建立不同类型的表空间。例如，建立专门用于存储表数据的表空间、建立专门用于存储索引或簇数据的表空间等，因此创建表空间的工作就显得十分重要，那么在创建表空间时必须要考虑以下几点。

- ☑ 是创建小文件表空间，还是大文件表空间（默认是小文件表空间）。
- ☑ 是使用局部盘区管理方式，还是使用传统的目录盘区管理方式（默认为局部盘区管理）。
- ☑ 是手动管理段空间，还是自动管理段空间（默认为自动）。
- ☑ 是否是用于临时段或撤销段的特殊表空间。

8.3.1　创建表空间的语法

创建表空间的语法如下。

```
CREATE [SMALLFILE/BIGFILE] TABLESPACE tablespace_name
DATAFILE '/path/filename' SIZE num[k/m] REUSE
[,'/path/filename' SIZE num[k/m] REUSE]
[,…]
[AUTOEXTEND [ON | OFF] NEXT num[k/m]
[MAXSIZE [UNLIMITED | num[k/m]]]]
[MININUM EXTENT num[k/m]]
[DEFAULT STORAGE storage]
[ONLINE | OFFLINE]
[LOGGING | NOLOGGING]
[PERMANENT | TEMPORARY]
[EXTENT MANAGEMENT DICTIONARY | LOCAL [AUTOALLOCATE | UNIFORM SIZE num[k/m]]]]
```

在上述语法中出现了大量的关键字和参数，为了让读者比较清晰地理解这些内容，下面对这两方面的内容分开进行讲解。

1. 语法中的关键字

- ☑ SMALLFILE/BIGFILE：表示创建的是小文件表空间还是大文件表空间。
- ☑ AUTOEXTEND [ON | OFF] NEXT：表示数据文件为自动扩展（ON）或非自动扩展（OFF），如果是自动扩展，则需要设置 NEXT 的值。

☑ MAXSIZE：表示当数据文件自动扩展时，允许数据文件扩展的最大字节数，如果指定 UNLIMITED 关键字，则不需要指定字节长度。

☑ MININUM EXTENT：指定最小的长度，由操作系统和数据库的块决定。

☑ ONLINE | OFFLINE：创建表空间时可以指定为在线或离线。

☑ PERMANENT|TEMPORARY：指定创建的表空间是永久表空间或临时表空间，默认为永久性表空间。

☑ LOGGING | NOLOGGING：指定该表空间内的表在加载数据时是否产生日志，默认为产生日志（LOGGING）。即使设置为 NOLOGGING，但在进行 INSERT、UPDATE 和 DELETE 操作时，Oracle 仍会将操作信息记录到 Redo Log Buffer 中。

☑ EXTENT MANAGEMENT DICTIONARY | LOCAL：指定表空间的扩展方式是使用数据字典管理还是本地化管理，默认为本地化管理。Oracle 不推荐使用数据字典管理表空间。

☑ AUTOALLOCATE | UNIFORM SIZE：如果采用本地化管理表空间，在表空间扩展时，指定每次盘区扩展的大小是由系统自动指定还是按照等同大小进行。若是按照等同大小进行，则默认每次扩展的大小为 1MB。

2. 语法中的参数

☑ tablespace_name：该参数表示要创建的表空间的名称。

☑ '/path/filename'：该参数表示数据文件的路径与名字。REUSE 表示若该文件存在，则清除该文件再重新建立该文件；若该文件不存在，则创建该文件。

☑ DEFAULT STORAGE storage：指定以后要创建的表、索引及簇的存储参数值，这些参数将影响以后表等对象的存储参数值。

8.3.2 通过本地化管理方式创建表空间

本地化表空间管理使用位图跟踪表空间所对应的数据文件的自由空间和块的使用状态，位图中的每个单元对应一个块或一组块。当分配或释放一个扩展时，Oracle 会改变位图的值以指示该块的状态。这些位图值的改变不会产生回滚信息，因为它们不更新数据字典的任何表。所以，本地管理表空间具有以下优点。

☑ 使用本地化的扩展管理功能（包括自动大小和等同大小两种），可以避免发生重复的空间管理操作。

☑ 本地化管理的自动扩展（AUTOALLOCATE）能够跟踪临近的自由空间，这样可以消除结合自由空间的麻烦。本地化的扩展大小可以由系统自动确定（AUTOALLOCATE），也可以选择所有扩展有同样的大小（UNIFORM）。通常使用 EXTENT MANAGEMENT LOCAL 子句创建本地化的可变表空间。

下面来看两个创建表空间的例子：一个是指定等同的扩展大小；另一个是由系统自动指定扩展大小。

【例 8.4】通过本地化管理方式（LOCAL）创建一个表空间，其扩展大小为等同的 256KB，代码及其运行结果如下。**（实例位置：资源包\TM\sl\8\3）**

```
SQL> create tablespace tbs_test_1 datafile 'D:\OracleFiles\OracleData\datafile1.dbf'
  2  size 10m
```

```
  3   extent management local uniform size 256K;
表空间已创建。
```

【例 8.5】通过本地化管理方式（LOCAL）创建一个表空间，其扩展大小为自动管理，代码及其运行结果如下。**（实例位置：资源包\TM\sl\8\4）**

```
SQL> create tablespace tbs_test_2 datafile 'D:\OracleFiles\OracleData\datafile2.dbf'
  2   size 10m
  3   extent management local autoallocate;
表空间已创建。
```

在上述两个例子中，由于创建的都是本地化管理方式的表空间，因此都是用 EXTENT MANAGEMENT LOCAL 子句。当创建扩展大小等同的表空间时，使用 UNIFORM 关键字，并指定每次扩展时的大小；当创建扩展大小为自动管理的表空间时，使用 AUTOALLOCATE 关键字，并且不需要指定扩展时的大小。

8.3.3　通过段空间管理方式创建表空间

段空间管理方式是建立在本地化空间管理方式基础之上的，即只有本地化管理方式的表空间，才能在其基础上进一步建立段空间管理方式。它使用 SEGMENT SPACE MANAGEMENT MANUAL/LOCAL 语句，段空间管理又可分为手动段和自动段两种空间管理方式。

1. 手动段空间管理方式

手动段空间管理方式是为了向后兼容而保留的，它使用自由块列表和 PCT_FREE 与 PCT_USED 参数来标识可供插入操作使用的数据块。

在每个 INSERT 或 UPDATE 操作后，数据库都会比较该数据块中的剩余自由空间与该段的 PCT_FREE 设置。如果数据块的剩余自由空间少于 PCT_FREE 自由空间（也就是说剩余空间已经进入系统的下限设置），则数据库就会从自由块列表上将其取下，不再对其进行插入操作。剩余的空余空间保留给可能会增大该数据块行大小的 UPDATE 操作。

而在每个 UPDATE 操作或 DELETE 操作后，数据库会比较该数据块中的已用空间与 PCT_USED 设置，如果已用空间少于 PCT_USED 已用空间（也就是已用空间未达到系统的上限设置），则该数据块会被加入自由列表中，供 INSERT 操作使用。下面来看一个实例。

【例 8.6】通过本地化管理方式（LOCAL）创建一个表空间，其扩展大小为自动管理，其段空间管理方式为手动，代码及其运行结果如下。**（实例位置：资源包\TM\sl\8\5）**

```
SQL> create tablespace tbs_test_3 datafile 'D:\OracleFiles\OracleData\datafile3.dbf'
  2   size 20m
  3   extent management local autoallocate
  4   segment space management manual;
表空间已创建。
```

2. 自动段空间管理方式

如果采用自动段空间管理方式，那么数据库会使用位图而不是自由列表来标识哪些数据块可以用于插入操作，哪些数据块需要从自由块列表上将其取下。此时，表空间段的 PCT_FREE 和 PCT_USED 参数会被自动忽略。

由于自动段空间管理方式比手动段空间管理方式具有更好的性能，因此它是创建表空间时的首选方式。下面来看一个实例。

【例 8.7】通过本地化管理方式（LOCAL）创建一个表空间，其扩展大小为自动管理，其段空间管理方式为自动，代码及其运行结果如下（**实例位置：资源包\TM\sl\8\6**）。

```
SQL> create tablespace tbs_test_4 datafile 'D:\OracleFiles\OracleData\datafile4.dbf'
  2   size 20m
  3   extent management local autoallocate
  4   segment space management auto;
表空间已创建。
```

对于使用自动段空间管理方式，用户需要注意以下两种情况。

☑ 自动段空间管理方式不能用于创建临时表空间和系统表空间。

☑ Oracle 本身推荐使用自动段空间管理方式管理永久表空间，但其默认情况下却是 MANUAL（手动）管理方式，所以在创建表空间时需要将段空间管理方式明确指定为 AUTO。

8.3.4 创建非标准块表空间

在 Oracle 数据库中，通常的块大小为 8192 B，即 8 KB，但 Oracle 允许创建块大小与基本块不同的表空间。块大小可由创建表空间时的 BLOCKSIZE 参数指定，这样有利于存储不同大小的对象，但用户需要注意以下 3 点。

☑ 表空间的非标准块的大小为基本块的倍数，如大小为 16 KB、64 KB、128 KB。

☑ Oracle 通常使用 SGA 自动共享内存管理，因此需要设置初始化参数 DB_16K_CACHE_ SIZE=16 K。

☑ 这种块较大的表空间通常用来存储大对象（LOB）类型。

☑ 接下来通过一个例子来演示如何创建非标准块的表空间。

【例 8.8】创建一个非标准块的表空间，块的大小为标准块的 2 倍，代码及其运行结果如下。（**实例位置：资源包\TM\sl\8\7**）

```
SQL> alter system set db_16k_cache_size = 16M scope=both
  2  ;
系统已更改。
SQL> create tablespace tbs_test_5 datafile 'D:\OracleFiles\OracleData\datafile5.dbf'
  2   size 64m reuse
  3   autoextend on next 4m maxsize unlimited
  4   blocksize 16k
  5   extent management local autoallocate
  6   segment space management auto;
表空间已创建。
```

说明

若不设置初始化参数 DB_16K_CACHE_SIZE，则 Oracle 会显示“ORA-29339: 表空间块大小 16384 与配置的块大小不匹配”这样的提示信息。

8.3.5 建立大文件表空间

Oracle 中的大文件（BIGFILE）与最多可由 1022 个文件组成的表空间不同，大文件表空间被存储在一个单一的数据文件中，并且它需要更大的磁盘容量来存储数据。大文件表空间可以根据选择的块的大小而变化，从 32 TB 增至 128 TB。

大文件表空间是为超大型数据库而设计的。当一个超大型数据库具有上千个读/写数据文件时，必须更新数据文件头部（如检查点），但此操作可能会花费相当长的时间。如果降低数据文件的数量，那么完成此操作的速度可能会快很多。创建一个大文件表空间，只需要在 CREATE 语句中使用 BIGFILE 关键字即可。下面来看一个例子。

【例 8.9】创建一个大文件表空间，指定一个数据文件，并且数据文件的大小为 2 GB，代码及其运行结果如下。**（实例位置：资源包\TM\sl\8\8）**

```
SQL> create bigfile tablespace tbs_test_big datafile 'D:\OracleFiles\OracleData\datafilebig.dbf'
  2   size 2g;
表空间已创建。
```

注意

在创建大文件表空间时，由于指定的数据文件都比较大，因此其创建速度通常都比较慢，用户要耐心等待，不要急于结束操作。

说明

大文件表空间主要被使用在存储区域网络（SAN）上、磁盘阵列上、自动存储管理（ASM）上和类似的提供禁止数据访问多设备的存储解决方案上。

由于大文件表空间只有一个数据文件，因此当需要重新设置其大小时不需要标识数据文件的具体路径和名称，只需要使用 ALTERTABLESPACE 命令指定大文件表空间的名称，即可很方便地修改其大小。另外，需要注意的是，在创建表空间的语法中使用 SIZE 来标识数据文件的大小，而在修改表空间时，要使用 RESIZE 关键字来重置数据文件的大小。下面来看一个例子。

【例 8.10】修改大文件表空间 tbs_test_big，将其空间大小由 2 GB 改变为 1 GB，代码及其运行结果如下。

```
SQL> alter tablespace tbs_test_big resize 1g;
表空间已更改。
```

与大文件表空间不同的是，传统表空间可能包含多个数据文件，如果要改变其大小，则需要在 ALTER DATABASE 语句后面指定完整的操作系统路径和数据文件名称或内部文件号，以辨别每个数据文件，然后再重新设置它们的大小。下面来看一个简单的例子。

【例 8.11】把数据文件 datafile3.dbf（其所属的表空间是 tbs_test_3）的大小由原来的 20 MB 修改为 100 MB，代码及其运行结果如下。

```
SQL> alter database datafile 'D:\OracleFiles\OracleData\datafile3.dbf'
  2   resize 100m;
数据库已更改。
```

8.4 维护表空间与数据文件

在创建完成各种表空间后，还需要数据库管理员经常对它们进行维护，常见的操作有改变表空间的可用性与读写性、重命名表空间、删除表空间、向表空间中添加新数据文件等。

8.4.1 设置默认表空间

在 Oracle 数据库中创建用户（使用 CREATE USER 语句）时，如果不指定表空间，则默认的临时表空间是 TEMP，默认的永久表空间是 SYSTEM，这样就导致应用系统与 Oracle 系统竞争使用 SYSTEM 表空间，会极大地影响 Oracle 系统的执行效率。为此，Oracle 建议将非 SYSTEM 表空间设置为应用系统的默认永久表空间，并且将非 TEMP 临时表空间设置为应用系统的临时表空间。这样有利于数据库管理员根据应用系统的运行情况适时调整默认表空间和临时表空间。

更改默认临时表空间需要使用 ALTER DATABASE DEFAULT TEMPORARY TABLESPACE 语句，更改默认永久表空间需要使用 ALTER DATABASE DEFAULT TABLESPACE 语句。下面来看两个例子。

【例 8.12】将临时表空间 temp_1 设置为默认的临时表空间，代码如下。

```
SQL>alter database default temporary tablespace temp_1
```

【例 8.13】将表空间 tbs_example 设置为默认的永久表空间，代码如下。

```
SQL>alter database default tablespace tbs_example
```

8.4.2 更改表空间的状态

表空间有只读和可读写两种状态：若设置某个表空间为只读状态，则用户不能够对该表空间中的数据进行 DML 操作（INSERT、UPDATE、DELETE 等），但对某些对象的删除操作还是可以进行的，例如，索引和目录就可以被删除掉；若设置某个表空间为可读写状态，则用户就可以对表空间中的数据进行任何正常的操作，这也是表空间的默认状态。

设置表空间为只读状态，可以保证表空间数据的完整性。通常在进行数据库的备份、恢复及历史数据的完整性保护时，可将指定的表空间设置成只读状态。但设置表空间为只读并不是可以随意进行的，必须要满足下列条件。

- ☑ 该表空间必须为 ONLINE 状态。
- ☑ 该表空间不能包含任何回滚段。
- ☑ 该表空间不能在归档模式下。

更改表空间的读写状态需要使用 ALTER TABLESPACE...READ|READ WRITE 语句，下面通过两个例子来查看如何更改表空间的读写状态。

【例 8.14】修改 tbs_test_3 表空间为只读状态，代码及其运行结果如下。

```
SQL> alter tablespace tbs_test_3 read only;
表空间已更改。
```

【例 8.15】修改 tbs_test_3 表空间为可读写状态，代码及其运行结果如下。

```
SQL> alter tablespace tbs_test_3 read write;
表空间已更改。
```

8.4.3　重命名表空间

在 Oracle 中还可以对表空间进行重命名，这对于一般的管理和移植来说是非常方便的。

但需要注意的是，数据库管理员只能对普通的表空间进行重命名，不能够对 SYSTEM 和 SYSAUX 表空间进行重命名，也不能对已经处于 OFFLINE 状态的表空间进行重命名。

重命名表空间需要使用 ALTER TABLESPACE...RENAME TO 语句，下面通过一个例子来查看如何重命名表空间。

【例 8.16】把 tbs_test_3 表空间重命名为 tbs_test_3_new，代码及其运行结果如下。

```
SQL> alter tablespace tbs_test_3 rename to tbs_test_3_new;
表空间已更改。
```

说明

在修改完表空间名称之后，源表空间中所存储的数据库对象（表、索引、簇等）会被保存到新表空间名下。

8.4.4　删除表空间

当不再需要某个表空间中的数据时，或者新创建的表空间不符合要求时，可以考虑删除这个表空间。若要删除表空间，则用户需要具有 DROP TABLESPACE 权限。

在默认情况下，Oracle 系统不采用 Oracle Managed Files 方式管理文件，这样删除表空间实际上仅是从数据字典和控制文件中将该表空间的有关信息清除掉，但并没有真正删除该表空间包含的所有物理文件。因此，要想彻底删除表空间来释放磁盘空间，在执行删除表空间的命令之后，还需要手动删除该表空间中包含的所有物理文件。

当 Oracle 系统采用 Oracle Managed Files 方式管理文件时，删除某个表空间后，Oracle 系统将自动删除该表空间包含的所有物理文件。删除表空间需要使用 DROP TABLESPACE 命令，其语法格式如下。

```
DROP TABLESPACE tbs_name[INCLUDING CONTENTS] [CASCADE CONSTRAINTS]
```

☑ tbs_name：表示要删除的表空间名称。

☑ INCLUDING CONTENTS：表示删除表空间的同时删除表空间中的数据。如果不指定 INCLUDING CONTENTS 参数，而该表空间又存有数据时，则 Oracle 会提示错误。

☑ CASCADE CONSTRAINTS：表示当删除当前表空间时也删除相关的完整性限制。完整性限制包括主键及唯一索引等。如果完整性存在，而没有 CASCADE CONSTRAINTS 参数，则在删除当前表空间时，Oracle 会提示错误，并且不会删除该表空间。

接下来通过一个例子来演示如何删除一个表空间。

【例 8.17】删除表空间 tbs_test_1 及其包含的所有内容，代码及其运行结果如下。

```
SQL> drop tablespace tbs_test_1
  2  including contents
  3  cascade constraints;
表空间已删除。
```

在上述代码中，不但删除了表空间 tbs_test_1，而且也删除了表空间中的数据和完整性约束。

8.4.5 维护表空间中的数据文件

维护表空间中的数据文件主要包括向表空间中添加数据文件、从表空间中删除数据文件和对表空间中的数据文件进行自动扩展设置，下面分别进行讲解。

1. 向表空间中添加数据文件

当某个非自动扩展表空间的扩展能力不能满足新的扩展需求时，数据库管理员就需要向表空间中添加新的数据文件（如添加一个能够自动扩展的表空间），以满足数据对象的扩展需要。下面来看一个向表空间中添加新数据文件的例子。

【例 8.18】向 USERS 表空间中添加一个新的数据文件 users02.dbf，该文件支持自动扩展，扩展能力为每次扩展 5 MB，并且该文件的最大空间不受限制，代码及其运行结果如下。**（实例位置：资源包\TM\sl\8\9）**

```
SQL> alter tablespace users add datafile 'e:\app\Administrator\oradata\orcl\users02.dbf'
  2  size 10m autoextend on next 5m maxsize unlimited;
表空间已更改。
```

2. 从表空间中删除数据文件

在 Oracle 以前的版本中，Oracle 系统一直只允许增加数据文件到表空间中，而不允许从表空间中删除数据文件。从 Oracle 11g 开始，允许从表空间中删除无数据的数据文件。要实现从表空间中删除数据文件，需要使用 ALTER TABLESPACE…DROP DATAFILE 语句。下面来看一个例子。

【例 8.19】删除 USERS 表空间中的 users02.dbf 数据文件，代码及其运行结果如下。**（实例位置：资源包\TM\sl\8\10）**

```
SQL> alter tablespace users drop datafile 'e:\app\Administrator\oradata\orcl\users02.dbf';
表空间已更改。
```

3. 对数据文件的自动扩展设置

Oracle 数据库的数据文件可以设置成具有自动扩展的功能，当数据文件剩余的自由空间不足时，它会按照设定的扩展量自动扩展到指定的值。这样可以避免由于剩余表空间不足而导致数据对象需求空间扩展失败的问题。

可以通过 AUTOEXTEND ON 命令将数据文件设置为在使用中能根据需求自动扩展。用户可以通过以下 4 种方式设置数据文件的自动扩展功能。

☑ 在 CREATE DATABASE 语句中设置。

- ☑ 在 ALTER DATABASE 语句中设置。
- ☑ 在 CREATE TABLESPACE 语句中设置。
- ☑ 在 ALTER TABLESPACE 语句中设置。

对于 Oracle 数据库管理员来说，主要是利用上述中的后 3 种命令修改数据文件为是否可以自动扩展，因为数据库实例已经创建完成，所以不再需要使用 CREATE DATABASE 命令。下面来看一个使用 ALTER DATABASE 命令来设置数据文件具有自动扩展功能的例子。

【例 8.20】首先查询 TBS_TEST_2 表空间中的数据文件是否为自动扩展，若不是自动扩展，将其修改为自动扩展，扩展量为 10 MB，并且最大扩展空间不受限制，代码及其运行结果如下。

```
SQL> col file_name for a50;
SQL> select file_name ,autoextensible from dba_data_files where tablespace_name = 'TBS_TEST_2';
FILE_NAME                                          AUT
-------------------------------------------------- ---
D:\ORACLEFILES\ORACLEDATA\DATAFILE2.DBF            NO
SQL> alter database datafile 'D:\OracleFiles\OracleData\datafile2.dbf'
  2  autoextend on next 10m maxsize unlimited;
数据库已更改。
```

从上述运行结果中可以看出，DATAFILE2.DBF 数据文件不自动扩展（AUTOEXTENSIBLE 属性值为 NO），然后使用 ALTER DATABASE 语句修改该数据文件为自动扩展。

接下来通过查询 dba_data_files 数据字典来查看 DATAFILE2.DBF 文件时是否为自动扩展，其运行结果如图 8.5 所示。

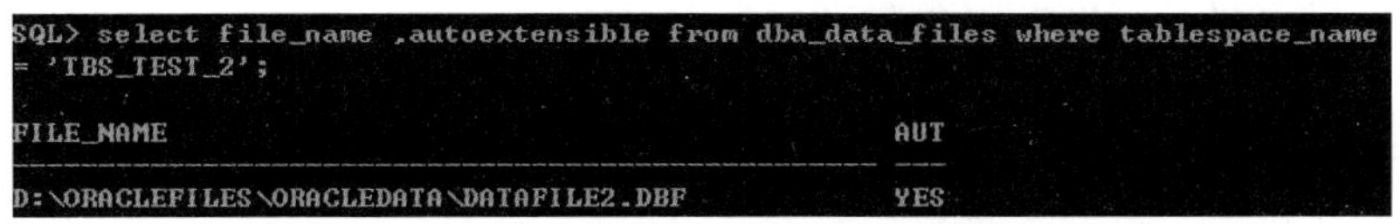
```
SQL> select file_name ,autoextensible from dba_data_files where tablespace_name
= 'TBS_TEST_2';

FILE_NAME                                          AUT
-------------------------------------------------- ---
D:\ORACLEFILES\ORACLEDATA\DATAFILE2.DBF            YES
```

图 8.5　查询指定数据文件是否为自动扩展

从图 8.5 中可以看到，DATAFILE2.DBF 数据文件被修改为自动扩展——AUTOEXTENSIBLE 属性值为 YES。

8.5　管理撤销表空间 

撤销表空间（UNDO 表空间）用于存储撤销信息，当执行 DML 操作（INSERT、UPDATE 和 DELETE 等）时，Oracle 会将这些操作的旧数据（即撤销信息）写入 UNDO 段中，而 UNDO 段驻留在 UNDO 表空间中。接下来，本节将对 UNDO 表空间的相关知识进行详细讲解。

8.5.1　撤销表空间的作用

撤销表空间，通常也被称为 UNDO 表空间。UNDO 表空间中的段被称为撤销段或 UNDO 段。撤

销段中存储的数据就是撤销信息，这些撤销信息也被称为撤销数据或 UNDO 数据。可见，撤销段是最直接管理撤销信息的逻辑层。下面将对撤销段的几种作用进行讲解和分析。

☑ 使读写一致。在不同的进程或用户模式下检索数据时，Oracle 只能给用户提供被提交的数据，这样可以确保数据的一致性。例如，在 scott 模式下，执行 UPDATE emp SET sal=5500 WHERE empno=7788 语句，这样旧的数据记录会被存储到 UNDO 段中，而新数据则会被存储到 emp 段中，假定此时该数据尚未提交（如没有执行 COMMIT 命令，也没有退出 SQL*Plus 环境）。然后用户在 system 模式下执行 SELECT sal FROM scott.emp WHERE empno=7788 语句，此时用户将取得旧的工资数据，而不是新数据 5500，而该数据正是从 UNDO 段中读取的。

☑ 回退事务。当执行修改（UPDATE）数据操作时，旧的数据（即 UNDO 数据）被存储到 UNDO 段，而新的数据则会被存储到数据段中。如果在修改操作中事务提交出现错误，就需要回退事务，从而取消数据的更改。例如，当用户使用 UPDATE 语句修改员工的工资时，发现原本打算修改某个人的工资，但由于误操作，而导致修改了全公司员工的工资（如没有使用 WHERE 条件语句）。这样，用户就可以通过执行 ROLLBACK 语句来取消事务修改。当执行 ROLLBACK 语句时，Oracle 会将 UNDO 段的 UNDO 数据（即旧的员工工资）全部写回数据段中。

☑ 事务恢复。事务恢复是例程恢复的一部分，它是由 Oracle 服务器自动完成的。如果在数据库运行过程中出现例程失败（如断电、内存故障等），那么当重启 Oracle 服务器时，后台进程 SMON 会自动执行例程恢复。执行例程恢复时，Oracle 会重新处理所有未提交的数据记录，回退未提交事务。

☑ 闪回操作。Oracle 具有强大的闪回功能，其中很多闪回技术都是基于 UNDO 段实现的，如闪回表、闪回事务查询、闪回版本查询等。

8.5.2 撤销表空间的初始化参数

Oracle 可以通过设置初始化参数来控制 UNDO 表空间管理撤销数据，与 UNDO 表空间有关的参数有以下几种。

☑ UNDO_TABLESPACE：该初始化参数用于指定例程所要使用的 UNDO 表空间，使用自动 UNDO 管理模式时，通过配置该参数可以指定例程所要使用的 UNDO 表空间。

☑ UNDO_MANAGEMENT：该初始化参数用于指定 UNDO 数据的管理模式，如果为 AUTO，则为自动撤销管理模式；如果为 MANUAL，则为回滚段管理模式。

需要注意的是，使用自动撤销管理模式时，如果没有配置初始化参数 UNDO_TABLESPACE，则 Oracle 会自动选择第一个可用的 UNDO 表空间存储 UNDO 数据；如果没有可用的 UNDO 表空间，则 Oracle 会使用 SYSTEM 回滚段存储 UNDO 记录，并在 ALTER 文件中记载警告。

☑ UNDO_RETENTION：该初始化参数用于控制 UNDO 数据的最大保留时间，默认为 900 s。从 Oracle 9i 版本开始，通过配置该初始化参数，可以指定 UNDO 数据的保留时间，从而也决定了基于 UNDO 数据的闪回操作能够闪回的最早时间点。

用户想要查询当前实例所设置的 UNDO 表空间的参数，可以通过 SHOW PARAMETER 命令来完成，查询效果如图 8.6 所示。

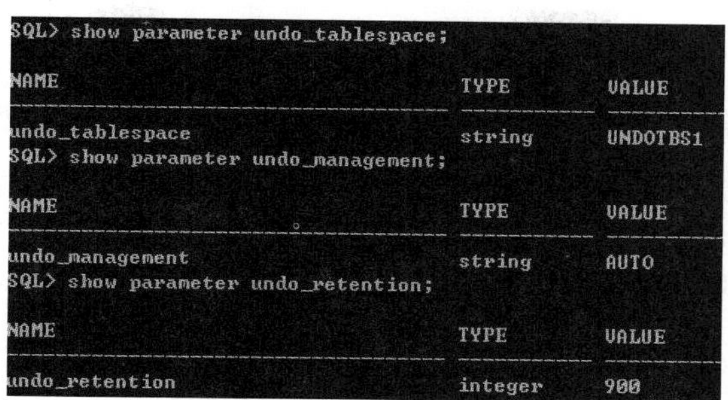

图 8.6　查询 UNDO 表空间的初始化参数

8.5.3　撤销表空间的基本操作

撤销表空间的基本操作包括创建、修改、切换和删除等，下面分别对其进行介绍。

1. 创建 UNDO 表空间

创建 UNDO 表空间需要使用 CREATE UNDO TABLESPACE 语句，来看下面的例子。

【例 8.21】创建一个撤销表空间，并指定数据文件大小为 100 MB，代码及其运行结果如下。（**实例位置：资源包\TM\sl\8\11**）

```
SQL> create undo tablespace undo_tbs_1
  2  datafile 'D:\OracleFiles\OracleData\undotbs1.dbf'
  3  size 100MB;
表空间已创建。
```

在创建 UNDO 表空间时，需要注意以下两方面。

☑ UNDO 表空间对应的数据文件大小通常由 DML 操作可能产生的最大数据量来确定，通常该数据文件的大小至少应在 1 GB 以上。

☑ 由于 UNDO 表空间只用于存储撤销数据，所以不要在 UNDO 表空间内建立任何数据对象（如表、索引等）。

2. 修改 UNDO 表空间

与修改普通的永久性表空间类似，修改 UNDO 表空间也使用 ALTER TABLESPACE 语句。当事务用尽了 UNDO 表空间后，可以使用 ALTER TABLESPACE…ADD DATAFILE 语句添加新的数据文件；当 UNDO 表空间所在的磁盘被填满时，可以使用 ALTER TABLESPACE…RENAME DATAFILE 语句将数据文件移动到其他磁盘上；当数据库处于 ARCHIVELOG 模式时，可以使用 ALTER TABLESPACE…BEGIN BACKUP/END BACKUP 语句备份 UNDO 表空间。下面来看一个例子。

【例 8.22】向表空间 undo_tbs_1 中添加一个新的数据文件，指定该文件大小为 2 GB，代码及其运行结果如下。（**实例位置：资源包\TM\sl\8\12**）

```
SQL> alter tablespace undo_tbs_1
  2  add datafile 'D:\OracleFiles\OracleData\undotbs_add.dbf'
  3  size 2g;
表空间已更改。
```

3. 切换 UNDO 表空间

启动例程并打开数据库后，同一时刻指定例程只能使用一个 UNDO 表空间，切换 UNDO 表空间是指停止例程当前使用的 UNDO 表空间，并启动其他 UNDO 表空间。下面以启动 undo_tbs_1 表空间为例，说明切换 UNDO 表空间的方法。

【例 8.23】把当前系统的默认 UNDO 表空间切换到自定义撤销表空间 undo_tbs_1，代码及其运行结果如下。

```
SQL> alter system set undo_tablespace=undo_tbs_1;
系统已更改。
```

说明

通常情况下，Oracle 默认的 UNDO 表空间是 UNDOTBS1。

4. 删除 UNDO 表空间

如果某个自定义的UNDO表空间确定不再被使用，那么数据库管理员就可以将其删除。删除UNDO表空间与删除普通的永久表空间一样，都使用 DROP TABLESPACE 语句。

但需要注意的是，当前例程正在使用的 UNDO 表空间是不能被删除的，如果确定要删除当前例程正在使用的 UNDO 表空间，管理员应首先切换 UNDO 表空间，然后删除切换掉的 UNDO 表空间。下面来看一个例子。

【例 8.24】把当前例程的 UNDO 表空间从 undo_tbs_1 切换到 undotbs1，然后删除 undo_tbs_1 表空间，代码及其运行结果如下。

```
SQL> alter system set undo_tablespace=undotbs1
系统已更改。
SQL> drop tablespace undo_tbs_1;
表空间已删除。
```

5. 查询 UNDO 表空间的信息

通过查询 UNDO 表空间的相关信息，可以给管理员提供决策和管理支持。管理员经常需要查询的 UNDO 表空间信息主要有以下几种。

1）查询当前例程正在使用的 UNDO 表空间的信息

对于当前例程正在使用的 UNDO 表空间的信息，可以通过查询初始化参数 undo_tablespace 来实现查看，来看下面的例子。

【例 8.25】查询当前实例正在使用的 UNDO 表空间，代码及其运行结果如下。

```
SQL> show parameter undo_tablespace;
NAME                         TYPE            VALUE
-------------------------    -----------     -----------
undo_tablespace              string          UNDOTBS1
```

2）查询实例的所有 UNDO 表空间的信息

对于实例的所有 UNDO 表空间可以通过查询数据字典 dba_tablespaces 来实现查看。下面来看一个

例子。

【例 8.26】查询当前实例拥有的所有 UNDO 表空间，代码及其运行结果如下。

```
SQL> select tablespace_name from dba_tablespaces where contents = 'UNDO';
TABLESPACE_NAME
------------------------------
UNDOTBS1
UNDO_TBS_1
```

3）查询 UNDO 表空间的统计信息

使用自动 UNDO 管理模式时，需要合理设置 UNDO 表空间的大小，为了合理规划 UNDO 表空间的大小，应在数据库运行的高峰期搜集 UNDO 表空间的统计信息，最终根据该统计信息来确定 UNDO 表空间的大小。

管理员通过查询动态性能视图 v$undostat 可以搜集 UNDO 统计信息。下面来看一个例子。

【例 8.27】统计 UNDO 表空间中“回退块”的生成信息，代码如下。**（实例位置：资源包\TM\sl\8\13）**

```
SQL> select to_char(begin_time,'hh24:mi:ss') as 开始时间,
to_char(end_time,'hh24:mi:ss') as 结束时,
undoblks as 回退块数
from v$undostat
order by begin_time;
```

运行本例代码，结果如图 8.7 所示。

开始时间	结束时	回退块数
11:37:13	11:47:13	146
11:47:13	11:57:13	72
11:57:13	12:07:13	4247
12:07:13	12:17:13	7
12:17:13	12:27:13	9
12:27:13	12:37:13	6
12:37:13	12:47:13	20
12:47:13	12:57:13	7
12:57:13	13:07:13	77
13:07:13	13:17:13	8
13:17:13	13:27:13	6

图 8.7　统计“回退块”信息

在上述代码中，BEGIN_TIME 用于标识起始统计时间，END_TIME 用于标识结束统计时间，UNDOBLKS 用于标识 UNDO 数据所占用的数据块个数。另外，从图 8.7 中可以看出，Oracle 每隔 10 min 生成一行统计信息。

4）查询 UNDO 段的统计信息

使用自动 UNDO 管理模式时，Oracle 会在 UNDO 表空间上自动建立 10 个 UNDO 段。若要显示所有联机 UNDO 段的名称，可以通过查询动态性能视图 v$rollname 来实现；若要显示 UNDO 段的统计信息，则可以通过查询动态性能视图 v$rolllistat 来实现。如果在 v$rollname 和 v$rolllistat 之间执行连接查询，则可以监视特定 UNDO 段的特定信息。下面来看一个例子。

【例 8.28】通过动态性能视图监视特定 UNDO 段的信息，包括段名称、活动事务个数和段中的扩展个数等信息，代码如下。**（实例位置：资源包\TM\sl\8\14）**

```
SQL> select rn.name,rs.xacts,rs.writes,rs.extents
from v$rollname rn,v$rolllistat rs
where rn.usn = rs.usn;
```

运行本例代码，结果如图 8.8 所示。

在图 8.8 中，NAME 列用于标识 UNDO 段的名称，XACTS 列用于标识 UNDO 段所包含的活动事务个数，WRITES 列用于标识在 UNDO 段上写入的字节数，EXTENTS 列用于标识 UNDO 段的区个数。

5）查询活动事务信息

当执行 DML 操作时，Oracle 会将这些操作的旧数据放到 UNDO 段中。如果要显示会话的详细信

息，则可以使用动态性能视图 v$session；如果要显示事务的详细信息，可以使用动态性能视图 v$transaction；如果要显示联机 UNDO 段的名称，则可以使用 v$rollname 动态性能视图。

【例 8.29】通过查询 v$transaction 动态性能视图来显示事务的名称和状态，示例代码如下。

```
SQL> select name,status from v$transaction;
```

6）查询 UNDO 区信息

在数据字典 dba_undo_extents 中，用户可以查询 UNDO 表空间中所有区的详细信息，包括 UNDO 区的大小和状态等信息。

【例 8.30】在 dba_undo_extents 数据字典中，查询指定段的信息，包括段编号、段的大小和段的状态等，代码如下。**（实例位置：资源包\TM\sl\8\15）**

```
SQL> select segment_name, extent_id,bytes,status from dba_undo_extents
  2   where segment_name='_SYSSMU3_991555123$';
```

运行本例代码，结果如图 8.9 所示。

NAME	XACTS	WRITES	EXTENTS
SYSTEM	0	7984	6
_SYSSMU1_1518548437$	0	4845542	8
_SYSSMU2_2082490410$	0	990182	6
_SYSSMU3_991555123$	0	1053882	8
_SYSSMU4_2369290268$	0	1400624	17
_SYSSMU5_1018230376$	0	693446	3
_SYSSMU6_1834113595$	0	1135086	4
_SYSSMU7_137577888$	0	8593768	24
_SYSSMU8_1557854099$	0	913106	5
_SYSSMU9_1126410412$	0	1714472	17
_SYSSMU10_3176102001$	0	16755298	5

图 8.8 特定 UNDO 段的信息

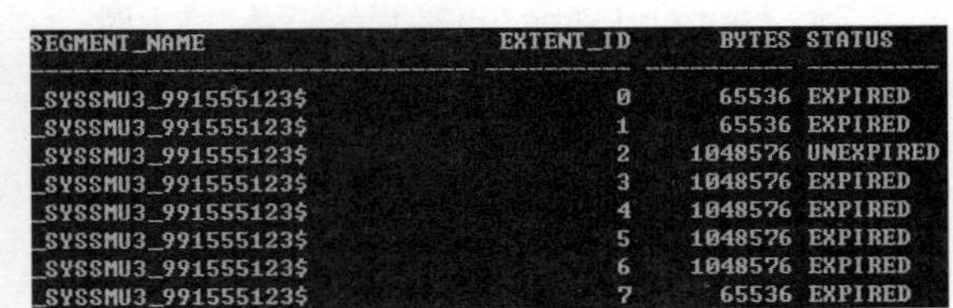

SEGMENT_NAME	EXTENT_ID	BYTES	STATUS
_SYSSMU3_991555123$	0	65536	EXPIRED
_SYSSMU3_991555123$	1	65536	EXPIRED
_SYSSMU3_991555123$	2	1048576	UNEXPIRED
_SYSSMU3_991555123$	3	1048576	EXPIRED
_SYSSMU3_991555123$	4	1048576	EXPIRED
_SYSSMU3_991555123$	5	1048576	EXPIRED
_SYSSMU3_991555123$	6	1048576	EXPIRED
_SYSSMU3_991555123$	7	65536	EXPIRED

图 8.9 查询指定段的信息

在图 8.9 中，SEGMENT_NAME 列用于标识指定的段名称，EXTENT_ID 列用于标识区编号，BYTES 列用于标识区尺寸，STATUS 列用于标识区状态（ACTIVE 表示该区处于活动状态，EXPIRED 表示该区未用）。

8.6 管理临时表空间

前面介绍了永久性表空间和 UNDO 表空间。除此之外，Oracle 还有一种比较重要的表空间，即临时表空间（TEMPORARY TABLESPACE）。下面将对临时表空间的概念和管理方法进行介绍。

8.6.1 临时表空间简介

临时表空间是一个磁盘空间，主要用于内存排序区不足而必须将数据写到磁盘的那个逻辑区域中。由于该空间在排序操作完成后可以由 Oracle 系统自动释放，因此也被称作临时表空间。

临时表空间主要用于临时段，而临时段是由数据库根据需要进行创建、管理和删除的。这些临时段的生成通常与排序之类的操作有关，下面的几种操作经常会用到临时表空间。

☑ SELECT DISTINCT 不重复检索。

- ☑ UNION 联合查询。
- ☑ MINUS 计算。
- ☑ ANALYZE 分析。
- ☑ 连接两张没有索引的表。

8.6.2　创建临时表空间

通常使用 CREATE TEMPORARY TABLESPACE 语句来创建临时表空间。下面来看一个例子。

【例 8.31】创建一个临时表空间，空间大小为 300 MB，代码及其运行结果如下。**（实例位置：资源包\TM\sl\8\16）**

```
SQL> create temporary tablespace temp_01 tempfile 'D:\OracleFiles\tempfiles\temp_01.tpf' size 300m;
表空间已创建。
```

在创建完毕临时表空间之后，可以通过 ALTER DATABASE 命令修改默认的临时表空间为新创建的临时表空间，这样 Oracle 系统就会使用新创建的临时表空间来存储临时数据。下面来看一个例子。

【例 8.32】把新创建的临时表空间 temp_01 设置为系统默认的临时表空间，代码及其运行结果如下。

```
SQL> alter database default temporary tablespace temp_01;
数据库已更改。
```

临时表空间是用临时文件而不是数据文件来创建的。另外，临时表空间不需要备份。临时表空间中数据的修改也不会被记录到重做日志中。

说明

关于临时表空间的其他操作，如重命名表空间、删除表空间，这些与永久性表空间的操作基本相同，这里不再赘述。

8.6.3　查询临时表空间的信息

Oracle 将临时表空间与相应的临时文件信息存储在 dba_temp_files 数据字典当中。在 v$tempfiles 视图中，可以查看临时表的使用情况。

【例 8.33】查询系统的临时表空间信息，包括临时文件、空间大小和空间名称，代码如下。**（实例位置：资源包\TM\sl\8\17）**

```
SQL> col file_name for a40;
SQL> col tablespace_name for a10;
SQL> select file_name,bytes,tablespace_name from dba_temp_files;
```

运行本例代码，结果如图 8.10 所示。

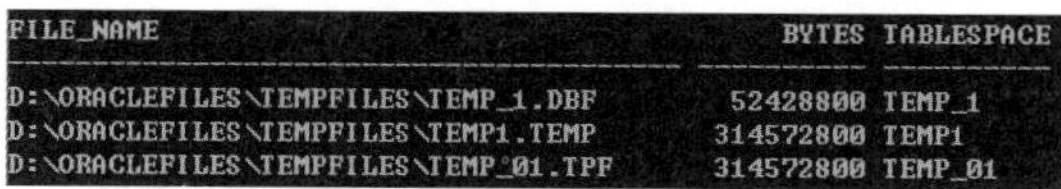

FILE_NAME	BYTES	TABLESPACE
D:\ORACLEFILES\TEMPFILES\TEMP_1.DBF	52428800	TEMP_1
D:\ORACLEFILES\TEMPFILES\TEMP1.TEMP	314572800	TEMP1
D:\ORACLEFILES\TEMPFILES\TEMP_01.TPF	314572800	TEMP_01

图 8.10　查询临时表空间

8.6.4 管理临时表空间组

在 Oracle 中，可以创建多个临时表空间，然后把它们组成一个临时表空间组。这样，应用系统中的数据在排序时就可以使用组中的多个临时表空间。在一个临时表空间组中至少有一个临时表空间，其最大个数没有限制，但是组的名称不能和其中某个临时表空间的名称相同。用户使用临时表空间组来管理临时数据具有以下作用。

- ☑ 避免因大量的排序数据而导致单一临时表空间容量不足。
- ☑ 当一个用户同时有多个会话时，可以使得它们使用组中的不同临时表空间。
- ☑ 使并行的服务器在单结点上能够使用多个临时表空间。

用户可以在创建临时表空间的同时创建临时表空间组，如果删除组中的全部临时表空间，那么该组也将消失。另外，用户也可以将一个临时表空间从一个组移动到另一个组中，或是向组中添加新的表空间。下面来介绍关于管理临时表空间的几种情况。

1）创建临时表空间组

创建临时表空间组主要使用 GROUP 子句。下面来看一个例子。

【例 8.34】创建一个临时表空间组，并向其中添加两个临时表空间，代码及其运行结果如下。**（实例位置：资源包\TM\sl\8\18）**

```
SQL> create temporary tablespace tp1 tempfile 'D:\OracleFiles\tempfiles\tp1.tpf' size 10m tablespace group group1;
表空间已创建。
SQL> create temporary tablespace tp2 tempfile 'D:\OracleFiles\tempfiles\tp2.tpf' size 20m tablespace group group1;
表空间已创建。
```

2）转移临时表空间到另一个组中

转移临时表空间到另一个组中主要使用 ALTER TABLESPACE 语句。下面来看一个例子。

【例 8.35】创建临时表空间组 group3，将组 group1 中的临时表空间 tp1 转移到 group3 中，代码及其运行结果如下。**（实例位置：资源包\TM\sl\8\19）**

```
SQL> create temporary tablespace tp3 tempfile 'D:\OracleFiles\tempfiles\tp3.tpf' size 10m tablespace group group3;
表空间已创建。
SQL> alter tablespace tp1 tablespace group group3;
表空间已更改。
```

在将组 group1 中的临时表空间 tp1 转移到组 group3 中之后，用户可以通过查询 dba_tablespace_groups 数据字典来查看组 group3 中的临时表空间。下面来看一个例子。

【例 8.36】在数据字典 dba_tablespace_groups 中查询组 group3 中所包含的临时表空间，代码如下。

```
SQL> select * from dba_tablespace_groups where group_name = 'GROUP3';
```

运行本例代码，结果如图 8.11 所示。可以看出，原来在组 group1 中的表空间 tp1，现在被转移到组 group3 中。

3）把临时表空间组分配给指定的用户使用

把临时表空间组分配给指定的用户需要使用 ALTER USER 语句来实现。下面来看一个例子。

【例 8.37】把临时表空间组 group3 分配给 hr 用户使用，代码及其运行结果如下。

```
SQL> alter user hr temporary tablespace group3;
```

```
用户已更改。
```

4）设置默认的临时表空间组

设置默认的临时表空间组主要使用 ALTER DATABASE 语句来实现。下面来看一个例子。

【例 8.38】修改数据库的默认表空间组为 group3，代码及其运行结果如下。

```
alter database orcl default temporary tablespace group3;
数据库已更改。
```

5）删除临时表空间组

删除临时表空间组主要通过删除组成临时表空间组的所有临时表空间来实现。下面来看一个例子。

【例 8.39】删除组 group3 中的 tp1 临时表空间，代码及其运行结果如下。

```
SQL> drop tablespace tp1 including contents and datafiles;
表空间已删除。
```

在删除组 group3 中的一个临时表空间 tp1 之后，再通过查询 dba_tablespace_groups 数据字典来查看 group3 中的表空间是否存在。

【例 8.40】在 dba_tablespace_groups 数据字典中查询组 group3 中的表空间信息，代码如下。

```
SQL> select * from dba_tablespace_groups where group_name = 'GROUP3';
```

运行本例代码，结果如图 8.12 所示。

```
GROUP_NAME                     TABLESPACE_NAME
------------------------------ ------------------------------
GROUP3                         TP1
GROUP3                         TP3
```

图 8.11　查询组 group3 中所包含的临时表空间

```
SQL> select * from dba_tablespace_groups where group_name = 'GROUP3';

GROUP_NAME                     TABLESPACE_NAME
------------------------------ ------------------------------
GROUP3                         TP3
```

图 8.12　查询组 group3 中的表空间信息

通过上述查询结果可以看出，临时表空间组 group3 仍然存在，用户只有删除该组中的全部临时表空间（即必须将临时表空间 tp3 也删除掉），组 group3 才能被删除掉，例子如下。

【例 8.41】删除组 group3 中的 tp3 临时表空间，代码及其运行结果如下。

```
SQL> drop tablespace tp3 including contents and datafiles;
表空间已删除。
```

在删除组 group3 中的最后一个临时表空间 tp3 之后，再通过查询 dba_tablespace_groups 数据字典来查看 group3 表空间组是否存在，例子如下。

【例 8.42】在 dba_tablespace_groups 数据字典中查询组 group3 是否存在，代码及其运行结果如下。

```
SQL> select * from dba_tablespace_groups where group_name = 'GROUP3';
未选定行
```

可以看出，在删除了组 group3 中的全部临时表空间之后，组 group3 自身也被删除掉了。

8.7　实践与练习

1. 创建一个表空间，然后将其设置为默认永久表空间。
2. 创建一个临时表空间，然后将其设置为默认临时表空间。

第 9 章

数据表对象

表是 Oracle 数据库中一种非常重要的数据对象，是存储数据的主要对象，因此对表的管理非常重要。另外，通过对表定义约束，可以实现用最简单的方式进行一些基本的应用逻辑，同时还可以实现对表中数据的有效性和完整性进行维护。

本章知识架构及重难点如下。

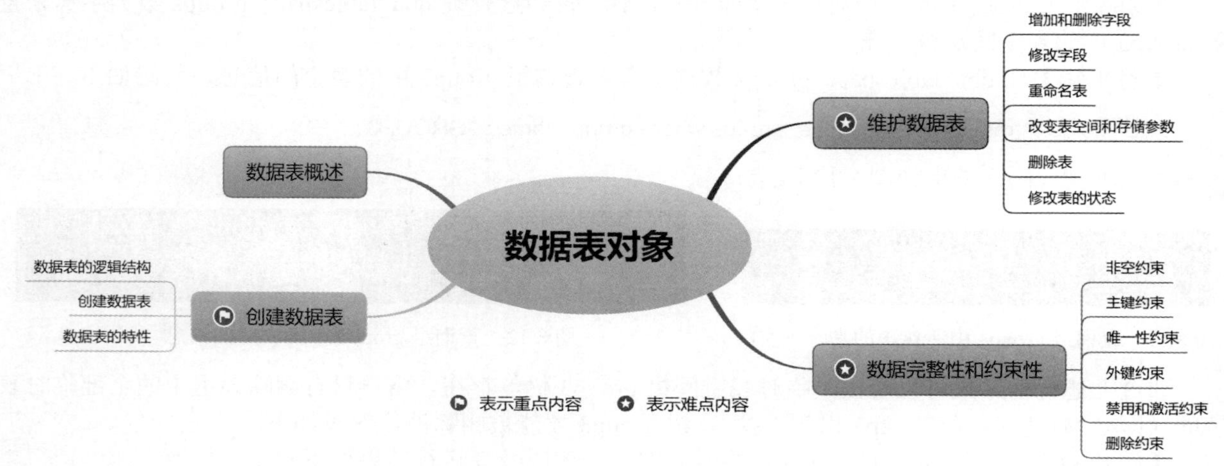

9.1 数据表概述

数据表（通常简称表）是 Oracle 数据库中主要的数据存储容器，表中的数据被组织成行和列。表中的每个列均有一个名称，并且每个列都具有一个指定的数据类型和大小，如 VARCHAR(30)、TIMESTAMP(6)或 NUMBER(12)。

在关系型数据库中，表可以对应于现实世界中的实体（如员工、岗位等）或联系（如员工工资）。在进行数据库设计时，需要首先设计 E-R 图（实体联系图），然后将 E-R 图转变为数据库中的表。

从用户的角度来看，数据表的逻辑结构是一个二维的平面表，即表由纵向的标记列和横向的标记行两部分组成。表通过行和列来组织数据。通常称表中的一行为一条记录，表中的一列为一个属性列。一条记录描述一个实体，一个属性列描述实体的一个属性，如员工有员工编号、员工姓名、员工岗位等属性，学生有学生编号、姓名、所在学校等属性。每个列都具有列名、列数据类型、列数据长度，可能还有约束条件、默认值等，这些内容在创建表时即被确定。

在 Oracle 中，有多种类型的表。不同类型的表各有一些特殊的属性，适用于保存某种特殊的数据、进行某些特殊的操作，即在某些方面可能比其他类型的表的性能更好，如处理速度更快、占用磁盘空间更少。

表一般指的是关系表，也可以生成对象表或临时表。其中，对象表是通过用户定义的数据类型生成的，临时表用于存储专用于某个事务或者会话的临时数据。

9.2 创建数据表

数据库中的每个表都被某个模式（或用户）所拥有，因此表是一种典型的模式对象。在创建数据表时，Oracle 将在一个指定的表空间中为其分配存储空间。最初创建的表是一个空的逻辑存储结构，其中不包含任何数据记录。

9.2.1 数据表的逻辑结构

表是最常见的一种组织数据的方式，每张表一般都具有多个列（即多个字段）。每个字段都具有特定的属性，包括字段名、数据类型、字段长度、约束、默认值等，这些属性在创建表时被确定。从用户的角度来看，数据库中数据的逻辑结构是一个二维的平面表，在表中通过行和列来组织数据。在表中每一行存储一条信息，通常将表中的一行称为一条记录。

Oracle 提供了多种内置的列的数据类型，常用到的包括字符类型、数值类型、日期类型、LOB 类型与 ROWID 类型。除了这些类型之外，用户还可以定义数据类型。前面列出的这 5 种常用数据类型的使用方法如下。

1. 字符数据类型

字符数据类型用于声明包含字母、数字数据的字段。对字符数据类型再进行细分，可分为定长字符串和变长字符串两种，它们分别对应 CHAR 数据类型和 VARCHAR2 数据类型。

- ☑ CHAR 数据类型。CHAR 数据类型用于存储固定长度的字符串。一旦定义了 CHAR 类型的列，该列就会一直保持声明时所规定的数据长度大小。如果为该列的某个单元格（行与列的交叉处就是单元格）赋予长度较短的数值，则 Oracle 会用空格自动填充空余部分；如果字段保存的字符长度大于规定的长度，则 Oracle 会产生错误信息。CHAR 类型的长度范围为 1～2000 字节。
- ☑ VARCHAR2 数据类型。VARCHAR2 数据类型与 CHAR 类型相似，都用于存储字符串数据。但 VARCHAR2 类型的字段用于存储变长的字符串，而非固定长度的字符串。将字段定义为 VARCHAR2 数据类型时，该字段的长度将根据实际字符数据的长度自动调整，即如果该列的字符串长度小于定义时的长度，则系统将不会使用空格填充，而是保留实际的字符串长度。因此，在大多数情况下，都会使用 VARCHAR2 类型替换 CHAR 数据类型。

2. 数值数据类型

数值数据类型的字段用于存储带符号的整数或浮点数。Oracle 中的 NUMBER 数据类型具有精度（PRECISION）和范围（SCALE）两个参数。精度（PRECISION）指定所有数字位的个数，范围（SCALE）指定小数的位数，这两个参数都是可选的。如果插入字段的数据超过指定的位数，Oracle 将自动进行四舍五入。例如，字段的数据类型为 NUMBER(5,2)，如果插入的数据为 3.1415926，则实际上字段中保存的数据为 3.14。

3. 日期和时间数据类型

Oracle 提供的日期时间数据类型是 DATE，它可以存储日期和时间的组合数据。用 DATE 数据类型存储日期时间比使用字符数据类型进行存储更简单，并且可以借助于 Oracle 提供的日期时间函数方便地处理数据。

在 Oracle 中，可以使用不同的方法建立日期值。其中最常用的获取日期值的方法是使用 SYSDATE 函数，调用该函数可以获取当前系统的日期值。除此之外，还可以使用 TO_DATE 函数将数值或字符串转换为 DATE 类型。Oracle 默认的日期和时间格式由初始化参数 NLS_DATE_FORMAT 指定，一般为 DD-MM-YY。

4. LOB 数据类型

LOB 数据类型用于大型的、未被结构化的数据，如二进制文件、图片文件和其他类型的外部文件。LOB 类型的数据可以被直接存储在数据库内部，也可以将数据存储在外部文件中，而将指向数据的指针存储在数据库中。LOB 数据类型分为 BLOB、CLOB 和 BFILE 共 3 种。

- ☑ BLOB 类型。BLOB 类型用于存储二进制对象。典型的 BLOB 存储对象可以包括图像、音频文件、视频文件等。在 BLOB 类型的字段中能够存储最大为 128MB 字节的二进制对象。
- ☑ CLOB 类型。CLOB 类型用于存储字符格式的大型对象，CLOB 类型的字段能够存储最大为 128MB 的对象。Oracle 首先把数据转换成 Unicode 格式的编码，然后将它存储在数据库中。
- ☑ BFILE 类型。BFILE 类型用于存储二进制格式的文件。在 BFILE 类型的字段中可以将最大为 128MB 的二进制文件作为操作系统文件存储在数据库外部，文件的大小不能超过操作系统的限制；BFILE 类型的字段中仅保存二进制文件的指针，并且 BFILE 字段是只读的，不能通过数据库对其中的数据进行修改。

5. ROWID 数据类型

ROWID 数据类型被称为“伪列类型”，用于在 Oracle 内部保存表中的每条记录的物理地址。在 Oracle 内部通过 ROWID 来定位所需记录。由于 ROWID 实际上保存的是数据记录的物理地址，因此通过 ROWID 来访问数据记录可以获得最快的访问速度。为了便于使用，Oracle 自动为每一个表建立一个名称为 ROWID 的字段，可以对这个字段进行查询、更新和删除等操作，设置利用 ROWID 来访问表中的记录以获得最快的操作速度。

注意

由于 ROWID 字段是隐式的，用户检索表时不会看到该字段。因此，如果要使用 ROWID 字段，则必须显式地指定其名称。

9.2.2　创建数据表

创建表通常使用 CREATE TABLE 语句。如果用户在自己的模式中创建一个表，则用户必须具有 CREATE TABLE 系统权限；如果要在其他用户模式中创建表，则必须具有 CREATE ANY TABLE 的系统权限。此外，用户还必须在指定的表空间中设置一定的配额存储空间。

实际上通过 CREATE TABLE 语句创建表并不是一件很难的事，难点是要确定被创建的表应该包含哪些列以及这些列的数据类型，而这些内容应当在对用户的需求进行分析的基础上确定。接下来通过几个例子来说明如何创建数据表。

【例 9.1】创建一个学生档案信息表 students，该表包括学号、姓名、性别、年龄、系别编号、班级编号和建档日期等信息，代码及其运行结果如下。**（实例位置：资源包\TM\sl\9\1）**

```
SQL> create table students(
  stuno number(10) not null,                    --学号
  stuname varchar2(8),                          --姓名
  sex char(2),                                  --性别
  age int,                                      --年龄
  departno varchar2(2) not null,                --系别编号
  classno varchar2(4) not null,                 --班级编号
  regdate date default sysdate                  --建档日期
  );

表已创建。
```

用户在创建 students 表后，可以通过 DESCRIBE 命令查看表的描述，例子如下。

【例 9.2】使用 DESCRIBE 命令查看新创建的 students 表的数据结构，代码如下。

```
SQL> describe students;
```

运行本例代码，结果如图 9.1 所示。

名称	是否为空?	类型
STUNO	NOT NULL	NUMBER(10)
STUNAME		VARCHAR2(8)
SEX		CHAR(2)
AGE		NUMBER(38)
DEPARTNO	NOT NULL	VARCHAR2(2)
CLASSNO	NOT NULL	VARCHAR2(4)
REGDATE		DATE

图 9.1　查看 students 表的数据结构

如果用户要在其他模式中创建表，则必须在表名称前加上某个模式的名称，例子如下。

【例 9.3】用户 system 在 scott 模式下创建 students 表，代码如下。

```
create table scott.students(…);
```

另外，还可以在 CREATE TABLE 语句中使用嵌套子查询，基于已经存在的表或视图来创建新表，而不需要为新表定义字段。在子查询中也可以引用一个或多个表（或视图），查询结果集中包含的字段即为新表中定义的字段，并且查询到的记录也会被添加到新表中。下面来看一个例子。

【例 9.4】使用 CREATE TABLE AS SELECT 语句创建 students 表的一个副本，代码及其运行结果如下。**（实例位置：资源包\TM\sl\9\2）**

```
SQL> create table students_2
  as select *
  from students;
表已创建。
```

当使用 CREATE TABLE AS SELECT 语句创建表时，Oracle 将通过从 students 表中复制列来建立表。在创建表后，Oracle 就会使用从 SELECT 语句中返回的行来填充新表。

9.2.3 数据表的特性

在 Oracle 中创建表时，表的特性将决定系统如何创建表、如何在磁盘上存储表，以及表创建后使用何种最终执行方式等。接下来将详细讲解表中常用的 4 个特性并对其设置进行说明。

1. 存储参数

当用户在 Oracle 中创建表时，Oracle 允许用户指定该表如何使用磁盘上的存储空间。如果仅为表指定了表空间，而没有设置存储参数，则该表将采用其所属表空间的默认存储参数。然而，表空间的默认存储参数不一定对表空间中的每一个表都适用，因此，当表所需要的存储参数与表空间的默认存储参数不匹配时，需要用户在创建表时显式指定存储参数以替换表空间的默认存储参数。

在创建表时，可以通过使用 STORAGE 子句来设置存储参数，这样可以控制表中盘区的分配管理方式。对于本地化管理的表空间而言，如果指定盘区的管理方式为 AUTOALLOCATE（即自动化管理），则可以在 STORAGE 子句中指定 INITIAL、NEXT 和 MINEXTENTS 3 个存储参数，Oracle 将根据这 3 个存储参数的值为表分配数据段初始化盘区大小，以后盘区的分配将由 Oracle 自动管理。如果指定的盘区管理方式为 UNIFORM（即等同大小管理），这时不能为表指定任何 STORAGE 子句，盘区的大小将是统一大小。

参数 NEXT 用于指定为存储表中的数据分配的第二个盘区大小。该参数在字典管理的表空间中起作用，而在本地化管理的表空间中不再起作用，因为随后分配的盘区将由 Oracle 自动决定其大小。参数 MINEXTENTS 用于指定允许为表中的数据所分配的最小盘区数目，同样，在本地化管理的表空间中该参数也不再起作用。因此，在存储参数中，主要是设置 INITIAL 参数。该参数用于为表指定分配的第一个盘区大小，以 KB 或 MB 为单位。当为已知大小的数据建立表时，可以将 INITIAL 设置为一个能容纳所有数据的数值，这样可以将表中所有数据存储在一个盘区以避免产生碎片。下面来看一个例子。

【例 9.5】创建一个用于存储学生档案信息的 students_3 数据表（该表的结构与前面的 students 表相同），并通过 STORAGE 子句中的 INITIAL 存储参数为该表分配第一个盘区的大小，代码及其运行结果如下。**（实例位置：资源包\TM\sl\9\3）**

```
SQL> create table students_3(
  stuno number(10) not null,              --学号
  stuname varchar2(8),                    --姓名
  sex char(2),                            --性别
  age int,                                --年龄
  departno varchar2(2) not null,          --系别编号
  classno varchar2(4) not null,           --班级编号
  regdate date default sysdate            --建档日期
  )tablespace tbsp_1                      --表空间
  storage(initial 256k);                  --指定为该表分配的第一个盘区的大小
表已创建。
```

如果用户想查看 students_3 表的存储参数情况，可以通过查询 user_tables 来实现，例子如下。

【例 9.6】在 user_tables 数据字典表中查询表 students_3 的第一个盘区的大小，代码及其运行结果如下。

```
SQL> select initial_extent
  2  from user_tables
  3  where table_name = 'STUDENTS_3';
INITIAL_EXTENT
-----------------------
         262144
```

2. 数据块管理参数

对于一般不带有 LOB 类型的数据表而言，一个数据块可以存储表的多行记录，用户可以设置的数据块管理参数主要分为以下两类。

1）PCTFREE 和 PCTUSED 参数

PCTFREE 和 PCTUSED 两个参数用于控制数据块中空闲空间的使用方法。对于本地化管理的表空间而言，如果使用 SEGMENT SPACE MANAGEMENT 子句设置段的管理方式为 AUTO（自动），则 Oracle 会对数据库的空闲空间进行自动管理。对于这种情况，不需要用户设置数据块管理参数 PCTFREE 和 PCTUSED。

如果表空间的段管理方式为 SEGMENT SPACE MANAGEMENT MANUAL（手动管理），则用户可以通过设置 PCTFREE 与 PCTUSED 参数对数据块中的空闲空间手动管理。其中，PCTFREE 用于指定数据库中必须保留的最小空闲空间比例，当数据块达到 PCTFREE 参数的限制后，该数据块将被标记为不可用，默认值为 10。例如，如果在 CREATE TABLE 语句中指定 PCTFREE 为 30，则说明对于该表的数据段，系统将会保留 30%的空闲空间，这些空闲空间将用于保存更新记录时增加的数据。很显然，PCTFREE 参数值越小，为现有数据行更新所预留的空间就越少。如果 PCTFREE 参数值设置得过高，则浪费磁盘空间；如果 PCTFREE 参数值设置得太低，则可能会导致由于一个数据块小到无法容纳一行记录而产生迁移记录和链接记录。

参数 PCTUSED 用于设置数据块是否可用的界限。换言之，为了使数据块能够被再次使用，已经占用的存储空间必须低于 PCTUSED 设置的比例。

说明

为表设置 PCTFREE 与 PCTUSED 参数时，PCTFREE 和 PCTUSED 两个参数值的和必须等于或小于 100。一般而言，两个参数的和与 100 相差越大，存储效率就越高。

设置数据块的 PCTFREE 和 PCTUSED 时，用户需要根据数据库的具体应用情况来做出决定。下面是设置 PCTUSED 和 PCTFREE 两个参数的几种情况。

- ☑ 在实际应用中，当使用 UPDATE 操作较多，并且更新操作会增加记录的大小时，可以将 PCTFREE 参数值设置得大一些，这样当记录变大时，记录仍然能够保存在原数据块中；而如果将 PCTUSED 参数值设置得比较小，这样在频繁地进行更新操作时，能够减少由于数据块在可用与不可用状态之间反复切换而造成的系统开销。推荐设置 PCTFREE 为 20，而 PCTUSED 为 40。
- ☑ 在实际应用中，当使用 INSERT 和 DELETE 操作较多，并且 UPDATE 操作不会增加记录的大小时，可以将 PCTFREE 参数值设置得比较小，因为大部分更新操作不会增加记录的大小；

而 PCTUSED 参数值设置得比较大，以便尽快重新利用被 DELETE 操作释放的存储空间。推荐设置参数值 PCTFREE 为 5，而 PCTUSED 为 60。

在 CREATE TABLE 语句中，可以通过 PCTFREE 和 PCTUSED 子句来设置相应的参数。下面来看一个例子。

【例 9.7】创建 students_4 数据表（该表的结构与例 9.1 中创建的 students 表相同），并设置其 PCTFREE 和 PCTUSED 的参数值分别为 20 和 40，代码及其运行结果如下。**（实例位置：资源包\TM\sl\9\4）**

```
SQL> create table students_4(
stuno number(10) not null,           --学号
stuname varchar2(8),                 --姓名
sex char(2),                         --性别
age int,                             --年龄
departno varchar2(2) not null,       --系别编号
classno varchar2(4) not null,        --班级编号
regdate date default sysdate         --建档日期
)tablespace tbsp_1                   --表空间
storage(initial 256k)                --该表分配第一个盘区的大小
pctfree 20                           --数据块管理参数
pctused 40;                          --数据块管理参数
表已创建。
```

说明

用户如果要查看表 students_4 的 PCTFREE 和 PCTUSED 参数设置情况，可以通过查看 user_tables 数据字典视图来实现。

2）INITRANS 参数

INITRANS 参数用于指定一个数据块所允许的并发事务数目。当一个事务访问表中的一个数据块时，该事务会在数据块的头部保存一个条目，以标识该事务正在使用这个数据块。当该事务结束时，它所对应的条目将被删除。

在创建表时，Oracle 会在表的每个数据块头部分配可以存储 INITRANS 个事务条目的空间，这部分空间是永久的，只能用于存储事务条目。当数据块的头部空间已经存储了 INITRANS 个事务条目后，如果还有其他事务要访问这个数据块，Oracle 将在数据块的空闲空间中为事务分配空间，这部分空间是动态的。当事务结束后，这部分存储空间将被回收以存储其他数据。能够访问一个数据块的事务总数由 MAXTRANS 参数决定，在 Oracle 中，对于单个数据块而言，Oracle 默认最大支持 255 个并发事务。但实际上，MAXTRANS 参数已经被废弃。下面来看一个关于 INITRANS 参数的例子。

【例 9.8】创建 students_5 表（该表的结构与例 9.1 中创建的 students 表相同），并指定在数据块头部存储 10 个事务条目，代码及其运行结果如下。**（实例位置：资源包\TM\sl\9\4）**

```
SQL> create table students_5(
stuno number(10) not null,           --学号
stuname varchar2(8),                 --姓名
sex char(2),                         --性别
age int,                             --年龄
departno varchar2(2) not null,       --系别编号
classno varchar2(4) not null,        --班级编号
```

```
regdate date default sysdate                --建档日期
)tablespace tbsp_1
storage(initial 256k)
pctfree 20
pctused 40
initrans 10;                                --数据块管理参数，10 个事务条目
表已创建。
```

用户若要了解 students_5 表中的 INITRANS 和 MAXTRANS 参数的设置情况，可以通过查询数据字典 user_tables 来实现，例子如下。

【例 9.9】 在 user_tables 数据字典中查询 students_5 表中的 INI_TRANS 和 MAX_TRANS 参数值，代码如下。

```
SQL> select ini_trans,max_trans from user_tables
  where table_name = 'STUDENTS_5';
```

运行本例代码，结果如图 9.2 所示。

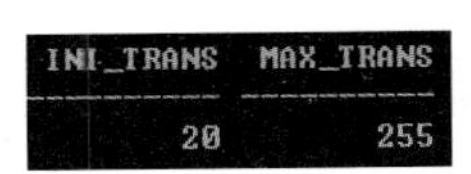

INI_TRANS	MAX_TRANS
20	255

图 9.2　查询 INI_TRANS 和 MAX_TRANS 参数值

> **说明**
>
> 由于每张表的应用特性不同，所以应当为各张表分别设置不同的 INITRANS 参数。在设置 INITRANS 参数时，如果设置的 INITRANS 参数值较大，则事务条目将占用过多的存储空间，从而减少用来存储实际数据的存储空间。只有当一个表有较多的事务同时访问时，才应当为其设置较高的 INITRANS 参数值。

3. 重做日志参数

重做日志记录了数据库中数据的改变情况。如果发生故障导致数据不能从内存中被写入数据文件中时，就可以从重做日志中获取被操作的数据。这样就可以防止数据丢失，从而提高表中数据的可靠性。

当使用 CREATE TABLE 语句创建表时，如果使用 NOLOGGING 子句，则对该表的创建、删除、修改等操作（即 DDL 操作）不会被记录到日志中，但对该表进行 DML 操作（如 INSERT、UPDATE、DELETE 等）时，系统仍然会产生重做日志记录。在创建表时，默认情况下使用 LOGGING 子句，这样对该表的所有操作（包括创建、删除、重命名等操作）都会被记录到重做日志中。

在决定是否使用 NOLOGGING 子句时，用户必须综合考虑所产生的收益和风险。使用 NOLOGGING 子句时，可以节省重做日志文件的存储空间，并减少创建表所需要的时间。但如果没有在重做日志文件中记录对表的操作，可能会无法用数据库恢复操作来恢复丢失的数据。下面来看一个使用 NOLOGGING 子句的例子。

【例 9.10】 创建 students_6 表（该表的结构与前面创建的 students 表相同），并且在创建该表时使用 NOLOGGING 子句，使用户对该表的创建、删除、修改等操作不被记录到重做日志文件中，代码及其运行结果如下。**（实例位置：资源包\TM\sl\9\6）**

```
SQL> create table students_6(
  stuno number(10) not null,                --学号
  stuname varchar2(8),                      --姓名
  sex char(2),                              --性别
```

```
age int,                                   --年龄
departno varchar2(2) not null,             --系别编号
classno varchar2(4) not null,              --班级编号
regdate date default sysdate               --建档日期
)tablespace tbsp_1
storage(initial 256k)
pctfree 20
pctused 40
initrans 10
nologging;                                 --对 DDL 操作不产生日志
表已创建。
```

4. 缓存参数

当在 Oracle 中执行全表搜索时，读入缓存中的数据块将会存储在 LRU 列表最近最少使用的一端。这意味着如果进行查询操作，并且必须向缓存中存储数据时，就会将刚读入的数据块换出缓存。

在建立表时，可以使用 CACHE 子句改变这种行为，使得在使用 CACHE 子句建立的表中执行全表搜索时，将读入的数据块放置到 LRU 中最近最常用使用的一端。这样，当数据库缓存利用 LRU 算法对缓存块进行换入、换出调度时，就不会将属于这张表的数据块立即换出，从而提高了针对该表的查询效率。

在创建表时默认使用 NOCACHE 子句。对于比较小且又经常查询的表，用户在创建表时指定 CACHE 子句，以便利用系统缓存来提高对该表的查询执行效率。下面来看一个例子。

【例 9.11】 在 user_table 数据字典中查询 students_6 表是否启用了缓存功能，代码如下。

```
SQL> select table_name,cache
  2  from user_tables
  3  where table_name = 'students_6';
```

运行本例代码，结果如图 9.3 所示。

图 9.3　students_6 表没有启用缓存功能

9.3　维护数据表

在创建表后，如果发现对表的定义有不满意的地方，还可以对表进行修改。这些修改操作包括增加或删除表中的字段、改变表的存储参数设置以及对表进行增加、删除和重命名等操作。普通用户只能对自己模式中的表进行修改，如果要对任何模式中的表进行修改操作，则用户必须具有 ALTER ANY TABLE 系统权限。

9.3.1　增加和删除字段

在创建表后，可能会需要根据应用需求的变化向表中增加或删除列，用户可以使用 ALTER TABLE...ADD 语句向表中添加新的字段。下面来看一个例子。

【例 9.12】在 students_6 表中增加一个 province（省份）新字段，代码及其运行结果如下。

```
SQL> alter table students_6   add(province varchar2(10));
表已更改。
```

在为 students_6 表添加了新的字段之后，用户可以使用 DESC 命令查看该表的结构，如图 9.4 所示。从该图中可以看到，最后一个字段 province 就是新添加的字段。

既然可以为数据表添加字段，自然也就可以删除数据表中的指定字段，这可以通过 ALTER TABLE...DROP 语句来实现，但是不能删除表中所有的字段，也不能删除 sys 模式中任何表的字段。如果仅需要删除一个字段，则必须在字段名前指定 COLUMN 关键字。下面来看一个例子。

【例 9.13】在 students_6 表中删除 province（省份）字段，代码及其运行结果如下。

```
SQL> alter table students_6 drop column province;
表已更改。
```

删除 province 字段后，使用 DESC 命令查看该表结构，如图 9.5 所示。从该图中可以发现，province 字段已不存在。

```
SQL> desc students_6;
 名称                                      是否为空? 类型
 ----------------------------------------- -------- ------------
 STUNO                                     NOT NULL NUMBER(10)
 STUNAME                                            VARCHAR2(8)
 SEX                                                CHAR(2)
 AGE                                                NUMBER(38)
 DEPARTNO                                  NOT NULL VARCHAR2(2)
 CLASSNO                                   NOT NULL VARCHAR2(4)
 REGDATE                                            DATE
 PROVINCE                                           VARCHAR2(10)
```

图 9.4　增加 province 字段后 students_6 表的结构

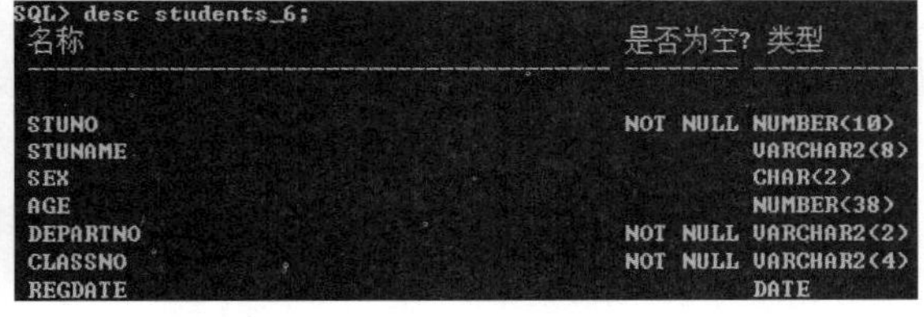

图 9.5　删除 province 字段后 students_6 表的结构

上述讲解了删除一个字段的情况，如果要在一条语句中删除多个字段，则需要将删除的字段名放在括号中，各个字段之间用逗号隔开，并且不能使用关键字 COLUMN。下面来看一个例子。

【例 9.14】在 students_6 表中同时删除 sex 和 age 字段，代码及其运行结果如下。

```
SQL> alter table students_6 drop (sex,age);
表已更改。
```

这时再来看该表的结构，如图 9.6 所示，可以发现 sex 和 age 字段都不存在了。

如果在上述语句中使用关键字 COLUMN，则会产生如图 9.7 所示的错误。

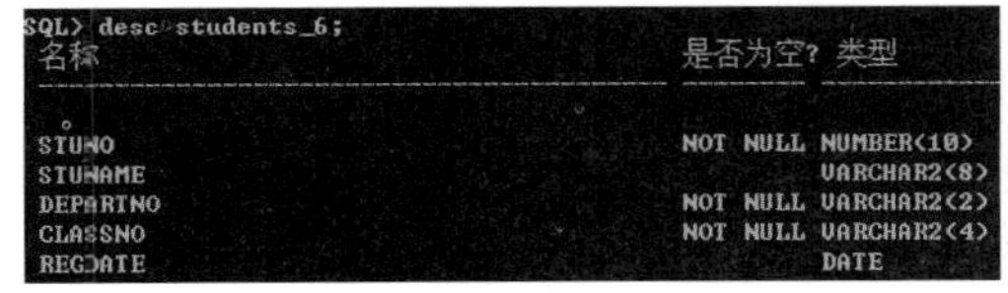

图 9.6　删除 sex 和 age 字段后 students_6 表的结构

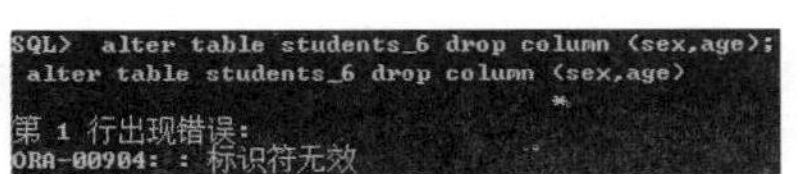

图 9.7　使用关键字 COLUMN 后产生的错误

说明

在删除字段时，系统将删除表中每条记录对应的字段值，同时释放所有占用的存储空间，并且不会影响到表中其他列的数据。如果要删除一个大型表中的字段，则需要对每条记录进行处理，因此删除操作可能会执行很长时间。

9.3.2 修改字段

除了在表中增加和删除字段外，还可以根据实际情况修改字段的有关属性，包括修改字段的数据类型的长度、数字列的精度、列的数据类型和列的默认值等。修改字段通常使用 ALTER TABLE…MODIFY 语句，其语法格式如下。

```
ALTER TABLE table_name MODIFY column_name column_property
```

- ☑ table_name：表示要修改的列所在的表名称。
- ☑ column_name：要修改列的名称。
- ☑ column_property：要修改列的属性，包括数据类型的长度、数字列的精度、列的数据类型和列的默认值等。

需要注意的是，用户在修改字段时，不可以随意修改。通常情况下，把某种数据类型改变为兼容的数据类型时，只能把数据的长度从低向高改变，不能从高向低改变，否则会出现数据溢出的情况，影响原有数据的精度；如果表中没有数据时，用户既可以把数据的长度从高向低改变，也可以把某种数据类型改变为另一种数据类型。下面来看一个关于修改字段的例子。

【例 9.15】将 students_6 表中的 departno 字段的长度由 2 更改为 4，代码及其运行结果如下。

```
SQL> alter table students_6 modify departno varchar2(4);
表已更改。
```

使用 DESC 命令查看修改后 students_6 表的 departno 字段的长度，如图 9.8 所示。可以看到，其长度由 2 变为 4。

图 9.8 修改 departno 字段的长度为 4

误区警示

修改某个字段的默认值只对今后的插入操作起作用，对于先前已经插入的数据不起作用。

9.3.3 重命名表

在创建表后，用户可以修改指定表的名称，但用户只能对自己模式中的表进行重命名。重命名表通常使用 ALTER TABLE…RENAME 语句，其语法格式如下。

```
ALTER TABLE table_old_name RENAME TO table_new_name
```

☑　table_old_name：表示原表名称。

☑　table_new_name：表示新表名称。

对表进行重命名非常容易，但是影响却非常大，所以在对表的名称进行修改时，要格外谨慎。虽然 Oracle 可以自动更新数据字典中的外键、约束定义以及表关系，但是它不能更新数据库中的存储过程、客户应用，以及依赖该对象的其他对象。下面来看一个关于重命名表的例子。

【例 9.16】 将 students_6 表重命名为 students_7，代码及其运行结果如下。

```
SQL> alter table students_6 rename to students_7;
表已更改。
```

9.3.4　改变表空间和存储参数

在创建表时，可以通过一些参数被指定表的表空间、存储参数等，当然也可以不指定参数而使用默认值。在创建表之后，如果发现这些参数被设置得不合适，管理员可以对其进行修改。接下来就讲解在维护数据表时经常遇到的两种修改数据表参数的情况——修改表空间和存储参数。

1. 修改表空间

若要将一个“非分区”表移动到一个新的表空间，可以使用 ALTER TABLE...MOVE TABLESPACE 语句，下面来看一个例子。

【例 9.17】 将 students_6 表由 tbsp_1 表空间移动到 tbsp_2 表空间，代码及其运行结果如下。

```
SQL> alter table students_6 move tablespace tbsp_2;
表已更改。
```

接下来，用户可以在 user_tables 数据字典中查询 students_6 表所在的新表空间，如图 9.9 所示。可以看到，新的表空间为 tbsp_2。

说明

由于表空间对应的数据文件不同，因此，在移动表空间时会将数据在物理上移动到另一个数据文件中。

2. 修改存储参数

修改存储参数，主要是指修改数据块参数 PCTFREE 和 PCTUSED，若改变了这两个参数值，则表中所有的数据块都将受到影响，而不论数据块是否已经使用。修改存储参数一般使用 ALTER TABLE 语句。下面来看一个例子。

【例 9.18】 使用 alter TABLE 语句重新设置 students_6 表中的 PCTFREE 参数，代码及其运行结果如下。

```
SQL> alter table students_6 pctfree 25;
表已更改。
```

接下来，用户可以在 user_tables 数据字典中查询 students_6 表被更改后的数据块参数，如图 9.10 所示。

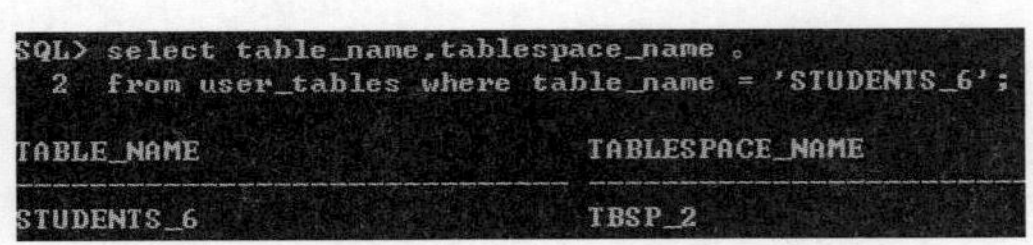

图 9.9　查询 students_6 表所在的新表空间

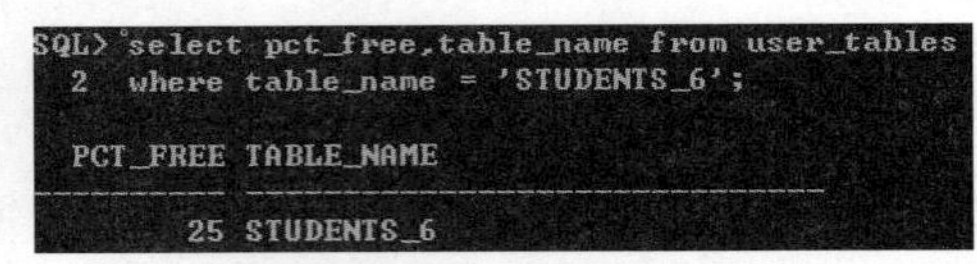

图 9.10　查询 students_6 表更改后的数据块参数 PCTFREE

9.3.5　删除表

在创建完数据表之后，根据实际需求情况，用户还可以将其删除。但需要注意的是，一般情况下用户只能删除自己模式中的表，如果要删除其他模式中的表，则用户必须具有 DROP ANY TABLE 系统权限。删除表通常使用 DROP TABLE 语句，其语法格式如下。

```
DROP TABLE table_name [CASCADE CONSTRAINTS];
```

参数 table_name 表示要删除表的名称。如果该表存在约束、关联的视图和触发器等，则必须使用 CASCADE CONSTRAINTS 可选子句才能将其删除。

删除表与删除表中的所有数据不同，当使用 DELETE 语句删除操作时，删除的仅是表中的数据，该表的数据结构仍然存在于子数据库中；当使用 DROP TABLE 语句删除表的定义时，不仅表中的数据将被删除，而且该表的定义信息（数据结构）也将从数据库中被删除，用户将无法再向该表中添加数据，因为该表对象在数据库中已经不存在。

在删除一个表的结构时，通常 Oracle 会执行以下操作。

☑　删除表中所有的数据。
☑　删除与该表相关的所有索引和触发器。
☑　如果有视图或 PL/SQL 过程依赖于该表，这些视图或 PL/SQL 过程将被置于不可用状态。
☑　从数据字典中删除该表的定义。
☑　回收为该表分配的存储空间。

DROP TABLE 语句有一个可选子句 CASCADE CONSTRAINTS。当使用该参数时，DROP TABLE 不仅删除该表，而且所有引用这张表的视图、约束或触发器等也都被删除，如下面的例子所示。

【例 9.19】 删除表 students_5 以及所有引用这张表的视图、约束或触发器等，代码及其运行结果如下。

```
SQL> drop table students_5 cascade constraints;
表已删除。
```

一般情况下，当某张表被删除之后，实际上它并没有被彻底删除（仅仅是在数据字典中被除名），而是把该表放到了回收站中（即它依然占用存储空间）。这样当用户需要还原该表时，就可以使用 FLASHBACK TABLE 语句（这是一种闪回技术）进行还原。下面来查看使用闪回功能恢复被删除表的一般步骤。

【例 9.20】 利用 Oracle 的闪回功能快速恢复被删除的表 students_5，具体操作步骤如下。

（1）首先确认 students_5 表是否已经被删除，代码及其运行结果如下。

```
SQL> select * from students_5;
select * from students_5
              *
第 1 行出现错误:
```

```
ORA-00942: 表或视图不存在
```

（2）在步骤（1）的查询结果中可以看出，该表已经被删除，那么用户就可以通过查询数据字典视图 RECYCLEBIN 来了解该表是否在回收站中，代码如下。

```
SQL> select object_name,original_name
  2  from recyclebin where original_name = 'STUDENTS_5';
```

执行代码后，结果如图 9.11 所示。

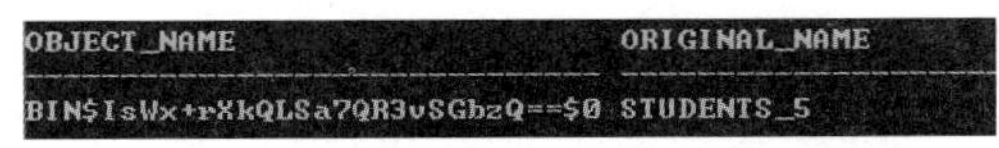
OBJECT_NAME | ORIGINAL_NAME
BIN$IsWx+rXkQLSa7QR3vSGbzQ==$0 | STUDENTS_5

图 9.11　表 students_5 在回收站中的情况

（3）使用 FLASHBACK TABLE 语句恢复被删除的 students_5 表，代码及其运行结果如下。

```
SQL> flashback table students_5 to before drop;
闪回完成。
```

（4）这时，通过 SELECT 语句查询表 students_5，发现该表被恢复了，代码及其运行结果如下。

```
SQL> select * from students_5;
未选定行
```

如果用户想在删除表时立即释放空间，并且不希望将其放到回收站中，则可以在 DROP TABLE 语句中使用 PURGE 选项，这样该表就被彻底删除了。

9.3.6　修改表的状态

在 Oracle 中，用户可以将表置于 READ ONLY（只读）状态，处于该状态的表不能执行 DML 和某些 DDL 操作。对于如何设置表的状态，下面来看几个例子。

【例 9.21】将表 students_5 设置为只读的 READ ONLY 状态，代码及其运行结果如下。

```
SQL> alter table students_5 read only;
表已更改。
```

可以在 user_tables 中查询该表的状态，如图 9.12 所示，表 students_5 现在的状态为只读。

对于处于 READ ONLY 状态的表，用户不能执行 DML 操作，如下面的例子所示。

【例 9.22】尝试把 students_5 表中学号大于 5000 的学生性别都修改为“男”，代码及其运行结果如下。

```
SQL> update students_5 set sex = '男'
  2  where stuno > 5000;
update students_5 set sex = '男'
       *
第 1 行出现错误:
ORA-12081: 不允许对表 "SYSTEM"."STUDENTS_5" 进行更新操作
```

从上述运行结果中可以看出，处于只读状态的表不能执行 DML 操作。但可以将处于只读状态的表从一个表空间移动到另一个表空间，如下面的例子所示。

【例 9.23】把表 students_5 从 tbsp_1 表空间移动到 tbsp_2 表空间，代码及其运行结果如下。

```
SQL> alter table students_5 move tablespace tbsp_2;
表已更改。
```

另外，对于 READ ONLY 状态的表，用户还可以将其重新置于可读写的 READ WRITE 状态，如下面的例子所示。

【例 9.24】把表 students_5 从 READ ONLY 状态更改为 READ WRITE 状态，代码及其运行结果如下。

```
SQL> alter table students_5 read write;
表已更改。
```

这时，再通过数据字典 user_tables 来查询表 students_5 的状态，就会发现它的状态变为可读写状态，如图 9.13 所示。

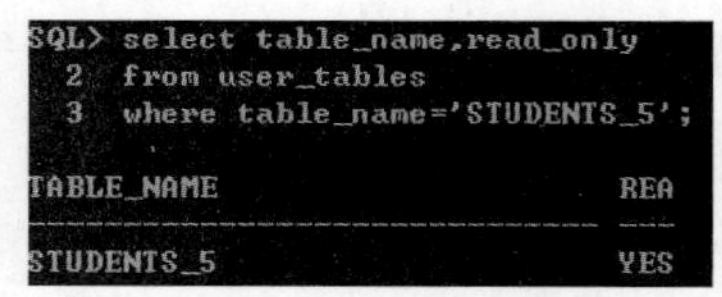

图 9.12　查询表 students_5 的状态为只读

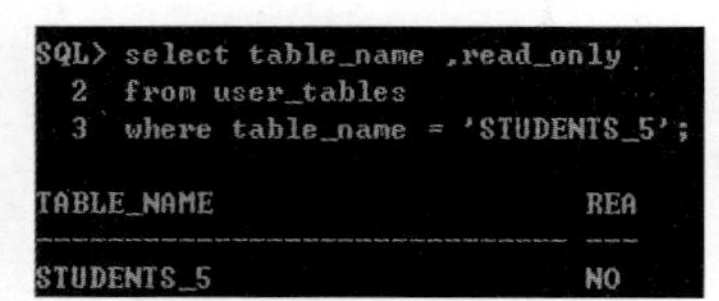

图 9.13　查询表 students_5 的状态为可读写

9.4　数据完整性和约束性

数据库不仅仅存储数据，它还必须保证所有存储数据的正确性，因为只有正确的数据才能提供有价值的信息。如果数据不准确或不一致，那么该数据的完整性就可能受到破坏，从而给数据库本身的可靠性带来问题。为了维护数据库中数据的完整性，在创建表时常常需要定义一些约束。约束可以限制列的取值范围，强制设定列的取值来自合理的范围等。在 Oracle 系统中，约束的类型包括非空约束、主键约束、唯一性约束、外键约束、检查约束和默认约束。

说明

对约束的定义既可以在 CREATE TABLE 语句中进行，也可以在 ALTER TABLE 语句中进行。在实际应用中，通常是先定义表的字段，然后根据实际需要通过 ALTER TABLE 语句为表添加约束。

9.4.1　非空约束

非空约束就是限制必须为某个列提供值。空（NULL）值是不存在值，它既不是数字 0，也不是空字符串，而是不存在的、未知的情况。

在表中，若某些字段的值是不可缺少的，那么就可以为该列定义非空约束。这样当插入数据时，如果没有为该列提供数据，那么系统就会出现一条错误消息。

如果某些列的值是可有可无的，那么可以定义这些列允许空值。这样，在插入数据时，就可以不向该列提供具体的数据（在默认情况下，表中的列是允许为 NULL 的）。如果某个列的值不允许为 NULL，

那么就可以使用 NOT NULL 来标记该列。下面来看几个相关的例子。

【例 9.25】创建 Books 表，要求 BookNo（图书编号）、ISBN 和 PublisherNo（出版社编号）不能为空值，代码及其运行结果如下。**（实例位置：资源包\TM\sl\9\7）**

```
SQL> create table Books
(
    BookNo number(4) not null,           --图书编号，不为空
    BookName varchar2(20),               --图书名称
    Author varchar2(10),                 --作者
    SalePrice number(9,2),               --定价
    PublisherNo varchar2(4) not null,    --出版社编号，不为空
    PublishDate date,                    --出版日期
    ISBN varchar2(20) not null           --ISBN，不为空
);
表已创建。
```

在创建完表之后，也可以使用 ALTER TABLE...MODIFY 语句为已经创建的表删除或重新定义 NOT NULL 约束。来看下面的例子。

【例 9.26】为 Books 表中 BookName（图书名称）字段设置 NOT NULL 约束，代码及其运行结果如下。

```
SQL> alter table books modify bookname not null;
表已更改。
```

说明

为表中的字段定义了非空约束后，当用户向表中插入数据时，如果未给相应的字段提供值，则添加数据操作将返回一条“无法将 NULL 插入...”的错误信息提示。

如果使用 ALTER TABLE...MODIFY 语句为表添加 NOT NULL 约束，并且表中该列数据已经存在 NULL 值，则向该列添加 NOT NULL 约束将失败。这是因为列应用非空约束时，Oracle 会试图检查表中所有的行，以验证所有行在对应的列是否存在 NULL 值。

另外，使用 ALTER TABLE...MODIFY 语句还可以删除表的非空约束，实际上也可以理解为修改某个列的值可以为空。来看下面的例子。

【例 9.27】删除 Books 表中关于 BookName 列的非空约束，代码及其运行结果如下。

```
SQL> alter table books modify bookname null;
表已更改。
```

9.4.2　主键约束

主键约束用于唯一地标识表中的每一行记录。在一个表中，最多只能有一个主键约束，主键约束既可以由一个列组成，也可以由两个或两个以上的列组成（这种称为联合主键）。对于表中的每一行数据，主键约束列都是不同的，主键约束同时也具有非空约束的特性。

如果主键约束由一列组成时，则该主键约束被称为行级约束；如果主键约束由两个或两个以上的列组成时，则该主键约束被称为表级约束。若要设置某个或某些列为主键约束，通常使用 CONSTRAINT...

PRIMARY KEY 语句来完成。下面来看几个相关的例子。

【例 9.28】创建表 Books_1，并为该表定义行级主键约束 BOOK_PK（主键列为 BookNo），代码及其运行结果如下。**（实例位置：资源包\TM\sl\9\8）**

```
SQL> create table Books_1
(
  BookNo number(4) not null,                      --图书编号
  BookName varchar2(20),                          --图书名称
  Author varchar2(10),                            --作者
  SalePrice number(9,2),                          --定价
  PublisherNo varchar2(4) not null,               --出版社编号
  PublishDate date,                               --出版日期
  ISBN varchar2(20) not null,-                    --ISBN
  constraint BOOK_PK primary key (BookNo)         --创建主键和主键约束
);
表已创建。
```

说明

如果构成主键约束的列有多个（即创建表级约束），则多个列之间使用英文输入法下的逗号（,）分隔。

如果在创建表时未定义主键约束，用户可以使用 ALTER TABLE…ADD CONSTRAINT…PRIMARY KEY 语句为该表添加主键约束，如下面的例子所示。

【例 9.29】使用 ALTER TABLE…ADD CONSTRAINT…PRIMARY KEY 语句为 Books 表添加主键约束，代码及其运行结果如下。**（实例位置：资源包\TM\sl\9\9）**

```
SQL> alter table Books
add constraint Books_PK primary key(BookNo);
表已更改。
```

在上述代码中，由于为 PRIMARY KEY 约束指定名称，因此必须使用 CONSTRAINT 关键字。如果要使用系统自动为其分配的名称（即不指定主键约束的名称），则可以省略 CONSTRAINT 关键字，并且在指定列的后面直接使用 PRIMARY KEY 标记即可。来看下面的例子。

【例 9.30】创建表 Books_2，并在 BookNo 列上定义一个由系统自动分配名称的主键约束，代码及其运行结果如下。**（实例位置：资源包\TM\sl\9\10）**

```
SQL> create table Books_2
(
  BookNo number(4) primary key,             --图书编号，设置为由系统自动分配名称的主键约束
  BookName varchar2(20),                    --图书名称
  Author varchar2(10),                      --作者
  SalePrice number(9,2),                    --定价
  PublisherNo varchar2(4) not null,         --出版社编号
  PublishDate date,                         --出版日期
  ISBN varchar2(20) not null                --ISBN
);
表已创建。
```

注意

在上述代码中，BookNo 列的后面可以不使用 NOT NULL 来标记其不允许为 NULL，因为 PRIMARY KEY 约束本身就不允许列值为 NULL。

同样，也可以使用 ALTER TABLE…ADD PRIMARY KEY 语句添加由系统自动分配名称的主键约束，例子如下所示。

【例 9.31】使用 ALTER TABLE…ADD PRIMARY KEY 语句为 Books 表中的 BookNo 列上添加由系统自动分配名称的主键约束，代码及其运行结果如下。

```
SQL> alter table Books
  2   add primary key(BookNo);
表已更改。
```

说明

如果表已经存在主键约束，那么当试图为该表再增加一个主键约束时，系统就会产生一条错误信息。即使在不同的列上增加约束也是如此。例如，当在 Books 表中的 ISBN 列上再增加一个约束时，系统将产生“表只能具有一个主键”的错误信息。

误区警示

与 NOT NULL 约束相同，当为表添加主键约束时，如果该表中已经存在数据，并且主键列具有相同的值或存在 NULL 值，则添加主键约束的操作将失败。

另外，既然可以为表添加主键约束，那么就应该可以删除主键约束，删除 PRIMARY KEY 约束通常使用 ALTER TABLE…DROP 语句来完成。下面来看一个例子。

【例 9.32】删除 Books_1 表中的主键约束 BOOK_PK，代码及运行结果如下。

```
SQL> alter table Books_1
  2   drop constraint BOOK_PK;
表已更改。
```

说明

在表中增加主键约束时，一定要根据实际情况确定如何执行。例如，在 Books 表中的 BookNo 列上增加主键约束是合理的，因为图书编号是不允许重复的；但是，在 Author、SalePrice 等列上创建主键约束是不合理的，因为作者和图书售价很有可能重复。

9.4.3　唯一性约束

唯一性约束强调所在的列不允许有相同的值。但是，它的定义要比主键约束弱，即它所在的列允许空值（但主键约束列是不允许为空值的）。唯一性约束的主要作用是在保证除主键列外，其他列值的唯一性。

在一个表中，根据实际情况可能有多个列的数据都不允许存在相同值。例如，各种“会员表”的QQ、E-mail 等列的值是不允许重复的（但用户可以不提供，这样就必须允许为空值）。但是，由于在一个表中最多只能有一个主键约束存在，那么如何解决这种多个列都不允许重复数据存在的问题呢？这就是唯一性约束的作用。若要设置某个列为 UNIQUE 约束，通常使用 CONSTRAINT…UNIQUE 标记该列。下面来看几个相关的例子。

【例 9.33】创建一个会员表 Members，并要求为该表的 QQ 列定义唯一性约束，代码及其运行结果如下。**（实例位置：资源包\TM\sl\9\11）**

```
SQL> create table Members
  (
    MemNo number(4) not null,                        --会员编号
    MemName varchar2(20) not null,                   --会员名称
    Phone varchar2(20),                              --联系电话
    Email varchar2(30),                              --电子邮件地址
    QQ varchar2(20) Constraint QQ_UK unique,         --QQ 号，并设置为 UNIQUE 约束
    ProvCode varchar2(2) not null,                   --省份代码
    OccuCode varchar2(2) not null,                   --职业代码
    InDate date default sysdate,                     --入会日期
    Constraint Mem_PK primary key (MemNo)            --主键约束列为 MemNo
  );
表已创建。
```

如果 UNIQUE 约束的列有值，则不允许重复，但是可以插入多个 NULL 值，即该列的空值可以重复。来看下面的例子。

【例 9.34】在 Member 表中插入两条记录，但要求这两条记录 QQ 列的值都为 NULL，代码及其运行结果如下。

```
SQL> insert into members(memno,memname,phone,email,qq,provcode,occucode)
  values(0001,'东方','12345','dognfang@mr.com',null,'01','02');
已创建 1 行。
SQL> insert into members(memno,memname,phone,email,qq,provcode,occucode)
  values(0002,'明日','67890','mingri@mr.com',null,'03','01');
已创建 1 行。
```

说明

由于 UNIQUE 约束列可以存在重复的 NULL 值，因此为了防止这种情况发生，可以在该列上添加 NOT NULL 约束。如果向 UNIQUE 约束列上添加 NOT NULL 约束，那么这种 UNIQUE 约束基本上就相当于主键 PRIMARY KEY 约束了。

除了可以在创建表时定义 UNIQUE 约束，还可以使用 ALTER TABLE…ADD CONSTRAINT…UNIQUE 语句为现有的表添加 UNIQUE 约束。来看下面的例子。

【例 9.35】为 members 表的 email 列添加唯一约束，代码及其运行结果如下。

```
SQL> alter table members add constraint Email_UK unique (email);
表已更改。
```

说明

如果要为现有表中的多个列同时添加 UNIQUE 约束，则在括号内使用逗号分隔多个列。

能够为某列创建唯一约束，当然也可以删除某列的唯一约束限制，通常使用 ALTER TABLE…DROP CONSTRAINT 语句来删除 UNIQUE 约束。来看下面的例子。

【例 9.36】 删除 members 表中 Email_UK 这个唯一约束，代码及其运行结果如下。

```
SQL> alter table members drop constraint Email_UK;
表已更改。
```

9.4.4　外键约束

外键约束比较复杂，一般的外键约束会使用两个表进行关联（当然也存在同一个表自连接的情况）。外键是指“当前表”（即外键表）引用“另一个表”（即被引用表）的某个列或某几个列，而“另一个表”中被引用的列必须具有主键约束或者唯一性约束。在“另一个表”中，被引用列中不存在的数据不能出现在“当前表”对应的列中。一般情况下，当删除被引用表中的数据时，该数据也不能出现在外键表的外键列中。如果外键列中存储了被引用表中将要被删除的数据，那么对被引用表的删除操作将失败。

最典型的外键约束是 hr 模式中的 employees 和 departments 表，在该外键约束中，外键表 employees 中的外键列 department_id 将引用被引用表 departments 中的 dempartment_ id 列，而该列也是 departments 表的主键。下面来看几个相关的例子。

【例 9.37】 在 hr 模式中，创建一个新表 employees_temp（该表的结构复制自 employees），并为其添加一个与 departments 表之间的外键约束，代码及其运行结果如下。**（实例位置：资源包\TM\sl\9\12）**

```
SQL> create table employees_temp
  2   as select * from employees
  3   where department_id=30;                    --创建一个新表，并将部门编号为 30 的员工记录插入
表已创建。
SQL> alter table employees_temp
  2   add constraint temp_departid_fk
  3   foreign key(department_id)
  4   references departments(department_id);     --创建外键约束，外键列为 department_id
表已更改。
```

如果外键表的外键列与被引用表的被引用列列名相同，则为外键表定义外键列时可以省略 REFERENCES 关键字后面的列名称。例如，例 9.37 中创建外键约束的那部分代码也可以写成如下形式。

```
SQL> alter table employees_temp
  2   add constraint temp_departid_fk
  3   foreign key(department_id)
  4   references departments;                    --创建外键约束，外键列为 department_id
```

为验证上述创建的外键约束的有效性，下面通过一个例子来演示外键约束对于外键表中数据的制约性。

【例 9.38】 向 employees_temp 表（外键表）中插入一条记录，并且设置 department_id 列（外键列）的值为 departments 表（被引用表）中不存在的一个值（9999），代码及其运行结果如下。

```
SQL>   insert into employees_temp(employee_id,last_name,email,job_id,hire_date,department_id)
  2    values(9527,'东方','dongfang@mr.com','IT_PROG',sysdate,9999);
 insert into employees_temp(employee_id,last_name,email,job_id,hire_date,department_id)
*
第 1 行出现错误:
ORA-02291: 违反完整约束条件 (HR.TEMP_DEPARTID_FK) - 未找到父项关键字
```

通过上述例子可以看出，外键表中的外键值必须存在于被引用表中，否则该数值会因“违反完整约束条件”而无法被插入。

另外，在定义外键约束时，还可以通过关键字 ON 指定引用行为的类型。当尝试删除被引用表中的一条记录时，通过引用行为可以确定如何处理外键表中的外键列，引用行为的类型包括以下 3 种。

☑ 在定义外键约束时，如果使用了关键字 NO ACTION，那么当删除被应用表中被引用列的数据时将违反外键约束，该操作将被禁止执行，这也是外键的“默认引用类型”。

☑ 在定义外键约束时，如果使用了关键字 SET NULL，那么当被引用表中被引用列的数据被删除时，外键表中外键列被设置为 NULL，要使这个关键字起作用，外键列必须支持 NULL 值。

☑ 在定义外键约束时，如果使用了关键字 CASCADE，那么当被引用表中被引用列的数据被删除时，外键表中对应的数据也将被删除，这种删除方式通常被称作“级联删除”，它在实际应用程序开发中得到比较广泛的应用。

下面通过一个实例来演示如何使用关键字 CASCADE 创建外键约束以及如何实现数据的级联删除操作。

【例 9.39】在 hr 模式中，创建一个新表 departments_temp（该表的结构复制自 departments），然后在该表与 employees_temp 表之间建立外键约束，并指定外键约束的引用类型为 ON DELETE CASCADE，最后删除 departments_temp 和 employees_temp 两个表中都存在的外键值。具体操作步骤如下。

（1）在 hr 模式下，创建一个被引用表 departments_temp（该表的结构复制自 departments），并为其设置主键约束，代码如下。

```
SQL> connect hr/hr                                          --在 hr 模式下
已连接。
SQL> create table departments_temp
  2  as select * from departments
  3  where department_id = 30;                              --创建 departments_temp 表
表已创建。
SQL> alter table departments_temp
  2  add primary key(department_id);                        --设置 departments_temp 表的主键约束
表已更改。
```

（2）在 employees_temp 表和 departments_temp 表之间创建外键约束，并指定外键约束的引用类型为 ON DELETE CASCADE，代码如下。

```
SQL> alter table employees_temp
  2  add constraint temp_departid_fk2
  3  foreign key(department_id)
  4  references departments_temp on delete cascade;
表已更改。
```

（3）查看外键表 employees_temp 表中部门编号为 30 的记录数，代码如下。

```
SQL> select count(*) from employees_temp where department_id = 30;
  COUNT(*)
----------------
          6
```

（4）删除外键表 departments_temp 中 department_id 为 30 的记录，代码如下。

```
SQL> delete departments_temp
  2   where department_id = 30;
已删除 1 行。
SQL> select count(*) from employees_temp where department_id = 30;
  COUNT(*)
---------------
          0
```

通过上述查询结果可以看出，由于指定了外键约束的引用类型为 ON DELETE CASCADE，因此在删除被引用表 departments_temp 中编号为 30 的记录时，系统也级联删除了 employees_ temp 表中所有编号为 30 的记录。

在创建完外键约束之后，如果想要删除外键约束，则可以使用 ALTER TABLE…DROP CONSTRAINT 语句。下面来看一个例子。

【例 9.40】删除 employees_temp 表和 departments_temp 表之间的外键约束 temp_departid_fk2，代码及其运行结果如下。

```
SQL> alter table employees_temp
  2   drop constraint temp_departid_fk2;
表已更改。
```

9.4.5　禁用和激活约束

创建约束之后，如果没有经过特殊处理，约束会一直起作用。但也可以根据实际需要，临时禁用某个约束。当某个约束被禁用后，该约束就不再起作用了，但它还存在于数据库中。

为什么要禁用约束呢？这是因为约束的存在会降低插入和更改数据的效率，系统必须确认这些数据是否满足定义的约束条件。当执行一些特殊操作时，例如使用 SQL*Loader 从外部数据源向表中导入大量数据，并且事先知道这些数据是满足约束条件的，此时为提高运行效率，就可以禁用这些约束。

禁用约束操作不但可以对现有的约束执行，而且还可以在定义约束时执行，下面分别来说明这两种情况。

1. 在定义约束时禁用

在使用 CREATE TABLE 或 ALTER TABLE 语句定义约束时（默认情况下约束是激活的），如果使用关键字 DISABLE，则约束是被禁用的。来看下面的例子。

【例 9.41】创建一个学生信息表（Student），并为年龄列（Age）定义一个 DISABLE 状态的 CHECK 约束（要求年龄值为 0～120），代码及其运行结果如下。**（实例位置：资源包\TM\sl\9\13）**

```
SQL> create table Student
  2  (
  3      StuCode varchar2(4) not null,
```

```
StuName varchar2(10) not null,
Age int constraint Age_CK check (age > 0 and age <120) disable,
Province varchar2(20),
SchoolName varchar2(50)
);
表已创建。
```

2. 禁用已经存在的约束

对于已存在的约束，可以使用 ALTER TABLE...DISABLE CONSTRAINT 语句禁止该约束。下面来看一个例子。

【例 9.42】禁用 employees_temp 表中的约束 temp_departid_fk，代码及其运行结果如下。

```
SQL> alter table employees_temp
disable constraint temp_departid_fk;
表已更改。
```

说明

在禁用主键约束时，Oracle 会默认删除约束对应的唯一索引，而在重新激活约束时，Oracle 将会重新建立唯一索引。如果希望在删除约束时保留对应的唯一索引，可以在禁用约束时使用关键字 KEEP INDEX（通常放在约束名称的后面）。

技巧

在禁用唯一性约束或主键约束时，如果有外键约束正在引用该列，则无法禁用唯一性约束或主键约束。这时可以先禁用外键约束，然后禁用唯一性约束或主键约束；或者在禁用唯一性约束或主键约束时使用 CASCADE 关键字，这样可以级联禁用这些列的外键约束。

禁用约束只是一种暂时现象，在特殊需求处理完毕之后，还应该及时激活约束。如果希望激活被禁用的约束，可以在 ALTER TABLE 语句中使用 ENABLE CONSTRAINT 子句。激活约束的语法形式如下。

```
ALTER TABLE table_name
ENABLE [NOVALIDATE | VALIDATE] CONSTRAINT con_name;
```

- ☑ table_name：表示要激活约束的表的名称。
- ☑ NOVALIDATE：该关键字表示在激活约束时不验证表中已经存在的数据是否满足约束，如果没有使用该关键字，或者使用 VALIDATE 关键字，则在激活约束时系统将验证表中的数据是否满足约束的定义。

下面通过一个例子来演示如何激活一个被禁用的约束。

【例 9.43】首先禁用 Books_1 表中的主键 BOOK_PK，然后重新激活该约束，具体步骤如下。

（1）以例 9.28 所创建的 BOOK_PK 主键为例，使用 ALTER TABLE 语句禁用 BOOK_PK 主键约束，代码及其运行结果如下。

```
SQL> alter table books_1
disable constraint BOOK_PK;
表已更改。
```

（2）在 Books_1 表中插入两行数据，并且这两行数据的 bookno 列的值相同（如 8888），代码及其运行结果如下。

```
SQL> insert into books_1(bookno,publisherno,isbn)
  2  values(8888,'东方','12345678');
已创建 1 行。
SQL> insert into books_1(bookno,publisherno,isbn)
  2  values(8888,'东方','7890122');
已创建 1 行。
```

通过上述运行结果可以看出，由于在禁用 BOOK_PK 主键之后，不受主键约束条件的限制，因此可以给 bookno 列添加重复值。

（3）使用 ALTER TABLE 语句激活 BOOK_PK 主键约束，代码及其运行结果如下。

```
SQL> alter table books_1
  2  enable constraint BOOK_PK;
alter table books_1
*
第 1 行出现错误:
ORA-02437: 无法验证 (SYSTEM.BOOK_PK) - 违反主键
```

由于 bookno 列的现有值中存在重复的情况，这与主键约束的作用存在冲突，因此激活约束的操作一定是失败的。对于这种情况的解决方法，通常是更正表中不满足约束条件的数据。

9.4.6　删除约束

如果不再需要某个约束时，则可以将其删除，可以使用带 DROP CONSTRAINT 子句的 ALTER TABLE 语句删除约束。删除约束与禁用约束不同，禁用的约束是可以被激活的，但是删除的约束在表中就完全消失了。使用 ALTER TABLE 语句删除约束的语法格式如下。

```
ALTER TABLE table_name
DROP CONSTRAINT con_name;
```

☑　table_name：表示要删除约束的表名称。

☑　con_name：表示要删除的约束名称。

【例 9.44】通过下面的语句删除 Student 表中所创建的 CHECK 约束 Age_CK（在例 9.41 中已创建），代码及其运行结果如下。

```
SQL> alter table Student
  2  drop constraint Age_CK;
表已更改。
```

9.5　实践与练习

1. 创建一个数据表，然后将其放置在自定义的某个表空间里。
2. 为习题 1 中所创建的数据表创建一个主键约束，并插入一行数据。

第 10 章

其他数据对象

在 Oracle 的数据对象中，除了数据表之外，还有索引对象、视图对象、同义词对象和序列对象等，这些对象对改善数据的查询速度和简化代码都起到了重要的作用，本章将对这些内容进行详细讲解。

本章知识架构及重难点如下。

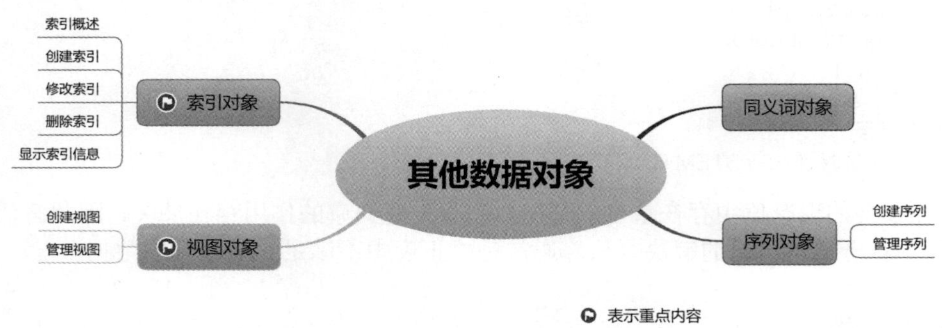

10.1 索引对象

在关系型数据库中，用户查找数据与行的物理位置无关。为了能够找到数据，表中的每一行均用一个 ROWID 来标识，ROWID 能够标识数据库中某一行的具体位置。当 Oracle 数据库中存储海量的记录时，就意味着有大量的 ROWID 标识，那么 Oracle 如何能够快速找到指定的 ROWID 呢？这时就需要使用索引对象，它可以提供服务器在表中快速查找记录的功能。

10.1.1 索引概述

如果一个数据表中存有海量的数据记录，当对表执行指定条件的查询时，常规的查询方法会将所有的记录都读取出来，然后把读取的每一条记录与查询条件进行比对，最后返回满足条件的记录。这样进行操作的时间开销和 I/O 开销都十分巨大。针对这种情况，可以考虑通过建立索引来减小系统开销。

如果要在表中查询指定的记录，在没有索引的情况下，则必须遍历整张表，而有了索引之后，只需要在索引中找到符合查询条件的索引字段值，就可以通过保存在索引中的 ROWID 快速找到表中对应的记录。举个例子来说，如果将表看作一本书，那么索引的作用就类似于书中的目录。在没有目录的情况下，要在书中查找指定的内容必须阅读全书，而有了目录之后，只需要通过目录就可以快速找到包含所需内容的页码（相当于 ROWID）。

Oracle 系统对索引与表的管理有很多相同的地方，不仅需要在数据字典中保存索引的定义，还需要在表空间中为它分配实际的存储空间。创建索引时，Oracle 会自动在用户的默认表空间或指定的表空间中创建一个索引段，为索引数据提供空间。

技巧

将索引和对应的表分别放在不同硬盘的不同表空间中能够提高查询的速度，因为 Oracle 能够并行读取不同硬盘的数据，这样的查询可以避免产生 I/O 冲突。

用户可以在 Oracle 中创建多种类型的索引，以适应各种表的特点。按照索引数据的存储方式可以将索引分为 B 树索引、位图索引、反向键索引和基于函数的索引；按照索引列的唯一性又可以分为唯一索引和非唯一索引；按照索引列的个数又可以分为单列索引和复合索引。

建立和规划索引时，必须选择合适的表和列，如果选择的表和列不合适，那么不仅无法提高查询速度，反而会极大地降低 DML 操作的速度，所以建立索引必须要注意以下几点。

- ☑ 索引应该建立在 WHERE 子句频繁引用表列上，如果在大表上频繁使用某列或某几个列作为条件执行索引操作，并且检索行数低于总行数的 15%，那么应该考虑在这些列上建立索引。
- ☑ 如果经常需要基于某列或某几个列执行排序操作，那么在这些列上建立索引可以加快数据排序速度。
- ☑ 限制表的索引个数。索引主要用于加快查询速度，但会降低 DML 操作的速度。索引越多，DML 操作速度越慢，尤其会极大地影响 INSERT 和 DELETE 操作的速度。因此，规划索引时，必须仔细权衡查询和 DML 的需求。
- ☑ 指定索引块空间的使用参数。基于表建立索引时，Oracle 会将相应表列数据添加到索引块中。为索引块添加数据时，Oracle 会按照 PCTFREE 参数在索引块中预留部分空间，该预留空间是为将来的 INSERT 操作准备的。如果将来在表上执行大量 INSERT 操作，那么应该在建立索引时设置较大的 PCTFREE。
- ☑ 将表和索引部署到相同的表空间中，可以简化表空间的管理；将表和索引部署到不同的表空间中，可以提高访问性能。
- ☑ 当在大表上建立索引时，使用 NOLOGGING 选项可以最小化重做记录。使用 NOLOGGING 选项可以节省重做日志空间、降低索引建立时间、提高索引并行建立的性能。
- ☑ 不要在小表上建立索引。
- ☑ 为了提高多表连接的性能，应该在连接列上建立索引。

10.1.2　创建索引

在创建索引时，Oracle 首先对将要建立索引的字段进行排序，然后将排序后的字段值和对应记录的 ROWID 存储在索引段中。建立索引可以使用 CREATE INDEX 语句，通常由表的所有者来建立索引。如果要以其他用户身份建立索引，则要求用户必须具有 CREATE ANY INDEX 系统权限或者相应表的

INDEX 对象权限。

1. 建立 B 树索引

B 树索引是 Oracle 数据库最常用的索引类型(也是默认类型)，它以 B 树结构组织并存储索引数据。默认情况下，B 树索引中的数据是以升序方式排列的。如果表包含的数据非常多，并且经常在 WHERE 子句中引用某列或某几个列，则应该基于该列或这几个列建立 B 树索引。B 树索引由根块、分支块和叶块组成，其中主要数据都集中在叶子节点上，如图 10.1 所示。

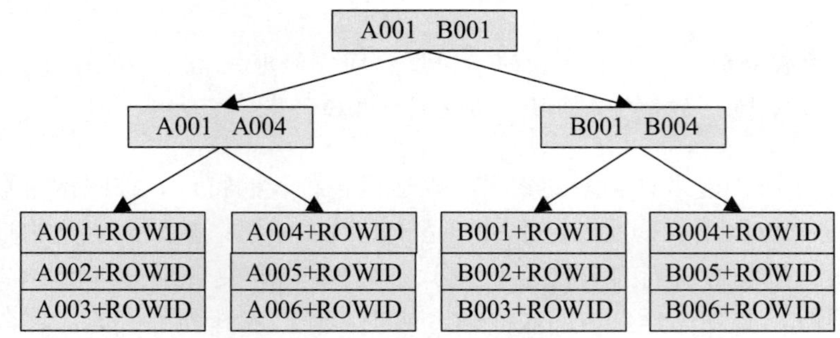

图 10.1　B 树索引的逻辑结构图

☑ 根块：索引顶级块，它包含指向下一级节点的信息。

☑ 分支块：它包含指向下一级节点（分支块或叶块）的信息。

☑ 叶块：通常也称叶子，它包含索引入口数据，索引入口包含索引列的值和记录行对应的物理地址 ROWID。

在 B 树索引中无论用户要搜索哪个分支的叶块，都可以保证所经过的索引层次是相同的。Oracle 采用这种方式的索引，可以确保无论索引条目位于何处，都只需要花费相同的 I/O 即可获取它，这就是为什么称为 B 树索引（B 是英文 BALANCED 的缩写）。

例如，使用这个 B 树索引搜索编号为 A004 的节点时，首先要访问根节点，从根节点中可以发现，下一步应该搜索左边的分支，由于值 A004 小于值 B001，因此无须第二次读取数据，而直接读取左边的分支节点。从左边的分支节点可以判断出，要搜索的索引条目位于右侧的第一个叶子节点中。在那里可以很快找到要查询的索引条目，并根据索引条目中的 ROWID 进而找到所有要查询的记录。

如果在 WHERE 子句中要经常引用某列或某几列，应该基于这些列建立 B 树索引。下面来看一个例子。

【例 10.1】在 scott 模式下，为 emp 表的 deptno 列创建索引，代码及运行结果如下。**（实例位置：资源包\TM\sl\10\1）**

```
SQL> create index emp_deptno_index on emp(deptno)
  2  pctfree 25
  3  tablespace users;
索引已创建。
```

如上所示，子句 PCTFREE 指定为将来 INSERT 操作所预留的空闲空间，子句 TABLESPACE 用于指定索引段所在的表空间。假设表已经包含了大量数据，那么在建立索引时应该仔细规划 PCTFREE 的值，以便为以后的 INSERT 操作预留空间。

2. 建立位图索引

索引的作用简单地说就是能够通过给定的索引列值，快速地找到对应的记录。在 B 树索引中，通过在索引中保存排序的索引列的值以及记录的物理地址 ROWID 来实现快速查找。但是对于一些特殊的表，B 树索引的效率可能会很低。

例如，在某个具有性别列的表中，该列的所有取值只能是女或男。如果在性别列上创建 B 树索引，那么创建的 B 树只有两个分支，如图 10.2 所示。那么使用该索引对该表进行检索时，将返回接近一半的记录，这样也就失去了索引的基本作用。

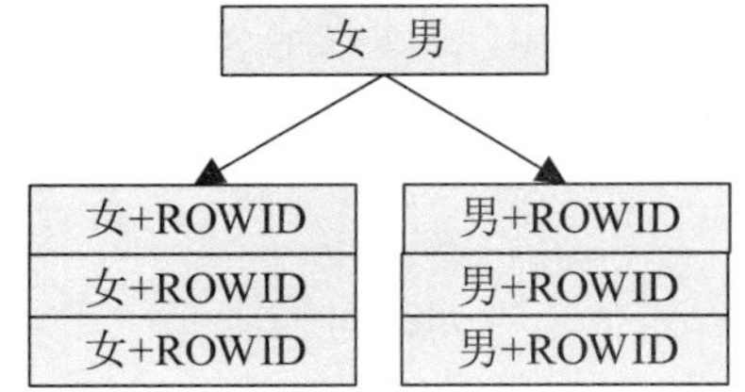

图 10.2　“性别”列上的 B 树索引图示

对于这种列的基数很低的情况，为其建立 B 树索引显然不合适。“基数低”表示在索引列中，所有取值的数量比表中行的数量少。如“性别”列只有 2 个取值；又如某个拥有 10000 行的表，它的一个列包含有 100 个不同的取值，则该列仍然满足低基数的要求，因为该列与行数的比例为 1%。Oracle 推荐当一个列的基数小于 1%时，这些列不再适合建立 B 树索引，而适用于位图索引。

当在表中低基数的列上建立位图索引时，系统将对表进行一次全面扫描，为遇到的各个取值构建“图表”。下面通过一个例子来看如何创建位图索引。

【例 10.2】在 hr 模式下，在 employees 表的 salary 列创建位图索引，代码及运行结果如下。**（实例位置：资源包\TM\sl\10\2）**

```
SQL> create bitmap index emp_salary_bmp
  2  on employees(salary)
  3  tablespace users;
索引已创建。
```

初始化参数 CREATE_BITMAP_AREA_SIZE 用于指定建立位图索引时分配的位图区大小，默认值为 8MB，该参数值越大，建立位图索引的速度就越快。为了加快创建位图索引的速度，应将该参数设置为更大的值。因为该参数是静态参数，所以修改后必须重新启动数据库才能生效。修改操作如图 10.3 所示。

3. 建立反向键索引

在 Oracle 中，系统会自动为表的主键列建立索引，这个默认索引是普通的 B 树索引。通常，用户会希望表的主键是一个自动增长的序列编号，这样的列就是所谓的单调递增序列编号列。当在这种顺序递增的列上建立普通的 B 树索引时，如果表的数据量非常庞大，将导致索引数据分布不均。为了分析原因，可以考虑常规的 B 树索引，如图 10.4 所示。

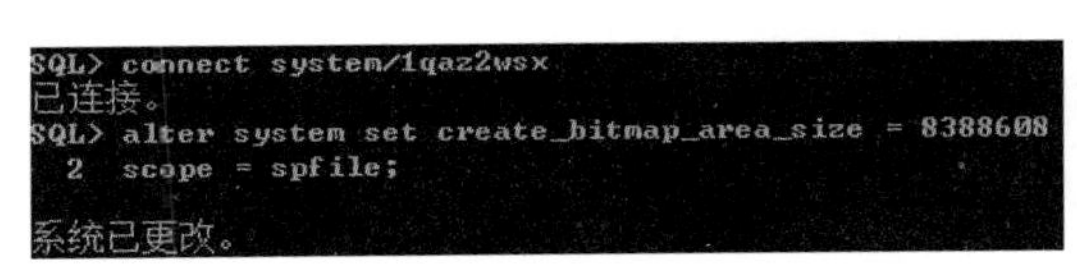

图 10.3　修改初始化参数 CREATE_BITMAP_AREA_SIZE

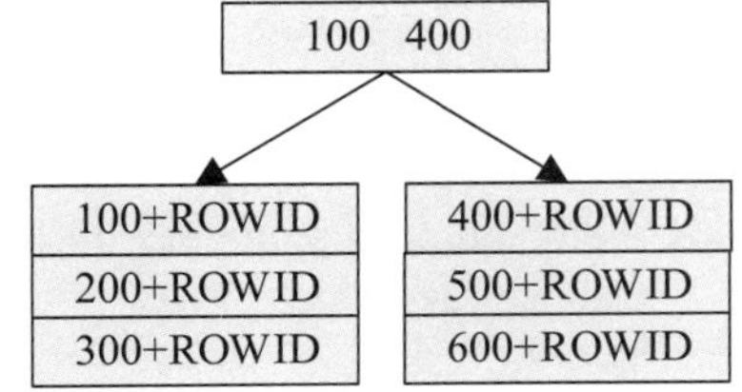

图 10.4　常规的 B 树索引

可以看到，这是一个典型的常规 B 树索引。如果现在要为其添加新的数据，由于主键列的单调递增性，很明显不需要重新访问早先的叶子节点。接下来的数据获得的主键为 700，下一组数据的主键为 800，以此类推。

这种方法在某些方面是具有优势的，由于它无须在已有表项之间嵌入新的表项，因此不会发生叶子节点的数据块分割。这意味着，单调递增序列上的索引能够完全利用它的叶子节点非常紧密地存储数据块，以实现有效利用存储空间。然而，这种优势是需要付出代价的，每条记录都会占据最后的叶子节点，即使删除了先前的节点，也会导致同样的问题。这最终会导致对某一边的叶子节点的大量争用。

所以就需要设计一个规则，阻止用户在单调递增序列上建立索引后使用叶子节点偏向某一个方向。遗憾的是，序列编号通常是用来做表的主键的，每个主键都需要建立索引，即使用户没有建立索引，Oracle 也会自动建立。但是，Oracle 提供另一种索引机制，即反向键索引，它可以将添加的数据随机分散到索引中。

反向键索引是一种特殊类型的 B 树索引，在顺序递增列上建立索引时非常有用。反向键索引的工作原理非常简单，在存储结构方面它与常规的 B 树索引相同。然而，如果用户使用序列在表中输入记录，则反向键索引首先指向每个列键值的字节，然后在反向后的新数据上进行索引。例如，如果用户输入的索引列为 2011，则反向转换后为 1102；9527 反向转换后为 7259。需要注意的是，刚才提及的两个序列编号是递增的，但是当进行反向键索引时却是非递增的。这意味着，如果将其添加到子叶节点中，则可能会在任意的子叶节点中进行。这样就使得新数据在值的范围上的分布通常比原来的有序数更均匀。

举个例子来说，对于 emp 表中的 empno 列而言，由于该列是顺序递增的，因此为了均衡索引数据分布，应在该列上建立反向键索引。创建反向键索引时，只需要在 CREATE INDEX 语句中指定关键字 REVERSE 即可。下面来看一个例子。

【例 10.3】在 scott 模式下，为表 emp 中的 job 列创建反向键索引，代码及运行结果如下。**（实例位置：资源包\TM\sl\10\3）**

```
SQL> connect scott/tiger
已连接。
SQL> create index emp_job_reverse
  2  on emp(job) reverse
  3  tablespace users;
索引已创建。
```

如果在该列上已经建立了普通的 B 树索引，那么可以使用 ALTER INDEX…REBUILD 语句将其重新建立为反向键索引。下面来看一个例子。

【例 10.4】在 scott 模式下，为表 emp 中的 deptno 列创建反向键索引（其 B 树索引为 emp_deptno_index），代码及运行结果如下。

```
SQL> connect scott/tiger
已连接。
SQL> alter index emp_deptno_index
  2  rebuild reverse;
索引已更改。
```

4. 基于函数的索引

用户在使用 Oracle 数据库时，最常遇到的问题之一就是它对字符大小写敏感。例如，在 emp 表中

存有职位（job）为 MANAGER 的记录，当用户使用小写搜索时，将无法找到该行记录，如图 10.5 所示。另外，如果用户不能够确定输入数据的格式，甚至会产生一个严重的错误。

对于上面出现的情况，可以使用 Oracle 字符串函数对其进行转换，然后使用转换后的数据进行检查。下面来看一个例子。

【例 10.5】在 scott 模式下，查询 emp 表中职位是 manager 的记录，并使用 UPPER 函数把 manager 字符串转换成大写格式，代码如下。

```
SQL> connect scott/tiger
已连接。
SQL> select empno,ename,sal from emp
  2  where job = upper('manager');
```

本例运行结果如图 10.6 所示。

```
请输入用户名:  scott
输入口令:

连接到:
Oracle Database 11g Enterprise Edition Release 11.2.0.1.0 - Production
With the Partitioning, OLAP, Data Mining and Real Application Testing options

SQL> select empno,ename,sal from emp
  2  where job = 'manager';

未选定行
```

图 10.5　当使用小写搜索时，将无法找到该行记录

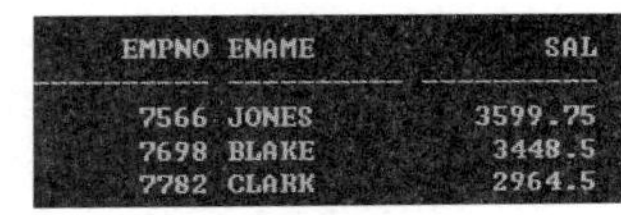

EMPNO	ENAME	SAL
7566	JONES	3599.75
7698	BLAKE	3448.5
7782	CLARK	2964.5

图 10.6　使用 UPPER 函数查询记录

采用上述方法后，当用户输入数据时，所使用的字符的大小写无论如何组合，都可以使用该语句检索到数据。但是，使用这样的查询时，用户不是基于表中存储的记录进行搜索的，即如果搜索的值不存在于表中，那么它就一定也不会在索引中，所以即使在 job 列上建立索引，Oracle 也会被迫执行全表搜索，并为所遇到的各个行计算 UPPER 函数。

为了解决这个问题，Oracle 提供了一种新的索引类型——基于函数的索引。基于函数的索引只是常规 B 树索引，但它存储的数据是由表中的数据应用函数后所得到的，而不是直接存储表中的数据本身。

由于在 SQL 语句中经常使用小写字符串，因此为了加快数据访问速度，应基于 LOWER 函数建立函数索引，下面来看一个例子。

【例 10.6】在 scott 模式下，为 emp 表中的 job 列创建函数索引，代码及运行结果如下。**（实例位置：资源包\TM\sl\10\4）**

```
SQL> create index emp_job_fun
  2  on emp(lower(job));
索引已创建。
```

在创建这个函数索引之后，如果在查询条件中包含相同的函数，则系统会利用它来提高查询的执行效率。

注意

如果用户在自己的模式中创建基于函数的索引，则必须具有 QUERY PEWRITE 系统权限。如果用户要在其他模式中创建索引，则必须具有 CREATE ANY INDEX 和 GLOBAL QUERY REWRITE 权限。

10.1.3 修改索引

修改索引通常是使用 ALTER INDEX 语句完成的。一般情况下，修改索引是由索引的所有者完成的，如果要以其他用户身份修改索引，则要求该用户必须具有 ALTER ANY INDEX 系统权限或在相应表上的 INDEX 对象权限。

为表建立索引后，随着对表不断进行更新、插入和删除操作，索引中会产生越来越多的存储碎片，这对索引的工作效率会产生负面影响。这时可以采取两种方式来清除碎片——重建索引或合并索引。合并索引只是将 B 树中叶子节点的存储碎片合并在一起，并不会改变索引的物理组织结构。下面来看一个例子。

【例 10.7】在 scott 模式下，对索引 emp_deptno_index 执行合并操作，代码及运行结果如下。**（实例位置：资源包\TM\sl\10\5）**

```
SQL> alter index emp_deptno_index
  2   coalesce deallocate unused;
索引已更改。
```

图 10.7 显示了对索引执行合并操作后的效果。假设在执行该操作之前，B 树索引的前两个叶块分别有 70%和 30%的空闲空间。合并索引后，可以将它们的数据合并到一个索引叶子块中。

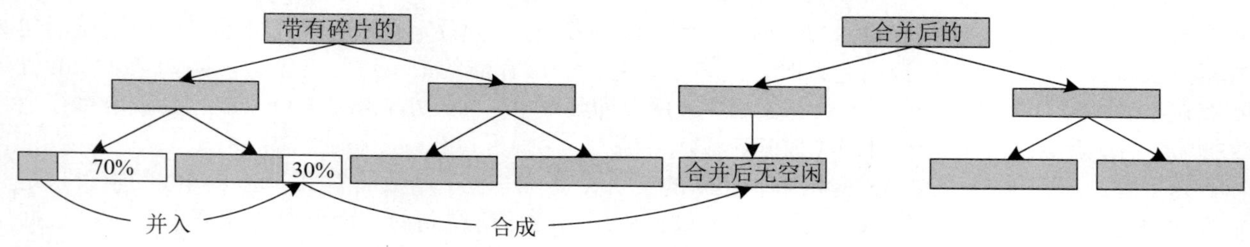

图 10.7 对 B 树索引进行合并操作

消除索引碎片的另一个方法是重建索引，重建索引可以使用 ALTER INDEX...REBUILD 语句。重建操作不仅可以消除存储碎片，还可以改变索引的全部存储参数设置，以及改变索引的存储表空间。重建索引实际上是在指定的表空间中重新建立一个新的索引，然后删除原来的索引。下面来看一个例子。

【例 10.8】在 scott 模式下，对索引 emp_deptno_index 执行重建操作，代码及其运行结果如下。**（实例位置：资源包\TM\sl\10\6）**

```
SQL> alter index emp_deptno_index rebuild;
索引已更改。
```

在使用 ALTER INDEX...REBUILD 语句重建索引时，可以在其中使用 REVERSE 子句将一个反向键索引更改为普通索引，反之也可以将一个普通的 B 树索引转换为反向键索引。另外，还可以使用 TABLESPACE 子句指定重建索引的存储位置，如下面的例子所示。

【例 10.9】在 scott 模式下，对索引 emp_deptno_index 执行重建操作，并重新指定该索引对象的表空间，代码及运行结果如下。

```
SQL> alter index emp_deptno_index rebuild
```

```
  2  tablespace example;
索引已更改。
```

10.1.4　删除索引

删除索引是使用 DROP INDEX 语句完成的。一般情况下，删除索引是由索引所有者完成的，如果以其他身份删除索引，则要求该用户必须具有 DROP ANY INDEX 系统权限或在相应表上的 INDEX 对象权限。通常在如下情况下需要删除某个索引。

- ☑ 如果移动表中的数据，导致索引中包含过多的存储碎片，此时需要删除并重建索引。
- ☑ 通过一段时间的监视，发现很少有查询会使用到该索引。
- ☑ 当该索引不再被需要时应该删除该索引，以释放其所占用的空间。

索引被删除后，它所占用的所有盘区都将返回给包含它的表空间，并可以被表空间中的其他对象使用。索引的删除方式与索引被创建时所采用的方式有关，如果使用 CREATE INDEX 语句显式地创建该索引，则可以用 DROP INDEX 语句删除该索引。下面来看一个例子。

【例 10.10】在 scott 模式下，删除函数索引 emp_job_fun，代码及运行结果如下。**（实例位置：资源包\TM\sl\10\7）**

```
SQL> drop index emp_job_fun;
索引已删除。
```

如果索引是在定义约束时由 Oracle 系统自动建立的，则必须禁用或删除该约束本身。另外，在删除一个表时，Oracle 也会删除所有与该表有关的索引。

关于索引最后需要注意一点，虽然一个表可以拥有任意数目的索引，但是表中的索引数据越多，维护索引所需要的开销也就越大。每当向表中插入、删除或更新一条记录时，Oracle 都必须对该表中的所有索引进行更新。因此，用户还需要在表的查询速度和更新速度之间找到一个平衡点。也就是说，应该根据表的实际情况限制在表中创建的索引数量。

10.1.5　显示索引信息

为了显示 Oracle 索引的信息，Oracle 提供了一系列的数据字典视图。通过查询这些数据字典视图，用户可以了解索引的各方面信息。

1. 显示表的所有索引

索引是用于加速数据存储的数据库对象。通过查询数据字典视图 dba_indexes，可以显示数据库中的所有索引；通过查询数据字典视图 all_indexes，可以显示当前用户可访问的所有索引；查询数据字典视图 user_indexes，可以显示当前用户的索引信息。下面来看一个例子。

【例 10.11】在 system 模式下，在数据字典 dba_indexes 中查询所有者是 HR 的全部索引对象，代码如下。**（实例位置：资源包\TM\sl\10\8）**

```
SQL> connect system/1qaz2wsx
已连接。
SQL> select index_name,index_type
```

```
  2  from dba_indexes
  3  where owner = 'HR';
```

本例运行结果如图 10.8 所示。

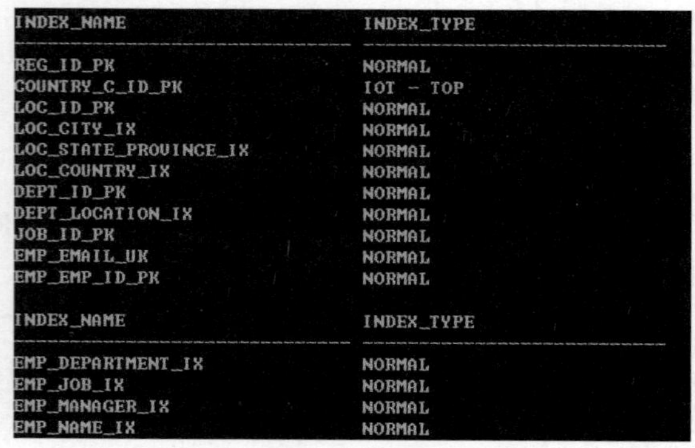

```
INDEX_NAME                     INDEX_TYPE
------------------------------ ---------------------------
REG_ID_PK                      NORMAL
COUNTRY_C_ID_PK                IOT - TOP
LOC_ID_PK                      NORMAL
LOC_CITY_IX                    NORMAL
LOC_STATE_PROVINCE_IX          NORMAL
LOC_COUNTRY_IX                 NORMAL
DEPT_ID_PK                     NORMAL
DEPT_LOCATION_IX               NORMAL
JOB_ID_PK                      NORMAL
EMP_EMAIL_UK                   NORMAL
EMP_EMP_ID_PK                  NORMAL

INDEX_NAME                     INDEX_TYPE
------------------------------ ---------------------------
EMP_DEPARTMENT_IX              NORMAL
EMP_JOB_IX                     NORMAL
EMP_MANAGER_IX                 NORMAL
EMP_NAME_IX                    NORMAL
```

图 10.8　查询用户 HR 的全部索引对象

在运行结果中，INDEX_NAME 用于标识索引名，INDEX_TYPE 用于标识索引类型，NORMAL 表示普通 B 树索引，REV 表示反向键索引，BITMAP 表示位图索引，FUNCTION 表示基于函数的索引，UNIQUENESS 用于标识索引的唯一性，OWNER 用于标识对象的所有者，TABLE_NAME 用于标识表名。

2. 显示索引列

创建索引时，需要提供相应的表列。通过查询数据字典视图 dba_ind_columns，可以显示所有索引的表列信息；通过查询数据字典视图 all_ind_columns，可以显示当前用户可访问的所有索引的表列信息；通过查询数据字典视图 user_ind_columns，可以显示当前用户索引的表列信息。下面来看一个例子。

【例 10.12】 在 scott 模式下，查询 scott 用户的 EMP_DEPTNO_INDEX 索引的列信息，代码如下。**（实例位置：资源包\TM\sl\10\9）**

```
SQL> connect scott/tiger;
已连接。
SQL> column column_name for a30
SQL> select column_name ,column_length
  2  from user_ind_columns
  3  where index_name = 'EMP_DEPTNO_INDEX';
```

本例运行结果如图 10.9 所示。

如上所示，COLUMN_NAME 用于标识索引列的名称，COLUMN_LENGTH 用于标识索引列的长度。

3. 显示索引段位置及其大小

建立索引时，Oracle 会为索引分配相应的索引字段，索引数据被存储在索引段中，并且段名与索引名完全相同。通过查询索引段视图 user_segments，可以显示当前用户所拥有的段分配的信息。下面来看一个例子。

【例 10.13】 在 scott 模式下，查询索引段 EMP_DEPTNO_INDEX 的位置、段类型和段大小，代码如下。**（实例位置：资源包\TM\sl\10\10）**

```
SQL> connect scott/tiger;
已连接。
SQL> select tablespace_name,segment_type,bytes
  2  from user_segments
  3  where segment_name = 'EMP_DEPTNO_INDEX';
```

本例运行结果如图 10.10 所示。

COLUMN_NAME	COLUMN_LENGTH
DEPTNO	22

图 10.9　查询 EMP_DEPTNO_INDEX 索引的列信息

TABLESPACE_NAME	SEGMENT_TYPE	BYTES
EXAMPLE	INDEX	65536

图 10.10　查询索引段的信息

4．显示函数索引

建立函数索引时，Oracle 会将函数索引的信息存储到数据字典中。通过查询数据字典视图 dba_ind_expressions，可以显示数据库中所有函数索引所对应的函数或表达式；通过查询数据字典 user_ind_expressions，可以显示当前用户的所有函数索引所对应的函数或表达式。下面来看一个例子。

【例 10.14】在 scott 模式下，查询函数索引 EMP_JOB_FUN 的表达式信息，代码如下。**（实例位置：资源包\TM\sl\10\12）**

```
SQL> connect scott/tiger
已连接。
SQL> select column_expression
  2  from user_ind_expressions
  3  where index_name = 'EMP_JOB_FUN';
```

COLUMN_EXPRESSION
LOWER("JOB")

图 10.11　查询函数索引的表达式信息

本例运行效果如图 10.11 所示。

10.2　视 图 对 象

视图是一个虚拟表，它由存储的查询构成，可以将它的输出视为一个表。视图同真实表一样，也可以包含一系列带有名称的列和行数据。但是，视图并不在数据库中存储数据值，其数据值来自定义视图的查询语句所引用的表，数据库只在数据字典中存储视图的定义信息。

视图既可以建立在关系表上，也可以建立在其他视图上，或者同时建立在二者之上。视图看上去非常像数据库中的表，甚至可以在视图中进行 INSERT、UPDATE 和 DELETE 操作。通过视图修改数据时，实际上就是在修改基本表中的数据。与之相对应地，改变基本表中的数据也会反映到由该表组成的视图中。

10.2.1　创建视图

创建视图是使用 CREATE VIEW 语句完成的。为了在当前用户模式中创建视图，要求数据库用户必须具有 CREATE VIEW 系统权限；如果要在其他用户模式中创建视图，则用户必须具有 CREATE ANY VIEW 系统权限。创建视图最基本的语法如下。

```
CREATE [OR REPLACE] VIEW <view_name> [(alias[,alias]…) ]
AS <subquery>
[WITH CHECK option] [CONSTRAINT constraint_name]
[WITH READ ONLY]
```

☑　alias：用于指定视图列的别名。

☑ subquery：用于指定视图对应的子查询语句。

☑ WITH CHECK option：该子句用于指定在视图上定义的 CHECK 约束。

☑ WITH READ ONLY：该子句用于定义只读视图。

在创建视图时，如果不提供视图列别名，Oracle 会自动使用子查询的列名或列别名；如果视图子查询包含函数或表达式，则必须定义列别名。下面通过若干示例说明建立和使用视图的方法。

1. 创建简单视图

简单视图是指基于单个表建立的，不包含任何函数、表达式和分组数据的视图。

【例 10.15】 在 scott 模式下，创建一个查询部门编号为 20 的记录的视图，代码及运行结果如下。**（实例位置：资源包\TM\sl\10\13）**

```
SQL> connect scott/tiger
已连接。
SQL> create or replace view emp_view as
  2  select empno,ename,job,deptno
  3  from emp
  4  where deptno = 20;
视图已创建。
```

上述语句建立一个视图 emp_view。因为建立视图时没有提供列别名，所以视图的列名分别为 empno、ename、job 和 deptno，用户可以通过 SELECT 语句像查询普通的数据表一样查询视图的信息。下面来看一个例子。

【例 10.16】 在 scott 模式下，通过 SELECT 语句查询视图 emp_view，代码如下。

```
SQL> select * from emp_view;
```

本例运行结果如图 10.12 所示。

EMPNO	ENAME	JOB	DEPTNO
7369	SMITH	CLERK	20
7566	JONES	MANAGER	20
7788	SCOTT	ANALYST	20
7876	ADAMS	CLERK	20
7902	FORD	ANALYST	20

图 10.12　查询视图 emp_view

对于简单视图而言，不仅可以执行 SELECT 操作，而且还可以执行 INSERT、UPDATE、DELETE 等操作。

【例 10.17】 在 scott 模式下，向视图 emp_view 中插入一条记录，然后修改这条记录的 ename 字段值，接着查询 emp_view 视图中的信息，最后删除该记录并提交到数据库，代码及运行结果如下。

```
SQL> connect scott/tiger
已连接。
SQL> insert into emp_view
  2  values(9527,'东方'，'MANAGER',20);
已创建 1 行。
SQL> update emp_view
  2  set ename = '西方'
  3  where empno = 9527;
已更新 1 行。
SQL> select * from emp_view;
     EMPNO          ENAME       JOB          DEPTNO
-------------       ----------  ---------    ----------
      9527          西方         MANAGER          20
      7369          SMITH       CLERK            20
```

```
        7566            JONES        MANAGER        20
        7788            SCOTT        ANALYST        20
        7876            ADAMS        CLERK          20
        7902            FORD         ANALYST        20
已选择 6 行。
SQL> delete from emp_view where empno=9527;
已删除 1 行。
SQL> commit;
提交完成。
```

系统在执行 CREATE VIEW 语句创建视图时，只是将视图的定义信息存入数据字典中，并不会执行其中的 SELECT 语句。在对视图进行查询时，系统才会根据视图的定义从基本表中获取数据。由于 SELECT 是使用最广泛、最灵活的语句之一，通过它可以构造一些复杂的查询，从而构造一个复杂的视图。

2. 创建只读视图

建立视图时可以指定 WITH READ ONLY 选项，该选项用于定义只读视图。定义了只读视图后，数据库用户只能在该视图上执行 SELECT 语句，而禁止执行 INSERT、UPDATE 和 DELETE 语句。下面来看一个例子。

【例 10.18】在 scott 模式下，创建一个只读视图，要求该视图可以获得部门编号不等于 88 的其他所有部门信息，代码及运行结果如下。**（实例位置：资源包\TM\sl\10\14）**

```
SQL> create or replace view emp_view_readonly as
  2  select * from dept
  3  where deptno != 88
  4  with read only;
视图已创建。
```

用户只能在该视图上执行 SELECT 操作，而禁止任何 DML 操作，否则 Oracle 将提示错误信息，如下面的例子所示。

【例 10.19】通过只读视图 emp_view_readonly 修改所有部门的位置为“长春”，代码如下。

```
SQL> update emp_view_readonly set loc = '长春';
```

本例运行结果如图 10.13 所示。

3. 创建复杂视图

复杂视图是指包含函数、表达式或分组数据的视图。使用复杂视图的主要目的是为了简化查询操作。需要注意的是，当视图子查询包含函数或表达式时，必须为其定义列别名。复杂视图主要用于执行查询操作。下面来看一个例子。

【例 10.20】在 scott 模式下，创建一视图，要求能够查询每个部门的工资情况，代码及运行结果如下。**（实例位置：资源包\TM\sl\10\15）**

```
SQL> create or replace view emp_view_complex as
  2  select deptno 部门编号,max(sal) 最高工资,min(sal) 最低工资,avg(sal) 平均工资
  3  from emp
  4  group by deptno;
```

```
视图已创建。
```

对于上面所创建的视图，用户可以通过 SELECT 语句查询所有部门的工资统计信息，如下面的例子所示。

【例 10.21】通过 emp_view_complex 视图查询部门员工的工资信息，代码如下。

```
SQL>   select * from emp_view_complex
  2    order by 部门编号;
```

本例运行效果如图 10.14 所示。

4．连接视图

连接视图是指基于多张表所建立的视图。使用连接视图的主要目的是为了简化连接查询。需要注意的是，建立连接视图时，必须使用 WHERE 子句指定有效的连接条件，否则结果就是毫无意义的笛卡儿积。下面来看一个例子。

【例 10.22】在 scott 模式下，创建一个 dept 表与 emp 表相互关联的视图，并要求该视图只能查询部门编号为 20 的记录信息，代码及运行结果如下。**（实例位置：资源包\TM\sl\10\16）**

```
SQL> create or replace view emp_view_union as
  2  select d.dname,d.loc,e.empno,e.ename
  3  from emp e,dept d
  4  where e.deptno = d.deptno and d.deptno = 20;
视图已创建。
```

建立了连接视图 emp_view_union 后，当需要获取部门编号为 20 的部门及员工信息时，可以直接查询该视图，如下面的例子所示。

【例 10.23】通过 SELECT 语句查询 emp_view_union 视图的信息，代码如下。

```
SQL> select * from emp_view_union;
```

本例运行结果如图 10.15 所示。

图 10.13　修改部门位置

部门编号	最高工资	最低工资	平均工资
10	6050	2964.5	4117.36
20	3630	3282.13	3495.892
30	3448.5	3282.13	3346.825

图 10.14　查询工资信息

DNAME	LOC	EMPNO	ENAME
RESEARCH	DALLAS	7369	SMITH
RESEARCH	DALLAS	7566	JONES
RESEARCH	DALLAS	7788	SCOTT
RESEARCH	DALLAS	7876	ADAMS
RESEARCH	DALLAS	7902	FORD

图 10.15　查询 emp_view_union 视图信息

10.2.2　管理视图

在创建视图后，用户还可以对视图进行管理，主要包括查看视图定义、修改视图定义、重新编译视图和删除视图等。

1．查看视图定义

前面介绍过，数据库并不存储视图中的数值，而是存储视图的定义信息。用户可以通过查询数据字典视图 user_views，以获得视图的定义信息。

【例 10.24】使用 DESC 命令查看 user_views 数据字典的结构，代码如下。

```
SQL> desc user_views;
```

本例运行结果如图 10.16 所示。

在 user_views 数据字典中，TEXT 列存储了用户视图的定义信息，即构成视图的 SELECT 语句。下面来看一个例子。

【例 10.25】通过数据字典 user_views 查看视图 emp_view_union 的定义，代码如下。

```
SQL> select text from user_views
  2    where view_name = upper('emp_view_union');
```

本例运行结果如图 10.17 所示。

名称	是否为空?	类型
VIEW_NAME	NOT NULL	VARCHAR2(30)
TEXT_LENGTH		NUMBER
TEXT		LONG
TYPE_TEXT_LENGTH		NUMBER
TYPE_TEXT		VARCHAR2(4000)
OID_TEXT_LENGTH		NUMBER
OID_TEXT		VARCHAR2(4000)
VIEW_TYPE_OWNER		VARCHAR2(30)
VIEW_TYPE		VARCHAR2(30)
SUPERVIEW_NAME		VARCHAR2(30)
EDITIONING_VIEW		VARCHAR2(1)
READ_ONLY		VARCHAR2(1)

图 10.16　查看 user_views 数据字典的结构

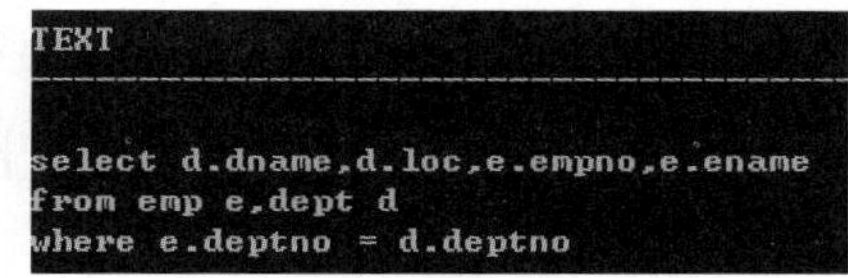

```
TEXT
--------------------------------------------------------------
select d.dname,d.loc,e.empno,e.ename
from emp e,dept d
where e.deptno = d.deptno
```

图 10.17　查看视图 emp_view_union 的定义

2. 修改视图定义

建立视图后，如果要改变视图所对应的子查询语句，则可以执行 CREATE OR REPLACE VIEW 语句。下面来看一个例子。

【例 10.26】修改视图 emp_view_union，使该视图实现查询部门编号为 30 的记录的功能（原查询信息是部门编号为 20 的记录），代码及运行结果如下。

```
SQL> create or replace view emp_view_union as
  2    select d.dname,d.loc,e.empno,e.ename
  3    from emp e,dept d
  4    where e.deptno = d.deptno and d.deptno = 30;
视图已创建。
```

说明

在上面的代码中，起到至关重要作用的关键字是 REPLACE，它表示使用新的视图定义替换掉旧的视图定义。

3. 重新编译视图

视图被创建后，如果用户修改了视图所依赖的基本表定义，则该视图会被标记为无效状态。当用户访问视图时，Oracle 会自动重新编译视图。除此之外，用户也可以用 ALTER VIEW 语句手动编译视图。下面来看一个例子。

【例 10.27】通过手动方式重新编译视图 emp_view_union，代码及其运行结果如下。

```
SQL> alter view emp_view_union compile;
```

```
视图已变更。
```

4. 删除视图

当不再需要视图时，用户可以执行 DROP VIEW 语句删除视图。用户可以直接删除其自身模式中的视图，但如果要删除其他用户模式中的视图，则要求该用户必须具有 DROP ANY VIEW 系统权限。下面来看一个例子。

【例 10.28】删除视图 emp_view_union，代码及其运行结果如下。

```
SQL> drop view emp_view_union;
视图已删除。
```

执行 DROP VIEW 语句后，视图的定义将被删除，这对视图内所有的数据没有任何影响，它们仍然存储在基本表中。

10.3 同义词对象

同义词是表、索引、视图等模式对象的一个别名。通过模式对象创建同义词，可以隐藏对象的实际名称和所有者信息，或者隐藏分布式数据库中远程对象的设置信息，由此为对象提供一定的安全性。与视图、序列一样，同义词只在 Oracle 数据库的数据字典中保存其定义描述，因此同义词也不占用任何实际的存储空间。

在开发数据库应用程序时，应该尽量避免直接引用表、视图或其他数据库对象的名称，而改用这些对象的同义词。这样可以避免当管理员对数据库对象做出修改和变动之后，必须重新编译应用程序。使用同义词后，即使引用的对象发生变化，也只需要在数据库中对同义词进行修改，而不必对应用程序做任何改动。

Oracle 中的同义词分为两种类型，即公有同义词和私有同义词。公有同义词被一个特殊的用户组 public 所拥有，数据库中的所有用户都可以使用公有同义词；而私有同义词只被创建它的用户所拥有，只能由该用户以及被授权的其他用户使用。

建立公有同义词是使用 CREATE PUBLIC SYNONYM 语句完成的。如果数据库用户要建立公有同义词，则要求该用户必须具有 CREATE PUBLIC SYNONYM 系统权限。接下来通过若干实例向读者展示如何创建和应用同义词。

【例 10.29】在 system 模式下，为 scott 模式下的 dept 表创建一个 public 同义词，代码及运行结果如下。**（实例位置：资源包\TM\sl\10\17）**

```
SQL> connect system/1qaz2wsx
已连接。
SQL> create public synonym public_dept for scott.dept;
同义词已创建。
```

执行上述语句，将建立公有同义词 public_dept。因为该同义词属于 public 用户组，所以所有用户都可以直接引用该同义词。需要注意的是，如果用户要使用该同义词，则必须具有访问 scott.dept 表的

权限。下面来看一个例子。

【例 10.30】 使用 SELECT 语句并通过同义词 public_dept 来访问 dept 表，代码如下。

```
SQL> select * from public_dept;
```

本例运行结果如图 10.18 所示。

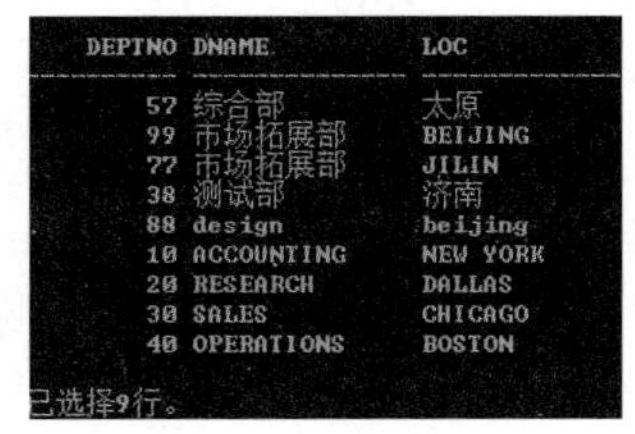

DEPTNO	DNAME	LOC
57	综合部	太原
99	市场拓展部	BEIJING
77	市场拓展部	JILIN
38	测试部	济南
88	design	beijing
10	ACCOUNTING	NEW YORK
20	RESEARCH	DALLAS
30	SALES	CHICAGO
40	OPERATIONS	BOSTON

已选择9行。

图 10.18　通过同义词访问 dept 表

建立私有同义词是使用 CREATE SYNONYM 语句完成的。如果在当前模式中创建私有同义词，那么数据库用户必须具有 CREATE SYNONYM 系统权限；如果要在其他模式中创建私有同义词，那么数据库用户必须具有 CREATE ANY SYNONYM 系统权限。

【例 10.31】 为 dept 表创建私有同义词 private_dept，代码及运行结果如下。**（实例位置：资源包\TM\sl\10\18）**

```
SQL> create synonym private_dept for dept;
同义词已创建。
```

说明

私有同义词只有当前用户可以直接引用，其他用户在引用时必须带模式名。

当基础对象的名称和位置被修改后，用户需要重新为它建立同义词。用户可以删除自己模式中的私有同义词。当需要删除其他模式中的私有同义词时，用户必须具有 DROP ANY SYNONYM 系统权限；当需要删除公有同义词时，用户必须具有 DROP PUBLIC SYNONYM 系统权限。

删除同义词需要使用 DROP SYNONYM 语句，如果要删除公有同义词，则还需要指定 PUBLIC 关键字。下面来看两个例子。

【例 10.32】 使用 DROP SYNONYM 语句删除私有同义词 private_dept，代码及运行结果如下。

```
SQL> drop synonym private_dept;
同义词已删除。
```

【例 10.33】 使用 DROP PUBLIC SYNONYM 语句删除公有同义词 public_dept，代码及运行结果如下。

```
SQL> drop public synonym public_dept;
同义词已删除。
```

说明

删除同义词后，同义词的基础对象不会受到任何影响，但是所有引用该同义词的对象将处于 INVALID 状态。

10.4　序列对象

序列是 Oracle 提供的用于生成一系列唯一数字的数据库对象。序列会自动生成顺序递增的序列号，

以实现自动提供唯一的主键值。序列可以在多用户并发环境中使用，并且可以为所有用户生成不重复的顺序数字，而不需要任何额外的 I/O 开销。

10.4.1 创建序列

序列与视图一样，并不占用实际的存储空间，只是在数据字典中保存它的定义信息。如果用户在自己的模式中创建序列，则必须具有 CREATE SEQUENCE 系统权限；如果用户要在其他模式中创建序列，则必须具有 CREATE SEQUENCE 系统权限。

使用 CREATE SEQUENCE 语句创建序列的语法如下。

```
CREATE SEQUENCE <seq_name>
[START WITH n]
[INCREMENT BY n]
[MINVALUE n | NOMAINVALUE]
[MAXVALUE n | NOMAXVALUE]
[CACHE n | NOCYCLE]
[CYCLE | NOCYCLE]
[ORDER | NOORDER];
```

☑ seq_name：创建的序列名。
☑ INCREMENT：该子句是可选的，表示序列的增量。一个正数将生成一个递增的序列，而一个负数将生成一个递减的序列。默认值是 1。
☑ MINVALUE：可选的子句，决定序列生成的最小值。
☑ MAXVALUE：可选的子句，决定序列生成的最大值。
☑ START：可选的子句，指定序列的开始位置。默认情况下，递增序列的起始值为 MINVALUE，递减序列的起始值为 MAXVALUE。
☑ CACHE：该选项决定是否产生序列号预分配，并存储在内存中。
☑ CYCLE：可选的关键字，当序列达到最大值或者最小值时，可以复位并继续下去。如果达到极限，则生成的下一个数据将分别是最小值或者最大值。如果使用 NOCYCLE 选项，那么在序列达到了其最大值或最小值之后，当再试图获取下一个值时，将返回一个错误。
☑ ORDER：该选项可以保证生成的序列值是按照顺序产生的。例如，ORDER 可以保证第一个请求得到的数为 1，第二个请求得到的数为 2，以此类推；而 NOORDER 只保证序列值的唯一性，不保证产生序列值的顺序。

建立序列时，必须为序列提供相应的名称。对于序列的其他子句而言，因为这些子句都具有默认值，所以既可以指定，也可以不指定。下面通过几个连续的例子来演示如何创建和使用序列对象。

【例 10.34】在 scott 模式下，创建一个序列 empno_seq，代码及运行结果如下。**（实例位置：资源包\TM\sl\10\19）**

```
SQL> connect scott/tiger
已连接。
SQL> create sequence empno_seq
  2  maxvalue 99999
  3  start with 9000
  4  increment by 100
```

```
  5  cache 50;
序列已创建。
```

对于上述创建的序列而言，序列 empno_seq 的第一个序列号为 9000，序列增量为 100，因为指定其起始值为 9000，所以将来生成的序列号为 9100、9200、9300……

使用序列时，需要用到序列的 NEXTVAL 和 CURRVAL 两个伪列。其中，NEXTVAL 将返回序列生成的下一个序列号，而伪序列 CURRVAL 则会返回序列的当前序列号。需要注意的是，首次引用序列时，必须使用伪列 NEXTVAL。下面来看一个例子。

【例 10.35】 在 scott 模式下，使用序列 empno_seq 为 emp 表的新记录提供员工编号，代码及运行结果如下。

```
SQL> insert into emp(empno,ename,deptno)
  2  values(empno_seq.nextval,'东方',20);
已创建 1 行。
```

执行上述语句后，会为 emp 表插入一条数据，并且 empno 列会使用序列 empno_seq 生成的序列号。另外，如果用户确定当前序列号，则可以使用伪列 CURRVAL，如下面的例子。

【例 10.36】 使用伪列 CURRVAL 查询当前的序列号，代码及运行结果如下。

```
SQL> select empno_seq.currval from dual;
   CURRVAL
----------
      9000
```

说明

实际上，在为表生成主键值时，通常是为表创建一个行级触发器，然后在触发器主体中使用序列值替换用户提供的值。关于如何使用触发器生成主键，可以参考第 6 章中有关行级触发器的应用。

10.4.2　管理序列

使用 ALTER SEQUENCE 语句可以对序列进行修改。需要注意的是，除了序列的起始值 START WITH 不能被修改外，其他可以设置序列的任何子句和参数都可以被修改。如果要修改序列的起始值，则必须先删除序列，然后重建该序列。下面来看几个相关的例子。

【例 10.37】 在 scott 模式下，修改序列 empno_seq 的最大值为 100000，序列增量为 200，缓存值为 100，代码及运行结果如下。**（实例位置：资源包\TM\sl\10\20）**

```
SQL> alter sequence empno_seq
  2  maxvalue 100000
  3  increment by 200
  4  cache 100;
序列已更改。
```

对序列进行修改后，缓存中的序列值将全部丢失。通过查询数据字典 user_sequences 可以获得序列的信息。下面来看 user_sequences 数据字典都包含哪些序列信息。

【例 10.38】 使用 DESC 命令查看 user_sequences 的结构，代码及运行结果如下。

```
SQL> desc user_sequences;
```

本例运行结果如图 10.19 所示。

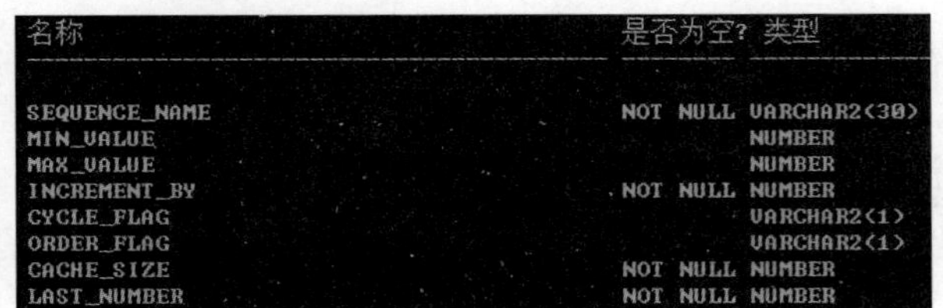

图 10.19　查看 user_sequences 的结构

另外，当序列不再被需要时，数据库用户可以执行 DROP SEQUENCE 语句删除序列。下面来看一个例子。

【例 10.39】使用 DROP SEQUENCE 语句删除 empno_seq 序列，代码及运行结果如下。

```
SQL> drop sequence empno_seq;
序列已删除。
```

10.5　实践与练习

1. 创建一个数据表，然后为该表的某个字段创建一个索引。

2. 创建一个带有 ID 的数据表，然后创建一个序列对象（其序列增量为 3），最后通过该序列对象为数据表的 ID 列赋值。

第 11 章

表分区与索引分区

如今数据库应用系统的规模越来越大，还有海量数据的数据仓库系统。因此，几乎所有的 Oracle 数据库都使用分区功能来提高查询性能，简化数据库的日常管理维护工作。

本章知识架构及重难点如下。

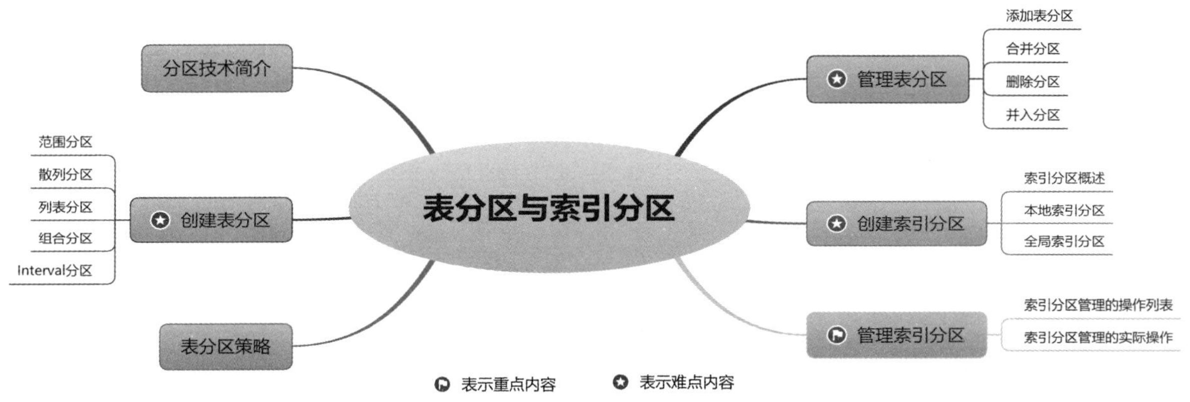

11.1 分区技术简介

Oracle 是最早支持物理分区的数据库管理系统供应商，表分区的功能是在 Oracle 8.0 版本中推出的。分区功能能够改善应用程序的性能、可管理性和可用性，是数据库管理中的一项非常关键的技术。尤其在今天，数据库应用系统的规模越来越大，还有海量数据的数据仓库系统。因此，几乎所有的 Oracle 数据库都使用分区功能来提高查询的性能，并且简化数据库的日常管理维护工作。

那么使用分区技术有哪些优点呢？具体说明如下。

- ☑ 减少维护工作量。独立管理每个分区比管理单张大表要轻松得多。
- ☑ 增强数据库的可用性。如果表的一个或几个分区由于系统故障而不能被使用，那么表其余的分区仍然可以使用；如果系统故障只影响表的一部分分区，那么，只有这部分分区需要修复，这就比修复整张大表耗费的时间少许多。
- ☑ 均衡 I/O，减少竞争。通过把表的不同分区分配到不同的磁盘来平衡 I/O 改善性能。
- ☑ 分区对用户保持透明。最终用户感觉不到分区的存在。
- ☑ 提高查询速度。对大表的查询、增加、修改等操作可以分解到表的不同分区中来并行执行，这样就可以加快运行速度，对数据仓库的 TP 查询尤其有用。

分区技术主要包括表分区和索引分区，接下来将对这两方面的内容进行详细讲解。

11.2 创建表分区

在 11.1 节中介绍了分区技术的优点，本节主要对各种表分区的方法进行详细介绍并举例加以说明。

11.2.1 范围分区

创建范围分区的关键字是 RANGE，创建该分区后，其中的数据可以根据分区键值指定的范围进行分布，当数据在范围内被均匀分布时，性能最好。例如，如果选择一个日期列作为分区键，分区 AUG-2019 就会包括所有从 01-AUG-2019 到 31-AUG-2019 之间的分区键值（假设分区的范围是从该月的第一天到该月的最后一天）。

当表结构采用范围分区时，首先要考虑分区的列应该符合范围分区的方法；其次要考虑列的数据值的取值范围；最后考虑列的边界问题。下面通过 4 个具体例子来演示范围分区的创建。

【例 11.1】创建一个商品零售表，然后为该表按照销售日期所在的季度创建 4 个分区，代码及运行结果如下。**（实例位置：资源包\TM\sl\11\1）**

```
SQL> create table ware_retail_part                    --创建一个描述商品零售的数据表
(
   id integer primary key,                            --销售编号
   retail_date date,                                  --销售日期
   ware_name varchar2(50)                             --商品名称
)
partition by range(retail_date)
(
   --2019 年第一个季度为 par_01 分区
   partition par_01 values less than(to_date('2019-04-01','yyyy-mm-dd')) tablespace TBSP_1,
   --2019 年第二个季度为 par_02 分区
   partition par_02 values less than(to_date('2019-07-01','yyyy-mm-dd')) tablespace TBSP_1,
   --2019 年第三个季度为 par_03 分区
   partition par_03 values less than(to_date('2019-10-01','yyyy-mm-dd')) tablespace TBSP_2,
   --2019 年第四个季度为 par_04 分区
   partition par_04 values less than(to_date('2020-01-01','yyyy-mm-dd')) tablespace TBSP_2
);
表已创建。
```

【例 11.2】向表 ware_retail_part 中插入 3 条记录，代码及运行结果如下。

```
SQL> insert into ware_retail_part values(1,to_date('2019-01-20','yyyy-mm-dd'),'平板电脑');
已创建 1 行。
SQL> insert into ware_retail_part values(2,to_date('2019-04-15','yyyy-mm-dd'),'智能手机');
已创建 1 行。
```

```
SQL> insert into ware_retail_part values(3,to_date('2019-07-25','yyyy-mm-dd'),'MP5');
已创建 1 行。
```

在向 ware_retail_part 表中插入若干条记录之后，用户就可以通过分区表（即进行了分区的数据表）来查询数据了。这种方式的查询速度要比从整张表中查询快得多，使用分区表查看数据的例子如下。

【例 11.3】查询数据表 ware_retail_part 的分区 par_02 中的全部记录，代码如下。

```
SQL> select * from ware_retail_part partition(par_02);
```

本例运行结果如图 11.1 所示。

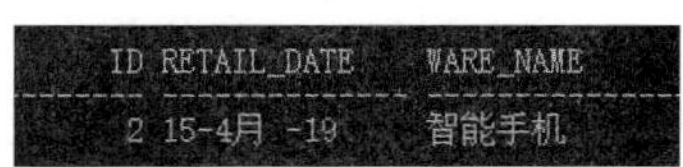

图 11.1　查询分区 par_02 中的记录

RANGE 分区的字段可以是两个或者多个，下面来看一个例子。

【例 11.4】创建一个商品零售表，然后为该表按照销售编号和销售日期的组合创建 3 个分区，代码及运行结果如下。（**实例位置：资源包\TM\sl\11\2**）

```
SQL> create table ware_retail_part2                    --创建一个描述商品零售的数据表
  (
    id integer primary key,                            --销售编号
    retail_date date,                                  --销售日期
    ware_name varchar2(50)                             --商品名称
  )
  partition by range(id,retail_date)                   --按照销售序号和销售日期分区
  (
    --第一个分区 par_01
    partition par_01 values less than(10000,to_date('2019-12-01','yyyy-mm-dd')) tablespace TBSP_1,
    --第一个分区 par_02
    partition par_02 values less than(20000,to_date('2020-12-01','yyyy-mm-dd')) tablespace TBSP_1,
    --第一个分区 par_03
    partition par_03 values less than(maxvalue,maxvalue) tablespace TBSP_2
  );
表已创建。
```

在上述例子中，partition by range(id,retail_date)作为分区方法，id 和 retail_date 作为分区键，即按销售编号和销售日期的组合来进行区分。语句“partition par_01 values less than(10000,to_date('2019-12- 01','yyyy-mm-dd')) tablespace TBSP_1”表示一个分区的定义，当插入记录的销售日期小于 2019 年 12 月 1 日，并且销售编号小于 10000 时，将把该记录划为分区 par_01 并存储在 TBSP_1 表空间上。

11.2.2　散列分区

HASH 分区，也叫作散列分区，是在列的取值难以确定的情况下采用的分区方法。例如，按照身份证号进行分区，就很难确定身份证号的分区范围。HASH 实际上是一种函数算法，当向表中插入数据时，系统会自动根据当前分区列的值计算出 HASH 值，然后确定应该将该行存储于哪个表空间中。

HASH 分区通过指定分区编号将数据均匀分布在磁盘设备上，使得这些分区大小一致。这充分降低了 I/O 磁盘争用的情况，但是该分区方法对于范围查询或不等式查询起不到优化的作用。

一般来说，下面几种情况可以采用 HASH 分区。

☑　HASH 分区可以由 HASH 键来分布。

☑　DBA 无法获知具体的数据值。

☑ 数据的分布由 Oracle 处理。

☑ 每个分区有自己的表空间。

下面通过 4 个例子来演示如何创建散列分区。

【例 11.5】创建一个商品零售表，然后将该表 id 列的值根据自身情况散列地存储在指定的两个表空间中，代码及运行结果如下。**（实例位置：资源包\TM\sl\11\3）**

```
SQL> create table ware_retail_part3                    --创建一个描述商品零售的数据表
(
   id integer primary key,                             --销售编号
   retail_date date,                                   --销售日期
   ware_name varchar2(50)                              --商品名称
)
partition by hash(id)
(
   partition par_01 tablespace TBSP_1,                 --创建 par_01 分区
   partition par_02 tablespace TBSP_2                  --创建 par_02 分区
);
表已创建。
```

在为商品零售表 ware_retail_part3 创建了两个 HASH 分区之后，接下来向该表中插入一条记录。

【例 11.6】向表 ware_retail_part3 中插入一条记录，代码及运行结果如下。

```
SQL> insert into ware_retail_part3 values(99,to_date('2019-11-11','yyyy-mm-dd'),'电脑');
已创建 1 行。
```

那么上述插入的记录到底被分配到哪个分区中呢？用户无法直接判断，而是由 Oracle 系统通过计算 id 的 HASH 值（这里是 99），然后系统按照均匀分布的原则自动分配的。下面通过 SELECT 语句来查询该记录所在的分区，查询结果如图 11.2 所示。

```
SQL> select * from ware_retail_part3 partition(par_01);

未选定行

SQL> select * from ware_retail_part3 partition(par_02);

        ID RETAIL_DATE    WARE_NAME
---------- -------------- --------------------------------
        99 11-11月-19     电脑
```

图 11.2　查询记录所在的分区

在上述若干个创建表分区的例子中，都为表分区指定了名称，在 Oracle 中，可以实现由系统自动分配分区名。

【例 11.7】首先创建一个表 person，然后为该表创建 HASH 列分区（分区列为 id），要求创建的两个分区由系统自动生成分区名，并分别放置在表空间 tbsp_1 和 tbsp_2 中，代码及运行结果如下。**（实例位置：资源包\TM\sl\11\4）**

```
SQL> create table person                               --创建一个描述个人信息的表
(
   id number primary key,                              --个人的编号
   name varchar2(20),                                  --姓名
   sex varchar2(2)                                     --性别
)
```

```
partition by hash(id)                    --使用 id 作为 HASH 分区的键值
partitions 2                             --创建两个分区，分区名由系统自动给出
store in(tbsp_1,tbsp_2);                 --指定两个不同的命名空间
表已创建。
```

说明

在上述例子中，HASH 分区表的每个分区均保存在不同的表空间中，这样 HASH 数据也就被存储在不同的表空间中。

另外，在创建 HASH 分区表时，用户还可以指定所有分区的初始分配空间。下面来看一个例子。

【例 11.8】创建一个 goods 表，为该表创建 HASH 列分区（分区列为 id），并为创建的表分区指定初始化空间，大小为 2048 KB，代码及运行结果如下。**（实例位置：资源包\TM\sl\11\5）**

```
SQL> create table goods                  --定义包含商品信息的表
(
   id number,                            --编号
   goodname varchar2(50)                 --名称
)
storage(initial 2048k)                   --定义表分区的初始化空间大小为 2048
partition by hash(id)                    --创建 id 列作为分区键的 HASH 表分区
(
  partition par1 tablespace tbsp_1,      --表分区 par1
  partition par2 tablespace tbsp_2       --表分区 par2
);
表已创建。
```

在上述例子中，指定了各个分区的名称及其所存储的表空间，所有分区的大小都继承表空间的初始分配参数值，即 2048 KB。

11.2.3　列表分区

列表分区关键字是 LIST，如果表的某个列的值可以枚举，则可以考虑对表进行列表分区。例如，客户表 clients 可以按照客户所在的省份进行分区，该表的列表分区可以分为 partition shandong（山东省）、partition guangdong（广东省）与 partiton yunnan（云南省）等。下面来看一个例子。

【例 11.9】创建一个用于保存客户信息的表 clients，然后以 province 列为分区键创建列表分区，代码及运行结果如下。**（实例位置：资源包\TM\sl\11\6）**

```
SQL> create table clients                --创建客户表
(
   id integer primary key,               --客户编号
   name varchar2(50),                    --客户名称
   province varchar2(20)                 --客户所在省份
)
partition by list(province)              --以 province 列为分区键创建列表分区
(
   partition shandong values('山东省'),     --山东省份区
   partition guangdong values('广东省'),    --广东省份区
```

```
    partition yunnan values('云南省')          --云南省份区
);
表已创建。
```

在为客户表 clients 创建了列表分区之后，接下来向该表中插入一条记录。

【例 11.10】向表 clients 中插入一条记录，省份字段的值为“云南省”，代码及运行结果如下。

```
SQL> insert into clients values(19,'东方','云南省');
已创建 1 行。
```

由于插入记录的 province 字段的值为“云南省”，因此该记录被存储到名称为 yunnan 的表分区中。然后通过 SELECT 语句来查询 yunnan 表分区中的记录，查询结果如图 11.3 所示。

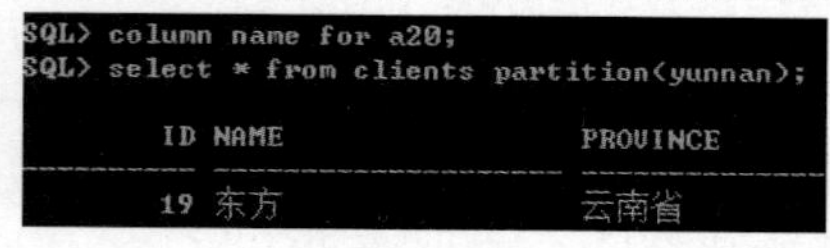
SQL> column name for a20;
SQL> select * from clients partition(yunnan);
ID NAME
PROVINCE
19 东方
云南省

图 11.3　查询 yunnan 表分区

11.2.4　组合分区

综合运用两种数据分区方法，可以进行组合分区。首先用第一种数据分区方法对表格进行分区，然后用第二种数据分区方法对每个分区进行二次分区。

Oracle 支持 6 种组合分区方案：组合范围和范围分区、组合列表和范围分区、组合范围和散列分区、组合范围和列表分区、组合列表和列表分区、组合列表和散列分区。

注意

当前的 Oracle 仅支持对索引组织表（索引和数据一起的表格）进行范围分区、列表分区或散列分区，但不支持对其进行组合分区。

【例 11.11】创建一个保存人员信息的数据表 person2，然后创建 3 个范围分区，每个分区又包含两个子分区，子分区没有名称，由系统自动生成，并要求将其分布在两个指定的表空间中，代码及运行结果如下。**（实例位置：资源包\TM\sl\11\7）**

```
SQL>  create table person2                          --创建一个描述个人信息的表
  (
     id number primary key,                         --个人的编号
     name varchar2(20),                             --姓名
     sex varchar2(2)                                --性别
  )
  partition by range(id)                            --以 id 作为分区键创建范围分区
  subpartition by hash(name)                        --以 name 列作为分区键创建 HASH 子分区
  subpartitions 2 store in(tbsp_1,tbsp_2)           --HASH 子分区共有两个，分别存储在两个不同的命名空间中
  (
     partition par1 values less than(5000),         --范围分区，id 小于 5000
     partition par2 values less than(10000),        --范围分区，id 小于 10000
     partition par3 values less than(maxvalue)      --范围分区，id 不小于 10000
  );
表已创建。
```

该例首先按照范围进行分区，然后对子分区按照 HASH 进行分区，根据 name 列的 HASH 值确定该行分布在 tbsp_1 或 tbsp_2 某个表空间上。

11.2.5　Interval 分区

Interval 分区的关键字是 INTERVAL，它是范围分区的一种增强功能，可以实现 equi_sized 范围分区的自动化。该方法创建的分区作为元数据，只有最开始的分区是永久分区。随着数据的增加会分配更多的部分，并自动创建新的分区和本地索引。下面来看一个例子。

【例 11.12】创建一个 saleRecord 表，然后为该表创建 Interval 分区，代码及运行结果如下。**（实例位置：资源包\TM\sl\11\8）**

```
SQL> create table saleRecord
(
  id number primary key,                    --编号
  goodsname varchar2(50),                   --商品名称
  saledate date,                            --销售日期
  quantity number                           --销售量
)
partition by range(saledate)                --以销售日期为分区键
interval (numtoyminterval(1,'year'))        --Interval 分区实现按年份进行自动分区
(
  --设置分区键值日期小于 2019-01-01
  partition par_fist values less than (to_date('2019-01-01','yyyy-mm-dd'))
);
表已创建。
```

在上述代码中，函数 NUMTOYMINTERVAL 的功能是将数字转换成 YEAR 或者 MONTH。

说明

进行 Interval 分区的表格有传统的范围部分和自动生成的 Interval 部分。对于已经进行了范围分区的表格，可以通过使用 ALTER TABLE 命令的 SET INTERVAL 选项扩展成为 Interval 分区的表格。

11.3　表分区策略

对表进行分区设计时，首先要考虑和分析分区表中每个分区的数据量，其次要为每个分区创建相应的表空间。

1. 识别大表

一般来说，数据占用存储空间大的表就是大表，系统架构师要做的就是确定哪些表属于大表。如果要在目前运行的系统上进行表数据量分析，那么主要采用 ANALYZE TABLE 语句进行分析，然后查询数据字典获得相应的数据量；如果面对的是一个正在进行需求分析的表，则只能采用估计的方法。

2. 大表如何分区

大表一般可以按时间分区。例如，如果按照月份分区，则需要为每个月创建一个数据表空间；如

果按照季度分区，则一年要创建 4 个表空间；如果要存储 5 年用的表空间，则需要创建 20 个表空间。

3. 分区的表空间规划

分区方法确定后，就要着手创建表空间，创建表空间前要对每个表空间的大小进行估算。如果每个季度的数据为 100 MB，则最好创建 120 MB 的季度用表空间。另外，还要考虑数据量的增长，如当年的数据是每季度 100 MB，则下一年可能要增长 20%～30%，这些变化都要在表空间的大小上给予考虑。

11.4 管理表分区

当在应用设计中采用分区技术创建表和索引时，数据库管理员需要对分区进行管理，包括经常查看各个有关表空间的存储情况、是否需要增加新的表空间、合并小的分区以及删除不需要的表分区等。

11.4.1 添加表分区

对于已经存在表分区的某个表，如果要添加一个新的表分区，通常使用 ALTER TABLE...ADD PARTITION 语句。下面来看一个例子。

【例 11.13】在客户信息表 clients 中，添加一个省份为“河北省”的表分区，代码及运行结果如下。**（实例位置：资源包\TM\sl\11\9）**

```
SQL> alter table clients
  2  add partition hebei values('河北省')
  3  storage(initial 10K next 20k) tablespace tbsp_1
  4  nologging;
表已更改。
```

上述例子不仅增加了分区 hebei，而且给增加的分区指定了存储属性。

11.4.2 合并表分区

Oracle 可以对表和索引进行分区，也可以对分区进行合并，从而减少散列分区或者复合分区的个数。在合并表分区之后，Oracle 系统将做以下处理。

（1）在合并分区时，HASH 列函数将分区内容分布到一个或多个保留分区中。

（2）原来内容所在的分区完全被清除，与分区对应的索引也被清除。

（3）将一个或多个索引的本地索引分区标识为不可用（UNUSABLE），对不可用的索引进行重建。

下面将讲解如何合并散列分区和复合分区。

1. 合并散列分区

使用 ALTER TABLE...COALESCE PARTITION 语句可以完成 HASH 列分区的合并。

【例 11.14】合并 person 分区表中的一个 HASH 分区，代码及运行结果如下。

```
SQL> alter table person coalesce partition;
表已更改。
```

2. 合并复合分区

使用 ALTER TABLE…MODIFY 语句可以将某个子分区的内容重新分配到一个或者多个保留的子分区中。

【例 11.15】把 person2 分区表中的 par3 分区合并到其他保留的子分区中，代码及运行结果如下。

```
SQL> alter table person2 modify partition par3 coalesce subpartition;
表已更改。
```

11.4.3　删除表分区

可以从范围分区或复合分区中删除分区。但是散列分区和复合分区的散列子分区，只能通过合并来达到删除的目的。

1. 删除一个表分区

可以使用 ALTER TABLE…DROP PARTITION 语句删除范围分区和复合分区。删除分区时，该分区的数据也被删除。如果不希望删除数据，则必须采用合并分区的方法。

【例 11.16】把 ware_retail_part 分区表中的 par_04 分区删除，代码及运行结果如下。

```
SQL> alter table ware_retail_part drop partition par_04;
表已更改。
```

2. 删除有数据和全局索引的表分区

如果分区表中包含了数据，并且在表中定义了一个或者多个全局索引，则可以使用 ALTER TABLE…DROP PARTITION 语句删除表分区，这样可以保留全局索引，但是索引会被标识为不可用（UNUSABLE），因而需要重建索引。

【例 11.17】删除 ware_retail_part 分区表中的 par_04 分区，然后重建索引 ware_index，代码及运行结果如下。

```
SQL> alter table ware_retail_part drop partition par_04;
表已更改。
SQL> alter index ware_index rebuild;
索引已更改。
```

在上述例子中，如果 ware_index 是范围分区的全局索引，则需要重建所有索引的分区，代码如下。

```
alter index ware_index rebuild index_01;
alter index ware_index rebuild index_02;
alter index ware_index rebuild index_03;
```

3. 使用 DELETE 和 ALTER TABLE…DROP PARTITION 语句

在执行 ALTER TABLE…DROP PARTITION 语句前首先执行 DELETE 语句来删除分区的所有数据

行，然后执行 ALTER TABLE…DROP PARTITION 语句，但是执行 DELETE 语句时需要更新全局索引。

【例 11.18】删除 ware_retail_part 分区表中第四季度的数据，然后再删除第四季度数据对应的 par_04 分区，代码及运行结果如下。

```
SQL> delete from ware_retail_part where retail_date >= to_date('2011-10-01','yyyy-mm-dd');
已删除 513 行。
SQL> alter table ware_retail_part drop partition par_04;
表已更改。
```

4. 删除具有完整性约束的分区

如果分区的表具有完整性约束，则可以采用以下两种办法。

（1）禁止完整性约束，然后执行 ALTER TABLE…DROP PARTITION 语句，最后激活约束。

【例 11.19】禁用 books_1 表的主键约束 BOOK_PK，然后删除 books_1 表的分区 part_01，最后激活 books_1 表的主键约束 BOOK_PK，代码及运行结果如下。

```
SQL> alter table books_1 disable constraints BOOK_PK;
表已更改。
SQL> alter table books_1 drop partition part_01;
表已更改。
SQL> alter table books_1 enable constraints BOOK_PK;
表已更改。
```

（2）执行 DELETE 语句删除分区中的行，然后用 ALTER TABLE…DROP PARTITION 语句删除分区。

【例 11.20】删除 books_1 表 part_01 分区中的所有记录，然后再删除 part_01 分区，代码及运行结果如下。

```
SQL> delete from books_1 where bookno < 1000;
已删除 12 行。
SQL> alter table books_1 drop partition part_01;
表已更改。
```

11.4.4 并入范围分区

用户可以使用 ALTER TABLE…MERGE PARTITION 语句将相邻的范围分区合并在一起变为一个新的分区：该分区继承原来两个分区的边界；原来的两个分区与相应的索引一起被删除掉；如果被合并的分区非空，则该分区被标识为 UNUSABLE；不能对 HASH 分区表执行 ALTER TABLE…MERGE PARTITION 语句。

并入范围分区是将两个以上的分区合并到一个存在的分区中，合并后一般要重建索引。为了便于读者对并入操作的理解，下面来看一个比较完整的例子。

【例 11.21】在 sales 表中创建 4 个范围分区，然后将第三个分区并入到第四个分区中，操作步骤及代码如下。**（实例位置：资源包\TM\sl\11\10）**

（1）首先创建一个销售记录表 sales，然后对该表的记录按照销售日期（即季度）分为 4 个范围分区，代码及运行结果如下。

```
SQL> create table sales                              --创建一个销售记录表
(
  id number primary key,                             --记录编号
  goodsname varchar2(10),                            --商品名
  saledate date                                      --销售日期
)
partition by range(saledate)                         --按照日期分区
(
  --第一季度数据
  partition part_sea1 values less than(to_date('2019-04-01','yyyy-mm-dd')) tablespace tbsp_1,
  --第二季度数据
  partition part_sea2 values less than(to_date('2019-07-01','yyyy-mm-dd')) tablespace tbsp_2,
  --第三季度数据
  partition part_sea3 values less than(to_date('2019-10-01','yyyy-mm-dd')) tablespace tbsp_1,
  --第四季度数据
  partition part_sea4 values less than(to_date('2020-01-01','yyyy-mm-dd')) tablespace tbsp_2
);
表已创建。
```

（2）在 sales 表中创建局部索引，代码及运行结果如下。

```
SQL> create index index_3_4 on sales(saledate)
local(
partition part_sea1 tablespace tbsp_1,
partition part_sea2 tablespace tbsp_2,
partition part_sea3 tablespace tbsp_1,
partition part_sea4 tablespace tbsp_2
);
索引已创建。
```

（3）使用 ALTER TABLE…MERGE PARTITION 语句把第三个分区并入到第四个分区中，代码及运行结果如下。

```
SQL> alter table sales merge partition part_sea3,part_sea4 into partition part_sea4;
表已更改。
```

（4）最后重新建立局部索引，代码及运行结果如下。

```
SQL> alter table sales modify partition part_sea4 rebuild unusable local indexes;
表已更改。
```

11.5　创建索引分区

对大数据量索引进行分区同样能够优化应用系统的性能。一般说来，如果索引所对应的表的数据量非常大，如几百万甚至上千万条数据，则索引会占用很大的空间，这时建议对索引进行分区。

11.5.1 索引分区概述

Oracle 索引分区分为本地索引分区和全局索引分区两种。全局索引不反映基础表的结构，因此，若要分区就只能进行范围分区。而局部索引反映基础表的结构，因此，对表的分区或子分区进行维护时，系统会自动对本地索引的分区进行维护，所以不需要对本地索引的分区进行维护。

11.5.2 本地索引分区

本地索引分区就是使用和分区表同样的分区键进行分区的索引。也就是说，索引分区所采用的列与该表的分区所采用的列是相同的。本地索引分区有如下优点：

- ☑ 如果只有一个分区需要维护，则只有一个本地索引受影响。
- ☑ 支持分区独立性。
- ☑ 只有本地索引能够支持单一分区的装入和卸载。
- ☑ 表分区和各自的本地索引可以同时恢复。
- ☑ 本地索引可以单独重建。
- ☑ 位图索引仅由本地索引支持。

若要创建本地索引分区，可以使用 CREATE INDEX...LOCAL 子句。接下来，通过一个例子来讲解创建本地索引分区的完整过程。

【例 11.22】首先创建一个表分区，然后根据这个表分区创建本地索引分区，操作步骤及代码如下。**（实例位置：资源包\TM\sl\11\11）**

（1）准备好所需要的表空间。使用 CREATE TABLESPACE 语句创建 3 个表空间，这 3 个表空间应放在不同的磁盘分区上，分别是 ts_1、ts_2、ts_3，代码如下。

```
SQL> create tablespace ts_1 datafile 'D:\OracleFiles\OracleData\ts1.dbf'
  2  size 10m
  3  extent management local autoallocate;
表空间已创建。
SQL> create tablespace ts_2 datafile 'E:\OracleFiles\OracleData\ts2.dbf'
  2  size 10m
  3  extent management local autoallocate;
表空间已创建。
SQL> create tablespace ts_3 datafile 'F:\OracleFiles\OracleData\ts3.dbf'
  2  size 10m
  3  extent management local autoallocate;
表空间已创建。
```

（2）创建一个存储学生成绩的分区表 studentgrade，该表共有 3 个分区，分别位于表空间 ts_1、ts_2 和 ts_3 上，代码及运行结果如下。

```
SQL> create table studentgrade
  2  (
  3    id number primary key,         --记录 id
  4    name varchar2(10),             --学生名称
  5    subject varchar2(10),          --学科
  6    grade number                   --成绩
```

```
)
partition by range(grade)
(
   --小于 60 分，不及格
   partition par_nopass values less than(60) tablespace ts_1,
   --小于 70 分，及格
   partition par_pass values less than(70) tablespace ts_2,
   --大于或等于 70 分，优秀
   partition par_good values less than(maxvalue) tablespace ts_3
);
表已创建。
```

（3）根据表分区创建本地索引分区，与表分区一样，索引分区也是 3 个分区（p1、p2、p3），代码及运行结果如下。

```
SQL> create index grade_index on studentgrade(grade)
local        --根据表分区创建本地索引分区
(
   partition p1 tablespace ts_1,
   partition p2 tablespace ts_2,
   partition p3 tablespace ts_3
);
索引已创建。
```

（4）用户可以通过查询 dba_ind_partitions 视图来查看索引分区信息，代码如下。

```
SQL> select partition_name,tablespace_name from dba_ind_partitions where index_name = 'GRADE_INDEX';
```

运行结果如图 11.4 所示。

PARTITION_NAME	TABLESPACE_NAME
P1	TS_1
P2	TS_2
P3	TS_3

图 11.4　本地索引分区信息

11.5.3　全局索引分区

全局索引分区就是没有与分区表采用相同分区键的分区索引。当分区中出现许多事务并且要保证所有分区中的数据记录唯一时，采用全局索引分区。

无论表是否采用分区，都可以对表采用全局索引分区。此外，不能对 Cluster 表、位图索引采用全局索引分区。下面通过两个简单的例子来演示全局索引分区的创建。

【例 11.23】以 books 表的 saleprice 列为索引列和分区键，创建一个范围分区的全局索引，代码及运行结果如下。**（实例位置：资源包\TM\sl\11\12）**

```
SQL> create index index_saleprice on books(saleprice)
global partition by range(saleprice)
(
   partition p1 values less than (30),
   partition p2 values less than (50),
   partition p3 values less than (maxvalue)
```

```
  7  );
索引已创建。
```

【例 11.24】以 books 表的 ISBN 列为索引列和分区键，创建一个 HASH 分区的全局索引，代码及运行结果如下。（**实例位置：资源包\TM\sl\11\13**）

```
SQL> create index index_ISBN on books(ISBN)
  2  global partition by hash(ISBN);
索引已创建。
```

11.6 管理索引分区

对索引分区可以进行删除、重建、重命名等操作，本节介绍与管理索引分区有关的操作，并给出实例说明。

11.6.1 管理操作列表

对索引分区进行维护，应该使用 ALTER INDEX 语句，其对应的子句如表 11.1 所示。与表分区不同的是，索引分区分为两种类型，即全局索引和局部索引。

表 11.1 对索引分区进行维护的 ALTER INDEX 子句

维护分类	索引类型	范围分区	HASH 或 LIST 分区	组合分区
删除索引分区	全局	DROP PARTITION		
	局部	无效		
重建索引分区	全局	REBUILD PARTITION		
	局部	REBUILD PARTITION		REBUILD SUBPARTITION
重命名索引分区	全局	RENAME PARTITION		
	局部	RENAME PARTITION		RENAME SUBPARTITION
分割索引分区	全局	SPLIT PARTITION		
	局部	无效		

11.6.2 删除和重命名索引分区

在管理索引分区的各种操作中，常用的操作主要包括删除索引分区和重命名索引分区。下面将通过具体的例子来演示这两种管理操作。

1. 删除索引分区

删除索引分区可通过 ALTER INDEX…DROP PARTITION 语句来实现，请看下面的例子。

【例 11.25】在 books 表的 index_saleprice 索引中，使用 ALTER INDEX…DROP PARTITION 语句删除其中的索引分区 p2，代码及运行结果如下。

```
SQL> alter index index_saleprice drop partition p2;
索引已更改。
```

注意

对于全局索引分区，不能删除索引的最高分区，否则系统会提示错误。

在删除若干索引分区之后，如果只剩余一个索引分区，则需要对这个分区进行重建，重建分区可以使用 ALTER INDEX…REBUILD PARTITION 语句来实现。下面来看一个例子。

【例 11.26】在 books 表的 index_saleprice 索引中，删除其中的 p2 和 p1 索引分区，然后使用 ALTER INDEX…REBUILD PARTITION 语句重建索引分区 p3，代码及运行结果如下。

```
SQL> alter index index_saleprice drop partition p2;
索引已更改。
SQL> alter index index_saleprice drop partition p1;
索引已更改。
SQL> alter index index_saleprice rebuild partition p3;
索引已更改。
```

2. 重命名索引分区

重命名索引分区与重命名索引的语法格式比较接近，其语法格式如下。

```
alter index index_name
rename partition partition_old_name TO partition_new_name
```

☑ index_name：索引名称。

☑ partition_old_name：原索引分区名称。

☑ partition_new_name：新索引分区名称。

下面通过一个例子来演示如何重命名索引分区。

【例 11.27】在 index_saleprice 索引中，使用 ALTER INDEX…RENAME PARTITION 语句重命名索引分区 p3，代码及运行结果如下。**（实例位置：资源包\TM\sl\11\14）**

```
SQL> alter index index_saleprice rename partition p3 to p_new;
索引已更改。
```

11.7　实践与练习

1. 创建一个图书销售表，然后为该表按照图书的出版社名称创建 3 个表分区（这里是假设）。
2. 为图书销售表创建一个根据表分区而划分的本地索引分区。

第 12 章

用户管理与权限分配

在访问 Oracle 数据库时，为了确保数据库的安全，用户必须提供用户名和密码，然后才能连接到数据库。另外，为了防止用户的非法访问，Oracle 提供了权限、角色机制，以防止用户对数据库进行非法操作。

本章知识架构及重难点如下。

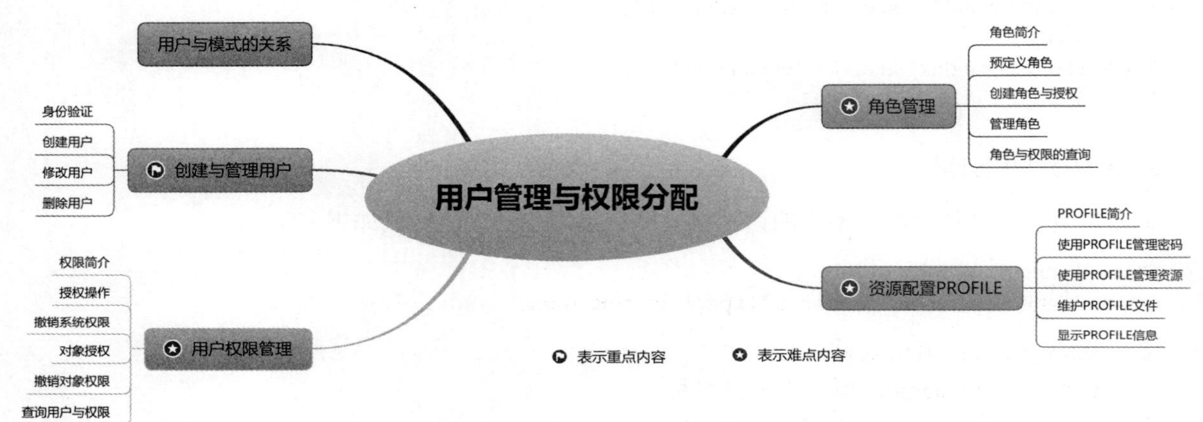

12.1 用户与模式的关系

Oracle 数据库的安全保护流程可以分为 3 个步骤。首先，用户向数据库提供身份识别信息，即提供一个数据库账号。其次，用户还需要证明他们给出的身份识别信息是有效的，这是通过输入密码来实现的，用户输入的密码经过数据库的核对，确认用户提供的密码是否正确。最后，假如密码是正确的，那么数据库认为身份识别信息是可信赖的。此时，数据库将会在基于身份识别信息的基础上确定用户拥有的权限，即用户可以对数据库执行什么操作。因此，为了确保数据库的安全，首要的问题就是对用户进行管理。

这里所谓的用户并不是指数据库的操作人员，而是在数据库中定义的一个名称，更准确地说它是账户，只是习惯上称其为用户，它是 Oracle 数据库的基本访问控制机制，当连接到 Oracle 数据库时，操作人员必须提供正确的用户名和密码。

连接到数据库的用户所具有的权限是不同的，Oracle 提供了一些特权用户，如 sysdba 或 sysoper，这类用户主要用于执行数据库的维护操作，如启动数据库、关闭数据库、建立数据库，以及执行备份和恢复等操作。sysdba 和 sysoper 的区别在于，sysdba 不仅具备 sysoper 的所有权限，而且还可以建立数据库，执行不完全恢复。在 Oracle 中，Oracle 提供了默认的特权用户 sys，当以特权用户身份登录数据库时，必须带有 AS SYSDBA 或 AS SYSOPER 选项。例如下面的代码。

```
SQL> connect system/1qaz2wsx as sysdba;
已连接。
```

与用户密切关联的另一个概念是模式，模式也称作方案（schema）。模式实际上是用户拥有的数据库对象的集合。在 Oracle 数据库中，对象是以用户来组织的，用户与模式是一一对应的关系，并且二者名称相同。

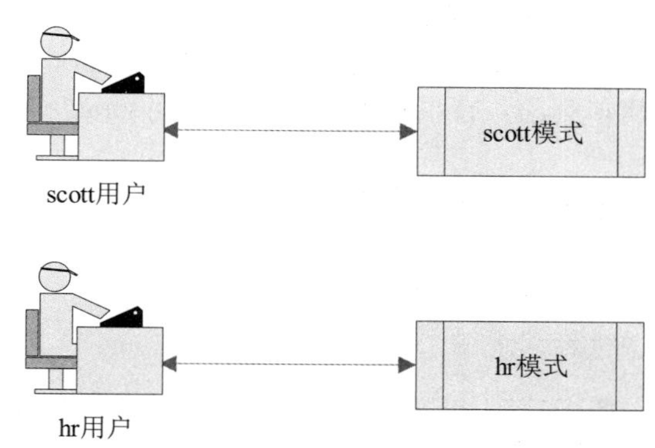

图 12.1　用户与模式的关系

图 12.1 显示了用户与模式的关系。其中，scott 用户拥有的所有对象都属于 scott 模式，而 hr 用户拥有的所有对象都属于 hr 模式。

当访问数据库对象时，需要注意如下一些事项。

☑　在同一个模式中不能存在同名对象，但是不同模式中的对象名称则可以相同。

☑　用户可以直接访问其他模式对象，但如果要访问其他模式对象，则必须具有该对象的相应访问权限。例如，用户 scott 可以直接查看其模式中的 emp 表，但如果用户 hr 要查看 scott 模式中的 emp 表，则必须具有在 emp 表上进行 SELECT 操作的权限。

☑　当用户要访问其他模式对象时，必须附加模式名作为前缀。

12.2　创建与管理用户

标识用户是 Oracle 数据库管理的基本要求之一，每一个能够连接到数据库的用户都必须是系统的合法用户。用户想要使用 Oracle 的系统资源（查询数据、创建表等），必须要拥有相应的权限。创建用户并授予权限是 Oracle 系统管理员的基本任务之一。

12.2.1　身份验证

Oracle 为用户账户提供了以下 3 种身份验证方法。

☑　密码验证。当一个使用密码验证机制的用户试图连接到数据库时，数据库会核实用户是否是一个有效的数据库账户，并且验证密码与该用户在数据库中存储的密码是否相同。

由于用户信息和密码都存储在数据库内部，因此使用密码验证用户也称为数据库验证用户。

☑　外部验证。外部验证是指当用户试图连接到数据库时，数据库会核实用户是否是一个有效的数据库账户，并且确认该用户是否已经完成了操作系统级别的身份验证。

注意

外部验证用户并不在数据库中存储一个验证密码。

☑ 全局验证。全局验证是指用户不在数据库中存储验证密码，而是通过一种高级安全选项所提供的身份验证服务来进行。

在上述 3 种验证方式中，密码验证是最常使用的验证方法，也是本章将要详细介绍的内容。除非特别声明，本书中所创建和使用的用户都是密码验证用户。另外两种验证方式一般很少使用，在这里仅简单列出，有兴趣的读者可以查阅 Oracle 的官方文档。

12.2.2 创建用户

要创建一个新的用户（本章均指密码验证用户，以下不再重复说明），可采用 CREATE USER 命令。其语法格式如下。

```
CREATE USER user_name IDENTIFIED BY pass_word
[or IDENTIFIED EXETERNALLY]
[or IDENTIFIED GLOBALLY AS ‘CN=user’]
[DEFAULT TABLESPACE tablespace_default]
[TEMPORARY TABLESPACE tablespace_temp]
[QUOTA [integer K[M]] [UNLIMITED] ] ON tablesapce_ specify1
[,QUOTA [integer K[M]] [UNLIMITED] ] ON tablesapce_ specify2
[,…]…ON tablespace_specifyn
[PROFILES profile_name]
[ACCOUNT LOCK or ACCOUNT UNLOCK]
```

☑ user_name：用户名，一般为字母数字型和“#”及“_”符号。

☑ pass_word：用户口令，一般为字母数字型和“#”及“_”符号。

☑ IDENTIFIED EXETERNALLY：表示用户名在操作系统下验证，这种情况下要求该用户必须与操作系统中所定义的用户名相同。

☑ IDENTIFIED GLOBALLY AS ‘CN=user’：表示用户名由 Oracle 安全域中心服务器验证，CN 名字表示用户的外部名。

☑ [DEFAULT TABLESPACE tablespace_default]：表示该用户在创建数据对象时使用的默认表空间。

☑ [TEMPORARY TABLESPACE tablespace_temp]：表示该用户所使用的临时表空间。

☑ [QUOTA [integer K[M]] [UNLIMITED]] ON tablespace_specify1：表示该用户在指定表空间中允许占用的最大空间。

☑ [PROFILES profile_name]：资源文件的名称。

☑ [ACCOUNT LOCK or ACCOUNT UNLOCK]：用户是否被加锁，默认情况下是不加锁的。

下面将通过 3 个具体的实例来演示如何创建数据库用户。

1. 创建用户，并指定默认表空间和临时表空间

【例 12.1】创建一个用户为 mr，口令为 mrsoft，并设置默认的表空间为 users，临时表空间为 temp，代码及运行结果如下。**（实例位置：资源包\TM\sl\12\1）**

```
SQL> create user mr identified by mrsoft
  2  default tablespace users
  3  temporary tablespace temp;
用户已创建。
```

2. 创建用户，并配置其在指定表空间上的磁盘限额

有时，为了避免用户在创建表和索引对象时占用过多的空间，可以配置用户在表空间上的磁盘限额。在创建用户时，可通过 QUOTA xxxM ON tablespace_ specify 子句配置指定表空间的最大可用限额。

【例 12.2】创建一个用户为 east，口令为 mrsoft，默认表空间为 users，临时表空间为 temp，并指定该用户在 tbsp_1 表空间上最多可使用的大小为 10MB，代码及运行结果如下。**（实例位置：资源包\TM\sl\12\2）**

```
SQL> create user east identified by mrsoft
  2  default tablespace users
  3  temporary tablespace temp
  4  quota 10m on tbsp_1;
用户已创建。
```

技巧

如果要禁止用户使用某个表空间，则可以通过 QUOTA 关键字设置该表空间的使用限额为 0。

3. 创建用户，并配置其在指定表空间上不受限制

要设置用户在指定表空间上不受限制，可以使用 QUOTA UNLIMITED ON tablespace_ specify 子句。

【例 12.3】创建一个用户为 df，口令为 mrsoft，临时表空间为 temp，默认表空间为 tbsp_1，并且该用户使月 tbsp_1 表空间不受限制，代码及运行结果如下。**（实例位置：资源包\TM\sl\12\3）**

```
SQL> create user df identified by mrsoft
  2  default tablespace tbsp_1
  3  temporary tablespace temp
  4  quota unlimited on tbsp_1;
用户已创建。
```

在创建完用户之后，需要注意以下几点。

☑ 如果建立用户时不指定 DEFAULT TABLESPACE 子句，那么 Oracle 会将 SYSTEM 表空间作为用户的默认表空间。

☑ 如果建立用户时不能指定 TEMPORARY TABLESPACE 子句，那么 Oracle 会将数据库默认临时表空间作为用户的临时表空间。

☑ 初始建立的用户没有任何权限，所以为了使用户可以连接数据库，必须授权其 CREATE SESSION 权限，关于用户的权限设置会在后面的小节中讲解。

☑ 如果建立用户时没有为表空间指定 QUOTA 子句，那么用户在特定表空间上的配额为 0，用户将不能在相应的表空间上建立数据对象。

☑ 初始建立的用户没有任何权限，不能执行任何数据库操作。

12.2.3 修改用户

用户被创建完成后，管理员可以对用户进行修改，包括修改用户口令，改变用户默认表空间、临时表空间、磁盘配额及资源限制等。修改用户的语法与创建的用户的语法基本相似，只是把创建用户语法中的 CREATE 关键字替换成 ALTER，具体语法这里不再介绍，详情请参考创建用户的基本语法。下面将结合实例来介绍几种常见的修改用户参数的情况。

1. 修改用户的磁盘限额

如果 DBA 在创建用户时，指定了用户在某个表空间的磁盘限额，那么经过一段时间，该用户使用该表空间已经达到 DBA 所设置的磁盘限额时，Oracle 系统就会显示如图 12.2 所示的错误提示。

```
ORA-01536:SPACE QUOTA EXCEEDED FOR TABLESPACE 'TBSP_1'
```

图 12.2　达到磁盘限额的提示

图 12.2 表示该用户使用的资源已经达到了限额，DBA 需要为该用户适当增加资源。下面来看一个为用户增加表空间限额的例子。

【例 12.4】 修改用户 east 在表空间上的磁盘限额为 20MB（原始为 10MB，增加 10MB），代码及运行结果如下。

```
SQL> alter user east quota 20m on tbsp_1;
用户已更改。
```

2. 修改用户的口令

用户的口令在使用一段时间之后，根据系统安全的需要或在 PROFILE 文件（资源配置文件）中设置的规定，用户必须修改口令。下面来看一个例子。

【例 12.5】 修改用户 east 的新口令为 123456（原始为 mrsoft），代码及运行结果如下。

```
SQL> alter user east identified by 123456;
用户已更改。
```

3. 解锁被锁住的用户

Oracle 默认安装完成后，为了安全起见，很多用户处于 LOCKED 状态，如图 12.3 所示的下部几行，DBA 可以对 LOCKED 状态的用户解除锁定。下面来看一个例子。

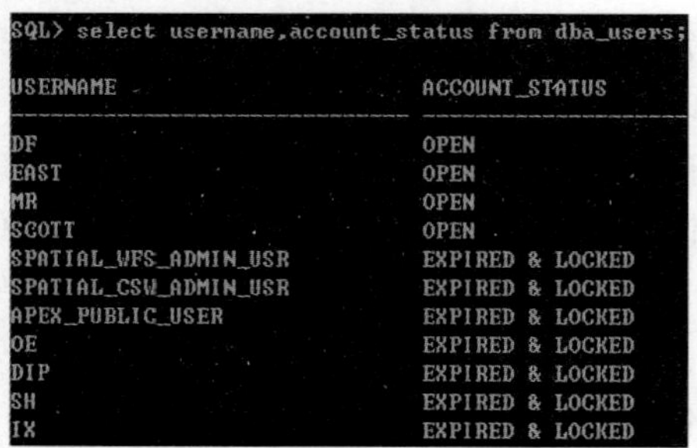

```
SQL> select username,account_status from dba_users;

USERNAME                       ACCOUNT_STATUS
------------------------------ --------------------------------
DF                             OPEN
EAST                           OPEN
MR                             OPEN
SCOTT                          OPEN
SPATIAL_WFS_ADMIN_USR          EXPIRED & LOCKED
SPATIAL_CSW_ADMIN_USR          EXPIRED & LOCKED
APEX_PUBLIC_USER               EXPIRED & LOCKED
OE                             EXPIRED & LOCKED
DIP                            EXPIRED & LOCKED
SH                             EXPIRED & LOCKED
IX                             EXPIRED & LOCKED
```

图 12.3　查询用户的状态

【例 12.6】使用 ALTER USER 命令解除被锁定的账户 SH，代码及运行结果如下。

```
SQL> alter user SH account unlock;
用户已更改。
```

12.2.4　删除用户

删除用户可以通过 DROP USER 语句完成，删除用户后，Oracle 会从数据字典中删除用户、方案及其所有对象方案。其语法格式如下。

```
DROP USER user_name[CASCADE]
```

☑ user_name：要删除的用户名。
☑ CASCADE：级联删除选项，如果用户包含数据库对象，则必须加 CASCADE 选项，此时会连同该用户拥有的对象一起删除。

下面通过一个实例来演示如何删除一个用户。

【例 12.7】使用 DROP USER 语句删除用户 df，并连同该用户拥有的对象一起删除，代码及运行结果如下。

```
SQL> drop user df cascade;
用户已删除。
```

12.3　用户权限管理

用户已被成功创建，仅表示该用户在 Oracle 系统中进行了注册，这样的用户不能连接到数据库，更谈不上进行查询、建表等操作了。要使该用户能够连接到 Oracle 系统并使用 Oracle 的资源，如查询表的数据、创建自己的表结构等，则必须让具有 DBA 角色的用户对该用户进行授权。

12.3.1　权限简介

根据系统管理方式的不同，在 Oracle 数据库中将权限分为两大类，即系统权限和对象权限。

系统权限是在系统级对数据库进行存取和使用的机制。例如，用户是否能够连接到数据库系统（SESSION 权限）上，以及是否能够执行系统级的 DDL 语句（如 CREATE、ALTER 和 DROP）等。

对象权限是指某一个用户对其他用户的表、视图、序列、存储过程、函数、包等进行操作的权限。不同类型的对象具有不同的对象权限，对于某些模式对象，如簇、索引、触发器、数据库链接等没有相应的实体权限，这些权限由系统权限进行管理。

12.3.2　授权操作

在 Oracle 中含有 200 多种系统特权，并且所有的这些系统特权均被列举在 system_privilege_ map

数据目录视图中。授权操作使用 GRANT 命令，其语法格式如下。

```
GRANT sys_privi | role TO user | role | PUBLIC [WITH ADMIN OPTION]
```

☑ sys_privi：表示 Oracle 系统权限，系统权限是一组约定的保留字。例如，若能够创建表，则为 CREATE TABLE。
☑ role：角色，关于角色会在后面小节中介绍。
☑ user：具体的用户，或者是一些列的用户。
☑ PUBLIC：保留字，代表 Oracle 系统的所有用户。
☑ WITH ADMIN OPTION：表示被授权者可以再将权限授予另外的用户。

在学习完上述语法之后，下面通过两个例子来演示如何给用户授权系统权限。

【例 12.8】 为用户 east 授予连接和开发系统权限，并尝试使用 east 连接数据库，代码及运行结果如下。**（实例位置：资源包\TM\sl\12\4）**

```
SQL> connect system/1qaz2wsx
已连接。
SQL> grant connect,resource to east;
授权成功。
SQL> connect east/123456;
已连接。
```

在上述代码中，使用 east 连接数据库后，Oracle 显示"已连接"，这说明给 east 授予 CONNECT 的权限是成功的。另外，如果想要 east 将这两个权限传递给其他的用户，则需要在 GRANT 语句中使用 WITH ADMIN OPTION 关键字。下面来看另一个例子。

【例 12.9】 在创建用户 dongfang 和 xifang 后，首先 system 将创建 SESSION 和创建 TABLE 的权限授权给 dongfang，然后 dongfang 再将这两个权限传递给 xifang，最后通过 xifang 这个用户创建一个数据表，代码及运行结果如下。**（实例位置：资源包\TM\sl\12\5）**

```
SQL> create user dongfang identified by mrsoft
  2  default tablespace users
  3  quota 10m on users;
用户已创建。
SQL> create user xifang identified by mrsoft
  2  default tablespace users
  3  quota 10m on users;
用户已创建。
SQL> grant create session,create table to dongfang with admin option;
授权成功。
SQL> connect dongfang/mrsoft;
已连接。
SQL> grant create session,create table to xifang;
授权成功。
SQL> connect xifang/mrsoft;
已连接。
SQL> create table tb_xifang
  2  ( id number,
  3    name varchar2(20)
```

```
  4  );
表已创建。
```

12.3.3 撤销系统权限

普通用户若被授予过高的权限就可能给 Oracle 系统带来安全隐患。作为 Oracle 系统的管理员，应该能够查询当前 Oracle 系统各个用户的权限，并且能够使用 REVOKE 命令撤销用户的某些不必要的系统权限。REVOKE 命令的语法格式如下。

```
REVOKE sys_privi | role FROM user | role | PUBLIC
```

- ☑ sys_privi：系统权限或角色。
- ☑ role：角色。
- ☑ user：具体的用户。
- ☑ PUBLIC：保留字，代表 Oracle 系统所有的用户。

在学习完上述语法之后，下面通过两个例子来演示如何撤销用户的系统权限。

【例 12.10】撤销 east 用户的 resource 系统权限，代码及运行结果如下。（**实例位置：资源包\TM\sl\12\6**）

```
SQL> connect system/1qaz2wsx;
已连接。
SQL> revoke resource from east;
撤销成功。
```

如果数据库管理员用 GRANT 命令给用户 A 授予系统权限时带有 WITH ADMIN OPTION 选项，则用户 A 有权将系统权限再次授予用户 B。在这种情况下，如果数据库管员使用 REVOKE 命令撤销用户 A 的系统权限，则用户 B 的系统权限仍然有效。下面来看一个例子。

【例 12.11】首先撤销用户 dongfang 的 CREATE TABLE 权限，然后尝试是否还可以通过用户 xifang 创建数据表（是 dongfang 将 CREATE TABLE 权限传递给 xifang 的），代码及运行结果如下。

```
SQL> revoke create table from dongfang;
撤销成功。
SQL> connect xifang/mrsoft;
已连接。
SQL> create table tb_xifang_2
  2  ( id number,
  3    name varchar2(10)
  4  );
表已创建。
```

12.3.4 对象授权

对象授权与将系统权限授予用户基本相同，将对象权限授予用户或角色也使用 GRANT 命令，其语法格式如下。

```
GRANT obj_privi | ALL COLUMN ON schema.object TO user | role | PUBLIC [WITH ADMIN OPTION] | [WITH
```

```
HIERARCHY OPTION]
```

☑ obj_privi：表示对象的权限，可以是 ALTER、EXECUTE、SELECT、UPDATE 和 INSERT 等。
☑ role：角色名。
☑ user：被授权的用户。
☑ WITH ADMIN OPTION：表示被授权者可再将系统权限授予其他的用户。
☑ WITH HIERARCHY OPTION：在对象的子对象（在视图上再建立视图）上授权给用户。

在学习完上述语法之后，下面通过一个例子来演示如何授予对象权限给用户。

【例 12.12】给用户 xifang 授予 SELECT、INSERT、DELETE 和 UPDATE 表 scott.emp 的权限，代码及运行结果如下。**（实例位置：资源包\TM\sl\12\7）**

```
SQL> grant select,insert,delete,update on scott.emp to xifang;
授权成功。
```

12.3.5 撤销对象权限

从用户或角色中撤销对象权限，仍然要使用 REVOKE 命令，其语法格式如下。

```
REVOKE obj_privi | ALL ON schema.object FROM user | role | PUBLIC CASCADE CONSTRAINTS
```

☑ obj_privi：表示对象的权限。
☑ PUBLIC：保留字，代表 Oracle 系统的所有权限。
☑ CASCADE CONSTRAINTS：表示有关联关系的权限也被撤销。

在学习完上述语法之后，下面通过一个例子来演示如何撤销对象权限。

【例 12.13】从 xifang 用户撤销 scott.emp 表的 UPDATE 和 DELETE 权限，代码及运行结果如下。**（实例位置：资源包\TM\sl\12\7）**

```
SQL> connect system/1qaz2wsx;
已连接。
SQL> revoke delete,update on scott.emp from xifang;
撤销成功。
```

说明

如果数据库管理员使用 GRANT 命令给用户 A 授予对象权限时带有 WITH ADMIN OPTION 选项，则用户 A 有权将权限再次授予另外的用户 B。在这种情况下，如果数据库管理员用 REVOKE 命令撤销用户 A 的对象权限时，用户 B 的对象权限也被撤销。由此可见，在进行系统权限撤销和进行对象权限撤销时，效果是不同的。

12.3.6 查询用户与权限

用户被授予的系统权限或对象权限都被记录在 Oracle 的数据字典里，了解某个用户被授予哪些系统权限和对象权限是确保应用系统安全的重要工作。表 12.1 是 Oracle 用于存储用户、系统权限、对象权限有关的数据字典及其说明。

表 12.1　数据字典及其说明

数 据 字 典	说　　明	数 据 字 典	说　　明
dba_users	数据库用户基本信息表	role_sys_privs	登录用户查看自己的角色
dba_sys_privs	已授予用户或角色的系统权限	all_tables	用户自己可以查询的基本信息
dba_tab_privs	数据库对象上的所有权限	user_tab_privs	用户自己将哪些基本权限授予哪些用户
user_sys_privs	登录用户可以查看自己的系统权限	all_tab_privs	哪些用户给自己授权

12.4　角　色　管　理

从前面介绍中可以知道，Oracle 的权限设置十分复杂，权限分类也很多、很细。就系统权限而言，在 Oracle 中的系统权限超过 200 种。这就为数据库管理员正确有效地管理数据库权限带来了困难，而角色就是简化权限管理的一种数据库对象。

12.4.1　角色简介

角色是一个独立的数据库实体，它包括一组权限。也就是说，角色是包括一个或者多个权限的集合，它并不被哪个用户所拥有。角色可以被授予任何用户，也可以从用户中将角色收回。

使用角色可以简化权限的管理，可以仅用一条语句就能从用户那里授予或撤销一组权限，而不必对用户一一授权。使用角色还可以实现权限的动态管理。例如，随着应用的变化可以增加或者减少角色的权限，这样通过改变角色的权限，就实现了改变多个用户的权限。

角色、用户及权限是一组关系密切的对象，既然角色是一组权限的集合，那么，它只有被授予某个用户才有意义，可以用如图 12.4 所示的图形来帮助读者理解角色、用户及权限之间的关系。

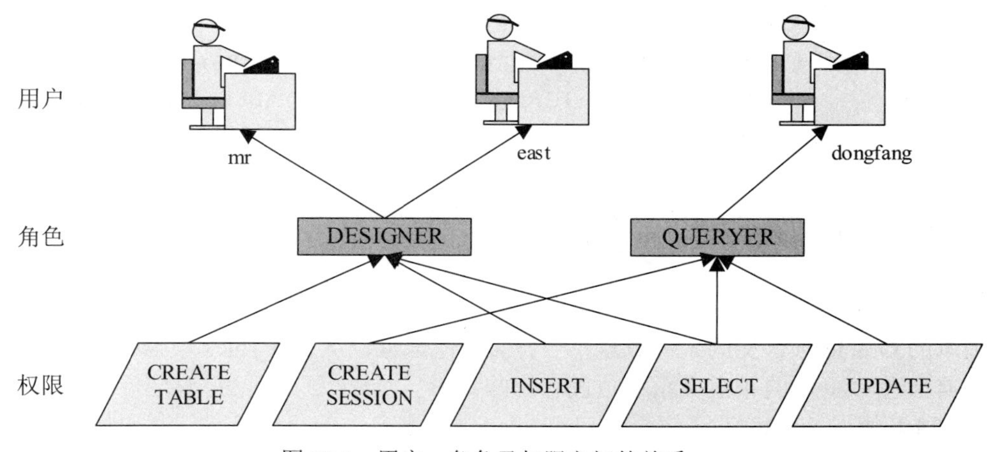

图 12.4　用户、角色及权限之间的关系

从图 12.4 中可以看出，作为 Oracle 的数据库管理员，在创建和管理用户时，必须理解 Oracle 的权

限与角色间的关系。在复杂的大型应用系统中，首先要求对应用系统功能进行分类，以形成角色的雏形；然后使用 CREATE ROLE 语句将其创建成为角色；最后根据用户工作的分工，将不同的角色（包括系统预定义的角色）授予各类用户。如果应用系统的规模很小，用户数也不多，则可以直接将应用的权限授予用户，即使是这样，用户也必须对 Oracle 系统的预定义角色有所了解，因为一个用户至少被授予一个以上的预定义角色时才能使用 Oracle 系统资源。

另外，在创建角色时，可以为角色设置应用安全性。角色的安全性是通过为角色设置口令进行保护的，必须提供正确的口令才允许修改或设置角色。

12.4.2 预定义角色

所谓系统预定义角色，是指在数据库安装完成后由系统自动创建的一些常用角色，这些角色已经由系统授予了相应的系统权限，可以由数据库管理员直接使用。一旦将这些角色授予用户，用户就具有了角色中所包含的系统权限。

下面列出的这几个系统预定义角色是最常被用到的：CONNECT、RESOURCE、DBA、EXP_FULL_DATABASE 和 IMP_FULL_DATABASE。

角色 CONNECT、RESOURCE 及 DBA 主要用于数据库管理，这 3 个角色之间相互没有包含关系（有些系统权限可能有重叠）。数据库管理员需要分别授予 CONNECT、RESOURCE 和 DBA 角色。对于一般的数据库开发人员，则需要授予 CONNECT 和 RESOURCE 角色。

角色 IMP_FULL_DATABASE 和 EXP_FULL_DATABASE 分别用于操作数据库的导入或导出工具，如操作数据库工具 EXPDP、IMPDP，或者系统的 EXP、IMP。在使用这些工具进行整个数据库的导出与导入时，需要具备这两个角色。

Oracle 中部分预定义角色的权限说明如表 12.2 所示。

表 12.2　部分常用预定义角色的权限说明

角色名	包含权限
CONNECT	ALTER SESSION、CREATE CLUSTER、CREATE DATABASE LINK、CREATE SEQUENCE、CREATE SESSION、CREATE SYNONYM、CREATE TABLE、CRATE VIEW
RESOURCE	CREATE CLUSTER、CREATE INDEXTYPE、CREATE OPERATOR、CREATE PROCEDURE、CREATE SEQUENCE、CREATE TABLE、CREATE TRIGGER、CREATE TYPE
DBA	所有权限，不受限制
EXP_FULL_DATABASE	SELECT ANY TABLE、BACKUP ANY TABLE、EXECUTE ANY PROCEDURE、EXECUTE ANY TYPE、ADMINISTER RESOURCE MANAGER
IMP_FULL_DATABASE	EXECUTE_CATALOG_ROLE、SELECT_CATALOG_ROLE

不同版本的 Oracle 预定义的角色数量不一样多，但都可以从 dba_roles 数据字典中查询到。下面通过该数据字典来看 Oracle 的预定义系统角色有哪些。

【例 12.14】 使用 SELECT 语句查询 dba_roles 数据字典中的角色信息，代码如下。

```
SQL> set pagesize 50;
SQL> select * from dba_roles;
```

本例运行结果如图 12.5 所示，从输出结果中可以看到，Oracle 的预定义系统角色数量在 50 个以上。

```
ROLE                             PASSWORD AUTHENTICAT
-------------------------------- -------- -----------
CONNECT                          NO       NONE
RESOURCE                         NO       NONE
DBA                              NO       NONE
SELECT_CATALOG_ROLE              NO       NONE
EXECUTE_CATALOG_ROLE             NO       NONE
DELETE_CATALOG_ROLE              NO       NONE
EXP_FULL_DATABASE                NO       NONE
IMP_FULL_DATABASE                NO       NONE
LOGSTDBY_ADMINISTRATOR           NO       NONE
DBFS_ROLE                        NO       NONE
AQ_ADMINISTRATOR_ROLE            NO       NONE
AQ_USER_ROLE                     NO       NONE
DATAPUMP_EXP_FULL_DATABASE       NO       NONE
DATAPUMP_IMP_FULL_DATABASE       NO       NONE
ADM_PARALLEL_EXECUTE_TASK        NO       NONE
GATHER_SYSTEM_STATISTICS         NO       NONE
JAVA_DEPLOY                      NO       NONE
RECOVERY_CATALOG_OWNER           NO       NONE
SCHEDULER_ADMIN                  NO       NONE
HS_ADMIN_SELECT_ROLE             NO       NONE
HS_ADMIN_EXECUTE_ROLE            NO       NONE
HS_ADMIN_ROLE                    NO       NONE
GLOBAL_AQ_USER_ROLE              GLOBAL   GLOBAL
OEM_ADVISOR                      NO       NONE
OEM_MONITOR                      NO       NONE
WM_ADMIN_ROLE                    NO       NONE
JAVAUSERPRIV                     NO       NONE
JAVAIDPRIV                       NO       NONE
JAVASYSPRIV                      NO       NONE
JAVADEBUGPRIV                    NO       NONE
EJBCLIENT                        NO       NONE
JMXSERVER                        NO       NONE
JAVA_ADMIN                       NO       NONE
CTXAPP                           NO       NONE
XDBADMIN                         NO       NONE
XDB_SET_INVOKER                  NO       NONE
AUTHENTICATEDUSER                NO       NONE
XDB_WEBSERVICES                  NO       NONE
XDB_WEBSERVICES_WITH_PUBLIC      NO       NONE
XDB_WEBSERVICES_OVER_HTTP        NO       NONE
ORDADMIN                         NO       NONE
OLAPI_TRACE_USER                 NO       NONE
OLAP_XS_ADMIN                    NO       NONE
OWB_USER                         NO       NONE
OLAP_DBA                         NO       NONE
```

图 12.5　Oracle 预定义的系统角色

12.4.3　创建角色与授权

如果系统预定义的角色不符合用户需要，那么数据库管理员可以创建更多的角色，创建用户自定义角色可以使用 CREATE ROLE 语句来实现，其语法格式如下。

```
CREATE ROLE role_name [ NOT IDENTIFIED | IDENTIFIED BY [password] | [EXETERNALLY] | [GLOBALLY]]
```

☑ role_name：角色名。

☑ IDENTIFIED BY password：角色口令。

☑ IDENTIFIED BY EXETERNALLY：表示角色名在操作系统下验证。

☑ IDENTIFIED GLOBALLY：表示用户是由 Oracle 安全域中心服务器来验证，此角色由全局用户来使用。

在学习完上述语法后，下面通过一个例子来演示如何创建角色。

【例 12.15】创建一个名为 designer 的角色，该角色的口令为 123456，代码及运行结果如下。（**实例位置：资源包\TM\sl\12\9**）

```
SQL> connect system/1qaz2wsx;
```

```
已连接。
SQL> create role designer identified by 123456;
角色已创建。
```

一旦角色创建完成，就可以对角色进行授权，给角色授权也是使用 GRANT…TO 语句来完成的。如果系统管理员具有 GRANT_ANY_PRVILEGE 权限，就可以对某个角色进行授权。例如，授权 CREATE SESSION、CREATE SYNONYM、CREATE VIEW 等。下面来看一个例子。

【例 12.16】给 designer 角色授予 CREATE VIEW 和 CREATE TABLE 权限，代码及运行结果如下。

```
SQL> grant create view,create table to designer;
授权成功。
```

在角色获得了权限之后，就可以把这个有使用价值的角色授予给某个用户。把角色授予给某个用户仍然使用 GRANT…TO 语句来实现。下面来看一个例子。

【例 12.17】把 designer 角色授权给用户 dongfang，代码及运行结果如下。

```
SQL> grant designer to dongfang;
授权成功。
```

12.4.4 管理角色

在学习过管理用户（包括创建、修改、删除等操作）之后，再学习如何管理角色就相对较为简单。因为这二者之间有很多相似之处，这里仅通过一些简单实例来对角色的管理进行说明。

1. 查看角色所包含的权限

查看角色权限通常使用 role_sys_privs 数据字典，下面来看一个例子。

【例 12.18】查询角色 designer 被授予的权限有哪些，代码如下。

```
SQL> select * from role_sys_privs where role = 'DESIGNER';
```

本例运行结果如图 12.6 所示。

```
ROLE                 PRIVILEGE           ADM
-------------------- ------------------- ---
DESIGNER             CREATE TABLE        NO
DESIGNER             CREATE VIEW         NO
```

图 12.6 查询指定角色的权限

2. 修改角色密码

修改角色密码包括取消角色密码和设置角色密码两种情况，可以使用 ALTER ROLE 语句来实现。下面来看一个例子。

【例 12.19】首先取消 designer 角色的密码，然后再重新给该角色设置一个密码，代码及运行结果如下。

```
SQL> alter role designer not identified;
角色已丢弃。
SQL> alter role designer identified by mrsoft;
角色已丢弃。
```

3. 设置当前用户要生效的角色

角色的生效是一个什么概念呢？假设用户 a 有三个角色，分别为 b1、b2、b3，那么，如果 b1 未生

效，则 b1 所包含的权限对于 a 来讲是不拥有的，只有角色生效了，角色内的权限才作用于用户。最大可生效角色数由参数 MAX_ENABLED_ROLES 设定。用户登录后，Oracle 将所有直接赋给用户的权限和用户默认角色中的权限赋给用户。设置角色生效可使用 SET ROLE 语句，下面来看一个例子。

【例 12.20】 创建一个无须密码验证的角色 queryer，然后设置该角色生效，接下来再设置带有密码的角色 designer 也生效，代码及运行结果如下。

```
SQL> create role queryer;
角色已创建。
SQL> set role queryer;
角色集。
SQL> set role designer identified by mrsoft;
角色集。
```

说明

如果要设置带有密码的角色生效，则必须在 SET ROLE 语句后面使用 IDENTIFIED BY 关键字指定角色的密码。

4. 删除角色

删除角色很简单，使用 DROP ROLE 语句即可实现。下面来看一个例子。

【例 12.21】 使用 DROP ROLE 语句删除角色 queryer，代码及运行结果如下。

```
SQL> drop role queryer;
角色已删除。
```

删除角色后，原来拥有该角色的用户将不再拥有该角色，相应的权限也将失去。

12.4.5　角色与权限的查询

创建角色和用户以后，给角色和用户授予的权限被记录在 Oracle 的数据字典里。作为 Oracle 数据库管理员，需要了解角色被授予了哪些权限，以及用户被授予了哪些角色，从而对这个数据库的所有用户进行全面的管理。表 12.3 列出了 Oracle 用于存储用户、角色及权限的相关数据字典。

表 12.3　相关的数据字典及其说明

数据字典	说　明	数据字典	说　明
dba_col_pirvs	数据库列上的所有权限	dba_tab_privs	数据库对象上的所有权限
dba_role_privs	显示已经授予用户或其他角色的角色	dba_sys_privs	已授予用户或角色的系统权限

下面来看几个查询角色与权限的例子。

【例 12.22】 查询 hr 用户被授予的系统角色，代码如下。

```
SQL> select granted_role,default_role from dba_role_privs
  2  where grantee = 'HR';
```

本例运行结果如图 12.7 所示。

某个模式下，如果用户要确定当前会话中的所有有效角色，可通过 session_role 数据字典来查询。

【例 12.23】在 scott 模式下，查询当前用户的所有有效角色，代码如下。

```
SQL> connect scott/tiger;
已连接。
SQL> select * from session_roles;
```

本例运行结果如图 12.8 所示。

图 12.7　hr 具有的系统角色

图 12.8　scott 用户的有效角色

12.5　资源配置 PROFILE

访问 Oracle 数据库时，必须提供用户名和密码，然后才能连接到数据库。为了防止其他人员窃取用户密码，DBA 必须充分考虑用户密码的安全性，以防止非法人员连接到数据库执行非法操作。对于大型数据库管理系统而言，数据库用户众多，并且不同用户担负不同的管理任务，为了有效地利用服务器资源，还应该限制不同用户的资源占用。

12.5.1　PROFILE 简介

PROFILE 作为用户配置文件，它是密码限制、资源限制的命名集合。PROFILE 文件作为 Oracle 安全策略的重要组成部分，利用它可以对数据库用户进行基本的资源限制，并且可以对用户的密码进行管理。

在安装数据库时，Oracle 会自动建立名为 DEFAULT 的默认配置文件。如果没有为新创建的用户指定 DEFAULT 文件，那么 Oracle 将自动为它指定 DEFAULT 配置文件。初始的 DEFAULT 文件没有进行任何密码和资源限制。使用 PROFILE 文件时需要注意如下事项。

☑ 建立用户时，如果不指定 PROFILE 选项，那么 Oracle 会自动将 DEFAULT 分配给相应的数据库用户。

☑ 建立 PROFILE 文件时，如果只设置了部分密码和资源限制选项，那么其他选项会自动使用默认值，即使 DEFAULT 文件中有相应选项的值。

☑ 使用 PROFILE 管理密码时，密码管理选项总是处于被激活状态，但是，如果使用 PROFILE 管理资源，必须要激活资源限制。

☑ 一个用户只能分配一个 PROFILE 文件。如果要同时管理用户的密码和资源，那么，在建立 PROFILE 文件时应该同时指定密码和资源选项。

12.5.2　使用 PROFILE 管理密码

当操作人员要连接到 Oracle 数据库时，需要提供用户名和密码。对于黑客或某些人而言，他们可

能通过猜测或反复试验来破解密码。为了加强密码的安全性，可以使用 PROFILE 文件管理密码。PROFILE 文件提供了一些密码管理选项，它们提供了强大的密码管理功能，从而确保密码的安全。为了实现密码限制，必须首先建立 PROFILE 文件。建立 PROFILE 文件是使用 CREATE PROFILE 语句完成的。一般情况下，该语句由 DBA 执行，如果要以其他用户身份建立 PROFILE 文件，则要求该用户必须具有 CREATE PROFILE 系统权限。

使用 PROFILE 文件可以实现如下 4 种密码管理功能：账户锁定、密码的过期时间、密码历史和密码的复杂度。

1. 账户锁定

账户的锁定策略是指用户在连续输入指定次数错误密码后，Oracle 会自动锁定用户的账户，并且可以规定账户的锁定时间。Oracle 为锁定账户提供了以下两个参数。

- ☑ FAILED_LOGIN_ATTEMPTS：该参数限制用户在登录 Oracle 数据库时允许失败的次数。一旦某个用户尝试登录数据库的次数达到该值，系统就会将该用户账户锁定。
- ☑ PASSWORD_LOCK_TIME：该参数用于指定账户被锁定的天数。

【例 12.24】创建 PROFILE 文件，要求设置连续失败次数为 5，超过该次数后，账户将被锁定 7 天，然后使用 ALTER USER 语句将 PROFILE 文件（即 lock_account）分配给用户 dongfang，代码及运行结果如下。**（实例位置：资源包\TM\sl\12\10）**

```
SQL> create profile lock_account limit
  2   failed_login_attempts 5
  3   password_lock_time 7;
配置文件已创建。
SQL> alter user dongfang profile lock_account;
用户已更改。
```

在建立 lock_account 文件并将该文件分配给用户 dongfang 后，如果以用户 dongfang 身份连接到数据库，并且连续连接失败 5 次，那么 Oracle 将自动锁定该用户账户。此时，即使为用户 dongfang 提供了正确的密码，也无法连接到数据库。

在建立 lock_account 文件时，由于指定 PASSWORD_LOCK_TIME 的参数为 7，因此账户锁定天数达到 7 天后，Oracle 会自动解锁账户。

**说明**

如果建立 PROFILE 文件时没有提供 PASSWORD_LOCK_TIME 参数，将自动使用默认值 UNLIMITED。这种情况下，需要 DBA 手动解锁用户账户。

2. 密码的过期时间

密码的过期时间是指强制用户定期修改自己的密码。当密码过期后，Oracle 会及时提醒用户修改密码。密码宽限期是指密码到期之后的宽限使用时间。默认情况下，建立用户并为其提供密码之后，密码会一直生效。为了防止其他人员破解用户账户的密码，可以强制普通用户定期改变密码。为了强制用户定期修改密码，Oracle 提供了如下参数。

- ☑ PASSWORD_LIFE_TIME：该参数用于设置用户密码的有效时间，单位为天。超过这一时间段，用户必须重新设置密码。

☑ PASSWORD_GRACE_TIME：该参数用于设置密码失效的“宽限时间”。如果密码达到 PASSWORD_LIFE_TIME 设置的失效时间，设置宽限时间后，用户仍然可以继续使用一段时间。为了强制用户定期修改密码，对二者应该同时进行设置。下面来看一个例子。

【例 12.25】下面创建一个 PROFILE 文件（即 password_life_time），并设置用户的密码有效期为 30 天，密码宽限期为 3 天，然后使用 ALTER USER 语句将 PROFILE 文件（即 password_life_time）分配给用户 dongfang，代码及运行结果如下。**（实例位置：资源包\TM\sl\12\11）**

```
SQL> create profile password_life_time limit
  2   password_life_time 30
  3   password_grace_time 3;
配置文件已创建
SQL> alter user dongfang profile password_life_time;
用户已更改。
```

在上述实例中，如果用户 dongfang 在使用 30 天后没有修改密码，那么 Oracle 将会显示如图 12.9 所示的警告信息。

```
ORA-28002:THE PASSWORD WILL EXPIRE WITHIN 3 DAYS
```

图 12.9　密码过期提示

如果用户在 30 天内没有修改密码，那么在第 31 天、第 32 天、第 33 天连接数据库时，仍然会显示类似的警告信息。如果在第 33 天仍然没有修改密码，那么当第 34 天连接数据库时，Oracle 会强制用户修改密码，否则不允许连接到数据库。

3. 密码历史

密码历史是用于控制账户密码的可重复使用次数或可重用时间。使用密码历史参数后，Oracle 会将密码修改信息存储到数据字典中。这样，当修改密码时，Oracle 会对新、旧密码进行比较，以确保用户不会重用过去已经用过的密码。关于密码历史有如下两个参数。

☑ PASSWORD_REUSE_TIME：该参数指定密码可重用的时间，单位为天。

☑ PASSWORD_REUSE_MAX：该参数指定密码在能够被重新使用之前必须改变的次数。

说明

在使用密码历史选项时，只能使用其中的一个参数，并将另一个参数设置为 UNLIMITED。

4. 密码的复杂度

在 PROFILE 文件中，可以通过指定的函数来强制用户的密码必须具有一定的复杂度。例如，强制用户的密码不能与用户名相同。使用校验函数验证用户密码的复杂度时，只需要将这个函数的名称指定给 PROFILE 文件中的 PASSWORD_VERIFY_FUNCTION 参数，Oracle 就会自动使用该函数对用户的密码和格式进行验证。

12.5.3 使用 PROFILE 管理资源

在庞大而复杂的多用户数据库环境中，用户众多，系统资源会成为影响性能的主要瓶颈。为了有

效地利用系统资源，应该根据用户所承担任务的不同为其分配合理资源。PROFILE 不仅可用于管理用户密码，还可以用于管理用户资源。需要注意，如果是使用 PROFILE 管理资源，必须将 RESOURCE_LIMIT 参数设置为 TRUE，以激活资源限制。由于该参数是动态参数，因此可以使用 ALTER SYSTEM 语句进行修改。下面来看一个例子。

【例 12.26】使用 SHOW 命令查看 RESOURCE_LIMIT 参数的值，然后使用 ALTER SYSTEM 命令修改该参数的值为 TRUE，以激活资源限制，代码及运行结果如下。**（实例位置：资源包\TM\sl\12\12）**

```
SQL> show parameter resource_limit;
NAME                TYPE         VALUE
------------------- ------------ ------
resource_limit      boolean      FALSE
SQL> alter system set resource_limit=true;
系统已更改。
```

利用 PROFILE 配置文件，可以对以下系统资源进行限制。

- ☑ CPU 时间：为了防止无休止地使用 CPU 时间，限制用户每次调用所使用的 CPU 时间以及在一次会话期间所使用的 CPU 时间。
- ☑ 逻辑读：为了防止过多使用系统的 I/O 操作，限制每次调用（即会话）时读取的逻辑数据块数目。
- ☑ 用户的并发会话数。
- ☑ 会话空闲的限制：当一个会话空闲的时间达到限制值时，当前事务被回滚，会话被终止并且所占用的资源被释放。
- ☑ 会话可持续的时间：如果一个会话的总计连接时间达到该限制值，则当前事务被回滚，会话被终止并释放所占用的资源。
- ☑ 会话所使用的 SGA 空间限制。

当一个会话或 SQL 语句占用的资源超过 PROFILE 文件中的限制时，Oracle 将终止并回退当前事务，然后向用户返回错误的信息。如果 PROFILE 文件受到的限制是会话级的，那么在提交或回退事务后，用户会话将被终止；而如果受到的限制是调用级的，那么用户会话还能够继续进行，只是当前执行的 SQL 语句将被终止。下面是 PROFILE 文件中对各种资源限制的参数。

- ☑ SESSION_PER_USER：用户可以同时连接的会话数量。如果用户的连接数达到该限制，则试图登录时将产生一条错误信息。
- ☑ CPU_PER_SESSION：限制用户在一次数据库会话期间可以使用的 CPU 时间，单位为 1% s。当达到该时间值后，系统就会终止该会话。如果用户还需要执行操作，则必须重新建立连接。
- ☑ CPU_PER_CALL：该参数限制用户每条 SQL 语句所能使用的 CPU 时间，参数值是一个整数，单位是 1% s。
- ☑ LOGICAL_READS_PER_SESSION：限制每个会话所能读取的数据块数量，包括从内存中读取的数据块和从磁盘中读取的数据块。
- ☑ CONNECT_TIME：限制每个用户连接到数据库的最长时间，单位为 min（分钟），当连接时间超出该设置时连接终止。
- ☑ IDLE_TIME：该参数限制每个用户会话连接到数据库的最长时间。超过该空闲时间，系统会终止该会话。

12.5.4 维护 PROFILE 文件

在 Oracle 中，PROFILE 文件也是一种数据资源。DBA 可以使用相应的语句对其进行管理，包括修改配置文件、删除配置文件、激活或禁用配置文件。

1. 修改 PROFILE 文件

在创建 PROFILE 文件之后，还可以使用 ALTER PROFILE 语句修改其中的资源参数和密码参数。

【例 12.27】对 password_life_time 文件（即 PROFILE 文件）的资源限制参数进行修改，代码及运行结果如下。**（实例位置：资源包\TM\sl\12\13）**

```
SQL> alter profile password_life_time limit
  2  cpu_per_session 20000
  3  sessions_per_user 10
  4  cpu_per_call 500
  5  password_life_time 180
  6  failed_login_attempts 10;
配置文件已更改。
```

说明

对配置文件所做的修改只有在用户开始新的会话时才会生效。

2. 删除 PROFILE 文件

使用 DROP PROFILE 语句可以删除 PROFILE 文件。如果要删除的配置文件已经被指定给了用户，则必须在 DROP PROFILE 语句中使用 CASCADE 关键字。下面来看一个例子。

【例 12.28】删除被分配给用户 dongfang 的 password_life_time 配置文件，代码及运行结果如下。

```
SQL> drop profile password_life_time cascade;
配置文件已删除。
```

说明

如果为用户指定的配置文件被删除，则 Oracle 将自动为用户重新指定 DEFAULT 配置文件。

12.5.5 显示 PROFILE 信息

在 PROFILE 文件被创建后，其信息被存储在数据字典中。通过查询这些数据字典，可以了解 PROFILE 文件的信息。

1. 显示用户的资源配置信息

建立或修改用户时，可以为用户分配 PROFILE 文件，如果没有为用户分配 PROFILE 文件，Oracle 会自动将 DEFAULT 文件分配给用户。通过查询数据字典视图 dba_users，可以显示用户使用的 PROFILE

文件。下面来看一个例子。

【例 12.29】显示用户 dongfang 所使用的 PROFILE 文件，代码及运行结果如下。

```
SQL> select profile from dba_users where username='DONGFANG';
PROFILE
------------------------
LOCK_ACCOUNT
```

2. 显示指定 PROFILE 文件的资源配置信息

建立或修改 PROFILE 文件时，Oracle 将 PROFILE 参数存储在数据字典中。可以通过查询 dba_profiles 显示 PROFILE 的密码限制、资源限制信息。下面来看一个例子。

【例 12.30】显示 lock_account 文件的密码和资源限制信息，代码及运行结果如下。

```
SQL> column limit for a20
SQL> select resource_name,resource_type,limit
  2  from dba_profiles
  3  where profile = 'LOCK_ACCOUNT';
```

本例运行结果如图 12.10 所示。

```
RESOURCE_NAME                    RESOURCE LIMIT
-------------------------------- -------- --------
COMPOSITE_LIMIT                  KERNEL   DEFAULT
SESSIONS_PER_USER                KERNEL   DEFAULT
CPU_PER_SESSION                  KERNEL   DEFAULT
CPU_PER_CALL                     KERNEL   DEFAULT
LOGICAL_READS_PER_SESSION        KERNEL   DEFAULT
LOGICAL_READS_PER_CALL           KERNEL   DEFAULT
IDLE_TIME                        KERNEL   DEFAULT
CONNECT_TIME                     KERNEL   DEFAULT
PRIVATE_SGA                      KERNEL   DEFAULT
FAILED_LOGIN_ATTEMPTS            PASSWORD 5
PASSWORD_LIFE_TIME               PASSWORD DEFAULT

RESOURCE_NAME                    RESOURCE LIMIT
-------------------------------- -------- --------
PASSWORD_REUSE_TIME              PASSWORD DEFAULT
PASSWORD_REUSE_MAX               PASSWORD DEFAULT
PASSWORD_VERIFY_FUNCTION         PASSWORD DEFAULT
PASSWORD_LOCK_TIME               PASSWORD 7
PASSWORD_GRACE_TIME              PASSWORD DEFAULT

已选择16行。
```

图 12.10　显示 lock_account 文件的信息

12.6　实践与练习

1. 创建一个用户 TESTUSER，然后为其分配连接数据库和创建数据表的权限。
2. 创建一个角色 TESTROLE，然后为其分配连接数据库和创建数据表的权限。

第 3 篇

高级应用

本篇介绍数据库控制、Oracle 系统调优、优化 SQL 语句、Oracle 数据备份和恢复、数据导出和导入以及 Oracle 闪回技术。学习完本篇，读者将能够实现 Oracle 系统和 SQL 语句的优化、备份和恢复数据库，从其他数据库向 Oracle 中导入数据以及闪回还原数据等操作。

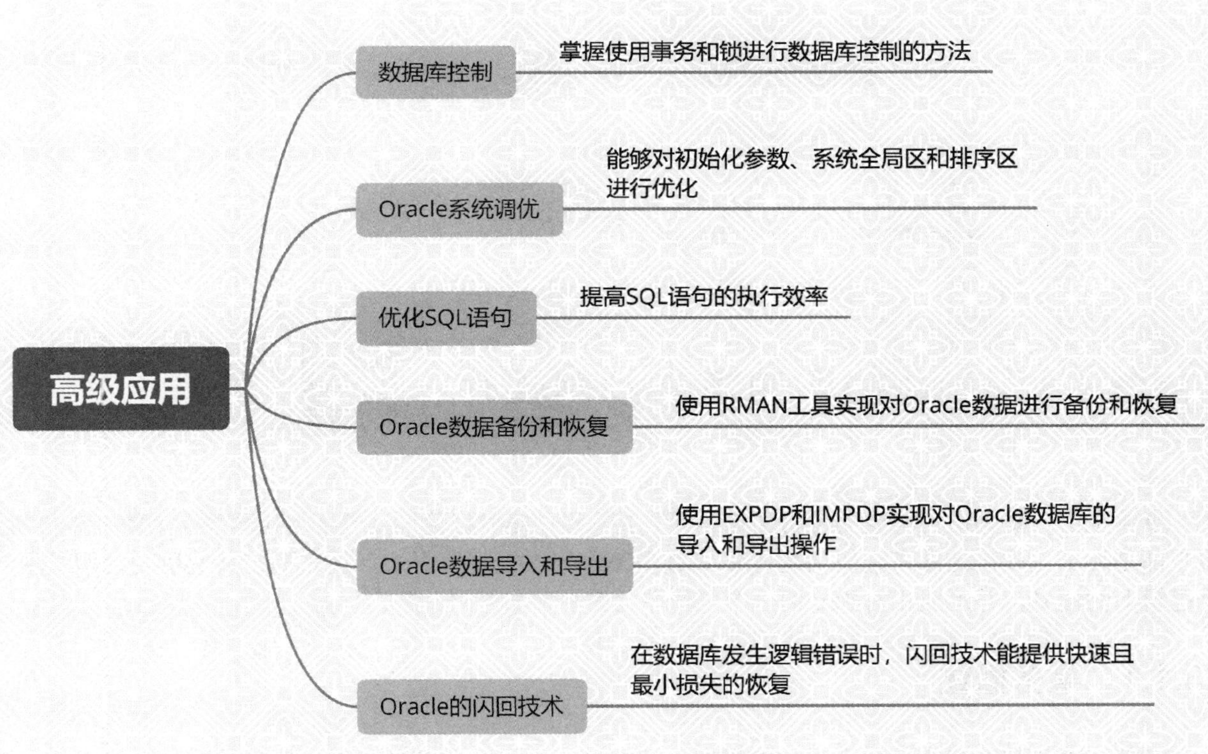

高级应用
数据库控制
掌握使用事务和锁进行数据库控制的方法
Oracle系统调优
能够对初始化参数、系统全局区和排序区进行优化
优化SQL语句
提高SQL语句的执行效率
Oracle数据备份和恢复
使用RMAN工具实现对Oracle数据进行备份和恢复
Oracle数据导入和导出
使用EXPDP和IMPDP实现对Oracle数据库的导入和导出操作
Oracle的闪回技术
在数据库发生逻辑错误时，闪回技术能提供快速且最小损失的恢复

第 13 章

数据库控制

为了确保数据的并行性和一致性，本章重点讲解事务和锁的概念。数据库系统的并发控制是以事务为单位进行的，而事务中用到的数据或资源，可以使用内部锁定的机制来限制事务对所需共同资源的存取操作，从而确保数据的并行性和一致性。

本章知识架构及重难点如下。

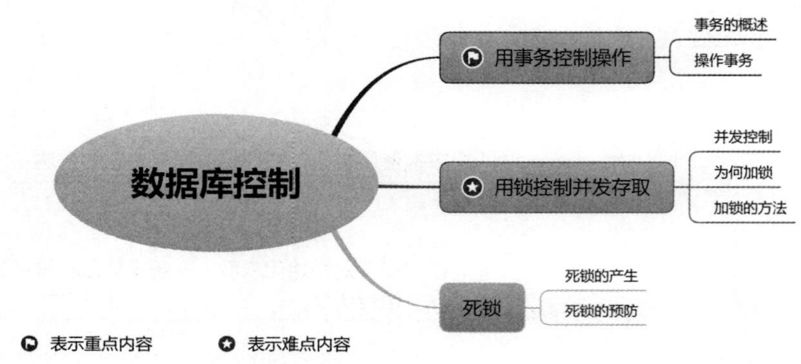

13.1　用事务控制操作

事务是由一系列语句构成的逻辑工作单元。事务和存储过程等批处理在一定程度上有着相似之处，通常都是为了完成一定业务逻辑而将一条或者多条语句“封装”起来，使它们与其他语句之间呈现一个逻辑上的边界，并形成相对独立的一个工作单元。

13.1.1　事务概述

当使用事务修改多个数据表时，如果在处理的过程中出现了某种错误，例如系统死机或突然断电等情况，则返回的结果是数据全部没有被保存。因为事务处理的结果只有两种：一种是在事务处理的过程中，如果发生了某种错误，则整个事务全部回滚，使所有对数据的修改全部被撤销，事务对数据库的操作是单步执行的，当遇到错误时可以随时地回滚；另一种是如果没有发生任何错误且每一步的执行都成功，则整个事务全部被提交。由此可见，有效地使用事务不但可以提高数据的安全性，而且还可以增强数据的处理效率。

1. 事务的特性

事务包含 4 种重要的属性，即原子性、一致性、隔离性和持久性，被统称为 ACID。一个事务必须通过 ACID。

1）原子性（atomicity）

事务是一个整体的工作单元，事务对数据库所做的操作要么全部执行要么全部取消。如果某条语句执行失败，则所有语句全部回滚。下面通过一个例子来说明该特性。

在某银行的数据库系统里，有两个储蓄账号，分别为 A（该账号目前余额为 1000）和 B（该账户目前余额为 1000），定义从 A 账户转账 500 元到 B 账户为一个完整的事务，处理过程如图 13.1 所示。

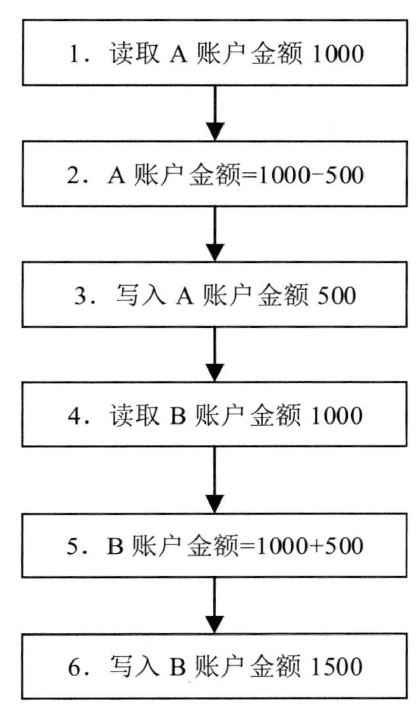

图 13.1　转账事务处理流程

在正确执行的情况下，最后 A 账户余额为 500，B 账户余额为 1500，二者的余额之和等于事务未发生之前的和，称为数据库的数据从一个一致性状态转移到了另一个一致性状态，数据的完整性和一致性得到了保证。

假如在事务处理的过程中，在完成了步骤 3、未完成步骤 6 的情况下突然发生电源故障、硬件故障或软件错误，这样数据库中的数据就变成了 A = 500，B = 1000。很显然，数据库中数据的一致性已经被破坏，不能反映数据库的真实情况。因此在这种情况下，必须将数据库中的数据恢复到 A = 1000、B = 1000 的真实情况，这就是事务的回滚操作。事务里的操作步骤不可分割，即全部完成或都不完成，没有全部完成就必须回滚，这就是原子性的基本含义。

怎样才能实现事务的原子性呢？很简单，对于事务中的写操作的数据项，数据库系统在磁盘上记录其旧值，事务如果没有完成，就将旧值恢复回来。

2）一致性（consistency）

事务在完成时，必须使所有的数据都保持一致状态。在相关数据库中，所有规则都必须应用于事务的修改，以保持所有数据的完整性。如果事务成功，则所有数据将变为一个新的状态；如果事务失败，则所有数据将处于开始之前的状态。

3）隔离性（isolation）

由事务所做的修改必须与其他事务所做的修改隔离。事务查看数据时数据所处的状态，为另一并发事务修改它之前的状态，或者为另一事务修改它之后的状态，事务不会查看中间状态的数据。

4）持久性（durability）。

当事务提交后，对数据库所做的修改就会永久保存下来。

2. 事务的状态

对数据库进行操作的各种事务共有 5 种状态，如图 13.2 所示。下面分别介绍这 5 种状态的含义。

☑　活动状态。事务执行时的状态称为活动状态。

☑　部分提交状态。事务中最后一条语句被执行后的状态称为部分提交状态。事务虽然已经完成，但由于实际输出可能在内存中，在事务成功前可能还会发生硬件故障，因此有时不得不中止，以进入中止状态。

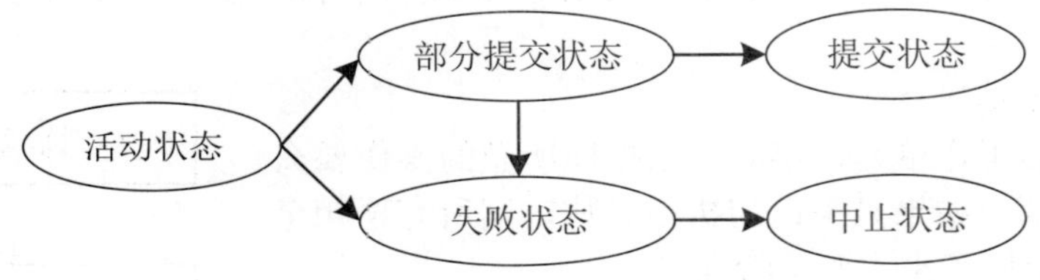

图 13.2　事务状态变化图

- ☑ 失败状态。事务不能正常执行的状态称为失败状态。导致失败状态发生的可能原因有硬件原因或逻辑错误，因此这时事务必须回滚，以进入中止状态。
- ☑ 提交状态。事务在部分提交后，将往硬盘上写入数据，最后一条信息写入后的状态称为提交状态，进入提交状态的事务就成功完成了。
- ☑ 中止状态。事务回滚，并且数据库已经恢复到事务开始执行前的状态称为中止状态。

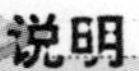
说明

提交状态和中止状态的事务统称为已决事务，处于活动状态、部分提交状态和失败状态的事务称为未决事务。

13.1.2　操作事务

Oracle 中的事务是隐式自动开始的，不需要用户显式地执行开始事务语句。但对于事务的结束处理，则需要用户进行指定的操作。通常在遇到以下情况时，Oracle 会认为一个事务已结束了。

- ☑ 执行 COMMIT 语句提交事务。
- ☑ 指定 ROLLBACK 语句撤销事务。
- ☑ 执行一条数据定义语句，如 CREATE、DROP 或 ALTER 等语句。如果该语句执行成功，那么 Oracle 系统会自动执行 COMMIT 命令；否则，Oracle 系统会自动执行 ROLLBACK 命令。
- ☑ 执行一个数据控制命令，如 GRANT、REVOKE 等控制命令，这种操作执行完毕，Oracle 系统会自动执行 COMMIT 命令。
- ☑ 正常地断开数据库的连接、正常地退出 SQL*Plus 环境，则 Oracle 系统会自动执行 COMMIT 命令；否则，Oracle 系统会自动执行 ROLLBACK 命令。

综合上述 5 种情况可知，Oracle 结束一个事务需要执行 COMMIT 语句，或者执行 ROLLBACK 语句。下面将分别介绍设置事务、提交事务、回滚事务和设置回退点。

1. 设置事务

下面介绍设置只读事务和读写事务，以及为事务分配回滚段的方法。

1）设置只读事务

只读事务是指只允许查询操作，而不允许执行任何 DML 操作的事务。当使用只读事务时，可以确保用户取得特定时间点的数据。假定企业需要在每天 16 时统计最近一天的销售信息，而不统计当天 16 时之后的销售信息，可以使用只读事务。在设置了只读事务之后，尽管其他会话仍会提交新事物，但

只读事务将会取得新的数据变化，从而确保取得特定时间点的数据信息。其效果如图 13.3 所示。

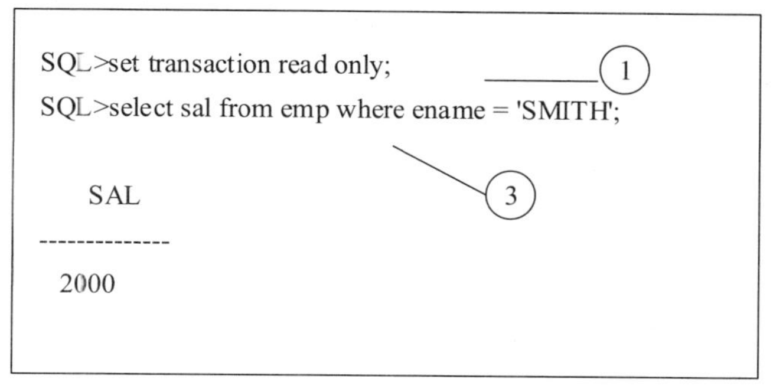

（a）会话 A

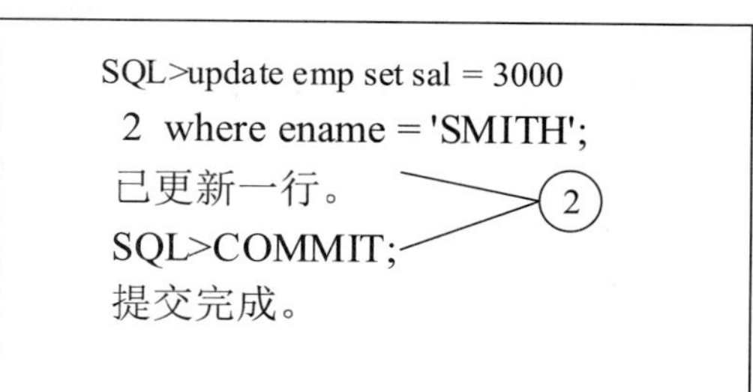

（b）会话 B

图 13.3　演示只读事务

假定会话 A 在时间点 1 设置了只读事务，会话 B 在时间点 2 更新了 SMITH 的工资并执行了提交操作，会话 A 在时间点 3 查询 SMITH 工资时将会取得时间点 1 的工资值，而不会取得时间点 2 的新工资值。

注意

当设置只读事务时，“set transaction read only;”语句必须是事务开始的第一条语句。

另外，在应用程序中，使用过程 READ_ONLY 也可以设置只读事务，语句有如下两种。

```
SQL> set transaction read only;
SQL> exec dbms_transaction.read_only;
```

语句的执行结果如图 13.4 所示。

2）设置读写事务

设置事务为读写事务，是事务的默认方式，将建立回滚信息。将事务设置为读写的代码如下。

```
SQL> set transaction read write;
```

语句的执行结果如图 13.5 所示。

3）为事务分配回滚段

Oracle 中用户可以自行分配回滚段的权限，其目的是可以灵活地调整性能。用户可以按照不同的事务来分配大小不同的回滚段，一般的分配原则如下。

☑　若长时间运行的查询不需要读取相同的数据表，可以把小的事务分配给小的回滚段，这样查询结果容易被保存在内存中。

☑　若长时间运行的查询需要读取相同的数据表，可以把修改该表的事务分配给大的回滚段，这样读一致的查询结果就不用改写回滚信息。

☑　可以将插入、删除和更新大量数据的事务分配给那些足以保存该事务的回滚信息的回滚段。

为事务设置回滚段的程序代码如下。

```
SQL> set transaction use rollback segment sysyem;
```

语句的执行结果如图 13.6 所示。

```
SQL> set transaction read only;
事务处理集。
```

图 13.4　设置事务为只读状态

```
SQL> set transaction read write;
事务处理集。
```

图 13.5　设置事务为读写状态

```
SQL> set transaction use rollback segment sysyem;
事务处理集。
```

图 13.6　设置事务的回滚段

2. 提交事务（COMMIT 语句）

提交事务是指把对数据库进行的全部操作持久性地保存到数据库中，这种操作通常使用 COMMIT 语句来完成。下面从 3 个方面来介绍事务的提交。

1）提交前 SGA 的状态

在事务提交前，Oracle SQL 语句执行完毕，SGA 内存中的状态如下。

☑　回滚缓冲区生成回滚记录，回滚信息包含所有已修改值的旧值。

☑　日志缓冲区生成该事务的日志，在事务提交前已经被写入物理磁盘中。

☑　数据库缓冲区被修改，这些修改在事务提交后才能被写入物理磁盘中。

2）提交的工作

在使用 COMMIT 语句提交事务时，Oracle 系统内部会按照如下顺序进行处理。

（1）在回滚段内记录当前事务已提交，并且声称一个唯一的系统编号（SCN），以唯一标识这个事务。

（2）启动后台的日志写入进程（LGWR），将重做日志缓冲区中的事务重做日志信息和事务 SCN 写入磁盘上的重做日志文件中。

（3）Oracle 服务器开始释放事务处理所使用的系统资源。

（4）显示通知，告诉用户事务已经成功提交完毕。

3）提交的方式

事务的提交方式包括如下 3 种。

☑　显式提交：使用 COMMIT 命令使当前事务生效。

☑　自动提交：在 SQL*Plus 里执行 SET AUTOCOMMIT ON 命令。

☑　隐式提交：除了显式提交之外的提交，如发出 DDL 命令、程序中止和关闭数据库等。

注意

SET AUTOCOMMIT ON 命令可将 Oracle 数据库管理系统设置成每执行一条 DML 语句就提交一次事务的状态。将 AUTOCOMMIT 设置为 ON，在进行 DML 操作时似乎很方便，但是在实际应用中有时会出问题。例如，在有些应用中可能同时要对几张表进行 DML 操作，如果这些表已经利用外键建立了联系，那么由于外键约束的作用就使得 DML 操作与次序有关，因为 Oracle 数据库管理系统要维护引用完整性，这可能给应用程序的开发增加不少的困难，同时也提高了对程序水平的要求。幸运的是，在 Oracle 数据库管理系统中默认设置 AUTOCOMMIT 为 OFF。

【例 13.1】 在 hr 模式下，向新建表 jobs_temp 中添加一条记录，然后使用 COMMIT 语句提交事务，使新增记录持久化保存到数据库中，具体代码及运行结果如下。

```
SQL> insert into jobs_temp values('DESIGN','设计人员',3000,5000);
已创建 1 行。
SQL> commit;
提交完成。
```

在上述示例中，如果用户不使用 COMMIT 语句提交事务，此时，再开启一个 SQL*Plus 环境（但

要求当前的 SQL*Plus 环境不退出，若退出，Oracle 系统会自动执行 COMMIT 语句提交数据库），然后在 hr 模式下查询 jobs_temp 表，会发现新增加的记录不存在。若用户使用 COMMIT 语句提交事务，则在另一个 SQL*Plus 环境下就能查询到新增加的记录。

3. 回滚事务（ROLLBACK 语句）

回滚事务是指撤销对数据库进行的全部操作，Oracle 利用回退段来存储修改前的数据，通过重做日志来记录对数据所做的修改。如果要回退整个事务，那么 Oracle 系统内部将会执行如下操作。

（1）使用回退段中的数据撤销对数据库所做的修改。

（2）Oracle 后台服务进程释放掉事务所使用的系统资源。

（3）显示通知，告诉用户事务回退成功。

【例 13.2】在 emp 数据表中，删除员工编号是 7902 的记录，然后回滚事务，恢复数据。**（实例位置：资源包\TM\sl\13\1）**

（1）查询 emp 数据表中的信息，代码如下。

```
SQL> select * from emp;
```

结果如图 13.7 所示。

```
SQL> select * from emp;

     EMPNO ENAME      JOB              MGR HIREDATE          SAL       COMM     DEPTNO
---------- ---------- --------- ---------- ---------- ---------- ---------- ----------
      7369 SMITH      CLERK           7902 17-12月-80        800                    20
      7499 ALLEN      SALESMAN        7698 20-2月 -81       1600        300         30
      7521 WARD       SALESMAN        7698 22-2月 -81       1250        500         30
      7566 JONES      MANAGER         7839 02-4月 -81       2975                    20
      7654 MARTIN     SALESMAN        7698 28-9月 -81       1250       1400         30
      7698 BLAKE      MANAGER         7839 01-5月 -81       2850                    30
      7782 CLARK      MANAGER         7839 09-6月 -81       2450                    10
      7788 SCOTT      ANALYST         7566 19-4月 -87       3000                    20
      7839 KING       PRESIDENT            17-11月-81       5000                    10
      7844 TURNER     SALESMAN        7698 08-9月 -81       1500          0         30
      7876 ADAMS      CLERK           7788 23-5月 -87       1100                    20
      7900 JAMES      CLERK           7698 03-12月-81        950                    30
      7902 FORD       ANALYST         7566 03-12月-81       3000                    20

已选择13行。
```

图 13.7　查询 emp 数据表中的信息

从图 13.7 中可以发现，emp 数据表中共有 13 条记录。

（2）删除员工编号是 7902 的记录，并查看删除操作执行后的结果，代码如下。

```
SQL> delete from emp where empno = 7902;
SQL> select * from emp;
```

结果如图 13.8 所示。

```
SQL> delete from emp where empno = 7902;

已删除 1 行。

SQL> select * from emp;

     EMPNO ENAME      JOB              MGR HIREDATE          SAL       COMM     DEPTNO
---------- ---------- --------- ---------- ---------- ---------- ---------- ----------
      7369 SMITH      CLERK           7902 17-12月-80        800                    20
      7499 ALLEN      SALESMAN        7698 20-2月 -81       1600        300         30
      7521 WARD       SALESMAN        7698 22-2月 -81       1250        500         30
      7566 JONES      MANAGER         7839 02-4月 -81       2975                    20
      7654 MARTIN     SALESMAN        7698 28-9月 -81       1250       1400         30
      7698 BLAKE      MANAGER         7839 01-5月 -81       2850                    30
      7782 CLARK      MANAGER         7839 09-6月 -81       2450                    10
      7788 SCOTT      ANALYST         7566 19-4月 -87       3000                    20
      7839 KING       PRESIDENT            17-11月-81       5000                    10
      7844 TURNER     SALESMAN        7698 08-9月 -81       1500          0         30
      7876 ADAMS      CLERK           7788 23-5月 -87       1100                    20
      7900 JAMES      CLERK           7698 03-12月-81        950                    30

已选择12行。
```

图 13.8　查询执行删除操作后 emp 数据表中的信息

从图 13.8 中可以发现，emp 数据表中剩下 12 条记录，说明有一条记录被删除了。

（3）回滚事务并查看回滚后的数据表中的数据，代码如下。

```
SQL> rollback;
SQL> select * from emp;
```

结果如图 13.9 所示。

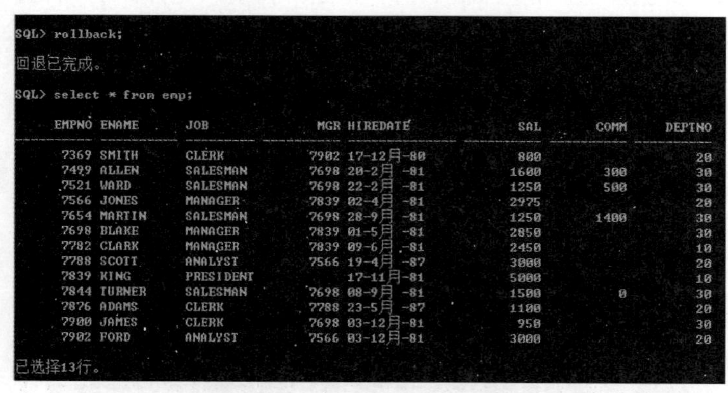

```
SQL> rollback;

回退已完成。

SQL> select * from emp;

     EMPNO ENAME      JOB              MGR HIREDATE          SAL       COMM     DEPTNO
---------- ---------- --------- ---------- ---------- ---------- ---------- ----------
      7369 SMITH      CLERK           7902 17-12月-80        800                    20
      7499 ALLEN      SALESMAN        7698 20-2月 -81       1600        300         30
      7521 WARD       SALESMAN        7698 22-2月 -81       1250        500         30
      7566 JONES      MANAGER         7839 02-4月 -81       2975                    20
      7654 MARTIN     SALESMAN        7698 28-9月 -81       1250       1400         30
      7698 BLAKE      MANAGER         7839 01-5月 -81       2850                    30
      7782 CLARK      MANAGER         7839 09-6月 -81       2450                    10
      7788 SCOTT      ANALYST         7566 19-4月 -87       3000                    20
      7839 KING       PRESIDENT            17-11月-81       5000                    10
      7844 TURNER     SALESMAN        7698 08-9月 -81       1500          0         30
      7876 ADAMS      CLERK           7788 23-5月 -87       1100                    20
      7900 JAMES      CLERK           7698 03-12月-81        950                    30
      7902 FORD       ANALYST         7566 03-12月-81       3000                    20

已选择13行。
```

图 13.9　回滚事务

可以发现，emp 数据表中的记录恢复到了原来的状态（13 条记录），说明被删除的记录又回来了。上述操作的结果表明，事务的回滚可以撤销未提交事务中 SQL 命令对数据所做的修改。

4. 设置回退点

回退点又称为保存点（savepoint），是指在含有较多 SQL 语句的事务中间设定的回滚标记，其作用类似于调试程序的中断点。利用保存点可以将事务划分成若干小部分，这样就不必回滚整个事务，可以回滚到指定的保存点，有更大的灵活性。回滚到指定保存点将完成如下主要工作。

- ☑　回滚保存点之后的部分事务。
- ☑　删除在该保存点之后建立的全部保存点，该保存点保留，以便多次回避。
- ☑　解除保存点之后表的封锁或行的封锁。

【例 13.3】使用保存点来回滚记录。（**实例位置：资源包\TM\sl\13\2**）

（1）查询 dept_temp 数据表中的信息，代码如下。

```
SQL> select * from dept_temp;
```

结果如图 13.10 所示。

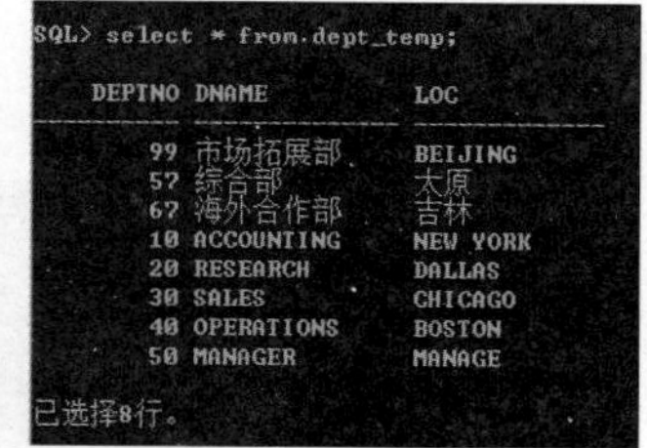

```
SQL> select * from dept_temp;

    DEPTNO DNAME          LOC
---------- -------------- -------------
        99 市场拓展部     BEIJING
        57 综合部         太原
        67 海外合作部     吉林
        10 ACCOUNTING     NEW YORK
        20 RESEARCH       DALLAS
        30 SALES          CHICAGO
        40 OPERATIONS     BOSTON
        50 MANAGER        MANAGE

已选择8行。
```

图 13.10　查询 dept_temp 数据表信息

（2）建立保存点 sp01，代码如下。

```
SQL> savepoint sp01;
```

结果如图 13.11 所示。

（3）向 dept_temp 表中添加记录，代码如下。

```
SQL> insert into dept_temp values(15, '采购部', '成都');
```

结果如图 13.12 所示。

（4）建立保存点 sp02，代码如下。

```
SQL> savepoint sp02;
```

结果如图 13.13 所示。

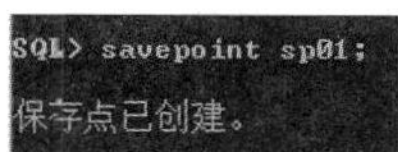

图 13.11　建立保存点 sp01

```
SQL> insert into dept_temp values(15, '采购部', '成都');
已创建 1 行。
```

图 13.12　向 dept_temp 表中添加记录

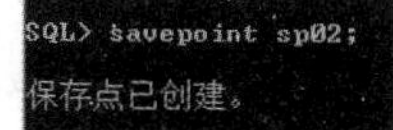

图 13.13　建立保存点 sp02

（5）在 dept_temp 表中删除一条数据，代码如下。

```
SQL> delete dept_temp where deptno = 57;
SQL> select * from dept_temp;
```

结果如图 13.14 所示。

（6）回滚到保存点 sp02，查询 dept_temp 表中的信息，代码如下。

```
SQL> rollback to sp02;
SQL> select * from dept_temp;
```

结果如图 13.15 所示。

比较两次查询结果，可以发现当事务回滚到保存点 sp02 时，在保存点 sp02 后所做的操作已经被撤销，但发生在保存点之前的操作并没有被撤销。

（7）回滚到保存点 sp01，查询 dept_temp 表中的信息，代码如下。

```
SQL> rollback to sp01;
SQL> select * from dept_temp;
```

结果如图 13.16 所示。可以看到，回滚到保存点 sp01 之后，dept_temp 表和没开始操作时的数据记录相同。

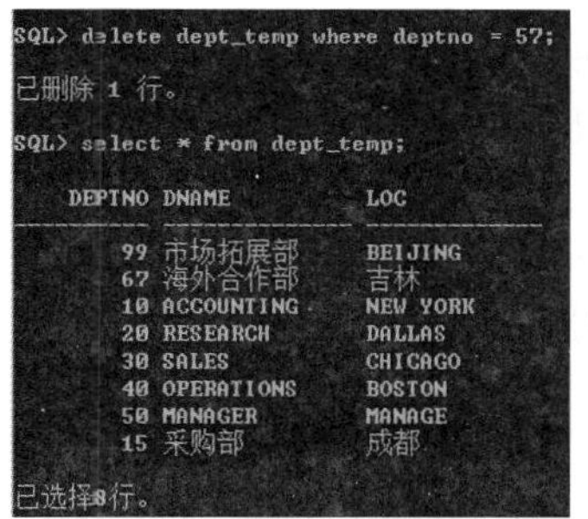

图 13.14　在 dept_temp 表中删除一条数据

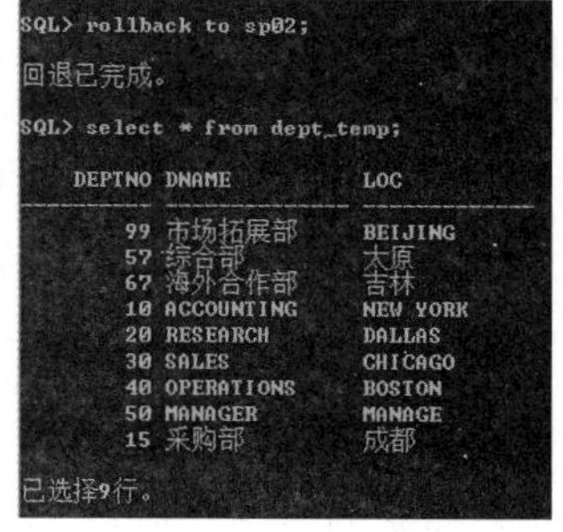

图 13.15　回滚到保存点 sp02

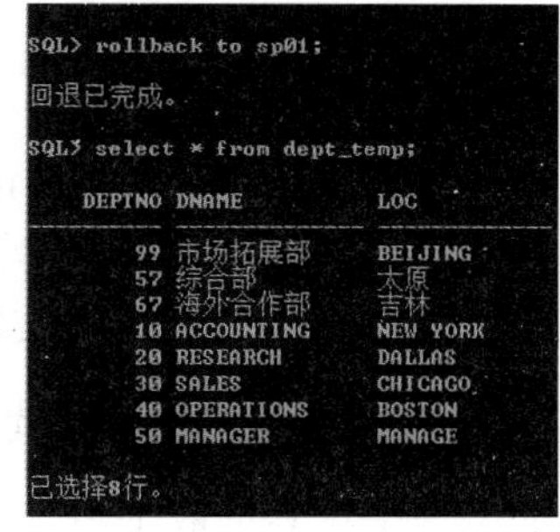

图 13.16　回滚到保存点 sp01

注意

上面介绍的使用 ROLLBACK 命令回滚事务称为显式回滚，还有一种回滚称为隐式回滚。如果系统在事务执行期间发生错误、死锁和中止等情况，那么系统将自动完成隐式回滚。

13.2　用锁控制并发存取

数据可使用一种或多种方法来实现使用的并发性。这些方法包括保证由事务独占使用表的锁定机

制，允许事务串行化的时间戳方法，以及基于验证的事务调度。锁定方法称为悲观方法，因为它们假定事务将破坏串行调度，除非明确地阻止它们这样做。时间戳和验证方法称为乐观方法，因为它们不假定事务必然会破坏串行调度。

锁定方法导致比乐观方法更长时间的延迟，因为它们要求冲突的事务等待访问锁定的数据库对象。不过，从积极的方面来看，锁定方法不必中止事务，因为它们阻止了可能冲突的事务与其他事务相互影响。如果事务可能破坏串行调度，那么乐观的方法通常是要中止它们的。

Oracle 的锁防止试图访问相同资源的事务之间的破坏性交互。资源可以是一个应用表或行，或者可以是内存中的一个共享系统数据结构，还可以是一个数据字典或行。在同意多个用户同时访问数据库从而允许数据并发时，锁保证数据一致性。

Oracle 隐式地进行锁定，用户不必担心锁定哪个表以及如何锁定，Oracle 会在必要时代表事务自动地进行锁定。默认时，Oracle 使用行级锁定，这种锁定的数量限制最小，因此能保证最大的并发处理。Oracle 默认在数据块中存储锁定行的信息，而且 Oracle 从不使用锁升级，即不会将较低的粒度（如行级锁定）升到较高的粒度（如表级锁定）。

13.2.1 并发控制

首先介绍事务并发控制。事务的并发问题主要体现在丢失或覆盖更新、未确认的相关性（脏读）、不一致的分析（不可重复读）和幻象读 4 个方面，这些是影响事务完整性的主要因素。如果没有锁定且多个用户同时访问一个数据库，则当它们的事务同时使用相同的数据时可能会发生以上几种问题。

1. 丢失或覆盖更新

当两个或多个事务选择同一行，然后基于最初选定的值更新该行时，会发生丢失更新问题。每个事务都不知道其他事务的存在，最后的更新将重写由其他事务所做的更新，这样就会导致数据丢失。

例如，最初有一份原始的电子文档，文档人员 A 和 B 同时修改此文档，当修改完成之后进行保存时，最后修改完成的文档必将替换第一个修改完成的文档，这就造成了数据丢失更新的后果。如果文档人员 A 修改并保存之后，文档人员 B 再进行修改，则可以避免该问题。

2. 未确认的相关性（脏读）

如果一个事务读取了另一个事务尚未提交的更新，则称为脏读。

例如，文档人员 B 复制了文档人员 A 正在修改的文档，并将文档人员 A 的文档发布。此后，文档人员 A 认为文档中存在着一些问题需要重新修改，此时文档人员 B 发布的文档就将与重新修改后的文档内容不一致。如果在文档人员 A 将文档修改完成并确认无误的情况下，文档人员 B 再复制则可以避免该问题。

3. 不一致的分析（不可重复读）

当事务多次访问同一行数据，并且每次读取的数据不同时，将会发生不一致的分析的问题。不一致的分析与未确认的相关性类似，因为其他事务也正在更改该数据。然而，在不一致的分析中，事务所读取的数据是由进行了更改的事务提交的。而且，不一致的分析涉及多次读取同一行，并且每次信息都由其他事务更改，因而该行发生了不可重复读取的情况。

例如，文档人员 B 两次读取文档人员 A 的文档，但在文档人员 B 读取时，文档人员 A 又重新修

改了该文档中的内容，在文档人员 B 第二次读取文档人员 A 的文档时，文档中的内容已经改变，此时则发生了不可重复读的情况。如果文档人员 B 在文档人员 A 全部修改后读取文档，则可以避免该问题。

4. 幻象读

幻象读和不一致的分析有些相似，当一个事务的更新结果影响到另一个事务时，会发生幻象读问题。事务第一次读的行范围显示出其中一行已不存在于第二次读或后续读中，因为该行已被其他事务删除。同样，由于其他事务的插入操作，事务的第二次或后续读显示有一行已不存在于原始读中。

例如，文档人员 B 更改了文档人员 A 所提交的文档，但当文档人员 B 将更改后的文档合并到主副本时，却发现文档人员 A 已将新数据添加到该文档中。如果文档人员 B 在修改文档之前，没有任何人将新数据添加到该文档中，则可以避免该问题。

13.2.2　为何加锁

作为共享资源的数据库可以供多个用户同时访问，也就是说，在同一时刻可能会有多个并发执行的事务访问数据库的同一资源。如何保证这些并发事务的执行不破坏数据的一致性和完整性呢？

一种方法就是让所有的事务一个一个地串行执行，这样势必会大大降低数据库的工作效率。还有一种方法是提供一种对数据进行并发控制的机制，这种机制就是锁。在同一时刻，有的事务需要获取数据后进行处理，有的事务仅仅是查询该数据而不进行处理，这样查询和处理操作可以并发执行，互不干扰。同时，修改数据的事务规则，按照一定的算法进行调度，这样就能既不破坏数据的一致性，又能大大提高数据库的执行效率。

1. 什么是锁

锁是对数据进行并发控制的机制。Oracle 使用锁来保证事务的隔离性，即事务内部的操作和使用的数据对并发执行的其他事务是隔离的、互不干扰的。换言之，锁其实就是事务可以对数据库资源进行操作的权限。

Oracle 的事务要执行，必须先申请对该资源的锁。按照获得的锁的不同，对该资源进行相应锁赋予的操作；如果没有获得锁，就不能执行对该资源的任何操作。当某种事件出现或该事务完成后，自动解除对该资源的锁。

说明

Oracle 中锁的管理和分配是由数据库管理系统自动完成的，不需要用户进行干预。同时，Oracle 还提供了手工加锁的命令，供有经验的用户使用。

2. Oracle 的锁定方式

Oracle 使用锁来控制访问两种广泛类型的对象，即用户对象（包括表）和系统对象（可能包括共享内存结构和数据字典对象）。为了避免并发事务之间的冲突，Oracle 遵循一种悲观的锁定方式，它可以预期可能的冲突，并且阻止某些事务干扰其他事务。

在锁的环境中，粒度是指被锁机制锁定的数据单元的大小。Oracle 使用行级粒度来锁定对象，这是最好的粒度级别（独占表锁定是最粗的粒度级别）。有些数据库（包括 Microsoft SQL Server）只提供页面级而不是行级锁定。页面类似于 Oracle 的数据块，它可以有许多行，因此页面级锁定表示在更新中除了要锁定的行以外，还锁定了其他一些行。如果其他用户需要锁定非更新成分的行时，它们必须等待释放页面上的锁。例如，如果页面尺寸为 8 KB，表中的平均行长度为 100 B，每个页面大约可装 80 行。如果这些行中某一行被更新，则页面级的锁将限制对其他 79 行进行访问。比行级更大级别的锁将降低数据的并发性。

注解

锁的粒度越粗，事务的串行性就越强，从而并发异常就越少；但粒度级别越粗，并发级别就越低。Oracle 的锁不阻止其他用户读取数据表，并且在默认情况下，查询从不在表上放置锁。

一个事务中语句请求的所有锁为 Oracle 持有，直到该事务完成为止。当某个事务发出一条显式或隐式的 COMMIT 或 ROLLBACK 命令时，Oracle 释放事务内的语句曾经拥有的所有锁。如果 Oracle 回滚到一个保留点，则将释放该保留点之后请求的所有锁。

3. Oracle 的锁类型

按照锁的权限来分，Oracle 数据库管理系统提供了两种类型的锁，即排他锁（exclusive lock）和共享锁（share lock）。按照锁所分配的资源来分，又可以分为数据锁（data lock）、字典锁（dictionary lock）、内部锁、分布锁和并行缓冲管理锁，其中常见的是数据锁和字典锁，其他锁都是由管理系统自动管理的。

☑ 排他锁：又称为 X 锁或写锁。若事务 T1 对资源 R 加上 X 锁，则只允许 T1 读取和修改 R，其他事务可以读取 R，但不能修改 R，除非 T1 事务解除了加在 R 上的 X 锁。

☑ 共享锁：又称为 S 锁或读锁。若事务 T2 对资源 R 加上 S 锁，允许 T2 读取 R，其他事务也可以读取 R。

☑ 数据锁：当用户对表格中的数据进行 INSERT、UPDATE 和 DELETE 操作时将要用到数据锁。数据锁在表中获得并保护数据。

☑ 字典锁：当用户创建、修改和删除数据表时将要用到字典锁。字典锁用来防止两个用户同时修改同一个表的结构。

4. 查询锁信息

Oracle 在动态状态表 v$lock 中存储与数据库中的锁有关的所有信息。现在通过下面的程序了解 v$lock 表的结构。

```
DESCRIBE v$lock;
```

运行结果如图 13.17 所示。其中部分选项的含义如下。

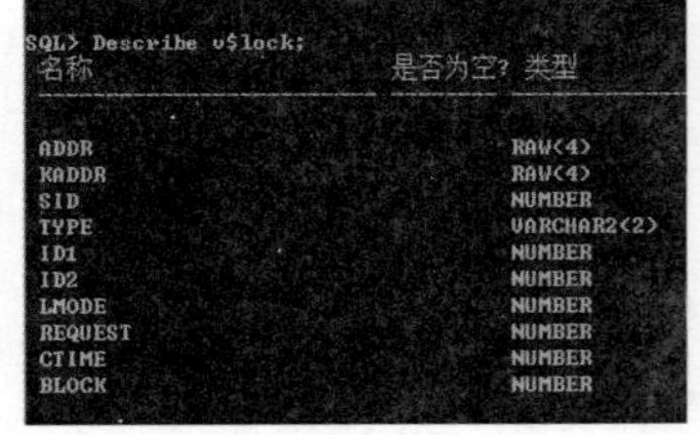

图 13.17　v$lock 表的结构

☑ SID：会话标识符。

☑ TYPE：获得或等待的锁类型。其中，TX 表示事务，TM DML 表示或表锁，MR 表示介质恢复，ST 表示磁盘空间事务。

☑ LMODE/REQUEST：锁的模式。其中，0 表示无，1 表示空，2 表示行共享（RS），3 表示行排他（RX），4 表示共享（S），5 表示共享行排他（SRX），6 表示排他（X）。若 LMODE 列含有一个不是 0 或 1 的数值，则表明进程已经获得了一个锁；若 REQUEST 列含有一个不是 0 或 1 的数值，则表明进程正在等待一个锁；若 LMODE 列含有数值 0，则表明进程正在等待一个锁。

☑　ID1：根据锁的类型的不同，此列中的数值有不同的含义。假如锁的类型是 TM，此列中的数值是将要被锁定或等待被锁定的对象的标识；假如锁的类型是 TX，此列中的数值是回滚段号码的十进制表示。

☑　ID2：根据锁的类型的不同，此列中的数值有不同的含义。假如锁的类型是 TM，此列中的数值是 0；假如锁的类型是 TX，此列中表示交换次数——也就是回滚槽重新使用的次数。

5. 监控锁的方法

Oracle 使用锁在多个用户同时访问时维护数据的一致性和完整性。但是，当两个或两个以上的用户会话试图竞争同一对象的锁时，锁将成为坏消息。DBA 应该监控并管理数据库中的锁的争用。监控锁的方法包括如下 3 种。

1）使用 CATBLOCK.SQL 和 UTLLOCKT.SQL 脚本

Oracle 提供了两个有用的锁监控脚本，称为 CATBLOCK.SQL 和 UTLLOCKT.SQL。这两个脚本可在“$ORACLE_HOME/rdbms/admin”目录中找到。脚本 CATBLOCK.SQL 创建许多从 v$lock 这样的数据字典视图中收集的与锁相关的信息视图。脚本 UTLLOCKT.SQL 查询由 CATBLOCK.SQL 创建的视图，以报告等待锁的会话及其相应的阻塞会话。CATBLOCK.SQL 必须在使用 UTLLOCKT.SQL 前运行。

2）直接查询数据字典视图

以下脚本可用于确定数据库中持有和等待锁的会话。该脚本查询并连接 v$lock 和 v$session 视图。

```
SQL> set echo off
SQL> set pagesize 60
SQL> Column SID FORMAT 999 heading “SessionID”
SQL> Column USERNAME FORMAT A8
SQL> Column TERMINAL FORMAT A8 Trunc
SQL> select B.SID,C.USERNAME,C.TERMINAL,B.ID2,B.TYPE,B.LMODE,B.REQUEST
     from DBA_OBJECTS A,V$LOCK B,V$SESSION C
     where A.OBJECT_ID(+) = B.ID1
     AND B.SID = C.SID
     AND C.USERNAME IS NOT NULL
     order by B.SID,B.ID2;
```

程序执行结果如图 13.18 所示。

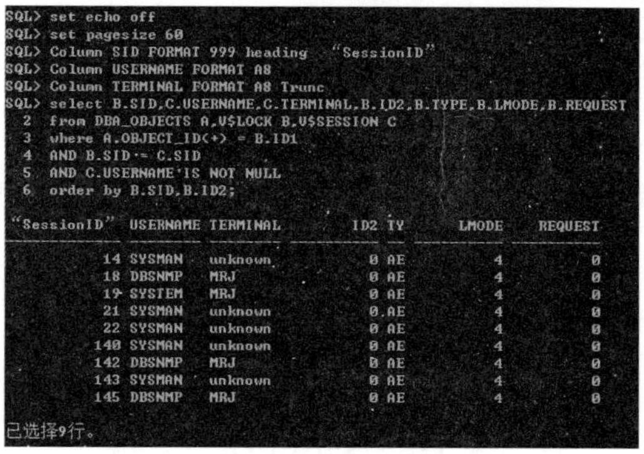

```
SQL> set echo off
SQL> set pagesize 60
SQL> Column SID FORMAT 999 heading  “SessionID”
SQL> Column USERNAME FORMAT A8
SQL> Column TERMINAL FORMAT A8 Trunc
SQL> select B.SID,C.USERNAME,C.TERMINAL,B.ID2,B.TYPE,B.LMODE,B.REQUEST
  2  from DBA_OBJECTS A,V$LOCK B,V$SESSION C
  3  where A.OBJECT_ID(+) = B.ID1
  4  AND B.SID = C.SID
  5  AND C.USERNAME IS NOT NULL
  6  order by B.SID,B.ID2;

“SessionID” USERNAME TERMINAL        ID2 TY      LMODE    REQUEST
----------- -------- -------- ---------- -- ---------- ----------
         14 SYSMAN   unknown           0 AE          4          0
         18 DBSNMP   MRJ               0 AE          4          0
         19 SYSTEM   MRJ               0 AE          4          0
         21 SYSMAN   unknown           0 AE          4          0
         22 SYSMAN   unknown           0 AE          4          0
        140 SYSMAN   unknown           0 AE          4          0
        142 DBSNMP   MRJ               0 AE          4          0
        143 SYSMAN   unknown           0 AE          4          0
        145 DBSNMP   MRJ               0 AE          4          0

已选择9行。
```

图 13.18　查询会话的锁信息

3）使用 Oracle 企业管理器

使用 Oracle 企业管理器（Oracle Enterprise Manager，OEM）也可以得到会话的锁信息。这是获得锁信息最简单的方法之一，可通过选择 Database Control Home Page / Performance / Additional Monitoring Links / Instance Locks 选项转到此页。Instance Locks 页面显示出所有锁，即阻塞和非阻塞的锁。我们所看到的大多数锁是无害的，它们是 Oracle 用来维护并发性的例行非阻塞锁。

13.2.3　加锁的方法

1. 行共享锁 RS（row share）

对数据表定义行共享锁后，如果行共享锁被事务 A 获得，其他事务可以进行并发查询、插入、删除及加锁，但不能以排他方式存取该数据表。其语法格式如下。

```
LOCK TABLE xx IN ROW SHARE MODE;
```

【例 13.4】向表 dept_temp 中增加行共享锁。具体代码如下。

```
SQL> Lock table dept_temp in row share mode;
```

程序执行结果如图 13.19 所示。

2. 行排他锁 RX（row exclusive）

对数据表定义行排他锁后，如果行排他锁被事务 A 获得，那么事务 A 对数据表中的行数据具有排他权限。其他事务可以对同一数据表中的其他数据行进行并发查询、插入、修改、删除及加锁，但不能使用行共享锁、共享行排他锁和行排他锁 3 种方式加锁。执行下列语句可定义行排他锁。

```
LOCK TABLE xx IN ROW EXCLUSIVE MODE;
```

3. 共享锁 S（share）

对数据表定义共享锁后，如果共享锁被事务 A 获得，其他事务可以执行并发查询和加共享锁操作，但不能修改表，也不能使用排他锁、共享行排他锁和行排他锁 3 种方式加锁。执行下列语句定义共享锁。

```
LOCK TABLE xx IN SHARE MODE;
```

4. 共享行排他锁 SRX（share row exclusive）

对数据表定义共享行排他锁后，如果共享行排他锁被事务 A 获得，其他事务可以执行查询和对其他数据行加锁操作，但不能修改表，也不能使用共享锁、共享行排他锁、行排他锁和排他锁 4 种方式加锁。执行下列语句定义共享行排他锁。

```
LOCK TABLE xx IN SHARE ROW EXCLUSIVE MODE;
```

5. 排他锁（exclusive）

排他锁是最严格的锁。如果排他锁被事务 A 获得，事务 A 可以执行对数据表的读写操作，其他事务可以执行查询但不能执行插入、修改和删除操作。执行下列语句定义排他锁。

```
LOCK TABLE xx IN EXCLUSIVE MODE;
```

【例 13.5】向表 dept_temp 中增加排他锁，具体代码如下。

```
SQL> Lock table dept_temp in exclusive mode;
```

程序执行结果如图 13.20 所示。

```
SQL> Lock table dept_temp in row share mode;
表已锁定。
```

图 13.19 在数据表上加行共享锁

```
SQL> Lock table dept_temp in exclusive mode;
表已锁定。
```

图 13.20 在数据表上加排他锁

13.3　死　　锁

在数据库系统中，死锁（deadlocking）是指多个用户（进程）分别锁定了一个资源，并又试图请求锁定对方已经锁定的资源，这就产生了一个锁定请求环，导致多个用户（进程）都处于等待对方释放其锁定资源的状态。

13.3.1　死锁的产生

当两个会话互相等待对方持有的资源而导致相互阻塞时，RDBMS（关系数据库管理系统）中出现死锁。这是一种僵持状态，因为任何一个会话都不能单方面打破这种僵局。在这种情形下，需要 Oracle 中止其中一个会话，回滚其事务。Oracle 可以快速识别两个会话死锁，中止持有最近应用的锁的会话。这将释放出另一会话等待的对象锁。在出现死锁时，虽然用户会在转储目录中看到当前数据库中死锁的信息，但不需要做任何事情。

如果 Oracle 在事务中遇到死锁，它在跟踪文件（位于 USER_DUMP_DEST 初始化参数指定的目录中）中记录所涉及的会话 ID、事务发出的 SQL 语句、死锁中涉及的每个会话在其上持有锁的特定对象名和行等信息。Oracle 进一步通知用户，死锁不是 Oracle 的错误，是由应用设计中的错误所导致，或者是发出特别的 SQL 引起的。应用设计人员必须在代码中编写异常处理程序以回滚事务并重启它。

用户可以在设计阶段加以注意，保证合适的对象锁定次序等来避免死锁。假如写入程序阻塞了其他写入程序，则 Oracle 中的死锁是很少出现的。

例如，事务 A 的线程 T1 具有 Supplier 表上的排他锁。事务 B 的线程 T2 具有 Part 表上的排他锁，并且之后需要 Supplier 表上的锁。事务 B 无法获得这一锁，因为事务 A 已拥有它。事务 B 被阻塞，等待事务 A。然后，事务 A 需要 Part 表的锁，但又无法获得锁，因为事务 B 将它锁定了。

死锁示意图如图 13.21 所示。对于 Part 表锁资源，线程 T1 在线程 T2 上具有相关性。同样，对于 Supplier 表锁资源，线程 T2 在线程 T1 上具有相关性。因为这些相关性形成了一个循环，所以在线程 T1 和线程 T2 之间存在死锁。

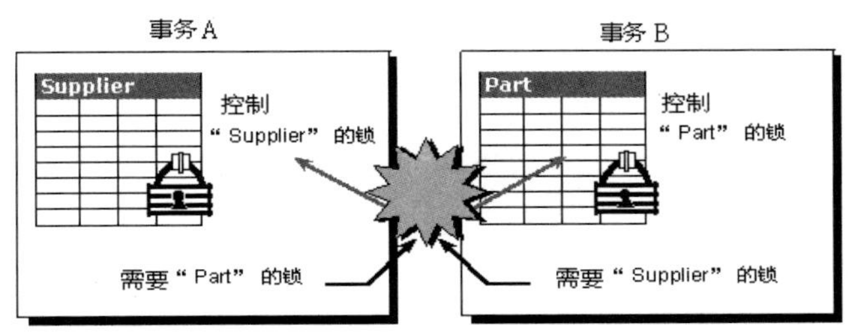

图 13.21　死锁示意图

说明

事务在提交或回滚之前不能释放持有的锁。因为事务需要对方控制的锁才能继续操作，所以它们不能提交或回滚。

【例 13.6】模拟死锁。一个用户中有 A、B 两张表，打开 SQL *Plus 的两个窗口连接到这个用户，在第一个 SQL *Plus 中执行“delete from a;”，然后在第二个 SQL *Plus 中执行“delete from b;”，再回到第一个 SQL *Plus 中执行“delete from b;”，然后又到第二个 SQL *Plus 中执行“delete from a;”。

（1）在第一个 SQL *Plus 中执行以下代码：

```
SQL> delete from a;
```

（2）在第二个 SQL *Plus 中执行以下代码：

```
SQL> delete from b;
```

（3）在第一个 SQL *Plus 中执行以下代码：

```
SQL> delete from b;
```

（4）在第二个 SQL *Plus 中执行以下代码：

```
SQL> delete from a;
```

这样很快就能看到其中一个报告检测到死锁，如图 13.22 所示。

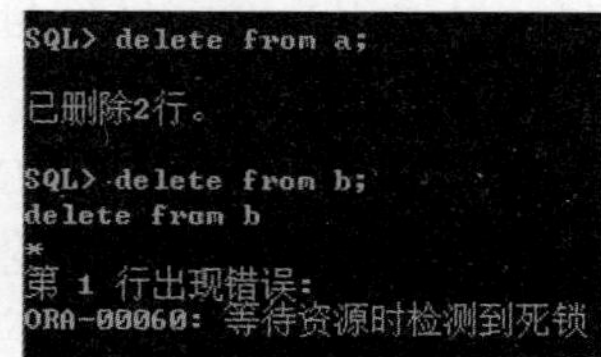

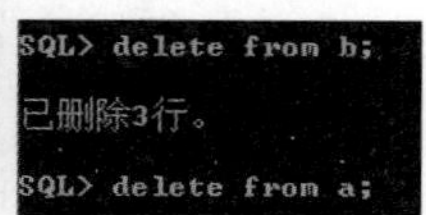

图 13.22　模拟死锁

13.3.2　死锁的预防

该如何预防死锁呢？有如下内容需要注意。

- ☑ 执行事务时尽可能快速提交，在很大程度上可避免死锁。
- ☑ 进行批量操作时，不同程序员操作表的顺序应该一致。

13.4　实践与练习

1. 写一段回滚事务语句，在事务开始前设置保存点 A，删除表中一条语句，设置保存点 B，再删除一条语句；然后分别回退到保存点 B、保存点 A。

2. 向 dept_temp 表中加共享行排他锁。

第 14 章

Oracle 系统调优

Oracle 是一个可运行在多平台上的数据库管理系统，除了前面介绍的物理和逻辑上的管理功能之外，还需要用户针对数据库所在环境的硬件配置及应用规模等进行 Oracle 参数调整，以便 Oracle 实例的运行处于相对良好的状态。本章将主要介绍 Oracle 的内存调整。

本章知识架构及重难点如下。

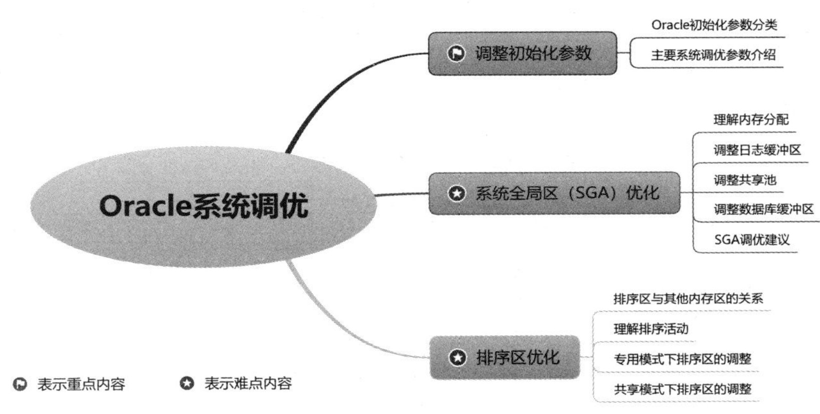

14.1　调整初始化参数

Oracle 数据库系统中起到调节作用的参数是初始化参数，在 Oracle 8i 及以前的版本中，这些初始化参数记录在 INITsid.ora 文件中；而 Oracle 新版本中将这些参数记录在 SPFILEsid.ora 二进制文件中。本节将介绍初始化参数的分类和主要系统调优参数，数据库管理员根据实际情况的需要适当调整这些初始化参数，可以达到优化 Oracle 系统的目的。

14.1.1　Oracle 初始化参数分类

Oracle 的初始化参数分为基本参数和高级参数两类。基本参数是一组可调整的参数，如 CONTROL_FILES、DB_BLOCK_SIZE、PROCESSES 等；高级参数是一组精细调整的参数，如共享服务器 SHARED_SERVERS 等。此外，按照与环境的关系，还可以将参数分为以下几种。

☑　起源参数：由另外的参数计算得到，这些参数的值不需要在参数文件中改变或指定。

- ☑ 带 GC 前缀的全局高速缓存参数：即全局高速缓存，这些参数通常在多个实例并行的环境下使用。
- ☑ 与操作系统有关的参数：如参数 DB_FILE_MULTIBLOCK_READ_COUNT 与主机的操作系统对磁盘的 I/O 有关。
- ☑ 可变参数：与系统的性能有关。部分可变参数用来设置容量限制，但不影响 Oracle 系统性能。
- ☑ 异类服务参数，可用于设置网关的参数，如使用 DBMS_HS 包等。

14.1.2 主要系统调优参数介绍

Oracle 的初始化参数存储在初始化参数文件 SPFILE 中。SPFILE 是一个二进制文件，只能由 Oracle 系统进行读写，如果要对其中的参数进行修改，可将所修改的参数写到 SPFILE 文件中或仅使当前 Oracle 实例有效而不必写到初始化文件中。在 Oracle 中，与系统优化有关的主要初始化参数如表 14.1 所示。

表 14.1 Oracle 的主要系统优化参数

参　数	说　明
BUFFER_POOL_KEEP	保留池大小（从 DB_BLOCK_BUFFERS 分配）。目的是将对象保留在内存中，以减少 I/O
BUFFER_POOL_RECYCLE	循环池大小（从 DB_BLOCK_BUFFERS 分配）。目的是使用对象后将其清除，以便重复使用内存
CONTROL_FILE_RECORD_KEEP_TIME	控制文件中可重新使用部分的记录所能保留的最短时间（天数）
CURSOR_SPACE_FOR_TIME	在一个游标引用共享 SQL 区时，确定将 SQL 区保留在共享池中还是从中按过期作废处理
DB_BLOCK_BUFFERS	缓冲区高速缓存中 Oracle 块的数量。该参数会显著影响一个例程的 SGA 总大小
DB_KEEP_CACHE_SIZE	指定 KEEP 缓冲池中的缓冲区数。KEEP 缓冲池中的缓冲区大小是主要块大小（即 DB_BLOCK_SIZE 定义的块大小）
DB_RECYCLE_CACHE_SIZE	指定 RECYCLE 缓冲池的大小。RECYCLE 池中的缓冲区大小是主要块大小
JAVA_MAX_SESSIONSPACE_SIZE	以字节为单位，指定可供在服务器中运行的 Java 程序所使用的最大内存量。它用于存储每次数据库调用的 Java 状态。如果用户的会话持续时间 Java 状态超过了该值，则该会话会由于内存不足而终止
JAVA_POOL_SIZE	以字节为单位，指定 Java 存储池的大小。它用于存储 Java 的方法和类定义在共享内存中的表示法，以及在调用结束时移植到 Java 会话空间的 Java 对象
LARGE_POOL_SIZE	指定大型池的分配堆的大小。它可被共享服务器用作会话内存，用作并行执行的消息缓冲区以及用作 RMAN 备份和恢复的磁盘 I/O 缓冲区
LOG_BUFFER	以字节为单位，指定在 LGWR 将重做日志条目写入重做日志文件之前，用于缓存这些条目的内存量。重做条目对数据库块所作更改的一份记录。如果该值大于 65536，就能减少重做日志文件 I/O，特别是在有长时间事务处理或大量事务处理的系统上
LOG_CHECKPOINT_INTERVAL	指定在出现检查点之前，必须写入重做日志文件中的 OS 块（而不是数据库块）的数量。无论该值如何，在切换日志时都会出现检查点。较低的值可以缩短例程恢复所需的时间，但可能导致磁盘操作过量
LOG_CHECKPOINT_TIMEOUT	指定距下一个检查点出现的最大时间间隔（秒数）。将该时间值指定为 0，将禁用以时间为基础的检查点。较低的值可以缩短例程恢复的时间，但可能导致磁盘操作过量

续表

参　　数	说　　明
MAX_DUMP_FILE_SIZE	指定每个跟踪文件的最大容量值。如果担心跟踪文件会占用太多空间，可更改该限制。如果转储文件可以达到操作系统允许的最大值，请将该值指定为“无限制”
OBJECT_CACHE_MAX_SIZE_PERCENT	指定会话对象的高速缓存增长可超过最佳高速缓存大小的百分比，最大值等于最佳大小加上该百分比与最佳大小的乘积。如果高速缓存大小超过了这个最大值，系统就会尝试将高速缓存缩小到最佳大小
OPTIMIZER_INDEX_CACHING	调整基于成本的优化程序的假定值，即在缓冲区高速缓存中期望用于嵌套循环连接的索引块的百分比。它将影响使用索引的嵌套循环连接的成本。将该参数设置为一个较高的值，可以使嵌套循环连接相对于优化程序来说成本更低
OPTIMIZER_INDEX_COST_ADJ	在考虑太多或太少索引访问路径的情况下，可以用来优化程序的性能。该值越低，优化程序越容易选择一个索引。也就是说，如果将该值设置为50，索引访问路径的成本就是正常情况下的一半
QUERY_REWRITE_ENABLED	启用或禁用对实体化视图的查询重写。一个特定实体化视图只在如下条件启用：会话参数和单独实体化视图均已启用，并且基于成本的优化已启用
READ_ONLY_OPEN_DELAYED	用于加速某些操作。例如，启动一个很大的数据库，而其中大多数数据存储在只读的表空间中。如果设置为 TRUE，那么当从表空间中读取数据时，将首先访问只读表空间中的数据文件
SHARED_POOL_RESERVED_SIZE	指定要为较大连续共享池内存请求而保留的空间，以避免由碎片引起的性能下降。该池的大小应符合这样的条件，能存储为防止对象从共享池刷新而普遍要求的所有大型过程和程序包
SHARED_POOL_SIZE	以字节为单位，指定共享池的大小。共享池包含共享游标、存储的过程、控制结构和并行执行消息缓冲区等对象。较大的值能改善多用户系统的性能
SORT_AREA_SIZE	SORT_AREA_SIZE 以字节为单位，指定排序所使用的最大内存量。排序完成后，各行将返回，并且将内存释放。增大该值可以提高大型排序的效率，如果超过了该内存量，将使用临时磁盘段

在进行系统优化时，可以使用 ALTER SYSTEM 或 ALTER SESSION 命令来修改这些系统优化参数。用 ALTER SYSTEM 所修改的参数会影响到整个数据库实例，而用 ALTER SESSION 命令修改的参数只影响该会话。另外，如果想要查看这些系统优化参数的值，可以使用 SHOW PARAMETERS 命令。

14.2　系统全局区（SGA）优化

下面详细介绍 Oracle 内存的调整方法与技巧，这比内存的自动调整更具有针对性和实用性。

14.2.1　理解内存分配

每一个 Oracle 版本都对内存有特别的要求，一般在安装说明中可以找到该版本对内存的最低要求。

Oracle 的存储信息参数是指对内存和硬盘的要求。由于内存的存储速度比硬盘要快 8～10 倍，因此用内存来存储数据更能满足快速请求的要求。但是，内存资源一般比硬盘珍贵，而且内存的配置也是有限的，所以，调整内存的分配以有效利用内存是 DBA 的一项重要工作。

由于 Oracle 内存要求与应用程序有关，因此一般内存的调整是在应用程序和 SQL 语句做完调整后进行的。但是，如果在应用程序和 SQL 语句调整前就调整了内存分配，那么在修改完应用程序和 SQL 语句后仍需要对 Oracle 内存结构进行调整。

另外，建议用户在调整 I/O 前先调整内存分配，调整内存分配以建立 Oracle 进行 I/O 操作所必需的内存总量。

14.2.2 调整日志缓冲区

数据库在运行过程中，不可避免地要遇到各种可能导致数据块损坏的情况。例如，突然断电、Oracle 或者操作系统的程序 bug 导致数据库内部逻辑结构损坏、磁盘介质损坏等，都有可能造成数据库崩溃，从而导致数据丢失。

为了避免和修复这些状况所导致的数据丢失现象，Oracle 引入了日志缓冲区和日志文件的概念。所谓日志，就是将数据库中所有用于改变数据块的操作都原原本本地记录下来。这些改变数据块的操作不仅包括对数据表的 DML 操作或对数据字典的 DDL 操作，还包括对索引的改变、对回滚段数据块的改变、对临时表空间的临时段的改变等。只有将数据中所有的变化都记录下来，当发生数据库损坏时，才能够从损坏时的那一点开始，将之后数据库中的变化重新运用一遍，从而达到完整恢复数据库的目的。

既然是进行记录，那就必然会引出一个问题，即如何记录这些变化？这里介绍两种方式。

第一种方式是使用逻辑的记录方式，也就是用描述性的语句记录整个变化过程。例如，对某个 UPDATE 更新操作来说，可以记录为两条语句，即 DELETE 旧值和 INSERT 新值。这种方式的优点是节省空间，因为对每个操作只需记录几条逻辑语句即可。但是缺点也很明显，一旦需要进行恢复，就会非常消耗资源。设想一下，某个 UPDATE 操作更新了非常多的数据块，由于缓冲区的内存有限，因此，很多脏数据块都已经被写入了数据文件。但是，当更新快结束时，突然发生断电，所做的更新就会丢失。那么重新启动实例时，Oracle 需要应用日志文件里的记录，于是重新发出 DELETE 旧值及 INSERT 新值的语句。这个过程需要重新查找数据文件中符合条件的数据块，然后再筛选进行更新，这将非常消耗时间，而且会占用大量的缓冲区。

第二种方式是使用物理记录方式，也就是将每个数据块改变前的镜像和改变后的镜像都记录下来。这种方式的优点是恢复速度快，直接根据日志文件里所记录的数据块地址和内容更新数据文件中对应的数据块。但是缺点也很明显，即占用很大的磁盘空间。

而 Oracle 在记录日志的方式上，采用了逻辑和物理相结合的方式。也就是说，Oracle 针对每个数据块，记录了插入某个值或删除某个值的描述语句。假如某个 UPDATE 更新了 50 个数据块，则 Oracle 会针对每个数据块记录一对 DELETE 旧值和 INSERT 新值的语句，共有 50 对这样的描述语句。通过这种方式，Oracle 获得了物理记录方式的快速恢复的优点，同时又获得了逻辑记录方式的节省空间的优点。

为了临时存储所产生的日志信息，Oracle 在 SGA 中开辟了一块内存区域——日志缓冲区（log buffer），当满足一定条件后，Oracle 会使用名为 LGWR 的后台进程将日志缓冲区中的日志信息写入联机日志文件里。

使用初始化参数 LOG_BUFFER 可以设置日志缓冲区的大小，单位是字节。日志缓冲区会进一步细分为多个块，每个块的大小与操作系统块的大小相同，标准上都是 512 字节，用户可以使用下面的方式来获得日志缓冲区的块大小。

【例 14.1】查询当前 Oracle 实例的日志缓冲区大小，代码如下。

```
SQL>  select distinct lebsz as 日志缓冲区大小 from x$kccle;
```

本例运行结果如图 14.1 所示。

图 14.1　日志缓冲区大小

日志缓冲区只是日志信息临时被存储的区域，这块区域是有限的，而且其中的每个块都是能够循环使用的。这就说明，必须将日志缓冲区中的内容写入磁盘的文件里，才能永久性被保留，也才能在数据库崩溃时用来进行恢复日志缓冲区中的内容，这个文件叫作联机日志文件。在每个日志缓冲区的日志块被重用之前，其内容一定已经被写入磁盘上的联机日志文件中。

联机日志文件就是日志缓冲区的完全副本，组成日志文件的每个日志块的内容都来自日志缓冲区的日志块，每个日志缓冲区中的日志块都对应日志文件中的一个日志块。日志缓冲区中的日志块按照发生的先后顺序，放入联机日志文件中。由于日志文件在故障恢复中的重要性，建议使用至少由两个日志文件组成的一个日志文件组。同一个日志文件组中的所有日志文件内容相同，因为日志缓冲区中的日志块会同时被写入日志文件组的每个日志文件中。每个数据库必须至少拥有两个日志文件组，这是由于只要数据库不停地运行，就会不断产生日志信息，也会不断被写入联机日志文件中。系统不可能让联机日志文件无限大，也不可能放置无限多的联机日志文件，所以联机日志文件必须是循环使用的，在若干个日志文件中轮流写入。一个日志文件被写满后转换到另一个日志文件继续写的过程叫作日志切换。

当一个联机日志文件被写满时，可以选择将其归档为脱机日志文件，通常叫作归档日志文件。归档即副本，归档的过程也就是将写满的联机日志文件复制到预先指定的目录的过程。只有当一个联机日志文件完成归档后，该联机日志文件才能被再次循环使用。

可以说，日志缓冲区和日志文件存在的唯一目的就是保证被修改的数据不会丢失。反过来，也就是为了在数据库崩溃时，可以用来将数据库恢复到崩溃时的时间点上，即只有将被修改的数据块的日志信息写入联机日志文件中后，该数据块才可以说是安全的。如果日志信息在没有被写入日志文件中时发生了实例崩溃，这时对数据的修改仍将丢失。由此可以看出，将日志缓冲区中的日志信息写入日志文件是一个多么重要的过程，这个过程是由一个名为 LGWR 的后台进程完成的。LGWR 承担了维护系统数据完整性的任务，保证了数据在任何情况下都不会被丢失。

触发 LGWR 进程并将日志缓冲区中的日志信息写入联机日志文件中，通常在以下几种情况下发生。

☑ 前台进程触发包括两种情况：最显而易见的一种情况就是用户发出 COMMIT 或 ROLLBACK 语句进行提交时，需要触发 LGWR 将内存里的日志信息写入联机日志文件中，因为提交过的数据必须被保护而不被丢失；另一种情况是在日志缓冲区中找不到足够的内存放置日志信息时，会自动触发 LGWR 进程将一些日志信息写入联机日志文件中，从而释放空间。

☑ 每隔 3 s，LGWR 启动一次。

☑ 在 DBWR 启动时，如果发现脏数据块所对应的重做条目还没有被写入联机日志文件中，则 DBWR 触发 LGWR 进程并等待 LRWR 写完后才会继续。

☑ 日志信息的数量达到整个日志缓冲区的 1/3 时，自动触发 LGWR。

☑ 日志信息的数量达到 1MB 时，自动触发 LGWR。

☑ 发生日志切换时，自动触发 LGWR。

14.2.3 调整共享池

共享池（shared pool）中的主要组件有以下 3 个。

☑ 库缓存（library cache）：主要缓存共享 SQL 和 PL/SQL 语句的相关信息。

☑ 数据字典缓存（data dictionary cache）：缓存数据字典表（如 dba_tables、dba_users 等）的信息，用于解释权限、表结构等。

☑ UGA（user globa area）：在共享服务器模式下，当没有配置大池时（即 LARGER_POOL_SIZE=0），UGA 会占用共享池的空间。

SGA 中除了共享池外，还有高速数据缓冲区（data buffer cache）、重做日志缓冲区（redo log buffer）和大型池，大型池通常在使用 RMAN 备份并查询共享服务器时进行配置。

由于库缓存和数据字典缓存缺失（miss）所引起的操作时间往往比 SGA 中其他组件的高速缓存缺失（cache miss）多，因此，在 SGA 中首先应该考虑调整共享池。调整共享池时，应该首先集中在库缓存上，因为库缓存的大小和数据字典缓存的大小没有单独设置，而是 Oracle 自动按照一定的算法在共享池中进行分配的，而按照 Oracle 的内存空间分配算法，如果库缓存的命中率高，那么数据字典缓存的命中率也会较高，库缓存的命中率高而数据字典缓存命中率低的情况十分少见。

如果共享池很小，就会消耗很多 CPU 资源并且容易引起竞争；如果把共享池设置为很大，也不一定是好事。为什么呢？把共享池配置很大时，就会消耗很多内存资源，那么其他组件能够使用的内存资源就少；另外，当共享池很大时，缓冲的内容就会很多，此时查找将变得缓慢。

调整共享池主要包括 3 个方面，即库缓存、数据字典缓存、对话信息。用于 Oracle 管理共享池中数据的算法，使得数据字典缓存中的数据比库缓存中的数据在内存中存留的时间长，因此，只要把库缓存调整成可以接受的命中率，就能提高数据字典缓存的命中率。

检查、调整库缓存可以通过动态性能视图 v$librarycache 查询实例启动后所有库缓存的活动。通过查询 v$librarycache 动态性能视图可以反映库缓存在调用阶段的不命中情况。下面来看一个例子。

【例 14.2】通过 v$librarycache 动态性能视图来查询当前实例的库缓存在调用阶段的“请求存取数”和“不命中数”，代码如下。

```
SQL> select sum(pins) 请求存取数,sum(reloads) 不命中数
  2  from v$librarycache;
```

本例运行结果如图 14.2 所示。pins 列显示在库缓存中执行的次数，reloads 列显示在执行阶段库缓存的不命中数目。

一般来说，库高速缓存总不命中数与总存取数之比应当接近 0，此处约为 0.291%，这说明库高速缓存命中率还是比较高的。当该比率接近或大于 1%时，就应当立即采取措施，减少这种不命中的比率。通常有以下两种方法。

☑ 增加初始化参数 SHARED_POOL_SIZE 的值，提高库高速缓存中可用的内存数量，同时为了取得好的效果，还要增加初始化参数 OPEN_CURSORS 的值，以提高对话允许的光标数。需要注意的是，为库缓存分配太多的内存可能引起调页或交换。

☑ 写等价的 SQL 语句，尽可能让 SQL 语句和 PL/SQL 块共享一个 SQL 区，以减少库缓存的不命中数。SQL 语句或 PL/SQL 块的文本每一个字符都必须等价，包括大小写和空格。

在检查、调整数据字典高速缓存并确认数据库达到一种相对“稳定的状态”之后，就可以通过动

态性能视图 v$rowcache 查询数据字典高速缓存的活动情况，该数据字典反映了数据字典高速缓存的使用和有效率。下面来看一个例子。

【例 14.3】通过 v$rowcache 动态性能视图查询当前实例的数据字典高速缓存在调用阶段的“请求存取数”和“不命中数”，代码如下。

```
SQL> select sum(gets) 请求存取数,sum(getmisses) 不命中数
  2  from v$rowcache;
```

本例运行结果如图 14.3 所示。

在例 14.3 中，gets 列显示请求相应项的总数，getmisses 列显示造成高速缓存不命中的数据请求数。

一般来说，数据字典高速缓存总不命中数与总存取数之比应当接近 0，本例约为 7.01%，说明数据字典高速缓存命中率比较高，该比率如果大于 10%，甚至在应用过程中该比率还在增长时，就应当立即通过增加初始化参数 SHARED_POOL_SIZE 的值，来提高数据字典高速缓存可用的内存数量，从而减少这种不命中数。

检查、调整对话信息占用共享池的大小。多线程服务器允许进程共享内存和连接，能支持大量用户同时访问数据库。使用多线程服务器结构时，需要将共享池设置得大一些以容纳对话信息。可以通过动态性能视图 v$sesstat 和 v$statname 查询 Oracle 收集对话信息使用的总内存统计。

【例 14.4】显示当前分配给所有会话的内存数，代码如下。

```
SQL> select sum(value)|| ' 字节' as 当前分配给所有会话的内存数
  2  from v$sesstat,v$statname
  3  where name = 'session uga memory' and v$sesstat.statistic#=v$statname.statistic#;
```

本例运行结果如图 14.4 所示。

说明

值 session uga memory 用于显示分配给对话的内存字节数。

【例 14.5】显示曾经分配给所有会话的最大内存数，代码如下。

```
SQL> select sum(value)|| ' 字节' as 曾经分配给所有会话的最大内存数
  2  from v$sesstat,v$statname
  3  where name='session uga memory max' and v$sesstat.statistic#=V$statname.statistic#;
```

本例运行结果如图 14.5 所示。

图 14.2　库缓存的不命中情况

图 14.3　数据字典高速缓存的不命中情况

图 14.4　当前分配给所有会话的内存数

图 14.5　曾经分配给所有会话的最大内存数

说明

值 session uga memory max 用于显示分配给对话的最大内存数。

在上述两个例子的结果中，第二个结果（10181996）比第一个（5560884）大，但第二个结果能够更好地估计共享内存的大小，除非所有对话几乎在同一时间达到最大分配。如果共享池不够，可以通过增加初始化参数 SHARES_POOL_SIZE 的值扩大共享池的大小。

14.2.4 调整数据库缓冲区

Oracle 启动后，会不断地收集和统计数据存取的情况，并将其存储在动态性能视图 v$sysstat 中，其中有以下几项统计。

- ☑ dbblock gets：该统计值为数据请求的总数。
- ☑ consistent gets：该统计值为通过对内存缓冲区存取即能满足的请求数。
- ☑ physical reads：该统计值为磁盘文件存取的总数。

下面通过一个例子来查看以上这 3 项数据库缓冲区的信息。

【例 14.6】查询一段时间内 v$sysstat 表的统计信息，代码如下。

```
SQL> select name,value from v$sysstat where name in('db block gets','consistent gets','physical reads');
```

本例运行结果如图 14.6 所示。

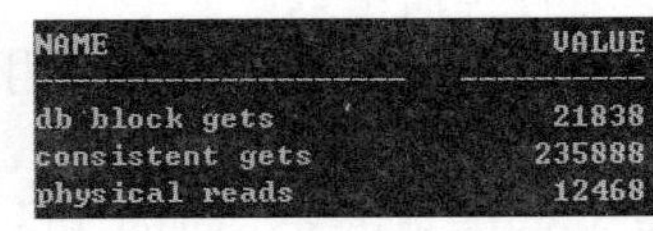

NAME	VALUE
db block gets	21838
consistent gets	235888
physical reads	12468

图 14.6　统计数据存取的情况

计算缓冲区高速缓存的命中率可以使用“1-(physical reads/(db block gets+consistent gets))”公式。根据本例中查询出的统计数据，计算出缓冲区高速缓存的存取命中率为 95.162%，这说明本例的命中率很高，也说明缓冲区高速缓存够用，性能良好。如果高速缓存大到足以容纳最常存取的数据，在保持高命中率的前提下，可以通过适当减少初始化参数 DB_BLOCK_BUFFERS 值来减少高速缓存的大小，以将省出来的内存用于其他 Oracle 内存结构。如果命中率低于 70%，就会造成性能下降，这时应该立即通过增加初始化参数 DB_BLOCK_BUFFERS 的值（最大值为 65535）来扩大缓冲区高速缓存的大小。

14.2.5 SGA 调优建议

经过上述对 Oracle 内存结构分配的调整，可以再次对库缓存、数据字典高速缓存和缓冲区高速缓存的性能做出评估。如果有可能减少某种结构对内存的消耗，就可以考虑给其他结构多分配一些内存，以得到增加可用内存的好处。但要注意，经过调整后的 Oracle 内存结构，如果使 SGA 过大或不能全部填入主存，就可能使操作系统发生过度调整页或分配，从而降低性能。

在重新分配内存的过程中，如果发现要取得 Oracle 最佳内存结构十分困难，就需要考虑花费资金，通过在计算机中增加更多的内存来进一步改进性能。

14.3 排序区优化

排序区为有排序要求的 SQL 语句提供了内存空间，系统使用专用的内存区域进行数据排序，这部分空间就是排序区。在 Oracle 数据库中，用户数据的排序可使用两个区域：一个是内存排序区；另一个是磁盘临时段。系统优先使用内存排序区进行排序，如果内存不够，Oracle 会自动使用磁盘临时表空间进行排序。为了提高数据库排序的速度，建议尽量使用内存排序区，而不使用磁盘临时段。参数

SORT_AREA_SIZE 用来设置排序区的大小。

增大排序区会提高大规模排序的性能，因为可以在查询处理期间在内存中执行排序。排序区的大小十分重要，因为某时间段用于每个连接的排序区仅有一个。init.ora 参数的默认值通常为 6～8 个数据块的大小，此值通常用于 OLTP 操作，应该将其增大，以便执行决策支持和大批量操作，或者大量索引相关操作（如重新创建索引）。执行上述类型的操作时，应该调整列 init.ora 参数（当前已设置数据块的大小为 8 KB），代码如下。

```
sort_area_size = 65535
sort_area_retained_size = 65535
```

14.3.1　排序区与其他内存区的关系

大池（large pool）用于备份数据库和恢复工具，如 RMAN 等备份工具。large pool 的大小由参数 LARGE_POOL_SIZE 确定，关于查询和修改该参数，请看下面的例子。

【例 14.7】查看和修改参数 LARGE_POOL_SIZE 的值，代码及运行结果如下。

```
SQL> show parameter large_pool_size
NAME                    TYPE          VALUE
----------------------- ------------- -------
large_pool_size         big integer   16M
SQL> alter system set large_pool_size=32m;
系统已更改。
```

Java 池主要用于 Java 语言的开发，一般来说不低于 20 MB。其大小由 JAVA_POOL_SIZE 确定，可以动态调整。

14.3.2　理解排序活动

排序是 SQL 语法中很小的一个方面，但很重要。在 Oracle 的调优中，它常常被忽略。当使用 CREATE INDEX、ORDER BY 或 GROUP BY 语句时，Oracle 数据库将自动执行排序的操作。通常，在以下情况下 Oracle 会进行排序操作。

☑　在创建索引时。

☑　使用 ORDER BY 的 SQL 语句时。

☑　使用 GROUP BY 的 SQL 语句时。

☑　进行 table join 时，由于现有索引的不足而导致 SQL 优化器调用 MERGE SORT。

当在 Oracle 实例中建立起一个 SESSION 时，在内存中就会为该 SESSION 分配一个私有的排序区域。如果该连接是一个专用连接，就会根据 init.ora 中 SORT_AREA_SIZE 参数的大小在内存中分配一个 PGA（program global area，进程全局区）。如果连接是通过多线程服务器建立的，那么排序的空间就在 LARGE_POOL 中分配。然而，对所有的 SESSION 用做排序的内存量都必须是一致的，不能为需要更大排序的操作单独分配额外的排序区域。因此，设计者必须做出平衡。一方面，分配足够的排序区域，以避免执行大的排序任务时出现磁盘排序；另一方面，对于那些并不需要进行很大排序的任务，避免出现浪费。当然，当排序的空间需求超出了 SORT_AREA_SIZE 参数所设置的大小时，将会在 TEMP 表空间中分页进行磁盘排序。磁盘排序要比内存排序慢，速度只有其 1/14000。

私有排序区域的大小是由 init.ora 中的 SORT_AREA_SIZE 参数决定的。每个排序所占用的大小由 init.ora 中的 SORT_AREA_RETAINED_SIZE 参数决定。当排序不能在分配的空间中完成时，就会使用磁盘排序方式，即在 Oracle 实例的临时表空间中进行。

磁盘排序的开销是很大的，主要有以下几个原因。首先，与内存排序相比，磁盘排序非常慢，而且磁盘排序会消耗临时表空间中的资源；其次，Oracle 必须分配缓冲池以保持临时表空间中的块。无论何时，内存排序都比磁盘排序好，磁盘排序将会使任务变慢，并且会影响 Oracle 实例当前任务的执行。此外，过多的磁盘排序会使空闲缓存的等待（free buffer waits）值变得很高，从而令其他任务的数据块由缓冲区移走。

14.3.3 专用模式下排序区的调整

对 PGA 内存的管理和分配，很大程度上依赖于服务模式。表 14.2 显示了不同模式下，PGA 内存不同部分的分配。

表 14.2 PGA 内存不同部分的分配

内 存 区	专 有 服 务
会话内存	私有的
永久区所在区域	PGA
SELECT 语句的运行区所在区域	PGA
DML/DDL 语句的运行区所在区域	PGA

下面介绍下与专用模式下排序区调整相关的两个参数。

1）SORT_AREA_SIZE

Oracle 在做排序操作（如 ORDER BY、GROUP BY）时，需要从工作区中分配一定内存区域对数据记录做内存排序。排序完成且数据返回前，Oracle 会释放这部分内存。SORT_AREA_SIZE 指定了这部分内存的大小（但在设置 PGA_AGGREGATE_TARGET 参数之后，该参数就无效了）。

除非在共享服务模式下，一般不推荐设置该参数，而推荐使用 PGA_AGGREGATE_TARGET 参数进行 PGA 内存自动管理。如果需要设置此参数，可以考虑设置为 1～3MB。

Oracle 也许会为一个查询分配多个排序区。通常情况下，一条语句只有 1 个或 2 个排序操作，但是对于复杂语句，可能存在多个排序操作，每个排序操作都有自己的排序区。因此，语句的复杂性也影响到每个进程 PGA 内存的大小。

2）SORT_AREA_RETAINED_SIZE

该参数与 SORT_AREA_SIZE 参数配合使用。它指定了在排序操作完成后，继续保留的用户全局区 UGA 内存的最大值，以维护内存中的排序，直到所有数据行被返回后才释放（SORT_AREA_SIZE 的内存在排序完成且数据行返回之前不可释放）回 UGA。注意：是释放回 UGA，而不是被操作系统回收。

SORT_AREA_RETAINED_SIZE 在共享服务中是从 SGA 分配的（因为此时 UGA 从 SGA 中分配），在专用服务模式中是从 PGA 分配的，而 SOFT_AREA_SIZE 无论在哪种模式下都从 PGA 中分配。

同样，在设置了 PGA_AGGREGATE_TARGET 之后，该参数将会无效。

在专用连接方式中，每一个连接到数据库服务器的客户端请求，服务器都会与客户端之间建立连接，该连接专门用于处理该客户端的所有请求，直到用户主动断开连接或网络出现中断。

当连接处于空闲时，后台进程 PMON 每隔一段时间，就会测试用户的连接状况。如果连接已断开，PMON 会清理现场，释放相关的资源。专用连接相当于一对一的连接，能够快速响应用户的请求。当然，连接时首先要创建 PGA（Program Global Area），由参数 PGA_AGGREGATE_TARGET 决定可供所有服务器进程使用的内存的总量，参数 WORKAREA_SIZE_POLICY 决定采用手动管理还是自动管理。下面来看两个例子。

【例 14.8】查看所有服务器进程使用的内存的总量，代码如下。

```
SQL> show parameter pga_aggregate_target;
```

本例运行结果如图 14.7 所示。

【例 14.9】查看 PGA 采用的管理方式，代码如下。

```
SQL> show parameter workarea_size_policy;
```

本例运行结果如图 14.8 所示。

NAME	TYPE	VALUE
pga_aggregate_target	big integer	10960478

NAME	TYPE	VALUE
workarea_size_policy	string	AUTO

图 14.7　查看进程使用的内存的总量　　　　图 14.8　查看 PGA 采用的管理方式

PGA 由 3 部分构成，其中有可以配置的 SORT_AREA_SIZE 参数，它用于设置会话信息及堆栈空间。下面来查看该参数的值。

【例 14.10】查看会话信息及堆栈空间的大小，代码如下。

```
SQL> show parameter sort_area_size;
```

本例运行结果如图 14.9 所示。

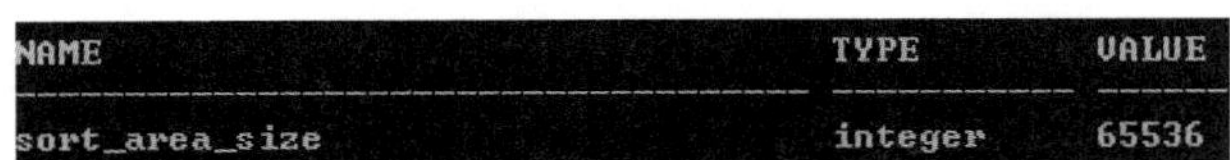

NAME	TYPE	VALUE
sort_area_size	integer	65536

图 14.9　查看会话信息及堆栈空间的大小

如果排序的数据量比较大，排序空间不够用，这时 Oracle 就可以通过专用算法，对数据进行分段，分段后的数据转移到临时表空间。在临时表空间中进行排序，完成后再合并在一起，返回给请求的用户。这就是大排序使用临时表空间的原因。

在专用连接中，连接所需要的资源全部在 PGA 中分配。该内存区位指定连接私有，其他进程不能访问。

专用连接采用一对一的连接方式，能很快响应用户的请求，但是，当连接的用户太多时，由于要对每一个连接分配资源，因此连接数受硬件限制比较大。为了应对这种情况，Oracle 提出了共享连接的连接方法，即用一个服务器的进程响应多个用户连接。与专用连接有连接时才创建 PGA 不同，共享连接当实例一启动，就分配指定数量的服务器进程，所有用户的连接以排队的方式由分配器指定给服务器进程，其他进程排队等待。只要用户的请求执行完，就会马上断开连接，分配器会把空闲的服务器进程分配给其他排队的进程。

采用共享连接可以有效提高服务器资源的利用率，但是一个分配器只支持一种协议，每个分配器有自己的排队队列，请求的任务完成后，由分配器将操作结果返回给相应的用户进程。共享连接的建立，需要 Oracle 的监听进程、分配器、共享服务器进程共同完成一个连接的创建，所以连接的分配也需要一定的时间和资源。

14.3.4 共享模式下排序区的调整

前面介绍了两种创建和管理连接的方法。在理想情况下，对于长事务或大事务，使用专用连接，可以有效提高系统的性能，减少用户等待和事务的排队，提高系统的利用率。对于超短事务和短事务、小事务，使用专用连接，而对于网站等，可以使用共享连接。

说明

在共享连接中，SORT_AREA_SIZE 将在 SGA 的 LARGE_POOL 中分配。

那么，能不能在 OLTP（联机事务处理）系统中使用共享连接呢？如果能使用，能不能提高性能呢？一般而言，OLTP 系统有较多的长事务和大事务，如用户的某几步操作必须作为一个事务，这会发生怎样的情况呢？

这里有一个前提，那就是用户请求数要大于共享服务器进程数。否则，减去分配器管理性能的支出数，共享连接的性能可能要低于专用连接。如果用户请求数据大于共享服务器进程数，那么就有请求在排队，假定目前一个共享服务器进程正在执行一个长事务，那么请求队列就要一直等待，直到当前的事务结束。从用户请求的角度看，响应的时间加长了。

共享连接和长事务是背道而驰的，长事务的共享连接会造成 shared 进程的严重排队，还会造成性能的严重下降。例如，500 个 request 共享 100 个共享进程，每个 shared 进程在同一时间内只能处理一个 request，也就是说 100 个进程在同一时间内只能处理 100 个 request，如果一个 request 需要很长时间进行处理，就会造成其他请求的严重排队。

shared 进程要求客户端的每个 request 的处理要特别快，如果客户端的一个 request 占了很长时间，那么其他 request 就不得不一直等待，共享就没有意义了。由此可以看出，如果在有大事务和长事务的 OLTP 系统中，系统会比原来更慢。

总的来说，共享连接和专用连接各有所长，关键是要找到适用于实际情况的连接方式。

14.4 实践与练习

1. 修改参数 LARGE_POOL_SIZE 的值为 64 MB，然后再显示出该参数的值。
2. 通过动态性能视图 v$rowcache 查询当前实例的数据字典高速缓存在调用阶段的“不命中数”。

第 15 章

优化 SQL 语句

SQL 的优化主要与数据库开发人员及应用程序开发人员能否写出高效的 SQL 语句有关。其实大多数性能问题往往都是跟 SQL 执行效率的低下有关，本章将针对 SQL 语句的优化问题进行详细讲解。

本章知识架构及重难点如下。

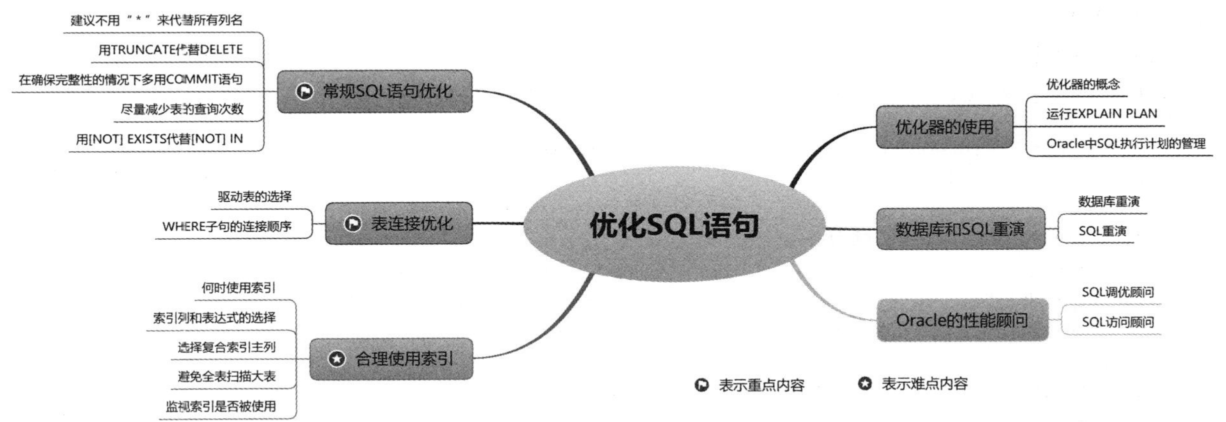

15.1 常规 SQL 语句优化

应用系统的性能优化包括对 SQL 语句、Oracle 系统、操作系统等的调整，其中工作量最大的就是 SQL 语句的调整。本节将给出常见的 SQL 语句和一些使用技巧的解释，以使读者从中受到启发。

15.1.1 建议不用“*”来代替所有列名

SELECT 语句中可以用“*”列出某个表的所有列名，但这样的写法对 Oracle 系统来说存在解析的动态问题。Oracle 系统会通过查询数据字典来将“*”转换成表的所有列名，这自然会消耗系统时间。建议用户在写 SELECT 语句时，采用与访问表有关的实际列名。

15.1.2 用 TRUNCATE 代替 DELETE

当使用 DELETE 删除表中的数据行时，Oracle 会使用撤销表空间（UNDO TABLESPACE）来存储恢复的信息。在这期间，如果用户没有发出 COMMIT 命令，而是发出 ROLLBACK 命令，那么 Oracle 系统会将数据恢复到删除之前的状态。当用户使用 TRUNCATE 语句对表中数据进行删除操作时，系统不会将被删除的数据写到回滚段（或撤销表空间）中，速度当然要快得多。所以，当希望对表或者簇中的所有行全部删除时，采用 TRUNCATE 命令更加有效，其语法格式如下。

```
TRUNCATE [TABLE | CLUSTER] schema.[table_name] [cluster_name] [DROP | REUSE STORAGE]
```

☑ table_name：要清空的表名。

☑ cluster_name：要清空的簇名。

☑ DROP | REUSE STORAGE：表示保留被删除的空间以供该表的新数据使用或回收空间，默认为 DROP STORAGE，即收回被删除的空间系统。

在 SQL*Plus 环境下，直接采用 TRUNCATE TABLE 命令即可；若要在 PL/SQL 中使用，只能采用动态语句实现。下面来看一个例子。

【例 15.1】 创建一个存储过程，实现使用 TRUNCATE 命令动态删除数据表，代码及运行结果如下。**（实例位置：资源包\TM\sl\15\1）**

```
SQL> create or replace procedure trun_table(table_deleted in varchar2) as      --实现清空指定的表
    cur_name integer;                                                          --定义内部变量，存储打开的游标
  begin
    cur_name := dbms_sql.open_cursor;                                          --打开游标
    dbms_sql.parse(cur_name,'truncate table'||table_deleted ||'drop storage',
dbms_sql.native);                             --执行 truncate table table_deleted 命令，从而清空指定的表
    dbms_sql.close_cursor(cur_name);                                           --关闭游标
  exception
    when others then dbms_sql.close_cursor(cur_name);                          --出现异常，关闭游标
    raise;
  end trun_table;
  /
过程已创建。
```

15.1.3 在确保完整性的情况下多用 COMMIT 语句

在 PL/SQL 块中，经常将几个相互联系的 DML 语句写在一个 BEGIN…END 块中，建议在每个块的 END 前面使用 COMMIT 语句，这样就可以实现对象 DML 语句的及时提交，同时也释放事务所占用的资源。

COMMIT 语句所释放的资源如下。

☑ 回滚段上用于恢复数据的信息，撤销表空间也只做短暂的保留。

☑ 被程序语句获得的锁。

☑ 重做日志缓冲区（redo log buffer）中的空间。

☑ Oracle 为管理上述资源的内部花费。

15.1.4 尽量减少表的查询次数

在含有子查询的 SQL 语句中，要尽可能减少对表的查询。

首先来看一段低效率的 SQL 查询语句，代码如下。

```
SQL> select empno,ename,job from emp
where deptno in (select deptno from dept where loc = 'BEIJING')
or deptno in (select deptno from dept where loc = 'NEW YORK');
```

对上述代码进行适当修改，可得到高效率的 SQL 查询语句，代码如下。

```
SQL> select empno,ename,job from emp
where deptno in (select deptno from dept where loc = 'BEIJING' or loc = 'NEW YORK');
```

在第一段查询语句中，要对 dept 表执行两遍查询。在第二段查询语句中，仅对 dept 表执行一遍查询。在有大量数据的情况下，显然第二段查询要比第一段查询快得多。

15.1.5　用[NOT] EXISTS 代替[NOT] IN

在子查询中，[NOT] IN 子句将执行一个内部的排序与合并，无论在哪种情况下，[NOT] IN 语句都是最低效的，因为它对子查询中的表执行了一个全表遍历。为了避免使用[NOT] IN，用户可以把它改写成外连接（outer join）、NOT EXISTS 或者 EXISTS 子句。

同样，首先来看一段低效率的 NOT IN 子句：

```
SQL> select empno,ename from emp
where empno not in(select deptno from dept where loc = 'BEIJING');
```

再来看下高效率的 EXISTS 子句：

```
SQL> select empno,ename from emp
where exists (select deptno from dept where loc != 'BEIJING');
```

在 SQL 语句中，许多资料都建议最好不用[NOT] IN。那么，[NOT] IN 适合在何处使用呢？这里要一分为二地看[NOT] IN，即当[NOT] IN 后面跟子查询，并且查询的结果集较多时，不宜使用[NOT] IN；但是当[NOT] IN 后面的括号内是列表（可枚举的几个）或子查询所满足的结果集很小时，也是可以使用[NOT] IN 的。

15.2　表连接优化

在关系数据库中，各表之间存在一定的关系。无论在数据库中采用哪种优化模式运行，在 SQL 语句中表的连接方法都可能对性能产生很大的影响。

15.2.1　驱动表的选择

驱动表（driving table）是被最先访问的表（通常以全表扫描的方式被访问）。Oracle 优化器会检查 SQL 语句中的各表的物理大小、索引状态，然后选用花费最低的执行路径。

【例 15.2】从 Students 表和 Department 表查询学生信息，代码如下。

```
SQL> select s.Name,d.Dept_Name
  2  from Department d ,Students s
  3  where d.dept_No = s.dept_No;
```

在上述代码中，假设在 Students 表的 dept_no 列创建了索引，而在 Department 表的 dept_no 列没有索引。由于 Department 最先被访问（紧随 from 其后），这样 Department 表将被作为查询中的驱动表。由此可见，只有两张表都建立了索引，优化器才能按照“紧随 from 关键字后面的为驱动表”的规则来对待。

15.2.2 WHERE 子句的连接顺序

Oracle采用自下而上的顺序解析WHERE子句，根据这个原理，表之间的连接必须写在其他WHERE条件之前。那些可以过滤掉最大数据记录的条件必须写在 WHERE 子句的末尾，也就是在表进行连接操作以前，过滤掉的记录越多越好。

15.3 合理使用索引

创建主键索引和唯一索引除了可使数据具有完整性和一致性之外，还可以提高查询速度。此外，创建一般索引的目的就是提高查询速度。那么如何才能发挥索引的作用呢？下面给出简单的介绍。

15.3.1 何时使用索引

在利用索引的情况下，由于只从表中选择部分行，所以能够提高查询速度。对于只从总行数中查询 2%～4%的表，可以考虑创建索引。下面是创建索引的基本原则。

☑ 以查询关键字为基础，表中的行随机排序。
☑ 包含的列数相对比较少的表。
☑ 表中的大多数查询都包含相对简单的 WHERE 从句。
☑ 经常以查询关键字为基础的表，并且该表中的行遵从均匀分布。
☑ 缓存命中率低，并且不需要操作系统权限。

15.3.2 索引列和表达式的选择

在创建索引时，选择列和表达式是非常重要的，下面是创建索引时选择索引列的原则。

☑ WHERE 从句频繁使用的关键字。
☑ SQL 语句中频繁使用进行表连接的关键字。
☑ 可选择性高（重复性少的）的关键字。
☑ 对于取值较少的关键字或表达式，不要采用标准的 B 树索引，可以考虑建立位图索引。
☑ 不要将那些频繁修改的列作为索引列。
☑ 不要使用包含操作符或函数的 WHERE 从句中的关键字作为索引列，如果需要的话，可以考虑建立函数索引。

☑ 如果大量并发的 INSERT、UPDATE、DELETE 语句访问了父表或者子表，则考虑使用完整性约束的外部键作为索引。

☑ 在选择索引列时，还要考虑该索引所引起的 INSERT、UPDATE、DELETE 操作是否值得。

15.3.3　选择复合索引主列

多列索引也叫作复合索引，复合索引有时比单列索引有更好的性能。如果在建立索引时采用几个列作为索引，则在使用时也要按照建立时的顺序来描述，也就是说，主列是最先被选择的列。

【例 15.3】为 tb_test 表创建一个复合索引 complex_index，该索引包括 column1、column2、column3 列（并且建立顺序也如此），如果把这 3 列作为 WHERE 查询条件，那么这 3 列的最优排序方式如下。

```
SQL> create index complex_index on tb_test(column1,column2,column3)
索引已创建。
SQL> select * from tb_test where column1 > 0 and column2 > 0 and column3 < 0
```

这里的索引 complex_index 是一个复合索引，它包含 3 列，分别是 column1、column2 和 column3。查询语句中要带有 WHERE...AND 从句才能使用该复合索引。

在选择复合索引的关键字时，要遵循下列原则。

☑ 如果某些关键字在 WHERE 从句中的使用频率较高，考虑创建索引。

☑ 如果某些关键字在 WHERE 从句中的使用频率相当，创建索引时考虑按照从高到低的顺序来说明关键字。

☑ 如果几个查询选择的关键字集合相同，考虑创建组合索引。

☑ 创建索引以后，WHERE 从句使用的关键字能够组成前导部分。

☑ 应选择在 WHERE 从句条件中频繁使用的关键字，并且这些关键字由 AND 操作符连接。

15.3.4　避免对大表进行全表扫描

在应用程序设计中，除了一些必要的情况，如统计月报数据，打印所有清单等任务可以允许使用全表扫描外，一般都应尽量避免对大表进行全表扫描。全表扫描是指不加任何条件或没有使用索引的查询语句。以下情况下 Oracle 可以使用全表扫描。

☑ 所查询的表没有索引。

☑ 需要返回所有的行。

☑ 带 LIKE 并使用了“%”。

☑ 对索引主列有条件限制，但使用了函数。例如：

```
SQL> select * from emp where substr(ename,1,1)='M';
```

☑ 带有 IS NULL、IS NOT NULL 或 != 等的字句。例如：

```
SQL> select * from emp where job!='MANAGER' ;
```

15.3.5　监视索引是否被使用

除了主键是完整性约束时会自动变为索引外，创建普通索引的目的主要是为了提高查询速度。如果

我们创建了索引而索引没有被使用，那么这些不被使用的索引将起到阻碍性能的作用。为了辨别索引是否被使用，从 Oracle 9i 版本开始，用户可以对索引进行监视，通常使用 ALTER INDEX…MONITORING USAGE 语句，其具体语法格式如下。

```
ALTER INDEX schema.index_name MONITORING USAGE;
```

下面来看一个监视索引是否被使用的例子。

【例 15.4】监视学生成绩表 studentgrade 的 grade_index 索引，判断其是否被使用，步骤及代码如下。**（实例位置：资源包\TM\sl\15\2）**

（1）设置监视索引 grade_index，代码如下。

```
SQL> alter index grade_index monitoring usage;
索引已更改。
```

（2）检查索引使用情况，代码如下。

```
SQL> select * from v$object_usage;
```

本例运行结果如图 15.1 所示。

```
INDEX_NAME           TABLE_NAME           MON USE START_MONITORING    END_MONITORING
-------------------- -------------------- --- --- ------------------- -------------------
GRADE_INDEX          STUDENTGRADE         YES NO  04/25/2019 16:55:45
```

图 15.1　索引 grade_index 的使用情况

（3）在步骤（2）的检查中，如果发现索引 grade_index 在限定的时间内得不到使用（即 USE 列的值为 NO），则建议使用 DROP INDEX 语句将其删除，代码如下。

```
SQL> drop index grade_index;
```

15.4　优化器的使用

Oracle 优化器（optimizer）是程序员对应用程序优化时的检查工具。作为数据库管理员，掌握 Oracle 优化器的使用方法对诊断程序问题是很有好处的。

15.4.1　优化器的概念

尽管现代计算机的 CPU 速度已达到了 GB 级，但在处理数据库时还是显得不够。在大型应用系统中，存在许多消耗 CPU 大量时间的 SQL 语句，但是却很少被程序员本人发现。

实际上，Oracle 优化器在处理每一个 SQL 语句准备执行之前，都需要进行许多步骤才能使 SQL 语句成为可执行的语句。

（1）语法检查：检查 SQL 语句的拼写是否正确。

（2）语义分析：核实所有与数据字典不一致的表和列的名字。

（3）概要存储检查：检查数据字典，以确定该 SQL 语句的概要是否已经存在。

（4）生成执行计划：使用基于成本的优化规则和数据字典的统计表来决定最佳执行计划。

（5）建立二进制代码：基于执行计划，Oracle 生成了二进制执行代码。

为了使每条 SQL 语句的性能达到优化，建议用户对所有的 SQL 语句执行 EXPLAIN PLAN 命令，并查看输出结果，然后对性能低下的 SQL 语句进行调整。

通过设置执行计划（即 EXPLAIN PLAN 命令），可以了解 Oracle 在执行 SELECT、DELETE、INSERT、UPDATE 语句时的情况。所谓 SQL 语句执行计划就是 Oracle 优化器在执行每个 SQL 语句时所采用的执行顺序。执行计划包括以下几个方面。

- ☑ 语句所引用的表的顺序。
- ☑ 语句所涉及的表的访问方法。
- ☑ 语句中连接操作所影响到的各表的连接方法。

Oracle 数据库在执行 SQL 语句时，都是使用基于代价（或者成本）的优化器，这个代价（或者成本）就是指占用一定的系统资源。

15.4.2　运行 EXPLAIN PLAN

执行计划是 Oracle 系统在执行 SQL 语句时的一种执行策略。那么，用户如何看到这些执行计划的内容呢？

为了得到 Oracle 产生的执行计划的报告，必须创建一个表来存储系统检查 SQL 语句执行计划时所产生的结果，建议在用户的账户下执行 UTLXPLAN 脚本来完成 plan_table 表的创建，该表用于存储执行计划的信息。

当运行了 UTLXPLAN.SQL 这个脚本后，Oracle 在用户的账户下创建了 table_name 表。该表用于存储用户希望产生的 SQL 语句的执行计划。那么，如何才能使系统生成某个 SQL 语句的执行计划呢？这就是 EXPLAIN PLAN 命令的工作，其语法格式如下。

```
EXPLAIN PLAN [SET statement_id [=] <string literal>]
[INTO <table_name>]
FOR <sql_statment>
```

15.4.3　Oracle 中 SQL 执行计划的管理

Oracle 在执行一个 SQL 之前，首先要分析语句的执行计划，然后按执行计划执行。分析语句执行计划的工作是由优化器来完成的。不同的情况下，一条 SQL 可能有多种执行计划，但在某一时刻，一定只有一种计划是最优的，花费时间是最少的。

Oracle 使用基于代价的优化方式（Cost_Based Optimization，CBO），这里的代价主要指 CPU 和内存，优化器主要参照的是表及索引的统计信息。统计信息给出表的大小、有多少行、每行的长度等信息。这些统计信息起初在数据库内是不存在的，而是用户在做 ANALYZE（统计分析）后才出现的。很多时候，过期统计信息会令优化器做出一个错误的执行计划，因此用户应及时更新这些信息。

说明

不一定用索引就是最优的。假如一个表只有两行数据，一次 I/O 就可以完成全表的检索，而此时如果用索引，则需要两次 I/O，这时对该表做全表扫描就是最优的。

15.5　数据库和 SQL 重演

对于数据库和 SQL 语句的优化，Oracle 有自己的解决办法——数据库重演（Database Replay）和 SQL 重演（SQL Replay）。

15.5.1　数据库重演

数据库重演是指在产品环境的数据库上捕获所有负载，并可以将之传送至备份的（standby）数据库或有备份恢复的测试库上，在测试环境中重演主库的环境，这使得升级或软件更新可以进行预先的“真实”测试，或者可以通过测试环境完全再现真实环境的负载及运行情况。

这是 Oracle 向后追溯能力的又一增强。在 Oracle 以前的版本中，我们知道 Oracle 通过 v$session_wait_history 视图、ASH 特性等，实现将数据库的等待时间向后追溯。现在通过 Database Replay 特性，Oracle 可以将整个数据库的负载捕获、记录并实现 Replay，也就是增强了整个数据库的向后追溯能力。

这一特性提供了现场再现能力，丰富了用户发现并解决数据库问题的手段，为数据库管理带来更多的方便。当然，使用这一特性也会带来一定的性能负担，Oracle 中这一负担在 5%左右。

15.5.2　SQL 重演

数据库重演的简化版本就是 SQL 重演，即只捕获 SQL 负载，通过 SQL 负载，应用程序可以再现 SQL 影响，如图 15.2 所示。

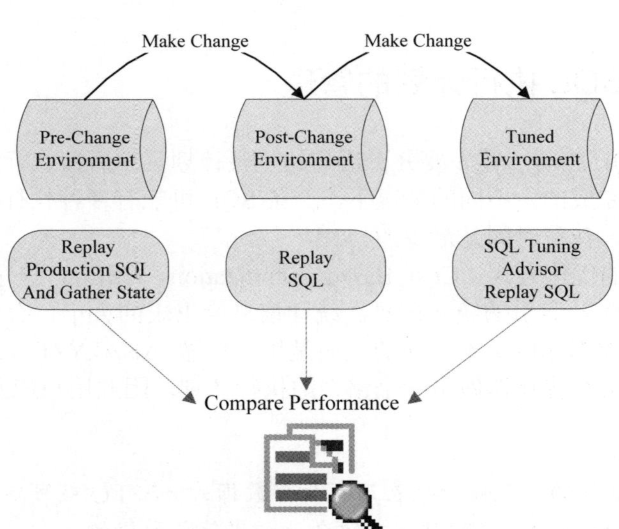

图 15.2　SQL 重演

Oracle已经有了一系列的Flashback技术(闪回技术),现在又有了Replay技术(重演技术)。Flashback可以向后闪回，Replay 可以向前推演，Oracle 给用户提供的手段越来越多了。

15.6　Oracle 的性能顾问

Oracle 中有一个自动数据库诊断监控程序（ADDM）形式的助理 DBA，这种机器人式的 DBA 会不知疲倦地反复搜索数据库性能统计，以标识瓶颈、分析 SQL 语句，并据此提供多种改进性能的建议。通过 SQL 调优顾问（SQL tuning advisor）和 SQL 访问顾问（SQL access advisor），可以为应用程序提供综合、自动、具有成本效益的解决方案，减少 SQL 的调整时间和管理成本。

15.6.1　SQL 调优顾问

SQL 调优顾问是 Oracle 10g 中引入的，设计它的目的就是要替代传统的手动 SQL 调整。SQL 调优顾问处理的对象包括那些响应时间很慢或者是占用 CPU/Disk 很高的 SQL。SQL 调优顾问收集这些 SQL，并且给出自己的建议，例如怎样调整 SQL 的执行计划、优化后效率的提升幅度、做出这条建议的理论原理、直接给出推荐使用的命令等。

用户可以有选择性地接收这些建议，然后去调优 SQL。随着 SQL 调优顾问的引入，用户现在就可以让 Oracle 优化器来自动地调整 SQL。

15.6.2　SQL 访问顾问

SQL 访问顾问用于获得有关基于实际频率和使用类型（而非数据类型）进行分区、索引和创建物化视图以改进模式设计的建议。这与 SQL 调优顾问提供有关查询、调整及在流程中延长整个优化过程的建议有所不同，它的特点如下。

☑　分析整个负载，而不仅仅是单独的 SQL 语句。

☑　使访问结构设计更加清晰，以优化应用程序性能。

☑　建议创建和删除某些索引、物化视图和物化视图日志，以提高性能。

Oracle 的 SQL 访问顾问除了可以分析索引、物化视图等，还可以分析表和查询以识别可能的分区策略，这在进行最佳模式设计时可以提供很大的帮助。在 Oracle 中，SQL 访问顾问可以提供与整个负载相关的建议，包括考虑创建成本和维护访问结构等。

15.7　实践与练习

1. 在 scott 模式下，创建一个 dept 表的备份表，尝试使用 TRUNCATE 语句清空该表。

2. 创建一个 test 表，并将其 id 列设置为主键(如 pk_id)，然后通过 ALTER INDEX…MONITORING USAGE 语句来监视该主键索引是否被使用。

第 16 章

Oracle 数据备份与恢复

在数据库系统中，由于人为操作或自然灾害等因素可能造成数据丢失或被破坏，从而给用户造成重大损失。Oracle 数据库提供了备份与恢复机制，大大降低了用户丢失数据的风险。

本章知识架构及重难点如下。

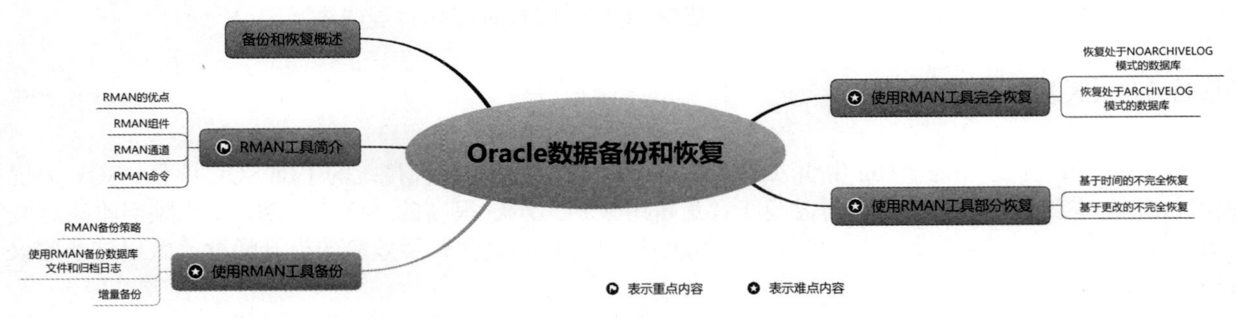

16.1 备份与恢复概述

为了保证数据库的高可用性，Oracle 数据库提供了备份和恢复机制，以便在数据库发生故障时完成对数据库的恢复操作，避免损失重要的数据资源。

丢失数据可以分为物理丢失和逻辑丢失。物理丢失是指操作系统的数据库主键（如数据文件、控制文件、重做日志文件以及归档日志）丢失。引起物理数据丢失的原因可能是磁盘驱动器损毁，也可能是有人意外删除了一个数据文件或者修改关键数据库文件造成了配置变化。逻辑丢失就是如表、索引和表记录等数据库主键的丢失。引起逻辑数据丢失的原因可能是有人意外删除了不该删除的表，应用程序出错或者在 DELETE 语句中使用了不适当的 WHERE 子句等。

针对上述分析的两种情况，Oracle 系统能够实现物理数据备份和逻辑数据备份。虽然这两种备份模式可以相互替代，但是在备份计划内有必要包含这两种模式，以避免数据丢失。物理数据备份主要针对数据文件、控制文件、归档重做日志进行备份。

物理备份通常按照预定的时间间隔运行，以防止数据库的物理丢失。当然，把系统恢复到最后一次提交时的状态，必须以物理备份为基础，同时还必须有自上次物理备份以来累积的归档日志与重做日志。

备份一个 Oracle 数据库有 3 种标准方式，即导出、脱机备份和联机备份。导出方式是数据库的逻辑备份，常用的工具有 EXP 和 EXPDP（关于这两种工具会在后面的章节中讲解）；其他两种备份方式都是物理文件备份，常用的工具有 RMAN。

物理备份就是复制数据库中的文件，而不管其逻辑内容如何。由于使用操作系统的备份命令，因此这些备份也被称为文件系统备份。Oracle 支持两种不同类型的物理文件备份，即脱机备份和联机备份。

当数据库正常关闭时，对数据库的备份称为脱机备份。关闭数据库后，可以对所有的数据文件、控制文件、联机重做日志文件以及参数文件（可选择）进行脱机备份。

当数据库关闭时，对所有这些文件进行备份可以得到一个数据库关闭时的完整镜像。以后可以从备份中获取整个文件集，并使用该文件集恢复数据库。除非执行一个联机备份，否则当数据库被打开时，不允许对数据库执行文件系统备份。当数据库处于 ARCHIVELOG 模式时，可以对数据库执行联机备份。联机备份时需要先将表空间设置为备份状态，然后备份其他数据文件，最后将表空间恢复为正常状态。

数据库可以从一个联机备份中完全恢复，并且可以通过归档的重做日志恢复到任意时刻。数据库被打开时，可以联机备份所有的数据文件、归档的重做日志文件以及控制文件。

联机备份具有两个优点：第一，提供完全的时间点恢复；第二，在文件系统备份时允许数据库保持打开状态。因此，即使在用户要求数据库不能关闭时也能备份文件系统。保持数据库打开状态，还可以避免数据库的 SGA 区被重新设置。避免内存重新设置可以减少数据库对物理 I/O 数量的要求，从而改善数据库性能。

为了简化数据库的备份和恢复，Oracle 通过恢复管理器（RMAN）执行备份和恢复操作。

16.2　RMAN 工具简介

RMAN 是一款随着 Oracle 服务器软件一同安装的工具软件，专门用于对数据库进行备份、修复和恢复操作。所有的备份和恢复操作都可以在 RMAN 环境下使用 RMAN 命令完成，以减少 DBA 在对数据库进行备份和恢复时产生的错误，提高备份与恢复效率。

16.2.1　RMAN 的优点

相对于用户管理备份的方法，RMAN 具有如下优点。

- ☑ 可使月 RMAN 进行增量备份。备份的大小不取决于数据库大小，而是取决于数据库内的活动程度，因为增量备份将跳过未改动的块。用其他办法不能进行增量备份，可进行增量导出，但并不认为它是数据库的实际备份。
- ☑ 可联机修补数据文件的部分讹误数据块，不需要从备份复原文件，这称为块介质恢复。

说明

即使使用用户管理的备份，也可以通过在 RMAN 信息库中对数据文件和归档重做日志备份进行编目，执行块介质恢复。

- ☑ 人为错误最小化，因为是 RMAN 而不是 DBA 记住了所有文件名和位置。掌握了 RMAN 实用程序的使用后，从其他 DBA 那里接收数据库的备份与恢复将非常容易。

- ☑ 一条简单的命令，如 BACKUP DATABASE 就可以备份整个数据库，而不需要复杂的脚本。
- ☑ RMAN 的新的块比较特性允许在备份中跳过数据文件中从未使用的数据块的备份，从而节省了存储空间和备份时间。
- ☑ 通过 RMAN 可以方便地进行自动化备份和恢复过程，RMAN 还可以自动地使备份和恢复会话并行进行。
- ☑ RMAN 可在备份和恢复中进行错误检查，从而保证备份文件不出现讹误。RMAN 具有在不需要数据文件联机的条件下恢复任意讹误数据块的能力。
- ☑ 与使用操作系统应用程序联机备份不一样，RMAN 在联机备份中不生成重做信息，从而降低了联机备份的开销。
- ☑ 二进制压缩特性降低了保存在磁盘上备份的大小。
- ☑ 如果使用恢复目录（CATALOG），可直接在其中存储备份和恢复脚本。
- ☑ 可执行模拟备份和恢复。
- ☑ 允许进行映像复制，这类似于基于操作系统的文件备份。
- ☑ 可方便地与第三方介质管理产品集成，使磁带备份极为容易。
- ☑ 与 OEM 备份功能集成得很好，因此可利用一个普通的管理框架对大量数据库方便地安排备份作业。
- ☑ 可利用 RMAN 的功能方便地克隆数据库和维护备用数据库。

很显然，和基于操作系统的备份和恢复技术（用户管理的备份和恢复）相比，使用 RMAN 进行备份和恢复更高效。Oracle 中 RMAN 与传统的用户管理备份和恢复方法都合法有效，但建议用户使用 RMAN。

16.2.2 RMAN 组件

RMAN 是执行备份和恢复操作的客户端应用程序。最简单的 RMAN 只包括两个组件，即 RMAN 命令执行器和目标数据库。DBA 就是在 RMAN 命令执行器中执行备份与恢复操作，然后由 RMAN 命令执行器对目标数据库进行相应的操作。在比较复杂的 RMAN 中会涉及更多的组件，图 16.1 为一个典型的 RMAN 运行时所使用的各个组件。

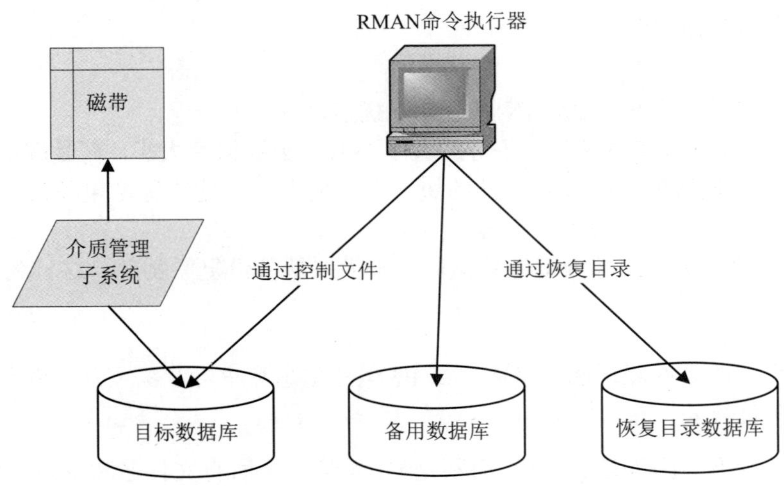

图 16.1 典型的 RMAN 运行时所使用的各个组件

1. RMAN 命令执行器

RMAN 命令执行器提供了对 RMAN 实用程序的访问，它允许 DBA 输入执行备份和恢复操作所需的命令，DBA 可以使用命令行或图形用户界面（GUI）与 RMAN 交互。当开始一个 RMAN 会话时，系统将为 RMAN 创建一个用户进程，并在 Oracle 服务器上启动两个默认进程，分别用于提供与目标数据库的连接和监视远程调用。除此之外，根据会话期间执行的操作命令，系统还会启动其他进程。

启动 RMAN 最简单的方法是从操作系统中运行 RMAN，不为其提供连接请求参数。在运行 RMAN 之后，再设置连接的目标数据库等参数。不指定参数启动 RMAN 的具体步骤如下。

（1）在操作系统中选择“开始”/“运行”命令，打开“运行”对话框，输入 rman target system/nocatalog 命令，指定当前默认数据库为 RMAN 的目标数据库，然后单击“确定”按钮，如图 16.2 所示。

（2）在出现具有 RMAN 提示符的窗口后，输入 show all 命令，由于 RMAN 连接到了一个目标数据库，因此该命令执行后，可以查看当前 RMAN 的配置，显示信息如图 16.3 所示。

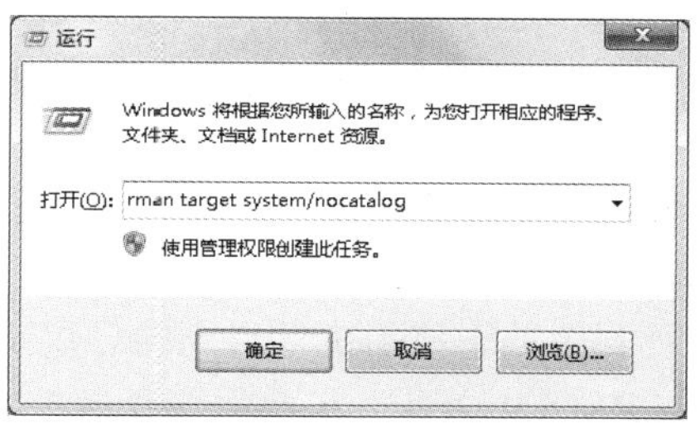

图 16.2　启动 RMAN 工具

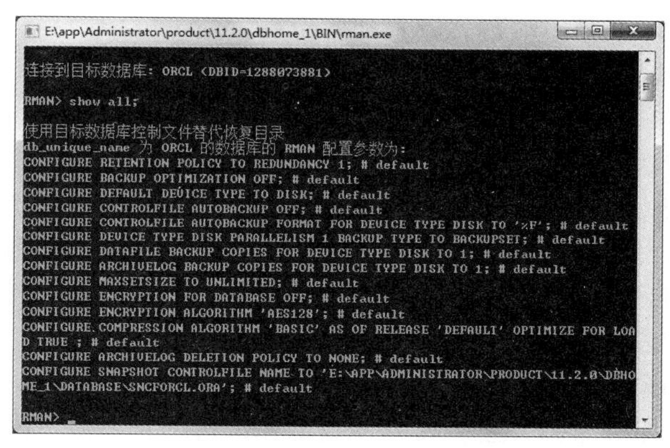

图 16.3　查看当前 RMAN 的配置

下面介绍一下使 RMAN 执行备份和恢复功能的条目列表。

☑ 目标数据库。目标数据库也就是要执行备份、转储和恢复的数据库。RMAN 将使用目标数据库的控制文件来收集关于数据库的相关操作，并使用控制文件来存储相关的 RMAN 操作信息。另外，实际的备份和恢复操作是由目标数据库中的进程执行的。

☑ RMAN 信息库。RMAN 信息库是 RMAN 关于备份、归档重做日志及其拥有的活动的元数据。每个数据库的控制文件为 RMAN 信息库的主存储。

☑ 恢复目录模式。恢复目录模式是拥有 RMAN 备份和恢复元数据的数据库（RMAN 信息库）中的数据库模式。

☑ RMAN 客户机。用户通过 RMAN 客户机会话管理 RMAN 操作。RMAN 是一个命令行界面，可通过它发布命令与 RMAN 服务器进程通信、执行备份和恢复操作。可从 RMAN 客户机发布特殊的 RMAN 命令以及 SQL 语句。此客户机在目标数据库上启动 RMAN 服务器会话，并指引它们执行备份和恢复操作。RMAN 客户机使用 Oracle Net 连接到目标数据库，所以它可以定位通过 Oracle Net 连接到目标主机的任何主机。

☑ RMAN 可执行程序。RMAN 可执行程序是管理所有备份和恢复操作的实际程序。可在“$ORACLE_HOME/bin”目录中找到 RMAN 的可执行程序（即 rman 程序）。RMAN 可执行程序通过与目标数据库交互来完成执行的备份或恢复操作。它将结果记录在控制文件和可选的恢复目录中。

- ☑ 服务器进程。服务器进程是在 RMAN 可执行程序与目标数据库间通信的后台进程。这种服务器进程在备份和恢复中完成读写磁盘设备和磁带设备的实际工作。

注意

在使用 RMAN 时，有 3 个实体是可选的，分别是闪回恢复区、恢复目标数据库（和恢复目录模式）和机制管理软件。

2. RMAN 信息库和恢复目录

为存储 RMAN 信息库，可在两个位置中进行选择：可以让 RMAN 将其存储在目标数据库控制文件中，也可以配置和使用可选的恢复目录来管理它。RMAN 信息库包含以下条目的信息。

- ☑ 数据文件备份集合副本。
- ☑ 归档重做日志副本和备份集。
- ☑ 表空间和数据文件信息。
- ☑ 存储脚本和 RMAN 配置设置。

默认时，RMAN 在控制文件中存储所有元数据。首先将所有 RMAN 信息写入控制文件中，然后将其写到恢复目录（如果存在）中。例如，在 RMAN 创建新备份集时，可在 v$backup_set 视图中看到相应的信息，也可以在恢复目录视图 rc_backup_set 中看到相同的信息，从而对于 RMAN 信息库的每次更改，信息都被记入两个位置处，即控制文件和可选的恢复目录。RMAN 信息库的恢复目录版本存储在数据库表中，信息库的控制文件版本存储在控制文件的记录内。

如果愿意，可仅用控制文件中的信息管理 RMAN。我们听到的关于使用恢复目录的异议是，它太复杂，难以维护，还需要其他数据库来管理它。但是，有一些 RMAN 命令可在使用恢复目录时使用，还可以在仅使用恢复目录时使用 RMAN 存储脚本。如果使用控制文件，则要冒某些历史数据被覆盖的风险，但恢复目录将保障这些数据的安全。这是因为控制文件为与备份有关的活动分配的空间有限，从而恢复目录有更多的空间存储备份历史。系统中的一个恢复目录可对多个 Oracle 数据库执行备份、恢复操作。因此，可通过使用恢复目录集实现自动化备份和恢复操作。Oracle 建议使用专门的数据库来运行恢复目录，但这不是绝对的。

注意

强烈建议使用恢复目录，以便能完全利用 RMAN 提供的特性。

3. 介质管理层

数据和文件可利用 RMAN 直接备份到操作系统磁盘。如果想要备份到磁带中，则额外需要称为 MML 或介质管理器的软件。RMAN 可以将磁盘上的备份移动到磁带中，并且如果有必要的话可复原该磁带备份。

16.2.3　RMAN 通道

RMAN 具有一套配置参数，这类似于操作系统中的环境变量。这些默认配置将被自动应用于所有

的 RMAN 对话，通过 SHOW ALL 命令可以查看当前所有的默认配置。DBA 可以根据自己的需求，使用 CONFIGURE 命令对 RMAN 进行配置。与此相反，如果要将某项配置设置为默认值，则可以在 CONFIGURE 命令中指定 CLEAR 关键字。

对 RMAN 的配置主要针对其通道进行。RMAN 在执行数据库备份与恢复操作时，都要使用服务器进程，启动服务器进程是通过分配通道来实现的。当服务器进程执行备份和恢复操作时，只有一个 RMAN 会话与分配的服务器进程进行通信，如图 16.4 所示。

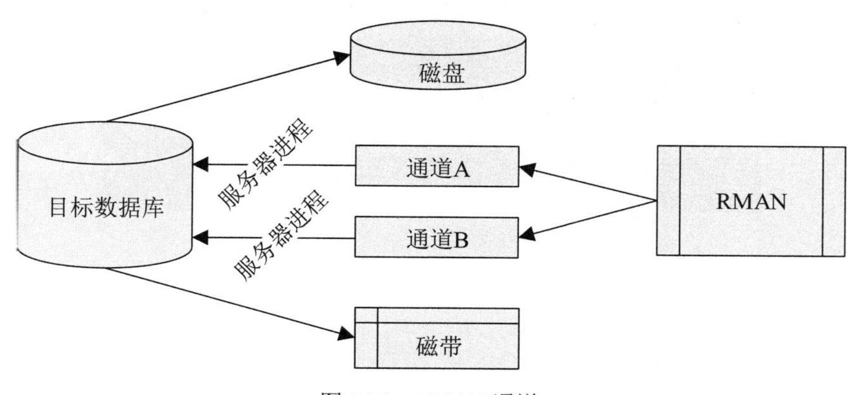

图 16.4　RMAN 通道

一个通道是与一个设备相关联的，RMAN 可以使用的通道设备包括磁盘（disk）和磁带（type）。通道的分配可以分为 RUN 命令手动分配通道和自动分配通道。通常情况下，RMAN 在执行 BACKUP、RESTORE 等命令时，DBA 将其配置为自动分配通道。但是，在更改通道设备时，大多数 DBA 都会手动分配需要更改的通道。实际上，如果没有指定通道，那么将使用 RMAN 存储的自动分配通道。

1. 手动分配通道

手动分配通道时，必须使用 RUN 命令。在 RMAN 中，RUN 命令会被优先执行。也就是说，如果 DBA 手动分配了通道，则 RMAN 将不再使用任何自动分配通道，RUN 命令格式如下。

```
RUN {命令}
```

当在 RMAN 命令执行器中执行类似于 BACKUP、RESTORE 或 DELETE 等需要进行磁盘 I/O 操作的命令时，可以将这些命令与 ALLOCATE CHANNEL 命令包含在一个 RUN 命令块内部。利用 ALLOCATE CHANNEL 命令为其手动分配通道。下面来看一个例子。

【例 16.1】手动分配一个名称为 ch_1 的通道，要求通过这个通道创建的文件都具有统一的名称格式，即 d:\oraclebf\%u_%c.bak。另外，还要求利用这个通道对表空间 system、users、tbsp_1 和 ts_1 进行备份，代码如下。**（实例位置：资源包\TM\sl\16\1）**

```
RMAN> run{
2> allocate channel ch_1 device type disk
3> format = 'd:\oraclebf\%u_%c.bak';
4> backup tablespace system,users,tbsp_1,ts_1 channel ch_1;
5> }
```

本例运行结果如图 16.5 所示。

```
使用目标数据库控制文件替代恢复目录
分配的通道: ch_1
通道 ch_1: SID=19 设备类型=DISK

启动 backup 于 26-4月 -19
通道 ch_1: 正在启动全部数据文件备份集
通道 ch_1: 正在指定备份集内的数据文件
输入数据文件: 文件号=00001 名称=E:\APP\ADMINISTRATOR\ORADATA\ORCL\SYSTEM01.DBF
输入数据文件: 文件号=00006 名称=E:\APP\ADMINISTRATOR\MRDATA\PERSISTENT\TBSP_1.DB
F
输入数据文件: 文件号=00004 名称=E:\APP\ADMINISTRATOR\ORADATA\ORCL\USERS01.DBF
输入数据文件: 文件号=00016 名称=D:\ORACLEFILES\ORACLEDATA\TS1.DBF
通道 ch_1: 正在启动段 1 于 26-4月 -19
通道 ch_1: 已完成段 1 于 26-4月 -19
段句柄=D:\ORACLEBF\02MVTPBL_1.BAK 标记=TAG20120104T112644 注释=NONE
通道 ch_1: 备份集已完成, 经过时间:00:00:25
通道 ch_1: 正在启动全部数据文件备份集
通道 ch_1: 正在指定备份集内的数据文件
备份集内包括当前控制文件
备份集内包括当前的 SPFILE
通道 ch_1: 正在启动段 1 于 26-4月 -19
通道 ch_1: 已完成段 1 于 26-4月 -19
段句柄=D:\ORACLEBF\03MVTPCE_1.BAK 标记=TAG20120104T112644 注释=NONE
通道 ch_1: 备份集已完成, 经过时间:00:00:01
完成 backup 于 26-4月 -19
释放的通道: ch_1
```

图 16.5　手动配置通道

说明

在 RMAN 中执行每一条 BACKUP、COPY、RESTORE、DELETE 或 RECOVER 命令时，要求每个命令至少使用一个通道。

2. 自动分配通道

在下面两种情况下，由于没有手动为 RMAN 命令分配通道，RMAN 将利用预定义的设置来为命令自动分配通道。

- ☑ 在 RUN 命令块外部使用 BACKUP、RESTORE 和 DELETE 命令。
- ☑ 在 RUN 命令块内部执行 BACKUP 等命令之前，未使用 ALLOCATE CHANNEL 命令手动分配通道。

例如：

```
RMAN> backup tablespace users;
2>run{restore tablespace examples;}
```

在使用自动分配通道时，RMAN 将根据下面这些命令的设置自动分配通道。

- ☑ CONFIGURE DEVICE TYPE SBT/DISK PARALLELISM N：用于定义 RMAN 使用的通道数量。
- ☑ CONFIGURE DEFAULT DEVICE TYPE TO DISK/SBT：用于指定自动通道的默认设备。
- ☑ CONFIGURE CHANNEL DEVICE TYPE：用于设置自动通道的参数。

清除自动分配通道设置，将通道清除为默认状态，与上面 3 个自动分配通道命令对应的清除命令如下。

- ☑ CONFIGURE DEVICE TYPE DISK CLEAR。
- ☑ CONFIGURE DEFAULT DEVICE TYPE CLERA。
- ☑ CONFIGURE CHANNER DEVICE TYPE DISK/SBT CLEAR。

16.2.4　RMAN 命令

RMAN 的操作命令非常简单，也无特定的技巧，只需要理解各个命令的含义，就可以灵活使用。

本节将介绍一些 RMAN 中的基本命令，以及如何利用这些基本命令来完成各种操作。

1. 连接到目标数据库

在使用 RMAN 时，首先需要连接到数据库。如果 RMAN 未使用恢复目录，则可以使用如下几种命令形式之一连接到目标数据库。

```
$rman nocatalog
$rman target sys/nocatalog
$rman target /
connect target sys/password@网络连接串
```

注意

如果目标数据库与 RMAN 不在同一台服务器上时，必须使用“@网络连接串”的方法。

如果为 RMAN 创建了恢复目录，则可以按如下几种方法之一连接到目标数据库。如果目标数据库与 RMAN 不在同一个服务器上，则需要添加网络连接。

```
$rman target/catalog rman/rman@man
$rman target sys/change_on_install catalog rman/rman
connect catalog sys/password@网络连接串
```

在 RMAN 连接到数据库后，还需要注册数据库。注册数据库就是将目标数据库的控制文件存储到恢复目录中，同一个恢复目录中只能注册一个目标数据库。注册目标数据库所使用的语句为 REGISTER DATABASE。下面来看一个例子。

【例 16.2】首先创建恢复目录，然后使用 RMAN 工具连接到数据库，最后注册数据库，操作步骤及代码如下。**（实例位置：资源包\TM\sl\16\2）**

（1）在 SQL*Plus 环境下，使用 system 模式登录，并创建恢复目录所使用的表空间，代码及运行结果如下。

```
SQL> connect system/1qaz2wsx
已连接。
SQL> create tablespace rman_tbsp datafile 'D:\OracleFiles\Recover\rman_tbsp.dbf'
 size 2G;
表空间已创建。
```

（2）在 SQL*Plus 环境下，创建 rman 用户并授权，代码及运行结果如下。

```
SQL> create user rman_user identified by mrsoft default tablespace rman_tbsp temporary tablespace temp;
用户已创建。
SQL> grant connect,recovery_catalog_owner,resource to rman_user;
授权成功。
```

（3）在 CMD 命令行模式下，打开 RMAN，代码及运行结果如下。

```
C:\Users\Administrator>rman catalog rman_user/mrsoft target orcl;
或
C:\Users\Administrator>rman target system/1qaz2wsx catalog rman_user/mrsoft;
```

本例运行结果如图 16.6 所示。

```
恢复管理器: Release 11.2.0.1.0 - Production on 星期五 4月 26 14:39:42 2019

Copyright (c) 1982, 2009, Oracle and/or its affiliates.  All rights reserved.

目标数据库口令:
连接到目标数据库: ORCL (DBID=1288073881)
连接到恢复目录数据库
```

图 16.6　打开 RMAN

（4）在 RMAN 模式下，创建恢复目录，代码及运行结果如下。

```
RMAN> create catalog tablespace rman_tbsp;
恢复目录已创建。
```

（5）在 RMAN 模式下，使用 REGISTER 命令注册数据库，代码及运行结果如下。

```
RMAN> register database;
注册在恢复目录中的数据库
正在启动全部恢复目录的 resync
完成全部 resync
```

截至目前，RMAN 恢复目录与目标数据库已经连接成功。如果要取消已注册的数据库信息，可以连接到 RMAN 恢复目录数据库，查询数据库字典 db，获取 DB_KEY 与 DB_ID，再执行 DBMS_RCVCAT.UNREGISTERDATABASE 命令注销数据库。

2. 启动与关闭目标数据库

在 RMAN 中对数据库进行备份与恢复，经常需要启动和关闭目标数据库。因此，RMAN 也提供了一些与 SQL 语句完全相同的命令，利用这些命令可以在 RMAN 中直接启动或关闭数据库。启动和关闭数据库的命令如下。

```
RMAN> shutdown immediate;
RMAN> startup;
RMAN> startup mount;
RMAN> startup pfile = 'F:\app\oracle\product\initora11g.ora';
RMAN> alter database open;
```

16.3　使用 RMAN 工具备份

使用 RMAN 备份为数据库管理员提供了更灵活的备份选项。在使用 RMAN 进行备份时，DBA 可以根据需要进行完全备份（full backup）、增量备份（incremental backup）、联机备份和脱机备份。

16.3.1　RMAN 备份策略

RMAN 可以进行两种类型的备份，即完全备份和增量备份。在进行完全备份时，RMAN 会将数据文件中除空白数据块之外的所有数据块都复制到备份集中。需要注意，在 RMAN 中可以对数据文件进行完全备份或者增量备份，但是对控制文件和日志文件只能进行完全备份。

与完全备份相反，在进行增量备份时 RMAN 也会读取整个数据文件，但是只会备份与上一次备份相比发生了变化的数据块。RMAN 可以对单独的数据文件、表空间或者整个数据库进行增量备份。

注意

在使用 RMAN 进行数据恢复时，既可以利用归档重做日志文件，也可以使用合适的增量备份进行数据恢复。

使用 RMAN 进行增量备份有如下优点。

☑　在不降低备份频率的基础上能够缩小备份的大小，从而节省磁盘或磁带的存储空间。

☑　当数据库运行在非归档模式时，定时的增量备份可以提供类似于归档重做日志文件的功能。

注意

如果数据库处于 NOARCHIVELOG 模式，则只能执行一致的增量备份，因此数据库必须关闭；而在 ARCHIVELOG 模式中，数据库可以是打开的，也可以是关闭的。

在 RMAN 中建立的增量备份可以具有不同的级别，每个级别都是用一个不小于 0 的整数来标识，如级别 0、级别 1 等。

级别 0 的增量备份是所有增量备份的基础，因为在进行级别为 0 的备份时，RMAN 会将数据文件中所有已使用的数据块都复制到备份集中，类似于建立完全备份。级别大于 0 的增量备份将只包含与前一次备份相比发生了变化的数据块。

增量备份有两种方式，即差异备份和累积备份。差异备份是默认的增量备份类型，它会备份上一次进行同级或者低级备份以来所有变化的数据块；而累积备份则备份上次低级备份以来所有的数据块。例如，周一进行了一次 2 级增量备份，周二进行了一次 3 级增量备份，如果在周四进行 3 级差异增量备份，那么就只备份周二进行的 3 级增量备份以后发生变化的数据块；如果进行 3 级累积备份，那么就会备份上次 2 级备份以来变化的数据块。

16.3.2　使用 RMAN 备份数据库文件和归档日志

当数据库打开时，可以使用 RMAN BACKUP 命令备份归档重做日志、数据文件、数据库、表空间、控制文件和备份集。

在使用 BACKUP 命令备份数据文件时，可以为其设置参数，定义备份段的文件名、文件数和每个文件的通道。

1. 备份数据库

如果备份操作是在数据库被安全关闭之后进行的，那么对整个数据库的备份是一致的；与之相对应，如果是在打开状态下对整个数据库进行的备份，则该备份是非一致的。下面通过两个实例分别来讲解如何进行非一致性和一致性数据库备份。

【例 16.3】非一致性备份整个数据库，操作步骤及代码如下。（**实例位置：资源包\TM\sl\16\3**）

（1）启动 RMAN 并连接到目标数据库，输入 BACKUP DATABASE 命令备份数据库。在 BACKUP 命令中可以指定 FORMAT 参数，为 RMAN 生成的每个备份片段指定一个唯一的名称以及存储位置，代码如下。

```
C:\Users\Administrator>rman target system/1qaz2wsx catalog rman_user/mrsoft;
RMAN> backup database format 'D:\OracleFiles\Backup\oradb_%Y_%M_%D_%U.bak'
2> maxsetsize 2G;
```

（2）如果建立的是非一致性备份，那么必须在完成备份后对当前的联机重做日志进行归档，因为在使用备份恢复数据库时，需要使用当前重做日志中的重做记录，代码及运行结果如下。

```
RMAN> sql 'alter system archive log current';
sql 语句: alter system archive log current
```

（3）在 RMAN 中执行 LIST BACKUP OF DATABASE 命令，查看建立的备份集与备份片段的信息，代码如下。

```
RMAN> list backup of database;
```

如果想要对整个数据库进行一致性备份，则首先需要关闭数据库，并启动数据库实例到 MOUNT 状态，下面来看一个例子。

【例 16.4】一致性备份整个数据库，代码如下。**（实例位置：资源包\TM\sl\16\4）**

```
RMAN> shutdown immediate
RMAN> startup mount
RMAN> backup database format 'D:\OracleFiles\Backup\oradb_%d_%s.bak';
RMAN> alter database open;
```

2. 备份表空间

当数据库打开或关闭时，RMAN 还可以对表空间进行备份。但是，所有打开的数据库备份都是非一致的。如果在 RMAN 中对联机表空间进行备份，则不需要在备份前执行 ALTER TABLESPACE... BEGIN BACKUP 语句将表空间设置为备份模式。下面来看一个例子。

【例 16.5】备份 tbsp_1 和 ts_1 表空间，操作步骤及代码如下。**（实例位置：资源包\TM\sl\16\5）**

（1）启动 RMAN 并连接到目标数据库，代码如下。

```
C:\Users\Administrator>rman target system/1qaz2wsx nocatalog;
```

（2）在 RMAN 中执行 BACKUP TABLESPACE 命令，将使用受到分配的通道 ch_1 对两个表空间进行备份，代码如下。

```
RMAN> run{
2> allocate channel ch_1 type disk;
3> backup tablespace tbsp_1,ts_1
4> format 'D:\OracleFiles\Backup\%d_%p_%t_%c.dbf';
5> }
```

（3）执行 LIST BACKUP OF TABLESPACE 命令，查看建立的表空间备份信息，代码如下。

```
RMAN> list backup of tablespace tbsp_1,ts_1;
```

3. 备份数据文件及数据文件的复制

在 RMAN 中可以使用 BACKUP DATAFILE 命令对单独的数据文件进行备份，备份数据文件时，既可以使用其名称指定数据文件，也可以使用其在数据库中的编号指定数据文件。下面来看一个例子。

【例 16.6】备份指定的数据文件，操作步骤及代码如下。**（实例位置：资源包\TM\sl\16\6）**

（1）在 RMAN 中执行 BACKUP DATAFILE 命令，备份指定的数据文件，代码如下。

```
RMAN> backup datafile 1,2,3 filesperset 3;
```

（2）使用 list backup of datafile 命令查看备份结果，代码如下。

```
RMAN> list backup of datafile 1,2,3;
```

4. 备份控制文件

在 RMAN 中对控制文件进行备份的方法有很多种，最简单的方法是设置 CONFIGURE CONTROLFILE AUTOBACKUP 为 ON，这样将启动 RMAN 的自动备份功能。启动控制文件的自动备份功能后，当在 RMAN 中执行 BACKUP 或 COPY 命令时，RMAN 都会对控制文件进行一次自动备份。如果没有启动自动备份功能，那么必须利用手动方式对控制文件进行备份。手动备份控制文件通常有两种方法，下面来看一个例子。

【例 16.7】备份指定的控制文件，操作步骤及代码如下。**（实例位置：资源包\TM\sl\16\7）**

（1）指定 backup current controlfile 命令或 backup tablespace…include current controlfile 命令备份控制文件，代码如下。

```
RMAN> backup current controlfile;
或
RMAN> backup tablespace tbsp_1 include current controlfile;
```

（2）利用 LIST BACKUP OF CONTROLFILE 命令来查看包含控制文件的备份集与备份段的信息，代码如下。

```
RMAN> list backup of controlfile;
```

5. 备份归档重做日志

归档重做日志是成功进行介质恢复的关键，需要周期性地进行备份。在 RMAN 中，可以使用 BACKUP ARCHIVELOG 命令对归档重做日志文件进行备份，或者使用 BACKUP PLUS ARCHIVELOG 命令，在对数据文件、控制文件进行备份的同时备份。

当使用 BACKUP ARCHIVELOG 命令来对归档重做日志文件进行备份时，备份的结果为一个归档重做日志备份集。如果将重做日志文件同时归档到多个归档目标中，那么 RMAN 就不会在同一个备份集中包含具有相同日志序列号的归档重做日志文件。一般情况下，BACKUP ARCHIVELOG 命令会对不同日志序列号备份一个复件。下面来看一个使用 BACKUP ARCHIVELOG 命令备份归档重做日志文件的例子。

【例 16.8】备份归档重做日志文件，操作步骤及代码如下。**（实例位置：资源包\TM\sl\16\8）**

（1）启动 RMAN 后，在 RMAN 中运行 BACKUP ARCHIVELOG ALL 命令，使用配置的通道备份归档日志文件到磁带上，并删除磁盘上的所有备份，代码如下。

```
RMAN> backup archivelog all delete all input;
```

说明

在对数据库、控制文件或其他数据库对象进行备份时，如果在 BACKUP 命令中指定了 PLUS ARCHIVELOG 参数，也可以同时对归档重做日志文件进行备份。

（2）使用 LIST BACKUP OF ARCHIVELOG ALL 命令，查看包含归档重做日志文件的备份集与备份片段信息，代码如下。

```
RMAN> list backup of archivelog all;
```

16.3.3 增量备份

在 RMAN 中可以通过增量备份的方式对整个数据库、单独的表空间或单独的数据文件进行备份。如果数据库运行在归档模式下，既可以在数据库关闭状态下进行增量备份，也可以在数据库打开状态下进行增量备份。而当数据库运行在非归档模式下时，则只能在关闭数据库后进行增量备份，因为增量备份需要使用 SCN 来识别已经更改的数据块。下面来看几个相关的例子。

【例 16.9】对 SYSTEM、SYSAUX 和 USERS 表空间进行一次 0 级差异增量备份，代码如下。**（实例位置：资源包\TM\sl\16\9）**

```
RMAN> run{
2> allocate channel ch_1 type disk;
3> backup incremental level=0
4> format 'D:\OracleFiles\Backup\oar11g_%m_%d_%c.bak '
5> tablespace system,sysaux,users;
6> }
```

【例 16.10】对 SYSTEM 表空间进行 1 级差异增量备份，代码如下。**（实例位置：资源包\TM\sl\16\10）**

```
RMAN> backup incremental level = 1
2> format 'D:\OracleFiles\Backup\oar11g_%Y_%M_%D_%u.bakf '
3> tablespace system;
```

如果仅在 BACKUP 命令中指定 INCREMENTAL 参数，默认创建的增量备份为差异增量备份。如果想要建立累积增量备份，还需要在 BACKUP 命令中指定 CUMULATIVE 选项。

【例 16.11】对表空间 EXAMPLE 进行 2 级累积增量备份，代码如下。**（实例位置：资源包\TM\sl\16\11）**

```
RMAN> backup incremental level=2 cumulative tablespace example
2> format 'D:\OracleFiles\Backup\oar11g_%m_%t_%c.bak';
```

16.4 使用 RMAN 工具完全恢复

RMAN 作为一个管理备份和恢复备份的 Oracle 实用程序，在使用它对数据库执行备份后，如果数据库发生故障，则可以通过 RMAN 使用备份对数据库进行恢复。在使用 RMAN 进行数据恢复时，它可以自动确定最合适的一组备份文件，并使用该备份文件对数据库进行恢复。根据数据库在恢复后的运行状态不同，Oracle 数据库恢复可以分为完全数据库恢复和不完全数据库恢复。完全数据库恢复使数据库恢复到出现故障的时刻，即当前状态；不完全数据库恢复会恢复到出现故障的前一时刻，即过去某一时刻的数据库同步状态。

16.4.1　恢复处于 NOARCHIVELOG 模式的数据库

当数据库处于 NOARCHIVELOG 模式时，如果出现介质故障，则在最后一次备份之后对数据库所做的任何操作都将丢失。通过 RMAN 执行恢复时，只需要执行 RESTORE 命令将数据库文件修复到正确的位置，然后就可以打开数据库。也就是说，对于处于 NOARCHIVELOG 模式下的数据库，管理员不需要执行 RECOVER 命令。

另外，在备份 NOARCHIVELOG 数据库时，数据库必须处于一致的状态，这样才能保证使用备份信息恢复数据后，各个数据文件是一致的。下面通过一个例子来讲解在 NOARCHIVELOG 模式下备份和恢复数据库所需要的完整操作步骤。

【例 16.12】在 NOARCHIVELOG 模式下备份和恢复数据库，操作步骤和代码如下。**（实例位置：资源包\TM\sl\16\12）**

（1）使用具有 sysdba 特权的账号登录 SQL*Plus，并确认数据库处于 NOARCHIVELOG 模式，代码及运行结果如下。

```
SQL> connect system/1qaz2wsx as sysdba;
已连接。
SQL> select log_mode from v$database;
LOG_MODE
----------------
NOARCHIVELOG
```

（2）输入 EXIT 命令，退出 SQL*Plus。

（3）运行 RMAN，并连接到目标数据库，代码如下。

```
C:\Users\Administrator>rman target system/1qaz2wsx nocatalog;
```

（4）在 RMAN 中关闭数据库，然后启动数据库到 MOUNT 状态，代码如下。

```
RMAN> shutdown immediate
RMAN> startup mount
```

（5）在 RMAN 中输入下列命令，备份整个数据库。

```
RMAN> run{
2> allocate channel ch_1 type disk;
3> backup database
4> format 'D:\OracleFiles\Backup\orcl_%t_%u.bak';
5> }
```

（6）备份完成后，打开数据库。

（7）在有了一份数据库的一致性备份后，为了模拟一个介质故障，将关闭数据库并删除 USERS01.DBF 文件。需要注意的是，介质故障通常是在打开数据库时发生的。但是，如果想要通过删除数据文件来模拟介质故障，则必须关闭数据库，因为操作系统不能删除目前正在使用的文件。

（8）删除数据文件 USERS01.DBF 后启动数据库，因为 Oracle 无法找到数据文件 USERS01.DBF，所以会出现如图 16.7 所示的错误信息。

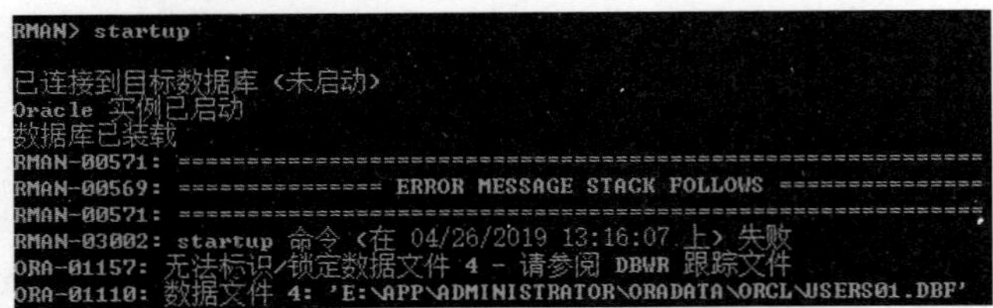

```
RMAN> startup

已连接到目标数据库 (未启动)
Oracle 实例已启动
数据库已装载
RMAN-00571: ===========================================================
RMAN-00569: =============== ERROR MESSAGE STACK FOLLOWS ===============
RMAN-00571: ===========================================================
RMAN-03002: startup 命令 (在 04/26/2019 13:16:07 上) 失败
ORA-01157: 无法标识/锁定数据文件 4 - 请参阅 DBWR 跟踪文件
ORA-01110: 数据文件 4: 'E:\APP\ADMINISTRATOR\ORADATA\ORCL\USERS01.DBF'
```

图 16.7　启动后的错误信息

（9）当 RMAN 使用备份恢复数据库时，必须使目标数据库处于 MOUNT 状态才能访问控制文件。当设置数据库到 MOUNT 状态后，就可以执行 RESTORE 命令了，让 RMAN 决定最新的有效备份集，并使用备份集修复损坏的数据库文件，代码如下。

```
RMAN> startup mount
RMAN> run{
2> allocate channel ch_1 type disk;
3> restore database;
4> }
```

（10）恢复数据库后，执行 ALTER DATABASE OPEN 命令打开数据库，代码如下。

```
alter database open;
```

16.4.2　恢复处于 ARCHIVELOG 模式的数据库

完全恢复处于 ARCHIVELOG 模式的数据库，与恢复 NOARCHIVELOG 模式的数据库相比而言，基本的区别是恢复处于 ARCHIVELOG 模式的数据库时，管理员还需要将归档重做日志文件的内容应用到数据文件上。在恢复过程中，RMAN 会自动确定恢复数据库所需要的归档重做日志文件。下面通过一个例子来讲解如何恢复 ARCHIVELOG 模式下的数据库。

【例 16.13】恢复 ARCHIVELOG 模式下的数据库，操作步骤和代码如下。**（实例位置：资源包\TM\sl\16\13）**

（1）确认数据库处于 ARCHIVELOG 模式下。这里通过 v$database 视图查看 log_mode 列。

（2）启动 RMAN，并连接到目标数据库。

（3）在 RMAN 中输入如下命令，对表空间 USERS 进行备份。

```
RMAN> run{
2> allocate channel ch_1 type disk;
3> allocate channel ch_2 type disk;
4> backup tablespace users
5> format 'D:\OracleFiles\Backup\users_tablespace.bak';
6> }
```

（4）模拟介质故障，关闭目标数据库，并通过系统删除表空间 USERS 对应的数据文件。

（5）启动数据库到 MOUNT 状态。

（6）运行下列命令，恢复表空间 USERS。

```
RMAN> run{
2> allocate channel ch_1 type disk;
3> restore tablespace users;
```

```
4> recover tablespace users;
5> }
```

（7）恢复完成后打开数据库。这里使用 ALTER DATABASE OPEN 命令。

另外，在恢复 ARCHIVELOG 模式的数据库时，可以使用如下形式的 RESTORE 命令修复数据库。

☑ RESTORE TABLESPACE：修复一个表空间。
☑ RESTORE DATABASE：修复整个数据库中的文件。
☑ RESTORE DATAFILE：修复数据文件。
☑ RESTORE CONTROLFILE TO：将控制文件的备份修复到指定的目录。
☑ RESTORE ARCHIVELOG ALL：将全部的归档日志复制到指定的目录，以便后续的 RECOVER 命令对数据库实施修复。

使用 RECOVER 命令恢复数据库的语法形式如下。

☑ RECOVER DATABASE：恢复整个数据库。
☑ RECOVER DATAFILE：恢复数据文件。
☑ RECOVER TABLESPACE：恢复表空间。

16.5　使用 RMAN 工具部分恢复

如果需要将数据库恢复到引入错误之前的某个状态，DBA 就应当执行不完全恢复。完全恢复 ARCHIVELOG 模式的数据库时，对于还没有更新到数据文件和控制文件的任何事务，RMAN 会将归档日志或联机日志全部应用到数据库。而在不完全恢复过程中，DBA 决定了整个更新过程的终止时刻。RMAN 执行的常用的不完全恢复包括基于时间的不完全恢复和基于更改（SCN 号）的不完全恢复。

16.5.1　基于时间的不完全恢复

对于基于时间的不完全恢复，由 DBA 指定存在问题的事务时间。这也就意味着，如果知道存在问题的事务的确切发生时间，执行基于时间的不完全恢复是非常适合的。例如，假设用户在上午 10:05 将大量的数据库加载到一个错误的表中，如果没有一种合适的方法从表中删除这些数据，那么 DBA 可以执行基于时间的恢复，即将数据库恢复到上午 10:04 时的状态。当然，这些工作基于用户知道将事务提交到数据库的确切时间。

基于时间的不完全恢复有许多不确定因素。例如，根据将数据库加载到表中所使用的方法，可能会涉及多个事务，而用户只注意到了最后一个事务的提交时间。此外，事务的提交时间是由 Oracle 服务器上的时间决定的，而不是由单个用户的计算机时间决定。这些因素都可能会导致数据库恢复不到正确的加载数据之前的状态。

在对数据库执行不完全恢复后，必须使用 RESETLOGS 选项打开数据库，这将导致以前的任何重做日志文件都变得无效。如果恢复不成功，那么将不能再次尝试恢复，因为重做日志文件是无效的。这就需要在不完全恢复之前从备份中恢复控制文件、数据文件以及重做日志文件，以便再次尝试恢复过程。

在 RMAN 中执行基于时间的不完全恢复的命令为 SET UNTIL TIME。对于用户管理的基于时间的恢复，时间参数是作为 RECOVER 命令的一部分被指定，但是在 RMAN 中执行恢复时，对于恢复时间的指定则在 RECOVER 命令之前进行。下面通过一个例子来演示基于时间的不完全恢复。

【例 16.14】实现基于时间的不完全恢复，操作步骤和代码如下。**（实例位置：资源包\TM\sl\16\14）**

（1）启动 RMAN，并连接到目标数据库。

（2）关闭数据库，并重新启动数据库到 MOUNT 状态。

（3）在 RMAN 中执行如下命令块，创建数据库的一个备份。

```
RMAN> run{
2> allocate channel ch_1 type disk;
3> allocate channel ch_2 type disk;
4> backup database format 'D:\OracleFiles\Backup\database_%t_%u_%c.bak';
5> backup archivelog all format 'D:\OracleFiles\Backup\archive_%t_%u_%c.bak';
6> }
```

（4）在数据库完成备份后，打开数据库。

（5）需要模拟一个错误，以便确认不完全恢复。首先启动 SQL*Plus，查看 Oracle 服务器的当前时间，代码及运行结果如下。

```
SQL> select to_char(sysdate,'hh24:mi:ss')
  2  from dual;
TO_CHAR(
--------------
14:37:35
```

（6）在 SQL*Plus 中向 scott.emp 表中添加几行数据，代码如下。

```
SQL> alter session set nls_date_format = 'yyyy-mm-dd';
SQL> insert into scott.emp(empno,ename,job,hiredate,sal)
  2  values(1234,'东方','manager','1975-01-12',5000);
SQL> insert into scott.emp(empno,ename,job,hiredate,sal)
  2  values(6789,'西方','salesman','1980-12-12',3000);
```

说明

现在假设上述操作是错误操作，DBA 需要执行基于时间的不完全恢复，将数据库恢复到发生错误之前的状态。

（7）在 RMAN 中关闭目标数据库。

（8）使用操作系统创建数据库的一个脱机备份，包括控制文件的所有副本、数据文件和归档的重做日志文件，以防止不完全恢复失败。

（9）启动数据库到 MOUNT 状态。

（10）在 RMAN 中输入如下命令块，执行基于时间的不完全恢复。

```
RMAN> run{
2> sql'alter session set nls_date_format="YYYY-MM-DD HH24:MI:SS"';
3> allocate channel ch_1 type disk;
4> allocate channel ch_2 type disk;
5> set until time '2019-04-05 14:37:35';
```

```
6> restore database;
7> recover database;
8> sql'alter database open resetlogs';
}
```

（11）在 SQL*Plus 环境中查询 scott.emp 表，用于确认该表中不再包含错误的记录。

16.5.2　基于更改的不完全恢复

对于基于更改的不完全恢复，则以存在问题的事务的 SCN 号来终止恢复过程。在恢复数据库之后，将包含低于指定 SCN 号的所有事务。在 RMAN 中执行基于更改的不完全恢复时，可以使用 SET UNTIL SCN 命令来指定恢复过程的终止 SCN 号。其他的操作步骤与执行基于时间的不完全恢复完全相同。执行基于更改的不完全恢复时，DBA 唯一需要考虑的是确定适当的 SCN 号。LogMiner 是确认事务 SCN 号的常用工具。下面来看一个例子。

【例 16.15】假设某个用户不小心删除了 scott.emp 表中的所有记录，DBA 需要查看删除数据的事务的 SCN 号，以执行基于更改的不完全恢复来恢复被用户误删除的数据。**（实例位置：资源包\TM\sl\16\15）**

（1）在 SQL*Plus 中连接到数据库，并删除 scott.emp 表中的所有数据，代码如下。

```
SQL> delete from scott.emp;
SQL> commit;
SQL> alter system switch logfile;
```

（2）使用 dbms_logmnr_d.build()过程提取数据字典信息，代码如下。

```
SQL> exec dbms_logmnr_d.build('e:\orcldata\logminer\director.ora','e:\orcldata\logminer');
```

（3）使用 dbms_logmnr.add_logfile()过程添加分析的日志文件。如果不能确定哪一个日志文件包含了删除 scott.emp 表中数据的事务，则必须对每一个重做日志文件进行分析，代码如下。

```
SQL> exec dbms_logmnr.add_logfile('f:\app\Administrator\oradata\orcl\redo01a.log',dbms_logmnr.new);
SQL> exec dbms_logmnr.add_logfile('f:\app\Administrator\oradata\orcl\redo02a.log',dbms_logmnr.new);
SQL> exec dbms_logmnr.add_logfile('f:\app\Administrator\oradata\orcl\redo03a.log',dbms_logmnr.new);
```

（4）启动 LogMiner 开始分析日志，代码如下。

```
SQL> exec dbms_logmnr.start_logmnr(dictfilename=>'e:\orcldata\logminer\director.ora');
```

（5）查询 v$logmnr_contents 视图，查看为 delete scott.emp 语句分配的 SCN 号。为了减少搜索范围，可以限制只返回那些引用了名为 EMP 的段的记录，代码如下。

```
SQL> select scn,sql_redo
  2  from v$logmnr_contents
  3  where seg_name ='EMP';
```

（6）结束 LogMiner 会话并释放为其分配的所有资源，代码如下。

```
SQL> exec dbms_logmnr.end_logmnr;
```

（7）关闭数据库，并创建数据库的脱机备份以防止不完全恢复失败。

（8）使用 RMAN 连接到目标数据库。

（9）在 RMAN 中启动数据库到 MOUNT 状态。

（10）输入如下命令恢复数据库。

```
RMAN> run
2> {
3> allocate channel ch_1 type disk;
4> allocate channel ch_2 type disk;
5> set until scn 6501278;
6> restore database;
7> recover database;
8> sql'alter database open resetlogs';
9> }
```

恢复数据库之后，可以通过 SQL*Plus 来查看 scott.emp 表的内容，确认是否成功地恢复了数据库。在恢复数据库后，应该立即创建数据库的一个备份，以防止随后出现错误。

16.6 实践与练习

1. 使用 RMAN 工具备份 example 和 temp 表空间。
2. 使用 RMAN 工具还原备份的 example 和 temp 表空间。

第 17 章

数据导出和导入

在 Oracle 中对数据库进行逻辑备份或数据转储，也就是对数据库实施导出/导入操作。既可以使用常规的 EXP/IMP 客户端程序，也可以使用功能强大的数据泵技术，即 EXPDP/IMPDP。

本章知识架构及重难点如下。

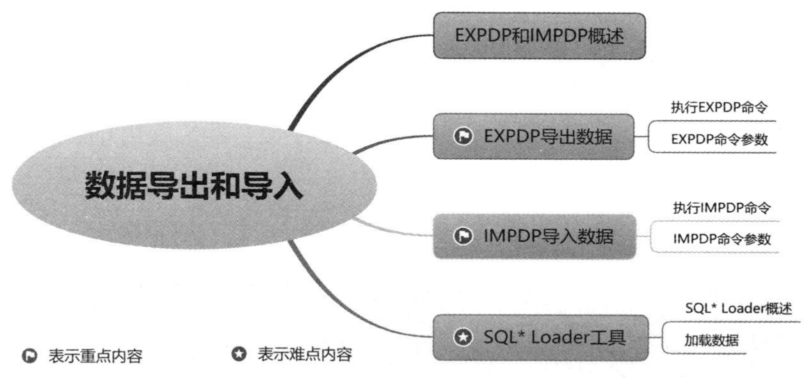

17.1 EXPDP 和 IMPDP 概述

数据泵导出就是使用工具 EXPDP 将数据库对象的元数据（对象结构）或数据导出到转储文件中。而数据泵导入则是使用工具 IMPDP 将转储元件中的元数据及其数据导入 Oracle 数据库中。假设 emp 表被意外删除，那么可以使用 IMPDP 工具导入 emp 的结构信息和数据。

使用数据泵导出或导入数据时，可以获得如下好处。

☑ 数据泵导出与导入可以实现逻辑备份和逻辑恢复。通过使用 EXPDP，可以将数据库对象备份到转储文件中；当表被意外删除或其他误操作时，可以使用 IMPDP 将转储文件中的对象和数据导入数据库中。

☑ 数据泵导出和导入可以在数据库用户之间移动对象。例如，使用 EXPDP 可以将 scott 模式中的对象导出并存储在转储文件中，然后使用 IMPDP 将转储文件中的对象导入其他数据库模式中。

☑ 使用数据泵导入可以在数据库之间移动对象。

☑ 数据泵可以实现表空间的转移，即将一个数据库的表空间转移到另一个数据库中。

在 Oracle 中，进行数据导入或导出操作时，既可以使用传统的导出/导入工具 EXP 和 IMP，也可以使用数据泵 EXPDP 和 IMPDP。但是，由于工具 EXPDP 和 IMPDP 的速度优于 EXP 和 IMP，因此建议在 Oracle 中使用 EXPDP 执行数据导出，并使用 IMPDP 执行数据导入。

17.2　EXPDP 导出数据

Oracle 提供的 EXPDP 可以将数据库对象的元数据或数据导出到转储文件中，EXPDP 可以导出表、用户模式、表空间和全数据库 4 种数据。

17.2.1　执行 EXPDP 命令

EXPDP 是服务器端工具，这意味着该工具只能在 Oracle 服务器端使用，而不能在 Oracle 客户端使用。通过在命令提示符窗口中输入 EXPDP HELP 命令，可以查看 EXPDP 的帮助信息，如图 17.1 所示。读者从中可以看到如何调用 EXPDP 导出数据。

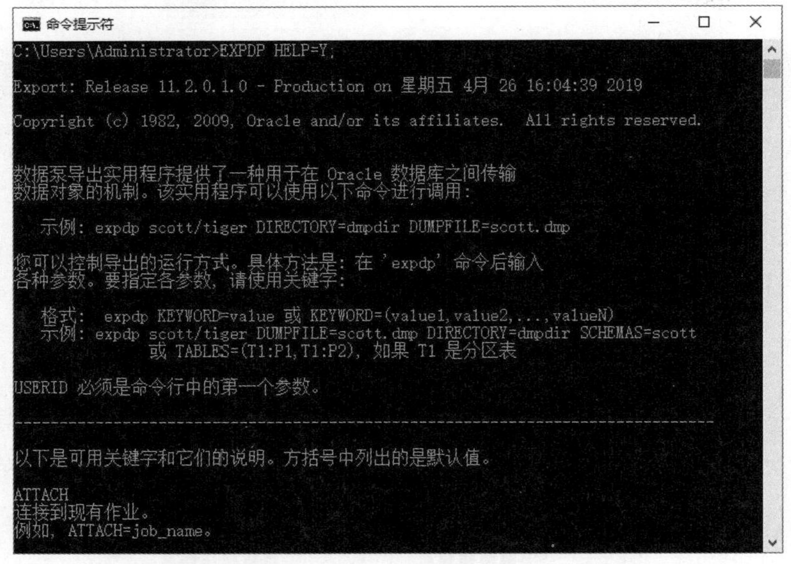

图 17.1　查看 EXPDP 的帮助信息

数据泵导出包括导出表、导出模式、导出表空间和导出全数据库 4 种模式。需要注意的是，EXPDP 工具只能将导出的转储文件存储在 directory 对象对应的 OS 目录中，而不能直接指定转储文件所在的 OS 目录。因此，使用 EXPDP 工具时，必须首先建立 directory 对象，并且需要为数据库用户授予使用 directory 对象的权限。下面来看一个例子。

【例 17.1】创建一个 directory 对象，并为 scott 用户授予使用该目录的权限，代码及运行结果如下。**（实例位置：资源包\TM\sl\17\1）**

```
SQL> create directory dump_dir as 'd:\dump';
目录已创建。
SQL> grant read,write on directory dump_dir to scott;
授权成功。
```

1. 导出表

导出表是指将一个或多个表的结构及其数据存储到转储文件中。普通用户只能导出自身模式中的表，如果要导出其他模式中的表，则要求用户必须具有 EXP_FULL_DATABASE 角色或 DBA 角色。在导出表时，每次只能导出一个模式中的表。下面来看一个例子。

【例 17.2】导出 scott 模式中的 dept 和 emp 表，代码如下。**（实例位置：资源包\TM\sl\17\2）**

```
C:\>expdp scott/tiger directory=dump_dir dumpfile=tab.dmp tables=emp,dept
```

本例运行结果如图 17.2 所示。

上述命令将 emp 和 dept 表的相关信息存储到转储文件 tab.dmp 中，并且该转储文件位于 dump_dir 目录对象所对应的磁盘目录中。

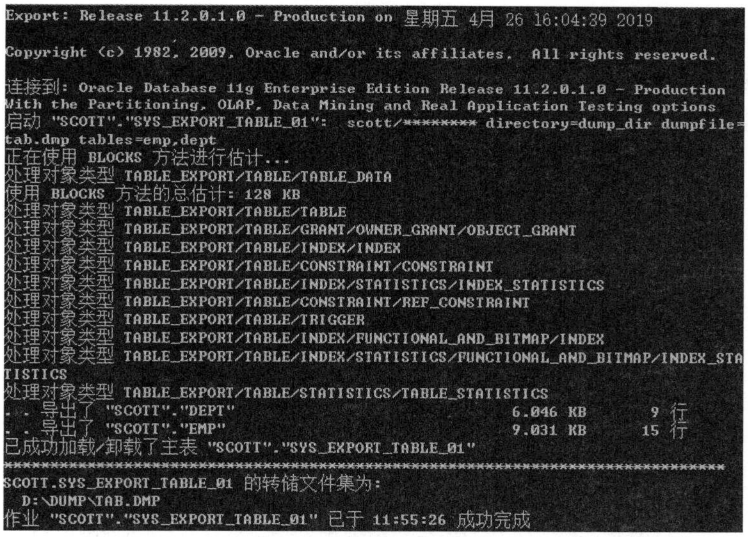

```
Export: Release 11.2.0.1.0 - Production on 星期五 4月 26 16:04:39 2019

Copyright (c) 1982, 2009, Oracle and/or its affiliates.  All rights reserved.

连接到: Oracle Database 11g Enterprise Edition Release 11.2.0.1.0 - Production
With the Partitioning, OLAP, Data Mining and Real Application Testing options
启动 "SCOTT"."SYS_EXPORT_TABLE_01":  scott/******** directory=dump_dir dumpfile=
tab.dmp tables=emp,dept
正在使用 BLOCKS 方法进行估计...
处理对象类型 TABLE_EXPORT/TABLE/TABLE_DATA
使用 BLOCKS 方法的总估计: 128 KB
处理对象类型 TABLE_EXPORT/TABLE/TABLE
处理对象类型 TABLE_EXPORT/TABLE/GRANT/OWNER_GRANT/OBJECT_GRANT
处理对象类型 TABLE_EXPORT/TABLE/INDEX/INDEX
处理对象类型 TABLE_EXPORT/TABLE/CONSTRAINT/CONSTRAINT
处理对象类型 TABLE_EXPORT/TABLE/INDEX/STATISTICS/INDEX_STATISTICS
处理对象类型 TABLE_EXPORT/TABLE/CONSTRAINT/REF_CONSTRAINT
处理对象类型 TABLE_EXPORT/TABLE/TRIGGER
处理对象类型 TABLE_EXPORT/TABLE/INDEX/FUNCTIONAL_AND_BITMAP/INDEX
处理对象类型 TABLE_EXPORT/TABLE/INDEX/STATISTICS/FUNCTIONAL_AND_BITMAP/INDEX_STA
TISTICS
处理对象类型 TABLE_EXPORT/TABLE/STATISTICS/TABLE_STATISTICS
. . 导出了 "SCOTT"."DEPT"                              6.046 KB       9 行
. . 导出了 "SCOTT"."EMP"                               9.031 KB      15 行
已成功加载/卸载了主表 "SCOTT"."SYS_EXPORT_TABLE_01"
******************************************************************************
SCOTT.SYS_EXPORT_TABLE_01 的转储文件集为:
  D:\DUMP\TAB.DMP
作业 "SCOTT"."SYS_EXPORT_TABLE_01" 已于 11:55:26 成功完成
```

图 17.2　导出表

2. 导出模式

导出模式是指将一个或多个模式中的所有对象结构及数据存储到转储文件中。导出模式时，要求用户必须具有 DBA 角色或 EXP_FULL_DATABASE 角色。下面来看一个例子。

【例 17.3】导出 scott 和 hr 模式中的所有对象，代码如下。**（实例位置：资源包\TM\sl\17\3）**

```
C:\>expdp system/1qaz2wsx directory = dump_dir dumpfile=schema.dmp schemas = scott,hr
```

本例运行结果如图 17.3 所示。

执行上述语句，将在 scott 模式和 hr 模式中的所有对象存储到转储文件 schema.dmp 中，并且该转储文件位于 dump_dir 目录对象所对应的磁盘目录中。

```
Export: Release 11.2.0.1.0 - Production on 星期五 4月 26 16:04:39 2019

Copyright (c) 1982, 2009, Oracle and/or its affiliates.  All rights reserved.

连接到: Oracle Database 11g Enterprise Edition Release 11.2.0.1.0 - Production
With the Partitioning, OLAP, Data Mining and Real Application Testing options
启动 "SYSTEM"."SYS_EXPORT_SCHEMA_01":  system/******** directory=dump_dir dumpfi
le=schema.dmp schemas=scott,hr
正在使用 BLOCKS 方法进行估计...
处理对象类型 SCHEMA_EXPORT/TABLE/TABLE_DATA
使用 BLOCKS 方法的总估计: 896 KB
处理对象类型 SCHEMA_EXPORT/USER
处理对象类型 SCHEMA_EXPORT/SYSTEM_GRANT
处理对象类型 SCHEMA_EXPORT/ROLE_GRANT
处理对象类型 SCHEMA_EXPORT/DEFAULT_ROLE
处理对象类型 SCHEMA_EXPORT/PRE_SCHEMA/PROCACT_SCHEMA
处理对象类型 SCHEMA_EXPORT/SEQUENCE/SEQUENCE
处理对象类型 SCHEMA_EXPORT/TABLE/TABLE
处理对象类型 SCHEMA_EXPORT/TABLE/GRANT/OWNER_GRANT/OBJECT_GRANT
处理对象类型 SCHEMA_EXPORT/TABLE/INDEX/INDEX
处理对象类型 SCHEMA_EXPORT/TABLE/CONSTRAINT/CONSTRAINT
处理对象类型 SCHEMA_EXPORT/TABLE/INDEX/STATISTICS/INDEX_STATISTICS
处理对象类型 SCHEMA_EXPORT/TABLE/COMMENT
处理对象类型 SCHEMA_EXPORT/PACKAGE/PACKAGE_SPEC
处理对象类型 SCHEMA_EXPORT/PROCEDURE/PROCEDURE
处理对象类型 SCHEMA_EXPORT/PACKAGE/COMPILE_PACKAGE/PACKAGE_SPEC/ALTER_PACKAGE_SP
```

图 17.3　导出模式中的对象

3. 导出表空间

导出表空间是指将一个或多个表空间中的所有对象及数据存储到转储文件中。导出表空间要求用户必须具有 DBA 角色或 EXP_FULL_DATABASE 角色。下面来看一个例子。

【例 17.4】导出表空间 tbsp_1，代码如下。**（实例位置：资源包\TM\sl\17\4）**

```
C:\>expdp system/1qaz2wsx directory = dump_dir dumpfile = tablespace.dmp tablespaces = tbsp_1
```

本例运行结果如图 17.4 所示。

```
Export: Release 11.2.0.1.0 - Production on 星期五 4月 26 16:04:39 2019

Copyright (c) 1982, 2009, Oracle and/or its affiliates.  All rights reserved.

连接到: Oracle Database 11g Enterprise Edition Release 11.2.0.1.0 - Production
With the Partitioning, OLAP, Data Mining and Real Application Testing options
启动 "SYSTEM"."SYS_EXPORT_TABLESPACE_01":  system/******** directory=dump_dir du
mpfile=tablespace.dmp tablespaces=tbsp_1
正在使用 BLOCKS 方法进行估计...
处理对象类型 TABLE_EXPORT/TABLE/TABLE_DATA
使用 BLOCKS 方法的总估计: 256 KB
处理对象类型 TABLE_EXPORT/TABLE/TABLE
处理对象类型 TABLE_EXPORT/TABLE/INDEX/INDEX
处理对象类型 TABLE_EXPORT/TABLE/CONSTRAINT/CONSTRAINT
处理对象类型 TABLE_EXPORT/TABLE/INDEX/STATISTICS/INDEX_STATISTICS
处理对象类型 TABLE_EXPORT/TABLE/STATISTICS/TABLE_STATISTICS
. . 导出了 "SYSTEM"."WARE_RETAIL_PART":"PAR_01"        5.851 KB       1 行
. . 导出了 "SYSTEM"."WARE_RETAIL_PART":"PAR_02"        5.859 KB       1 行
. . 导出了 "SYSTEM"."WARE_RETAIL_PART":"PAR_03"        5.851 KB       1 行
. . 导出了 "SYSTEM"."WARE_RETAIL_PART3":"PAR_02"       5.851 KB       1 行
. . 导出了 "SYSTEM"."GOODS":"PAR1"                         0 KB       0 行
. . 导出了 "SYSTEM"."GOODS":"PAR2"                         0 KB       0 行
. . 导出了 "SYSTEM"."PERSON":"SYS_P21"                     0 KB       0 行
. . 导出了 "SYSTEM"."PERSON2":"PAR1"."SYS_SUBP23"          0 KB       0 行
. . 导出了 "SYSTEM"."PERSON2":"PAR1"."SYS_SUBP24"          0 KB       0 行
. . 导出了 "SYSTEM"."PERSON2":"PAR2"."SYS_SUBP25"          0 KB       0 行
. . 导出了 "SYSTEM"."PERSON2":"PAR2"."SYS_SUBP26"          0 KB       0 行
```

图 17.4　导出表空间

4. 导出全数据库

导出全数据库是指将数据库中的所有对象及数据存储到转储文件中。导出数据库要求用户必须具有 DBA 角色或 EXP_FULL_DATABASE 角色。需要注意的是，导出数据库时，不会导出 sys、ordsys、ordplugins、ctxsys、mdsys、lbacsys 以及 xdb 等模式中的对象。下面来看一个例子。

【例 17.5】导出整个数据库，代码如下。**（实例位置：资源包\TM\sl\17\5）**

```
C::\>expdp system/1qaz2wsx directory=dump_dir dumpfile=fulldatabase.dmp full=y
```

17.2.2　EXPDP 命令参数

在调用 EXPDP 工具导出数据时，可以为该工具附加多个命令行参数。事实上，只要通过在命令提示符窗口中输入 EXPDP HELP 命令，就可以了解 EXPDP 各个参数的信息。下面将介绍 EXPDP 工具的常用命令行参数及其作用。

1. CONTENT

CONTENT 参数用于指定要导出的内容，默认值为 ALL，语法如下。

```
CONTENT={ALL | DATA_ONLY | METADATA_ONLY}
```

- ☑ ALL：将导出对象定义及其所有数据。
- ☑ DATA_ONLY：只导出对象数据。
- ☑ METADATA_ONLY：只导出对象定义。

下面来看一个例子。

【例 17.6】只导出 scott 模式中的对象数据，代码如下。**（实例位置：资源包\TM\sl\17\6）**

```
C:\>expdp scott/tiger directory=dump_dir dumpfile=content.dmp content=data_only
```

2. QUERY

QUERY 参数用于指定过滤导出数据的 WHERE 条件，语法如下。

```
QUERY=[schema.] [table_name:] query_clause
```

- ☑ schema：用于指定模式名。
- ☑ table_name：用于指定表名。
- ☑ query_clause：用于指定条件限制子句。

需要注意的是，QUERY 参数不能与 CONNECT=METADATA_ONLY、EXTIMATE_ONLY、TRANSPORT_TABLESPACES 等参数同时使用，下面来看一个例子。

【例 17.7】在 dept 表中，导出部门编号为 10 的数据，代码如下。**（实例位置：资源包\TM\sl\17\7）**

```
C:\>expdp scott/tiger directory=dump_dir dumpfile=query.dmp tables=dept query='where deptno=10'
```

3. DIRECTORY

DIRECTORY 参数指定转储文件和日志文件所在的目录，语法如下。

```
DIRECTORY=directory_object
```

其中，directory_object 用于指定目录对象的名称。需要注意的是，目录对象是使用 CREATE DIRECTORY 语句建立的对象，而不是普通的磁盘目录。

4. DUMPFILE

DUMPFILE 参数用于指定转储文件的名称，默认名称为 expdat.dmp，语法如下。

```
DUMPFILE=[directory_object:]file_name[,…]
```

- ☑ directory_object：用于指定目录对象名。

☑ file_name：用于指定转储文件名。

注意

如果不指定 directory_object，导出工具会自动使用 DIRECTORY 选项指定的目录对象。

5. FULL

FULL 参数用于指定数据库模式导出，默认为 N，语法如下。

```
FULL={Y | N}
```

当设置该选项为 Y 时，表示执行数据库导出。

说明

执行数据库导出时，数据库用户必须具有 EXP_FULL_DATABASE 角色或 DBA 角色。

6. LOGFILE

LOGFILE 参数用于指定导出日志文件的名称，默认名称为 export.log，语法如下。

```
LOGFILE=[directory_object:]file_name
```

7. STATUS

STATUS 参数用于指定显示导出作业进程的详细状态，默认值为 0，语法如下。

```
STATUS=integer
```

integer 用于指定显示导出作业状态的时间间隔，单位为秒。指定该参数后，每隔特定时间间隔系统会显示作业完成的百分比。

8. TABLES

TABLES 参数用于指定表模式导出，语法如下。

```
TABLES=[schema_name.]table_name[:partition_name][,…]
```

☑ schema_name：用于指定模式名。
☑ table_name：用于指定要导出的表名。
☑ partition_name：用于指定要导出的分区名。

9. TABLESPACES

TABLESPACES 参数用于指定要导出表空间的列表。

17.3 IMPDP 导入数据

IMPDP 只能在 Oracle 服务器端使用，不能在 Oracle 客户端使用。与 EXPDP 相似，数据泵导入时，

其转储文件存储在 directory 对象所对应的磁盘目录中，而不能直接指定转储文件所在的磁盘目录。

17.3.1　执行 IMPDP 命令

与 EXPDP 类似，调用 IMPDP 时只需要在命令提示符窗口中输入 IMPDP 命令即可。同样，IMPDP 也可以进行 4 种类型的导入操作，即导入表、导入模式、导入表空间和导入全数据库。

1. 导入表

导入表是指将存储在转储文件中的一个或多个表的结构及数据装载到数据库中，导入表是使用 TABLES 参数完成的。普通用户只可以将表导入自己的模式中，但如果以其他用户身份导入表，则要求该用户必须具有 IMP_FULL_DATABASE 角色和 DBA 角色。导入表时，既可以将表导入源模式中，也可以将表导入其他模式中。下面来看一个例子。

【例 17.8】将表 dept、emp 导入 system 模式中，代码如下。**（实例位置：资源包\TM\sl\17\8）**

```
C:\>impdp system/1qaz2wsx directory=dump_dir dumpfile=tab.dmp tables=scott.dept,
scott.emp remap_schema=scott:system
```

注意

如果要将表导入其他模式中，则必须指定 REMAP SHEMA 参数。

2. 导入模式

导入模式是指将存储在转储文件中的一个或多个模式的所有对象装载到数据库中，导入模式时需要使用 SCHEMAS 参数。普通用户可以将对象导入其自身模式中，但如果以其他用户身份导入模式时，则要求该用户必须具有 IMP_FULL_DATABASE 角色或 DBA 角色。导入模式时，既可以将模式中的所有对象导入源模式中，也可以将模式的所有对象导入其他模式中。下面来看一个例子。

【例 17.9】将 scott 模式中的所有对象导入 system 模式中，代码如下。**（实例位置：资源包\TM\sl\17\9）**

```
C:\>impdp system/1qaz2wsx directory=dump_dir dumpfile=schema.dmp schemas=scott remap_schema=scott:
system;
```

3. 导入表空间

导入表空间是指将存储在转储文件中的一个或多个表空间中的所有对象装载到数据库中，导入表空间时需要使用 TABLESPACE 参数。

【例 17.10】将 tbsp_1 表空间中的所有对象都导入当前数据库中，代码如下。**（实例位置：资源包\TM\sl\17\10）**

```
C:\>impdp system/1qaz2wsx directory=dump_dir dumpfile=tablespace.dmp tablespaces=tbsp_1
```

4. 导入全数据库

导入全数据库是指将存储在转储文件中的所有数据库对象及相关数据装载到数据库中，导入数据库是使用 FULL 参数设置的。下面来看一个例子。

【例 17.11】从 fulldatabase.dmp 文件中导入全数据库，代码如下。**（实例位置：资源包\TM\sl\17\11）**

```
C:\>impdp system/1qaz2wsx directory=dump_dir dumpfile=fulldatabase.dmp full=y
```

注意

导出转储文件时，要求用户必须具有 EXP_FULL_DATABASE 角色或 DBA 角色；导入数据库时，要求用户必须具有 IMP_FULL_DATABASE 角色或 DBA 角色。

17.3.2 IMPDP 命令参数

同样，在调用 IMPDP 工具导入数据时，也可以为该工具附加多个命令行参数。通过在命令提示符窗口中输入 IMPDP HELP 命令，就可以了解 IMPDP 的各个参数信息。其中，大部分参数与 EXPDP 的参数相同。本节将主要介绍 IMPDP 所特有的参数。

1. REMAP_SCHEMA

REMAP_SCHEMA 参数用于将源模式中的所有对象转载到目标模式中，语法如下。

```
REMAP_SCHEMA=source_schema:target_schema
```

其中，source_schema 为源模式，target_schema 为目标模式。

2. REMAP_TABLESPACE

REMAP_TABLESPACE 参数用于指定导入时更改表空间名称。在 Oracle 10g 版本出现以前，这一操作非常复杂。因为没有写操作权限，必须移除原始表空间的限额，然后再设置表空间。在导入过程中，原始表空间中的对象可以存储在设置后的表空间中。当任务完成后，必须将表空间恢复到原来的状态。在 Oracle 中导入时，REMAP_TABLESPACE 参数的设置大大简化了该操作，这样只需要对目标表空间进行限额，而不需要其他条件，语法如下。

```
REMAP_TABLESPACE=source_tablespace:target_tablespace
```

其中，source_tablespace 为源表空间，target_tablespace 为目标表空间。

3. SQLFILE

在 IMPDP 中使用 SQLFILE 参数时，可以从 DMP 文件中提取对象的 DDL 语句，以便之后使用。SQLFILE 参数用于指定将导入的 DDL 操作写入 SQL 脚本中，语法如下。

```
SQLFILE=[directory_object:]file_name
```

file_name 表示包含 DDL 语句的文件。实际上，IMPDP 只是从 DMP 文件中提取对象的 DDL 语句，这样 IMPDP 并不把数据导入数据库中，只是创建 DDL 语句文件。下面来看一个例子。

【例 17.12】向 scott 模式中导入 test.sql 文件中的 DDL 语句，代码如下。**（实例位置：资源包\TM\sl\17\12）**

```
C:\ impdp scott/tiger directory=dump_dir dumpfile=sqlfile.dmp sqlfile=test.sql
```

4. TABLE_EXISTS_ACTION

TABLE_EXISTS_ACTION 参数用于指定当表已经存在时导入作业要执行的操作，默认项为 SKIP，语法如下。

```
TABLE_EXISTS_ACTION={SKIP | APPEND | TRUNCATE | REPLACE}
```

- ☑ SKIP：导入作业会跳过已存在的表处理下一个对象。
- ☑ APPEND：会追加数据。
- ☑ TRUNCATE：导入作业会截断表，然后为其追加新数据。
- ☑ REPLACE：导入作业会删除已存在的表，然后重建表并追加数据。

5. TRANSPORT_DATAFILES

TRANSPORT_DATAFILES 参数用于指定移动空间时要被导入目标数据库中的数据文件，语法如下。

```
TRANSPORT_DATAFILES=datafile_name
```

datafile_name 用于指定被复制到目标数据库中的数据文件。下面来看一个例子。

【例 17.13】向当前数据库中导入 test.dbf 数据文件，代码如下。**（实例位置：资源包\TM\ sl\17\13）**

```
C:\>impdp system/1qaz2wsx directory=dump dumpfile=tran_datafiles.dmp transport_datafiles='d:\OracleData\
test.dbf'
```

17.4　SQL* Loader 工具

数据泵和 EXP/IMP 工具只能两个 Oracle 数据库之间进行数据传输，而 SQL*Loader 工具则可以实现将外部数据或其他数据库中的数据添加到 Oracle 数据库中。例如，将 Access 中的数据加载到 Oracle 数据库中。

17.4.1　SQL* Loader 概述

Oracle 提供的数据加载工具 SQL*Loader 可以将外部文件中的数据加载到 Oracle 数据库中，SQL*Loader 支持多种数据类型（如日期型、字符型、数据字符等），即可以将多种数据类型加载到数据库中。

使用 SQL*Loader 导入数据时，必须编辑一个控制文件（.ctl）和一个数据文件（.dat）。控制文件用于描述要加载的数据信息，包括数据文件名、数据文件中数据的存储格式、文件中的数据要存储到哪一个字段、哪些表和列要加载数据、数据的加载方式等。

根据数据的存储格式，SQL*Loader 所使用的数据文件可以分为两种，即固定格式存储的数据和自由格式存储的数据。固定格式存储的数据按一定规律排序，控制文件通过固定长度将数据分割；自由格式存储的数据则是由规定的分隔符来区分不同字段的数据的。

在使用 SQL*Loader 加载数据时，可以使用系统提供的一些参数控制数据加载的方法。调用 SQL*Loader 的命令为 SQLLDR，它的语法形式如下。

```
C:\> sqlldr
```

执行上述命令后，会在屏幕中输出该命令的用法和有效的关键字，如图 17.5 所示。

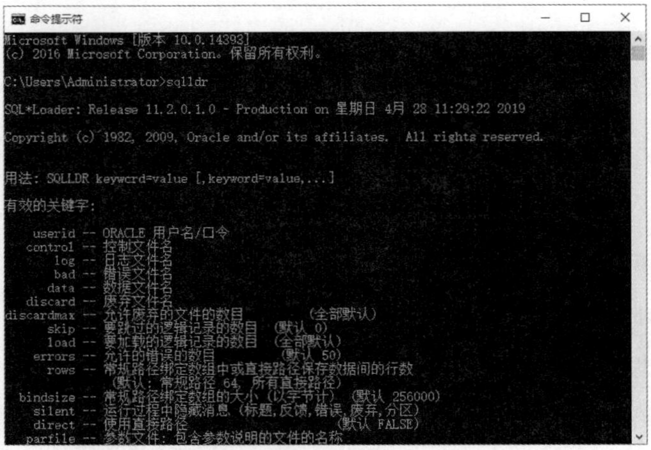

```
命令提示符
Microsoft Windows [版本 10.0.14393]
(c) 2016 Microsoft Corporation。保留所有权利。

C:\Users\Administrator>sqlldr

SQL*Loader: Release 11.2.0.1.0 - Production on 星期日 4月 28 11:29:22 2019

Copyright (c) 1982, 2009, Oracle and/or its affiliates.  All rights reserved.


用法: SQLLDR keywcrd=value [,keyword=value,...]

有效的关键字:

    userid -- ORACLE 用户名/口令
   control -- 控制文件名
       log -- 日志文件名
       bad -- 错误文件名
      data -- 数据文件名
   discard -- 废弃文件名
discardmax -- 允许废弃的文件的数目         (全部默认)
      skip -- 要跳过的逻辑记录的数目  (默认 0)
      load -- 要加载的逻辑记录的数目  (全部默认)
    errors -- 允许的错误的数目         (默认 50)
      rows -- 常规路径绑定数组中或直接路径保存数据间的行数
               (默认: 常规路径 64, 所有直接路径)
  bindsize -- 常规路径绑定数组的大小 (以字节计)  (默认 256000)
    silent -- 运行过程中隐藏消息 (标题,反馈,错误,废弃,分区)
    direct -- 使用直接路径                     (默认 FALSE)
   parfile -- 参数文件: 包含参数说明的文件的名称
```

图 17.5　执行 SQLLDR 命令

17.4.2　加载数据

使用 SQL*Loader 加载数据的关键是编写控制文件，控制文件决定要加载的数据格式。根据数据文件的格式，控制文件分为自由格式与固定格式。本小节将对如何使用 SQL*Loader 工具加载自由格式与固定格式的数据进行详细讲解。

1. 自由格式加载数据

如果要加载的数据没有一定格式，则可以使用自由格式加载方式，控制文件将用分隔符将数据分割为不同字段中的数据。下面来看一个例子。

【例 17.14】使用自由格式加载 TXT 文件，操作步骤及代码如下。**（实例位置：资源包\TM\sl\17\14）**

（1）创建一张表 student，用以存储要加载的数据，其创建的语法结构如下。

```
SQL> create table student
  2   (stuno number(4),
  3   stuname varchar2(20),
  4   sex varchar2(4),
  5   old number(4)
  6   );

表已创建。
```

（2）制作一份文本数据，存储到 student.txt 文件中，文本数据如下。

```
1001        东方        男        30
1002        开心        女        25
1003        JACK        男        23
1004        ROSE        女        20
```

（3）编辑控制文件 student.ctl，确定加载数据的方式，控制文件的代码如下。

```
load data
  infile 'd:\data\student.txt'
```

```
into table student
(stuno position(01:04) integer external,
 stuname position(11:14) char,
 sex position(21:22) char,
 old position(29:30) integer external
)
```

在上述代码中，INFILE 指定源数据文件，INTO TABLE 指定添加数据的目标基本表，还可以使用关键字 APPEND 表示向表中追加数据，或使用关键字 REPLACE 表示覆盖表中原来的数据。加载工具通过 POSITION 控制数据的分割，以便将分割后的数据添加到表的各个列中。

（4）调用 SQL*Loader 加载数据。

在命令行中设置控制文件名，以及运行后产生的日志信息文件。

```
C:\>sqlldr system/1qaz2wsx control=d:\data\student.ctl log=d:\data\stu_log
```

（5）加载数据后，用户可以连接到 SQL*Plus，查看 student 数据表，查看其是否有数据记录。本例查询后的运行效果如图 17.6 所示。

```
SQL> select * from student;

     STUNO STUNAME                   SEX         OLD
---------- ------------------------- ----- ---------
      1001 东方                      男           30
      1002 开心                      女           25
      1003 JACK                      男           23
      1004 ROSE                      女           20
```

图 17.6　查询 student 表

2. 固定格式加载数据

如果数据文件中的数据是按一定规律排列的，则可以使用固定格式加载，控制文件通过数据的固定长度将数据分割。

Excel 保存数据的一种格式为“CSV（逗号分隔符）”，该文件类型通过指定的分隔符隔离各列的数据，这就为通过 SQL*Loader 工具加载 Excel 中的数据提供了可能。下面来看一个例子。

【例 17.15】通过 SQL*Loader 加载 Excel 文件中的数据，操作步骤及代码如下。**（实例位置：资源包\TM\sl\17\15）**

（1）打开 Excel 文件，输入如图 17.7 所示的数据。

（2）保存 Excel 文件为 persons.csv，注意保存文件的格式为“CSV（逗号分隔符）”。

（3）创建一个与 Excel 表格中数据对应的表 persons，代码及运行结果如下。

```
SQL> create table persons
  2  (code number(4),
  3  name varchar2(20),
  4  sex varchar2(4),
  5  old number(4)
  6  );
表已创建。
```

（4）编辑控制文件 persons.ctl，其代码如下。

```
load data
infile 'd:\data\persons.csv'
```

```
append into table persons
fields terminated by ','
(code,name,sex,old)
```

其中，fields terminated by 指定数据文件中的分隔符为逗号“,”。数据的加载方式为 append，表示在表中追加新数据。

（5）调用 SQL*Loader 来加载数据，代码如下。

```
C:\>sqlldr system/1qaz2wsx control=d:\data\persons.ctl
```

（6）加载数据后，用户可以连接到 SQL*Plus，查看 persons 数据表，查看是否有数据。本例查询后的运行效果如图 17.8 所示。

	A	B	C	D
1	1005	east	女	26
2	1006	west	男	25
3	1007	happy	男	24
4	1008	mary	女	20

图 17.7　在 Excel 中输入数据

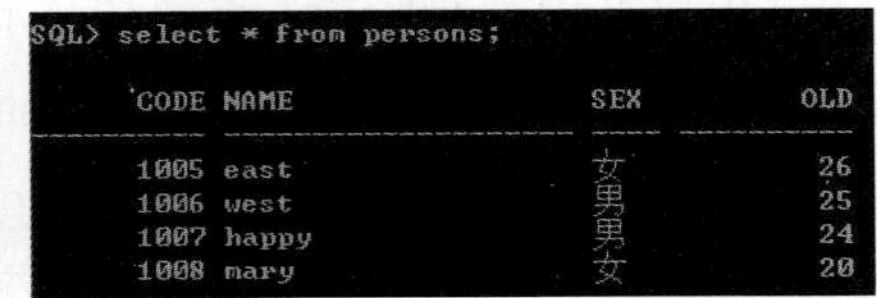

图 17.8　查询 persons 表

17.5　实践与练习

1. 使用 EXPDP 工具导出 hr 模式中的 employees 表。
2. 使用 IMPDP 工具将导出的 employees 表导入 scott 模式中。

第 18 章

Oracle 的闪回技术

闪回（flashback）技术是 Oracle 数据库备份恢复机制的一部分，在数据库发生逻辑错误时，闪回技术能提供快速且最小损失的恢复。本章将对 Oracle 中的闪回技术进行详细讲解。

本章知识架构及重难点如下。

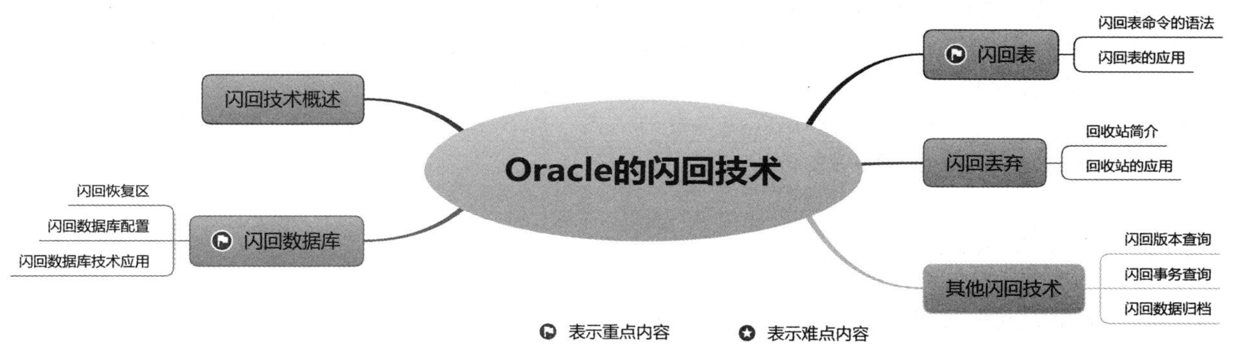

18.1　闪回技术概述

为了使 Oracle 数据库能够从任何的逻辑操作中迅速恢复，Oracle 推出了闪回技术，该技术提供了闪回数据库、闪回删除、闪回表、闪回事务、闪回版本查询及闪回数据归档等功能。

在 Oracle 中，闪回技术包括以下各项。

- ☑ 闪回数据库技术：闪回数据库特性允许复原整个数据库到某个时间点，从而撤销自该时间以后的所有更改。闪回数据库主要利用闪回日志检索数据块的旧版本，同时它也依赖归档重做日志完全地恢复数据库，不用复原数据文件和执行传统的介质恢复。
- ☑ 闪回表技术：使用该特性，可以确保数据表能够被恢复到之前的某一个时间点上。
- ☑ 闪回丢弃技术：类似于操作系统的回收站，可以从其中恢复被 DROP 掉弃的表或索引，该功能基于撤销数据。
- ☑ 闪回版本查询技术：通过该功能，可以看到特定的表在某个时间段内所进行的任何修改操作。
- ☑ 闪回事务查询技术：使用该特性，可以在事务级别上检查数据库的任何改变，大大方便了对数据库的性能优化、事务审计及错误诊断等操作。该功能基于撤销数据。

☑ 闪回数据归档技术：通过该技术可以查询指定对象的任何时间点（只要满足保护策略）的数据，而且不需要使用 UNDO，在有审计需要的环境下，或者是安全性特别重要的高可用数据库中，是一个非常好的特性。缺点是如果该表变化很频繁，则对空间的要求可能很高。

18.2 闪回数据库

闪回数据库能够使数据迅速回滚到以前的某个时间或某个 SCN（系统更改号）上，这对于数据库从逻辑错误中恢复非常有用，而且也是大多数逻辑损害时恢复数据库的最佳选择。该功能不基于撤销数据，而是基于闪回日志。

使用闪回数据库恢复比使用传统的恢复方法要快得多，这是因为恢复不再受到数据库大小的影响。也就是说，传统的恢复时间（MTTR）是由所需重建的数据文件的大小和所要应用的归档日志的大小决定的，而使用闪回数据库恢复，其恢复时间是由恢复过程中需要备份的变化的数量，而不是数据文件和归档日志大小决定的。闪回数据库由恢复写入器（RVWR）后台进程和闪回数据库日志组成。如果要启用闪回数据库功能，RVWR 进程也要启动。

18.2.1 闪回恢复区

1. 什么是闪回恢复区

Oracle 公司建议制定闪回恢复区（flash recovery area）作为存储与备份和恢复操作有关的所有文件的默认区域。建立备份/恢复策略的第一步是配置一个闪回恢复区。

传统上，Oracle DBA 必须管理备份存储的区域，以保证有足够的空间存储与备份有关的文件。现在可以使用 Automatic Disk-Based Backup and Recovery 功能，让数据库处理这些杂事。使用基于磁盘的备份和恢复策略可以使数据库恢复的影响时间缩短，增加了数据库的可用性。

说明

闪回恢复区不是强制的，但强烈建议使用它。Oracle 数据库备份与恢复的某些特性，如 Oracle 闪回数据库要求使用闪回恢复区。但是，不必将与备份有关的所有文件存储在闪回恢复区中，虽然 Oracle 建议这样做。

为启用 Automatic Disk-Based Backup and Recovery，用户必须为闪回恢复区指定足够的磁盘空间，设置此恢复区的上限，并指示 Oracle 保留与备份有关的信息的时间长度。这时，Oracle 会自动管理备份，包括归档日志文件、控制文件和其他文件（冗余集将是这个文件集的组成部分）。Oracle 会自动删除数据库不需要的文件。因此，用户需要做的就是为闪回恢复区提供足够的空间并选择保留文件的适当时间。

为了自动删除不需要的文件，Oracle 数据库将依赖 OMF（Oracle Managed Files）系统。OMF 系统通过创建和管理作为操作系统组成部分的数据库文件，使 Oracle 数据库的文件管理自动化。为设置 OMF 系统，应该设置与 OMF 有关的参数，即 DB_CREATE_FILE_DEST 和 DB_CREATE_ONLINE_LOG_

DEST_n。OMF 具有无须 DBA 干预、创建和删除 Oracle 文件的能力。RMAN 在其与备份和恢复有关的功能中可以结合闪回恢复区使用这种 OMF 能力。如果愿意，可与 ASM 文件系统一起使用闪回恢复区。

说明

可在多个数据库之间共享一个闪回恢复区。

2. 闪回恢复区的好处

使用闪回恢复区有以下几点好处。

- ☑ 它提供了存储区域的作用。
- ☑ 它允许自动管理与恢复有关的磁盘空间。
- ☑ 它允许更快地实现备份和恢复操作。
- ☑ 它增加了备份的可靠性，因为磁盘是一种比磁带更安全的存储设备。

由于不再复原磁带备份，备份与复原操作更快。只要闪回恢复区中有空间，即使将备份从闪回恢复区移到磁带上，它们还仍然保留在磁盘上。如果新文件对存储空间有要求，则依照恢复目标被废弃的备份文件将自动删除。

理论上，闪回恢复区保存每个数据文件的全备份、增量备份、控制文件备份以及介质恢复所需的所有归档重做日志。此外，还可以将闪回恢复区用作磁带的磁盘高速缓存。

如果配置了一个闪回恢复区，RMAN 将在其中默认存储所有与备份有关的文件。在这样的情况下，Oracle 将使用 OMF 并生成文件名。

闪回恢复区可包含以下内容。

- ☑ 数据文件副本。RMAN 的 BACKUP AS COPY 命令创建每个数据文件的映像副本。RMAN 将把它们一次存储在闪回恢复区中，还可以在闪回恢复区中存储 RMAN 的备份片。（RMAN 的备份片是一个操作系统文件，它包含数据文件、控制文件或归档重做日志文件的备份）
- ☑ 增量备份。如果备份策略包括增量备份，那么它们可以存储在这里。
- ☑ 控制文件自动备份。闪回恢复区为 RMAN 构造的所有控制文件自动备份的默认区域。
- ☑ 归档重做日志文件。Oracle 自动删除每个废弃的文件和每个传送到磁带的文件，因此闪回恢复区是存储归档重做日志文件的理想位置。
- ☑ 联机重做日志文件。Oracle 建议在闪回恢复区中保存联机重做日志文件的多路复用副本。Oracle 会为这些文件生成自己的名字。
- ☑ 当前控制文件。应该将当前控制文件的多路复用副本保存在闪回恢复区中。
- ☑ 闪回日志。Oracle 闪回数据库特性提供了传统 PITR 的一个方便的替代品，它生成闪回日志。Oracle 将闪回日志存储在闪回恢复区中。如果启用闪回日志，那么闪回数据库特性将每个数据文件中的每个改变了的块的映像复制到闪回恢复区的闪回日志中。

包含在闪回恢复区中的多路复用重做日志文件和控制文件称为永久文件，因为永远不应该删除它们（如果删除，则最终会导致实例崩溃）。闪回恢复区中的其他文件（与恢复有关的文件）为过渡文件，因为它们是废弃的或复制到磁带后将被删除。过渡文件包括归档重做日志、数据文件副本、控制文件副本、控制文件自动备份和备份片。

说明

至少应该将未保存到磁带的那些归档日志保存到闪回恢复区。

如果指定了闪回恢复区作为保存归档日志的位置，后台归档程序进程（ARCn）将会自动在闪回恢复区中创建每个归档重做日志的一个副本。如果配置了一个闪回恢复区，则不能使用旧的 LOG_ARCHIVE_DEST 和 LOG_ARCHIVE_DUPLEX_DEST 参数，必须使用 LOG_ARCHIVE_DEST_n 参数。LOG_ARCHIVE_DEST_10 参数被隐含地设置为该闪回恢复区，数据库将在其中保存归档重做日志文件。如果没有设置其他本地归档目标位置，则 LOG_ARCHIVE_DEST_10 被默认设置为 USE_DB_RECOVERY_FILE_DEST。这表示归档重做日志文件将被自动地送到闪回恢复区。此外，如果已经用 LOG_ARCHIVE_DEST_n 配置了其他归档日志位置，则归档重做日志的副本也将被放入这些位置处。

例如，如果配置了一个闪回恢复区并打开了数据库的归档而没有设置一个明确的规定日志位置，则发布 ARCHIVE LOG LIST 命令。

```
SQL> ARCHIVE LOG LIST;
```

结果如图 18.1 所示。

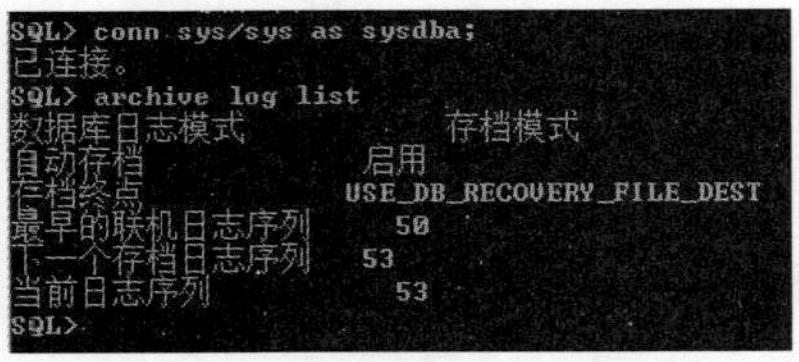

图 18.1　查询存档日志

USE_DB_RECOVERY_FILE_DEST 设置指出了数据库的闪回恢复区。这是因为配置了一个闪回恢复区并且没有指定 LOG_ARCHIVE_DEST_n 目标位置。因此，LOG_ARCHIVE_DEST_10 目标位置将被隐含地设置为该闪回恢复区（可明确地设置 LOG_ARCHIVE_DEST_10 为一个空串来覆盖这个行为）。

3. 设置闪回恢复区的大小

Oracle 建议闪回恢复区的大小应该等于数据库、人员增量备份和每个归档重做日志大小之和。闪回恢复区必须足够大，以容纳以下内容。

☑　所有数据文件的一个副本。
☑　增量备份。
☑　联机重做日志。
☑　尚未备份到磁带的归档重做日志。
☑　控制文件。
☑　控制文件自动备份。

除了其他与恢复有关的文件外，还应该保存一个多路复用联机重做日志文件和一个当前控制文件。因为 Oracle 建议至少保存联机重做日志和控制文件的两个副本，所以可用闪回恢复区来保存一对重做日志和控制文件。

在设置闪回恢复区的大小时，数据库的大小是主要的因素。其他影响闪回恢复区大小的因素如下。

☑　RMAN 备份保留策略。

- ☑ 用于备份的存储设备的类型（磁带和磁盘，或者仅是磁盘设备）。
- ☑ 数据库中数据块更改的数目。

4. 创建闪回恢复区的方法

创建闪回恢复区的方法有以下几种。

- ☑ 在数据库创建时使用 DBCA（database creation assistant）配置闪回恢复区。
- ☑ 配置两个与闪回恢复区相关的动态初始化参数，可在数据库运行时用这两个参数创建闪回恢复区。
- ☑ 使用 OEM 的 Database Control 配置闪回恢复区。

对闪回恢复区可进行的操作如下。

1）配置闪回恢复区

使用下面两个初始化参数来配置闪回恢复区。

- ☑ DB_RECOVERY_FILE_DEST_SIZE：此参数设置闪回恢复区的上限。
- ☑ DB_RECOVERY_FILE_DEST：此参数指出闪回恢复区在磁盘上的位置；必须使磁盘上的闪回恢复区与数据库分开，数据库区存储获得数据库文件，如数据文件、控制文件和联机重做日志等。

必须在指定 DB_RECOVERY_FILE_DEST 之前指定 DB_RECOVERY_FILE_DEST_SIZE。

通常使用 ALTER SYSTEM 语句来配置闪回恢复区。

【例 18.1】将闪回恢复区的大小设置为 4 GB，代码及运行结果如下。（**实例位置：资源包\TM\sl\18\1**）

```
SQL> alter system set db_recovery_file_dest_size=4g scope=both;
系统已更改。
```

注意，数据库并不会立即分配 DB_RECOVERY_FILE_DEST_SIZE 大小的空间量给闪回恢复区，而是使用这个空间量作为闪回恢复区大小的最大限额。虽然 Oracle 已经将其指派给闪回恢复区，但在新文件需要使用更多空间前，这些空间为操作系统所控制。

2）禁用当前闪回恢复区

如果希望禁用当前闪回恢复区，可将 DB_RECOVERY_FILE_DEST 设置为空格。这样将清除闪回恢复区文件的目标位置。可通过检查$recovery_file_dest 视图查看闪回恢复区的当前位置。

即使已经禁用了闪回恢复，RMAN 也能访问闪回恢复区，以实现备份和恢复任务。但是，RMAN 不能访问闪回恢复的自动空间管理特性。

3）查看默认文件位置

闪回恢复区要求使用 OMF，这表示不能使用 LOG_ARCHIVE_DEST 和 LOG_ARCHIVE_DUPLEX_DEST 参数指定重做日志归档目标位置（如果使用它们，则不能启动闪回恢复区），必须使用较新的 LOG_ARCHIVE_DEST_n 参数。

说明

DB_RECOVERY_FILE_DEST 指定的位置不能与 DB_CREATE_FILE_DEST 或 DB_CREATE_ONLINE_LOG_DEST_n 中的任一设置相同。

4）控制文件

在启动实例并创建新数据库前，设置 CONTROL_FILES 参数以表示 Oracle 将在此位置创建控制文

件。如果不在实例创建中设置 CONTROL_FILES 参数，那么 Oracle 将遵循以下规则，并在默认位置创建控制文件。

- ☑ 指定 DB_CREATE_ONLINE_LOG_DEST_n 使 Oracle 在 n 号位置创建一个基于 OMF 的控制文件。第一个目录将保存主控制文件。
- ☑ 如果指定 DB_CREATE_FILE_DEST 和 DB_RECOVERY_FILE_DEST 参数，那么 Oracle 将在这两个位置中均创建一个基于 OMF 的控制文件。
- ☑ 如果仅指定 DB_CREATE_FILE_DEST，那么 Oracle 只在闪回恢复区中创建一个基于 OMF 的控制文件。
- ☑ 如果省略所有初始化参数，那么 Oracle 将在系统专用的默认位置中创建一个非基于 OMF 的控制文件。

5）重做日志文件

如前所述，不能使用 LOG_ARCHIVE_DEST 和 LOG_ARCHIVE_DUPLEX_ DEST 参数指定重做日志归档目标位置。如果在创建数据库时不给出 LOGFILE 子句，那么 Oracle 将根据下面的规则创建重做日志文件。

- ☑ 如果指定 DB_CREATE_ONLINE_LOG_DEST_n 参数，那么 Oracle 在 n 号位置创建一个联机重做日志成员。最大号数等于 MAXLOGMEMBERS 参数的限制。
- ☑ 如果指定 DB_CREATE_FILE_DEST 和 DB_RECOVERY_FILE_DEST 参数，那么 Oracle 将在这些位置创建联机重做日志成员。
- ☑ 如果指定 DB_RECOVERY_FILE_DEST 参数，那么 Oracle 将只在闪回恢复区中创建一个联机重做日志成员。Oracle 还隐含地设置 LOG_ARCHIVE_DEST_10 为闪回恢复区。
- ☑ 如果省略所有 3 个参数，那么 Oracle 将在系统专门的默认位置创建一个非 OMF 联机重做日志文件。

6）备份闪回恢复区

可用 RMAN 命令备份闪回恢复区，使用这些备份命令只能将闪回恢复区备份到磁带中。

RMAN 的命令 BACKUP RECOVERY AREA 备份当前闪回恢复区或以前的闪回恢复区中的每个闪回恢复文件。它只能备份以前未备份到磁带中的那些文件。

RMAN 的命令 BACKUP RECOVERY FILES 备份 BACKUP RECOVERY AREA 命令所备份的每个文件，而且还包括文件系统上所有区域的文件。

**说明**

可利用 RMAN 的命令 BACKUP RECOVERY FILE DESTINATION 将磁盘备份移动到磁带中。

18.2.2 闪回数据库配置

在配置闪回恢复区之后，若要启用闪回数据库功能，还需要进一步的配置，主要包括以下 3 点。

- ☑ 设置数据库必须运行在归档模式下（ARCHIVELOG）。
- ☑ 通过数据库参数 DB_FLASHBACK_RETENTION_TARGET，指定可以在多长时间内闪回数据库。
- ☑ 需要在 MOUNT 状态下使用 ALTER DATABASE FLASHBACK ON 命令启动闪回数据库功能。

下面通过具体的例子演示如何启动闪回数据库的功能。

【例 18.2】启动闪回数据库，操作步骤及代码如下。**（实例位置：资源包\TM\sl\18\2）**

（1）以 DBA 身份登录系统，代码如下。

```
SQL> connect system/1qaz2wsx as sysdba;
已连接。
```

（2）查询当前实例是否为归档模式，代码如下。

```
SQL> archive log list;
```

运行结果如图 18.2 所示。

（3）当前实例为“非归档模式”，所以需要将数据库改为在归档模式下运行，并且打开 FLASHBACK 功能，代码及运行结果如下。

```
SQL> shutdown immediate;
数据库已经关闭。
已经卸载数据库。
ORACLE 例程已经关闭。
SQL> startup mount;
ORACLE 例程已经启动。
Total System Global Area        535662592 bytes
Fixed Size                      1375792 bytes
Variable Size                   352322000 bytes
Database Buffers                176160768 bytes
Redo Buffers                    5804032 bytes
数据库装载完毕。
SQL> alter database archivelog;
数据库已更改。
```

（4）设置参数 DB_FLASHBACK_RETENTION_TARGET 为希望的值，单位为分钟。本例设置时间为 5 天，1440 min 乘以 5 等于 7200 min，代码及运行结果如下。

```
SQL> alter system set db_flashback_retention_target = 7200;
系统已更改。
```

（5）启动闪回数据库，将数据库设置为 OPEN 状态，代码及运行结果如下。

```
SQL> alter database flashback on;
数据库已更改。
SQL> alter database open;
数据库已更改。
```

（6）查看更改后的归档模式，代码如下。

```
SQL> archive log list;
```

运行结果如图 18.3 所示。

图 18.2　查询当前是否为归档模式

图 18.3　查询更改后的归档模式

18.2.3 闪回数据库技术应用

Oracle 的 FLASHBACK 命令可以对表级数据进行恢复，也可以对数据库级进行恢复，要对数据库级进行恢复，就要用到 FLASHBACK DATABASE 命令，其语法格式如下。

```
FLASHBACK [STANDBY] DATABASE <database_name>
{TO [SCN| TIMESTAMP] <exp> | TO BEFORE [SCN | TIMESTAMP] <exp>}
```

- ☑ STANDBY：指定恢复备用的数据库到某个 SCN 或某个时间点上。
- ☑ TO SCN<exp>：指定一个系统改变号 SCN。
- ☑ TO BEFORE SCN<exp>：恢复到之前的 SCN。
- ☑ TO TIMESTAMP：需要恢复的时间表达式。
- ☑ TO BEFORE TIMESTAMP：恢复数据库到之前的时间表达式。

FALSHBACK 语句不仅可以在 SQL>和 RMAN>提示符中使用，还可以在 EM 中使用。

【例 18.3】使用闪回数据库完成到某个 SCN 的恢复，操作步骤及代码如下。**（实例位置：资源包\TM\ sl\ 18\3）**

（1）查询 v$flashback_database_log 视图，获得 oldest_flashback_scn 的值，代码如下。

```
SQL> connect system/1qaz2wsx sydba;
已连接。
SQL> select oldest_flashback_scn,oldest_flashback_time from v$flashback_database_log;
```

运行结果如图 18.4 所示。

（2）关闭数据库，并在 MOUNT 模式下启动数据库，代码如下。

```
SQL> shutdown immediate
SQL> startup mount;
```

运行结果如图 18.5 所示。

```
SQL> select oldest_flashback_scn,oldest_flashback_time from v$flashback_database_log;

OLDEST_FLASHBACK_SCN OLDEST_FLASHBA
-------------------- --------------
            10635923 02-4月 -19
```

图 18.4 获得 oldest_flashback_scn 的值

```
SQL> shutdown immediate
数据库已经关闭。
已经卸载数据库。
ORACLE 例程已经关闭。
SQL> startup mount;
ORACLE 例程已经启动。

Total System Global Area  535662592 bytes
Fixed Size                  1375792 bytes
Variable Size             318767568 bytes
Database Buffers          209715200 bytes
Redo Buffers                5804032 bytes
数据库装载完毕。
```

图 18.5 在 MOUNT 模式下启动数据库

（3）使用 FLASHBACK DATABASE 闪回数据库到 SCN 10635923，代码如下。

```
SQL> flashback database to scn 10635923;
```

运行结果如图 18.6 所示。

（4）用 RESETLOGS 打开数据库，代码如下。

```
SQL> alter database open resetlogs;
```

运行结果如图 18.7 所示。

```
SQL> flashback database to scn 10635923;
闪回完成。
```

图 18.6　闪回数据库到 SCN 10635923

```
SQL> alter database open resetlogs;
数据库已更改。
```

图 18.7　用 RESETLOGS 打开数据库

18.3　闪　回　表

闪回表是一种能够恢复表或设置表到过去某个特定的时间点而又不需要进行不完全恢复的闪回技术。使用闪回表时，所有的相关对象都能够得到恢复。闪回表技术是基于撤销数据来实现的，因此，要想闪回表到过去某个时间点上，必须确保与撤销表空间有关的参数设置合理。与撤销表空间相关的参数有 UNDO_MANAGEMENT、UNDO_TABLESPACE 和 UNDO_RETENTION。

18.3.1　闪回表命令的语法

为了让读者对闪回表命令有一个完整的了解，下面给出其语法格式，并对相关参数进行说明。

```
FLASHBACK TABLE [schema.]<table_name>
TO
{
[BEFORE DROP [RENAME TO TABLE] |
[SCN | TIMESTAMP] expr [ENABLE | DISABLE] TRIGGERS]
}
```

☑ schema：模式名，一般为用户名。
☑ TO TIMESTAMP：系统邮戳，包含年月日时分秒。
☑ TO SCN：系统更改号，可从 flashback_transaction_query 数据字典中查到，如 FLASHBACK TABLE employe TO SCN 2694538。
☑ ENABLE TRIGGERS：表示触发器恢复以后为 ENABLE 状态，而默认状态为 DISABLE 状态。
☑ TO BEFORE DROP：表示恢复到删除之前的状态。
☑ RENAME TO TABLE：表示更换表名。

18.3.2　闪回表的应用

从 FLASHBACK TABLE 命令的语法中能够看出，闪回表技术可以恢复到之前的某个时间戳、SCN 号或之前的任何 DROP 动作。下面来看一个例子。

【例 18.4】创建样例表，删除某些行，再用 FLASHBACK TABLE 命令恢复数据，操作步骤及代码如下。**（实例位置：资源包\TM\sl\18\4）**

（1）在 scott 模式下创建一个样例表 dept2，代码及运行结果如下。

```
SQL> connect scott/tiger
已连接。
```

```
SQL> create table dept2 as select * from dept;
表已创建。
```

（2）使用 SELECT 语句查询 dept2 表中的数据，代码如下。

```
SQL> select * from dept2;
```

运行结果如图 18.8 所示。

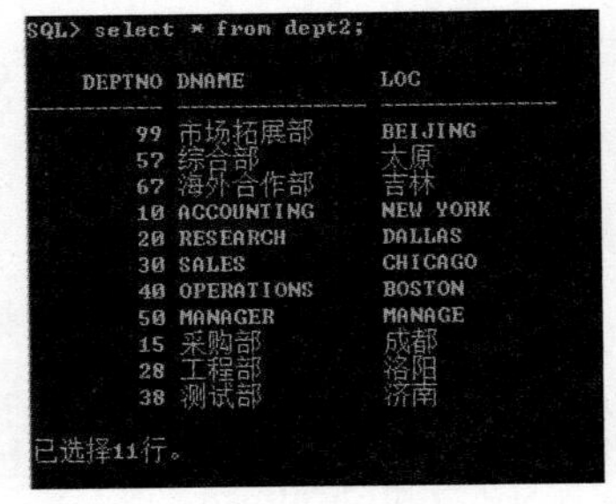

图 18.8　查询 dept2 表

（3）设置在 SQL*Plus 环境下开启时间显示，然后使用 DELETE 语句删除 deptno=38 的数据记录（即最后一行记录），并提交数据库，代码及运行结果如下。

```
SQL> set time on
16:33:17 SQL> delete from dept2 where deptno = 38;
已删除 1 行。
16:33:28 SQL> commit;
提交完成。
```

说明

这时候，如果我们再使用 SELECT 语句查询 dept2 表，会发现 deptno=38 的记录不存在了。

（4）记录 DELETE 数据时的时间为“2019-01-09 16:33:17”，然后使用 FLASHBACK TABLE 语句进行数据恢复，代码及运行结果如下。

```
16:33:53 SQL> alter table dept2 enable row movement;
表已更改。
16:36:43 SQL> flashback table dept2 to timestamp to_timestamp('2019-01-09 16:33:17','yyyy-mm-dd hh24:mi:ss');
闪回完成。
```

（5）再次通过 SELECT 语句查询 dept2 表，会发现 deptno=38 的记录又回来了，这说明通过闪回表技术恢复了被删除且提交的数据行。

18.4　闪回丢弃

闪回丢弃是将被丢弃的数据库对象及其相关联对象的备份保存在回收站中，以便在必要时及时恢复这些对象。在回收站被清空之前，被丢弃的对象并没有从数据库中删除，这就使得数据库能够恢复被意外或误操作而删除的表。

18.4.1　回收站简介

回收站是所有丢弃表及其相关联对象的逻辑存储容器，当一个表被丢弃（DROP）时，回收站会将该表及其相关联的对象存储在回收站中。存储在回收站中的表的关联对象包括索引、约束、触发器、

嵌套表、大的二进制对象（LOB）段和 LOB 索引段等。

Oracle 回收站将用户所做的 DROP 操作记录在一个系统表里，即将被删除的对象写到一个数据字典中，当确认不再需要被删除的对象时，可以使用 PURGE 命令对回收站空间进行清除。

为了避免被删除表与同类对象名称的重复，将被删除的表（以及相应对象）放入回收站后，Oracle 系统对被删除的对象名称做了转换，其名称转换语法格式如下。

```
BIN$globalUID$version
```

- ☑ globalUID 是一个全局唯一的、24 个字符长的标识对象，它是 Oracle 内部使用的标识，对用户来说没有任何实际意义，该标识与对象未删除前的名称没有关系。
- ☑ $version 是 Oracle 数据库分配的版本号。

18.4.2 回收站的应用

如果要对 DROP 过的表进行恢复操作，可以使用下列格式的语句。

```
FLASHBACK TABLE table_name to BEFORE DROP
```

为了帮助读者理解回收站在使用过程中的具体操作过程，下面通过一个例子来讲解回收站的详细操作步骤。

【例 18.5】本例给出数据准备、删除表、查看回收站信息、恢复及查询恢复后的情况等操作，操作步骤及代码如下。**（实例位置：资源包\TM\sl\18\5）**

（1）连接 Oracle 数据库到 scott 模式下，代码及运行结果如下。

```
SQL> connect scott/tiger
已连接。
```

（2）准备数据，创建 dept 表的备份 dept_copy 表，代码及运行结果如下。

```
SQL> create table dept_copy as select * from dept;
表已创建。
```

（3）在数据字典 tab 中查看 dept_copy 表的信息，代码如下。

```
SQL> select * from tab;
```

运行结果如图 18.9 所示。

（4）DROP 表 dept_copy 代码及运行结果如下。

```
SQL> drop table dept_copy;
表已删除。
```

当 dept_copy 表被删除后，在数据库回收站里变成了 BIN$h+5J9NOQT9SX+3onBU7gUQ==$0，version 是 0。

（5）查看 user_recyclebin 回收站，可以看到删除的 dept_copy 表对应的记录，代码如下。

```
SQL> select object_name,original_name from user_recyclebin;
```

运行结果如图 18.10 所示。

（6）利用回收站 user_recyclebin 中的记录，使用 FLASHBACK 命令从回收站恢复 dept_copy 表，

代码如下。

```
SQL> flashback table dept_copy to before drop;
闪回完成。
```

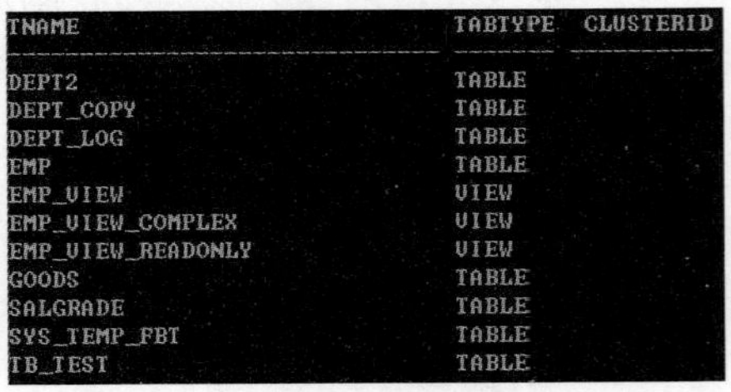

TNAME	TABTYPE	CLUSTERID
DEPT2	TABLE	
DEPT_COPY	TABLE	
DEPT_LOG	TABLE	
EMP	TABLE	
EMP_VIEW	VIEW	
EMP_VIEW_COMPLEX	VIEW	
EMP_VIEW_READONLY	VIEW	
GOODS	TABLE	
SALGRADE	TABLE	
SYS_TEMP_FBT	TABLE	
TB_TEST	TABLE	

图 18.9　查询 tab 数据字典

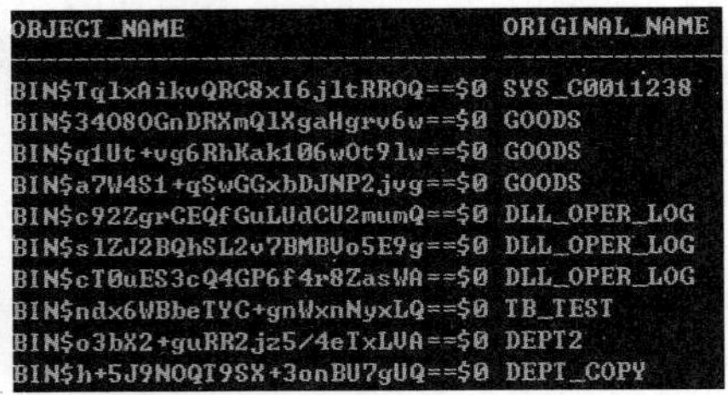

OBJECT_NAME	ORIGINAL_NAME
BIN$TqlxAikvQRC8xI6j1tRROQ==$0	SYS_C0011238
BIN$34080GnDRXmQ1XgaHgrv6w==$0	GOODS
BIN$q1Ut+vg6RhKak106w0t9lw==$0	GOODS
BIN$a7W4S1+qSwGGxbDJNP2jvg==$0	GOODS
BIN$c92ZgrCEQfGuLUdCU2mumQ==$0	DLL_OPER_LOG
BIN$s1ZJ2BQhSL2v7BMBVo5E9g==$0	DLL_OPER_LOG
BIN$cT0uES3cQ4GP6f4r8ZasWA==$0	DLL_OPER_LOG
BIN$ndx6WBbeTYC+gnWxnNyxLQ==$0	TB_TEST
BIN$o3bX2+guRR2jz5/4eTxLVA==$0	DEPT2
BIN$h+5J9NOQT9SX+3onBU7gUQ==$0	DEPT_COPY

图 18.10　查询回收站信息

（7）再次查询 tab 数据字典表时，会发现 dept_copy 表又回来了。

18.5　其他闪回技术

除了前面讲解的 3 种常用闪回技术之外，还有闪回版本查询、闪回事务查询、闪回数据归档等技术，下面对这些闪回技术进行介绍。

18.5.1　闪回版本查询

Oracle 的闪回版本查询功能提供了一个审计行改变的查询功能，它能找到所有已经提交了的行的记录。借助此特殊功能，用户可以清楚地看到何时执行了何种操作。使用该功能，可以很轻松地实现对应用系统的审计，而没有必要使用细粒度的审计功能或 LOGMNR 了。

闪回版本查询功能依赖于 AUM（automatic undo management），AUM 是采用撤销表空间记录增、删、改数据的方法。

要使用闪回版本查询实现对数据行被改变的记录进行查询，主要采用 SELECT 语句和 flashback_query 子句实现。flashback_query 子句的语法格式如下。

```
SELECT <column1>,…FROM <table>
…
VERSION BETWEEN [SCN | TIMESTAMP]
[<expr>   | MAXVALUE] AND <expr>   | MINVALUE]
| AS OF [SCN | TIMESTAMP ] <expr>
```

其中，AS OF 表示恢复单个版本，SCN 表示系统更改号，TIMESTAMP 表示时间。

18.5.2　闪回事务查询

闪回事务查询是一种诊断工具，帮助识别数据库发生的事务级变化，可以用于事务审计的数据分

析。通过闪回事务分析，可以识别在一个特定的时间段内所发生的所有变化，也可以对数据库表进行事务级恢复。

闪回事务查询的基础依赖于撤销数据，它也是利用初始化参数 UNDO_RETENTION 来确定已经提交的撤销数据在数据库中的保存时间。

另外，闪回版本查询虽然可以审计一段时间内表的所有改变，但却只是发现在某个时间段内所做过的操作，对于错误的事务还不能进行撤销处理。而闪回事务查询可实现撤销处理，可以从 flashback_transaction_query 视图中获得事务的历史操作及撤销语句。也就是说，用户可以审计一个事务到底做了什么，也可以撤销一个已经提交的事务。

18.5.3　闪回数据归档

Oracle 为 FLASHBACK 家族又带来一个新成员，即闪回数据归档。该技术与上面所说的诸多闪回技术在实现机制上是不同的（除了闪回数据库外，其他闪回技术都依赖于 UNDO 撤销数据）。它通过将变化的数据存储到创建的闪回归档区中，从而与 UNDO 区别开来，这样就可以通过为闪回归档区单独设置存储策略，使得可以闪回到指定时间之前的旧数据而不影响 UNDO 策略；并且可以根据需要指定哪些数据库对象需要保存历史变化数据，而不是将数据库中所有对象的变化数据都保存下来，这样就可以极大地减少空间需求。

注意

闪回数据归档并不是记录数据库的所有变化，而只是记录了指定表的数据变化，所以闪回数据归档是针对对象的保护，是闪回数据库的有力补充。

通过闪回数据归档技术可以查询指定对象的任何时间点的数据，而且不需要利用 UNDO，这在有审计需要的环境，或者安全性特别重要的高可用数据库中是一个非常好的特性。缺点是如果该表变化很频繁，那么对空间的要求会很高。

闪回数据归档区是闪回数据归档的历史数据存储区域，在一个系统中，可以有一个默认的闪回数据归档区，也可以创建其他闪回数据归档区域。

每一个闪回数据归档区都可以有一个唯一的名称，同时，每一个闪回数据归档区都对应了一定的数据保留策略。例如，可以配置归档区 FLASHBACK_DATA_ARCHIVE_1 中的数据保留期为 2 年，而归档区 FLASHBACK_DATA_ARCHIVE_2 的数据保留期为 100 天或更短。以后如果将表放到对应的闪回数据归档区，那就按照该归档区的保留策略来保存历史数据。

18.6　实践与练习

1. 在 hr 模式下创建 employees 表的一个副本，然后 DROP 掉，最后尝试使用闪回丢弃将其还原。

2. 创建一个样例表 test，然后向其中插入 3 行记录，最后尝试使用 FLASHBACK TABLE 命令清除插入的记录。

第 4 篇

项目实战

本篇结合 Java+Oracle 技术，开发一个完整的大型企业人事管理系统。书中按照“开发背景→系统分析→系统设计→数据库设计→主窗体设计→公共模块设计→部分主要模块设计→Hibernate 关联关系配置”的流程，带领读者一步一步地亲身体验项目开发的全过程。

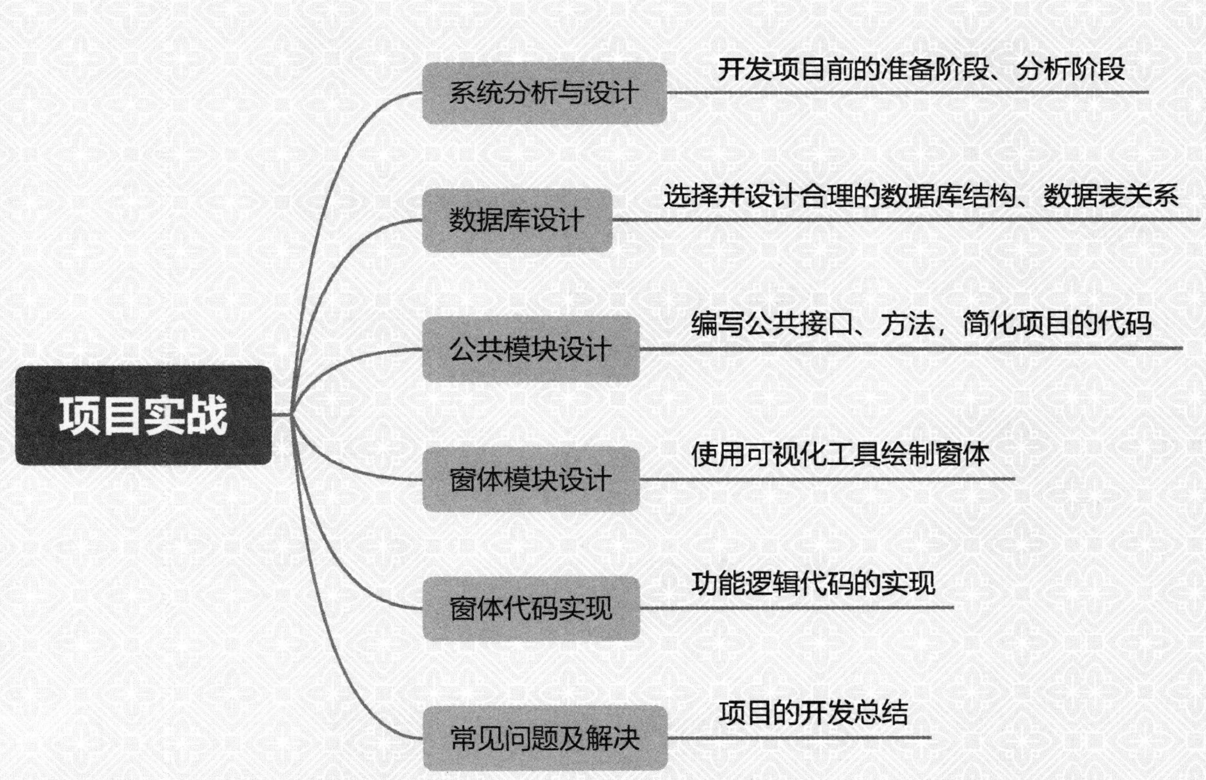
项目实战
系统分析与设计
开发项目前的准备阶段、分析阶段
数据库设计
选择并设计合理的数据库结构、数据表关系
公共模块设计
编写公共接口、方法，简化项目的代码
窗体模块设计
使用可视化工具绘制窗体
窗体代码实现
功能逻辑代码的实现
常见问题及解决
项目的开发总结

第 19 章

企业人事管理系统

企业的发展不仅面临技术的竞争、市场的竞争、服务的竞争，还有人才的竞争，并且人才竞争已经成为市场竞争中一个重要的环节。优秀人才的引入将给企业的发展注入新鲜的血液，给企业带来巨大的发展空间。所以，吸引人才、留住人才就成为企业人事管理的一个重要课题。要想留住人才，不仅需要企业具有良好的发展前景，更重要的是企业要有一个健全的管理体制，这不仅能节省企业大量的人力和物力，还可以提高企业的经济效益，从而带动企业快速发展。

本章知识架构及重难点如下。

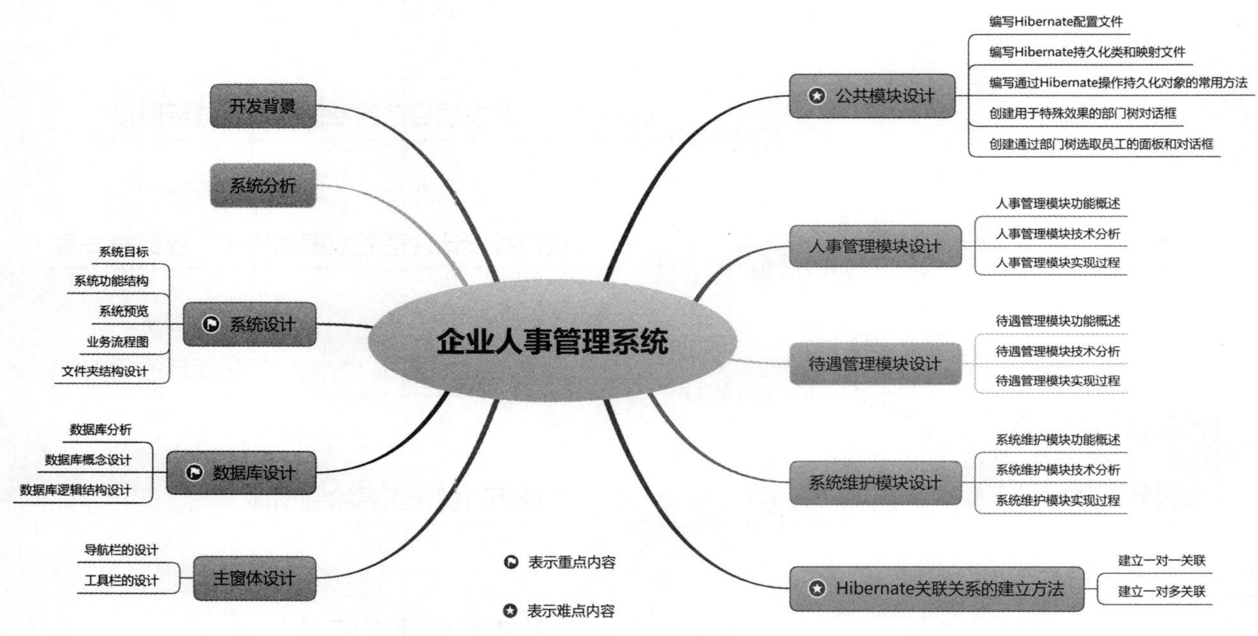

19.1 开发背景

飞速发展的技术变革和创新，使得越来越多的企业寄希望于通过构筑自身的人事竞争力来保持可持续发展。在“以人为本”观念的熏陶下，企业人事管理在组织中的作用日益突出，但人员的复杂性和组织的特有性又使得企业人事管理成为难题。企业人事管理系统的作用之一是为员工建立人事档案，它的出现使得人事档案查询、调用的速度加快，也使得精确分析大量员工的知识、经验、技术、能力和职业抱负成为可能，从而实现企业人事管理的标准化、科学化、数字化。

19.2　系 统 分 析

企业人事管理系统功能全面，操作简单，可以快速地为员工建立电子档案，便于修改、保存和查看，并且实现了无纸化存档，为企业节省了大量资金和空间。通过企业人事管理系统，还可以实现对企业员工的考勤管理、奖惩管理、培训管理和待遇管理。

19.3　系 统 设 计

19.3.1　系统目标

根据企业对人事管理的要求，本系统需要实现以下目标。

- ☑ 操作简单方便，界面简洁大方。
- ☑ 方便、快捷的档案管理。
- ☑ 简单、实用的考勤和奖惩管理。
- ☑ 简单、实用的培训管理。
- ☑ 针对企业中不同的待遇标准，实现待遇账套管理。
- ☑ 简洁明了的账套维护功能。
- ☑ 方便、快捷的账套人员设置。
- ☑ 功能强大的待遇报表功能。
- ☑ 系统运行稳定、安全可靠。

19.3.2　系统功能结构

企业人事管理系统主要包括人事管理、待遇管理、系统维护、用户管理、系统工具五大功能模块。其中，人事管理和待遇管理两大功能模块用来提供对企业员工的人事和待遇管理；系统维护和用户管理模块用来提供对系统的维护和系统安全；系统工具模块用来快速运行系统中的常用工具，如系统计算器和 Excel 表格等。

人事管理模块包含的子模块有档案管理、考勤管理、奖惩管理和培训管理。其中，档案管理模块用来维护员工的基本信息，包括档案信息、职务信息和个人信息。其中，档案信息包括员工的照片。档案信息只可以添加和修改，不可以删除，因为员工档案将作为企业的永久资源和历史记录进行保存。在维护员工档案时，可以通过企业结构树快速查找员工。考勤管理模块用来记录员工的考勤信息，如迟到、请假、加班等。奖惩管理模块用来记录员工的奖惩信息，如因为某事奖励或惩罚员工。培训管理模块用来记录对员工的培训信息。

待遇管理模块包含的子模块有账套管理、人员设置和统计报表。其中，账套管理模块用来建立和维护账套。所谓账套，就是对不同员工采用不同的待遇标准。例如，已经签订劳动合同的员工和处于试用期的员工的基本工资是不同的，针对这种情况可以分别建立一个试用期账套和合同工账套。这里假设处于试用期的员工的基本工资为 2000（元），而已经签订劳动合同的员工的基本工资为 3000（元），则可以分别将试用期账套和合同工账套中的基本工资项设为 2000（元）和 3000（元）。账套中的部分项目可以用于考勤管理模块的考勤项目。人员设置模块用来设置员工采用哪个账套，即采用哪个待遇标准。如果没有适合的账套，可以继续建立新的账套。统计报表模块将以表格的形式统计员工的待遇情况，这里将用到在考勤管理和奖惩管理模块填写的数据，可以进行月度、季度、半年和年度统计。

系统维护模块包含的子模块有企业架构、基本资料和初始化系统。其中，企业架构模块用来维护企业的组织结构，企业架构将以树状结构显示；基本资料模块用来维护职务种类、用工形式、账套项目、考勤项目、民族和籍贯信息；初始化系统模块用来对系统进行初始化，在正式使用前需要对系统进行初始化。

用户管理模块包含的子模块有新增用户和修改密码。其中，新增用户模块用来添加和维护系统的管理员，包括冻结和删除管理员，该模块只有超级管理员有权使用；修改密码模块用来为当前登录用户修改登录密码。

系统工具模块包含的子模块有打开计算器、打开 WORD 和打开 EXCEL，以方便用户快速地打开这 3 个常用的系统工具。

企业人事管理系统的功能结构如图 19.1 所示。

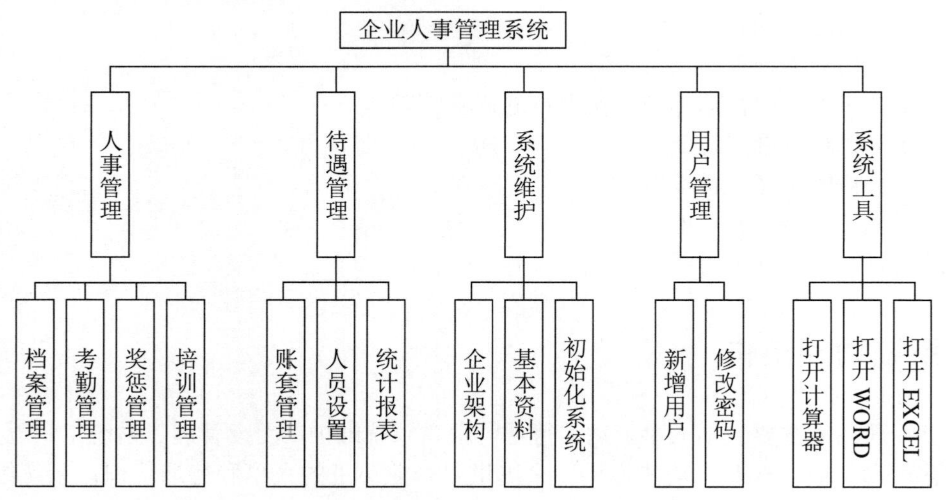

图 19.1　企业人事管理系统的功能结构

19.3.3　系统预览

企业人事管理系统由多个界面组成，下面仅列出几个典型界面，其他界面效果可参见资源包中的源程序。

企业人事管理系统的主窗体效果如图 19.2 所示。窗体的左侧为系统的功能结构导航，窗体的上方为系统常用功能的快捷按钮。

在图 19.2 的左侧导航栏中选择“档案管理”选项，将打开如图 19.3 所示的档案列表界面。单击上方的“新建员工档案”按钮，可以建立新的员工档案；在左侧“全部职员”列表中选择某个部门，右侧将显示相应部门的员工列表。选中其中一行，然后单击“修改员工档案”按钮，即可修改所选中员工的档案。

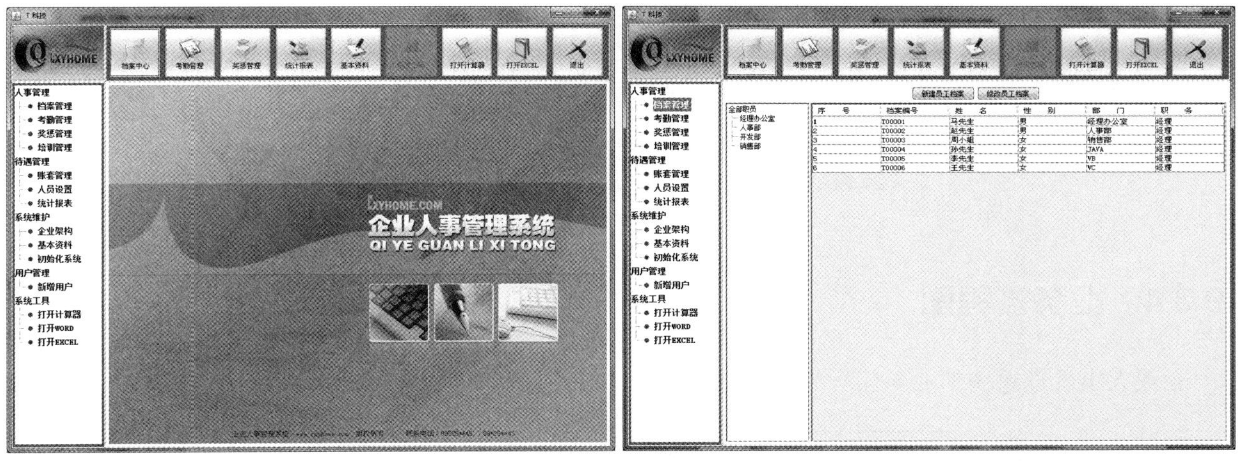

图 19.2　企业人事管理系统的主窗体效果　　　　图 19.3　“档案列表”界面

在图 19.2 的左侧导航栏中选择“培训管理”选项，将打开如图 19.4 所示的“培训管理”界面。在该界面中可以建立培训信息，以及设置参训人员列表。

在图 19.2 的左侧导航栏中选择“账套管理”选项，将打开如图 19.5 所示的“账套管理”界面。在该界面中可以维护账套信息，包括建立账套、添加或删除账套项目，以及修改项目金额。

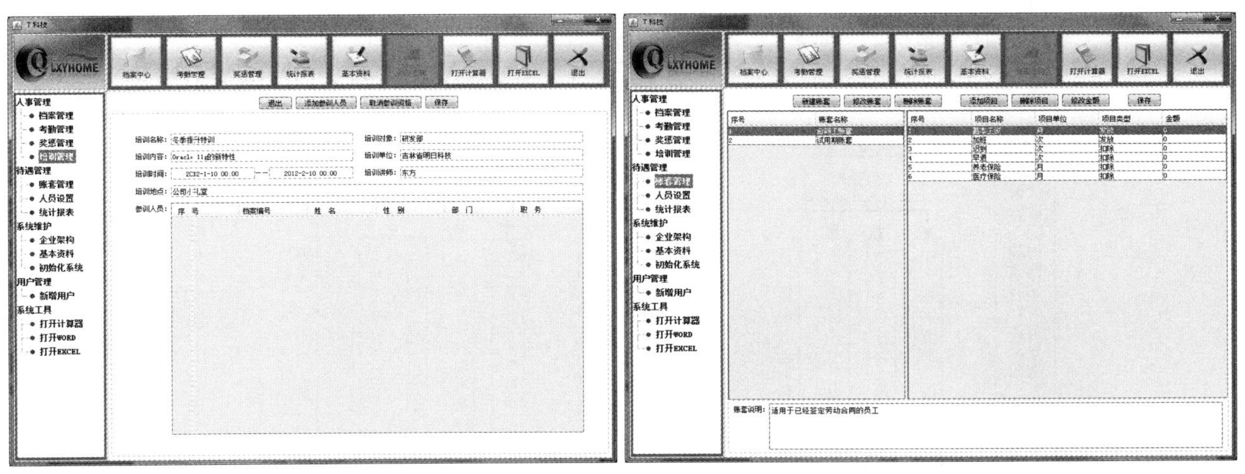

图 19.4　“培训管理”界面　　　　图 19.5　“账套管理”界面

在图 19.2 的左侧导航栏中选择“统计报表”选项，将打开如图 19.6 所示的“统计报表”界面。在该界面中可以生成统计报表，可以生成的报表种类有月度报表、季度报表、半年报表和年度报表。

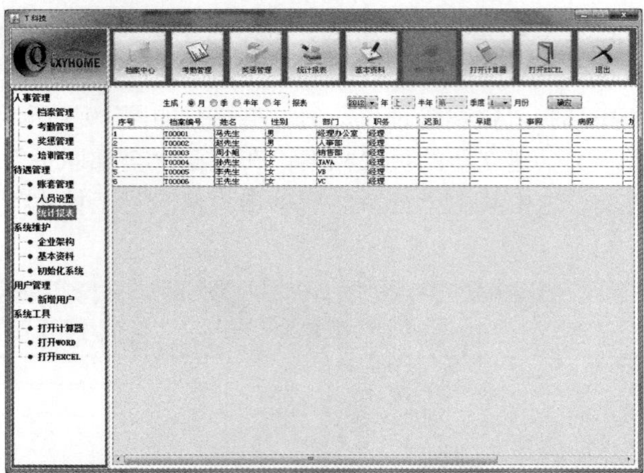

图 19.6　“统计报表”界面

19.3.4　业务流程图

企业人事管理系统的业务流程如图 19.7 所示。

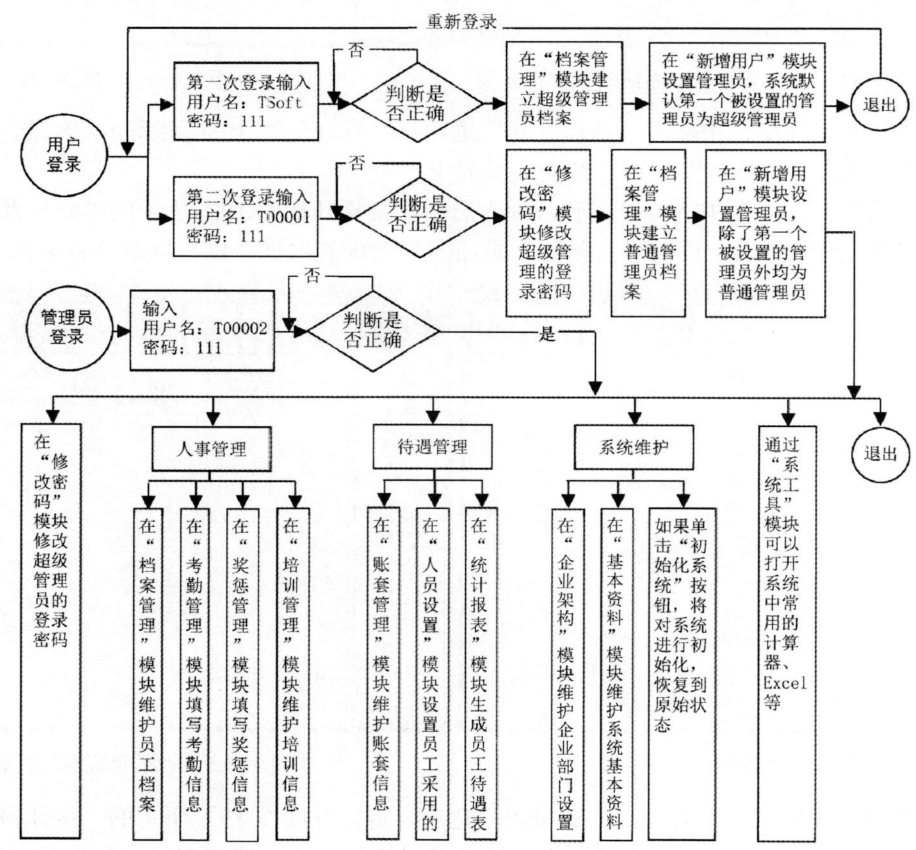

图 19.7　企业人事管理系统的业务流程图

19.3.5　文件夹结构设计

每个项目都会有相应的文件夹组织结构。当项目中的窗体过多时，为了便于查找和使用，可以将窗体分类，放入不同的文件夹中，这样既便于前期开发，又便于后期维护。企业人事管理系统的文件夹组织结构如图 19.8 所示。

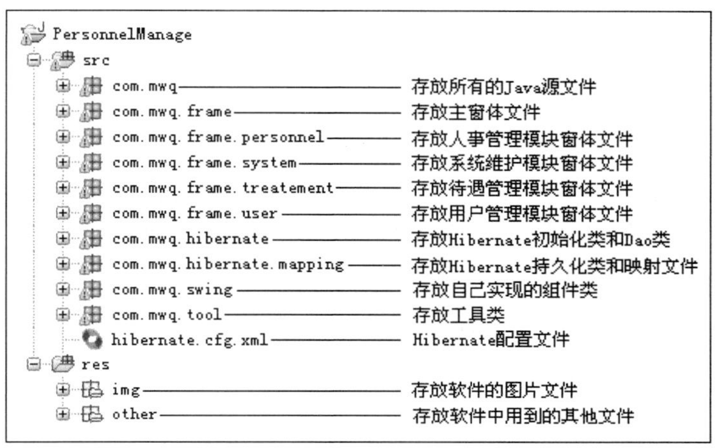

图 19.8　企业人事管理系统的文件夹结构图

19.4　数据库设计

在开发应用程序时，一个数据库的设计优秀与否，将直接影响软件的开发进度和性能。数据库的设计要根据程序的需求及其功能制定，尽可能地一次设计到位，避免在开发过程中反复修改数据库，从而严重影响开发进度。

19.4.1　数据库分析

企业人事管理系统主要包括人事管理和待遇管理。其中，人事管理包括档案信息、职务信息和个人信息的管理，以及人事考勤、奖惩、培训的管理，并且考勤和奖惩信息要体现到待遇统计当中；待遇管理应满足企业的现实需求，支持多账套功能。

19.4.2　数据库概念设计

数据库设计是系统设计的重要组成部分，它是按照管理系统的整体需求而制定的，数据库设计的好坏直接影响到系统的后期开发。下面对本系统中具有代表性的数据库设计进行详细说明。

在开发企业人事管理系统时，最重要的是人事档案信息。本系统将档案信息又分为档案信息、职务信息和个人信息，由于信息多而复杂，这里只给出关键的信息。档案信息表的 E-R 图如图 19.9 所示。

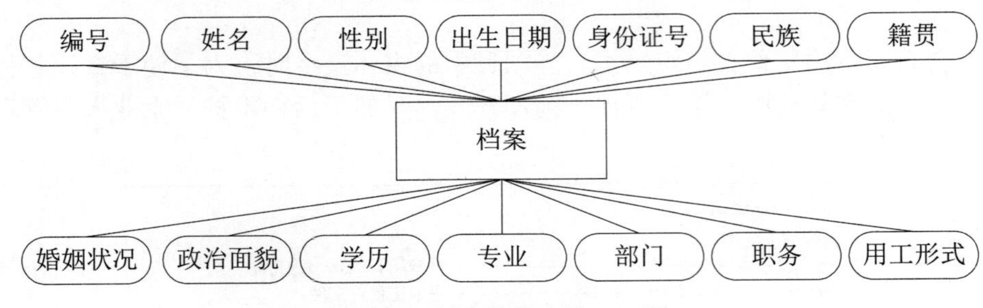

图 19.9　档案信息表的 E-R 图

本系统提供了人事考勤记录和人事奖惩记录功能，这里只给出人事考勤信息表的 E-R 图，如图 19.10 所示。本系统还提供了多账套管理功能，通过这一功能，可以很方便地对不同类型的员工实施不同的待遇标准。账套信息表的 E-R 图如图 19.11 所示。

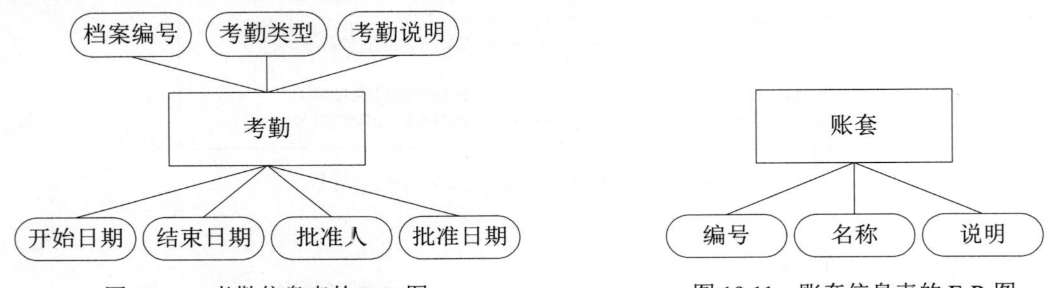

图 19.10　考勤信息表的 E-R 图

图 19.11　账套信息表的 E-R 图

每个账套都要包含多个账套项目，这些账套中的项目可以有零个或多个，区别是每个账套项目的金额是不同的。账套项目信息表的 E-R 图如图 19.12 所示。

建立多账套是为了实现对员工按照不同的待遇标准进行管理，所以要将员工设置到不同的账套中，即表示对该员工实施相应的待遇标准。账套设置信息表的 E-R 图如图 19.13 所示。

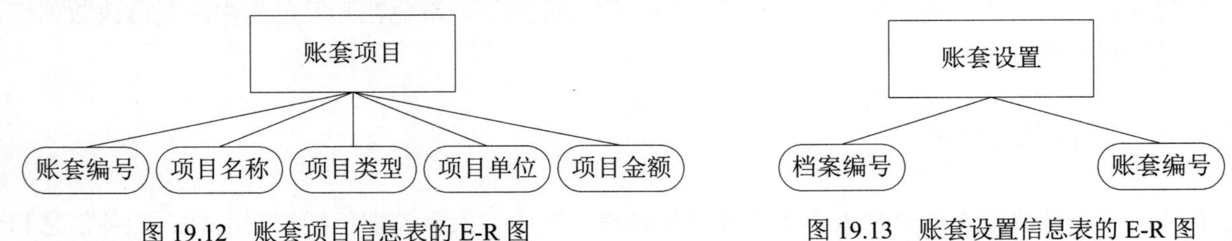

图 19.12　账套项目信息表的 E-R 图

图 19.13　账套设置信息表的 E-R 图

19.4.3　数据库逻辑结构设计

数据库概念设计中已经分析了档案、考勤和账套等主要的数据实体对象，这些实体对象是数据表结构的基本模型，最终的数据模型都要实施到数据库中，形成整体的数据结构。可以使用 PowerDesigner 工具完成这个数据库的建模，其模型结构如图 19.14 所示。

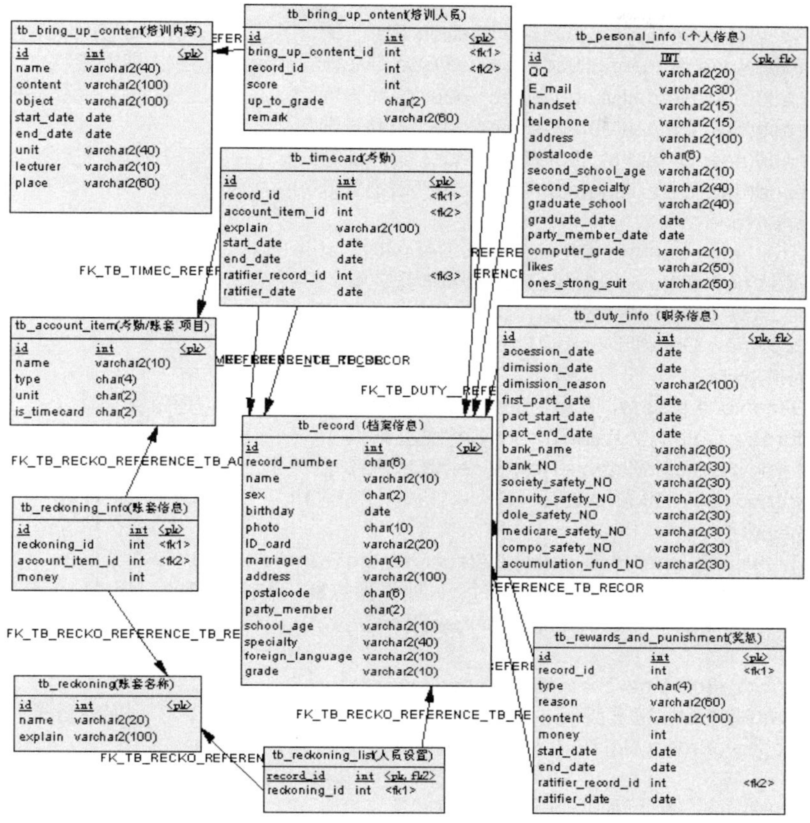

图 19.14 企业人事管理系统数据库模型

19.5 主窗体设计

主窗体是软件系统的一个重要组成部分，是提供人机交互的一个必不可少的操作平台。通过主窗体，用户可以打开系统相关的各个子操作模块，完成对软件的操作和使用。通过主窗体，用户还可以快速掌握本系统的基本功能。

19.5.1 导航栏设计

通过企业人事管理系统的导航栏，可以打开本系统的所有子模块。导航栏的效果如图 19.15 所示。

本系统的导航栏是通过树组件实现的，在这里不显示树的根结点，并且打开软件时树结构是展开的，还设置在叶子结点折叠和展开时均不采用图标。

下列代码将通过树结点对象创建一个树结构，最后创建一个树模型对象。

图 19.15 导航栏效果

```
DefaultMutableTreeNode root = new DefaultMutableTreeNode("root");              //创建树的根结点
DefaultMutableTreeNode personnelNode = new DefaultMutableTreeNode("人事管理");    //创建树的一级子结点
personnelNode.add(new DefaultMutableTreeNode("档案管理"));      //创建树的叶子结点并添加到一级子结点中
personnelNode.add(new DefaultMutableTreeNode("考勤管理"));
personnelNode.add(new DefaultMutableTreeNode("奖惩管理"));
personnelNode.add(new DefaultMutableTreeNode("培训管理"));
root.add(personnelNode);                                      //向根结点中添加一级子结点
DefaultMutableTreeNode treatmentNode = new DefaultMutableTreeNode("待遇管理");
treatmentNode.add(new DefaultMutableTreeNode("账套管理"));
treatmentNode.add(new DefaultMutableTreeNode("人员设置"));
treatmentNode.add(new DefaultMutableTreeNode("统计报表"));
root.add(treatmentNode);
DefaultMutableTreeNode systemNode = new DefaultMutableTreeNode("系统维护");
systemNode.add(new DefaultMutableTreeNode("企业架构"));
systemNode.add(new DefaultMutableTreeNode("基本资料"));
systemNode.add(new DefaultMutableTreeNode("初始化系统"));
root.add(systemNode);
DefaultMutableTreeNode userNode = new DefaultMutableTreeNode("用户管理");
if (record == null) {        //当 record 为 null 时，说明是通过默认用户登录的，此时只能新增用户，不能修改密码
    userNode.add(new DefaultMutableTreeNode("新增用户"));
} else {                                                      //否则为通过管理员登录
    String purview = record.getTbManager().getPurview();
    if (purview.equals("超级管理员")) {           //只有当管理员的权限为“超级管理员”时，才有权新增用户
        userNode.add(new DefaultMutableTreeNode("新增用户"));
    }
    userNode.add(new DefaultMutableTreeNode("修改密码"));      //只有通过管理员登录时才有权修改密码
}
root.add(userNode);
DefaultMutableTreeNode toolNode = new DefaultMutableTreeNode("系统工具");
toolNode.add(new DefaultMutableTreeNode("打开计算器"));
toolNode.add(new DefaultMutableTreeNode("打开 WORD"));
toolNode.add(new DefaultMutableTreeNode("打开 EXCEL"));
root.add(toolNode);
DefaultTreeModel treeModel = new DefaultTreeModel(root);          //通过树结点对象创建树模型对象
```

下列代码将利用在上述例程中创建的树模型对象创建一个树对象，并设置树对象的相关绘制属性。

```
tree = new JTree(treeModel);                                   //通过树模型对象创建树对象
tree.setBackground(Color.WHITE);                               //设置树的背景色
  tree.setRootVisible(false);                                  //设置不显示树的根结点
tree.setRowHeight(28);                                         //设置各结点的高度为 28 像素
Font font = new Font("宋体", Font.BOLD, 16);
tree.setFont(font);                                            //设置结点的字体样式
DefaultTreeCellRenderer renderer = new DefaultTreeCellRenderer();    //创建一个树的绘制对象
renderer.setClosedIcon(null);                                  //设置结点折叠时不采用图标
renderer.setOpenIcon(null);                                    //设置结点展开时不采用图标
tree.setCellRenderer(renderer);                                //将树的绘制对象设置到树中
int count = root.getChildCount();                              //获得一级结点的数量
for (int i = 0; i < count; i++) {                              //遍历树的一级结点
//获得指定索引的一级结点对象
```

```
DefaultMutableTreeNode node = (DefaultMutableTreeNode) root.getChildAt(i);
        TreePath path = new TreePath(node.getPath());                  //获得结点对象的路径
        tree.expandPath(path);                                          //展开该结点
}
    tree.addTreeSelectionListener(new TreeSelectionListener() {         //捕获树的选取事件
        public void valueChanged(TreeSelectionEvent e) {
            ...//由于篇幅有限，此处省略了处理捕获事件的具体代码，详见资源包源代码
        }
});
leftPanel.add(tree);                                                    //将树添加到面板组件中
}
```

说明

在上述代码中，setRootVisible(boolean b)方法用于设置是否显示树的根结点，默认为显示根结点，即默认为 true；如果设置为 false，则不显示树的根结点。

19.5.2　工具栏设计

为了方便用户使用系统，在工具栏为常用的系统子模块提供了快捷按钮。通过这些按钮，用户可以快速地进入系统中常用的子模块。工具栏的效果如图 19.16 所示。

图 19.16　工具栏效果

下列代码将创建一个用来添加快捷按钮的面板，并且为面板设置了边框，面板的布局管理器为水平箱式布局。

```
final JPanel buttonPanel = new JPanel();                            //创建工具栏面板
final GridLayout gridLayout = new GridLayout(1, 0);                 //创建一个水平箱式布局管理器对象
gridLayout.setVgap(6);                                              //箱的垂直间隔为 6 像素
gridLayout.setHgap(6);                                              //箱的水平间隔为 6 像素
buttonPanel.setLayout(gridLayout);                                  //设置工具栏面板采用的布局管理器为箱式布局
buttonPanel.setBackground(Color.WHITE);                             //设置工具栏面板的背景色
buttonPanel.setBorder(new TitledBorder(null, "",TitledBorder.DEFAULT_JUSTIFICATION,
        TitledBorder.DEFAULT_POSITION, null, null)); //设置工具栏面板采用的边框样式
topPanel.add(buttonPanel, BorderLayout.CENTER);                     //将工具栏面板添加到上级面板中
```

在工具栏提供了用来快速打开“档案中心”“考勤管理”“奖惩管理”“统计报表”“基本资料”和“修改密码”子模块的按钮，以及“打开计算器”和“打开 EXCEL”两个常用按钮，还有一个用来快速退出系统的“退出”按钮。这些快捷按钮的实现代码基本相同，所以这里只给出“档案中心”快捷按钮的实现代码。

```
final JButton recordShortcutKeyButton = new JButton();              //创建进入“档案中心”的快捷按钮
//为按钮添加事件监听器，用来捕获按钮单击事件
```

```
recordShortcutKeyButton.addActionListener(new ActionListener() {
    public void actionPerformed(ActionEvent e) {
        rightPanel.removeAll();                                    //移除内容面板中的所有内容
        rightPanel.add(new RecordSelectedPanel(rightPanel),
                BorderLayout.CENTER);                              //将档案管理面板添加到内容面板中
        SwingUtilities.updateComponentTreeUI(rightPanel); //刷新内容面板中的内容
    }
});
recordShortcutKeyButton.setText("档案管理");
buttonPanel.add(recordShortcutKeyButton);
```

在实现“修改密码”按钮时，需要判断当前的登录用户，如果用户是通过系统的默认用户登录的，则不允许修改密码，需要把“修改密码”按钮设置为不可用，具体代码如下。

```
final JButton updatePasswordShortcutKeyButton = new JButton();
if (record == null)                 //当 record 为 null 时，说明是通过默认用户登录的，此时不能修改密码
    updatePasswordShortcutKeyButton.setEnabled(false);     //在这种情况下设置按钮为不可用
updatePasswordShortcutKeyButton.addActionListener(new ActionListener() {
    public void actionPerformed(ActionEvent e) {
        rightPanel.removeAll();
        SwingUtilities.updateComponentTreeUI(rightPanel);
        UpdatePasswordDialog dialog = new UpdatePasswordDialog();     //创建用来修改密码的对话框
        dialog.setRecord(record);                              //将当前登录管理员的档案对象传入对话框中
        dialog.setVisible(true);                               //设置对话框为可见，即显示对话框
    }
});
updatePasswordShortcutKeyButton.setText("修改密码");
buttonPanel.add(updatePasswordShortcutKeyButton);
```

通过 java.awt.Desktop 类的 open(File file)方法，可以运行系统中的其他软件，如运行系统计算器。为了方便用户使用系统计算器和 Excel，本系统提供了“打开计算器”和“打开 EXCEL”两个按钮。这两个按钮的实现代码基本相同，下面将以打开系统计算器为例，讲解如何在 Java 程序中打开其他软件。具体代码如下。

```
final JButton counterShortcutKeyButton = new JButton();
counterShortcutKeyButton.addActionListener(new ActionListener() {
    public void actionPerformed(ActionEvent e) {
        Desktop desktop = Desktop.getDesktop();                         //获得当前系统对象
        File file = new File("C:/WINDOWS/system32/calc.exe");           //创建一个系统计算器对象
        try {
            desktop.open(file);                                         //打开系统计算器
        } catch (Exception e1) {                                        //当打开失败时，弹出提示信息
            JOptionPane.showMessageDialog(null, "很抱歉，未能打开系统自带的计算器！",
                    "友情提示", JOptionPane.INFORMATION_MESSAGE);
            return;
        }
    }
});
```

```
counterShortcutKeyButton.setText("打开计算器");
buttonPanel.add(counterShortcutKeyButton);
```

最后，创建一个用来快速退出系统的“退出”按钮，具体代码如下。

```
final JButton exitShortcutKeyButton = new JButton();
exitShortcutKeyButton.addActionListener(new ActionListener() {
    public void actionPerformed(ActionEvent e) {
        System.exit(0);                                  //退出系统
    }
});
exitShortcutKeyButton.setText("退出");
buttonPanel.add(exitShortcutKeyButton);
```

19.6　公共模块设计

公共模块是软件开发的一个重要组成部分，它既起到了代码重用的作用，又起到了规范代码结构的作用。尤其在团队开发的情况下，公共模块的设计是解决重复编码的最好方法，对软件的后期维护有着积极的作用。

19.6.1　编写 Hibernate 配置文件

在 Hibernate 配置文件中包含两方面的内容：一方面是连接数据库的基本信息，如连接数据库的驱动程序、URL、用户名、密码等；另一方面是 Hibernate 的配置信息，如配置数据库使用的方言、持久化类映射文件等，还可以配置是否在控制台输出 SQL 语句，以及是否对输出的 SQL 语句进行格式化和添加提示信息等。本系统使用的 Hibernate 配置文件的关键代码如下。

```
<property name="connection.driver_class">                 <!-- 配置数据库的驱动类 -->
    com.microsoft.jdbc.sqlserver.SQLServerDriver
</property>
<property name="connection.url">                          <!-- 配置数据库的连接路径 -->
    jdbc:sqlserver://localhost:1433;databasename=db_PersonnelManage
</property>
<property name="connection.username">sa</property>        <!-- 配置数据库的连接用户名 -->
<property name="connection.password"></property>          <!-- 配置数据库的连接密码-->
<property name="dialect">                                 <!-- 配置数据库使用的方言 -->
    org.hibernate.dialect.SQLServerDialect
</property>
<property name="show_sql">true</property>                 <!-- 配置在控制台显示 SQL 语句 -->
<property name="format_sql">true</property>               <!-- 配置对输出的 SQL 语句进行格式化 -->
<property name="use_sql_comments">true</property>         <!-- 配置在输出的 SQL 语句前面添加提示信息 -->
```

```
<mapping resource="com/mwq/hibernate/mapping/TbDept.hbm.xml" />        <!-- 配置持久化类映射文件 -->
```

说明

在上述代码中，show_sql 属性用来配置是否在控制台输出 SQL 语句，默认为 false，即不输出。建议在调试程序时将该属性以及 format_sql 和 use_sql_comments 属性同时设置为 true，这样在调试中可以帮助快速找出错误原因。但是在发布程序之前，一定要将这 3 个属性再设置为 false（也可以删除这 3 行配置代码，因为它们的默认值均为 false，笔者推荐删除），这样做的好处是节省格式化、注释和输出 SQL 语句的时间，从而提高软件的性能。

19.6.2 编写 Hibernate 持久化类和映射文件

持久化类是数据实体的对象表现形式，通常情况下持久化类与数据表是相互对应的，它们通过持久化类映射文件建立映射关系。持久化类不需要实现任何类和接口，只需要提供一些属性及其对应的 set/get 方法。需要注意的是，每一个持久化类都需要提供一个没有入口参数的构造方法。

下面是持久化类 TbRecord 的部分代码，为了节省篇幅，这里只给出两个具有代表性的属性，其中属性 id 为主键。

```
public class TbRecord {
    public TbRecord () {
    }
    private int id;
    private String name;
    public void setId(int id) {
        this.id = id;
    }
    public int getId() {
        return id;
    }
    public String getName() {
        return this.name;
    }
    public void setName(String name) {
        this.name = name;
    }
}
```

下面是与持久化类 TbRecord 对应的映射文件 TbRecord.hbm.xml 的相应代码，持久化类映射文件负责建立持久化类与对应数据表之间的映射关系。

```
<class name="com.mwq.hibernate.mapping.TbRecord" table="tb_record"
    schema="dbo" catalog="db_PersonnelManage">
    <id name="id" type="java.lang.Integer">
        <column name="id" />
        <generator class="increment" />
    </id>
```

```
    <property name="name" type="java.lang.String">
        <column name="name" length="10" not-null="true" />
    </property>
</class>
```

说明

在上述代码中，<generator>元素用来配置主键的生成方式，当将 class 属性设置为 increment 时，表示采用 Hibernate 自增；<property>元素用来配置属性的映射关系，其中 name 属性为持久化类中属性的名称，type 属性为持久化类中属性的类型。

19.6.3　编写通过 Hibernate 操作持久化对象的常用方法

对数据库的操作，主要体现在数据对象的增、删、改、查方面。同时，针对 Hibernate 的特点，还需要实现两个具有特殊功能的方法：一个是用来过滤关联对象集合的方法，另一个是用来批量删除记录的方法。下面只介绍这两个方法和一个删除单个对象的方法，其他方法读者可参见资源包中的源代码。

下面的方法是用来过滤一对多关联中 set 集合中的对象的方法。这是 Hibernate 提供的一个非常实用的集合过滤功能，通过该功能可以从关联集合中检索出符合指定条件的对象，检索条件可以是所有合法的 HQL 语句。具体代码如下。

```
public List filterSet(Set set, String hql) {
    Session session = HibernateSessionFactory.getSession();        //获得 Session 对象
    //通过 Session 对象的 createFilter() 方法按照 hql 条件过滤 set 集合
    Query query = session.createFilter(set, hql);
    List list = query.list();                                      //执行过滤，返回值为 List 型结果集
    return list;                                                   //返回过滤结果
}
```

下面的方法用来删除指定持久化对象，具体代码如下。

```
public boolean deleteObject(Object obj) {
    boolean isDelete = true;                                       //默认删除成功
    Session session = HibernateSessionFactory.getSession();        //获得 Session 对象
    Transaction tr = session.beginTransaction();                   //开启事务
    try {
        session.delete(obj);                                       //删除指定持久化对象
        tr.commit();                                               //提交事务
    } catch (HibernateException e) {
        isDelete = false;                                          //删除失败
        tr.rollback();                                             //回退事务
        e.printStackTrace();
    }
    return isDelete;
}
```

下面的方法用来批量删除对象，通过这种方法删除对象，每次只需要执行一条 SQL 语句，具体代码如下。

```
public boolean deleteOfBatch(String hql) {
    boolean isDelete = true;                                          //默认删除成功
    Session session = HibernateSessionFactory.getSession();           //获得 Session 对象
    Transaction tr = session.beginTransaction();                      //开启事务
    try {
        Query query = session.createQuery(hql);                       //预处理 HQL 语句，获得 Query 对象
        query.executeUpdate();                                        //执行批量删除
        tr.commit();                                                  //提交事务
    } catch (HibernateException e) {
        isDelete = false;                                             //删除失败
        tr.rollback();                                                //回退事务
        e.printStackTrace();
    }
    return isDelete;
}
```

19.6.4 创建用于特殊效果的部门树对话框

在系统中有多处地方需要填写部门，如果通过 JComboBox 组件提供部门列表，则不能够体现出企业的组织架构，用户在使用过程中也不是很直观和方便。因此开发了一个用于特殊效果的部门树对话框，如在新建档案时需要填写部门，利用该对话框实现的效果如图 19.17 所示。

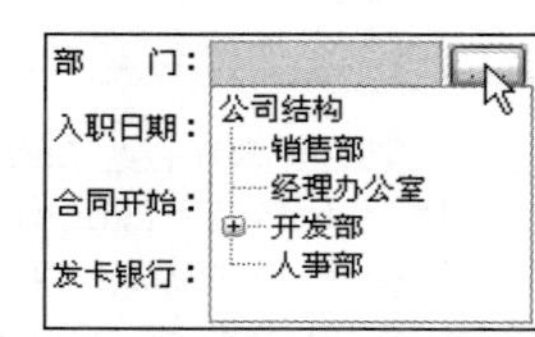

图 19.17　用于特殊效果的部门树对话框

用户在填写部门时，只需要单击文本框后面的按钮，就会弹出一个用来选取部门的部门树对话框，并且这个对话框显示在文本框和按钮的正下方，通过这种方法实现对部门的选取，对于用户将更加直观和方便。

从图 19.17 中可以看出，这里用来选取部门的部门树对话框不需要提供标题栏，并且建议令这个对话框阻止当前线程。这样做的好处是可以强制用户选取部门，并且可以及时地销毁对话框，释放其占用的资源。实现这两点的具体代码如下。

```
setModal(true);                                                       //设置对话框阻止当前线程
setUndecorated(true);                                                 //设置对话框不提供标题栏
```

下面开始创建部门树。首先创建树结点对象，包括根结点及其子结点，并将子结点添加到上级结点中，然后利用根结点对象创建树模型对象，最后利用树模型对象创建树对象。当树结点超过一定数量时，树结构的高度可能大于对话框的高度，所以要将部门树放在滚动面板当中。具体代码如下。

```
final JScrollPane scrollPane = new JScrollPane();                                   //创建滚动面板
getContentPane().add(scrollPane, BorderLayout.CENTER);
TbDept company = (TbDept) dao.queryDeptById(1);
DefaultMutableTreeNode root = new DefaultMutableTreeNode(company.getName());     //创建部门树的根结点
Set depts = company.getTbDepts();
for (Iterator deptIt = depts.iterator(); deptIt.hasNext();) {
    TbDept dept = (TbDept) deptIt.next();
    //创建部门树的二级子结点
    DefaultMutableTreeNode deptNode = new DefaultMutableTreeNode(dept.getName());
```

```
        root.add(deptNode);
        Set sonDepts = dept.getTbDepts();
        for (Iterator sonDeptIt = sonDepts.iterator(); sonDeptIt.hasNext();) {
            TbDept sonDept = (TbDept) sonDeptIt.next();
            deptNode.add(new DefaultMutableTreeNode(sonDept.getName())); //创建部门树的叶子结点
        }
    }
DefaultTreeModel treeModel = new DefaultTreeModel(root);              //利用根结点对象创建树模型对象
tree = new JTree(treeModel);                                          //利用树模型对象创建树对象
scrollPane.setViewportView(tree);                                     //将部门树放到滚动面板中
```

在通过构造方法创建部门树对话框时，需要传入要填写部门的文本框对象，这样在捕获树结点被选中的事件后会自动填写部门名称。用来捕获树结点被选中事件的具体代码如下。

```
tree.addTreeSelectionListener(new TreeSelectionListener() {           //捕获树结点被选中的事件
    public void valueChanged(TreeSelectionEvent e) {
        TreePath treePath = e.getPath();                              //获得被选中树结点的路径
        DefaultMutableTreeNode node = (DefaultMutableTreeNode) treePath
                .getLastPathComponent();                              //获得被选中树结点的对象
        if (node.getChildCount() == 0) {                              //被选中的结点为叶子结点
            textField.setText(node.toString());                       //将选中结点的名称显示到文本框中
        } else {                                                      //被选中的结点不是叶子结点
            JOptionPane.showMessageDialog(null, "请选择所在的具体部门",
                    "错误提示", JOptionPane.ERROR_MESSAGE);
            return;
        }
        dispose();                                                    //销毁部门树对话框
    }
});
```

19.6.5　创建通过部门树选取员工的面板和对话框

在系统中有多处需要通过部门树选取员工，其中一处在主窗体中，其他均在对话框中。因此，这里需要单独实现一个通过部门树选取员工的面板，然后将面板添加到主窗体或对话框中，从而实现代码的最大重用。最终实现的对话框效果如图 19.18 所示，当选中左侧部门树中的相应部门时，在右侧表格中将列出该部门及其子部门的所有员工。

图 19.18　“按部门查找员工”对话框

下面是实现面板类 DeptAndPersonnelPanel 的方法。首先创建表格，在创建表格时，可以通过向量初始化表格，也可以通过数组初始化表格。具体代码如下。

```
tableColumnV = new Vector<String>();                                    //创建表格列名向量
String tableColumns[] = new String[] { "序号", "档案编号", "姓名", "性别", "部门", "职务" };
for (int i = 0; i < tableColumns.length; i++) {                         //添加表格列名
    tableColumnV.add(tableColumns[i]);
}
tableValueV = new Vector<Vector<String>>();                             //创建表格值向量
showAllRecord();                                                        //默认显示所有档案
tableModel = new DefaultTableModel(tableValueV, tableColumnV);          //创建表格模型对象
table = new JTable(tableModel);                                         //创建表格对象
personnalScrollPane.setViewportView(table);                             //将表格添加到滚动面板中
```

然后，为部门树添加结点选取事件处理代码。当选取根结点时，将显示所有档案；当选取子结点时，将显示该部门的档案；否则，显示选中部门包含子部门的所有档案。具体代码如下。

```
tree.addTreeSelectionListener(new TreeSelectionListener() {
    public void valueChanged(TreeSelectionEvent e) {
        TreePath path = e.getPath();                                    //获得被选中树结点的路径
        tableValueV.removeAllElements();                                //移除表格中的所有行
        if (path.getPathCount() == 1) {                                 //选中树的根结点
            showAllRecord();                                            //显示所有档案
        } else {                                                        //选中树的子结点
            String deptName = path.getLastPathComponent().toString();//获得选中部门的名称
            TbDept selectDept = (TbDept) dao.queryDeptByName(deptName);  //检索指定部门对象
            Iterator sonDeptIt = selectDept.getTbDepts().iterator();
            if (sonDeptIt.hasNext()) {                                  //选中树的二级结点
                while (sonDeptIt.hasNext()) {
                    showRecordInDept((TbDept) sonDeptIt.next());//显示选中部门所有子部门的档案
                }
            } else {                                                    //选中树的叶子结点
                showRecordInDept(selectDept);                           //显示选中部门的档案
            }
        }
        tableModel.setDataVector(tableValueV, tableColumnV);
    }
});
```

下面实现对话框类 DeptAndPersonnelDialog。在对话框中提供 3 个按钮，用户可以通过单击“全选”按钮选择表格中的所有档案，也可以单击指定档案，然后单击“添加”按钮，将选中的档案记录添加到指定向量中，添加结束后单击“退出”按钮。需要注意的是，在单击“退出”按钮时并没有销毁对话框，只是将其变为不可见，在调用对话框的位置获得选中档案信息之后才销毁对话框。

负责捕获“添加”按钮事件的具体代码如下。

```
final JButton addButton = new JButton();
addButton.addActionListener(new ActionListener() {                      //捕获按钮被按下的事件
    public void actionPerformed(ActionEvent e) {
        int[] rows = table.getSelectedRows();                           //获得选中行的索引
        int columnCount = table.getColumnCount();                       //获得表格的列数
        for (int row = 0; row < rows.length; row++) {
```

```
                Vector<String> recordV = new Vector<String>();          //创建一个向量对象，代表表格的一行
                for (int column = 0; column < columnCount; column++) {
                    recordV.add(table.getValueAt(rows[row], column).toString());//将表格中的值添加到向量中
                }
                selectedRecordV.add(recordV);                          //将代表选中行的向量添加到另一个向量中
            }
        }
});
addButton.setText("添加");                                             //设置按钮的名称
```

19.7　人事管理模块设计

人事管理模块是企业人事管理系统的灵魂，是其他模块的基础，所以能否合理设计人事管理模块，对系统的整体设计和系统功能的开发将起到十分重要的作用。

19.7.1　人事管理模块功能概述

人事管理模块包含档案管理、考勤管理、奖惩管理和培训管理 4 个子模块。

档案管理模块用来建立和修改员工档案，当进入档案管理模块时，将出现如图 19.19 所示的界面。

单击“新建员工档案”按钮，或在表格中选中要修改的员工档案后单击“修改员工档案”按钮，将打开如图 19.20 所示的档案信息界面。在该界面中可以建立或修改员工档案，并且可以设置员工照片，填写完成后单击“保存”按钮可保存员工档案。

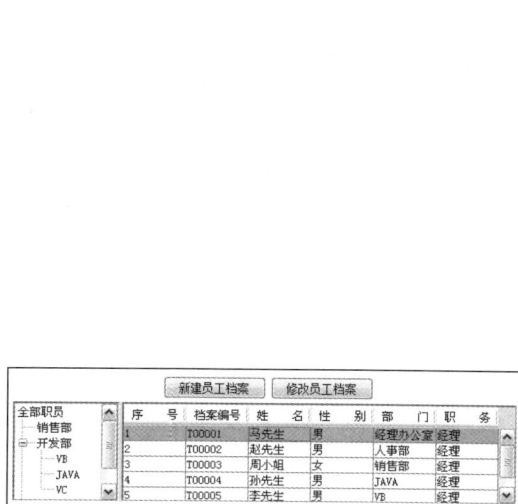

图 19.19　员工档案列表界面

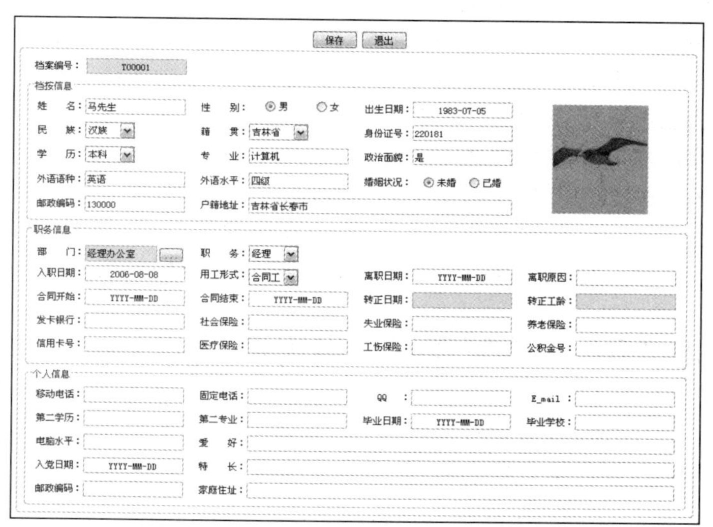

图 19.20　填写档案信息界面

考勤管理和奖惩管理两个模块用来填写相关记录，这些记录信息将体现在统计报表模块。例如，

在这里给某位员工填写一次迟到考勤，在做统计报表时将根据其采用的账套在其待遇中扣除相应的金额。考勤管理和奖惩管理两个模块的实现思路基本相同，在这里只给出考勤管理界面，如图 19.21 所示。

培训管理模块用来记录对员工的培训信息。当进入培训管理模块时，将出现如图 19.22 所示的界面，在该界面中选中培训记录后单击“查看”按钮可以查看具体的培训人员。

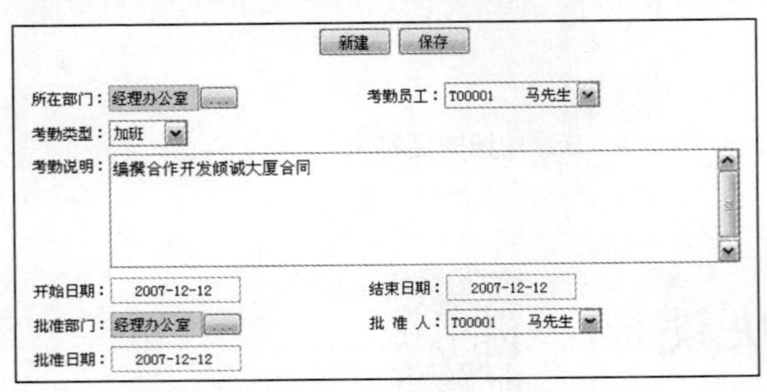

图 19.21　考勤管理界面

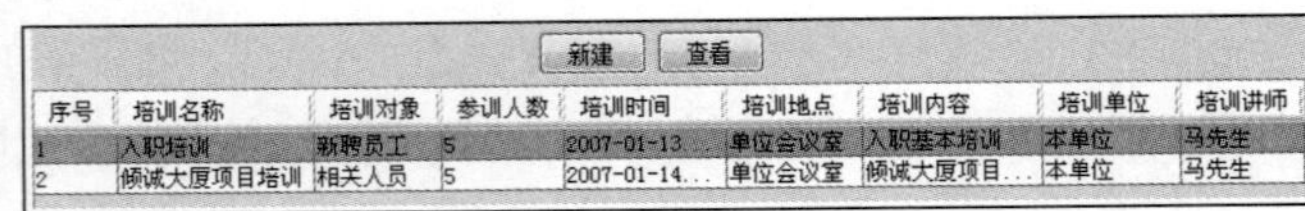

图 19.22　培训列表界面

19.7.2　人事管理模块技术分析

在开发人事管理模块时，需要处理大量用户输入的信息。处理用户输入信息的第一步是检查用户输入信息的合法性。如果利用常规方法验证每个组件接收到的数据，将耗费大量的时间和代码。对于这种情况，可以利用 Java 的反射机制先进行简单的验证，如不允许为空的验证，然后针对特殊的数据进行具体的验证，如日期型数据。

在建立员工档案时需要支持上传员工照片的功能。如果想支持这一功能，必须了解两项关键技术：一是如何弹出用来选取照片的对话框；二是如何将照片文件上传到指定的位置。用来选取照片的对话框可以通过 javax.swing.JFileChooser 类实现，还可以通过实现 javax.swing.filechooser.FileFilter 接口，对指定路径中的文件进行过滤，使照片选取对话框中只显示照片文件。实现上传照片功能需要通过 java.io.File、java.io.FileInputStream 和 java.io.FileOutputStream 类联合实现。

在考勤管理和奖惩管理模块，既可以直接在员工下拉列表框中选取考勤或奖惩的员工，也可以先选取员工所在的部门，对员工下拉列表框中的可选项进行筛选，然后选取具体的员工。要实现这一功能，需要实现组件之间的联动，即当选取部门时，将间接控制员工下拉列表框的变化；同样在选取员工下拉列表框时，也要间接控制部门组件的变化，即在部门组件中要显示员工所在的部门。可以通过捕获各个组件的事件完成这一功能，如通过 java.awt.event.ItemListener 监听器捕获下拉列表框中被选中的事件，通过 javax.swing.event.TreeSelectionListener 监听器捕获树结点被选中的事件。

19.7.3　人事管理模块实现过程

在开发人事管理模块时，主要是突破技术分析中的几个技术点。掌握这几个技术点后，就可以顺利地实现人事管理模块。

1. 实现员工照片上传功能

在开发员工照片上传功能时，首先是确定显示照片的载体。在 Swing 中可以通过 JLable 组件显示照片，在该组件中也可以显示文字。在本系统中如果已上传照片则显示照片，否则显示提示文字。具

体代码如下。

```
photoLabel = new JLabel();                                              //创建用来显示照片的对象
photoLabel.setHorizontalAlignment(SwingConstants.CENTER);               //设置照片或文字居中显示
photoLabel.setBorder(new TitledBorder(null, "", TitledBorder.DEFAULT_JUSTIFICATION,
        TitledBorder.DEFAULT_POSITION, null, null));                    //设置边框
photoLabel.setPreferredSize(new Dimension(120, 140));                   //设置显示照片的大小
if (UPDATE_RECORD == null || UPDATE_RECORD.getPhoto() == null) {       //新建档案或未上传照片
    photoLabel.setText("双击添加照片");                                  //显示文字提示
} else {                                                                //修改档案并且已上传照片
    URL url = this.getClass().getResource("/personnel_photo/");         //获得指定路径的绝对路径
    String photo = url.toString().substring(5) + UPDATE_RECORD.getPhoto(); //组织员工照片的存储路径
    photoLabel.setIcon(new ImageIcon(photo));                           //创建照片对象并显示
}
```

然后是确定如何弹出供用户选取照片的对话框。可以通过按钮捕获用户上传照片的请求，也可以通过 JLable 组件自己捕获该请求，即为 JLable 组件添加鼠标监听器，当用户双击该组件时，弹出供用户选取照片的对话框，本系统采用的是后者。Swing 提供了一个用来选取文件的对话框类 JFileChooser，当执行 JFileChooser 类的 showOpenDialog()方法时将弹出文件选取对话框，如图 19.23 所示。该方法返回 int 型值，用来区别用户执行的操作。当返回值为静态常量 APPROVE_OPTION 时，表示用户选取了照片，在这种情况下将选中的照片显示到 JLable 组件中。具体代码如下。

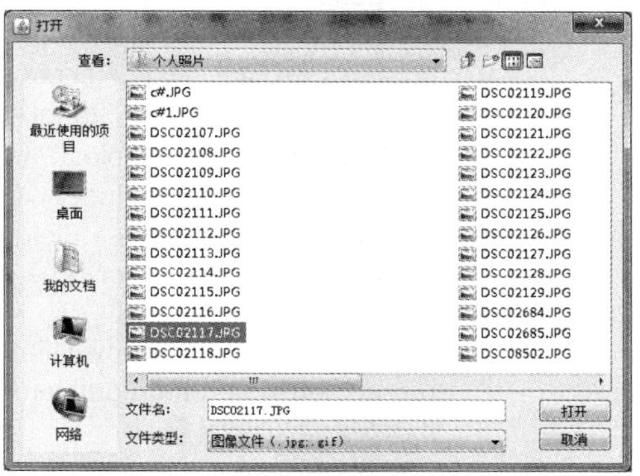

图 19.23　选取照片对话框

```
photoLabel.addMouseListener(new MouseAdapter() {                        //添加鼠标监听器
    public void mouseClicked(MouseEvent e) {
        if (e.getClickCount() == 2) {                                   //判断是否为双击
            JFileChooser fileChooser = new JFileChooser();              //创建文件选取对话框
            fileChooser.setFileFilter(new FileFilter() {                //为对话框添加文件过滤器
                        public String getDescription() {                //设置提示信息
                            return "图像文件（.jpg;.gif）";
                        }
                        public boolean accept(File file) {              //设置接收文件类型
                            if (file.isDirectory())
                                return true;                            //为文件夹则返回 true
                            String fileName = file.getName().toLowerCase();
                            if (fileName.endsWith(".jpg") || fileName.endsWith(".gif"))
                                return true;                            //如果为.jpg 或.gif 格式文件，则返回 true
                            return false;                               //即不显示在文件选取对话框中
                        }
                    });
            int i = fileChooser.showOpenDialog(getParent());            //弹出选取对话框并接收用户的处理信息
            if (i == fileChooser.APPROVE_OPTION) {                      //用户选取了照片
                File file = fileChooser.getSelectedFile();              //获得用户选取的文件对象
                if (file != null) {
```

```
                    ImageIcon icon = new ImageIcon(file
                            .getAbsolutePath());                    //创建照片对象
                    photoLabel.setText(null);                       //取消提示文字
                    photoLabel.setIcon(icon);                       //显示照片
                }
            }
        }
    }
});
```

最后在保存档案信息时将照片上传到指定路径。将上传到指定路径的照片名称修改为档案编号，但是因为可以上传两种格式的照片，为了记录照片格式，还是要将照片名称保存到数据库中。具体代码如下。

```
if (photoLabel.getIcon() != null) {                                          //查看是否上传照片
    File selectPhoto = new File(photoLabel.getIcon().toString());            //通过选中照片的路径创建文件对象
    URL url = this.getClass().getResource("/personnel_photo/");              //获得指定路径的绝对路径
    StringBuffer uriBuffer = new StringBuffer(url.toString());               //组织文件路径
    String selectPhotoName = selectPhoto.getName();
    int i = selectPhotoName.lastIndexOf(".");
    uriBuffer.append(recordNoTextField.getText());
    uriBuffer.append(selectPhotoName.substring(i));
    try {
        File photo = new File(new URL(uriBuffer.toString()).toURI());        //创建上传文件对象
        record.setPhoto(photo.getName());                                    //将照片名称保存到数据库中
        if (!photo.exists()) {                                               //如果文件不存在则创建文件
            photo.createNewFile();
        }
        InputStream inStream = new FileInputStream(selectPhoto);             //创建输入流对象
        OutputStream outStream = new FileOutputStream(photo);                //创建输出流对象
        int readBytes = 0;                                                   //读取字节数
        byte[] buffer = new byte[10240];                                     //定义缓存数组
        while ((readBytes = inStream.read(buffer, 0, 10240)) != -1) {        //从输入流中读取数据到缓存数组中
            outStream.write(buffer, 0, readBytes);                           //将缓存数组中的数据输出到输出流中
        }
        outStream.close();                                                   //关闭输出流对象
        inStream.close();                                                    //关闭输入流对象
    } catch (Exception e) {
        e.printStackTrace();
    }
}
```

2. 实现组件联动功能

在开发考勤管理模块时，需要实现部门和员工组件之间的联动功能，如果用户直接单击“考勤员工”下拉列表框，在该下拉列表框中将显示所有员工，如图 19.24 所示。这是因为在初始化“考勤员工”下拉列表框时，添加的是所有员工。具体代码如下。

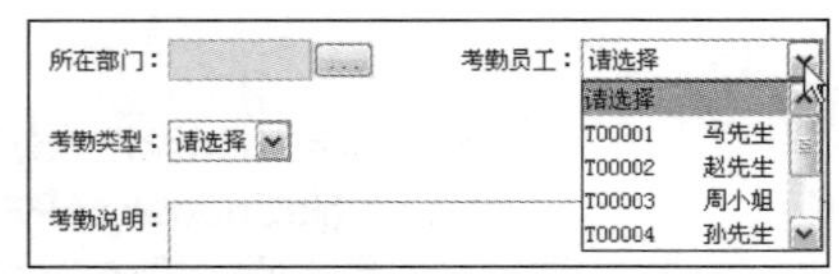

图 19.24　直接单击“考勤员工”下拉列表框

```
personnalComboBox = new JComboBox();                                          //创建下拉列表框对象
personnalComboBox.addItem("请选择");                                           //添加提示项
Iterator recordIt = dao.queryRecord().iterator();                             //检索所有员工
while (recordIt.hasNext()) {                                                  //通过循环添加到下拉列表框中
    TbRecord record = (TbRecord) recordIt.next();
    personnalComboBox.addItem(record.getRecordNumber() + "      " + record.getName());
}
```

当用户选中考勤员工后，在“所在部门”文本框中将填入被选中员工所在的部门，实现这一功能的是通过捕获下拉列表框选项状态发生改变的事件。具体代码如下。

```
personnalComboBox.addItemListener(new ItemListener() {        //捕获下拉列表框选项状态发生改变的事件
    public void itemStateChanged(ItemEvent e) {
        if (e.getStateChange() == ItemEvent.SELECTED) {   //查看是否是由选中当前项触发的
            String selectedItem = (String) e.getItem();      //获得选中项的内容
            if (selectedItem.equals("请选择")) {              //当选中项为“请选择”时，设置部门文本框为空
                inDeptTextField.setText(null);
            } else {                                          //否则设置部门文本框为被选中员工所在的部门
                TbRecord record = (TbRecord) dao.queryRecordByNum(selectedItem.substring(0, 6));
                inDeptTextField.setText(record.getTbDutyInfo().getTbDept().getName());
            }
        }
    }
});
```

说明

在上述代码中，itemStateChanged 事件当在下拉列表框中的选中项发生改变时被触发。

getStateChange()方法返回一个 int 型值，当返回值等于静态常量 ItemEvent.DESELECTED 时，表示此次事件是由取消原选中项触发的；当返回值等于静态常量 ItemEvent.SELECTED 时，表示此次事件是由选中当前项触发的。getItem()方法可以获得触发此次事件的选项的内容。

如果用户先选中考勤员工所在的部门，如选中“经理办公室”，再单击“考勤员工”下拉列表框，在下拉列表框中将显示选中部门的所有员工，如图 19.25 所示。这是因为在捕获按钮事件弹出部门选取对话框时，根据用户选取的部门对“考勤员工”下拉列表框进行了处理。具体代码如下。

图 19.25　显示选中部门的所有员工

```
final JButton inDeptTreeButton = new JButton();                       //创建按钮对象
inDeptTreeButton.addActionListener(new ActionListener() {             //捕获按钮事件
    public void actionPerformed(ActionEvent e) {
        DeptTreeDialog deptTree = new DeptTreeDialog(inDeptTextField); //创建部门选取对话框
        deptTree.setBounds(375, 317, 101, 175);                        //设置部门选取对话框的显示位置
        deptTree.setVisible(true);                                     //弹出部门选取对话框
        TbDept dept = (TbDept) dao.queryDeptByName(inDeptTextField.getText());//检索选中的部门对象
        personnalComboBox.removeAllItems();                            //清空下拉列表框中的所有选项
```

```
            personnalComboBox.addItem("请选择");                    //添加提示项
            //通过 Hibernate 的一对多关联获得与该部门关联的职务信息对象
            Iterator dutyInfoIt = dept.getTbDutyInfos().iterator();
            while (dutyInfoIt.hasNext()) {                          //遍历职务信息对象
                TbDutyInfo dutyInfo = (TbDutyInfo) dutyInfoIt.next();//获得职务信息对象
                //通过 Hibernate 的一对一关联获得与职务信息对象关联的档案信息对象
                TbRecord tbRecord = dutyInfo.getTbRecord();
                personnalComboBox.addItem(tbRecord.getRecordNumber() + "      " + tbRecord.getName());
            }
        }
});
inDeptTreeButton.setText("...");
```

3. 通过 Java 反射验证数据是否为空

在添加培训记录时，所有的培训信息均不允许为空，并且都是通过文本框接收用户输入信息的。在这种情况下可以通过 Java 反射机制验证数据是否为空，当为空时弹出提示信息，并令为空的文本框获得焦点。具体代码如下。

```
Field[] fields = BringUpOperatePanel.class.getDeclaredFields();     //通过 Java 反射机制获得类中的所有属性
for (int i = 0; i < fields.length; i++) {                           //遍历属性数组
    Field field = fields[i];                                        //获得属性
    if (field.getType().equals(JTextField.class)) {                 //只验证 JtextField 类型的属性
        field.setAccessible(true);                                  //如果设为 true，则允许访问私有属性
        JTextField textField = null;
        try {
            textField = (JTextField) field.get(BringUpOperatePanel.this);//获得本类中的对应属性
        } catch (Exception e) {
            e.printStackTrace();
        }
        if (textField.getText().equals("")) {                       //查看该属性是否为空
            String infos[] = { "请将培训信息填写完整！", "所有信息均不允许为空！" };
            JOptionPane.showMessageDialog(null, infos, "友情提示", JOptionPane.INFORMATION_MESSAGE);
            textField.requestFocus();                               //令为空的文本框获得焦点
            return;
        }
    }
}
```

说明

在上述代码中，getDeclaredFields 方法返回一个 Field 型数组，在数组中包含调用类的所有属性，包括公共、保护、默认（包）访问和私有字段，但不包括继承的字段。getType()方法返回一个 Class 对象，它标识了此属性的声明类型。BringUpOperatePanel.this 代表本类。

19.8　待遇管理模块设计

待遇管理功能建立在人事管理功能的基础上，人事管理中的考勤管理和奖惩管理将在待遇管理中用到。

19.8.1　待遇管理模块功能概述

待遇管理模块包含账套管理、人员设置和统计报表 3 个子模块。

账套管理模块用来建立和维护账套信息，包括建立、修改和删除账套，以及为账套添加项目和修改金额，或者从账套中删除项目。首先需要建立一个账套，“新建账套”对话框如图 19.26 所示，其中账套说明用来详细介绍该账套的适用范围。然后为新建的账套添加项目。“添加项目”对话框如图 19.27 所示，选中要添加的项目后单击“添加”按钮，即可添加一个项目。

最后修改新添加项目的金额，“修改金额”对话框如图 19.28 所示，输入项目金额后单击“确定”按钮。

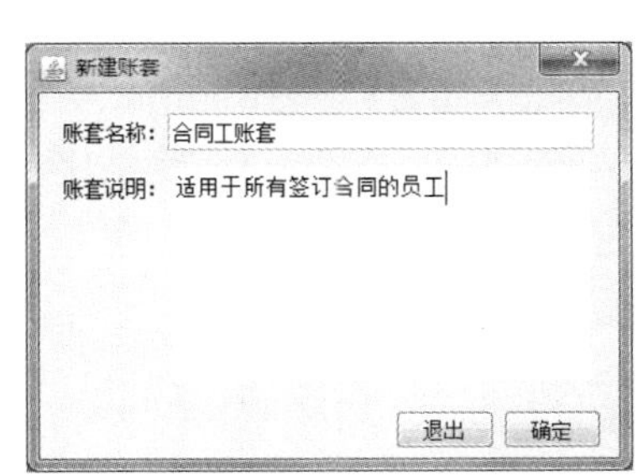

图 19.26　“新建账套”对话框

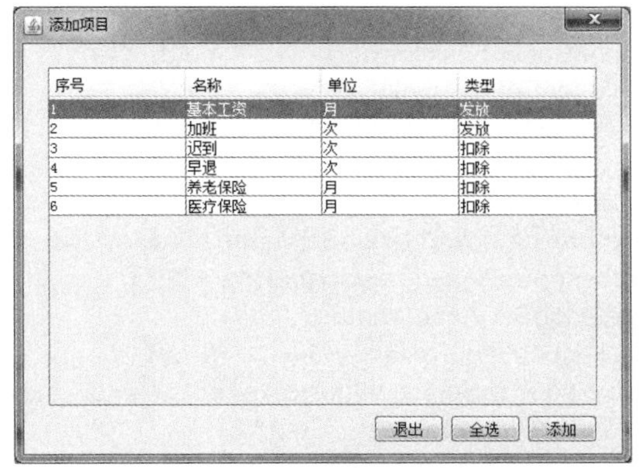

图 19.27　“添加项目”对话框

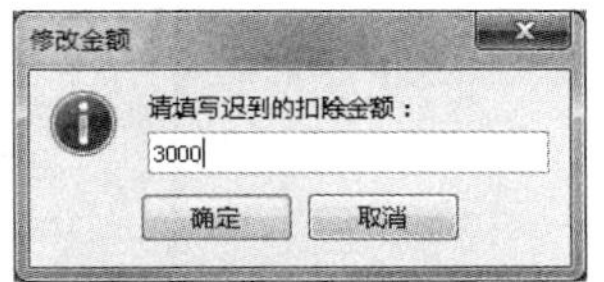

图 19.28　“修改金额”对话框

人员设置模块用来设置每个账套具体适合的人员，在这里将用到 19.6.5 节实现的通过部门树选取员工的对话框。

统计报表模块用来生成员工待遇统计报表，可以生成月报表、季报表、半年报表和年报表，如图 19.29 所示。当生成月报表时，可以选择统计的年份和月份；当生成季报表时，可以选择统计的年份和季度；当生成半年报表时，可以选择统计的年份以及上半年或下半年；当生成年报表时，则只可以选择统计的年份。

图 19.29　生成统计报表的种类

19.8.2 待遇管理模块技术分析

在实现修改账套项目金额的功能时，通常情况下是通过 JDialog 对话框实现的。但是因为只需要接收一条修改金额的信息，所以在这里也可以通过 JOptionPane 提示框实现。这样在实现功能的前提下可以少创建一个类，提高了代码的可读性。

在开发应用程序时，充分使用提示对话框也是一个不错的选择，既可以帮助用户使用系统，又可以保证系统的安全运行。

19.8.3 待遇管理模块实现过程

在开发账套管理模块时，首先需要建立一个账套。通过弹出对话框获得账套名称和账套说明，将新建的账套添加到左侧的账套表格中，并设置为选中行，还要同步刷新右侧的账套项目表格。具体代码如下。

```
final JButton addSetButton = new JButton();
addSetButton.addActionListener(new ActionListener() {
    public void actionPerformed(ActionEvent e) {
        if (needSaveRow == -1) {                                    //没有需要保存的账套
            CreateCriterionSetDialog createCriterionSet = new CreateCriterionSetDialog();
            createCriterionSet.setBounds((width - 350) / 2, (height - 250) / 2, 350, 250);
            createCriterionSet.setVisible(true);        //弹出“新建账套”对话框，接收账套名称和账套说明
            if (createCriterionSet.isSubmit()) {                    //单击“确定”按钮
                String name = createCriterionSet.getNameTextField().getText();          //获得账套名称
                String explain = createCriterionSet.getExplainTextArea().getText();     //获得账套说明
                needSaveRow = leftTableValueV.size();               //将新建账套设置为需要保存的账套
                Vector<String> newCriterionSetV = new Vector<String>(); //创建代表账套表格行的向量对象
                newCriterionSetV.add(needSaveRow + 1 + "");         //添加账套序号
                newCriterionSetV.add(name);                         //添加账套名称
                leftTableModel.addRow(newCriterionSetV);            //将向量对象添加到左侧的账套表格中
                leftTable.setRowSelectionInterval(needSaveRow, needSaveRow);//设置新建账套为选中行
                textArea.setText(explain);                          //设置账套说明
                TbReckoning reckoning = new TbReckoning();          //创建账套对象
                reckoning.setName(name);                            //设置账套名称
                reckoning.setExplain(explain);                      //设置账套说明
                reckoningV.add(reckoning);                          //将账套对象添加到向量中
                refreshItemAllRowValueV(needSaveRow);               //同步刷新右侧的账套项目表格
            }
        } else {                                        //有需要保存的账套，弹出提示保存对话框
            JOptionPane.showMessageDialog(null, "请先保存账套：  " + leftTable.getValueAt(needSaveRow, 1),
                    "友情提示", JOptionPane.INFORMATION_MESSAGE);
        }
    }
});
addSetButton.setText("新建账套");
```

然后为新建的账套添加项目。通过弹出对话框获得用户添加的项目，因为需要通过弹出对话框中的

表格对象获得选中项目的信息，所以在完成添加项目之前不能销毁添加项目对话框对象，而是将其设置为不可见，添加完成后才能销毁，并且需要判断新添加项目在账套中是否已经存在。具体代码如下。

```
public void addItem(int leftSelectedRow) {
    AddAccountItemDialog addAccountItemDialog = new AddAccountItemDialog();
    addAccountItemDialog.setBounds((width - 500) / 2, (height - 375) / 2, 500, 375);
    addAccountItemDialog.setVisible(true);                          //弹出“添加项目”对话框
    JTable itemTable = addAccountItemDialog.getTable();             //获得对话框中的表格对象
    int[] selectedRows = itemTable.getSelectedRows();               //获得选中行的索引
    if (selectedRows.length > 0) {                                  //有新添加的项目
        needSaveRow = leftSelectedRow;                                  //设置当前账套为需要保存的账套
        int defaultSelectedRow = rightTable.getRowCount(); //将选中行设置为新添加项目的第一行
        TbReckoning reckoning = reckoningV.get(leftSelectedRow);        //获得选中账套的对象
        for (int i = 0; i < selectedRows.length; i++) {                 //通过循环向账套中添加项目
            String name = itemTable.getValueAt(selectedRows[i], 1).toString();  //获得项目名称
            String unit = itemTable.getValueAt(selectedRows[i], 2).toString();  //获得项目单位
            Iterator<TbReckoningInfo> reckoningInfoIt = reckoning
                    .getTbReckoningInfos().iterator();                  //遍历账套中的现有项目
            boolean had = false;                                    //默认在现有项目中不包含新添加的项目
            while (reckoningInfoIt.hasNext()) {                         //通过循环查找是否存在
            TbAccountItem accountItem = reckoningInfoIt.next().getTbAccountItem(); //获得已有的项目对象
                if (accountItem.getName().equals(name) && accountItem.getUnit().equals(unit)) {
                    had = true;                                         //存在
                    break;                                              //跳出循环
                }
            }
            if (!had) {                                                 //如果没有则添加
                TbReckoningInfo reckoningInfo = new TbReckoningInfo();//创建账套信息对象
                TbAccountItem accountItem = (TbAccountItem) dao
                        .queryAccountItemByNameUnit(name, unit);        //获得账套项目对象
                accountItem.getTbReckoningInfos().add(reckoningInfo);   //建立账套信息之间的关联
                reckoningInfo.setTbAccountItem(accountItem);            //建立账套信息之间的关联
                reckoningInfo.setMoney(0);                              //设置项目金额为 0
                reckoningInfo.setTbReckoning(reckoning);                //建立从账套信息到账套的关联
                reckoning.getTbReckoningInfos().add(reckoningInfo);     //建立从账套到账套信息的关联
            }
        }
        refreshItemAllRowValueV(leftSelectedRow);                       //同步刷新右侧的账套项目表格
        rightTable.setRowSelectionInterval(defaultSelectedRow, defaultSelectedRow);     //设置选中行
        addAccountItemDialog.dispose();                                 //销毁“添加项目”对话框
    }
}
```

新添加的项目需要修改金额，否则是不允许保存的，因为默认项目金额为 0 是没有意义的。这里通过 JOptionPane 提示框获得修改后的金额，随后还要判断用户输入的金额是否符合要求，首要条件是数字，这里还要求必须为 1～999 999 的整数。具体代码如下。

```
public void updateItemMoney(int leftSelectedRow, int rightSelectedRow) {
    String money = null;
    done: while (true) {
```

```
        money = JOptionPane.showInputDialog(null, "请填写"+
                rightTable.getValueAt(rightSelectedRow, 1) + "的"+
                rightTable.getValueAt(rightSelectedRow, 3) + "金额：",
                "修改金额", JOptionPane.INFORMATION_MESSAGE);
        if (money == null) {                                          //用户单击“取消”按钮
            break done;                                               //取消修改
        } else {                                                      //用户单击“确定”按钮
            if (money.equals("")) {                                   //未输入金额，弹出提示对话框
                JOptionPane.showMessageDialog(null, "请输入金额！", "友情提示",
                        JOptionPane.INFORMATION_MESSAGE);
            } else {                                                  //输入了金额
                Pattern pattern = Pattern.compile("[1-9][0-9]{0,5}");  //金额必须为 1~999 999
                Matcher matcher = pattern.matcher(money);             //正则表达式判断是否符合要求
                if (matcher.matches()) {                              //符合要求
                    needSaveRow = leftSelectedRow;                    //设当前账套为需要保存的账套
                    rightTable.setValueAt(money, rightSelectedRow, 4); //修改项目金额
                    int nextSelectedRow = rightSelectedRow + 1;       //默认存在下一行
                    if (nextSelectedRow < rightTable.getRowCount()) { //存在下一行
                        rightTable.setRowSelectionInterval(nextSelectedRow, nextSelectedRow);
                    }
                    String name = rightTable.getValueAt(rightSelectedRow, 1).toString();//获得项目名称
                    String unit = rightTable.getValueAt(rightSelectedRow, 2).toString(); //获得项目单位
                    TbReckoning reckoning = reckoningV.get(leftSelectedRow);   //获得选中账套的对象
                    Iterator reckoningInfoIt = reckoning.getTbReckoningInfos().iterator();//遍历项目
                    while (reckoningInfoIt.hasNext()) {               //通过循环查找选中项目
                        TbReckoningInfo reckoningInfo = (TbReckoningInfo) reckoningInfoIt.next();
                        TbAccountItem accountItem = reckoningInfo.getTbAccountItem();
                        if (accountItem.getName().equals(name) && accountItem.getUnit().equals(unit)) {
                            reckoningInfo.setMoney(new Integer(money)); //修改金额
                            break;                                    //跳出循环
                        }
                    }
                    break done;                                       //修改完成
                } else {                                              //不符合要求，弹出提示对话框
                    String infos[] = { "金额输入错误，请重新输入！", "金额必须为 0~999 999 的整数！" };
                    JOptionPane.showMessageDialog(null, infos, "友情提示",
                            JOptionPane.INFORMATION_MESSAGE);
                }
            }
        }
    }
}
```

说明

在上述代码中，showMessageDialog()方法用来弹出提示某些消息的提示框，消息的类型可以为错误（ERROR_MESSAGE）、消息（INFORMATION_MESSAGE）、警告（WARNING_MESSAGE）、问题（QUESTION_MESSAGE）或普通（PLAIN_MESSAGE）。

最后开发统计报表。首先判断报表类型，然后根据报表类型组织报表的起止时间。下面是生成季度报表的代码。

```
String quarter = quarterComboBox.getSelectedItem().toString();              //获得报表季度
if (quarter.equals("第一")) {
    reportForms(year + "-1-1", year + "-3-31");                             //生成报表
} else if (quarter.equals("第二")) {
    reportForms(year + "-4-1", year + "-6-30");                             //生成报表
} else if (quarter.equals("第三")) {
    reportForms(year + "-7-1", year + "-9-30");                             //生成报表
} else {                                                                    //第四季度
    reportForms(year + "-10-1", year + "-12-31");                           //生成报表
}
```

下列代码负责在生成报表时向表格中添加员工的关键信息，初始实发金额为 0 元。

```
TbRecord record = (TbRecord) recordIt.next();                               //获得档案对象
Vector recordV = new Vector();                                              //创建与档案对象对应的向量
recordV.add(num++);                                                         //添加序号
recordV.add(record.getRecordNumber());                                      //添加档案编号
recordV.add(record.getName());                                              //添加姓名
recordV.add(record.getSex());                                               //添加性别
TbDutyInfo dutyInfo = record.getTbDutyInfo();
recordV.add(dutyInfo.getTbDept().getName());                                //添加部门
recordV.add(dutyInfo.getTbDuty().getName());                                //添加职务
int salary = 0;                                                             //初始实发金额为 0
```

下列代码负责在生成报表时计算员工的奖惩金额，通过 Hibernate 的关联得到的是员工的所有奖惩，需要通过集合过滤功能进行过滤，检索符合条件的奖惩信息。具体代码如下。

```
Set rewAndPuns = record.getTbRewardsAndPunishmentsForRecordId();
String types[] = new String[] { "奖励", "惩罚" };
for (int i = 0; i < types.length; i++) {
    String filterHql = "where this.type='" + types[i] + "' and ( ( startDate between '" + reportStartDateStr +
            "' and '" + reprotEndDateStr + "' or endDate between '" + reportStartDateStr +
            "' and '" + reprotEndDateStr + "' ) or ( '" + reportStartDateStr +
            "' between startDate and endDate and '" + reprotEndDateStr +
            "' between startDate and endDate ) )";                          //组织用来过滤集合的 HQL 语句
    List list = dao.filterSet(rewAndPuns, filterHql);                       //过滤奖惩记录
    if (list.size() > 0) {                                                  //存在奖惩
        column += 1;                                                        //列索引加 1
        int money = 0;                                                      //初始奖惩金额为 0
        for (Iterator it = list.iterator(); it.hasNext();) {
            TbRewardsAndPunishment rewAndPun = (TbRewardsAndPunishment) it.next();
            money += rewAndPun.getMoney();                                  //累加奖惩金额
        }
        recordV.add(money);                                                 //添加奖惩金额
```

```
        if (i == 0)                                                        //奖励
            salary += money;                                               //计算实发金额
        else                                                               //惩罚
            salary -= money;                                               //计算实发金额
    } else {
        recordV.add("—");                                                  //没有奖励或惩罚
    }
}
```

19.9 系统维护模块设计

系统维护模块用来维护系统的基本信息，如企业架构信息和常用的职务种类、用工形式等信息。另外，该模块还提供了对系统进行初始化的功能。

19.9.1 系统维护模块功能概述

系统维护模块包含企业架构、基本资料和初始化系统 3 个子模块。

1. 企业架构模块

企业架构模块用来维护企业的组织结构信息，包括修改公司及部门的名称、添加或删除部门。企业架构主界面效果如图 19.30 所示。

可以选中公司或部门后单击“修改名称”按钮，修改公司或部门的名称。如果修改的是公司名称，则将弹出如图 19.31 所示的对话框；如果修改的是部门名称，则将弹出如图 19.32 所示的对话框。

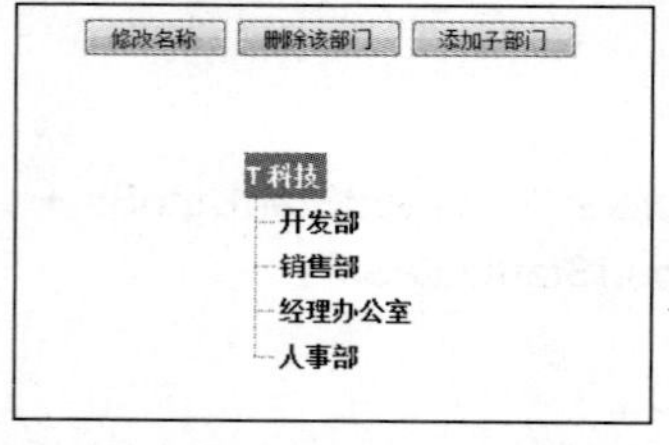

图 19.30　企业架构主界面效果

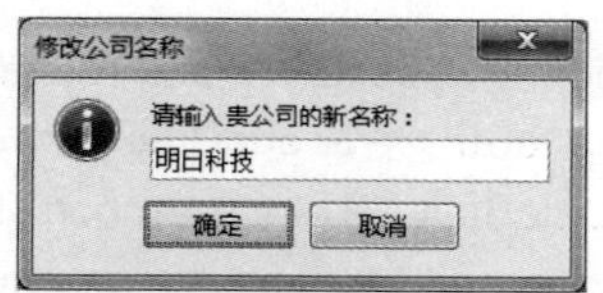

图 19.31　修改公司名称

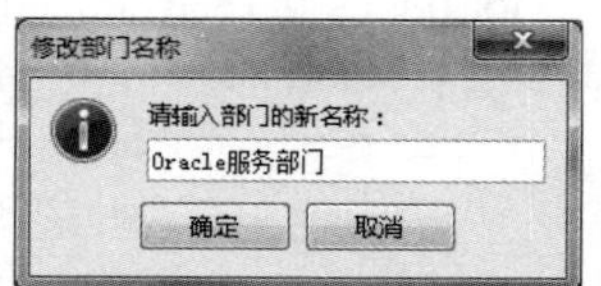

图 19.32　修改部门名称

也可以为公司或部门添加子部门。如果是在公司下添加子部门，则选中公司结点；如果是在公司所属部门下添加子部门，则选中所属部门，然后单击“添加子部门”按钮，将弹出如图 19.33 所示的对话框。在二级部门下不能再包含子部门，如果试图在该级部门下建立子部门，将弹出如图 19.34 所示的提示框。

还可以选中部门结点后单击“删除该部门”按钮删除选中的部门，在删除之前将弹出如图 19.35 所示的提示框。需要注意的是，公司结点不允许删除，如果试图删除公司，则将弹出如图 19.36 所示的提示框。

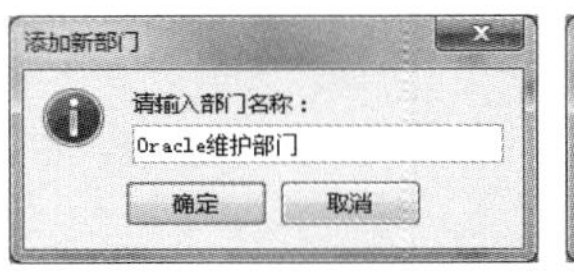

图 19.33　添加子部门

图 19.34　错误提示

图 19.35　询问是否删除部门

图 19.36　提示公司结点不能删除

2. 基本资料模块

基本资料模块用来维护系统中的基本信息，如职务种类、账套项目等，如图 19.37 所示。

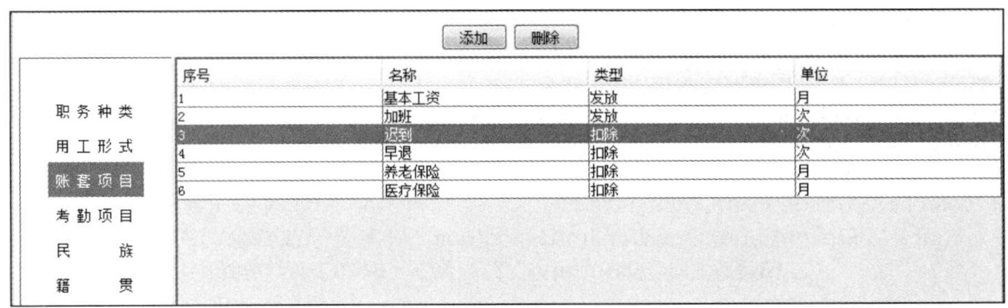

图 19.37　维护基本资料界面

3. 初始化系统模块

初始化系统模块用来对系统进行初始化。用户在使用系统之前进行初始设置，或者是想清空系统中的数据，可以通过该功能实现。不过在对系统进行初始化之前，一定会弹出一个如图 19.38 所示的提示框询问是否初始化，这样会增加系统的安全性，因为可能是用户不小心单击的。初始化完成后，将弹出如图 19.39 所示的提示框，该提示框的内容为本系统的使用步骤。

图 19.38　询问是否初始化系统

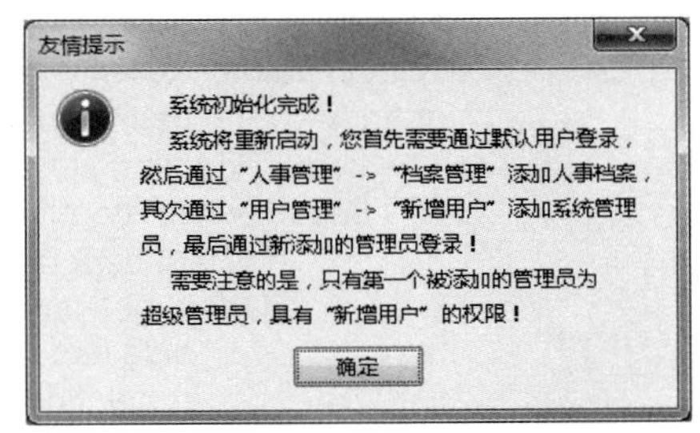

图 19.39　初始化完成后弹出的提示框

19.9.2　系统维护模块技术分析

维护企业架构是该模块的技术难点，因为企业架构是一个树状结构，所以需要通过 Swing 中的 JTree 组件完成。对企业架构的维护主要包括修改公司或部门的名称、设立新部门或取消现有部门，这对于 JTree 组件，就是修改结点名称、添加新结点或删除现有结点。为了实现上述对树结点的操作，还需要一些其他的操作 JTree 组件的知识，例如如何获得选中树结点的路径、如何获得选中树结点的对象、如何展开指定的树结点等。

19.9.3 系统维护模块实现过程

这里只介绍企业架构模块的实现过程。首先，实现修改名称的功能，分为修改公司名称和修改部门名称。在修改公司名称之前弹出提示询问是否确定修改，而在修改部门名称时则不询问，直接弹出消息框供用户输入新名称。修改时需要分两步实现：第一步是修改系统界面的企业架构树；第二步是修改持久化对象，并持久化到数据库中。具体代码如下。

```
final JButton updateButton = new JButton();
updateButton.addActionListener(new ActionListener() {
    public void actionPerformed(ActionEvent e) {
        TreePath selectionPath = tree.getSelectionPath();
        TbDept selected = null;
        String newName = null;
        if (selectionPath.getPathCount() == 1) {                    //修改公司名称
            int i = JOptionPane.showConfirmDialog(null, "确定要修改贵公司的名称？",
                    "友情提示", JOptionPane.YES_NO_OPTION);  //弹出提示框
            if (i == 0) {                                            //修改（单击“是”按钮）
                String infos[] = { "请输入贵公司的新名称：", "修改公司名称", "请输入贵公司的新名称！" };
                newName = getName(infos);                            //获得修改后的名称
                if (newName != null)
                    selected = company;                              //修改的公司名称
            }
        } else {                                                     //修改部门名称
            String infos[] = { "请输入部门的新名称：", "修改部门名称", "请输入部门的新名称！" };
            newName = getName(infos);                                //获得修改后的名称
            if (newName != null) {
                selected = company;                                  //选中部门的所属部门
                Object[] paths = selectionPath.getPath();            //选中部门结点的路径对象
                for (int i = 1; i < paths.length; i++) {             //遍历选中结点路径
                    Iterator deptIt = selected.getTbDepts().iterator();
                    finded: while (deptIt.hasNext()) {               //通过循环查找选中结点路径对应的部门
                        TbDept dept = (TbDept) deptIt.next();
                        if (dept.getName().equals(paths[i].toString())) {
                            selected = dept;                         //找到选中结点路径对应的部门
                            break finded;                            //跳出到指定位置
                        }
                    }
                }
            }
        }
        if (selected != null) {
            DefaultMutableTreeNode treeNode = (DefaultMutableTreeNode) selectionPath
                    .getLastPathComponent();                         //获得选中结点对象
            treeNode.setUserObject(newName);                         //修改结点名称
            treeModel.reload();                                      //刷新树结构
            tree.setSelectionPath(selectionPath);                    //设置结点为选中状态
            selected.setName(newName);                               //修改部门对象
            dao.updateObject(company);                               //将修改持久化到数据库中
            HibernateSessionFactory.closeSession();                  //关闭数据库连接
```

```
            }
        }
});
updateButton.setText("修改名称");
```

说明

在上述代码中，getSelectionPath()方法可以获得选中结点的路径对象，通过该对象可以获得选中结点的相关信息，如选中结点对象、选中结点级别等。getPathCount()方法可以获得选中结点的级别，当返回值为 1 时，代表选中的是树的根结点，为 2 时则代表选中的是树的直属子结点。getPath()方法可以获得选中结点路径包含的结点对象，返回值为 Object 型的数组。

然后，实现添加部门的功能。只允许在公司及其直属部门下添加部门，在获得用户输入的要添加部门的名称之后，需要判断在其所属部门中是否存在该部门，如果存在则弹出提示，否则添加到系统界面的企业架构树中，并持久化到数据库中。具体代码如下。

```
final JButton addButton = new JButton();
addButton.addActionListener(new ActionListener() {
    public void actionPerformed(ActionEvent e) {
        TreePath selectionPath = tree.getSelectionPath();
        int pathCount = selectionPath.getPathCount();          //获得选中结点的级别
        had: if (pathCount == 3) {                              //选中的为 3 级结点
            JOptionPane.showMessageDialog(null, "很抱歉，在该级部门下不能再包含子部门！",
                    "友情提示", JOptionPane.WARNING_MESSAGE);
        } else {                                                //选中的为 1 级或 2 级结点
            String infos[] = { "请输入部门名称：", "添加新部门", "请输入部门名称！" };
            String newName = getName(infos);                    //获得新部门的名称
            if (newName != null) {                              //创建新部门
                DefaultMutableTreeNode parentNode = (DefaultMutableTreeNode) selectionPath
                        .getLastPathComponent();                //获得选中部门结点对象
                int childCount = parentNode.getChildCount();//获得该部门包含子部门的个数
                for (int i = 0; i < childCount; i++) {          //查看新创建的部门是否已经存在
                    TreeNode childNode = parentNode.getChildAt(i);
                    if (childNode.toString().equals(newName)) {
                        JOptionPane.showMessageDialog(null, "该部门已经存在！",
                                "友情提示", JOptionPane.WARNING_MESSAGE);
                        break had;                              //已经存在，跳出到指定位置
                    }
                }
                DefaultMutableTreeNode childNode = new DefaultMutableTreeNode(newName);//创建部门结点
                treeModel.insertNodeInto(childNode, parentNode, childCount);//插入新部门到选中部门的最后
                tree.expandPath(selectionPath);                 //展开指定路径中的尾结点
                TbDept selected = company;                      //默认选中的为 1 级结点
                if (pathCount == 2) {                           //选中的为 2 级结点
                    String selectedName = selectionPath.getPath()[1].toString();   //获得选中结点的名称
                    Iterator deptIt = company.getTbDepts().iterator();  //创建公司直属部门的迭代器对象
                    finded: while (deptIt.hasNext()) {          //遍历公司的直属部门
                        TbDept dept = (TbDept) deptIt.next();
                        if (dept.getName().equals(selectedName)) {      //查找与选中结点对应的部门
```

```
                        selected = dept;               //设置为选中部门
                        break finded;                  //跳出循环
                    }
                }
            }
            TbDept sonDept = new TbDept();             //创建新部门对象
            sonDept.setName(newName);                  //设置部门名称
            sonDept.setTbDept(selected);               //建立从新部门到所属部门的关联
            selected.getTbDepts().add(sonDept);        //建立从所属部门到新部门的关联
            dao.updateObject(company);                 //将新部门持久化到数据库中
            HibernateSessionFactory.closeSession(); //关闭数据库连接
        }
    }
  }
});
addButton.setText("添加子部门");
```

说明

在上述代码中，getChildCount()方法可以获得包含子结点的个数。getChildAt(int childIndex)方法用来获得指定索引位置的子结点，索引从 0 开始。insertNodeInto(MutableTreeNode newChild, MutableTreeNode parent, int index)方法用来将新创建的子结点 newChild 插入父结点 parent 中索引为 index 的位置处。

最后，实现删除现有部门的功能。公司结点不允许删除，如果试图删除公司结点，将弹出不允许删除的提示，在删除部门之前也将弹出提示框询问是否确定删除。如果确定删除，则从系统界面的企业架构树中删除所选中部门，并持久化到数据库中。具体代码如下。

```
final JButton delButton = new JButton();
delButton.addActionListener(new ActionListener() {
    public void actionPerformed(ActionEvent e) {
        TreePath selectionPath = tree.getSelectionPath();
        int pathCount = selectionPath.getPathCount();             //获得选中结点的级别
        if (pathCount == 1) {                                     //选中的为 1 级结点，即公司结点
            JOptionPane.showMessageDialog(null, "公司结点不能删除！", "友情提示",
                    JOptionPane.WARNING_MESSAGE);
        } else {                                                  //选中的为 2 级或 3 级结点，即部门结点
            DefaultMutableTreeNode treeNode = (DefaultMutableTreeNode) selectionPath
                    .getLastPathComponent();                      //获得选中部门结点对象
            int i = JOptionPane.showConfirmDialog(null, "确定要删除该部门："+
                    treeNode, "友情提示", JOptionPane.YES_NO_OPTION);
            if (i == 0) {                                         //删除
                treeModel.removeNodeFromParent(treeNode); //删除选中结点
                tree.setSelectionRow(0);                          //选中根（公司）结点
                TbDept selected = company;                        //选中部门的所属部门
                Object[] paths = selectionPath.getPath();         //选中部门结点的路径对象
                int lastIndex = paths.length - 1;                 //获得最大索引
                for (int j = 1; j <= lastIndex; j++) {            //遍历选中结点路径
                    Iterator deptIt = selected.getTbDepts().iterator();
```

```
                        finded: while (deptIt.hasNext()) {              //通过循环查找选中结点路径对应的部门
                            TbDept dept = (TbDept) deptIt.next();
                            if (dept.getName().equals(paths[j].toString())) {
                                if (j == lastIndex)                     //为选中结点
                                    selected.getTbDepts().remove(dept); //删除选中部门
                                else                                    //为所属结点
                                    selected = dept;
                                break finded;                           //跳出到指定位置
                            }
                        }
                    }
                    dao.updateObject(company);                          //同步删除数据库
                    HibernateSessionFactory.closeSession();             //关闭数据库连接
                }
            }
        }
});
delButton.setText("删除该部门");
```

说明

在上述代码中，removeNodeFromParent(MutableTreeNode node)方法用来从树模型中移除指定结点。setSelectionRow(int row)方法用来设置选中的行，树的根结点为第 0 行。例如，A 为树的根结点，a1 和 a2 为 A 的子结点，s 为 a1 的子结点，如果 a1 结点处于合并状态，则 a2 为第 2 行；如果 a1 结点处于展开状态，则 a2 为第 3 行。

19.10　Hibernate 关联关系的建立方法

在本系统中有多处用到了 Hibernate 的一对一和一对多关联，通过对 Hibernate 关联关系的使用，可以快速地通过一个对象获得与之关联的对象。下面就介绍这两种关联方式的配置方法。

19.10.1　建立一对一关联

本系统将档案信息和职务信息分别保存到了两张表中，如图 19.40 所示。与这两张表对应的持久化类为 TbRecord 和 TbDutyInfo，在这两个持久化类之间就用到了 Hibernate 的一对一关联，因为本系统只允许一名员工担任一个职务。

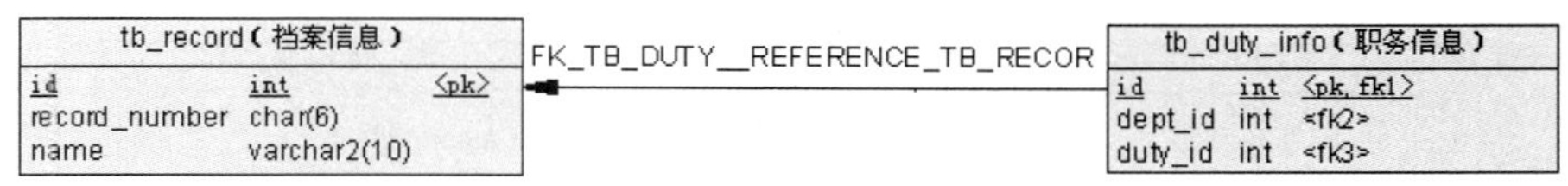

图 19.40　一对一关联模型

首先，在拥有主键的持久化类 TbRecord 中创建一个关联类 TbDutyInfo 的对象 tbDutyInfo 及其对应的 set/get 方法。具体代码如下。

```
private TbDutyInfo tbDutyInfo;
public TbDutyInfo getTbDutyInfo() {
    return tbDutyInfo;
}
public void setTbDutyInfo(TbDutyInfo tbDutyInfo) {
    this.tbDutyInfo = tbDutyInfo;
}
```

然后，在持久化类 TbRecord 的映射文件 TbRecord.hbm.xml 中添加如下代码。

```
<one-to-one name="tbPersonalInfo" class="com.mwq.hibernate.mapping.TbPersonalInfo" cascade="all" />
```

<one-to-one/>元素用来映射持久化类之间的一对一关联关系。其中，name 属性为持久化类中关联类的对象，class 属性为关联类的类型，cascade 属性用来设置对关联对象的操作级别。当把 casecade 设为 all 时，表示当保存、修改或删除当前对象时，将级联保存、修改或删除关联对象。

最后，在关联类 TbDutyInfo 中创建一个 TbRecord 类的对象 tbRecord 及其对应的 set/get 方法，并且在相应的映射文件中添加如下代码。当将<one-to-one/>元素的 constrained 属性设置为 true 时，说明该类的主键将同时作为外键，参照关联类的主键。具体代码如下。

```
<one-to-one name="tbRecord" class="com.mwq.hibernate.mapping.TbRecord" constrained="true" />
```

既然关联类的主键将同时作为外键，就要修改关联类的主键的映射代码。修改后的代码如下。

```
<id name="id" type="java.lang.Integer">
    <column name="id" />
    <generator class="foreign">
        <param name="property">tbRecord</param>
    </generator>
</id>
```

说明

在上述代码中，将 class 属性设置为 foreign 时，表示该主键将同时作为外键，所以主键的生成方式将参考外键。<param>在这里用来设置外键的参考信息，参考的是关联对象 tbRecord 的主键的值。

19.10.2 建立一对多关联

虽然本系统只允许一名员工担任一个职务，即一名员工只能属于一个部门，但是一个部门却可以拥有多名员工，所以部门和员工之间是一对多的关系，即在持久化类 TbDept 和 TbDutyInfo 之间存在 Hibernate 的一对多关联关系，如图 19.41 所示。下面将探讨 Hibernate 一对多关联关系的建立方法。

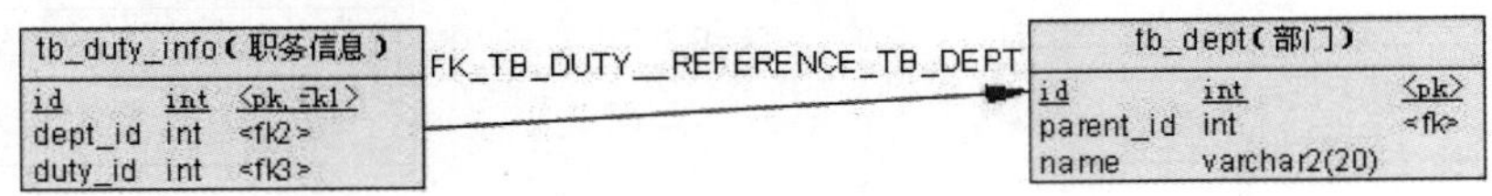

图 19.41　一对多关联模型

首先，在持久化类 TbDutyInfo 中创建一个关联类 TbDept 的对象 tbDept 及其对应的 set/get 方法，

并且在相应的映射文件中添加如下代码。

```
<many-to-one name="tbDept" class="com.mwq.hibernate.mapping.TbDept" fetch="select" lazy="false">
    <column name="dept_id" not-null="true" />
</many-to-one>
```

说明

在上述代码中，<many-to-one>元素用来映射一对多关联关系中的一方，<column>用来设置本类对应表中参考关联类对应表中主键的外键列的名称。

然后，在关联类 TbDept 中创建一个集合类 java.util.Set 的对象 tbDutyInfos 及其对应的 set/get 方法，并且在相应的映射文件中添加如下代码。

```
<set name="tbDutyInfos" lazy="false">
    <key column="dept_id" />
    <one-to-many class="com.mwq.hibernate.mapping.TbDutyInfo" />
</set>
```

说明

在上述代码中，<set>元素用来映射一对多关联关系中的多方，同时表明该元素的 name 属性值的类型为 java.util.Set；lazy 属性用来设置对关联对象的检索策略，当设置为 false 时表示立即检索关联对象，默认为 true，即只有当访问关联对象时才检索；<key>用来设置关联类对应表中参考本类对应表主键的外键的名称；<one-to-many>元素的 class 属性的值为关联类的名称，同时也表明 Set 集合中存放对象的类型。

至此，一个一对多关联就建立完成了。上述建立的是普通的一对多关联，还有一种特殊的一对多关联，就是一对多自关联。所谓自关联，就是外键参考的为本表中的主键。建立方法与普通的一对多关联完全相同，只是对初学者来说有些难以理解。

通常情况下，一家企业的组织架构是呈树状的，即在一个部门中还可能包含几个下级部门，本系统就支持这种情况，所以用来保存部门信息的表结构如图 19.42 所示。

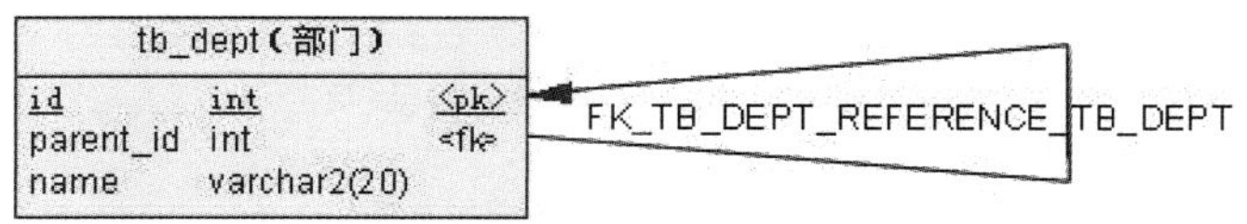

图 19.42　特殊的一对多关联模型

针对图 19.42 这种情况建立的一对多关联，就叫作一对多自关联。在这种情况下，在与表 tb_dept 对应的持久化类 TbDept 中既要包含 TbDept 类的对象 tbDept，用来存储该部门对象所属的上级部门对象；又要包含集合类 java.util.Set 的对象 tbDept，用来存储该部门对象包含的下级部门对象。具体代码如下。

```
private TbDept tbDept;
private Set tbDepts = new HashSet(0);
public TbDept getTbDept() {
    return this.tbDept;
}
```

```
public void setTbDept(TbDept tbDept) {
      this.tbDept = tbDept;
}
public Set getTbDepts() {
      return this.tbDepts;
}
public void setTbDepts(Set tbDepts) {
      this.tbDepts = tbDepts;
}
```

同样，在持久化类 TbDept 的映射文件中既要包含<many-to-one>元素，用来映射对象 tbDept，又要包含<set>元素，用来映射对象 tbDept。具体代码如下。

```
<many-to-one name="tbDept" class="com.mwq.hibernate.mapping.TbDept" fetch="select">
      <column name="parent_id" not-null="false" />
</many-to-one>
<set name="tbDepts" lazy="false" cascade="all-delete-orphan">
      <key column="parent_id" />
      <one-to-many class="com.mwq.hibernate.mapping.TbDept" />
</set>
```

19.11 小　　结

本章严格按照软件工程的实施流程，通过一个典型的企业人事管理系统，为读者详细讲解了软件的开发流程。通过本章的学习，读者可以了解到 Java+Oracle 开发应用程序的流程，以及企业人事管理系统的软件结构、业务流程和开发过程。在开发过程中要重点掌握 Swing 中表格行选取事件的使用方法、选取并显示图片的方法、页面中组件联动功能的实现方法、对树结构的使用和维护、在程序中调用其他工具软件的方法，以及如何利用现有组件开发一些简单实用的功能模块的方法。另外，读者还应掌握 Hibernate 持久层技术的使用方法。

软件项目开发全程实录

◎ 当前流行技术+10个真实软件项目+完整开发过程

◎ 94集教学微视频，手机扫码随时随地学习

◎ 160小时在线课程，海量开发资源库资源

◎ 项目开发快用思维导图

（以《Java项目开发全程实录（第4版）》为例）